面向“十二五”计算机辅助设计规划教材

AutoCAD 2010 建筑设计与制作技能基础教程

◎ 武新华 孙世宁 李伟 编著

印刷工业出版社

内容提要

本书介绍了AutoCAD 2010在建筑绘图应用上的基础知识与技巧，内容包括AutoCAD建筑绘图基础、建筑图样中的基本组成元素、对象捕捉和对象追踪功能、绘制复杂的对象、面域与图案填充、创建并编辑尺寸标注、AutoCAD 2010高效绘图、绘制三维建筑图等。本书最后两章是绘制低层联体住宅平面图和住宅楼结构施工图基础，综合应用了全书知识点，还适当加入了工作流程的概念。书中还加入了作者在学习和工作过程中积累的注意、提示、技巧、经验等。

本书内容丰富，图文并茂，可作为本科与高职高专院校理工类专业，尤其是建筑专业学习AutoCAD建筑设计课程的教材，也适合即将从事建筑工程设计的专业技术人员参考阅读，亦可供初学者和培训班使用。

图书在版编目（CIP）数据

AutoCAD 2010建筑设计与制作技能基础教程/武新华，孙世宁，李伟编著.
-北京：印刷工业出版社，2011.6
ISBN 978-7-5142-0096-6

Ⅰ.A… Ⅱ.①武…②孙…③李… Ⅲ.图形软件－AutoCAD Ⅳ.TP391.41

中国版本图书馆CIP数据核字(2011)第077652号

AutoCAD 2010 建筑设计与制作技能基础教程

编　　著：武新华　孙世宁　李　伟

责任编辑：张　鑫　　执行编辑：蔡家伦
责任印制：张利君　　责任设计：张　羽
出版发行：印刷工业出版社（北京市翠微路2号 邮编：100036）
网　　址：www.keyin.cn　　www.pprint.cn
网　　店：//shop36885379.taobao.com
经　　销：各地新华书店
印　　刷：北京通州丽源印刷厂

开　　本：787mm×1092mm　1/16
字　　数：544千字
印　　张：21.25
印　　次：2011年6月第1版　2011年6月第1次印刷
定　　价：42.00元
I S B N：978-7-5142-0096-6

◆ 如发现印装质量问题请与我社发行部联系　发行部电话：010-88275602

前言
Preface

由美国 Autodesk 公司推出的 AutoCAD 是一款在建筑行业使用非常广泛的辅助设计软件，使用 AutoCAD 专业软件绘制建筑图形，不仅可以快速精确地绘制各种类型的建筑及装饰图样，还可以创建三维模型并加入物理光源、材质等渲染元素，将模型渲染为逼真的效果图，提高绘图精度，缩短设计周期，成批量地生产建筑图形，缩短出图周期。

本书以 AutoCAD 2010 辅助绘图软件为基础，从实用角度出发，采用“典型应用案例+零起点学习+实际工程应用”的写作结构，介绍使用中文版 AutoCAD 2010 绘制各种建筑图形的方法；通过一系列典型的建筑施工图样的绘制示例，介绍了各种 AutoCAD 绘图和编辑命令在建筑施工图中的应用，同时详细介绍了各种建筑施工图的绘制方法和技巧。

考虑到初学者的学习需求，本书通过典型应用案例的操作，讲解了 AutoCAD 建筑绘图的一些基础知识，使读者熟练掌握所学到的绘图技能，并精心挑选了一套完整安置房工程图，逐步讲解平面图、剖面图、立面图和三维模型图的设计和绘制技能，起到了学以致用的作用。本书贯彻“实用为主”的编写理念，使各种绘图知识与应用实例结合在一起，突出可操作性，介绍了 AutoCAD 2010 的强大绘图功能、应用方法和技巧，使读者能利用 AutoCAD 2010 方便、快捷地绘制工程图样并进行三维建模。

本书具有如下特色：

(1)以实例的方式导入 AutoCAD 2010 设计的范例，紧密结合实际，以职业为导向，以设计为目标，书中建筑设计案例讲解细致，使读者边学边练，由练而精。

(2) 为避免讲解过于枯燥，本书采用了图解的形式，在关键点须注意和提示的部分进行标注，使读者可以快速找到所需要的内容，大大提高学习效率。

(3) 在选材上力求精益求精，在对现有的知识进行充分提炼的基础上，精选出最基本且最有用的知识。书中还穿插了实用的案例，既可使读者轻松学会各类建筑图的绘制方法，又融入了作者多年积累的制作经验和设计心得。

(4) 自始至终按“学以致用”的思想贯穿始终，使读者不但能够明白可以从本书中学到些什么，而且能够明白自己运用这些学到的知识能够做什么。

在实际的学习过程中，可按每章的 2 ～ 3 个知识点为学习单元，安排学习进度，每章最后提供了一些供巩固学习和上机练习的习题，希望读者借助本书，学会使用 AutoCAD 2010 软件进行图形设计的方法，并在不断实践中成长为一名 AutoCAD 设计人员。

本书作为学习 AutoCAD 2010 建筑绘图的基础教程，内容翔实，可作为本科与高职高专院校理工类专业，尤其是建筑专业学习 AutoCAD 建筑设计课程的教材，也适合即将从事建筑工程设计的专业技术人员参考阅读，也可供初学者和培训班使用。

本书由武新华统稿，具体编写情况是孙世宁负责第 1 ～ 3 章，李伟负责第 4 ～ 5 章，安向东负责第 6 ～ 7 章，武新华负责第 8 ～ 10 章。此外，还要感谢为本书编写付出辛勤工作的齐伟、郑静、王肖苗、吕志华、张晓新、王丽平、杨平、王英英等。

本书由易锋教育总策划。读者若有任何意见和建议，可随时联系，联系 QQ 是 yifengedu@126.com，亦可发送邮件至此邮箱，我们将尽快回复。

编者

2011 年 4 月

目录
CONTENTS

第1章
AutoCAD 2010建筑绘图基础

第2章
建筑图样中的基本组成元素

第3章
对象捕捉和对象追踪功能

第4章

绘制复杂的对象

第5章

面域与图案填充

第6章

创建并编辑尺寸标注

第7章
AutoCAD 2010高效绘图

第8章
绘制三维建筑图

第9章
绘制低层联体住宅平面图

第10章 住宅楼结构施工图绘制基础

第1章 AutoCAD 2010建筑绘图基础

本章主要讲解了AutoCAD 建筑绘图的一些基础知识，包括 AutoCAD 2010 在建筑图形设计应用中所涉及的一些基本概念、绘图环境的设置以及一些二维绘图命令和编辑命令等。这是有助于掌握使用 AutoCAD 2010 进行建筑绘图前的一些必备知识，为以后使用 AutoCAD 2010 进行建筑设计打下良好的基础。

学习目标

- 了解 AutoCAD 建筑绘图的基础知识
- 熟悉 AutoCAD 的工作界面与绘图环境
- 理解建筑制图的部分专业术语
- 掌握建筑常用二维绘制与编辑命令

建筑设计是指建筑物在建造之前，设计者按照建筑任务，将施工过程和使用过程中所存在或可能发生的问题，事先做好通盘的设想，拟定好解决这些问题的方法、方案，并用图样和文件表达出来。

1.1 AutoCAD 2010建筑绘图入门

建筑设计图主要用于满足施工的要求，是拟建建筑工程的功能、形式、构造、材料、做法等内容在图纸上的反映，是建筑工程实物量的另一种表达形式。

1.1.1 建筑设计图概述

一套建筑设计图应当齐全统一，准确无误。由于建筑工程施工要完全按照设计图的要求来实施，因而设计人员在设计之前，必须熟悉建筑工程。对图上的每一根线条、每一条文字说明所表达的设计意图等都应当深入理解。设计人员必须熟悉建筑工程图制图标准。例如各种图线、符号、图例的表示方法等（目前制图主要遵循《建筑制图标准（GB/T 50104-2001）》）。

1. **图样的分类**

在设计时，用图形方式表达房屋的图形称为房屋图；在设计过程中用来研究和比较房屋功能组合和设计意图的图样称为设计图；而在施工时，根据具体实际情况进行施工的图则称为施工图。在建筑设计图中按建筑工程施工图类型又分为建筑施工图、结构施工图以及设备施工图。

建施图是建筑施工图的简称，主要用于表达新建房屋的规划位置、房屋的外部造型、内部各房间的布置、室内外装修、细部结构及施工要求等，主要包括建筑总平面图、建筑平面、立面、剖面图及详图等。

结施图即结构施工图，主要表达房屋承重结构的结构类型、结构的布置及各构件的外形、材料、大小、数量及做法等内容。包括结构设计说明书、结构平面布置图和结构构件详图等。

设施图指设备施工图，主要表达房屋的给水、排水、电气、采暖通风等设备的布置和施工要求，包括各种设备的平面布置图、系统图和详图。

另外，每一幅完整的图样还应包括封面、目录及施工总说明等。

一套工业与民用建筑的建筑施工图通常包括的图样主要有以下几类。

（1）建筑平面图。建筑平面图表示建筑的平面形式、大小尺寸、房间布置、建筑入口、门厅及楼梯布置的情况，表明墙、柱的位置、厚度和所用材料以及门窗的类型、位置等情况。主要图样有首层平面图、二层或标准层平面图、顶层平面图、屋顶平面图等。主要由楼层平面图、局部平面图和屋顶平面图3部分组成，用来表示建筑物的平面形状、水平方向、各部分布置情况以及组合关系等。建筑平面图一般比较详细，通常采用较大的比例，如1：200和1：50，并标出实际的详细尺寸。

① 楼层平面图。一般情况下，对于那些楼层的平面布置相同或仅有局部不同的房屋，只需画出共同的平面图（及标准层平面图）即可。而对于多层房屋，则应该画出各层平面图。

② 局部平面图。当某些局部布置由于内部组合比较复杂，或比例较小而固定设施较多时，可以另行画出比例较大的平面图。当某些楼层平面图的布置基本相同而只有局部不同时，则不同部分可以使用局部平面图来表示。

③ 屋顶平面图。除需要画出各层平面图之外，一般还要画出屋顶平面图。由于屋顶平面图比较简单，一般使用较小比例进行绘制。在屋顶平面图中，一般要表示出屋顶形状、屋面排水方向、坡度、天沟或檐口的位置、女儿墙和屋脊线、雨水管的位置、屋顶避雷针位置等。

平面图的类型按不同的类别可划分为土建平面图、装饰平面图、给排水平面图、电气平面图和采暖平面图等。

（2）建筑立面图。建筑立面图主要用来表达建筑物各个立面的形状和外墙面的装修等，是按照一定比例绘制建筑物的正面、背面和侧面的形状图。它表示的是建筑物的外部形式，说明建筑物长、宽、高的尺寸，表明楼地面标高、屋顶的形式、阳光位置和形式、门窗洞口的位置和形式、外墙装饰的设计形式、材料及施工方法。

根据建筑型体的复杂程度，建筑立面图一般分为正立面、背立面和侧立面，也可按建筑的朝向分为南立面、北立面、东立面、西立面。在施工中，建筑立面图主要是作为建筑外部装修的依据。通常把房屋主要入口或反映房屋外貌主要特征的立面图称为正立面图，将其背后的立面图称为背立面图，两侧则分别称为左侧立图与右侧立图。

根据建筑立面图的类型可分为土建立面图和装饰立面图，而在给排水工程、电气工程、采暖工程中对应的则是系统轴测图。

（3）建筑剖面图。建筑剖面图是按一定比例绘制的建筑竖直方向剖切前视图，它表示建筑内部的空间高度、室内立面布置、结构和构造等情况。在绘制剖面图时，应包括各层楼面的标高、窗台、窗上口、室内净尺寸等，剖切楼梯应表明楼梯分段与分级数量；建筑主要承重构件的相互关系，画出房屋从屋面到地面的内部构造特征，如楼板构造、隔墙构造、内门高度、各层梁和板位置、屋顶的结构形式与用料等；注明装修方法，楼、地面做法，所有材料加以说明，标明屋面做法及构造；各层的层高与标高，标明各部位高度尺寸。

（4）建筑大样图（简称详图）。详图要用以表达建筑物的细部构造、节点连接形式及构件、配件形状大小、材料、做法等。要用较大比例（如1：20、1：5等）绘制详图，尺寸标注要准确齐全，文字说明要详细。

2．房屋组成

根据各种不同建筑物各自的使用要求、空间组合、外形处理、结构形式、构造方式及规模大小而设计出的建筑物，其构成建筑物的主要部分仍然由基础、墙或柱、楼板、屋顶、出入口、门窗等组成。另外，结施图中还有台阶、雨篷、卷梯、踢脚、勒脚、阳台、雨水管、散水以及室内安装的各种配件和装饰等。各个组成部分的功能如下。

① 基础：房屋建筑最根本的一部分，建筑物所有的力都压在基础上，所以基础质量的好坏直接影响到该建筑物的整体效果。

② 柱：柱起着承重、连接的作用，是楼房的外轮廓。

③ 楼板及内外墙：有分隔、维护、隔热、保温等作用，属于内部结构。

④ 门窗：一般设在墙面上，根据要求的不同有不同的型号，分别起采光和通风作用。

⑤ 卷梯：起连接上下屋的作用。

⑥ 阳台：房屋的外部结构，可以起到承载的作用。

⑦ 台阶和雨篷：一般设在入口处。

⑧ 踢脚和勒脚：起保护墙脚作用，在内外墙下。

1.1.2 建筑制图基本知识

建筑设计图样是交流设计思想、传达设计意图的技术文件。在使用 AutoCAD 2010 制图时，一方面需要在正确操作下才能实现其绘图功能，另一方面需要在遵循统一制图规范，在正确的制图理论及方法的指导下来操作，才能生成合格的图样。

1．建筑制图的要求及规范

图幅即图面的大小，分为横式和立式两种。根据国家标准规定，按图面长和宽的大小确定图幅等级。建筑常用的图幅有 A0（也称 0 号图幅，其余类推）、A1、A2、A3 及 A4 等，每种图幅的长宽尺寸如表 1-1 所示。

表 1-1 图幅标准

单位：mm

图幅代号 尺寸代号	A0	A1	A2	A3	A4
b×1	841×1189	594×841	420×594	297×420	210×297
c	10			5	
a	25				

A0~A3 图纸可以在长边加长，但短边一般不应加长，加长尺寸如表 1-2 所示。若有特殊需要，可采用 b×1=841mm×891mm 或 1189mm×1261mm 的幅面。

表 1-2　图纸长边加长尺寸

单位：mm

图幅	长边尺寸	长边加长后尺寸									
A0	1189	1486	1635	1783	1932	2080	2230	2378			
A1	841	1051	1261	1471	1682	1892	2102				
A2	594	743	891	1041	1189	1338	1486	1635	1783	1932	2080
A3	420	630	841	1051	1261	1471	1682	1892			

标题栏包括设计单位名称、工程名称区、签字区、图名区，以及图号区等内容。一般图标格式如图 1-1 所示，设计单位可根据需求添加其他内容，但必须包含这几项。

会签栏是为各工种负责人审核后签名用的表格，它包括专业、实名、日期等内容，如图 1-2 所示。该会签栏可根据需要设定，对于不需要会签的图纸，可以不设此栏。

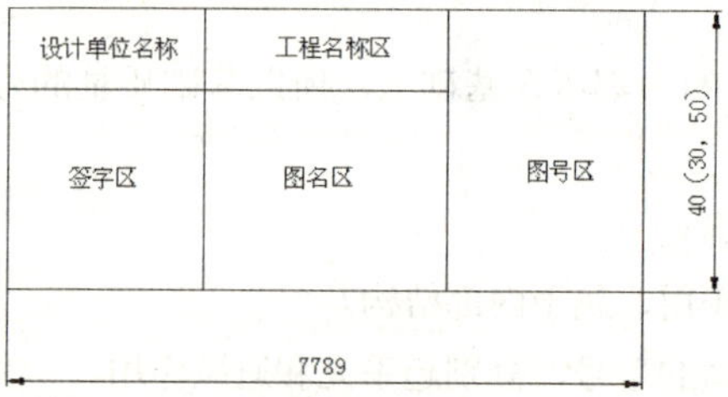

图1-1　标题栏格式

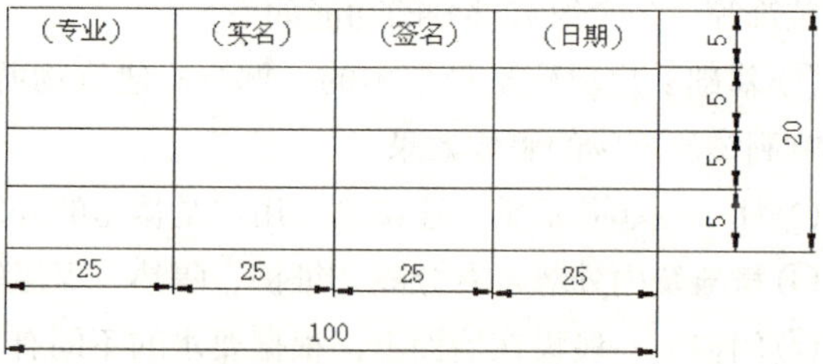

图1-2　会签栏格式

另外，需要微缩复制的图纸，其一个边上应附有一段精确米制尺度，四个边上均附有对中标志。米制尺度的总长应为 100mm，分格应为 10mm。对中标志应画在图纸各边长的中点处，线宽应为 0.35mm，伸入框内应为 5mm。

2．线型要求

建筑图纸主要由各种线条构成，不同线型表示不同对象和不同部位，代表不同含义。对于工程实践中采用的这些常用线型规定了使用范围，表 1-3 所示为一些常用线型统计表。

表 1-3　常用线型统计表

名称	线型		线宽	适用范围
实线	粗		*b*	建筑平面图、剖面图、构造详图的被剖切主要构件截面轮廓线；建筑立面图外轮廓线；图框线；剖切线；总图中的新建建筑物轮廓
	中		0.5 *b*	建筑平、剖面图中被剖切的次要构件的轮廓线；建筑平、立、剖面图构配件的轮廓线；详图中的一般轮廓线
	细		0.25 *b*	尺寸线、图例线、索引符号、材料线及其他细部刻画用线等
虚线	中		0.5 *b*	主要用于构造详图中不可见的实物轮廓；平面图中的起重机轮廓；拟扩建的建筑物轮廓
	细		0.25 *b*	其他不可见的次要实物轮廓线

续表

名称	线型		线宽	适用范围
点划线	细		0.25 *b*	轴线、构配件中的中心线、对称线等
折断线	细		0.25 *b*	省略画出图样时的断开界限
波浪线	细		0.25 *b*	构造层次的断开界线，有时也表示省略画出时的断开界限

其中，图线宽度 *b* 可从线宽 2.0mm、1.4mm、1.0mm、0.7mm、0.5mm、0.35mm 中选取。不同的 *b* 值，会产生不同的线宽组。在同一张图纸内，各不同线宽组中的细线，可以统一采用较细的线宽组中的细线。对于需要微缩的图纸，线宽不宜≤ 0.18mm。

3．尺寸标注

建筑图纸中的尺寸标注的基本原则有如下几点。

（1）为使图纸中的标注整齐、美观，同一张图纸中标注的风格应保持一致。

（2）尺寸线要标注在图样轮廓线以外，从内到外标注尺寸时，应按照从小到大的尺寸进行标注，也就是说，不能将大尺寸标在内，小尺寸标在外。

（3）最内一道尺寸线与图样轮廓线之间的距离应不小于 10mm，两道尺寸线之间的距离一般为 7 ～ 10mm。

（4）尺寸界线朝向图样的端头距图样轮廓的距离应≥ 2mm，最好不要直接与之相连。

（5）尺寸线不要与图线、文字及符号相交。可以考虑将轮廓线用做尺寸界线，但不能作为尺寸线。

（6）当室内设计图中有连续重复的构配件等，不易标明定位尺寸时，可在总尺寸的控制下，定位尺寸不用数值而用“均分”或“EQ”字样表示。

4．文字说明

在一幅完整的图纸中，当无法用图线表示，或用图线方式表现得不充分的地方，可使用文字说明，如材料名称、构配件名称、设计说明、统计表及图名等。建筑制图的规范中对文字标注中的字体、字的大小、字号搭配等方面有如下规定。

（1）字体要端正、排列整齐、清晰准确、美观大方，避免过于个性化的文字标注。

（2）字体：一般标注可采用仿宋字，大标题、图册封面、地形图等的汉字，也可书写成其他字体，但应易于辨认。

（3）字的大小：标注的文字高度应从 3.5mm、5mm、7mm、10mm、14mm、20mm 中选取，若需要书写更大的字，其高度应按$\sqrt{2}$的比值递增。同一类型的文字要采用等大的字。较大的字用于概括性描述，较小的字用详细说明。

5．常用图示标志

常用图示标志主要有如下几种。

（1）详图索引符号及详图符号。在平、立、剖面图中需要另设详图表示的部位标注一个索引符号，以表明该详图位置，这个索引符号即详图索引符号。详图索引符号采用细实线绘制，圆圈直径 10mm。如图 1-3 所示，图 1-3a ～ d 用于索引剖面详图，当详图就在本张图纸上时，采用图 1-3e 的形式；当详图不在本张图纸上时，采用图 1-3a、c、d、f、g 的形式。

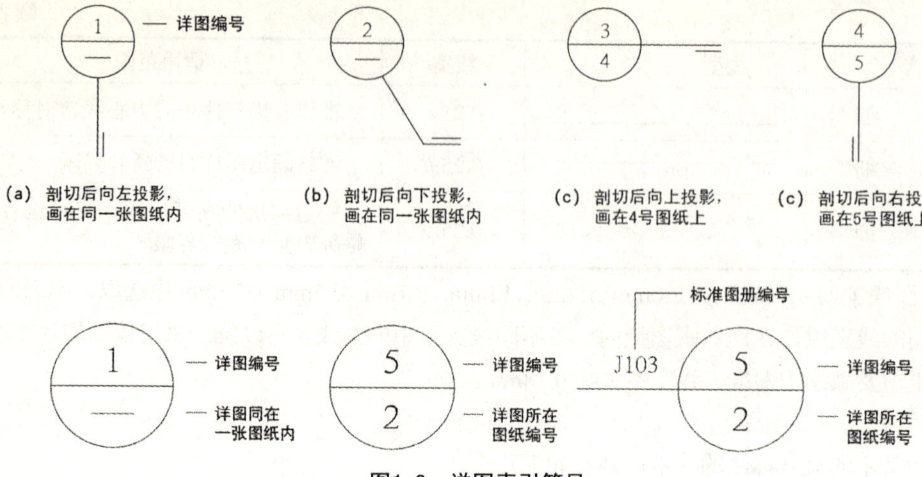

图1-3 详图索引符号

详图符号即详图的编号，用粗实线绘制，圆圈直径 14mm，如图 1-4 所示。

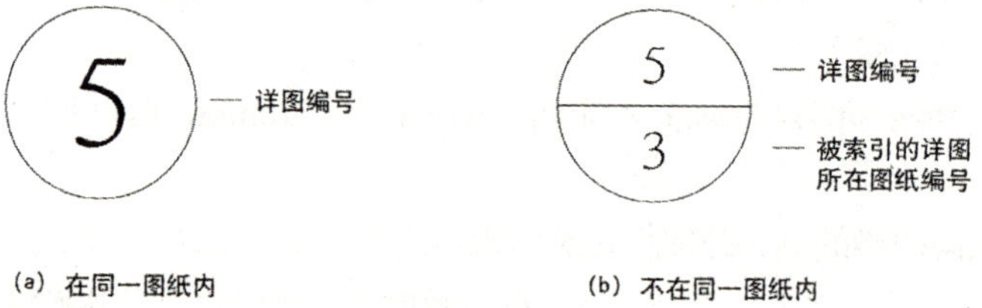

图1-4 详图符号

（2）引出线。由图样引出一条或多条线段指向文字说明，该线段就是引出线。引出线与水平方向的夹角一般为 0°、30°、45°、60°、90°。常见的引出线形式如图 1-5 所示，文字说明可以放在引出线的端头，也可以放在引出线水平段之上。

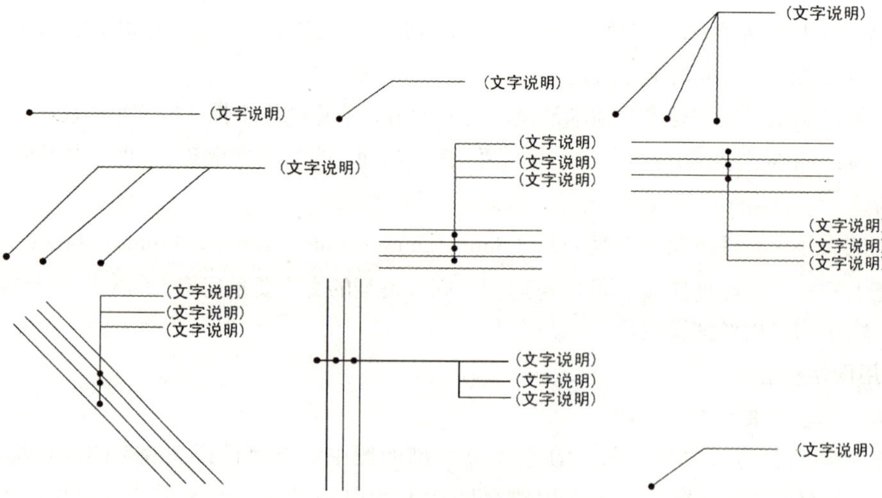

图1-5 引出线形式

（3）内视符号。内视符号标注在平面图中，用于表示室内立面图的位置及编号，建立平面图和室内立面图之间的联系。内视符号的形式如图 1-6 所示。图中立面图编号可用英文字母或阿拉伯数字表示，A、B、C、D 顺时针标注，黑色的箭头指向表示的立面方向。

图1-6 内视符号

6．常用材料符号

建筑设计图中经常应用材料图例来表示材料，在无法用图例表示的地方，也可用文字说明。表1-4所示列出了一些常用的材料图例。

表 1-4 常用的材料图例

材料图例	说明	材料图例	说明
	自然土壤	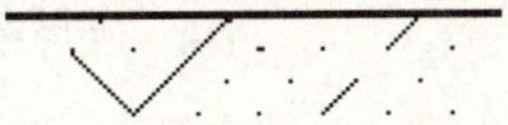	夯实土壤
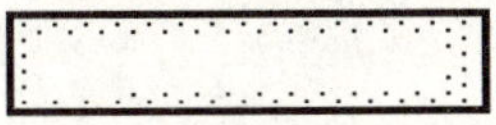	沙、灰土	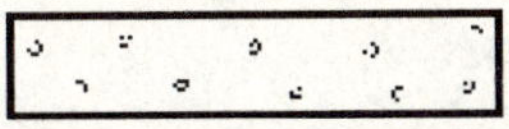	砂砾石、碎砖、三合土
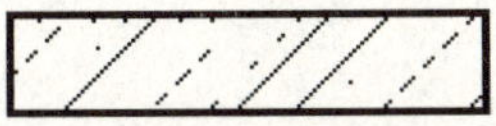	石材	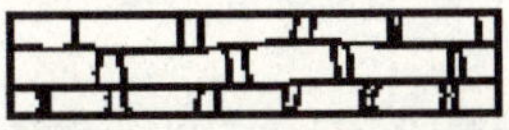	毛石
	普通砖	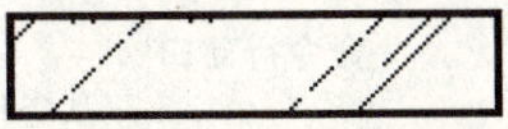	耐火砖
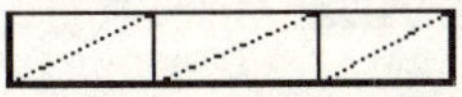	空心砖	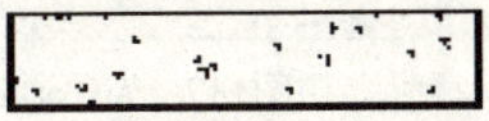	混凝土
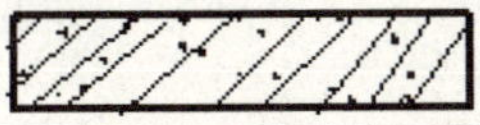	钢筋混凝土	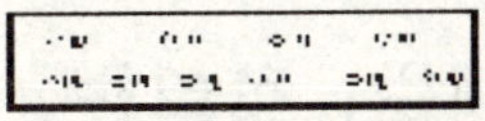	矿渣、炉渣
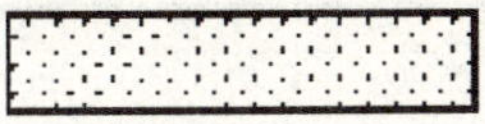	多孔材料	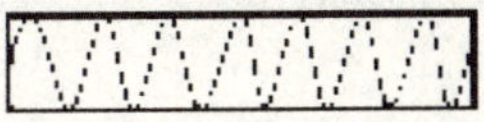	纤维材料
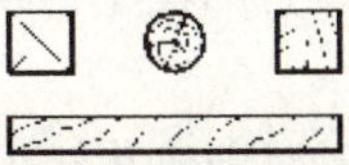	木材	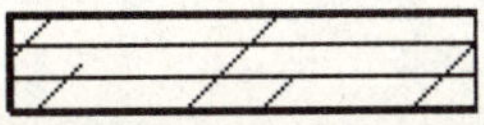	胶合板
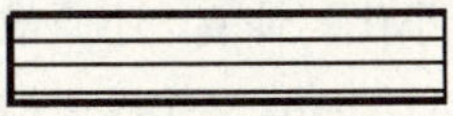	玻璃	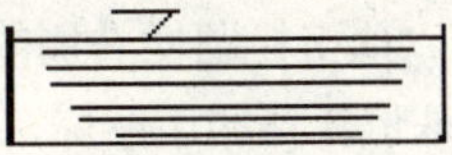	液体
	防水材料		金属

7．常用绘图比例

建筑图纸中常用的绘图比例如下。

① 总图：1∶500，1∶1000，1∶2000。

② 平面图：1∶50，1∶100，1∶150，1∶200，1∶300。

③ 立面图：1∶50，1∶100，1∶150，1∶200，1∶300。

④ 剖面图：1∶50，1∶100，1∶150，1∶200，1∶300。

⑤ 局部放大图：1∶10，1∶20，1∶25，1∶30，1∶50。

⑥ 配件及构造详图：1∶1，1∶2，1∶5，1∶10，1∶15，1∶20，1∶25，1∶30，1∶50。

1.2 AutoCAD 2010工作界面

AutoCAD 2010 工作界面是 AutoCAD 显示、编辑图形的区域，一个完整的 AutoCAD 工作界面主要由菜单栏、工具栏、标题栏、状态栏、绘图窗口、命令行窗口等几个部分组成，如图 1-7 所示。

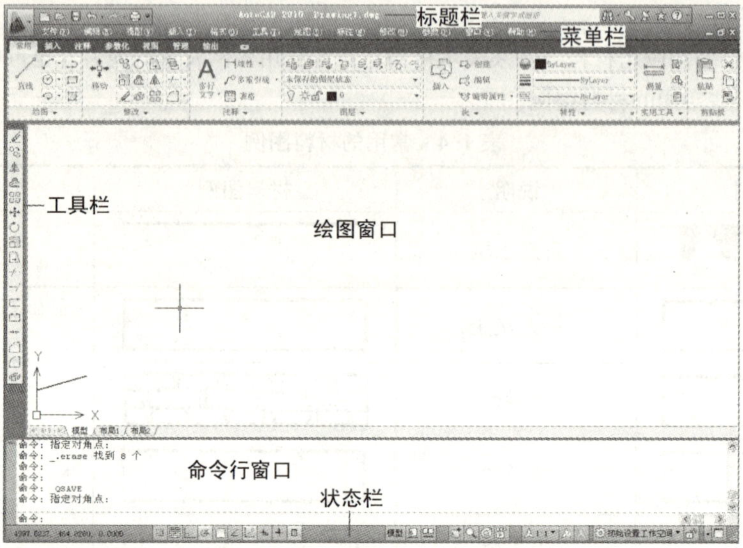

图1-7 AutoCAD 2010工作界面

1.2.1 标题栏、菜单栏、工具栏和状态栏

1．标题栏

AutoCAD 2010 的标题栏位于应用程序窗口的左上方，用于显示当前正在运行的程序名称以及此时应用程序打开的文件名称等信息。

在用户第一次启动 AutoCAD 时，其标题栏中将显示 AutoCAD 2010 在启动时创建并打开的图形文件的名字 Drawing1.dwg。单击标题栏右侧的▭、▣、☒按钮，即可最小化、恢复 / 还原或关闭程序窗口。标题栏最左端是该软件的小图标，单击该图标即可弹出 AutoCAD 2010 工作界面控制下拉菜单，以进行最小化和最大化窗口、恢复窗口、移动窗口、关闭 AutoCAD 等操作。

2．菜单栏

AutoCAD 2010 的菜单栏在标题栏的下方，包括“文件”、“编辑”、“视图”、“插入”、“格式”、“工具”、“绘图”、“标注”、“修改”、“参数”、“窗口”和“帮助”等 12 个主菜单，这 12 个主菜单几乎包括了 AutoCAD 2010 中的全部功能和命令，选择任意一个主菜单都可以弹出下拉菜单，在其中可以选择相应的命令进行操作。

图 1-8 所示为 AutoCAD 2010 的“绘图”菜单。当选择菜单上的某些命令时，AutoCAD 2010 将会在命令行中显示该命令的简短信息，从而帮助使用 AutoCAD 2010 软件。

在绘图区域、工具栏、状态栏、模型与布局选项卡及一些对话框中，单击鼠标右键即可弹出一个快捷菜单，其中的命令与 AutoCAD 当前状态相关。在具体使用时可以在不启动菜单栏的情况下快速、高效地完成某些操作。

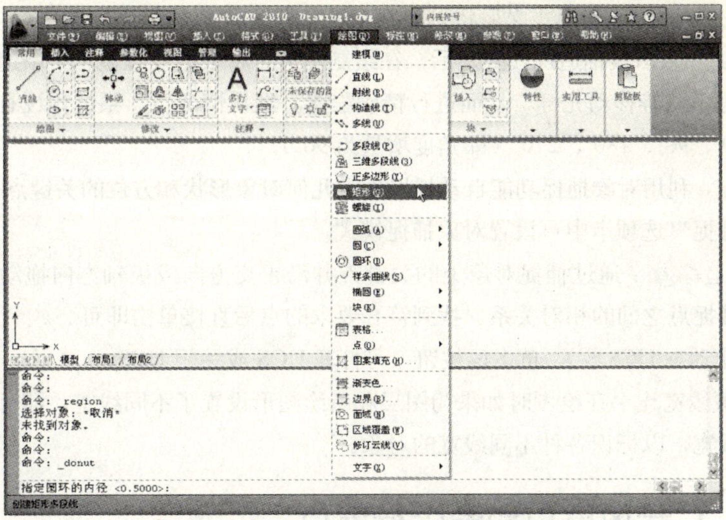

图1-8 AutoCAD 2010的“绘图”菜单

下面概括介绍使用菜单时应遵循的几点内容。

① 如果命令后带有▸符号，表示此命令下还有子命令。

② 如果命令后带有快捷键，表示打开此菜单时，按下快捷键即可执行相应的命令。

③ 如果命令后带有组合键，表示直接按组合键即可执行相应命令。

④ 如果命令后带有“...”，表示执行此命令时可打开一个对话框。

⑤ 如果命令呈现灰色，表示此命令在当前状态下不可使用。

3. 工具栏

工具栏是一组图标型工具的集合，将光标移动到某个图标，稍等片刻即在该图标一侧显示相应的工具提示。同时在状态栏中显示对应的说明和命令名。此时，单击某个按钮，即可执行相应操作。选择“工具”→“工具栏”→“AutoCAD”命令，在子菜单中单击想要打开的工具栏的名称即可。在AutoCAD工作界面中工具栏以浮动方式放置，用户可以在工作界面中任意拖动工具栏，将其放置在任意位置。

4. 状态栏

状态栏位于AutoCAD 2010工作界面的最下方，用来显示当前的状态或提示，状态栏左侧显示的十字光标为当前的坐标位置，右侧则显示辅助绘图的几个功能按钮，如图1-9所示。

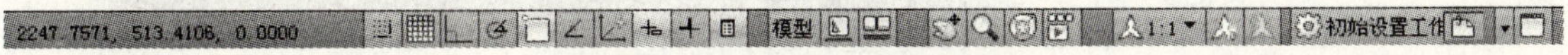

图1-9 AutoCAD 2010的状态栏

在状态栏上包括“坐标区”、“捕捉模式”、“栅格显示”、“正交模式”、“极轴追踪”、“对象捕捉”、“对象捕捉追踪”、“允许 / 禁止动态UCS”、“显示 / 隐藏线宽”等功能按钮，这些按钮都属于“开 / 关”型按钮，即单击按钮一次，启用该功能（开启状态为该按钮的亮显状态），再单击一次即关闭该功能。

状态栏中各个按钮的功能如下。

① 坐标区：动态地显示当前指针的坐标位置。

② 捕捉模式：开启或关闭捕捉功能。打开捕捉设置之后，光标只能在X轴、Y轴或极轴方向移动固定的距离，即精确移动。

③ 栅格显示：激活栅格显示功能后屏幕上将会布满小点。其中，栅格的X轴和Y轴间距也可通过“草图设置”对话框的“捕捉和栅格”选项卡进行设置。

④ 正交模式：激活正交模式之后将只能绘制垂直直线或水平直线。

⑤ 极轴追踪：激活极轴追踪模式之后，在绘制图形时将根据设置显示一条追踪线，用户可在该追踪线上根据提示精确移动光标，从而进行精确绘图。默认情况下，系统预设有 4 个极轴，与 X 轴的夹角分别为 0º、90º、180º、270º（即角度增量为 90º）。

⑥ 对象捕捉：利用对象捕捉功能自动捕捉决定几何对象形状和方位的关键点。在“草图设置”对话框的“对象捕捉”选项卡中可设置对象捕捉模式。

⑦ 对象捕捉追踪：通过捕捉对象上的关键点并沿正交方向或极轴方向拖动光标，即可显示光标当前位置与捕捉点之间的相对关系。找到符合要求的点后直接单击即可。

⑧ 允许 / 禁止动态 UCS：单击该按钮，可打开 UCS 或关闭 UCS。

⑨ 显示 / 隐藏线宽：在绘图时如果为图层和所绘图形设置了不同线宽，即可激活线宽显示开关在屏幕上显示线宽，以标识各种不同线宽的对象。

1.2.2 绘图窗口和命令行窗口

在 AutoCAD 2010 中，绘图窗口和命令行窗口是应用程序的两大主窗口。

1. 绘图窗口

绘图窗口是用户绘制图形的区域，它位于工作空间中央的空白区域，用户完成一幅设计图形的主要工作都是在绘图窗口中完成的。在绘图窗口中有一个十字光标，即绘图光标，该绘图光标主要用于鼠标辅助绘图，其交点反映了光标在当前坐标系中的位置。十字线的方向与当前用户坐标系的 X 轴、Y 轴方向平行，十字线的长度系统预设为屏幕大小的 5%。

绘图窗口的左下方可见一个 L 形箭头轮廓，即用户坐标系（User Coordinate System，UCS）图标，它指示了绘图的方位。三维绘图会在很大程度上依赖这个图标。图标上的 X 和 Y 指出了图形的 X 轴和 Y 轴方向，字母 W 说明正在使用世界坐标系（World Coordinate System，WCS）。

在“模型”选项卡上右键单击，从弹出菜单中选择“隐藏布局和模型选项卡”命令隐藏绘图窗口中的“模型”和“布局”选项卡，如图 1-10 所示。单击状态栏上“布局”按钮可查看布局；单击“模型”按钮，可查看模型。在这两个按钮上右键单击，从弹出菜单中选择“显示布局和模型选项卡”命令，可在绘图窗口中显示“模型”和“布局”选项卡。

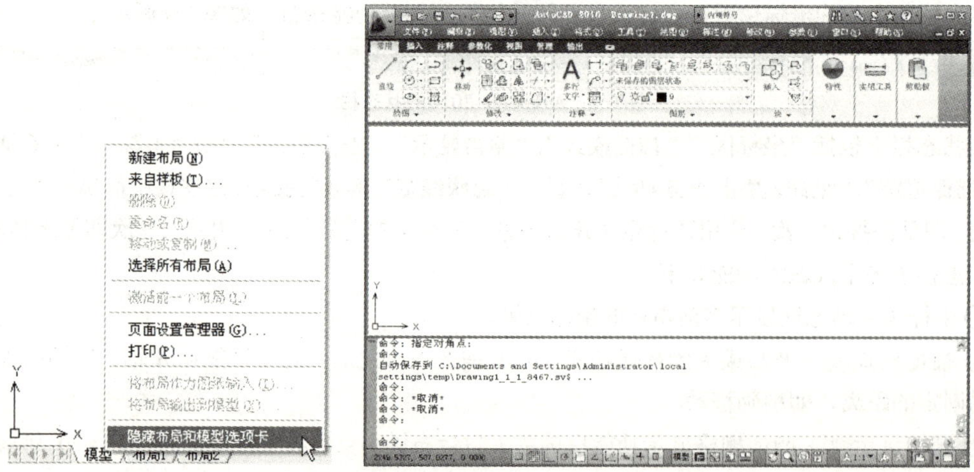

图1-10 隐藏“模型”和“布局”选项卡

默认情况下，AutoCAD 2010 的绘图窗口的颜色为白色，可自行对绘图窗口的背景颜色进行设置。具体的操作方法如下。

（1）单击 AutoCAD 2010 工作界面左上方的按钮，在其下拉列表中单击“选项”按钮，或选择“工具”→“选项”命令，或在命令行中输入命令“PREFERENCES”或“OPTIONS”，即可打开“选项”对话框，如图 1-11 所示。

（2）选择“显示”选项卡，单击“窗口元素”区域中的“颜色”按钮，即可打开“图形窗口颜色”对话框。在“上下文”列表框中选择“二维模型空间”选项，在“界面元素”列表框中选择“统一背景”选项，在“颜色”下拉列表中选择需要的窗口颜色，如图 1-12 所示。

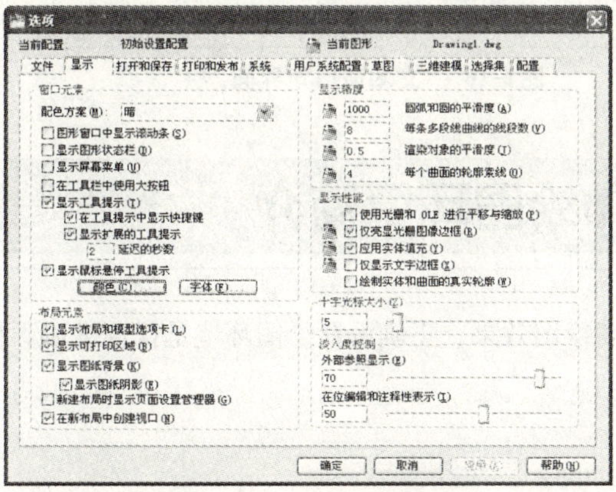

图1-11　“选项”对话框

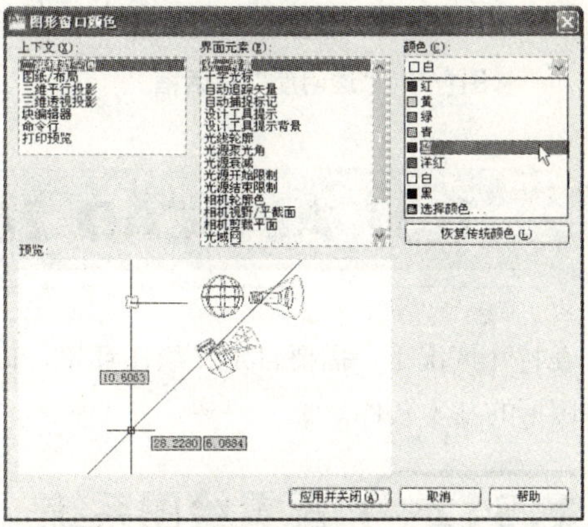

图1-12　“图形窗口颜色”对话框

（3）单击“应用并关闭”按钮返回“选项”对话框中，单击“确定”按钮，即可完成绘图窗口颜色的设置。

2．命令行窗口

命令行窗口位于绘图窗口下方，是输入命令行和显示命令提示的区域。可拖动命令行上方边缘条，当鼠标指针呈形状时进行拖动，即可调整“命令行”窗口的宽度。

在 AutoCAD 2010 中，命令行窗口可拖放为停靠式面板。当命令行窗口靠近绘图窗口左侧时，其标题栏位于左侧，如图 1-13 所示；当命令行窗口靠近绘图窗口右侧时，其标题栏位于右侧，如图 1-14 所示。

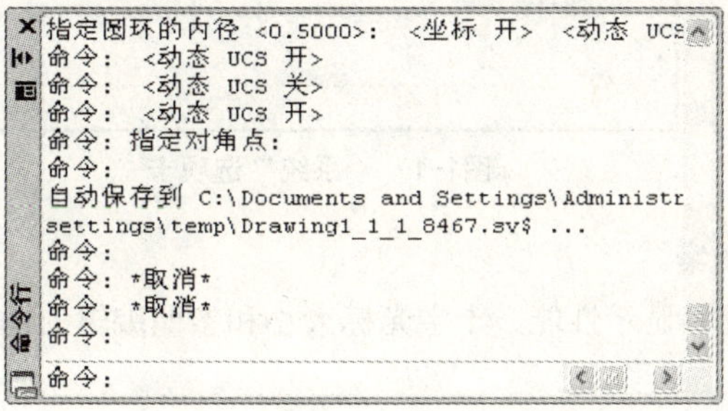

图1-13　AutoCAD 2010的命令行窗口一

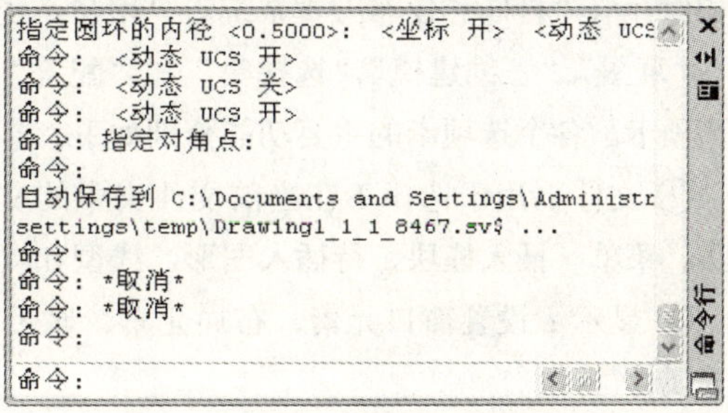

图1-14　AutoCAD 2010的命令行窗口二

当命令行处于浮动状态时，在其标题栏上右键单击并选择“透明度”选项，即可打开“透明度”对话框，拖动“常规”选项区域中的滑块可以设置窗口的透明度，如图 1-15 所示。

AutoCAD 文本窗口是记录 AutoCAD 命令的窗口，即放大的命令行窗口。它记录了已经执行的命令，也可以用来输入新命令。在 AutoCAD 2010 中，选择“视图”→“显示”→“文本窗口”命令，即可打开“文本窗口”界面，如图 1-16 所示。

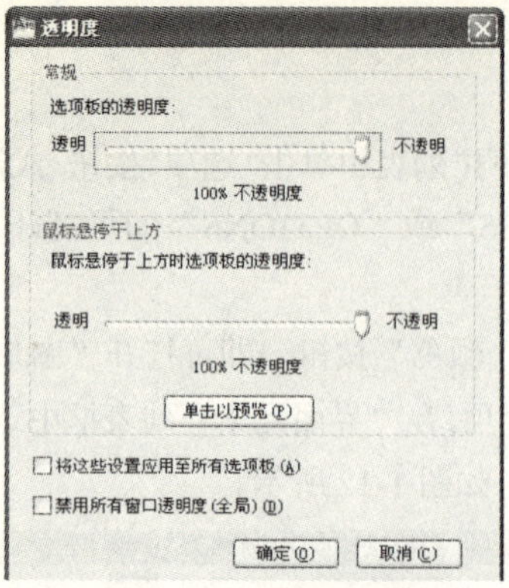

图1-15 “透明度”对话框

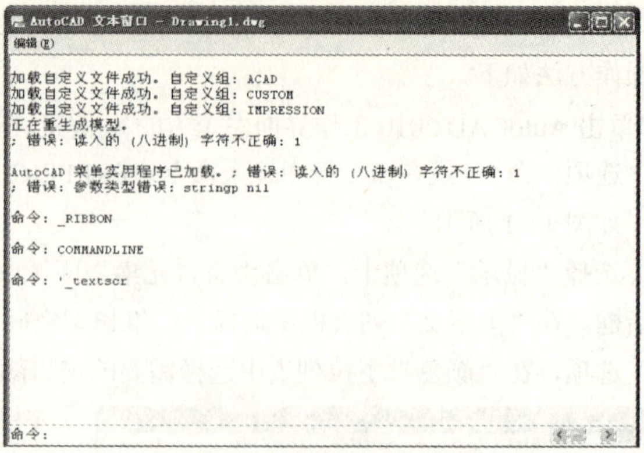

图1-16 “文本窗口”界面

1.3 AutoCAD 2010绘图环境简介

在特殊情况下，需要自定义绘图环境，以提高绘图效果。正确设置绘图环境是保证准确、快速绘制图形的基本条件。

1.3.1 配置绘图系统

一般来说，使用AutoCAD 2010的默认配置就可以绘图。但为使用定点设备或打印机及提高绘图效率，在开始绘图前需先进行必要配置。AutoCAD绘图环境配置可通过“选项”对话框实现，在“系统”选项卡中可设置AutoCAD系统的有关特性，如图1-17所示。

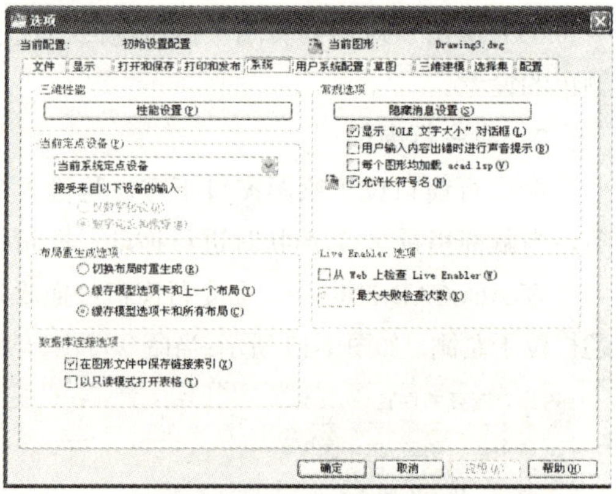

图1-17 “系统”选项卡

在“选项”对话框中共有“文件”、“显示”、“打开和保存”、“打印和发布”、“系统”、“用户系统配置”、“草图”、“三维建模”、“选择集”和“配置”10个选项卡。各个选项卡的主要功能分别如下。

① 文件：用于选择不在当前文件夹中的文字字体、菜单、插入模块、待插入图形、线型和填充图案。

② 显示：设置窗口元素、布局元素、显示精度、显示性能、十字光标大小和参照编辑的褪色度等属性。

③ 打开和保存：设置默认情况下文件保存的格式、是否自动保存文件以及自动保存的时间间隔、是否维护日志、是否加载外部参照等属性。

④ 打印和发布：设置系统的输出设备。在默认情况下，输出设置为Windows打印机，有时为了特殊需要（如输出较大幅面的图形），需要添加或配置绘图仪。

⑤ 系统：设置当前三维图形的显示特性，在“基本选项”组合框中，可设置AutoCAD的启动方式，即显示“启动”对话框或不显示“启动”对话框。

⑥ 用户系统配置：设置是否使用快捷菜单、拖放比例、坐标数据输入的优先级、关联标注、超链接等属性。

⑦ 草图：设置自动捕捉、自动追踪、对齐点获取、对象捕捉选项、靶框大小等属性。

⑧ 三维建模：设置线框模型、曲面模型、实体模型等属性。

⑨ 选择集：用来设置选取框大小、选择模式，以及夹点的各种属性。

⑩ 配置：用来实现系统配置文件的新建、重命名、输入/输出，以及删除等操作。

1.3.2 绘图单位设置

确定绘图时的长度单位、角度单位及精度和方向是保证绘图准确的前提。在正式开始绘图前，最好设置好图形单位（如绘图比例设置为1∶1，则所有图形都将以真实大小进行绘制）。在“图形单位”对话框中可设置绘图设置，调用“图形单位”对话框可通过如下几种方法。

（1）选择“格式”→“单位”命令。

（2）在命令行中输入命令“UNITS”或“DDUNITS”。

执行上述命令后，即可打开“图形单位”对话框，如图 1-18 所示。在其中可以进行图形单位的设置，主要包括设置长度和角度的类型、精度等。

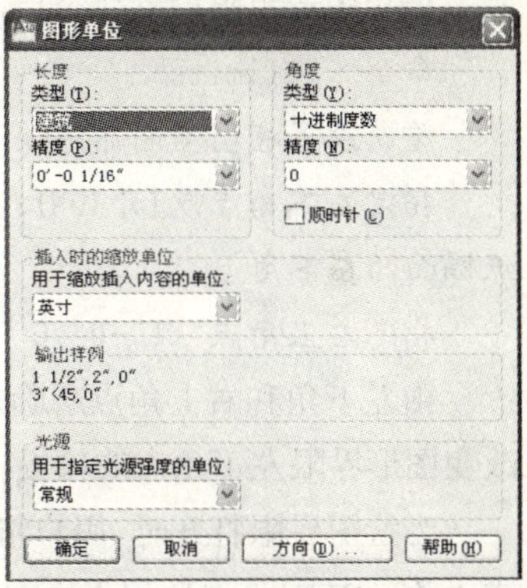

图1-18 “图形单位”对话框

（1）长度。在“长度”选项区域中，可以设置图形的长度单位类型和精度。设置“长度”类型为“小数”（即十进制），“精度”可根据需要设置位数。各选项的功能如下。

① 类型：在该下拉列表框中可选择“小数”、“分数”、“工程”、“建筑”、“科学”5 个长度单位类型选项。

② 精度：在该下拉列表框中可选择长度单位的精度，即小数的位数，最大可以精确到小数点后 8 位，默认值为小数点后 4 位数。

（2）角度。在“角度”选项区域中，可设置图形的角度类型和精度。设置“角度”类型为“十进制度数”，“精度”为“0”。各选项的功能如下。

① 类型：在该下拉列表框中可选择“十进制度数”、“百分度”、“弧度”、“勘测单位”、“度/分/秒”5 个角度单位类型选项。

② 精度：在该下拉列表框中选择角度单位的精度，默认值为 0。

③ 顺时针：用以指定角度的正方向（默认为以逆时针方向为正方向）。若选中“顺时针”复选框，则以顺时针方向为正方向。

（3）插入时的缩放单位。单击“用于缩放插入内容的单位”下拉按钮，即可从下拉列表框中选择拖放图形的单位（如毫米、英尺、码等）。

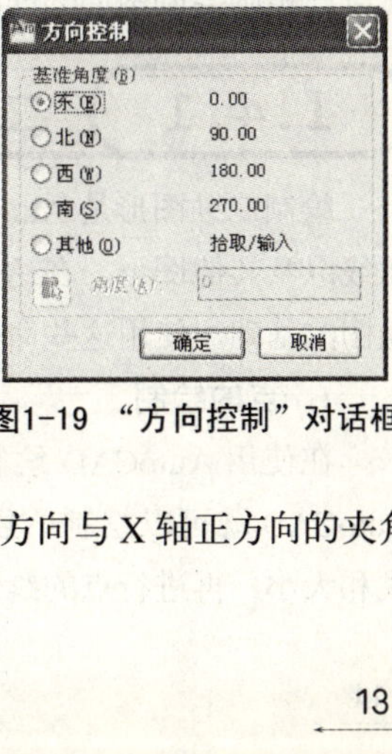

图1-19 “方向控制”对话框

（4）方向。单击 方向(D)... 按钮，即可打开“方向控制”对话框。在其中可设置角度的基准方向，可以选择“东”、“北”、“西”或“南”方向为零角度的方向。也可选择“其他”选项，在文本框中直接输入零度方向与 X 轴正方向的夹角数值，如图 1-19 所示。

1.3.3 图形界限设置

在 AutoCAD 中进行设计和绘图的工作环境是一个无限大的空间（即模型空间），它是一个绘图窗口。在模型空间中进行设计，可以不受图纸大小的约束。

绘图界限是指绘图区域的边界，又称作图形界限（Limits）。设置图形界限是将所绘制的图形布置在这个区域之内，显示为一个可见栅格指示区域，以便布图和打印。当打开图形界限边界检验功能时，一旦绘制的某个图形超出了绘图界限，将提示绘制的图形超出了图形界限。图形界限可随时自行进行调整。激活图形界限设置命令可通过如下几种方法进行。

（1）选择“格式”→“图形界限”命令。

（2）在命令行中输入“Limits”命令，并按“空格”键或“Enter”键。

调用图形界限设置命令后，命令行中将会显示如下提示信息：

命令: '_limits

重新设置模型空间界限:

指定左下角点或[开(ON)/关(OFF)]<0.0000,0.0000>:　　（可接受默认值，将坐标原点作为图纸幅面的左下角）

指定右上角点 <1'-0",0'-9">:　　（输入图纸幅面的右上角坐标）

由左下角和右上角点所确定的矩形区域为图形界限，它也决定能显示栅格的绘图区域。通常不改变图形界限左下角点的位置，只需给出右上角点的坐标，即区域的宽度和高度值。

当绘图界限打开时，用户将不能在绘图界限之外绘图，只能在定义的绘图区域内绘制。“开(ON)”或“关（OFF)”选项用于决定在图形界限之外指定的一点。如果执行“开（ON)”选项，即打开图形界限功能；如果执行“关（OFF)”选项，则不使用图形界限功能。

当图形界限设置完毕后，选择“视图”→“缩放”→“全部”命令，观察整个图形。

1.4 建筑常用绘制与编辑命令

AutoCAD 2010 提供了多种绘制二维图形的方法，如使用“绘图”菜单、“常用”选项卡中的“绘图”面板、“绘图”工具栏以及绘图命令等，可以绘制各种二维图形。还提供了丰富的图形编辑命令，可以在精确绘制图形的同时提高绘图速度。

1.4.1 二维绘图命令

绘制二维图形是 AutoCAD 绘图的基础，二维图形都是由最基本的几何图形组成的，如点、直线、弧线以及其他图形。在这些绘图命令中，有一些是二维基本绘图命令，是进行二维高级绘图和三维绘图的基础，使用这些命令可以绘制出各种基本图形对象。

1．点的绘制

在使用 AutoCAD 绘制图形时，经常需要绘制些辅助点来准确定位，完成图形后再删除它们。AutoCAD 既可以绘制单独的点，也可以绘制等分点和等距点。在创建点之前要预先设置好点的样式和大小，再进行点的绘制。

(1) 设置点的大小与样式。AutoCAD 2010 提供了多种样式的点，可自行进行设置。要激活点样式命令，可在命令行中输入命令“DDPTYPE”或选择“格式”→“点样式”命令，即可在“点样式”对话框中进行设置，如图1-20所示。可以选择点的样式，也可以利用“点大小”文本框调整点的大小。点的大小可以根据屏幕尺寸设置，也可以使用绝对尺寸设置。

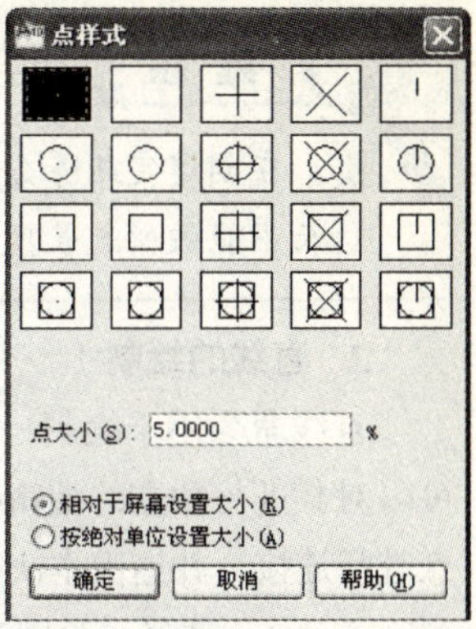

图1-20 “点样式”对话框

(2)绘制点。在设置完点样式之后，可通过下面的方法调用点命令。

方法1：单击“绘图”工具栏中的“点”按钮。

方法2：选择“绘图”→“点”→“单点”(或“多点”)命令。“单点”命令用于绘制一个点，“多点”命令用于绘制多个点。

方法3：在命令行中输入命令“POINT”。

方法4：单击“常用”选项卡下“绘图”面板中的“多点”按钮。

在调用点命令后，按照命令行中显示的提示信息进行操作，即可在绘图窗口中的指定位置绘制一个或多个点。

命令: _point

当前点模式:　PDMODE=0　PDSIZE=0′-0″

指定点:　　　　　　　　　(输入点的坐标，或直接在绘图窗口中单击选取点)

(3)绘制定数等分点。绘制定数等分点，就是将点或者块沿着对象的长度或周长间隔排列。可以绘制定数等分点的对象包括圆、圆弧、椭圆、椭圆弧和样条曲线。选择“绘图”→“点”→“定数等分”命令，根据命令行中的提示信息进行操作，即可绘制定数等分点，图1-21所示为一个椭圆的定数等分图。

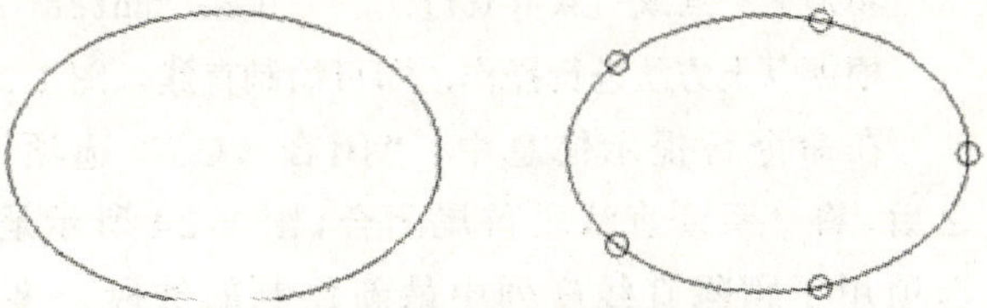

图1-21　椭圆的定数等分图

命令: _divide

选择要定数等分的对象:　　　　(选择对象)

输入线段数目或 [块(B)]: 5　(输入要等分的线段数目)

(4) 绘制定距等分点。在 AutoCAD 中，还可以按照一定的间距绘制点，定距等分点是在指定对象上按指定的长度绘制点或插入块。选择“绘图”→“点”→“定距等分”命令，根据命令行中的提示信息进行操作，即可绘制定距等分点，图1-22所示为一个椭圆的定距等分图。

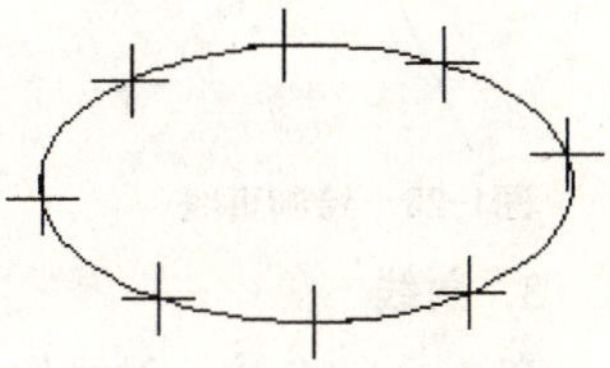

图1-22　椭圆的定距等分图

命令: _measure

选择要定距等分的对象:　　　　(选择对象)

指定线段长度或 [块(B)]:　　　(在对象中指定定距线段的第一点)

指定第二点:　　　　　　　　　(指定定距线段的第二点)

提 示

在创建定距等分点时，放置点的起始位置是从离对象选取点较近的端点开始，如果对象总长不能被所选长度整除，则最后放置点到对象端点的距离将不等于所选对象长度。

2. 直线的绘制

直线命令用于绘制一系列连续的直线段，每条直线段都可以作为一个独立的图形对象处理，既可以对其进行独立的编辑操作，也可以利用“闭合（C）”选项封闭所绘出的折线（将当前点与起始点进行连接）并退出本次操作。要调用直线命令可通过如下几种方法进行操作。

方法 1：选择“绘图”→“直线”命令。

方法 2：单击“绘图”工具栏上的“直线”按钮。

方法 3：在命令行中输入命令“LINE”。

方法 4：单击“常用”选项卡下“绘图”面板中的“直线”按钮。

在调用直线命令后，可根据命令行中的提示信息进行操作：

命令: _line

指定第一点:　　　　　　　　（在绘图窗口中单击，指定一点或输入点的坐标）

指定下一点或 [放弃(U)]:　　（在绘图窗口中指定下一点，或输入下一点的坐标）

指定下一点或 [放弃(U)]:　　（按“Enter”键结束操作）

根据以上方法进行操作，即可绘制直线，图 1-23 所示为绘制的直线。

在命令行提示信息中，“闭合（C）”选项用于在绘制一系列线段（两条或两条以上）之后，将一系列直线段首尾闭合，图 1-24 所示是利用直线命令绘制平行四边形；“放弃（U）”选项用于删除直线序列中最新绘制的线段，多次输入“U”，按绘制次序的逆序逐个删除线段。

图1-23　绘制直线

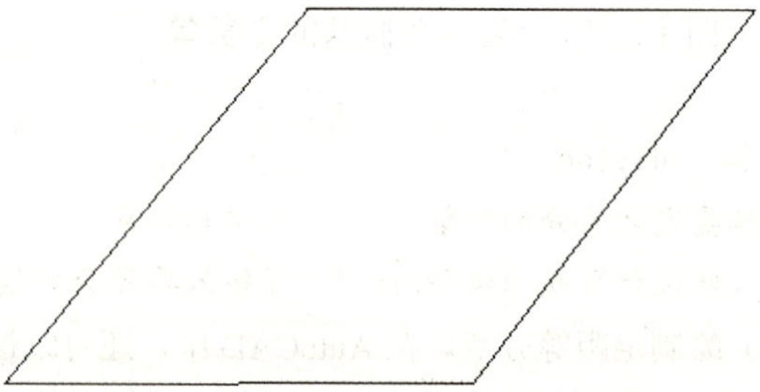

图1-24　利用直线命令绘制平行四边形

3. 射线

在 AutoCAD 中，射线作为图形设计的辅助线，多用于图形定位。要调用射线命令，可通过如下几种方法进行操作。

方法 1：选择“绘图”→“射线”命令。

方法 2：单击“绘图”工具栏上的“射线”按钮。

方法 3：在命令行中输入命令“RAY”。

方法 4：单击“常用”选项卡下“绘图”面板中的“射线”按钮。

在调用射线命令后，可根据命令行中的提示信息进行操作：

命令: _ray
指定起点:　　　　　　（指定射线的起点）
指定通过点:　　　　　（指定射线的另一个点）
指定通过点:　　　　　（按“Enter”键结束命令）

在绘制射线时，指定射线的起点和通过点后，即可绘制一条射线；如果在指定射线的起点后，在“指定通过点”提示下指定多个通过点，即可绘制以起点为端点的多条射线，直到按“Esc”键或“Enter”键退出为止，图 1-25 所示是绘制的同一起点的多条射线。

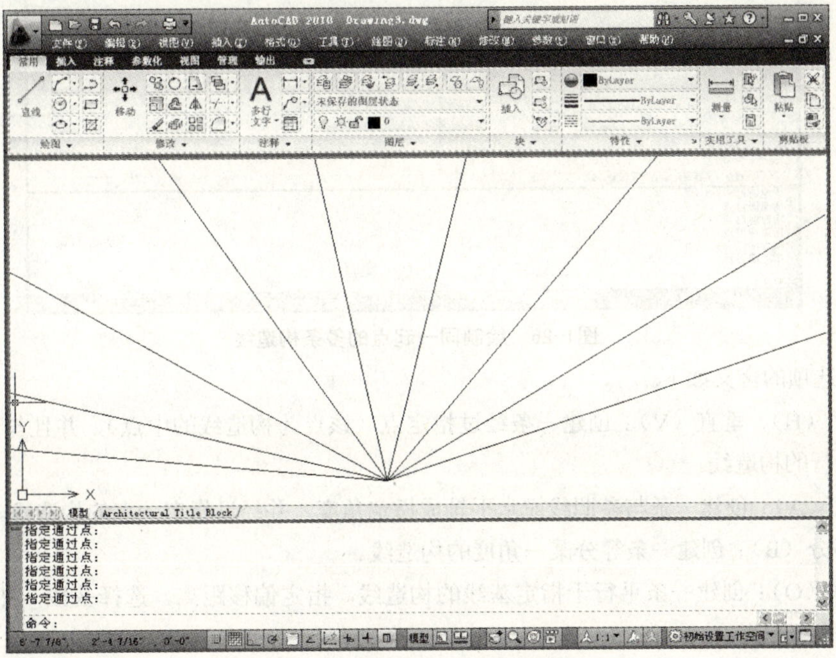

图1-25　绘制同一起点的多条射线

4．构造线

构造线为两端可以无限延伸的直线，没有起点和终点，可以放置在三维空间的任何地方，主要用于绘制辅助线。构造线可以帮助进行精确定位，主要用做辅助线。

调用构造线命令可通过如下几种方法进行操作。

方法 1：选择“绘图”→“构造线”命令。

方法 2：单击“绘图”工具栏上的“构造线”按钮。

方法 3：在命令行中输入命令“XLINE”。

方法 4：单击“常用”选项卡下“绘图”面板中的“构造线”按钮。

调用构造线命令后，可根据命令行中的提示信息进行操作：

命令: _xline
指定点或 [水平(H)/垂直(V)/角度(A)/二等分(B)/偏移(O)]:　　（指定构造线的第一个点）
指定通过点:　　　　（指定构造线的第二个点）
指定通过点:　　　　（按“Enter”键结束命令）

如果在指定构造线的第二个通过点后，在“指定通过点”提示下指定多个通过点，即可绘制以起点为中点的多条构造线，图 1-26 所示是绘制的同一起点的多条构造线。

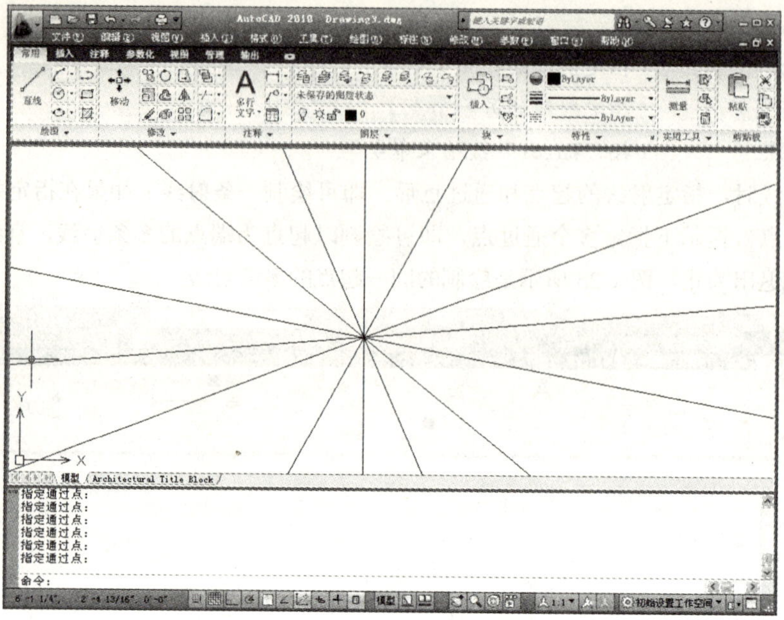

图1-26　绘制同一起点的多条构造线

其中各选项的含义如下。

① 水平（H）、垂直（V）：创建一条经过指定点（该点为构造线的中点），并且与当前 UCS 的 X 或 Y 轴平行的构造线。

② 角度（A）：创建一条与参照线或水平轴成指定角度，并经过指定一点的构造线。

③ 二等分（B）：创建一条等分某一角度的构造线。

④ 偏移（O）：创建一条平行于指定基线的构造线。指定偏移距离，选择基线，然后指明构造线位于基线的哪一侧。

5．矩形的绘制

矩形常用来绘制门窗等多边形对象。默认情况下，绘制的矩形边与当前 UCS 的 X 轴或 Y 轴平行，也可以绘制与 X 轴成一定角度的矩形。绘制的矩形还可以包括倒角、圆角、标高、厚度和宽度。调用构造线命令可通过如下几种方法进行。

方法 1：选择“绘图”→“矩形”命令。

方法 2：单击“绘图”工具栏上的“矩形”按钮。

方法 3：在命令行中输入命令“RECTANG”。

方法 4：单击“常用”选项卡下“绘图”面板中的“矩形”按钮。

调用矩形命令后，可根据命令行中的提示信息进行操作：

命令：_rectang

指定第一个角点或 [倒角(C)/标高(E)/圆角(F)/厚度(T)/宽度(W)]：（指定一个角点或方式）

指定另一个角点或 [面积(A)/尺寸(D)/旋转(R)]：（指定另一个角点或方式）

根据以上方法进行操作，即可通过指定两个点作为矩形的对角点来绘制矩形，这是最简单的方式。当指定了矩形的第一个角点后，命令行提示“指定第一个角点或 [倒角 (C)/ 标高 (E)/ 圆角 (F)/ 厚度 (T)/ 宽度 (W)]:”，此时，可直接指定矩形的另一个角点，也可输入“A”（选择“面积（A）”选项），通过指定矩形的面积和长度（或宽度）来绘制矩形。输入“D”，可通过指定矩形的长度、宽度和矩形另一个角点的方位来绘制矩形。输入“R”，指定矩形与 X 轴正方向的夹角，并拾取两个参考点绘制矩形。命令行中其他各个选项的功能如下。

① 倒角（C）：设置对矩形各个角的修饰，从而绘制出 4 个角带倒角的矩形。

② 标高（E）：设置绘制矩形时的所在 Z 平面，该选项一般用于三维绘图。

③ 圆角（F）：设置矩形各角为圆角，从而绘制出带圆角的矩形。

④ 厚度（T）：设置矩形沿 Z 轴方向的厚度，该选项一般用于三维绘图。

⑤ 宽度（W）：设置矩形边的宽度。

图 1-27 所示为绘制的不同样式的矩形。

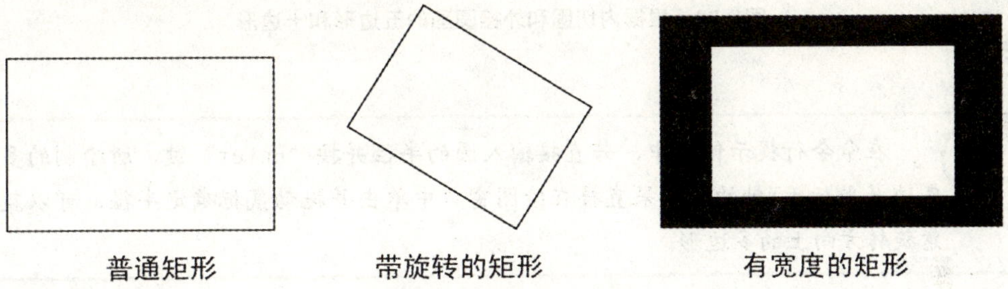

图1-27 不同样式的矩形

技巧

在 AutoCAD 中矩形是被当作一个对象来处理，并不等同于由 4 条线段所组成的图形。如果需要将矩形分解为 4 条直线段，则必须对矩形进行分解。

6. 正多边形的绘制

使用“正多边形”命令可以绘制边数从 3 ～ 1024 的正多边形。在 AutoCAD 中，可以基于一个不可见的圆绘制正多边形（内接于圆或外切于圆），也可以指定边长（通过两个点确定）来绘制。其中，内接正多边形位于一个虚构的圆中；外切正多边形整个多边形外切于一个指定半径的圆。调用构造线命令可通过如下几种方法进行操作。

方法 1：选择“绘图”→“正多边形”命令。

方法 2：单击“绘图”工具栏上的“正多边形”按钮。

方法 3：在命令行中输入命令“POLYGON”。

方法 4：单击“常用”选项卡下“绘图”面板中的“正多边形”按钮。

调用正多边形命令后，可根据命令行中的提示信息进行操作：

```
命令: _polygon
输入边的数目 <0>:                              (指定正多边形的边数)
指定正多边形的中心点或 [边(E)]:                  (指定正多边形的中心点)
输入选项 [内接于圆(I)/外切于圆(C)] <I>:          (指定和圆的关系)
指定圆的半径:                                  (指定圆的半径)
```

通过以上方法，可绘制一个指定边数的多边形，图 1-28 所示是绘制的五边形和十边形。

命令行各选项的含义如下。

① 边 (E)：以一条边的长度为基础绘制正多边形。

② 内接于圆 (I)：绘制圆的内接正多边形。

③ 外切于圆 (C)：绘制圆的外切正多边形。

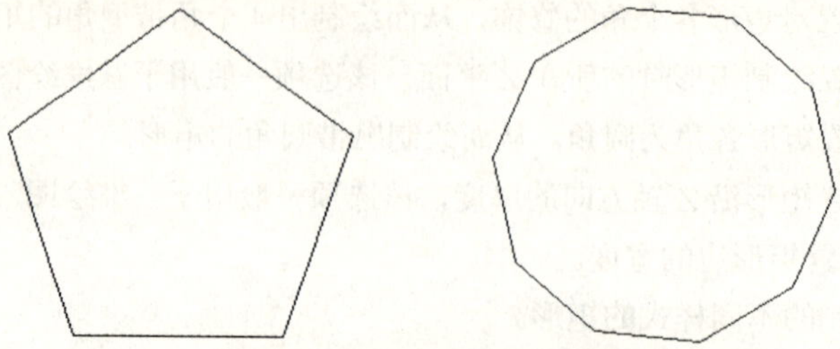

图1-28　根据内切圆和外接圆画的五边形和十边形

注 意

在命令行提示信息中，若直接输入圆的半径并按“Enter”键，所绘制的多边形底边是平行于X轴的；如果直接在绘图窗口中单击并拖动鼠标确定半径，可以获得任意旋转方向上的多边形。

7．圆和圆环的绘制

AutoCAD 中提供了多种创建圆的方法，可以通过指定圆心坐标、直径等来创建圆形对象。

调用构造线命令可通过如下几种方法进行操作。

方法 1：选择“绘图”→“圆”命令。

方法 2：单击“绘图”工具栏上的“圆”按钮。

方法 3：在命令行中输入命令“CIRCLE”。

方法 4：单击“常用”选项卡下“绘图”面板中的“圆”按钮。

调用圆命令后，可根据命令行中的提示信息进行操作：

命令: _circle

指定圆的圆心或 [三点(3P)/两点(2P)/切点、切点、半径(T)]: （指定圆心或选择其他选项）

指定圆的半径或 [直径(D)]: （指定圆的半径或直径）

在 AutoCAD 2010 中，可以使用 6 种方法绘制圆。单击“绘图”面板上的“圆”下拉按钮，在其下拉列表中列出了 6 种绘制圆的方法，如图 1-29 所示。分别使用这 6 种方法，可以绘制出不同效果的圆，如图 1-30 所示。系统默认的绘制圆的方法是指定圆心和半径。

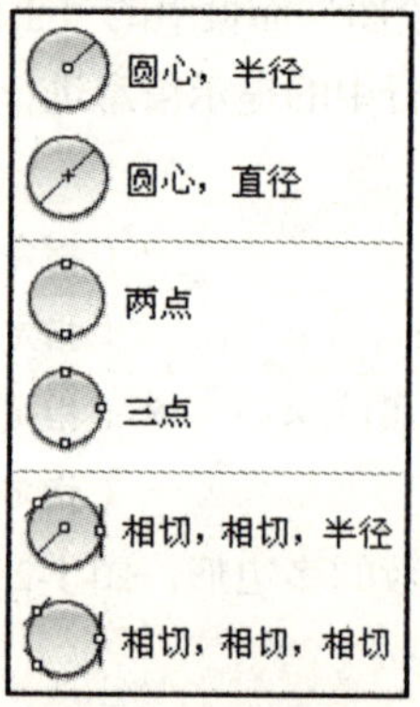

图1-29　绘制圆的命令

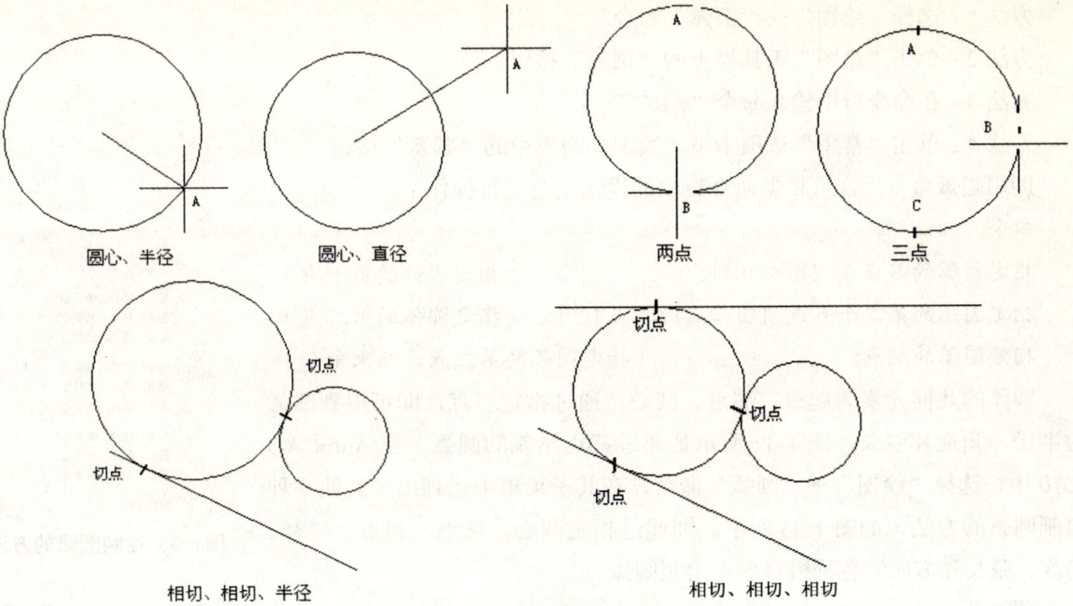

图1-30 分别利用6种方法绘制圆

注意 在利用“相切、相切、半径”画圆时，需要注意的是所给出的圆的半径值不能太大或太小，否则无法画出圆。

在使用“相切、相切、半径”命令时，系统总是在距拾取点最近的部位绘制相切的圆，因此，在拾取相切对象时，根据所拾取位置不同，结果有可能会不相同，如图 1-31 所示。

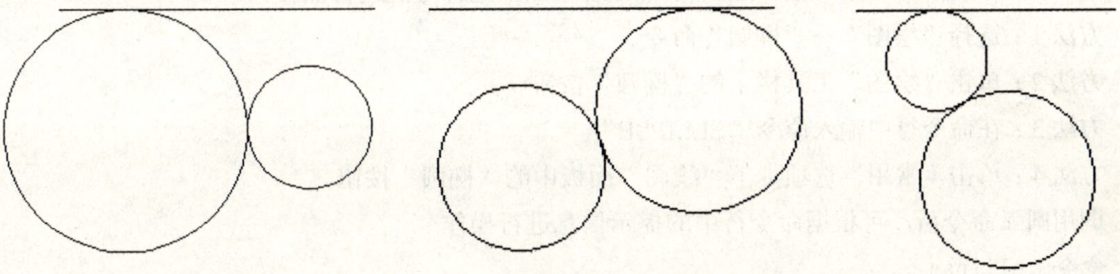

图1-31 不同相切点产生的不同效果

8. 圆弧的绘制

可使用多种方法创建圆弧。调用圆弧命令可通过如下几种方法进行操作。

图1-32 三点确定圆弧

方法 1：选择“绘图”→“圆弧”命令。

方法 2：单击“绘图”工具栏上的“圆弧”按钮。

方法 3：在命令行中输入命令“ARC”。

方法 4：单击“常用”选项卡下“绘图”面板中的“圆弧”按钮。

调用圆弧命令后，可根据命令行中的提示信息进行操作：

命令: _arc

指定圆弧的起点或 [圆心(C)]:　　（指定圆弧的第一点）

指定圆弧的第二个点或 [圆心(C)/端点(E)]:　　（指定圆弧的第二点）

指定圆弧的端点:　　（指定圆弧的第三点，结束命令）

圆弧的几何元素为起点、端点、圆心，通过指定三点，即可得到圆弧的半径、角度和弦长，图 1-32 所示是通过三点绘制的圆弧。在 AutoCAD 2010 中，选择“绘图”→“圆弧”命令，在其子菜单中还列出了其他 9 种绘制圆弧的方法，如图 1-33 所示。即通过指定圆心、端点、起点、半径、角度、弦长和方向的各种组合形式绘制圆弧。

图1-33 绘制圆弧的方法

技巧

默认状态下，创建圆弧时按逆时针方向旋转。如果想要创建一个顺时针旋转的圆弧，可指定一个负的弦长或负的角度。

9. 椭圆和椭圆弧的绘制

椭圆由定义其长度和宽度的两条轴决定。椭圆的几何元素包括圆心、长轴和短轴，绘制椭圆时并不区分长轴和短轴的次序。调用椭圆命令可通过如下几种方法进行操作。

方法 1：选择“绘图”→“椭圆”命令。

方法 2：单击“绘图”工具栏上的“椭圆”按钮。

方法 3：在命令行中输入命令“ELLIPSE”。

方法 4：单击“常用”选项卡下“绘图”面板中的“椭圆”按钮。

调用圆弧命令后，可根据命令行中的提示信息进行操作：

命令: _ellipse

指定椭圆的轴端点或 [圆弧(A)/中心点(C)]:　　（指定轴的一个端点）

指定轴的另一个端点:　　（指定轴的另一个端点）

指定另一条半轴长度或 [旋转(R)]:　　（指定另一轴的端点或输入长度值）

椭圆的绘制方法共有两种。第一种是先定出其中一条轴的两个端点之后，再给出另一条轴的半长，这种方法称为轴、端点法；第二种是先定出椭圆的中心之后，再定出一条轴的端点，最后再给出另一条轴的半长，这种方法称为中心点法。

（1）轴、端点法。所谓轴、端点法，即先确定椭圆两条轴中任意一条轴的两个端点位置之后，再给出另一条半轴的长度。指定椭圆中心、一个轴的端点（主轴）以及另一个轴的半轴长度绘制椭圆；或选择“绘图”→“椭圆”→“轴、端点”命令，指定一个轴的两个端点（主轴）和另一个轴的半轴长度来绘制椭圆。还可以直接输入命令“ELLIPSE”（大小写均可）并按“空格”键或“Enter”

键绘制椭圆，如图 1-34 所示。

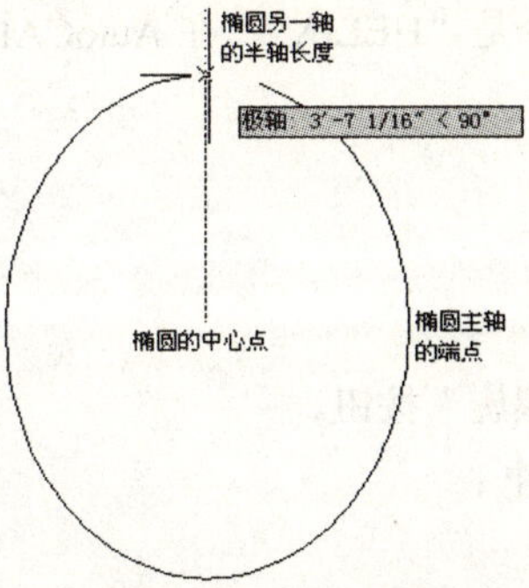

图1-34 用轴、端点法绘制椭圆

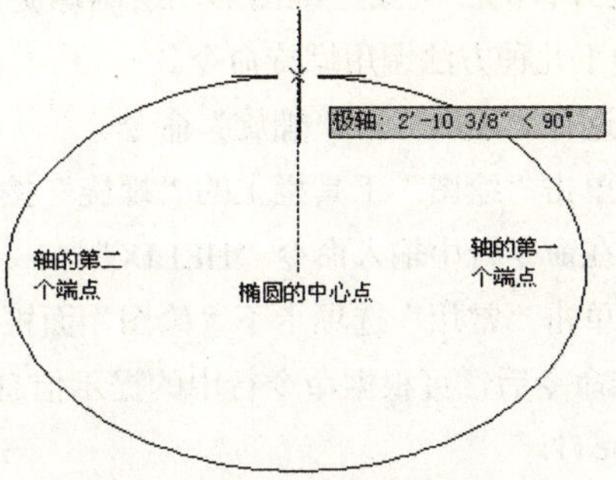

图1-35 用圆心法绘制椭圆

（2）圆心法。所谓圆心法是先确定椭圆中心的位置之后，再给出椭圆的一条轴的一个端点，再给出另一条半轴的长度。也可使用一个专用的“椭圆中心点”工具按钮，但需对该工具按钮进行定制，如图 1-35 所示。在 AutoCAD 2010 中绘制椭圆弧可通过如下几种方法调用圆弧命令。

方法 1：选择“绘图”→“圆弧”命令。

方法 2：单击“绘图”工具栏上的“椭圆弧”按钮。

方法 3：在命令行中输入命令“ELLIPSE”。

方法 4：单击“常用”选项卡下“绘图”面板中的“椭圆弧”按钮。

调用圆弧命令后，可根据命令行中的提示信息进行操作：

命令: _ellipse	
指定椭圆的轴端点或 [圆弧(A)/中心点(C)]: _a	（调用“椭圆弧”命令）
指定椭圆弧的轴端点或 [中心点(C)]:	（指定椭圆弧的端点）
指定轴的另一个端点:	（指定轴的另一个端点）
指定另一条半轴长度或 [旋转(R)]:	（指定另一轴的端点或输入长度值）
指定起始角度或 [参数(P)]:	（指定椭圆的起始角度）
指定终止角度或 [参数(P)/包含角度(I)]:	（指定椭圆的终止角度）

按照上面的方法进行操作，即可绘制一段椭圆弧，如图 1-36 所示。

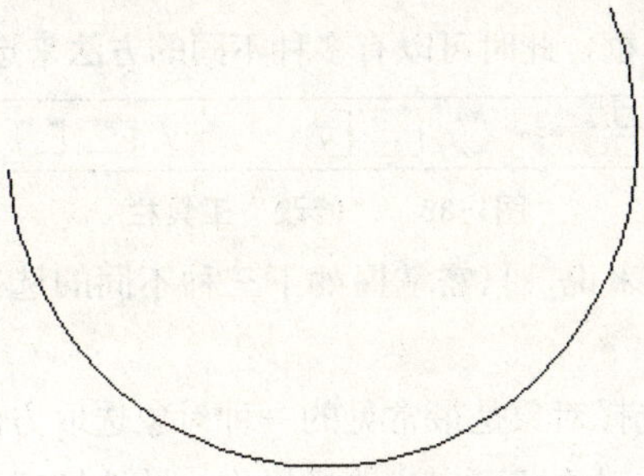

图1-36 绘制椭圆弧

注意

在AutoCAD 2010中，椭圆弧的绘图命令和椭圆的绘图命令都是ELLIPSE，但命令行的提示信息却有所不同。

10. 绘制螺旋

螺旋就是开口的二维或三维图形，绘制螺旋体的命令是“HELIX”。在 AutoCAD 2010 中绘制螺旋可通过如下几种方法调用螺旋命令。

方法 1：选择“绘图”→“螺旋”命令。

方法 2：单击“绘图”工具栏上的“螺旋”按钮。

方法 3：在命令行中输入命令“HELIX”。

方法 4：单击“常用”选项卡下“绘图”面板中的“螺旋”按钮。

调用螺旋命令后，可根据命令行中的提示信息进行操作：

命令: _helix

圈数 = 3.0000　　　扭曲=CCW

指定底面的中心点:　　　（在任意位置单击，指定底面中心点）

指定底面半径或 [直径(D)] <1′-1 13/16">:（设置底面螺旋半径）

指定顶面半径或 [直径(D)] <1′-4 5/8">:（设置顶面螺旋半径）

指定螺旋高度或 [轴端点(A)/圈数(T)/圈高(H)/扭曲(W)] <2′-7 15/16">:　指定螺旋高度（在二维平面中指定高度，也看不出效果）

按照上述方法进行操作，即可绘制一个螺旋，如图 1-37 所示。

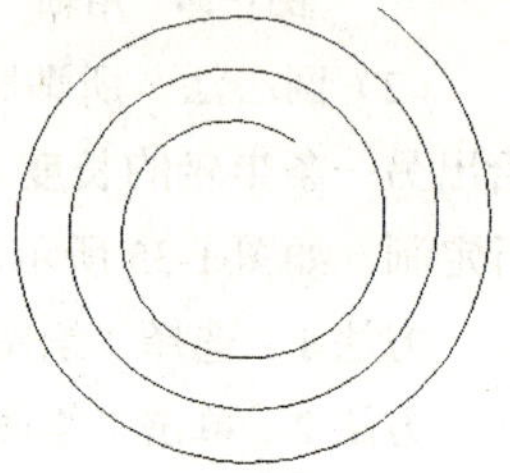

图1-37　绘制的螺旋效果图

1.4.2　二维编辑命令

AutoCAD 提供了许多实用而有效的编辑命令，使用这些命令，可以轻松对用基本绘图命令绘制的图形进行编辑，从而构成各种复杂的图形。

1. 选择图形对象

在 AutoCAD 中选择对象的方法有多种。如通过单击对象逐个拾取，或者利用矩形窗口或交叉窗口选择；也可以选择最近创建的对象、已选择的对象或图形中的所有对象；还可以向选择集中添加或删除对象。

AutoCAD 的“修改”工具栏中包括了 AutoCAD 中大部分的编辑命令，如图 1-38 所示。一般情况下，当对图形中的对象进行编辑时，AutoCAD 都会在命令行中出现“选择对象:”的提示信息，且鼠标变成一个小的正方形选择框，此时可以有多种不同的方法来选择对象。

图1-38　“修改”工具栏

对于刚开始学习 AutoCAD 来说，只需掌握如下三种不同的选择对象方法即可。

（1）单击选择对象。单击选择对象是最常见的一种对象选取方法。只需将光标置于对象上面，单击该对象即可完成选择操作。被选择后对象以虚线显示，表示该对象已被选中，如图 1-39 所示。

（2）窗选对象。窗选是指在选择对象的过程中，通过拖曳鼠标绘制出一个矩形框，位于矩形框内或矩形框相交的对象即被选择。同样，在执行绘图或编辑命令的过程中框选的对象呈虚线显示；在执行命令之前，框选的对象呈夹点编辑状态。

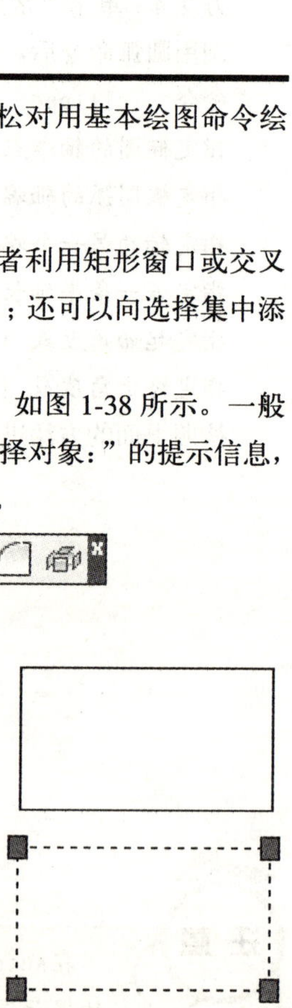

图1-39　选取对象

窗选方式可分为矩形窗选和交叉选择两种。

① 矩形窗选：矩形窗选是指将鼠标光标移动到目标对象的左侧单击鼠标左键，向右上方或右下方拖动鼠标，即可出现一个矩形方框。当再次单击鼠标左键后，被方框完全包围的对象将被选择，但与方框交叉的对象不会被选择。图 1-40 所示为矩形窗选前后的效果对比。

注意 利用矩形窗选选择对象时，选择窗口的第一点必须位于对象之外，即小正方形的选择框不能位于对象上。

②交叉选择。交叉选择是将鼠标光标移动到目标对象的右侧单击鼠标左键，向左上方或左下方拖动鼠标，即可出现一个虚线显示的矩形方框。当再次单击鼠标左键后，与方框相交和被方框完全包围的对象都将被选择。图 1-41 所示为交叉选择前后的效果对比。

注意 在利用交叉选择法选择对象时，交叉选择窗口的第一点必须位于对象之外，也即小正方形的选择框不能位于对象上。

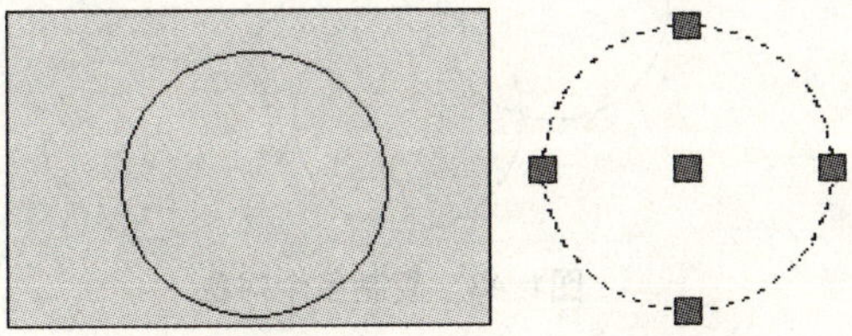

矩形窗选前　　矩形窗选后

图1-40　窗口选择前后的效果对比

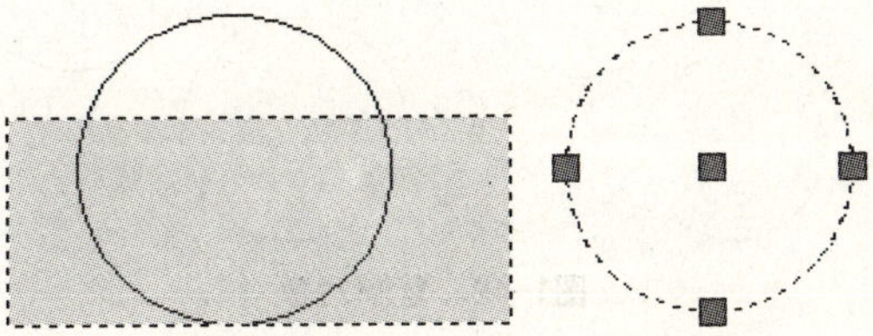

交叉选择前　　交叉选择后

图1-41　交叉选择前后的效果对比

2. 删除图形对象

在编辑图形前需要选择要编辑的对象。选中对象后，可通过如下方法删除对象。

方法 1：选择“修改”→“删除”命令。

方法 2：单击“修改”面板中的“删除”按钮。

方法 3：在命令行中输入命令“ERASE”。

方法 4：按键盘上的“Delete”键。

删除对象相当于在手工绘图时利用橡皮擦除所绘出的直线、圆、圆弧、曲线或文字等，与手工绘图不同的是，在 AutoCAD 中的删除是对于被选取对象的整个删除而不是部分删除。当出现误删除时可利用“Oops”命令恢复最后一次使用“ERASE”命令删除的对象。在命令行提示下按“Enter”键，最后一次使用“ERASE”命令删除的对象重新恢复并显示在当前窗口中。

3. 复制图形对象

在 AutoCAD 2010 中，可以使用复制命令对图形对象进行复制操作，将原对象以指定的角度和方向创建对象的副本。每个复制的对象均与原对象各自独立，可以像原对象一样被编辑和使用。要调用复制命令，可通过如下方法进行操作。

方法 1：选择“修改”→“复制”命令。

方法 2：单击“修改”面板中的“复制”按钮。

方法 3：在命令行中输入命令“COPY”。

方法 4：单击“常用”选项卡下“修改”面板中的“复制”按钮。

方法 5：按“Ctrl+C”组合键。

在调用复制命令后选择要复制的对象，然后指定基点，再选择复制点的位置即可。命令行中将会显示如下提示信息：

命令：_copy

选择对象：找到 1 个　　（选择要复制的对象）

选择对象：

当前设置：　复制模式 = 多个

指定基点或 [位移 (D) / 模式 (O)] <位移>:　　（指定基点）

指定第二个点或 <使用第一个点作为位移>:　　（指定复制点）

指定第二个点或 [退出 (E) / 放弃 (U)] <退出>:　　（按“Enter”键结束命令）

在指定复制点后，按“Enter”键，即可将选择的对象复制到指定的位置，如图 1-42 所示。

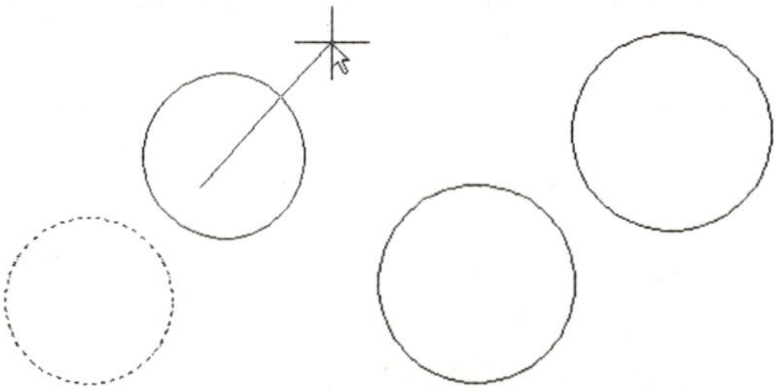

图1-42　复制对象

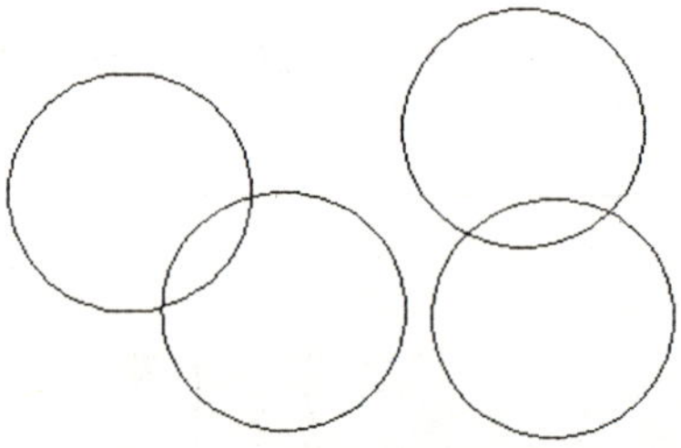

图1-43　复制多个对象

指定的两个点定义一个位移矢量（相对于基点的方向和大小），确定复制的对象移动的距离和方向。如果在“指定第二个点”提示下按“Enter”键，则第一个点将被认为是相对选择的对象位移。在命令行提示中，“位移 (D)”选项是使用坐标指定相对距离和方向。选择“模式 (O)”选项后，命令行中将提示“输入复制模式选项 [单个 (S)/ 多个 (M)] < 多个 >:”信息，其中“单个 (S)”选项表示不再自动重复该命令；“多个 (M)”选项表示将自动重复该命令，直到按“Enter”结束，图 1-43 所示是选择“多个 (M)”选项后，复制的多个对象的效果。

4. 移动对象

使用“移动”命令可以在不改变对象大小和方向的前提下，将单个对象或多个对象从一个位置移动到另一个位置。这种移动并不改变对象的尺寸和方位。它有两种平移方法，即基点法和相对位移法。要调用移动命令，可通过如下方法进行操作。

方法 1：选择“修改”→“移动”命令。

方法 2：单击“修改”面板中的“移动”按钮。

方法 3：在命令行中输入命令“MOVE”。

方法 4：单击“常用”选项卡下“修改”面板中的“移动”按钮。

调用移动命令后，命令行中将会显示如下提示信息：

命令：_move

选择对象：找到 1 个　　（选择要移动的对象）

选择对象:

指定基点或 [位移(D)] <位移>: （选择一点或输入“D”）

指定第二个点或 <使用第一个点作为位移>: （指定点或按“Enter”键结束）

在执行“MOVE”命令过程中会提示指定位移的基点，并根据此点指定所选对象的位移距离。如果在“指定第二个点”提示下按“Enter”键，第二点将被解释为相对X轴、Y轴和Z轴的位移，可以输入点的坐标值，也可以在绘图窗口中用鼠标指定一点，如图1-44所示。

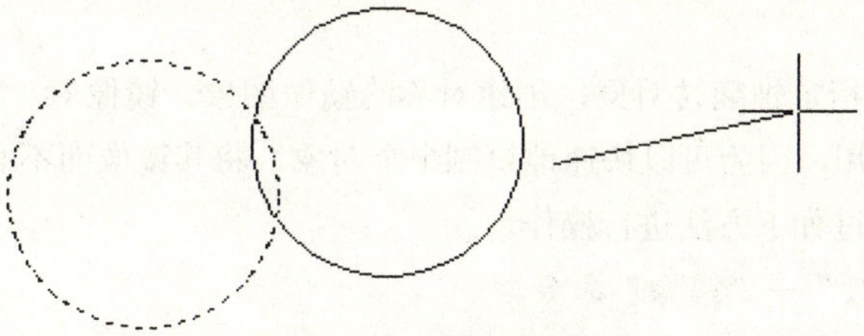

图1-44 移动对象

其中，“位移(D)”选项表示相对坐标，在命令行中输入“D”并按“Enter”，命令行中将显示提示信息“指定位移 <0.0000, 0.0000, 0.0000>:”。若在提示信息后输入相对坐标值“@200<-60”，则对象沿着X轴正方向成60°角的方向（顺时针）移动400个单位。

5．旋转对象

利用“旋转”命令可把选中的对象在指定的方向上旋转指定的角度。调用旋转命令可通过如下方法进行操作。

方法1：选择“修改”→“旋转”命令。

方法2：单击“修改”面板中的“旋转”按钮。

方法3：在命令行中输入命令“ROTATE”。

方法4：单击“常用”选项卡下“修改”面板中的“旋转”按钮。

调用旋转命令后，命令行中将会显示如下提示信息：

命令: _rotate

UCS当前的正角方向: ANGDIR=逆时针 ANGBASE=0

选择对象: 找到 1 个 （选择要旋转的对象）

选择对象:

指定基点: （指定旋转的基点）

指定旋转角度，或 [复制(C)/参照(R)] <0>: （指定旋转角度）

选择要旋转的对象（可以依次选择多个对象）并指定旋转的基点之后，命令行将显示“指定旋转角度或 [复制(C)/参照(R)]<0>”的提示信息。此时可单击并确定一点作为对象所要旋转的基点，也可直接输入角度值，将对象绕基点转动该角度，角度为正时逆时针旋转，角度为负时顺时针旋转，图1-45所示为旋转对象的过程。

如果选择“参照(R)”选项，则可以在确定基点后拖动鼠标，任意拾取两点以指定新角度，以参照方式旋转对象（需要依次指定参照方向的角度值和相对于参照方向的角度值）。

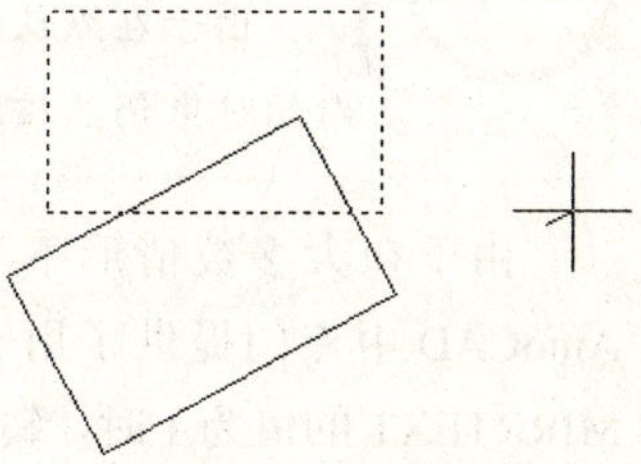

图1-45 旋转对象

在AutoCAD 2010中旋转对象的同时还可以创建对象的复制。调用“旋转”命令之后，在命令行显示的提示信息中选择“复制(C)”

选项并执行旋转操作，即可得到如图 1-46 所示的旋转效果。

命令行各项的含义如下。

① 复制 (C)：创建要旋转的选定对象的副本。

② 参照 (R)：使对象参照当前方位来旋转，指定当前方向作为参考角或通过指定要旋转的直线的两个端点来指定参考角之后，再指定新的方向。

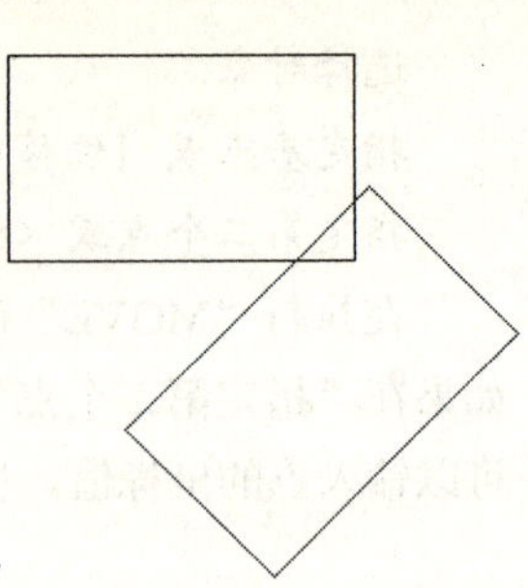

图1-46　旋转并复制对象

6. 镜像对象

使用镜像命令可以指定轴翻转对象，创建对称的镜像图象。镜像对创建对称的对象非常有用，因为可以快速地绘制半个对象，将其镜像而不必绘制整个对象。

调用镜像命令可通过如下方法进行操作。

方法 1：选择“修改”→“镜像”命令。

方法 2：单击“修改”面板中的“镜像”按钮。

方法 3：在命令行中输入命令“MIRROR”。

方法 4：单击“常用”选项卡下“修改”面板中的“镜像”按钮。

调用镜像命令后，命令行中将会显示如下提示信息：

```
命令: _mirror
选择对象: 找到 1 个                    (选择要镜像的对象)
选择对象:
指定镜像线的第一点:                    (指定镜像线的第一点)
指定镜像线的第二点:                    (指定镜像线的第二点)
要删除源对象吗? [是(Y)/否(N)] <N>:    (选择是否删除源对象)
```

按照命令行中的提示进行操作后，即可对源图形执行镜像操作。当命令行中显示提示信息“要删除源对象吗？ [是 (Y)/ 否 (N)] <N>:”时按“Enter”键或输入“N”，即可镜像复制对象，并保留原来的对象；若输入“Y”，则在镜像复制对象的同时删除源对象，如图 1-47 所示。

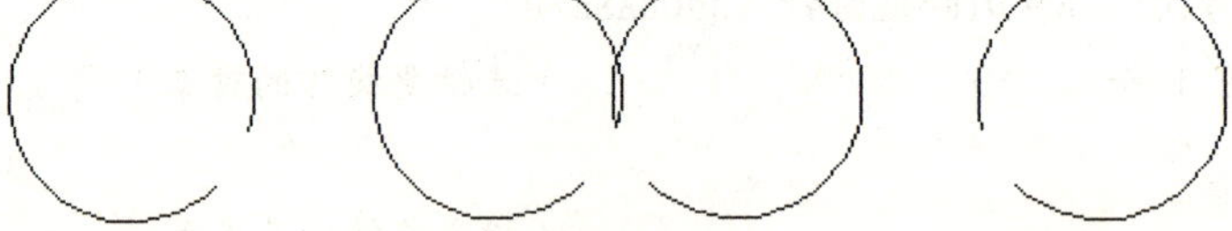

图1-47　执行镜像对象操作

注意

由于在默认状态下创建对象的镜像时，如果被选对象含有文字，虽然包括文字在内的对象仍然按照轴对称规则进行镜像，但文字却并不被按对称规则反转或倒置。

由于在大多数情形下，绘图员是并不希望绘图时文字在镜像后被反转或倒置的。因此，AutoCAD 中专门提供了用于控制文字反转或倒置的系统变量 MIRRTEXT。在默认状况下，当 MIRRTEXT 的值为 1 时，镜像后的文字将会被翻转 180º，文字的方向实现镜像，如图 1-48 所示。当 MIRRTEXT 的值为 0 时，镜像后文字将不被反转或倒置，也即与原来的式样相同。

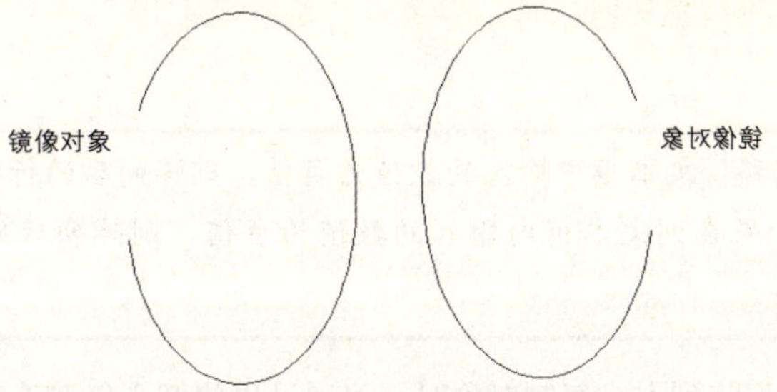

图1-48 文字在镜像后被反转

设置系统变量 MIRRTEXT 的方法：输入 MIRRTEXT 并按“空格”键或“Enter”键，当命令行中显示提示信息“输入 mirrtext 的新值 <0>：”时，输入 0 或 1 并按“空格”键或“Enter”键即可。

7. **阵列对象**

阵列命令用于创建按指定方式排列的多个对象副本，包括矩形阵列和环形阵列。对于矩形阵列，可以控制行和列的数目以及它们之间的距离；对于环形阵列，可以控制对象副本的数目并决定是否旋转副本等。调用阵列命令可通过如下方法进行操作。

方法 1：选择“修改”→“阵列”命令。

方法 2：单击“修改”面板中的“阵列”按钮。

方法 3：在命令行中输入命令“ARRAY”。

方法 4：单击“常用”选项卡下“修改”面板中的“阵列”按钮。

（1）矩形阵列。调用“阵列”命令后，即可打开“阵列”对话框，可以直观地进行矩形或环形阵列设置，如图 1-49 所示。在其中选择阵列的类型并设置相应参数后，按“Enter”键执行阵列操作。如在创建环形阵列时，需要指定环形阵列的中心点、环形阵列的方法、项目总数、填充角度等。

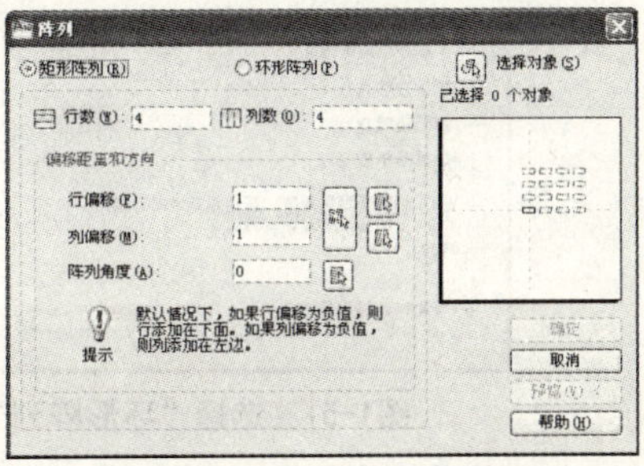

图1-49 “阵列”对话框

进行矩形阵列的具体操作步骤如下。

① 创建矩形阵列时，可在“阵列”对话框中选择“矩形阵列”单选按钮后，再单击“选择对象”按钮。

② 待返回到绘图窗口后，选择所要阵列的对象，右键单击或按“Enter”键将自动返回到“阵列”对话框。

③ 在其中输入所要阵列的行数与列数，即可直接在“行偏移”、“列偏移”、“阵列角度”文本框中输入具体数值，或单击“拾取两个偏移量”按钮、“拾取行偏移”按钮、“拾取列偏移”按钮。

④ 在绘图窗口选择所要阵列的范围之后，按“Enter”键，即可看到如图 1-50 所示的矩形阵列。

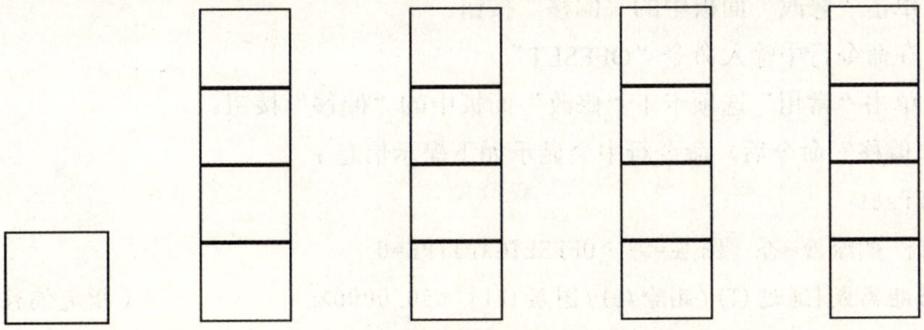

图1-50 矩形阵列效果

技巧

如果在“行偏移”文本框中输入的数值为负值，则阵列后的行将添加到原对象下方，为正则在上方。如果在列文本框内输入的数值为负值，则阵列后的列将在原对象左侧，为正则在右侧。

（2）环形阵列。以环形阵列方式复制对象时，可通过围绕圆心复制选定的对象来创建阵列。以环形阵列方式复制对象时，需要指定阵列所围绕的中心点位置，以及所要复制的数目和旋转角度等。

选择“阵列”对话框中的“环形阵列”单选按钮，AutoCAD 将切换到环形阵列模式，其对话框如图 1-51 所示。其中的主要选项功能如下。

“方法和值”选项组：用于确定环形阵列的具体方法和相应数据。

①“方法”下拉列表：用于确定环形阵列的方法。可通过下拉列表在“项目总数和填充角度”、“项目总数和项目间角度”以及“填充角度和项目间角度”之间进行选择。

②“项目总数”、“填充角度”和“项目间角度”文本框：可用来确定环形阵列后的项目总数、环形阵列时要填充的角度以及各项目之间的夹角等。

③“复制时旋转项目”复选框：确定环形阵列对象时，对象本身是否绕其基点进行旋转。

在“阵列”对话框中设置各项参数后，即可得到环形阵列，如图 1-52 所示。

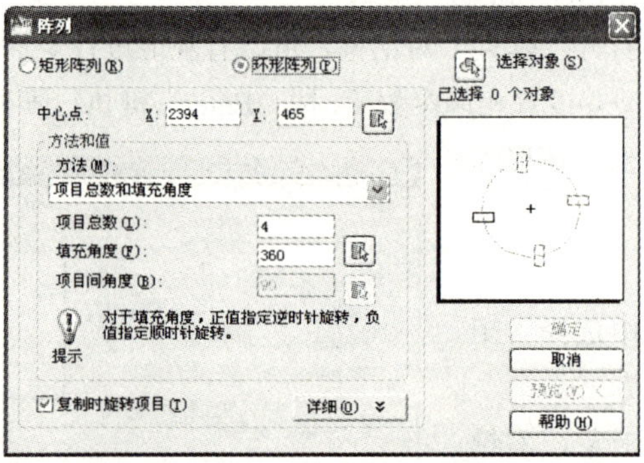

图1-51　选择“环形阵列”单选按钮

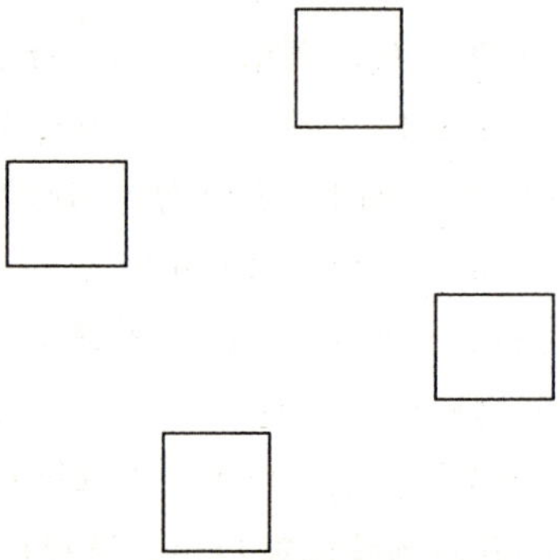

图1-52　环形阵列对象

8．偏移对象

“偏移”命令用于创建造型与选定对象造型平行的新对象。在建筑绘图中，常使用偏移命令来创建平行线或等距离分布图形。要调用偏移命令可通过如下方法进行操作。

方法 1：选择“修改”→“偏移”命令。

方法 2：单击“修改”面板中的“偏移”按钮。

方法 3：在命令行中输入命令“OFFSET”。

方法 4：单击“常用”选项卡下“修改”面板中的“偏移”按钮。

在调用“偏移”命令后，命令行中会显示如下提示信息：

命令: offset

当前设置: 删除源=否　图层=源　OFFSETGAPTYPE=0

指定偏移距离或[通过(T)/删除(E)/图层(L)] <50.0000>:　（指定偏移距离）

选择要偏移的对象，或[退出(E)/放弃(U)] <退出>:　（选择要偏移的对象）

指定要偏移的那一侧上的点，或[退出(E)/多个(M)/放弃(U)]<退出>:　　（在要偏移的方向上单击鼠标）

选择要偏移的对象，或 [退出(E)/放弃(U)] <退出>:　　（继续偏移对象或结束命令）

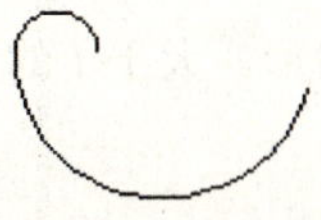

图1-53　偏移对象前的图形

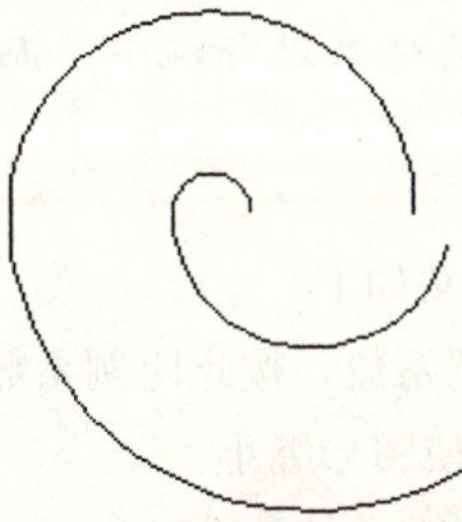

图1-54　偏移对象后的图形

图 1-53 所示为偏移前的对象，对其进行偏移操作后可得到如图 1-54 所示的图形。

> **提　示**
>
> 偏移圆或圆弧可以创建更大或更小的圆或圆弧,仅仅取决于向那一侧偏移。而对于线条，偏移操作实质就是进行平行复制。在 AutoCAD 2010 中执行偏移操作时，可以在不退出命令时多次进行偏移操作。

使用“偏移”命令除可以对直线进行偏移之外，还可以对圆弧、圆、曲线、多段线等进行偏移。使用偏移图形命令要注意以下几个方面的问题。

① 只能以直接拾取方式选择对象。

② 如果用给定偏移距离方式复制对象，距离值必须大于零。

③ 如果给定的距离值或要通过点的位置不合适，或者指定的对象不能由偏移命令确认，AutoCAD 将会给出相应提示。

④ 对不同对象执行“偏移”命令后产生的效果是不同的。

9．缩放对象

缩放对象是指在 X 和 Y 两个方向上使用相同的比例因子缩小或放大所选择的对象，使被选择的对象变得更小或更大，但不改变它的高度和宽度方向上的比例。缩放对象与视图缩放区别在于，缩放对象是真正地改变了对象的实际大小。调用缩放命令可通过如下方法进行操作。

方法 1：选择“修改”→“缩放”命令。

方法 2：单击“修改”面板中的“缩放”按钮。

方法 3：在命令行中输入命令“SCALE”。

方法 4：单击“常用”选项卡下“修改”面板中的“缩放”按钮。

调用“缩放”命令后，命令行中会显示如下提示信息：

命令: _scale

选择对象: 找到 1 个　　（选择要缩放的对象）

选择对象:

指定基点:　　（指定缩放的基点）

指定比例因子或 [复制(C)/参照(R)] <1.0000>:　　（指定缩放的比例因子）

注意

一般可通过指定一个基点和缩放比例因子来缩放对象，当比例因子小于1时则对于被选择的对象进行缩小，而当比例因子大于1时则对于被选择的对象进行放大。

命令行中一些选项的含义如下。

① 比例因子：指定比例系数，按此比例系数缩放选定的图形。大于 1 的比例系数使图形放大，介于 0 ～ 1 之间的比例系数使图形缩小。

② 复制：创建要缩放的选定对象的副本。

③ 参照：指定参照长度和新的长度，并按照这两个长度的比例缩放选定的图形。

10．拉伸对象

使用“拉伸”命令可以拉长选中的对象，使对象在一个方向上按比例增大或缩小，还可以通过移动端点、顶点或控制点来拉伸某些对象。调用“拉伸”命令可通过如下方法进行操作。

方法 1：选择“修改”→“拉伸”命令。

方法 2：单击“修改”面板中的“拉伸”按钮。

方法 3：在命令行中输入命令“STRETCH”。

方法 4：单击“常用”选项卡下“修改”面板中的“拉伸”按钮。

进行图形对象拉伸的具体操作步骤如下。

（1）根据上面的几种方法调用“拉伸”命令后，在绘图窗口中选择所要拉伸的对象，右键单击或按“Enter”键，命令行将提示“指定位移的基点和指定位移的第二个点或 [用第一个点作位移]”。

（2）依次指定位移量之后，AutoCAD 将全部位于选择窗口之内的对象移动，并将与选择窗口边界相交的对象按规则进行拉伸，如图 1-55 所示。

此时，命令行中的提示信息如下：

```
命令: _stretch
以交叉窗口或交叉多边形选择要拉伸的对象...
选择对象: 指定对角点: 找到 1 个                （选择要拉伸的对象）
选择对象:
指定基点或 [位移(D)] <位移>:                   （指定基点或输入坐标值）
指定第二个点或 <使用第一个点作为位移>:          （指定要拉伸的位置或按“Enter”键结束）
```

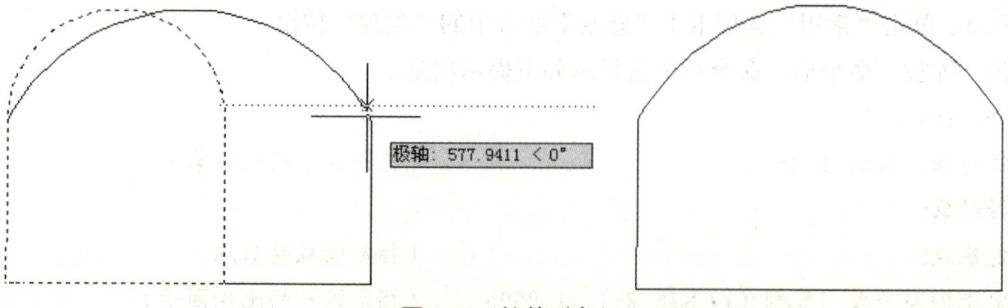

图1-55　拉伸对象

注意

在调用“拉伸”命令后，命令行显示的提示信息中显示“以交叉窗口或交叉多边形选择要拉伸的对象…”，此时，必须采用交叉窗口或交叉多边形的方式选择对象，否则无法实现拉伸。

拉伸命令根据所处理对象的不同类型进行不同的处理。如果只有一部分在选择窗口内，即对象与选择窗口的边界相交，则存在以下拉伸规则。

① 线：位于窗口外的端点不动，位于窗口内的端点移动。此移动会造成直线的改变。

② 圆弧：同直线相类似，但在圆弧改变过程中，圆弧的弦高保持不变，同时由此来调整圆心的位置和圆弧的起始角、终止角的值。

③ 多段线：同直线和圆弧相似，但多段线两端的宽度、切线方向及曲线拟合信息不改变。

④ 其他对象：如果对象的定义点位于选择窗口内，则对象发生移动，否则不移动。

11．延伸对象

使用“延伸”命令可以以某个图形为边，将另一个图形延长到此边界上。

要调用“延伸”命令，可通过如下方法进行操作。

方法1：选择“修改”→“延伸”命令。

方法2：单击“修改”面板中的“延伸”按钮。

方法3：在命令行中输入命令“EXTEND”。

方法4：单击“常用”选项卡下“修改”面板中的“延伸”按钮。

调用“延伸”命令后，命令行中会显示如下提示信息：

命令: _extend

当前设置: 投影=UCS, 边=延伸

选择边界的边...

选择对象或 <全部选择>: 找到1个（选择对象作为延伸度边界，如图1-56（左图）中的直线A）

选择对象:

选择要延伸的对象，或按住 Shift 键选择要修剪的对象，或

[栏选(F)/窗交(C)/投影(P)/边(E)/放弃(U)]: （选择要延伸的对象，如图1-56（左图）中的圆弧B）

选择要延伸的对象，或按住 Shift 键选择要修剪的对象，或

[栏选(F)/窗交(C)/投影(P)/边(E)/放弃(U)]: （按“Enter”键结束命令）

按照上述命令进行操作后，即可得到如图 1-56（右图）所示效果的图形。

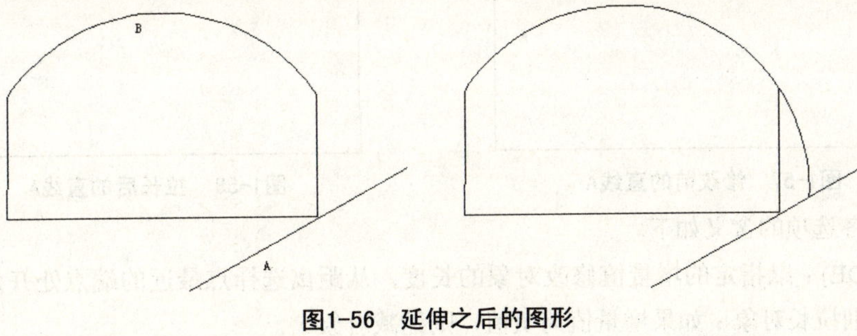

图1-56 延伸之后的图形

使用 Extend 命令可以把直线、弧和多段线等对象的端点延长到指定的边界。在操作过程中，需要确定延伸的边界对象，再选择要延伸的对象。如果选择二维多段线作为延伸边界，那么将忽略其宽度并将延伸的图形延伸到多段线的中心线处。

对于非闭合的多段线（即未合并第一条和最后一条直线或圆弧的多线段），可以延伸第一条边或最后一条边，就像它是一条直线或圆弧。命令行中各个选项的含义如下。

① 栏选（F）：选择与选择栏相交的所有对象。选择栏是一系列临时线段，它们是用两个或多个栏选点指定的。

② 窗交（C）：选择矩形区域（由两点确定）内部或与之相交的对象。

③ 投影（P）：输入“P”后，命令行提示“输入投影选项 [无 (N)/UCS(U)/ 视图 (V)] <UCS>:”，其中“无”是指无投影，及只延伸与三维空间中的边界相交的对象；“UCS(U)”将延伸未与三维空间中的边界对象相交，但与当前用户坐标系 XY 平面的投影相交的对象；视图 (V) 是指定沿当前视图方向的投影。

④ 边（E）：输入“E”后，命令行提示“输入隐含边延伸模式 [延伸 (E)/ 不延伸 (N)] < 延伸 >:”，其中“不延伸 (N)”是指不能延伸与延长线相交的对象。

12．拉长对象

使用“拉长”命令可以更改圆弧的夹角以及修改开放的直线、圆弧、多段线、椭圆弧和样条曲线的长度。要调用“拉长”命令可通过如下方法进行操作。

方法 1：选择“修改”→“拉长”命令。

方法 2：单击“修改”面板中的“拉长”按钮。

方法 3：在命令行中输入命令“LENGTHEN”。

方法 4：单击“常用”选项卡下“修改”面板中的“拉长”按钮。

调用“拉长”命令后，命令行中会显示如下提示信息：

命令: _lengthen

选择对象或 [增量(DE)/百分数(P)/全部(T)/动态(DY)]: （选择要拉长的对象）

例如要修改如图 1-57 所示中的直线 A 的长度，可在命令行提示信息“选择对象或 [增量 (DE)/ 百分数 (P)/ 全部 (T)/ 动态 (DY)]:”后输入“DE”，命令行中显示“输入长度增量或 [角度 (A)] <0.0000>:”，输入增量值，如输入“200”后按“Enter”键，命令行提示“选择要修改的对象或 [放弃 (U)]:”，选择直线 A 后，直线 A 的长度即可发生变化，如图 1-58 所示。

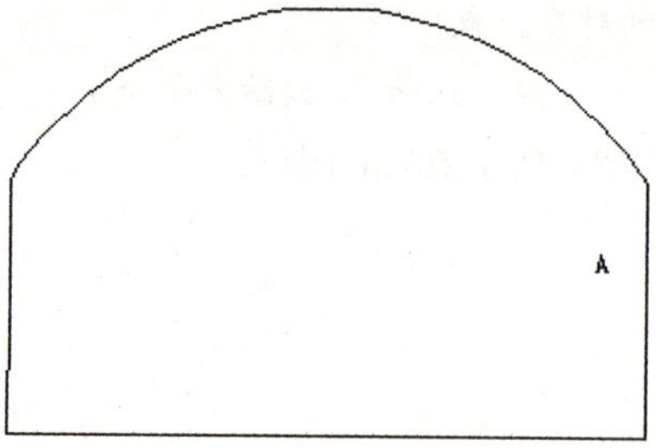

图1-57 修改前的直线A

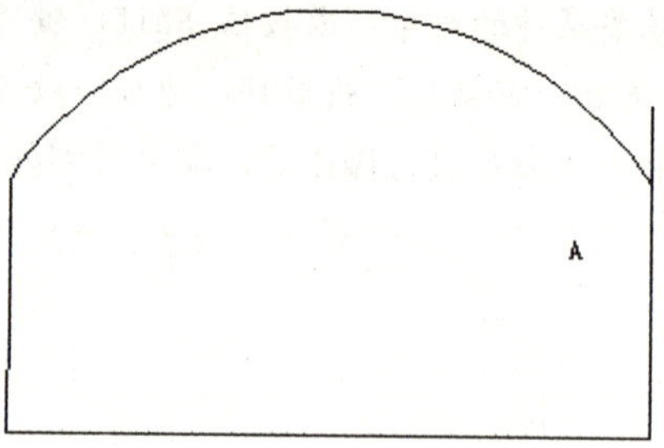

图1-58 拉长后的直线A

命令行中各选项的含义如下。

① 增量 (DE)：以指定的增量值修改对象的长度，从距离选择点最近的端点处开始拉长。如果增量值为正，则拉长对象；如果增量值为负值，则缩减对象。

② 百分数 (P)：根据对象总长度的百分数或圆弧包含角的百分数来修改对象的长度。

③ 全部 (T)：以输入的新长度或新角度来修改原来的长度或角度。

④ 动态 (DY)：动态交互修改对象的长度。

13．**修剪对象**

“修剪”命令用于以某个图形为修剪边来修剪其他图形。可被修剪的图形包括直线、圆弧、椭圆弧、圆、二维和三维多段线、构造线、射线以及样条曲线等。有效的修剪边界可以是直线、圆弧、圆、椭圆、二维和三维多段线、浮动视口、参照线、射线、面域、样条曲线以及文字等。要调用“修剪”命令，可通过如下方法进行操作。

方法1：选择“修改”→“修剪”命令。

方法2：单击“修改”面板中的“修剪”按钮。

方法3：在命令行中输入命令“TRIM”。

方法4：单击“常用”选项卡下“修改”面板中的“修剪”按钮。

调用“修剪”命令后，命令行中会显示如下提示信息：

```
命令: _trim
当前设置: 投影=UCS, 边=无
选择剪切边...                                  (选择剪切边)
选择对象或 <全部选择>:   找到 1 个             (选择作为修剪边界的对象)
选择对象:                                      (按“Enter”键结束对象选择)
选择要修剪的对象, 或按住 Shift 键选择要延伸的对象, 或
[栏选(F)/窗交(C)/投影(P)/边(E)/删除(R)/放弃(U)]:  (选择要修剪的对象)
```

例如要修剪如图1-59所示中的直线B，可先选择对象A作为修剪边界，再选择B作为要修剪的对象，即可得到如图1-60所示的效果。参照同样方法对如图1-59所示中的图形进行修剪，即可得到如图1-61所示的效果。

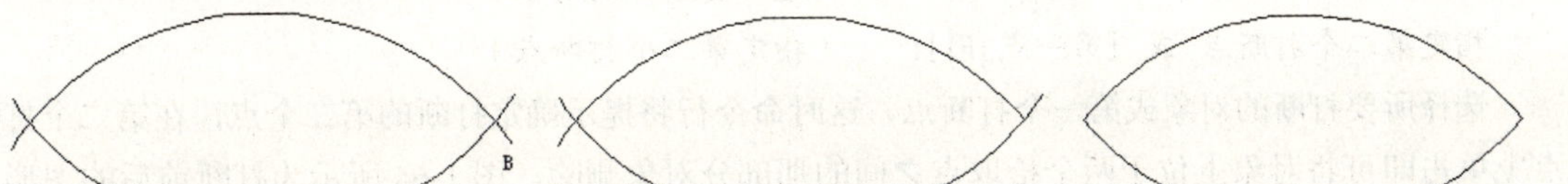

图1-59 修剪前的图形　　图1-60 修剪对象B　　图1-61 修剪整个图形

14．**分解对象**

使用“分解”命令可将复合对象分解为其组件对象。调用“分解”命令可通过如下方法进行操作。

方法1：选择“修改”→“分解”命令。

方法2：单击“修改”面板中的“分解”按钮。

方法3：在命令行中输入命令“EXPLODE”。

方法4：单击“常用”选项卡下“修改”面板中的“分解”按钮。

调用“分解”命令后，命令行中会显示如下提示信息：

```
命令: _explode
选择对象: 找到 1 个          (选择要分解的对象)
选择对象:                    (按“Enter”键确认)
```

图 1-62 所示是用多段线绘制的一个图形，这个图形在分解前是一个整体，当选择该对象时，可将整个图形选中。当对其执行“分解”操作后，再次选择该图形，一次只能选中其中的某一个对象，如图 1-63 所示。

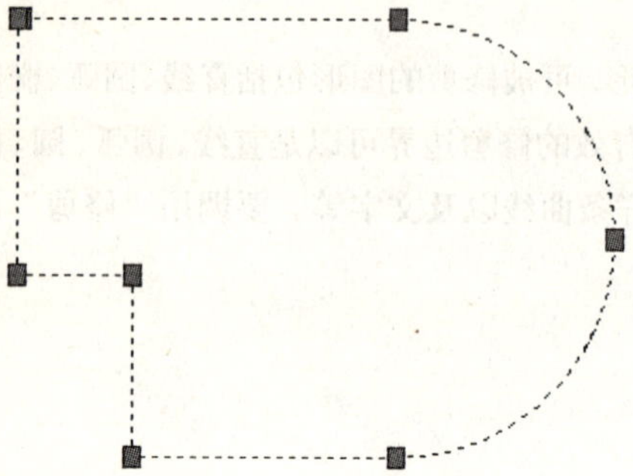
图1-62 分解前的图形

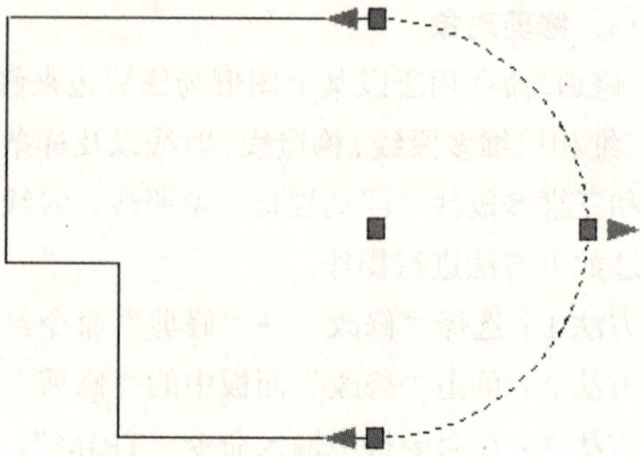
图1-63 分解后的图形

15. 打断对象

“打断”命令用于删除图形中的一部分或将一个图形分成两部分。此命令可用于直线、构造线、射线、圆弧、圆、椭圆、样条曲线、实心圆环、填充多边形以及二维或三维多段线。

在封闭的对象上进行打断时，打断部分按逆时针方向从第一点到第二点断开。

调用“打断”命令可通过如下方法进行操作。

方法 1：选择“修改”→“打断”命令。

方法 2：单击“修改”面板中的“打断”按钮。

方法 3：在命令行中输入命令“BREAK”。

方法 4：单击“常用”选项卡下“修改”面板中的“打断”按钮。

调用“打断”命令后，命令行中会显示如下提示信息：

```
命令: _break
选择对象:                          (选择要断开的对象)
指定第二个打断点 或 [第一点(F)]:    (指定第二个打断点)
```

选择所要打断的对象或第一个打断点，这时命令行将提示确定打断的第二个点，在第二个打断点上单击即可将对象上位于两个拾取点之间的那部分对象删除，图 1-64 所示为打断前后的图形对比效果。

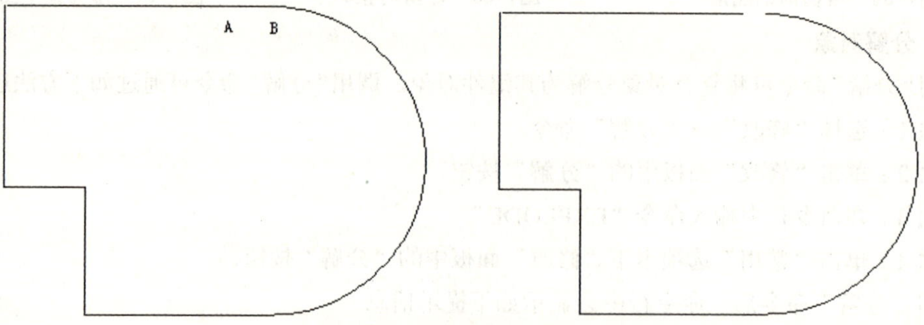

图1-64 打断前后的图形对比

“打断于点”是打断命令的后续命令，是将对象在一点处断开生成两个对象。一个对象在执行打断于点命令后，在用户选取该对象时，就可以发现该对象已经被打断为两部分了。

在“修改”面板中单击“打断于点”按钮，调用“打断于点”命令后，命令行中会显示如下提示信息：

命令: _break

选择对象:

指定第二个打断点 或 [第一点(F)]:

在对对象执行“打断于点”命令时，单击“打断于点”按钮选择打断对象，命令行将提示确定打断点，在所选对象上单击确定一个断开点，即可完成“打断于点”的操作。

16. 合并对象

使用“合并”命令可以将直线、圆、椭圆弧和样条曲线等独立的线段合并为一个对象。调用“合并”命令可通过如下方法进操作。

方法 1：选择“修改”→“合并”命令。

方法 2：单击“修改”面板中的“合并”按钮。

方法 3：在命令行中输入命令“JOIN”。

方法 4：单击“常用”选项卡下“修改”面板中的“合并”按钮。

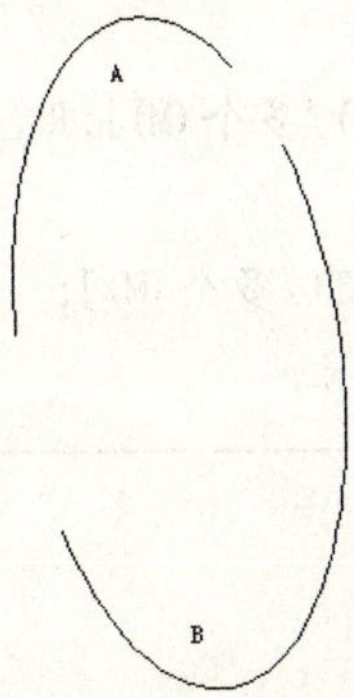

图1-65 合并前的椭圆弧

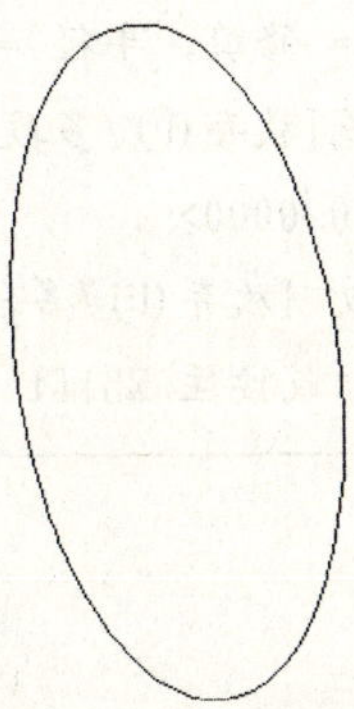
图1-66 合并后的效果

图 1-65 所示是同一圆心的两段椭圆弧，要将它们合并到一起，在调用“合并”命令后，在命令行提示信息下选择源对象 A，再选择对象 B，将其合并到源对象中，此时，按“Enter”键，即可将椭圆弧 B 合并到源椭圆弧 A 中，如图 1-66 所示。命令行中会显示如下提示信息：

命令: _join

选择源对象:

选择椭圆弧，以合并到源或进行 [闭合(L)]:

选择要合并到源的椭圆弧: 找到 1 个

已将 1 个椭圆弧合并到源

在使用“合并”命令合并各种对象时，需注意以下几个问题。

① 合并直线。合并的直线必须位于同一条无限长的直线上，它们之间可以有间隙。

② 合并圆弧（或椭圆弧）。圆弧对象必须位于同一假想的圆上，且之间可以有间隙。“闭合”选项可将源圆弧转换成圆（合并两条或多条圆弧时，将从源对象开始按逆时针方向合并圆弧）。椭圆弧必须位于同一假想的椭圆上，且之间允许有间隙。“闭合”选项可将源椭圆弧闭合成完整的椭圆（合并两条或多条椭圆弧时，将从源对象开始按逆时针方向合并椭圆弧）。

③ 与多段线合并。在合并多段线时，选择的第一个对象必须为多段线，其余的要合并对象可

以是直线、多段线、圆弧或样条曲线。对象之间不能有间隙，且必须位于与 UCS 的 XY 平面平行的同一平面上。样条曲线对象必须位于同一平面内，且必须首尾相邻（端点到端点放置）。两个对象特性不相同时，合并后的对象特性与第一个拾取对象特性相一致。

17. 圆角

“圆角”命令可给图形的边加指定半径的圆角。其图形可以是圆弧、圆、直线、椭圆弧、多段线、射线、参照线或样条曲线。要调用“圆角”命令，可通过如下方法进行操作。

方法 1：选择“修改”→“圆角”命令。

方法 2：单击“修改”面板中的“圆角”按钮。

方法 3：在命令行中输入命令“FILLET”。

方法 4：单击“常用”选项卡下“修改”面板中的“圆角”按钮。

使用 FILLET 命令可以通过一个指定半径的圆弧光滑地连接对象，利用此命令操作实体时应先设定圆角弧的半径，再进行圆角操作。例如要得到如图 1-67 所示的半径为 80 的圆角矩形，可在调用 FILLET 命令后，根据命令行中显示的提示信息进行操作。

命令: _ fillet

当前设置: 模式 = 修剪, 半径 = 80.0000

选择第一个对象或[放弃(U)/多段线(P)/半径(R)/修剪(T)/多个(M)]: R （选择“半径”选项）

指定圆角半径 <80.0000>: （指定圆角半径为80）

选择第一个对象或 [放弃(U)/多段线(P)/半径(R)/修剪(T)/多个(M)]: （选择第一个对象）

选择第二个对象，或按住 Shift 键选择要应用角点的对象: （选择第二个对象）

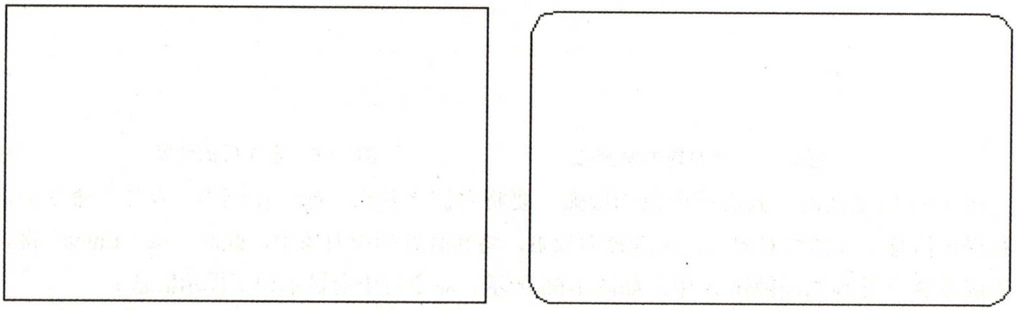

图1-67　半径为80的圆角矩形

命令行中各选项的含义如下。

① 选择第一个对象：在此提示下选择第一个图形对象，此对象是用来定义二维圆角的两个对象之一，或是需要圆角的三维实体的边。

② 多段线：在二维多段线中两条线段相交的每个顶点插入圆角弧。

③ 半径：用来定义圆角弧的半径。

④ 修剪：控制“圆角”命令是否修剪选定边使其缩至圆角端点。

⑤ 多个：对多个图形分别进行多次圆角处理。

如果需要连接两条不平行的直线，可以将圆角半径设置为 0 进行圆角操作。如果对两条平行线进行圆角操作，则无论圆角半径多大，系统都将自动画一个以两条平行线距离为直径的半圆。圆角半径的大小决定弧度的大小，若圆角半径为 0，则可使两个实体相交；若圆角半径较大且使两实体无法容纳此圆弧时，将无法进行圆角操作。

18. 倒角

使用“倒角”命令可以对对象进行倒角处理，可进行倒角的对象包括直线、多段线和射线等。要调用“倒角”命令，可通过如下方法进行操作。

方法 1：选择“修改”→“倒角”命令。

方法 2：单击“修改”面板中的“倒角”按钮。

方法 3：在命令行中输入命令“CHAMFER”。

方法 4：单击“常用”选项卡下“修改”面板中的“倒角”按钮。

调用“倒角”命令后，命令行中将显示如下提示信息：

命令: _chamfer

(“修剪”模式) 当前倒角距离 1 = 0.0000，距离 2 = 0.0000

选择第一条直线或 [放弃(U)/多段线(P)/距离(D)/角度(A)/修剪(T)/方式(E)/多个(M)]:
（选择第一条直线）

选择第二条直线，或按住 Shift 键选择要应用角点的直线: （选择第二条直线）

在使用“CHAMFER”命令倒角对象前，应先设置倒角线的距离，再进行倒角操作。命令行中各选项的含义如下。

① 多段线 (P)：输入“P”，系统将提示“选择二维多段线：”，选择后将按当前修剪模式和距离倒角。

② 距离 (D)：输入“D”，系统提示“指定第一个倒角距离 <0.0000>:，指定第二个倒角距离 <0.0000>:”，根据系统提示设定倒角的两个距离。

③ 角度 (A)：输入“A”，系统提示“指定第一条直线的倒角长度 <100.0000>:，指定第一条直线的倒角角度 <45>:”，根据系统提示指定倒角长度和角度。图 1-68 所示是指定倒角长度为 45、倒角角度为 45° 时五边形的变化。

技巧

在倒角时，必须预先设置倒角的两个长度。如果不设置倒角距离，则系统将两个倒角距离均设置为上一次倒角时所设置的距离值。

④ 修剪 (T)/：输入“T”，系统提示“输入修剪模式选项 [修剪 (T)/ 不修剪 (N)] < 修剪 >:”，其中“修剪 (T)”表示修剪倒角外的线段，“不修剪 (N)”表示保留倒角外的线段，图 1-69 所示是不修剪时的倒角效果和修剪时的倒角效果。

⑤ 方式 (E)：用于设定按距离方式还是按角度方式进行倒角。

⑥ 多个 (M)：为多组对象的边连续倒角。

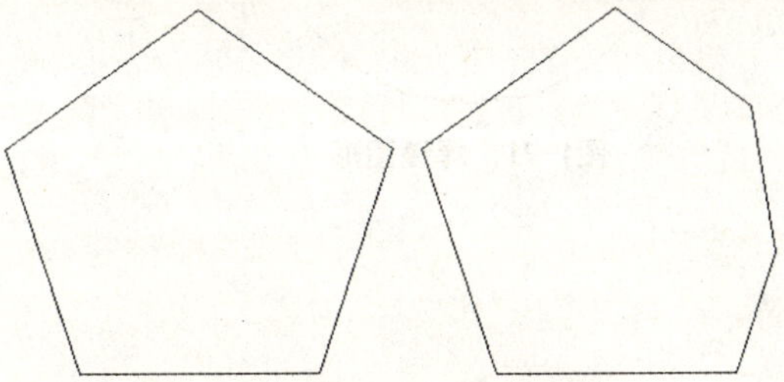

图1-68　倒角前后的效果对比

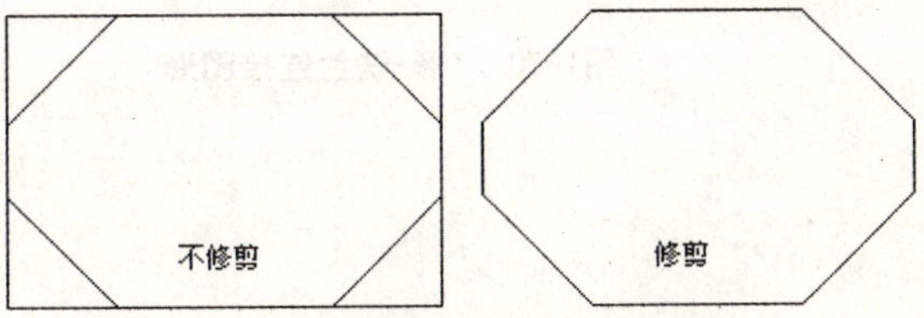

图1-69　不修剪时和修剪时的倒角效果

1.5 本章小结

AutoCAD 是我国建筑设计领域接受最早、应用最广泛的 CAD 软件，几乎成了建筑绘图的默认软件，在国内拥有强大的用户群体。本章主要介绍了 AutoCAD 2010 中文版操作界面和建筑设计的一些基础知识，有助于读者了解 AutoCAD 2010 的用户界面和绘图环境的设置，以及建筑设计中常用到的二维绘图命令和二维编辑命令。

1.6 习题与上机练习

1．填空题

（1）一套工业与民用建筑的建筑施工图通常包括的图样主要有____、____、____和建筑大样图。

（2）建筑常用的图幅有______、______、______、______、______五种。

（3）标题栏包括设计单位名称、______、______、______以及图号等内容。

（4）在同一张图纸内，各不同线宽组中的细线，可以统一采用较细的线宽组中的细线。对于需要微缩的图纸，线宽不宜≤______mm。

（5）常用图示标注中的______符号标注在平面图中，用于表示室内立面图的位置及编号，建立平面图和室内立面图之间的联系。

（6）在命令行中输入命令______，可调用“拉伸”命令。

2．简述题

（1）建筑制图的规范中对文字标注中的字体、字的大小、字号搭配等方面有哪些规定？

（2）建筑图纸中的尺寸标注的基本原则。

3．上机练习

（1）利用本章学习的知识，绘制如图 1-70 所示的 T 形 - 法兰连接图形。

（2）利用本章学习的知识，绘制如图 1-71 所示的焊缝图形。

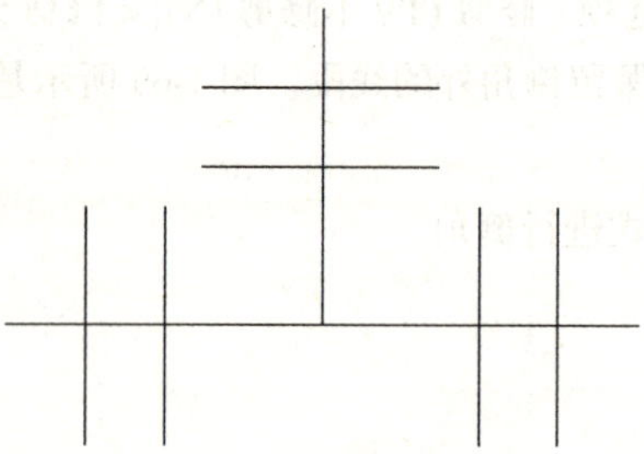

图1-70　T形-法兰连接图形

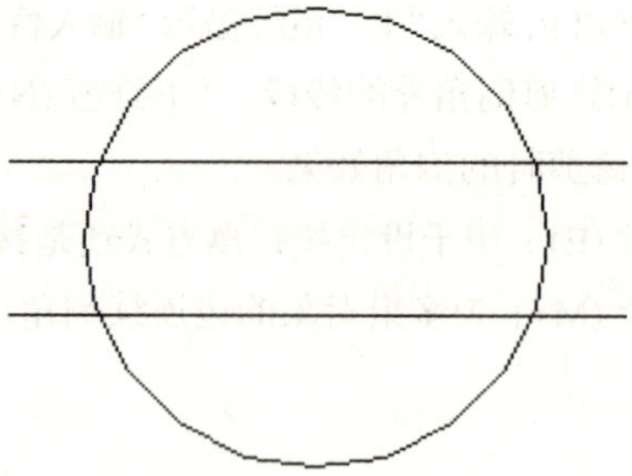

图1-71　焊缝图形

第2章 建筑图样中的基本组成元素

不管是绘制平面效果的建筑图样，还是绘制立体效果的建筑图样，最终绘制出来的复杂的图形都是由一些基本元素组成的。比如绘制一个办公室的平面效果图，其中需要包括桌子、椅子、墙体和门窗等对象。而这些建筑基本图元都是通用的，掌握它们的绘制方法，在绘制更复杂的图形时，可达到事半功倍的效果。本章主要讲解了AutoCAD 建筑图样中的基本组成元素，如建筑轴线网、建筑基本图元，包括桌子、椅子、墙体和门窗等。掌握这些基本图形的绘制方法，有助于更快速、有效地绘制复杂的建筑图形。

学习目标

- 了解建筑轴线网的绘制方法
- 理解建筑基本图元的内容
- 掌握建筑基本图元的绘制方法

2.1 绘制建筑轴线网

轴线网是由两组到多组轴线与轴号、尺寸标注组成的平面网格，是建筑物单体平面布置和墙柱构件定位的依据。完整的轴线网由轴线、轴号和尺寸标注三个相对独立的系统构成。建筑轴线一般根据开间和进深确定其位置，框架结构则根据柱距确定其位置。建筑轴线通常用点划线表示。下面介绍建筑轴线的绘制方法。

1．绘制垂直与水平轴线

（1）选择“绘图”→“直线”命令，在绘图窗口中绘制一条垂直直线，其长度要大于建筑总长度，如图 2-1 所示。此时，命令行中将显示如下提示信息：

图2-1　绘制一条垂直的直线

命令: _line

指定第一点:

指定下一点或 [放弃(U)]:

指定下一点或 [放弃(U)]:

(2) 选择“格式”→“线型”命令，即可打开“线型管理器”对话框，如图 2-2 所示。

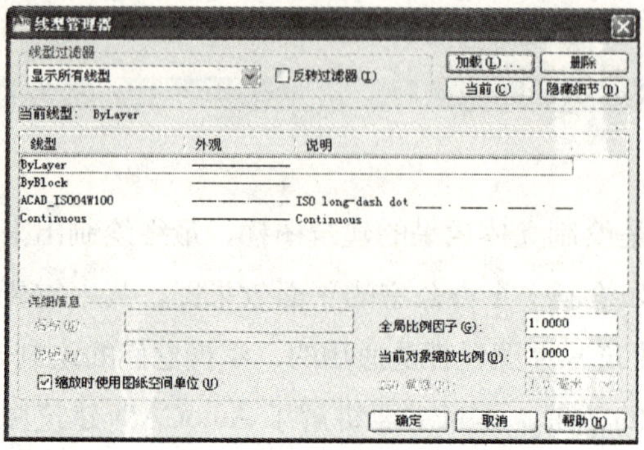

图2-2 “线型管理器”对话框

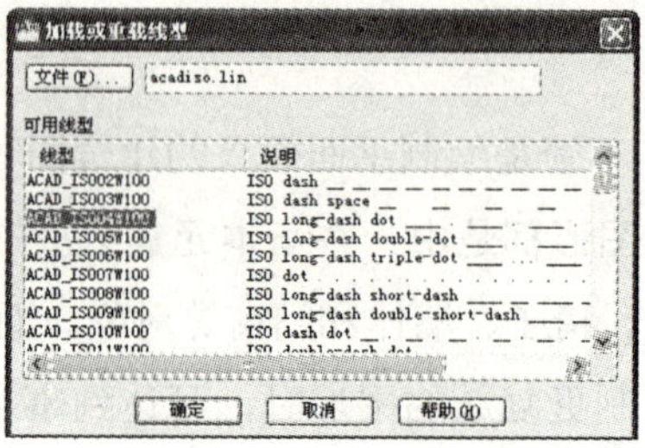

图2-3 加载“点划线”

(3) 单击“加载”按钮，即可弹出“加载或重载线型”对话框，在“可用线型”列表框中选择“点划线”(ACAD_ISO04W100，ISO long-dash dot)，如图 2-3 所示。

(4) 单击“确定”按钮返回“线型管理器”对话框，在“当前线型”列表框中选择刚才加载的点划线，如图 2-4 所示。

(5) 在绘图窗口中选择绘制的垂直直线，并在显示的线型控制中的“线型”下拉列表中选择“点划线”，所绘制的直线类型将变为点划线，如图 2-5 所示。

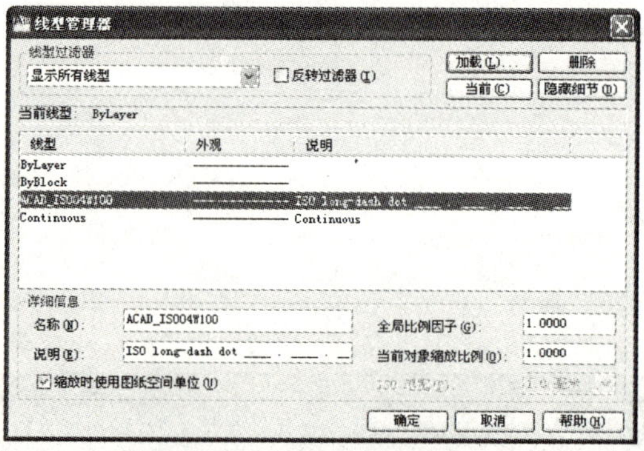

图2-4 选择“点划线”

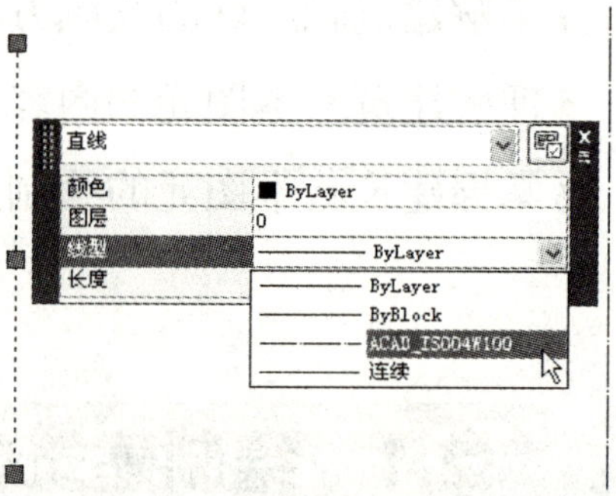

图2-5 将直线变为点划线

提 示

在线型控制中的“线型”下拉列表中选择点划线后，若线型未能显示，则需要设置新的线型比例。

(6)在命令行中输入“OFFSET”命令调用偏移命令，偏移垂直直线，得到与其平行的轴线，如图 2-6 所示。此时，命令行中将显示如下提示信息：

命令: offset

当前设置: 删除源=否 图层=源 OFFSETGAPTYPE=0

指定偏移距离或[通过(T)/删除(E)/图层(L)]<0.0000>: 50（输入偏移距离或指定通过点位置）

选择要偏移的对象，或 [退出(E)/放弃(U)] <退出>:　　　　　　（选择要偏移的对象：直线）

指定要偏移的那一侧上的点，或 [退出(E)/多个(M)/放弃(U)] <退出>:　　（指定偏移位置）

按“Enter”键重复偏移命令，继续偏移直线，得到垂直方向的轴线，如图 2-7 所示。

（7）利用“直线”命令绘制一条与垂直轴线直交的水平直线，调用“OFFSET”命令偏移水平直线，得到与其平行的水平轴线，如图 2-8 所示。

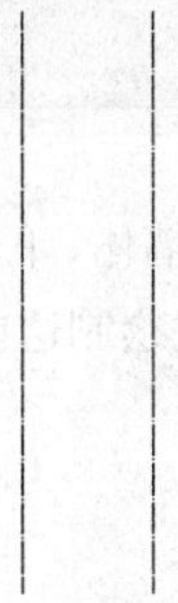

图2-6　偏移直线

图2-7　得到垂直轴线

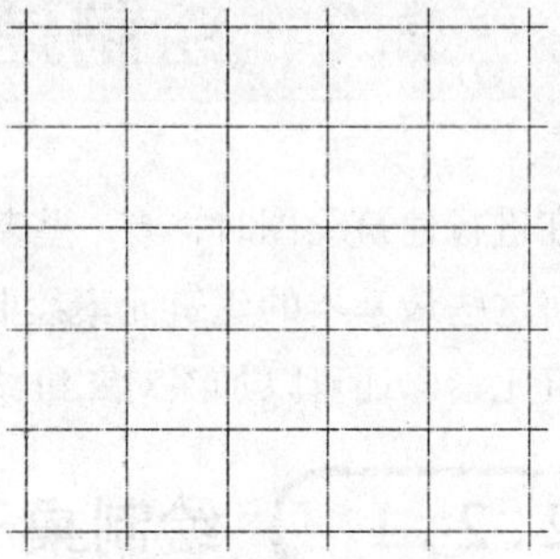

图2-8　得到水平轴线

2. **添加轴线编号和文字**

（1）轴线编号可以通过“CIRCLE”（绘制圆）命令和“TEXT”（文本）命令完成。选择“绘图”→“圆”命令，在垂直轴线的下方绘制一个圆，如图 2-9 所示。

此时，命令行中将显示如下提示信息：

命令: _circle

指定圆的圆心或 [三点(3P)/两点(2P)/切点、切点、半径(T)]:　　　　（指定圆心的位置）

指定圆的半径或 [直径(D)]: _d 指定圆的直径: 24　　　　（输入圆的半径）

（2）在命令行中输入命令“TEXT”，调用文本命令，再根据命令行中的提示信息进行设置并输入轴线编号“1”，如图 2-10 所示。

命令: text

当前文字样式: “STANDARD” 文字高度: 2.5000 注释性: 否

指定文字的起点或 [对正(J)/样式(S)]:

指定高度 <2.5000>: 15

指定文字的旋转角度 <0>: 0

（3）参照上述方法，在其他轴线下方绘制圆并输入相应的轴线编号，即可完成建筑轴线的绘制，如图 2-11 所示。

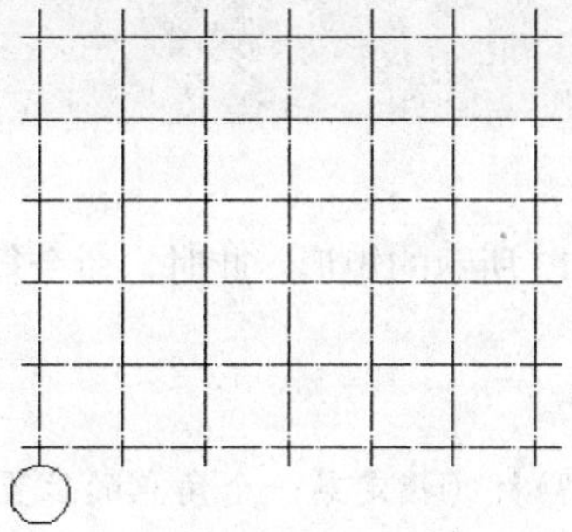

图2-9　绘制圆

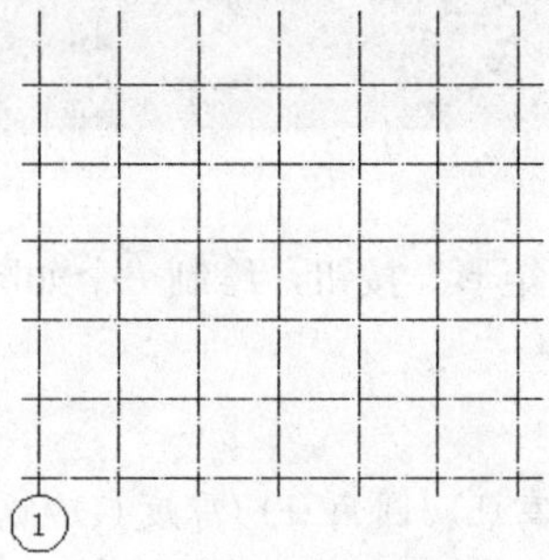

图2-10　输入轴线编号

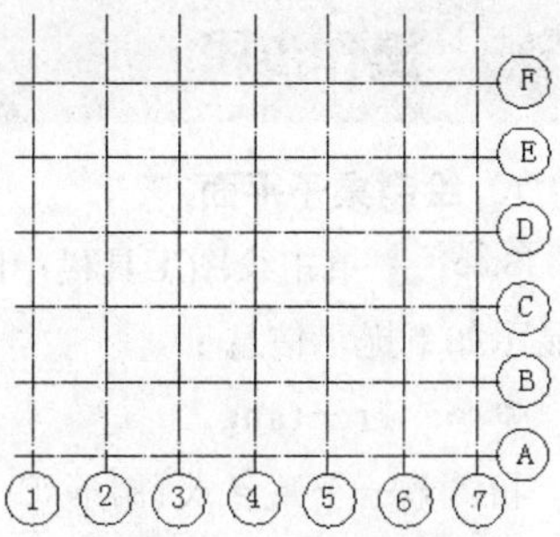

图2-11　标注轴线编号

提 示

在标注轴线编号时，水平方向的轴线编号为 1、2、3、4…，垂直方向的轴线编号为 A、B、C、D…。

2.2 绘制建筑基本图元

在进行建筑绘图时，有一些基本的建筑元素几乎是可以通用的，如桌子、椅子、墙体、门窗等，只有将这些最基本的建筑元素绘制好了，才可以使建筑图显得更加完美。同时，通过绘制这些简单的建筑元素，还可以加深对二维绘制和二维编辑命令的理解。

2.2.1 绘制桌子

学习目的

通过本实例练习，可以熟练掌握一些二维绘制命令和编辑命令的使用方法。

重点难点

- 绘制桌子平面和填充图案。

下面将绘制一个平面效果的桌子，其最终效果如图 2-12 所示。

图2-12 桌子平面效果

操作步骤

1. 绘制桌子平面

Step 01 单击绘图工具栏中的“矩形”按钮，绘制一个如图 2-13 所示的矩形。此时，命令行中将显示如下提示信息：

```
命令: _rectang
指定第一个角点或[倒角(C)/标高(E)/圆角(F)/厚度(T)/宽度(W)]: (指定第一个角点的位置)
指定另一个角点或 [面积(A)/尺寸(D)/旋转(R)]:             (指定另一个角点的位置)
```

Step 02 单击“修改”工具栏中的“偏移”按钮，将桌子的轮廓线向内偏移15，得到如图2-14所示的效果。此时，命令行中将显示如下提示信息：

命令：_offset

当前设置：删除源=否　图层=源　OFFSETGAPTYPE=0

指定偏移距离或［通过(T)/删除(E)/图层(L)］<通过>：　15

选择要偏移的对象，或［退出(E)/放弃(U)］<退出>：

指定要偏移的那一侧上的点，或［退出(E)/多个(M)/放弃(U)］<退出>：

图2-13　绘制一个矩形

图2-14　偏移桌子的轮廓线

Step 03 单击“修改”工具栏中的“圆角”按钮，对桌子的外侧轮廓线执行圆角操作，得到如图2-15所示的效果。此时，命令行中将显示如下提示信息：

命令：_fillet

当前设置：模式 = 修剪，半径 = 0.0000

选择第一个对象或［放弃(U)/多段线(P)/半径(R)/修剪(T)/多个(M)］：R　（选择半径选项）

指定圆角半径 <0.0000>：25　（设置圆角的半径）

选择第一个对象或［放弃(U)/多段线(P)/半径(R)/修剪(T)/多个(M)］：P　（选择多段线选项）

选择二维多段线：　（选择桌子的外侧轮廓线）

4 条直线已被圆角

Step 04 重复上述操作对内侧矩形进行圆角，即可绘制出如图2-16所示的桌子平面效果。

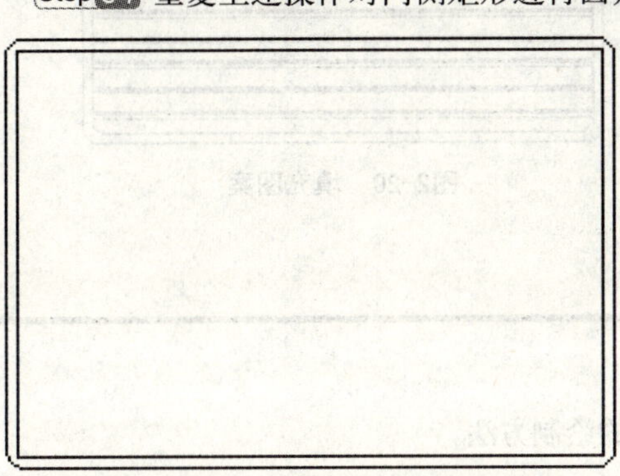

图2-15　对桌子外侧轮廓线执行圆角操作

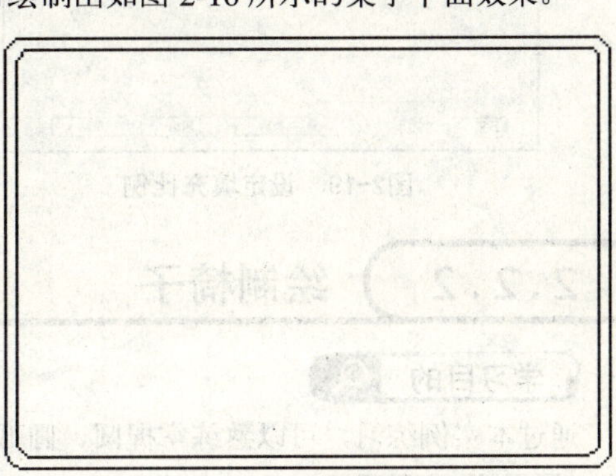

图2-16　对桌子内侧轮廓线执行圆角操作

2．填充图案

Step 01 选择“绘图”→“图案填充”命令或单击“绘图”工具栏中的“图案填充”按钮，即可打开“图案填充和渐变色”对话框，如图2-17所示。

Step 02 单击“图案”下拉列表框右侧按钮，即可打开“填充图案选项板”对话框，在其中选择“PLAST”图案，如图 2-18 所示。单击“确定”按钮，即可返回到“图案填充和渐变色”对话框。

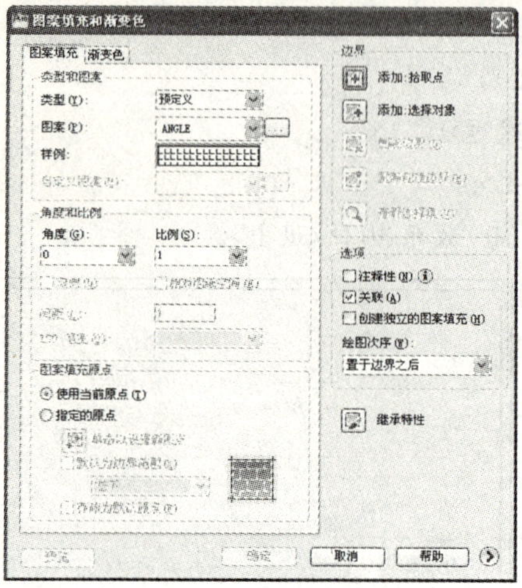

图2-17 “图案填充和渐变色”对话框

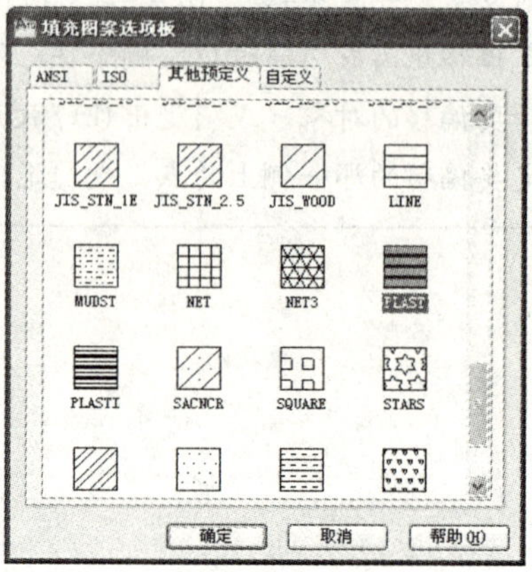

图2-18 “填充图案选项板”对话框

Step 03 在“比例”下拉列表中输入“7”，单击“选择对象”按钮，在绘图窗口中选择桌子平面图并按“Enter”键，即可返回到“图案填充和渐变色”对话框，如图 2-19 所示。单击“确定”按钮，即可完成对图形的填充，得到桌子平面效果图，如图 2-20 所示。

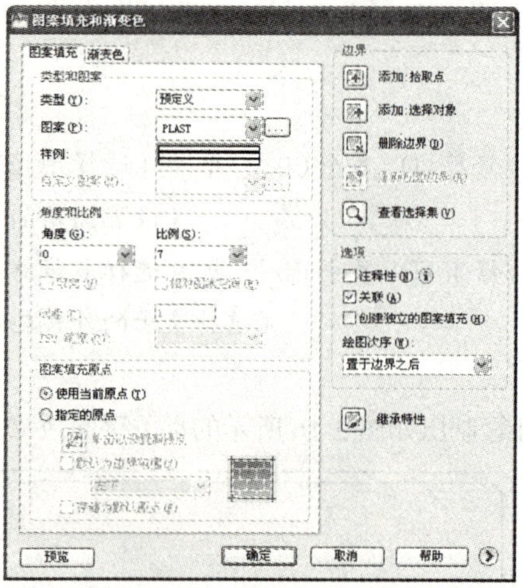

图2-19 设定填充比例

图2-20 填充图案

2.2.2 绘制椅子

学习目的

通过本实例练习，可以熟练掌握圆、圆弧和多线的绘制方法。

重点难点

- 绘制圆，绘制圆弧，绘制多线。

下面绘制一个平面效果的椅子，其最终效果如图 2-21 所示。该椅子主要由圆和圆弧组成，可以使用绘制圆命令和圆弧命令绘制。

操作步骤

Step01 选择“绘图”→“圆”命令，在绘图窗口中绘制一个圆，如图 2-22 所示。此时，命令行中将显示如下提示信息：

命令: _circle

指定圆的圆心或 [三点(3P)/两点(2P)/切点、切点、半径(T)]: 0,0　　(指定圆心的位置)

指定圆的半径或 [直径(D)]: 200　　(输入圆的半径)

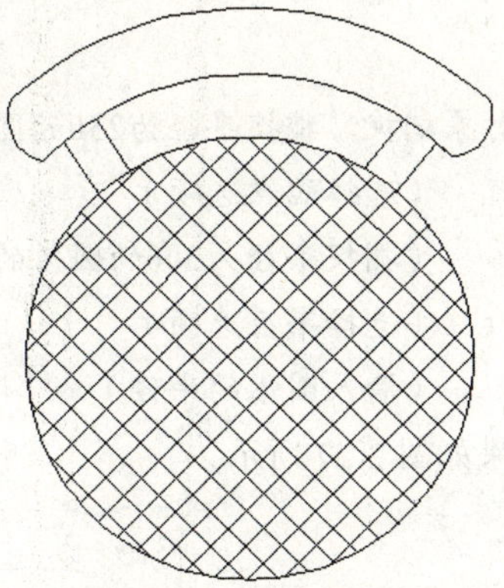

图2-21　绘制椅子

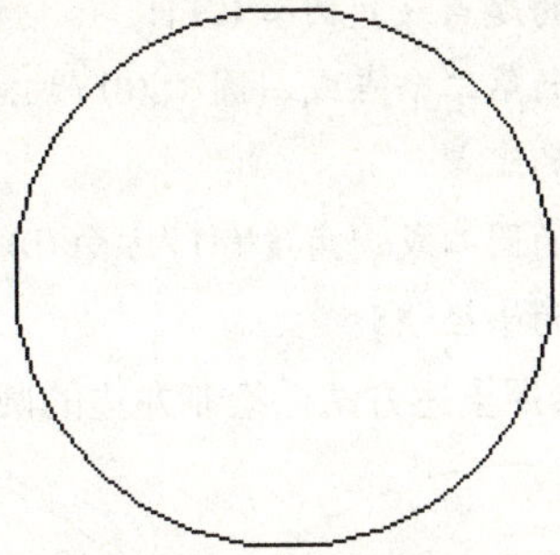

图2-22　绘制圆

Step02 选择“绘图”→“圆弧”命令，在绘制的圆上方绘制一段圆弧，如图 2-23 所示。此时，命令行中将显示如下提示信息：

命令: _arc

指定圆弧的起点或 [圆心(C)]: C　　(选择圆心选项)

指定圆弧的圆心: 0,0　　(指定圆弧的圆心的位置(与圆的圆心重合))

指定圆弧的起点:@250<45　　(指定圆弧的起点)

指定圆弧的端点或 [角度(A)/弦长(L)]: A　　(选择角度选项)

指定包含角:90　　(指定圆弧的包含角的大小)

Step03 参照上述方法，在圆上方再绘制一条半径为 300 的圆弧，如图 2-24 所示。

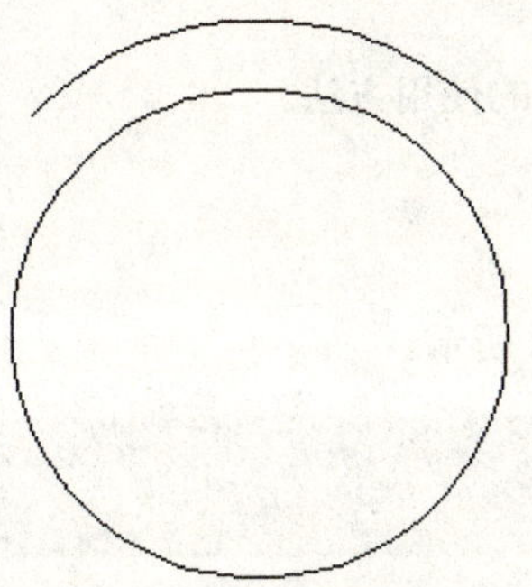

图2-23　绘制一个圆弧

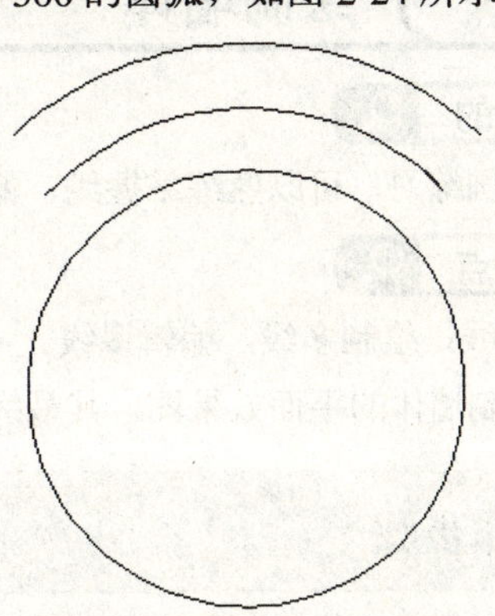

图2-24　绘制另一个圆弧

Step04 选择“绘图”→“多线”命令，绘制一条多线，如图 2-25 所示。此时，命令行中将显示如下提示信息：

命令: _mline

当前设置: 对正 = 上, 比例 = 1.00, 样式 = STANDARD

指定起点或 [对正(J)/比例(S)/样式(ST)]:

指定下一点:

指定下一点或 [放弃(U)]:

Step 05 参照上述方法，在另一侧绘制一条多线，如图 2-26 所示。

Step 06 选择“绘图”→“圆弧”命令，在两条圆弧的右侧再绘制一段圆弧来封闭这两条圆弧。此时，命令行中将显示如下提示信息：

命令: _arc

指定圆弧的起点或 [圆心(C)]: （打开对象捕捉，捕捉半径为250的圆弧的右端点）

指定圆弧的第二个点或 [圆心(C)/端点(E)]: e （选择端点选项）

指定圆弧的端点: （捕捉半径为300的圆弧的右端点）

指定圆弧的圆心或 [角度(A)/方向(D)/半径(R)]: r （选择半径选项）

指定圆弧的半径: 45 （输入圆弧的半径）

Step 07 参照上述方法，绘制左边的圆弧，最终效果如图 2-27 所示。

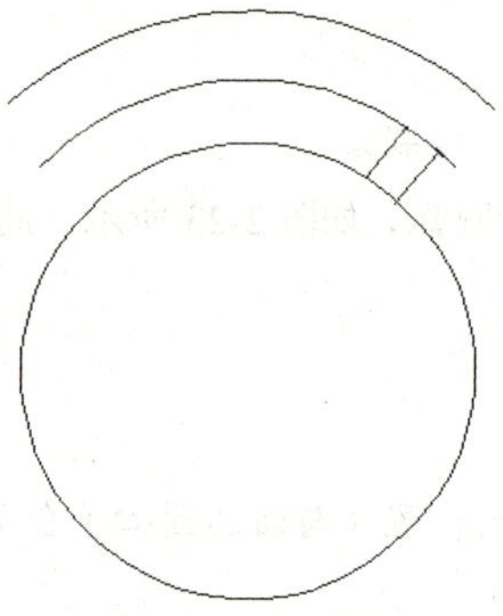

图2-25 绘制多线

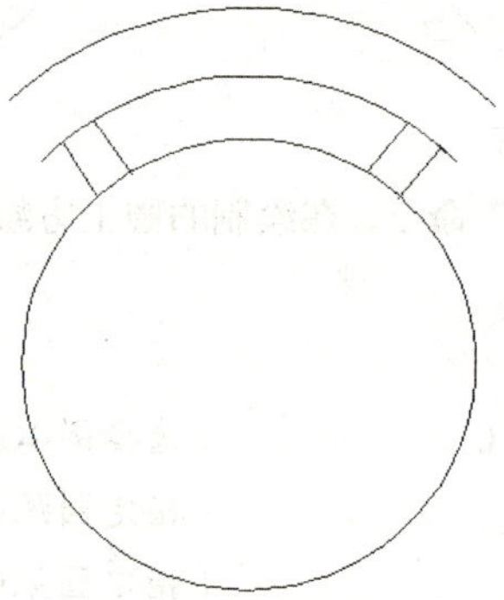

图2-26 绘制另一条多线

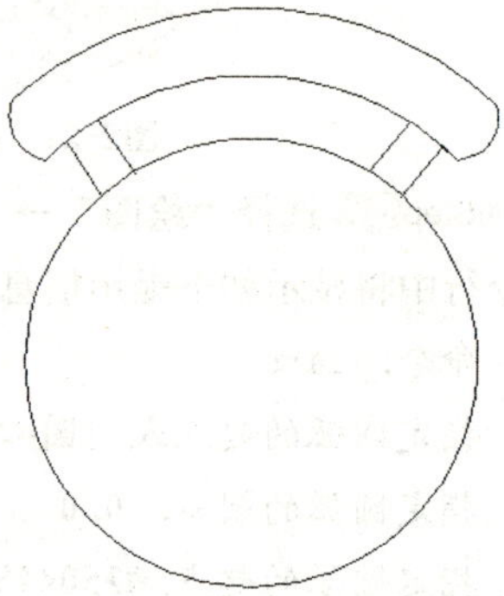

图2-27 绘制两边的圆弧

2.2.3 绘制墙体

学习目的

通过本实例练习，可以熟练掌握线、偏移和多线命令的使用方法。

重点难点

- 绘制轴线，绘制多线，编辑多线。

下面将绘制墙体的平面效果图，其最终效果如图 2-28 所示。

操作步骤

Step 01 绘制辅助线。选择“绘图”→“构造线”命令，在绘图窗口中绘制一条水平构造线和一条垂直构造线，组成“十”字构造线，如图 2-29 所示。

此时，命令行中将显示如下提示信息：

命令: _xline

指定点或 [水平(H)/垂直(V)/角度(A)/二等分(B)/偏移(O)]: （指定构造线的起点）

指定通过点: （指定水平方向一点，绘制水平构造线）

指定通过点: （指定垂直方向一点，绘制垂直构造线）

指定通过点: （按“Enter”键结束命令）

Step02 单击“修改”工具栏中的“偏移”按钮，将水平构造线依次向上偏移48、51、18、30，将垂直构造线依次向右偏移39、18、21、45，即可得到如图2-30所示的辅助线。

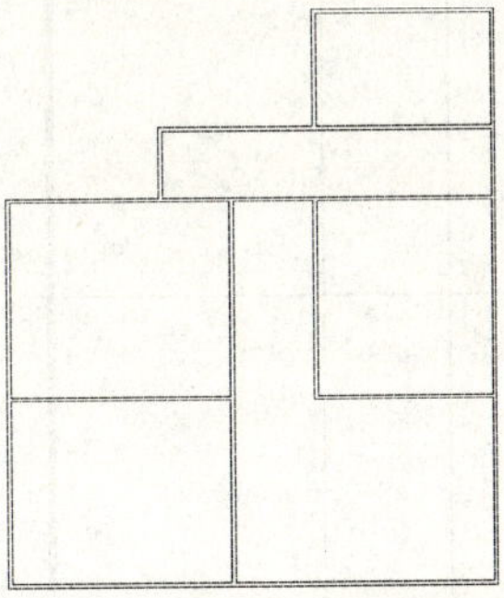

图2-28　绘制墙体的平面效果

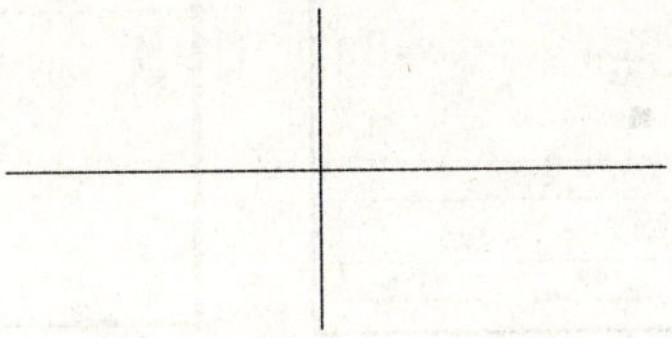

图2-29　绘制“十”字构造线

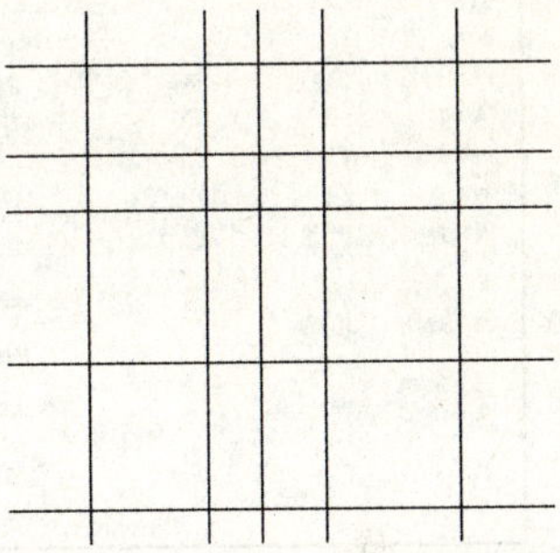

图2-30　偏移水平和垂直构造线

此时，命令行中将显示如下提示信息：

命令: offset

当前设置: 删除源=否　图层=源　OFFSETGAPTYPE=0

指定偏移距离或 [通过(T)/删除(E)/图层(L)] <通过>: 48 （输入偏移距离）

选择要偏移的对象，或 [退出(E)/放弃(U)] <退出>: （选择水平构造线）

指定要偏移的那一侧上的点，或 [退出(E)/多个(M)/放弃(U)] <退出>: （指定偏移位置）

Step03 定义多线样式。选择“格式”→“多线样式”命令，即可打开“多线样式”对话框，如图2-31所示。单击“新建”按钮，即可打开“创建新的多线样式”对话框，在“新样式名”文本框中输入“墙体线”，如图2-32所示。

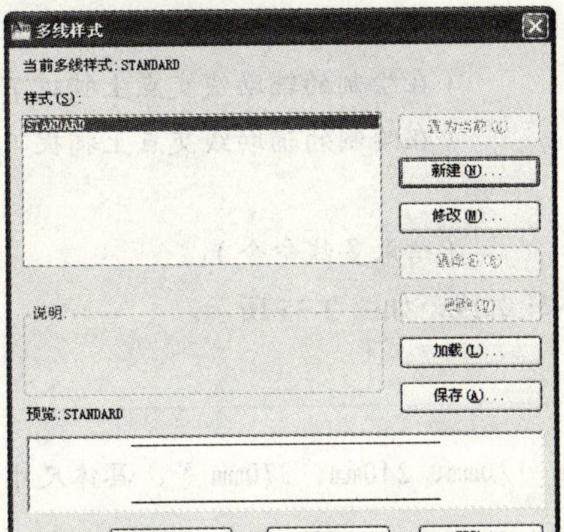

图2-31　“多线样式”对话框

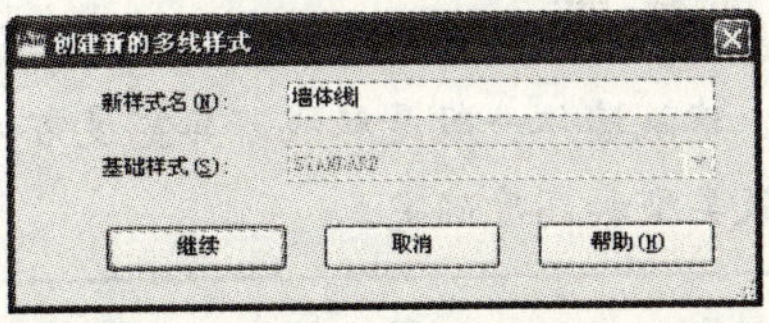

图2-32　“创建新的多线样式”对话框

Step04 单击“继续”按钮打开“新建多线样式:墙体线”对话框。在“封口”选项区域中选中“直线”后的两个复选框，单击“图元”选项区域列表框中第一个图元，在“偏移”文本框中输入数值

“120”，再选择第二个图元将其偏移值更改为“－120”，如图 2-33 所示。

Step 05 单击“确定”按钮关闭对话框，使用“多线”命令绘制墙体。选择“绘图”→“多线”命令，绘制墙体的外轮廓线，如图 2-34 所示。此时，命令行中将显示如下提示信息：

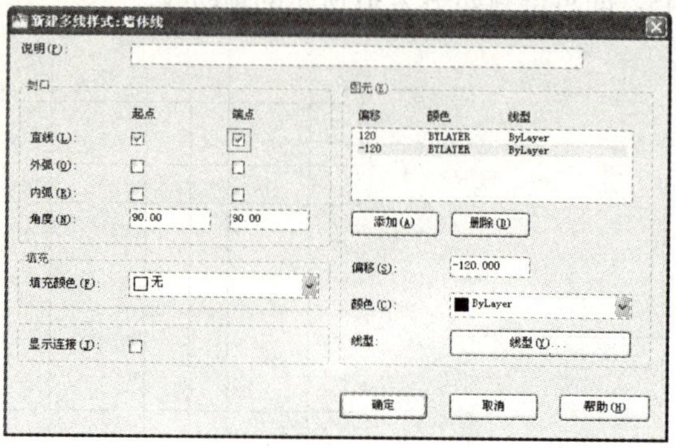

图2-33 “新建多线样式：墙体线”对话框

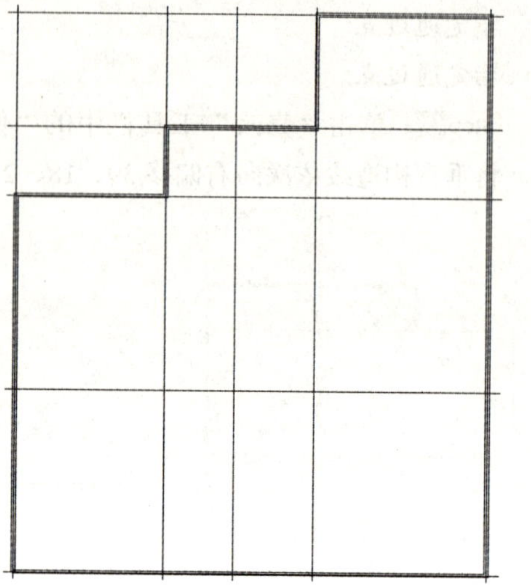

图2-34 绘制墙体的外轮廓线

命令: mline
当前设置: 对正 = 无，比例 = 1.00，样式 = STANDARD
指定起点或 [对正(J)/比例(S)/样式(ST)]: s （选择比例选项）
输入多线比例 <1.00>: 1 （设置多线比例）
当前设置: 对正 = 无，比例 = 1.00，样式 = STANDARD
指定起点或 [对正(J)/比例(S)/样式(ST)]: j （选择对正选项）
输入对正类型 [上(T)/无(Z)/下(B)] <无>: z （设置对正类型为“无”）
当前设置: 对正 = 无，比例 = 1.00，样式 = STANDARD
指定起点或 [对正(J)/比例(S)/样式(ST)]: （在绘制的辅助线交点上捕捉一点）
指定下一点: （在绘制的辅助线交点上捕捉下一点）
指定下一点或 [放弃(U)]: （在绘制的辅助线交点上捕捉下一点）
指定下一点或 [闭合(C)/放弃(U)]: （在绘制的辅助线交点上捕捉下一点）
…….
指定下一点或 [闭合(C)/放弃(U)]: （结束多线命令）

Step 06 参照上述方法，根据辅助线绘制墙体的内轮廓线，如图 2-35 所示。

提 示

建筑墙体一般是双线，其宽度常见的有 60mm、120mm、240mm、370mm 等，具体尺寸根据建筑类型和高度确定。

Step 07 选择“修改”→“对象”→“多线”命令，即可打开“多线编辑工具”对话框，在其中选择“T 形合并”工具，如图 2-36 所示。利用“T 形合并”工具对多线进行编辑，即可得到墙体最终效果，如图 2-37 所示。

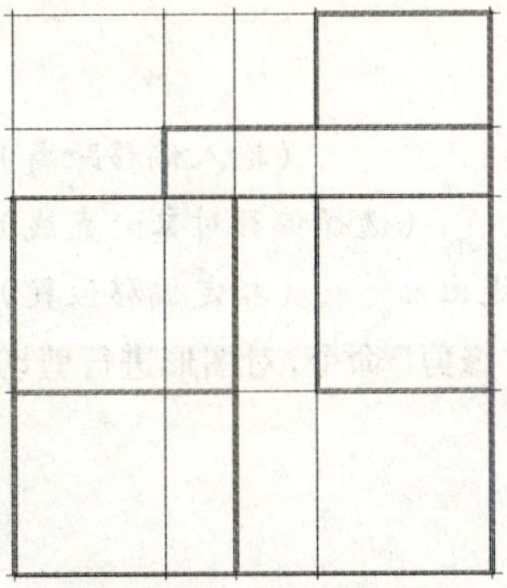

图2-35 绘制墙体的内轮廓线

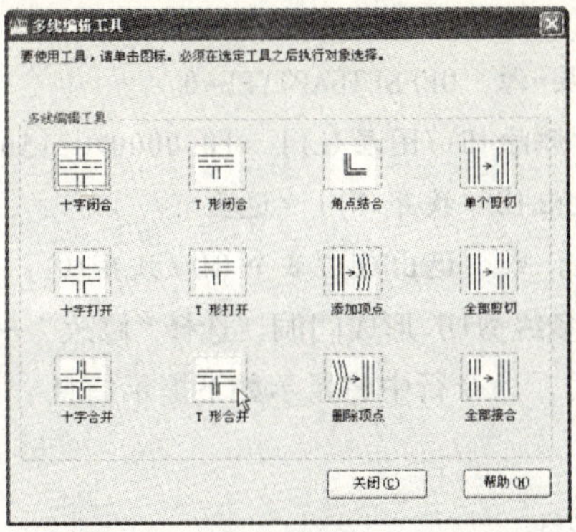

图2-36 “多线编辑工具”对话框

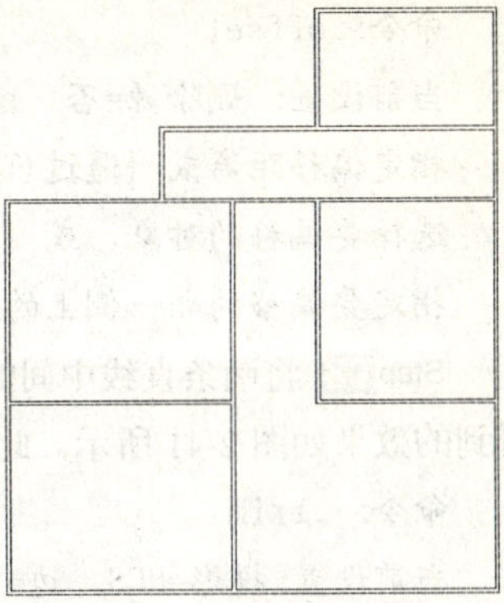

图2-37 墙体最终效果

2.2.4 绘制门窗

学习目的

通过本实例练习，可以熟练掌握线、偏移、修剪、多线命令的使用方法。

重点难点

- 绘制门洞，绘制门扇，绘制窗户。

下面将在墙体的平面效果图中绘制门窗，其最终效果如图 2-38 所示。

操作步骤

1．绘制门

Step01 在墙体中需要开门的位置绘制门洞。选择“绘图”→“直线”命令，在墙体开门位置绘制一个直线，如图 2-39 所示。此时，命令行中将显示如下提示信息：

命令：_line

指定第一点：

指定下一点或 [放弃(U)]:

指定下一点或 [放弃(U)]:

Step02 使用“偏移”命令将绘制的直线向右偏移 1500，偏移后的效果如图 2-40 所示。此时，命令行中将显示如下提示信息：

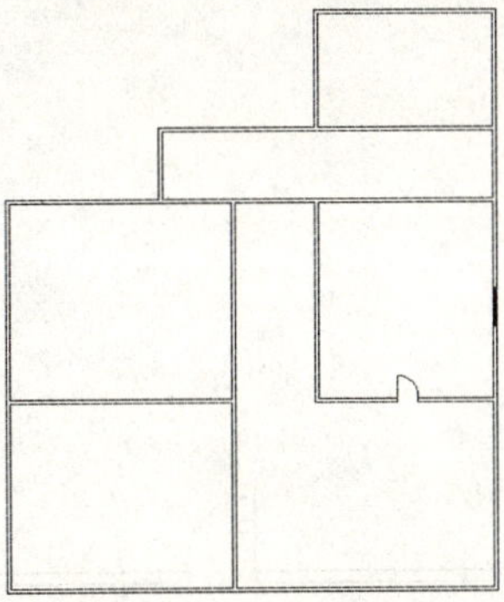

图2-38 绘制门窗效果

图2-39 绘制直线

图2-40 绘制另一条直线

命令: _offset
当前设置: 删除源=否　图层=源　OFFSETGAPTYPE=0
指定偏移距离或 [通过(T)/删除(E)/图层(L)] <10.0000>: 1500　　（输入偏移距离）
选择要偏移的对象, 或 [退出(E)/放弃(U)] <退出>:　　（选择偏移对象: 直线）
指定要偏移的那一侧上的点, 或 [退出(E)/多个(M)/放弃(U)] <退出>:　　（指定偏移位置）

Step 03 将两条直线中间的多线剪切，形成门洞。选择“修改”→“修剪”命令，对图形进行剪切，得到的效果如图 2-41 所示。此时，命令行中将显示如下提示信息：

命令: _trim
当前设置:投影=UCS, 边=无
选择剪切边...
选择对象或 <全部选择>:　找到 1 个
选择对象: 找到 1 个, 总计 2 个
选择对象: 找到 1 个, 总计 3 个　　（选择“多线”和两条直线作为剪切边）
选择对象:　　（按“Enter”键）
选择要修剪的对象, 或按住 Shift 键选择要延伸的对象, 或
[栏选(F)/窗交(C)/投影(P)/边(E)/删除(R)/放弃(U)]:　　（选择多线作为修剪的对象）
选择要修剪的对象, 或按住 Shift 键选择要延伸的对象, 或
[栏选(F)/窗交(C)/投影(P)/边(E)/删除(R)/放弃(U)]:　　（按“Enter”键结束命令）

Step 04 绘制门扇。使用“直线”命令，以门洞左上方的端点为起点，绘制一条直线，如图 2-42 所示。此时，命令行中将显示如下提示信息：

命令: _line
指定第一点:　　（指定门洞左上方的端点为第一点）
指定下一点或 [放弃(U)]:
指定下一点或 [放弃(U)]:　　（指定直线的终点）
指定下一点或 [放弃(U)]:　　（按“Enter”键结束命令）

Step 05 使用“圆弧”命令，以门洞右上方的端点为起点，绘制一段圆弧，如图 2-43 所示。此时，命令行中将显示如下提示信息：

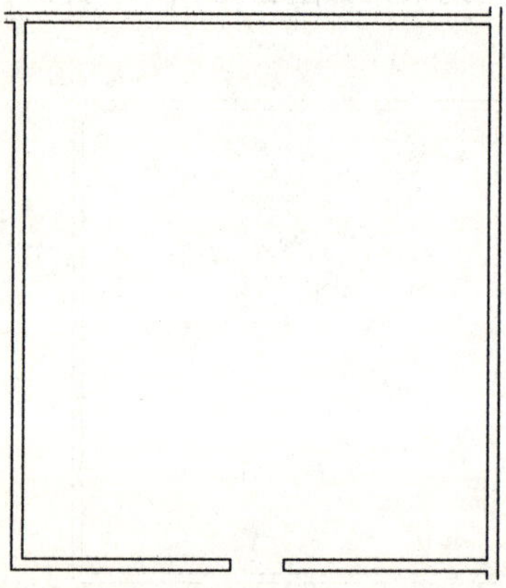
图2-41　剪切对象，形成门洞

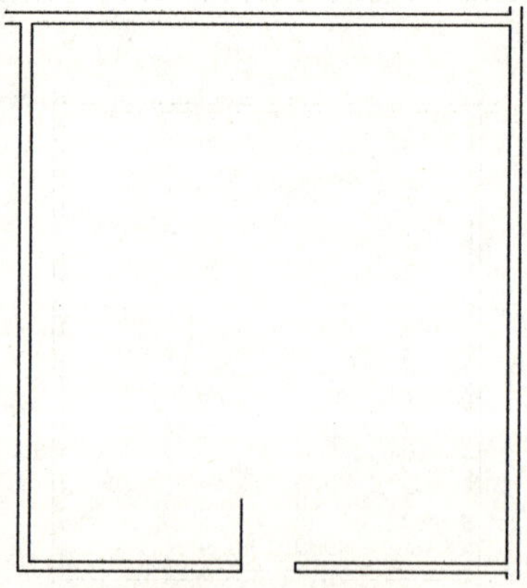
图2-42　绘制直线

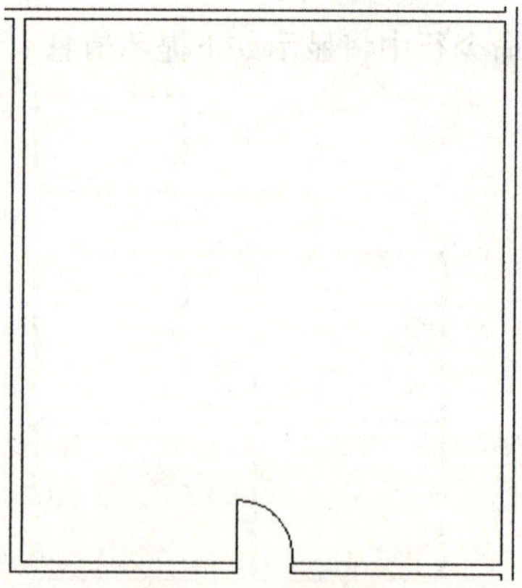
图2-43　绘制圆弧

命令:_arc
指定圆弧的起点或 [圆心(C)]:　　　　　　　　（指定门洞右上方的端点为圆弧的起点）
指定圆弧的第二个点或 [圆心(C)/端点(E)]: e　（选择端点选项）
指定圆弧的端点:　　　　　　　　　　　　　（指定直线上方的端点为圆弧的端点）

提 示

这里绘制的门扇造型为单扇平开门，其绘制方法比较简单。可按上面介绍的方法绘制其他类型的门，如自动旋转门等。

2. 绘制窗户

窗户的绘制比较简单，只需在墙体中先确定开窗位置，再在两者之间绘制两条平行线即可构成固定窗户。

Step01 根据绘制门的方法在墙体中绘制两个直线，确定窗户的位置，如图 2-44 所示。

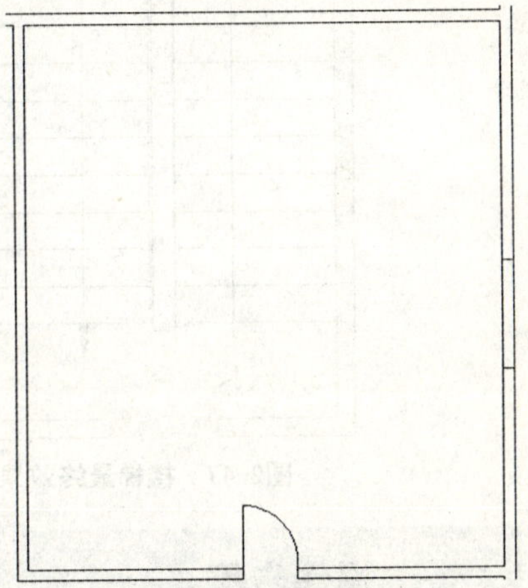

图2-44　绘制两条直线

Step02 选择“绘图”→“多段线”命令，在两条直线中间绘制一条平行线，如图 2-45 所示。

此时，命令行中将显示如下提示信息：

命令: _pline
指定起点:　　　　　　（指定多线的起点）
当前线宽为 0.0000
指定下一个点或 [圆弧(A)/半宽(H)/长度(L)/放弃(U)/宽度(W)]: @0,360 输入图形形状尺寸或直接单击
指定下一点或 [圆弧(A)/闭合(C)/半宽(H)/长度(L)/放弃(U)/宽度(W)]:　指定下一点的位置

Step03 再绘制另一个平行线，如图 2-46 所示。绘制完成后，即可得到窗户的最终效果。

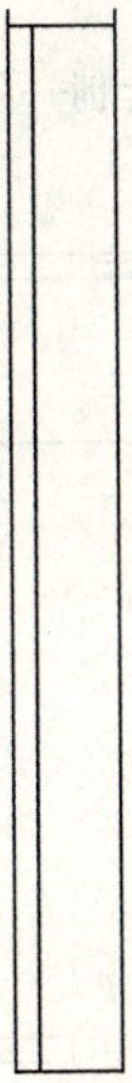

图2-45　绘制平行线

图2-46　绘制另一条平行线

2.3 综合案例——绘制一段楼梯

学习目的

通过本实例练习，熟练掌握线、多线、多段线、偏移和修剪命令的使用方法。

重点难点

- 绘制平行线，绘制矩形，绘制带箭头的多段线。

下面将绘制一个平面效果的楼梯，其最终效果如图 2-47 所示。

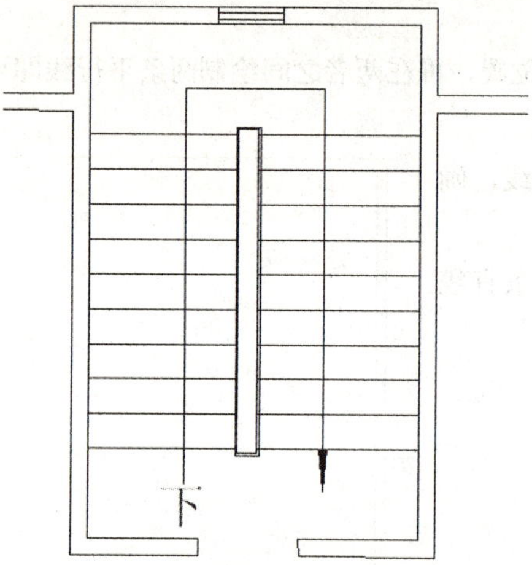

图2-47　楼梯最终效果

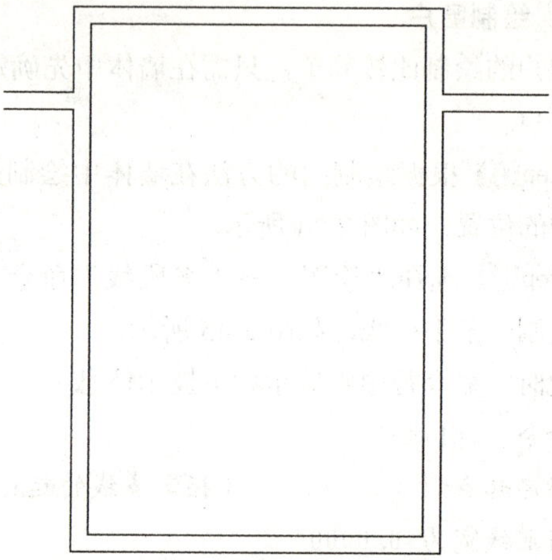

图2-48　绘制带门窗的楼梯间

操作步骤

Step01 根据“绘制墙体”的方法，绘制一个如图 2-48 所示的楼梯间的墙体效果，再根据“绘制门窗”的方法绘制楼梯间的门窗，如图 2-49 所示。

Step02 绘制楼梯踏步。使用“直线”命令，在楼梯间的平面图中绘制一条直线，如图 2-50 所示。此时，命令行中将显示如下提示信息：

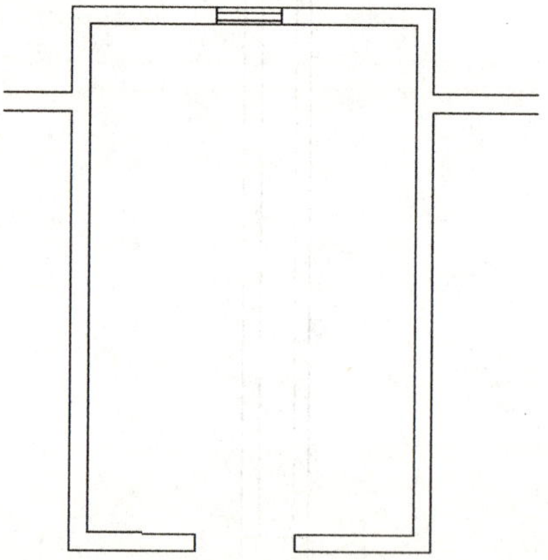

图2-49　绘制楼梯间的门窗

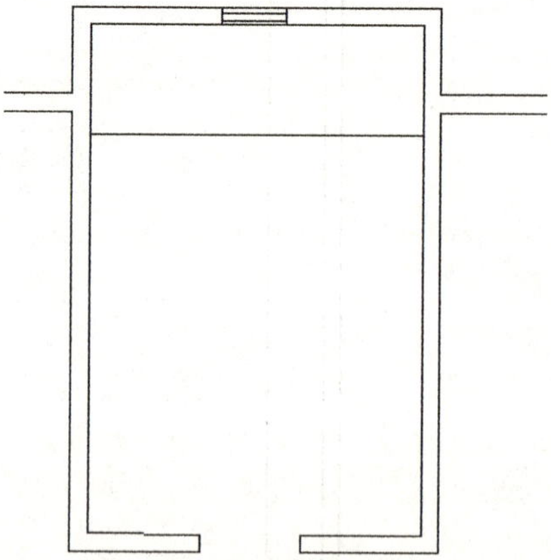

图2-50　绘制一条直线

命令: _line
指定第一点:
指定下一点或 [放弃(U)]:
指定下一点或 [放弃(U)]:

Step03 使用“偏移”命令，将绘制的直线依次向下偏移300，完成楼梯踏步的绘制，如图2-51所示。此时，命令行中将显示如下提示信息：

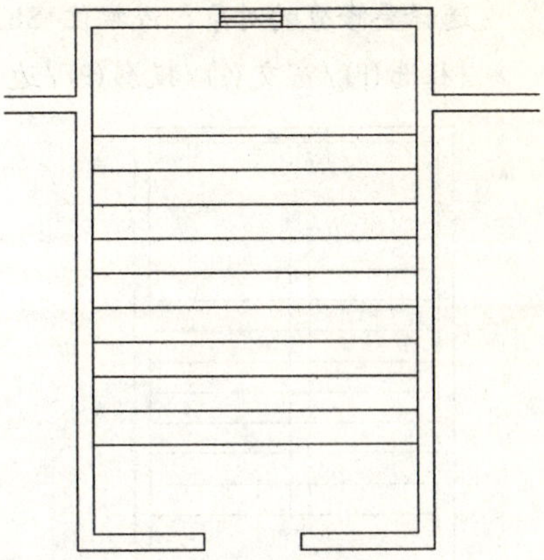
图2-51 偏移直线

命令: _offset
当前设置: 删除源=否 图层=源 OFFSETGAPTYPE=0
指定偏移距离或 [通过(T)/删除(E)/图层(L)]
<2.0000>: 300 (输入偏移距离)
选择要偏移的对象，或 [退出(E)/放弃(U)] <退出>: (选择直线)
指定要偏移的那一侧上的点，或 [退出(E)/多个(M)/放弃(U)] <退出>: (指定偏移位置)
指定要偏移的那一侧上的点，或 [退出(E)/多个(M)/放弃(U)] <退出>: (继续偏移对象)
……………
指定要偏移的那一侧上的点，或 [退出(E)/多个(M)/放弃(U)] <退出>: (按“Enter”键结束命令)

Step04 使用“矩形”命令绘制楼梯扶手。选择“绘图”→“矩形”命令，在楼梯踏步中间绘制矩形楼梯扶手，如图2-52所示。此时，命令行中将显示如下提示信息：

命令: _rectang
指定第一个角点或[倒角(C)/标高(E)/圆角(F)/厚度(T)/宽度(W)]: (指定第一个角点的位置)
指定另一个角点或 [面积(A)/尺寸(D)/旋转(R)]: D (选择尺寸选项)
指定矩形的长度 <0.0000>: 2800 (输入矩形的长度)
指定矩形的宽度 <0.0000>: 150 (输入矩形的宽度)
指定另一个角点或 [面积(A)/尺寸(D)/旋转(R)]: (指定另一个角点的位置)

Step05 将楼梯踏步和矩形楼梯扶手中相交的线条剪切。选择“修改”→“剪切”命令，对多余的线条进行剪切，如图2-53所示。此时，命令行中将显示如下提示信息：

命令: _trim
当前设置:投影=UCS，边=无
选择剪切边...
选择对象或 <全部选择>: 找到 1 个
选择对象: 找到 1 个，总计 2 个 (选择矩形扶手和第一条直线)
选择对象: (按“Enter”键确认)
选择要修剪的对象，或按住 Shift 键选择要延伸的对象，或
[栏选(F)/窗交(C)/投影(P)/边(E)/删除(R)/放弃(U)]: (选择要修剪的对象：直线)
选择要修剪的对象，或按住 Shift 键选择要延伸的对象，或
[栏选(F)/窗交(C)/投影(P)/边(E)/删除(R)/放弃(U)]: (继续选择要修剪的对象：直线)
………

选择要修剪的对象，或按住 Shift 键选择要延伸的对象，或
[栏选(F)/窗交(C)/投影(P)/边(E)/删除(R)/放弃(U)]:　　（按“Enter”键结束命令）

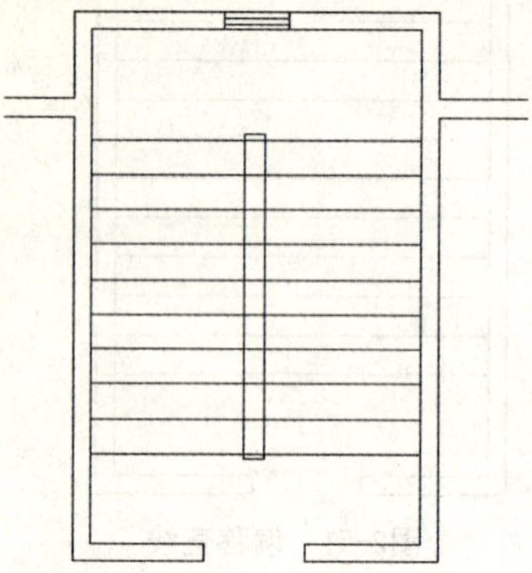

图2-52　绘制矩形楼梯扶手

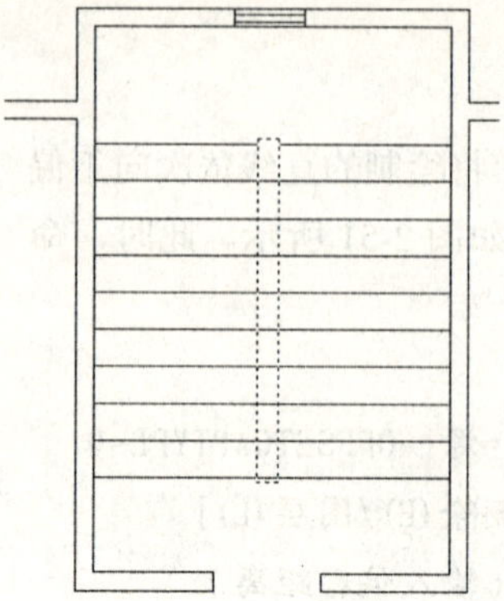

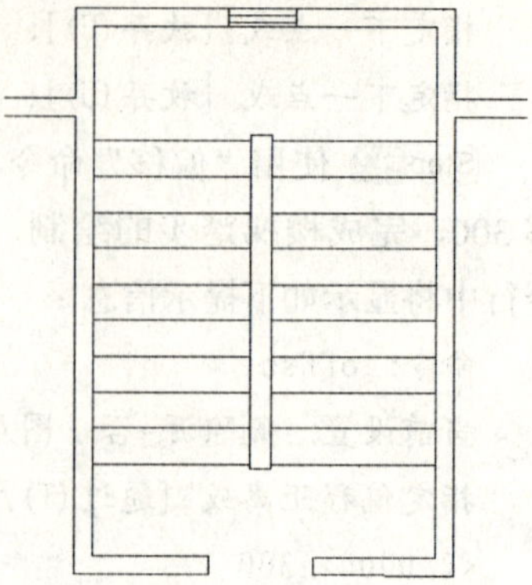

图2-53　剪切多余的线条

Step 06 使用“偏移”命令将矩形扶手向上偏移 30，如图 2-54 所示。此时，命令行中将显示如下提示信息：

命令: offset
当前设置: 删除源=否　图层=源　OFFSETGAPTYPE=0
指定偏移距离或 [通过(T)/删除(E)/图层(L)] <1.0000>: 30　　（输入偏移距离）
选择要偏移的对象，或 [退出(E)/放弃(U)] <退出>:　　（选择矩形扶手）
指定要偏移的那一侧上的点，或 [退出(E)/多个(M)/放弃(U)] <退出>:　（指定偏移位置）

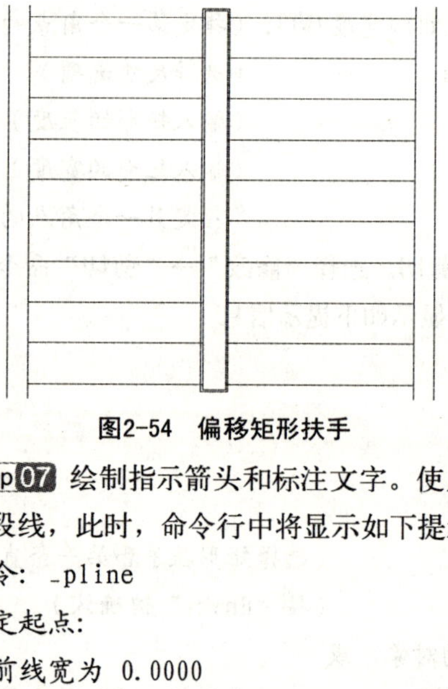

图2-54　偏移矩形扶手

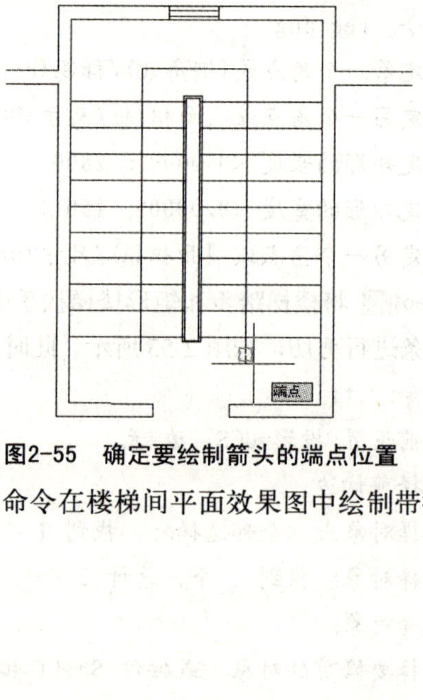

图2-55　确定要绘制箭头的端点位置

Step 07 绘制指示箭头和标注文字。使用“多段线”命令在楼梯间平面效果图中绘制带指示箭头的多段线，此时，命令行中将显示如下提示信息：

命令: _pline
指定起点:
当前线宽为 0.0000
指定下一个点或 [圆弧(A)/半宽(H)/长度(L)/放弃(U)/宽度(W)]: @0,2400　（输入尺寸或在图形中直接单击）
指定下一个点或 [圆弧(A)/半宽(H)/长度(L)/放弃(U)/宽度(W)]:　　（输入尺寸或在图形中直接单击）

指定下一点或 [圆弧(A)/闭合(C)/半宽(H)/长度(L)/放弃(U)/宽度(W)]:　（输入尺寸或在图形中直接单击）

指定下一点或 [圆弧(A)/闭合(C)/半宽(H)/长度(L)/放弃(U)/宽度(W)]:　（在图形中直接单击确定要绘制）箭头的位置，如图2-55所示

指定下一点或 [圆弧(A)/闭合(C)/半宽(H)/长度(L)/放弃(U)/宽度(W)]: W （选择宽度选项）

指定起点宽度 <0.0000>: 0　（指定箭头的起点宽度为0）

指定端点宽度 <0.0000>:　（指定箭头的端点宽度（根据实际情况自定义））

指定下一点或 [圆弧(A)/闭合(C)/半宽(H)/长度(L)/放弃(U)/宽度(W)]:　（按“Enter”键结束命令）

根据命令行中的提示进行绘制，即可得到如图 2-56 所示的指示箭头。

Step08 为提示箭头添加标注文字。在命令行中输入命令“TEXT”，在命令行的提示下设置文字的高度和旋转角度，这里可设置文字的高度和旋转角度，再输入文字“下”，添加标注文字后的效果如图 2-57 所示。此时，命令行中将显示如下提示信息：

命令: _text

当前文字样式:　“STANDARD”　文字高度:　0.5000　注释性:　否

指定文字的起点或 [对正(J)/样式(S)]:　（指定文字的位置）

指定高度 <0.5000>: 2　（指定文字的高度）

指定文字的旋转角度 <0>:　（指定文字的旋转角度）

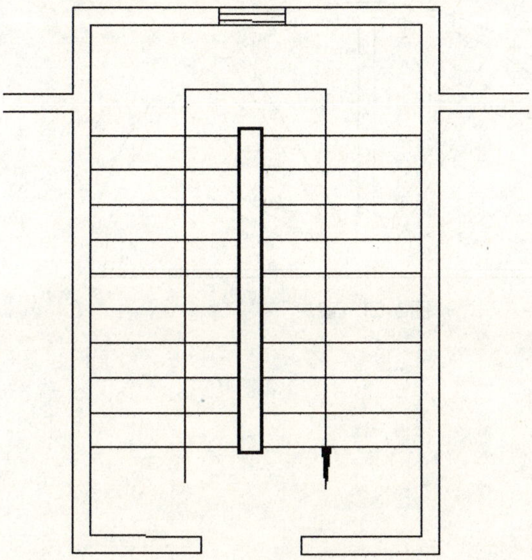

图2-56　绘制指示箭头

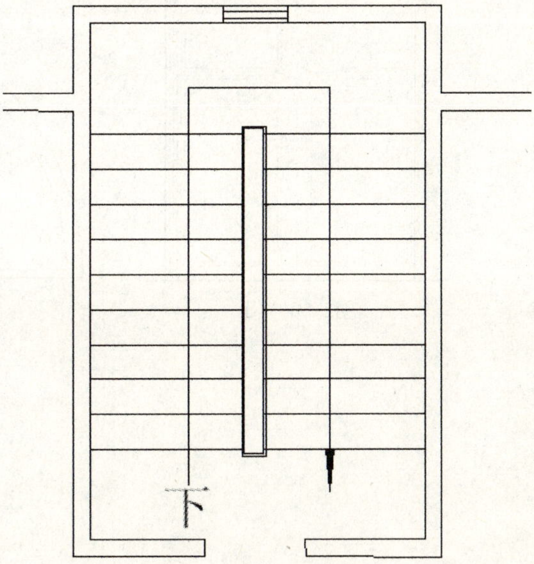

图2-57　添加标注文字

就像任何高楼大厦都是由小小的砖块垒起来的一样，任何建筑图形设计都是由建筑单元图形组成的。建筑单元是建筑图形的基本组成部分。掌握这些建筑基本图元的绘制方法，可以为以后绘制更复杂的图形打下基础，还可以为设计者节省很多时间。

本章主要介绍了建筑图样中的基本组成元素的绘制，如建筑轴线网和建筑基本图元。其中建筑基本图元主要介绍了一些简单的桌子、椅子、墙体和门窗的绘制，通过这些图形的绘制，能够加深对二维绘制命令和编辑命令的理解。

2.4 习题与上机练习

1．填空题

（1）一般来说，建筑轴线通常用______表示。

（2）轴线网是由两组到多组轴线与______、______组成的平面网格。

（3）选择______命令，即可打开“线型管理器”对话框。

（4）要调用文本命令，可在命令行中输入命令______。

（5）选择“绘图”→ ______命令，即可打开“图案填充和渐变色”对话框。

2. 简述题

（1）绘制建筑轴线网的方法。

（2）建筑基本图元——桌子的绘制方法。

3．上机练习

（1）绘制如图 2-58 所示的门。

（2）绘制如图 2-59 所示的窗户。

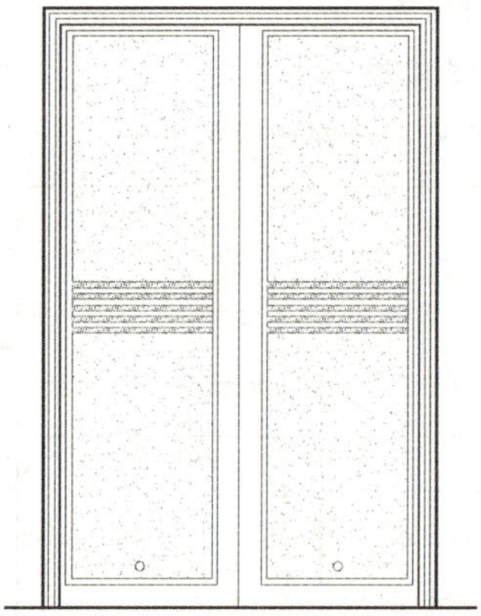

图2-58　门

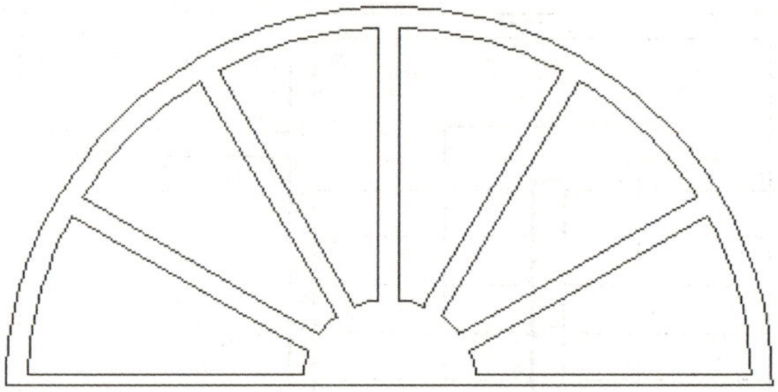

图2-59　窗户

第3章 对象捕捉和对象追踪功能

无论是手工绘图还是计算机绘图，要能够快速精确地绘图，辅助方法是必不可少的。计算机绘图的辅助方法有很多，本章介绍了几种精确辅助绘图方法，如对象捕捉、栅格等，合理地使用捕捉和追踪功能可以加快绘图速度，提高绘图精度，避免绘图错误。

学习目标

- 了解对象的栅格、捕捉和追踪模式
- 理解使用捕捉模式进行绘图的技巧
- 理解使用追踪模式进行绘图的技巧
- 掌握快速计算器面板的使用方法

AutoCAD 提供了强大的精确绘图功能，主要包括捕捉与栅格、对象捕捉、使用正交、对象追踪、极轴追踪以及使用快速计算器面板等。使用 AutoCAD 2010 提供的对象捕捉、对象追踪等功能可以准确地进行定位，从而有效地提高绘图的精确性和效率。

3.1 栅格和捕捉

在绘制图形时，用户往往难以使用十字光标（即鼠标在绘图区域时的显示）准确定位，这时可以使用系统提供的捕捉、栅格和正交等功能来辅助定位。

3.1.1 设置栅格和捕捉

在绘图窗口中，捕捉与栅格往往配合起来使用，捕捉的作用是准确地对准到设置的捕捉间距点上，用于准确定位和控制间距。单击状态栏上的“对象捕捉”按钮（也可以按“F9”键或按“Ctrl+B”组合键），即可打开和关闭捕捉模式。

栅格是点的矩阵，延伸到指定为图形界限的整个区域。使用栅格类似于在图形下放置一张坐标纸。在绘图过程中可以利用栅格对齐对象并直观显示对象之间的距离。如果放大或缩小图形，可能需要调整栅格间距，使其适合新的比例。

捕捉模式用于限制十字光标，使其按照定义的间距移动。它有助于使用鼠标键或者定点设备来精确地定位点（这里使用的鼠标为三键鼠标）。“捕捉”工具有设定鼠标指针移动距离的功能。“栅格”是由许多标定的小点组成的，其作用就像坐标纸，通过单击状态栏上的“栅格显示”按钮▦打开或关闭栅格的显示，如图 3-1 所示。

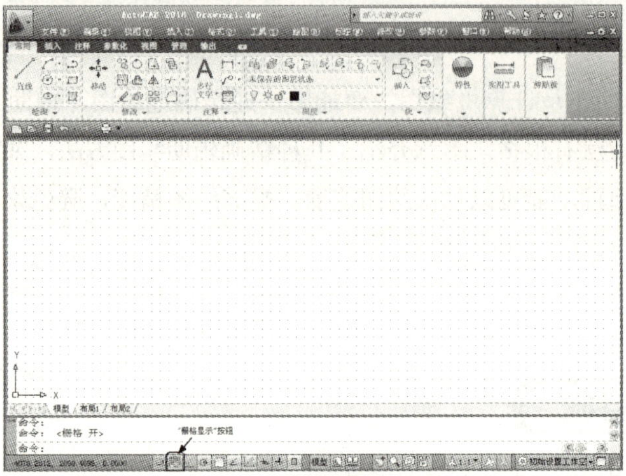

图3-1　显示栅格后效果

3.1.2 捕捉的应用

“捕捉”工具的作用是准确地对准到设置的捕捉间距上，用于准确定位和控制间距。捕捉设置和栅格设置位于同一个选项卡内，如图 3-2 所示。

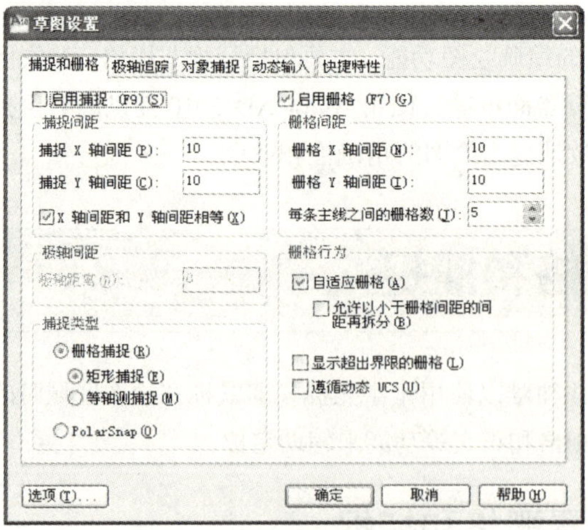

图3-2　“草图设置”对话框

在 AutoCAD 2010 中激活捕捉设置的具体方法如下。

（1）选择“工具”→“草图设置”命令，即可弹出“草图设置”对话框，在“捕捉和栅格”选项卡中可以对捕捉栅格进行设置。

（2）右键单击状态栏中的“栅格显示”按钮选择“设置”选项，即可弹出“草图设置”对话框，在“捕捉和栅格”选项卡中选中或取消选中“启用捕捉”和“启用栅格”复选框。

（3）在命令提示行中直接输入命令“SNAP”并按“空格”键或按“Enter”键确认。

①“启用捕捉”复选框。

启用捕捉功能也就是显示一个坐标基准，当在绘图时，要准确地对齐这些栅格点，必须通过捕捉功能来实现。捕捉模式启用时，光标可以附着或捕捉到不可见的矩形栅格点阵。

在“草图设置”对话框的“捕捉和栅格”选项卡中选中“启用捕捉”复选框，即可通过控制栅格使光标按指定的间距移动。

在“捕捉和栅格”选项卡中捕捉设置选项的各参数含义如下。

- 捕捉 X 轴间距：设置 X 方向的捕捉间距，该值必须大于零。
- 捕捉 Y 轴间距：设置 Y 方向的捕捉间距，该值必须大于零。
- “X 轴间距和 Y 轴间距相等”复选框：为捕捉间距和栅格间距强制使用同一 X 轴和 Y 轴间距值。如果不选中，则可以设置不同的 X 轴和 Y 轴捕捉。
- 极轴间距：用于捕捉相对于初始点且满足指定的极轴距离和极轴角的目标点。“极轴距离”设置与极坐标追踪或对象捕捉追踪结合使用，如果两个追踪功能都未启用，则“极轴距离”设置无效。极轴间距如果为 0，则 PolarSnap 距离采用“捕捉 X 轴间距”的值。
- 捕捉类型：包括“栅格捕捉”和“PolarSnap”两种。“栅格捕捉”又分为“矩形捕捉”和“等轴测捕捉”两种类型。默认设置为“矩形捕捉”，即捕捉点的阵列类似于栅格，可指定捕捉模式在 X 轴方向和 Y 轴方向上的间距，也可改变捕捉模式与图形界限的相对位置。

②“Snap”命令。

在命令行中执行“Snap”命令，可以对栅格捕捉进行相关的设置，在命令行中将显示以下提示信息：

```
命令: snap
指定捕捉间距或[开(ON)/关(OFF)/纵横向间距(A)/样式(S)/类型(T)]<10.0000>:
```

提示各选项的含义如下。

- 开（ON）：打开“捕捉”模式，并使用当前栅格的分辨率、旋转角和样式设置。
- 关（OFF）：关闭“捕捉”模式并保留设置。
- 纵横向间距（A）：可以直接设置 X、Y 轴方向的间距。
- 样式（S）：指定将“捕捉”栅格的样式设置为“标准”或“等轴测”，“标准”样式的矩形栅格与当前 UCS 的 X、Y 平面平行，X 间距与 Y 间距可以不同。“等轴测”样式显示等轴测栅格，栅格点初始化为 30° 和 150° 角。
- 类型（T）：可以设置捕捉类型，包括极轴和栅格。

3.1.3　栅格的应用

栅格类似于在图形下放置一张坐标纸，是显示在用户定义的图形界限内的点阵，使用户可以直观地参照栅格绘制草图，在输出图纸时并不打印栅格。

在 AutoCAD 2010 默认新图设置中，绘图区域是个无限大的空间（即模型空间），因此，在打开栅格显示之后，全部栅格只显示在左下角，如果要修改栅格覆盖的区域，可以选择“格式”→“图形界限”命令，再按照命令提示选择替代界限。还可以选择“视图”→“缩放”→“全部”命令，使栅格覆盖用户坐标系的整个 XY 平面，如图 3-3 所示。

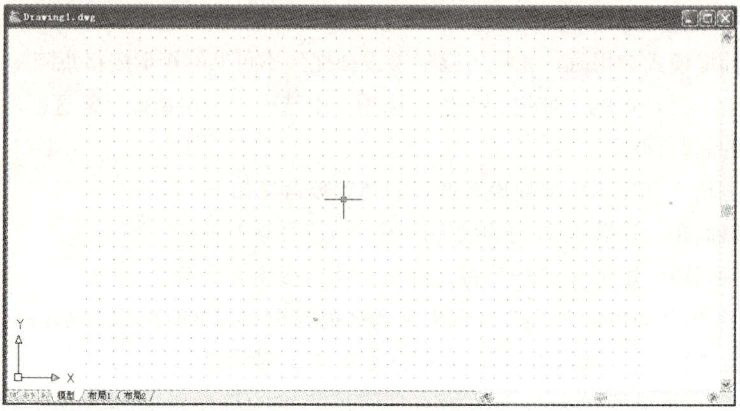

图3-3　在绘图区域将栅格撑满显示

在 AutoCAD 2010 中激活栅格设置的具体方法如下。

（1）选择“工具”→“草图设置”命令，即可弹出“草图设置”对话框，在其中选择“捕捉和栅格”选项卡。

（2）右键单击状态栏中的“栅格显示”按钮▦选择“设置”选项，即可打开“草图设置”对话框并选择“捕捉和栅格”选项卡。

（3）在命令提示行中直接输入“GRID”命令并按“空格”键或按“Enter”键确认。

①“启用栅格”复选框。

在“捕捉和栅格”选项卡下选中“启用栅格”复选框，可以在绘图窗口中显示栅格。此外，还可以通过单击状态栏上的“栅格显示”按钮▦或按“F7”快捷键来打开栅格点。

“捕捉和栅格”选项卡中栅格设置选项的含义如下。

- “栅格 X 轴间距”文本框：指定栅格在 X 轴方向的间距。如果该值为 0，则栅格采用“捕捉 X 轴间距”的值。
- “栅格 Y 轴间距”文本框：指定栅格在 Y 轴方向的间距。如果该值为 0，则栅格采用“捕捉 Y 轴间距”的值。

提 示

如果先设置了 X 轴间距值，则自动将同样的值赋予 Y 轴间距；如果先设置 Y 轴间距值，这时 X 轴间距值仍保持不变。使用这种办法，可设置一个 X 轴间距与 Y 轴间距不等的栅格。

- 每条主线之间的栅格数：当栅格为栅格线时，指定主栅格线相对于次栅格线的频率。
- 自适应栅格：缩小时，自动调整栅格密度。
- 允许以小于栅格间距的间距再拆分：放大时，生成更多间距更小的栅格线。
- 显示超出界限的栅格：显示超出图形界限命令指定区域的栅格。
- 遵循动态 UCS：更改栅格平面以跟随动态 UCS 的 XY 平面。

技巧

捕捉间距的设置可以与栅格间距不同，但最好将栅格间距设置为捕捉间距的整数倍，既可使用较大的栅格参考，也可用较小的捕捉间距保证定位点的精确性。

②"Grid"命令。

在命令行中执行"Grid"命令后按"Enter"键，在命令行中将显示以下提示信息：

命令：grid

指定栅格间距（X）或[开（ON）/关（OFF）/捕捉（S）/主（M）/自适应（D）/界限（L）/跟随（F）/纵横向间距（A）] <10.0000>:

提示中各选项的含义如下。

- 开（ON）：使用当前间距设置的栅格。
- 关（OFF）：关闭栅格并保留设置。
- 捕捉（S）：将栅格间距设置为由 Snap 命令设置的捕捉间距。
- 主（M）：将提示输入每个主栅格线的栅格分块数，默认值为 5。
- 自适应（D）：将提示是否打开自适应行为；如果开启自适应行为，将提示是否允许以小于栅格间距的间距再拆分。
- 界限（L）：将提示是否显示超出界限的栅格。
- 跟随（F）：进行跟随动态 UCS 设置。
- 纵横向间距（A）：可以设置 X、Y 轴方向的栅格间距。

3.1.4 使用正交功能

当沿水平或垂直方向移动对象时，使用 AutoCAD 的正交方式可以将光标限制在水平或垂直方向上移动，以便于精确地创建和修改对象。且移动光标时，看水平轴或垂直轴哪个离光标最近，拖引线将沿着该轴移动。在绘图和编辑过程中可以随时打开或关闭"正交"。

在 AutoCAD 2010 中打开"正交模式"的方法有如下 3 种。

（1）在 AutoCAD 2010 的状态栏上单击"正交模式"按钮。

（2）按"F8"快捷键进行切换。

（3）在命令提示行中直接输入"ORTHO"命令并按"Enter"键或"空格"键确认。

正交对齐依赖于当前的捕捉角度、UCS 或栅格和捕捉设置等。在打开正交功能后，输入的第一点是任意的，但当移动十字光标准备指定第二点时，引出的线已不再是这两点之间的连线，而是起到光标十字线的垂直线中较长的那段线，此时所绘制的直接就是水平或垂直直线，如图 3-4 所示。

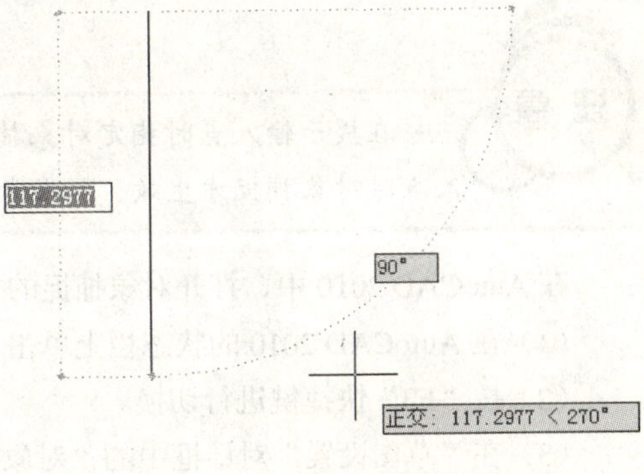

图3-4 使用正交功能绘制直线

提 示

使用“正交”模式可将光标限制在水平和垂直轴方向上，也可限制在当前的栅格旋转角度内。使用“正交”模式可以有效提高绘制垂直直线的速度和准确度。

3.2 对象捕捉

在绘图过程中经常需要拾取一些存在于现有对象上的点，且不知道这些点的坐标，如中点、交点、端点、圆心、垂足、最近点和切点等。如果使用传统的坐标法，不仅麻烦，且有些点的坐标很难确定。这时就需要使用对象捕捉功能，使用对象捕捉可以迅速确定对象上点的精确位置，大大提高了绘图的精度和效率。

3.2.1 使用对象捕捉

使用对象捕捉可指定对象上的精确位置，而无须了解对象的精确坐标。如使用对象捕捉功能可以捕捉到圆的圆心、线段的中点等。默认情况下，当光标移到对象的对象捕捉位置时，将显示标记和工具提示，从而快速、准确地捕捉对象的位置，达到精确制图的效果。

1．对象捕捉模式

众所周知，对象捕捉的前提是图形中必须有对象，一张空白的图纸是无法实现对象捕捉的。一般情况下，捕捉模式和栅格显示总是配合使用，用户可以通过设置 X 轴和 Y 轴的捕捉间距来控制捕捉精度。

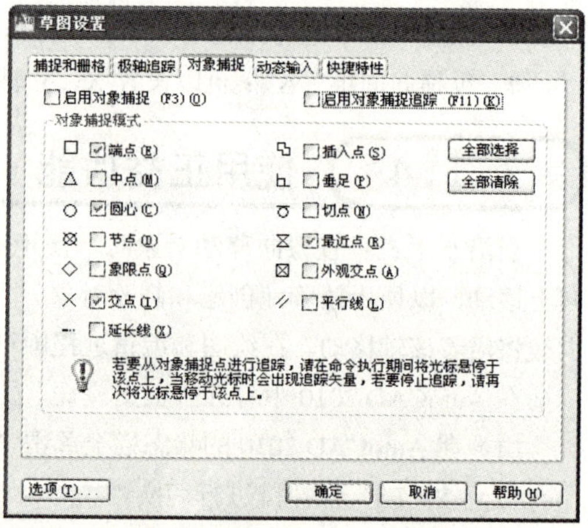

图3-5 “草图设置”对话框

注 意

在提示输入点时指定对象捕捉后，对象捕捉只对指定的下一点有效。仅当提示输入点时对象捕捉才生效。如果尝试在命令提示下使用对象捕捉，将显示错误信息。

在 AutoCAD 2010 中，打开对象捕捉的方法有如下几种。

（1）在 AutoCAD 2010 的状态栏上单击“对象捕捉”按钮。

（2）按“F3”快捷键进行切换。

（3）在“草图设置”对话框中的“对象捕捉”选项卡中进行设置。

（4）使用“对象捕捉”工具栏。

（5）按住“Shift”键并单击鼠标右键打开“对象捕捉”快捷菜单。

右键单击状态栏上的“对象捕捉”按钮，从弹出的菜单中设置捕捉的特征点，还可以选择“设置”命令，在“草图设置”对话框中对对象捕捉进行设置，如图 3-5 所示。

技巧

在“草图设置”对话框中的“全部选择”按钮和“全部清除”按钮，其中的“全部选择”按钮可用于选中所有的模式，建议在需要选择的模式较多时使用。全部选择模式之后，单击模式前面的图标，即可将某个模式从中删除。当原来选中的模式很多时，如果逐个删除太麻烦，则只需单击“全部清除”按钮就可以了。

在其中一共有 13 个捕捉模式，各个模式的含义分别如下。

（1）端点。用于搜索一个对象的端点。可以捕捉到圆弧、椭圆弧、直线、多线、多段线、样条曲线、面域或射线最近的端点，或捕捉宽线、实体或三维面域的最近角点。

如图 3-6 所示，只打开一个“端点”捕捉并选中“启用对象捕捉”复选框且在屏幕上绘图。当光标的指定点离下方的直线左端点更近时，左端点即可出现一个黄色的自动捕捉标记。此时即使指定点不在左端点上，绘制出来的直线的一个端点也在左端点上。

（2）中点。中点一般为黄色，图标为△，用于搜索到另一个对象的中点，可以捕捉到圆弧、椭圆、椭圆弧、直线、多线、多段线线段、面域、实体、样条曲线或参照线的中点。图 3-7 所示为常用的多段线线段和圆弧中点捕捉示例。

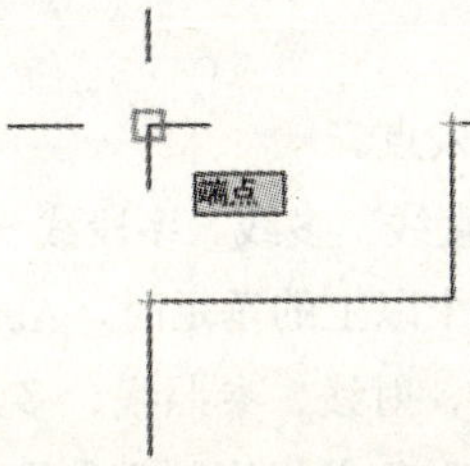

图3-6 捕捉端点效果示例

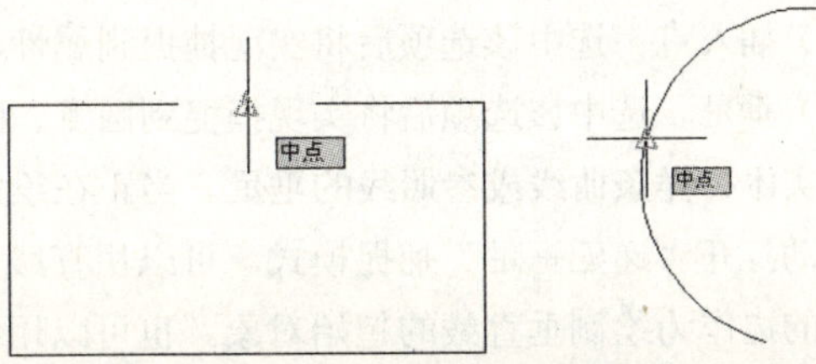

图3-7 捕捉多段线线段和圆弧中点效果示例

（3）圆心。可以实现对圆弧、圆、椭圆或椭圆弧中心点的捕捉，圆心模式可以捕捉到圆弧的圆心。图 3-8 所示为圆和圆弧的圆心捕捉示例。

（4）节点。用于实现捕捉到点对象、标注定义点或标注文字起点。图 3-9 所示为对一条四等分的直线，当光标移到等分点时将出现⊗图标。

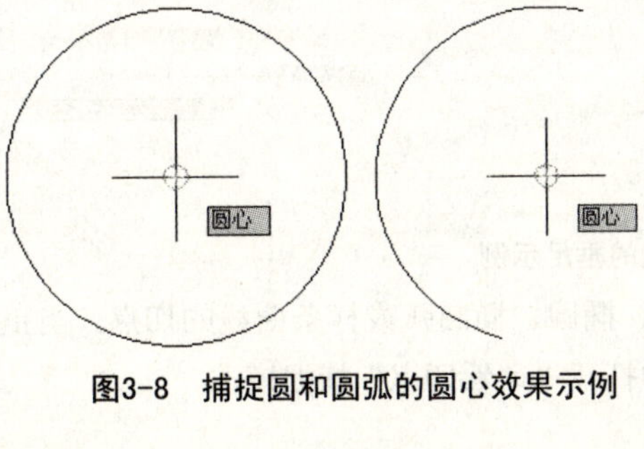

图3-8 捕捉圆和圆弧的圆心效果示例

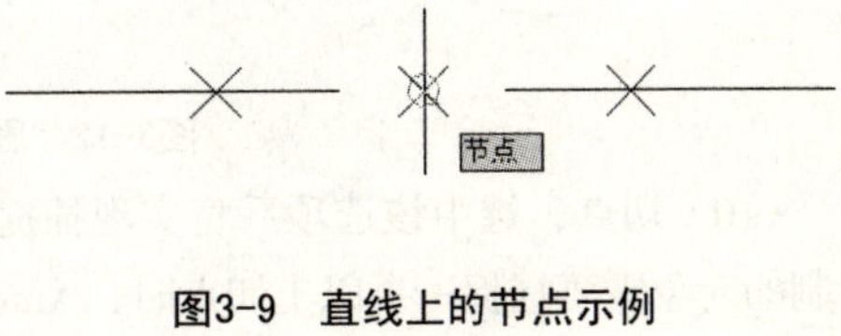

图3-9 直线上的节点示例

（5）象限点。用于捕捉圆弧、圆、椭圆或椭圆弧上的象限点，在 AutoCAD 2010 中，象限点的图标为◇，图 3-10 所示中图标所处位置为象限点。

（6）交点。用于搜索一些组合对象的交点，如圆弧、圆、椭圆、椭圆弧、直线、多线、多段线、射线、面域、样条曲线或参照线的交点。“延伸交点”捕捉到两个对象的潜在交点（如果这两个对象沿它们的自然路径延长将会相交）。由于 AutoCAD 不会自动给出延伸交点，因此，在使用该命令时最好激活“延伸”功能。图 3-11 所示为三条直线的交点示例。

注意

选择“交点”对象捕捉模式时，AutoCAD将自动激活“延伸交点”模式。面域和曲线的边可使用“交点”和“延伸交点”模式，三维实体的边或角点却禁止使用。

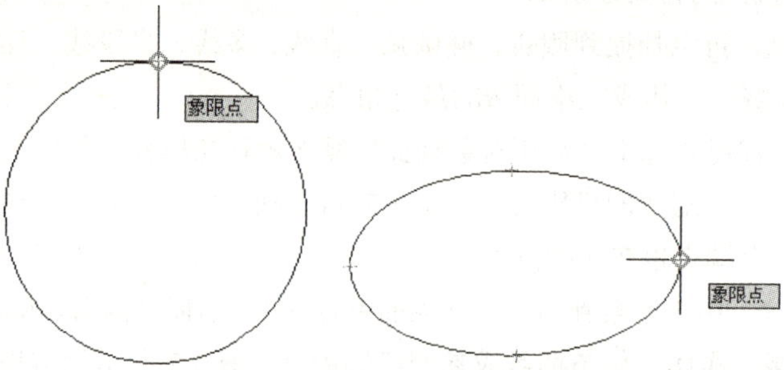

图3-10　圆和椭圆的象限点示例

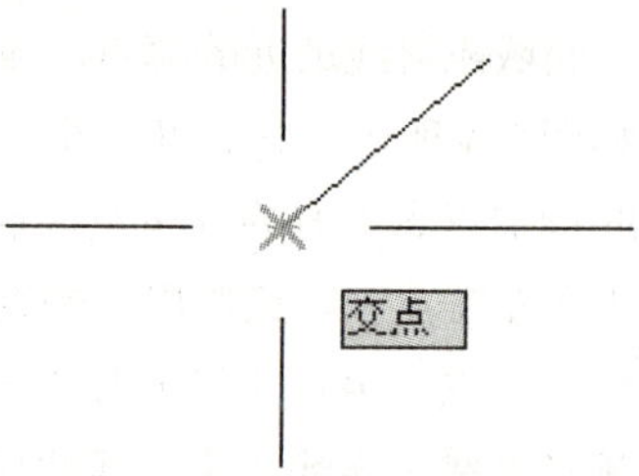

图3-11　三条直线的交点示例

（7）延长线。在选中该选项后，当光标经过对象的端点时，AutoCAD 将自动显示临时延长线，这样就可以大大方便用户使用延长线上的点进行绘制。

（8）插入点。选中该选项后将实现捕捉到属性、块、形或文字的插入点。

（9）垂足。选中该选项后将实现捕捉到圆弧、圆、椭圆、椭圆弧、直线、多线、多段线、射线、面域、实体、样条曲线或参照线的垂足。当正在绘制的对象需要捕捉一个以上的垂足时，AutoCAD 将会自动打开“递延垂足”捕捉模式。可以用直线、圆弧、圆、多段线、射线、参照线、多线或三维实体的边作为绘制垂直线的起始对象。也可以用“递延垂足”在这些对象之间绘制垂直线。当靶框经过“递延垂足”捕捉点时，AutoCAD 将显示工具栏提示和标记。

图 3-12 所示为常用的到圆、圆弧或直线垂足示例。

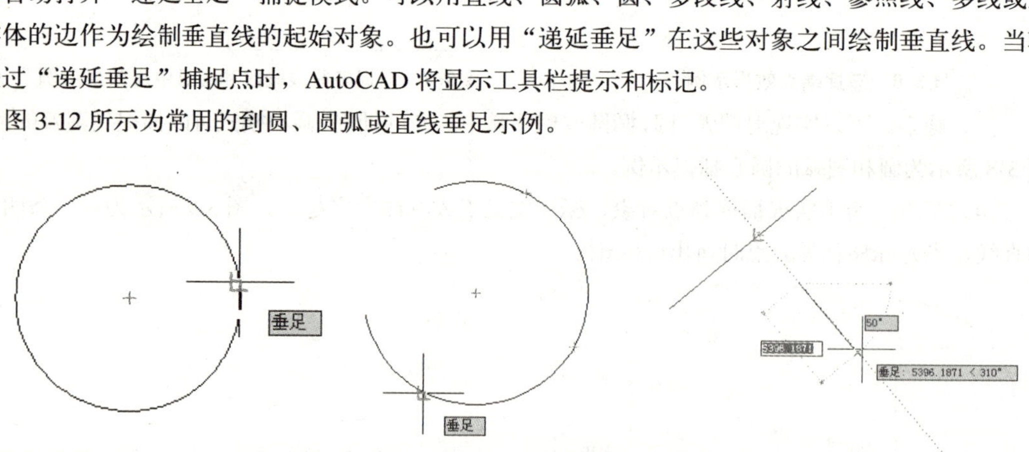

图3-12　圆、圆弧或直线的垂足示例

（10）切点。选中该选项后将实现捕捉到圆弧、圆、椭圆、椭圆弧或样条曲线的切点。当正在绘制的对象需要捕捉一个以上切点时，AutoCAD 将自动打开“递延切点”捕捉模式。

技巧

可以利用"递延切点"绘制与两条弧、两条多段线弧或两个圆相切的直线。当靶框经过"递延切点"捕捉点时，AutoCAD将自动显示标记和工具栏提示。

现假定要在如图3-13所示的图形对象中绘制直线，使绘制的直线都和这三个圆相切，具体的操作步骤如下。

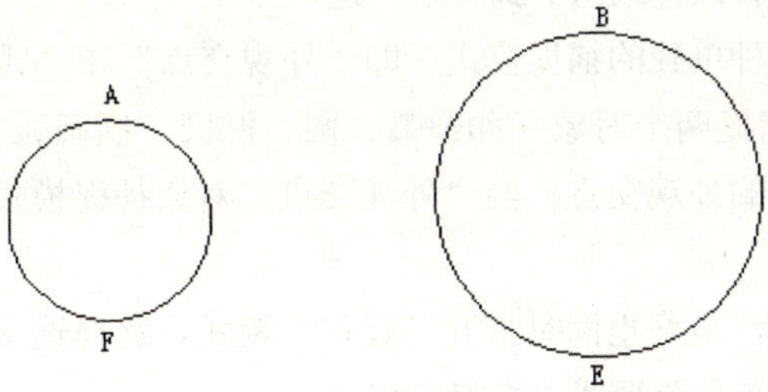

图3-13 绘制切线之前的图形

①在命令提示行中输入绘制直线命令"LINE"并按"空格"键或按"Enter"键确认。

②待命令行提示为"指定第一点："时，使用单点捕捉切点到A点附近的位置并单击鼠标，以确定切线的第一点。

③待命令提示为"指定下一点："时，使用单点捕捉切点到B点附近的位置并单击鼠标，以确定切线的下一点。

④待命令提示为"指定下一点或[放弃(U)]："时，输入字母U或按"空格"键或"Enter"键，结束绘制直线的操作，即可绘制出AB点间的切线连线，如图3-14所示。

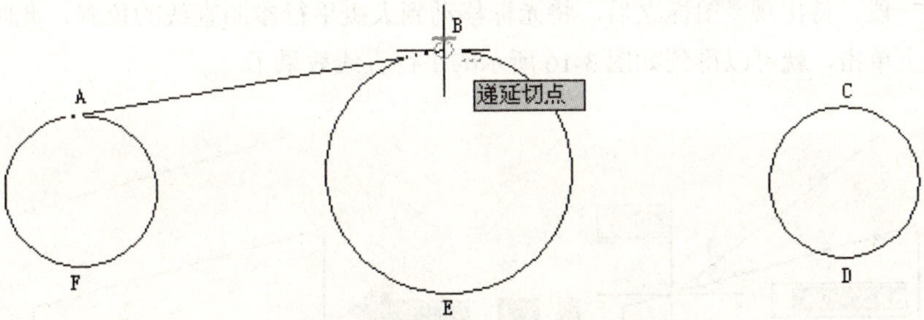

图3-14 使用递延切点绘制切线

⑤按"Enter"键重复执行直线命令，绘制出BC、DE、EF点之间的连线，最后完成的图形如图3-15所示。

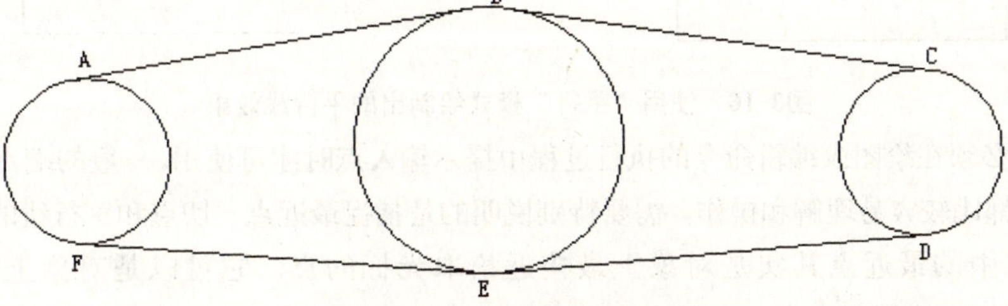

图3-15 绘制完成后的图形对象

注意

在绘制的过程中由于是由“圆”对象向其他对象绘制直线，因此直线和圆的切点是不固定的，这样的切点称作递延切点。

（11）最近点。选中该选项后将实现搜索另一个对象上与光标最近的点，并捕捉到圆弧、圆、椭圆、椭圆弧、直线、多线、点、多段线、射线、样条曲线或参照线的最近点。当光标需要选取一条直线上的任意点时，即可打开该模式使光标沿着该直线从头到尾走一遍。

（12）外观交点。“外观交点”包括两种单独的捕捉模式，即“外观交点”和“延伸外观交点”。

①“外观交点”对象捕捉模式用于捕捉两个对象（如圆弧、圆、椭圆、椭圆弧、直线、多线、多段线、射线、样条曲线或参照线）之间的外观交点。当“外观交点”对象捕捉模式打开时，也可定位“交点”和“延伸交点”捕捉点。

在使用“外观交点”对象捕捉模式时，最好也同时打开“延伸”模式，这样选交点更方便。当两个对象在三维空间不相交时，却有可能在当前视图中看起来相交。

②“延伸外观交点”对象捕捉模式可用于捕捉两个对象之间的假想交点，如果这两个对象沿其自然路径延长将会相交。

注意

“外观交点”和“延伸外观交点”可以使用面域或曲线的边，但不能使用三维实体的边或角点。

（13）平行线。指定矢量的第一个点后，如果将光标移动到另一个对象的直线段上，光标沿着这条直线滑行一段，待出现⫽图标之后，将光标移动到大概平行参照直线的位置，此时在显示出来的一条虚线段上单击，就可以得到如图 3-16 所示的平行直线效果了。

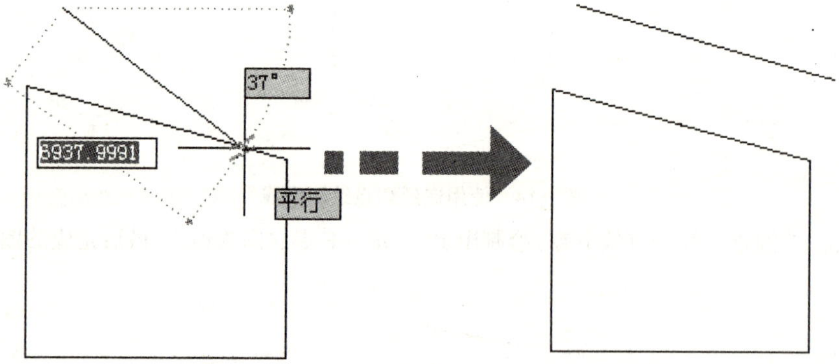

图3-16　使用“平行”模式绘制出的平行线效果

对象捕捉必须在绘图或编辑命令的执行过程中提示输入点时才可使用，一般的端点、中点、交点、圆心、垂足等都比较容易理解和操作，需要特别说明的是捕捉最近点、切点和平行线的含义与操作。

AutoCAD 中的最近点其实是对象上最接近拾取光标的点，它可以是对象上的任意一点。AutoCAD 中的切点应用对于由一个固定点向圆、椭圆等绘制直线时十分简单，因为这个切点是固定的，但对于由圆、椭圆等对象向其他对象绘制直线时，同样捕捉切点（切点却是不固定的），称为递延切点。

在绘制平行于某个直线对象的直线时，一般会用到平行线，其正确的使用方法是：拾取直线的第一点后，在拾取第二点时选取“捕捉平行线”，并将鼠标先在平行的直线对象上晃动，直到出现平行线的捕捉标记后，再返回到与要平行对象接近平行的位置时，将会出现一条平行的追踪线，其下一点只要落到该条追踪线上，即可成功绘制出平行线。

2．设置对象捕捉模式

在了解对象捕捉的各个模式之后，下面再来介绍一下如何根据需要设置这些不同的对象捕捉模式。当要求指定点时，可以在按下“Shift”键或者“Ctrl”键的同时单击鼠标右键，打开对象捕捉快捷菜单，如图 3-17 所示，在其中可以选择需要的命令。再把光标移到要捕捉对象的特征点附近，即可捕捉到相应的对象特征点。

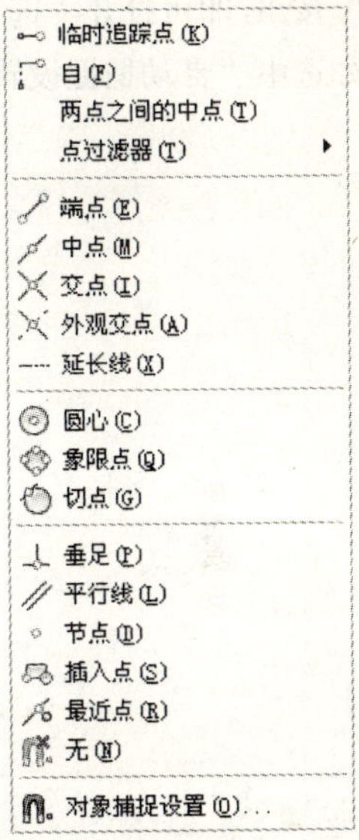

图3-17 “对象捕捉”右键菜单

选择“工具”→“AutoCAD”→“对象捕捉”命令，即可打开“对象捕捉”工具栏，如图 3-18 所示。单击其中相应的按钮，再把光标移到要捕捉对象上的特征点附近，即可捕捉到相应的对象特征。

在“对象捕捉”工具栏中，对应的对象捕捉模式比“草图设置”对话框多了 4 个（⊷和⌈）模式，后面的几个模式与“草图设置”对话框中的完全一样。

下面介绍这两个新添加模式的含义。

①临时追踪点⊷：创建对象捕捉时的临时点，可以在一次操作中创建多条追踪线。指定此点之后，将出现一个小的加号（+）。移动光标时，将相对于这个临时点显示自动追踪对齐路径。要将此点删除，可将光标移回到加号（+）上面。

②捕捉自⌈：捕捉自临时参照点，经常与对象捕捉配合使用。

图3-18 “对象捕捉”工具栏

在启用“自动捕捉”模式后，还可以对自动捕捉进行相关设置，“自动捕捉”包括以下捕捉工具：标记、工具栏提示、磁吸和靶框，如图 3-19 所示。

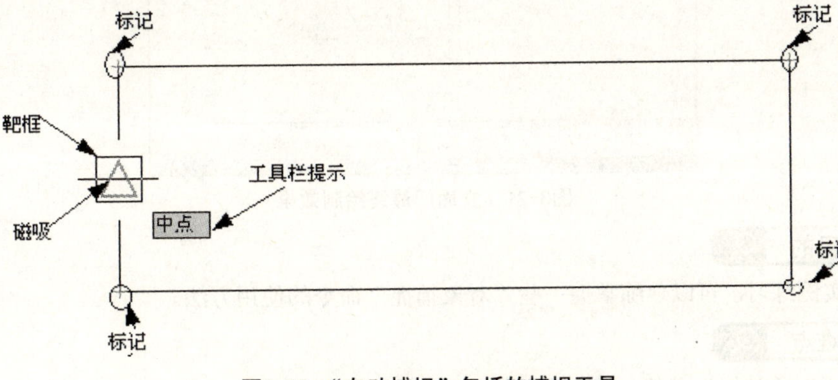

图3-19 “自动捕捉”包括的捕捉工具

各捕捉工具的含义如下。

①标记：当光标移到对象上或接近对象时，显示对象捕捉位置。

②工具栏提示：在光标旁边用一个标志框表示正在捕捉对象的名称。

③磁吸：在捕捉到特征点时，吸引并将光标锁定到检测到的捕捉点上。

④靶框：靶框围住十字光标并用来定义框中的区域。

在默认情况下，自动捕捉标记、工具栏提示和磁吸是打开的。在应用程序菜单中单击右下角的“选项”按钮，即可打开“选项”对话框，在“草图”选项卡中可以对自动捕捉进行设置，如图 3-20 所示。例如选中“自动捕捉设置”选项区域中的“显示自动捕捉靶框”复选框，可以控制靶框的显示与否。

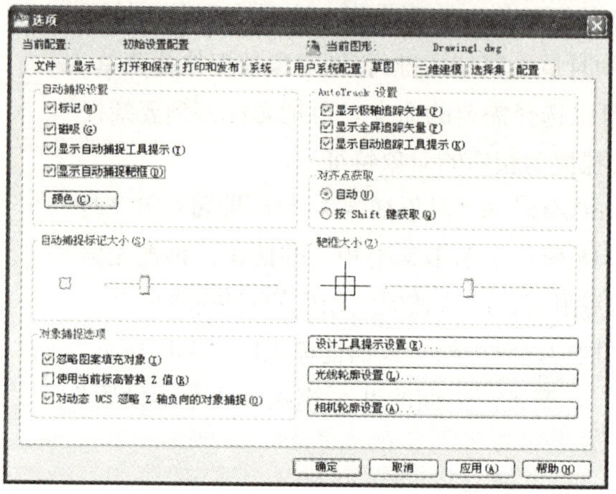

图3-20 “草图”选项卡

3.2.2 实战：绘制立面门

使用绘图命令，结合对象捕捉功能，绘制一个如图 3-21 所示的立面门图形。

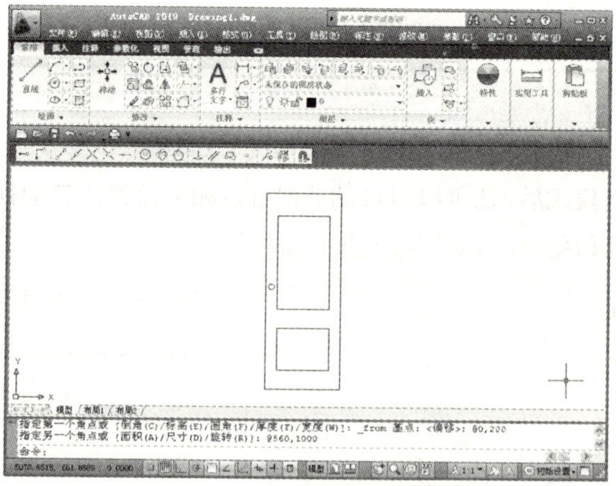

图3-21 立面门最终绘制效果

学习目的

通过本实例练习，可以熟练掌握一些“对象捕捉”命令的使用方法。

重点难点

- 启用“对象捕捉”功能，捕捉绘制的立面门上不同端点作为基点。

操作步骤

1．捕捉矩形左下角端点作为基点

Step01 选择功能区选项板中的“常用”选项卡，单击“绘图”面板中的“矩形”按钮，在“命令行”窗口中会提示信息“指定第一个角点或 [倒角 (C)/ 标高 (E)/ 圆角 (F)/ 厚度 (T)/ 宽度 (W)]:”。

Step02 在绘图窗口中指定一点作为矩形的第一个角点，按“Enter”键确认，在“命令行”窗口中会提示信息“指定另一个角点或 [面积 (A)/ 尺寸 (D)/ 旋转 (R)]:”。

Step03 指定矩形另一个角点“@800,2100”并按“Enter”键确认，如图 3-22 所示。

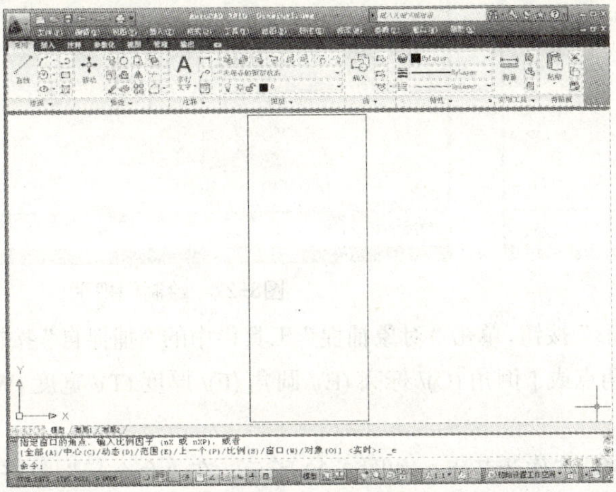

图3-22　绘制矩形

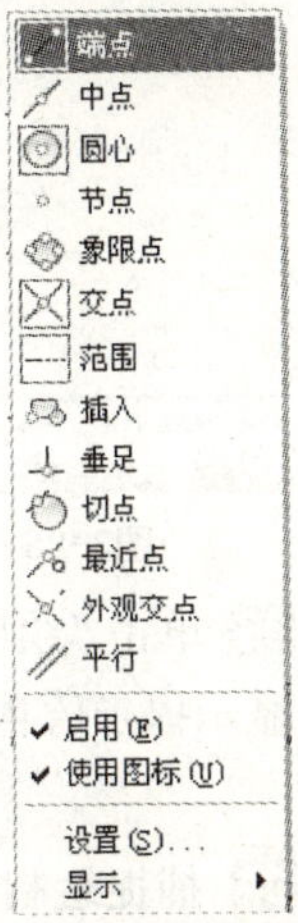

图3-23　选择捕捉特征点

Step04 单击状态栏中的“对象捕捉”按钮，启用“对象捕捉”功能，这时“命令行”窗口中会显示提示信息“命令：< 对象捕捉 开 >”。

Step05 在“对象捕捉”按钮上单击鼠标右键选择“端点”选项，如图 3-23 所示。

Step06 单击“绘图”面板中的“圆”按钮，单击“对象捕捉”工具栏中的“捕捉自”按钮，在“命令行”中会显示提示信息“_circle 指定圆的圆心或 [三点 (3P)/ 两点 (2P)/ 切点、切点、半径 (T)]: _from 基点 :”。

Step07 捕捉绘制的矩形的左下角端点作为基点，如图 3-24 所示。

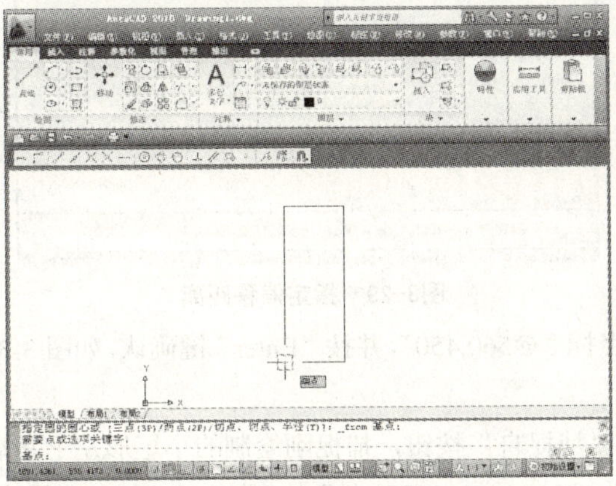

图3-24　指定矩形左下角端点为基点

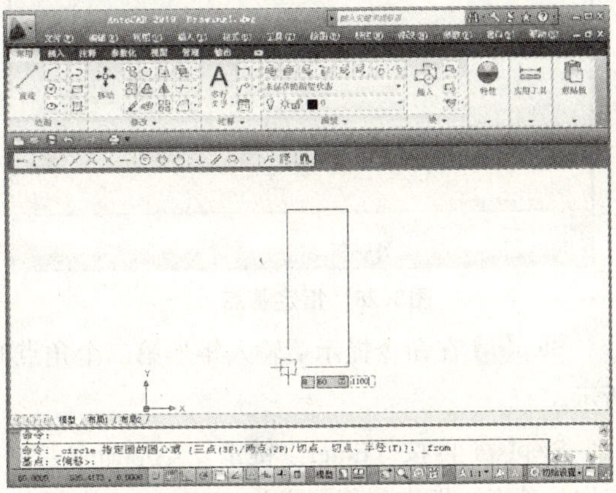

图3-25　输入偏移距离指定圆心位置

2．捕捉矩形左上角端点作为基点

Step 01 在命令提示后输入“@60,1100”，指定偏移的距离，如图 3-25 所示。按“Enter”键确认，指定圆心的位置，这时“命令行”显示提示信息“指定圆的半径或 [直径 (D)]:”。

Step 02 在命令提示后输入“30”指定圆的半径，如图 3-26 所示。按“Enter”键确认，绘制出表示门把手的圆形，如图 3-27 所示。

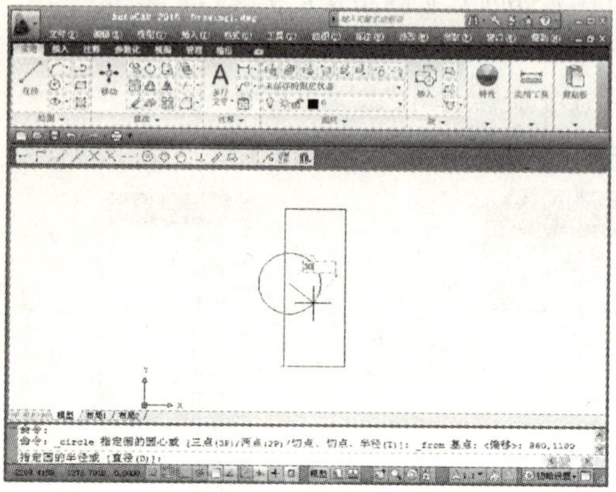

图3-26　指定圆的半径

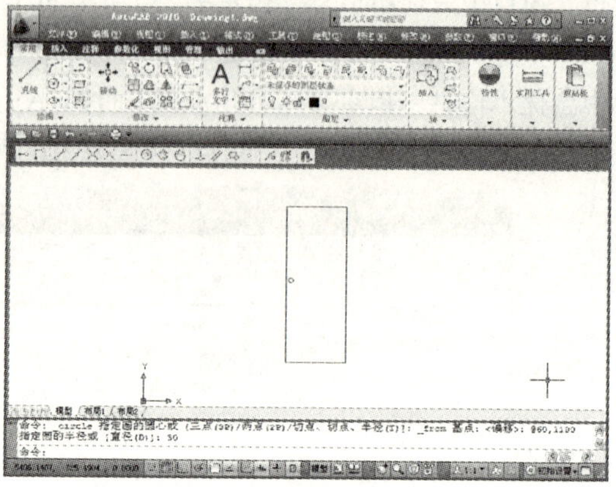

图3-27　绘制门把手

Step 03 单击“绘图”面板中“矩形”按钮，单击“对象捕捉”工具栏中的“捕捉自”按钮，在“命令行”中显示提示信息“指定第一个角点或 [倒角 (C)/ 标高 (E)/ 圆角 (F)/ 厚度 (T)/ 宽度 (W)]: _from 基点 :”。

Step 04 捕捉绘制的矩形左下角的端点作为基点，如图 3-28 所示。在“命令行”中将显示提示信息“基点 : < 偏移 >:”。

Step 05 按“Enter”键确认，在“命令行”提示“< 偏移 >:”后输入偏移距离的坐标“@120,210”，指定矩形的第一个角点，如图 3-29 所示。按“Enter”键确认，在“命令行”中会显示提示信息“指定另一个角点或 [面积 (A)/ 尺寸 (D)/ 旋转 (R)]:”。

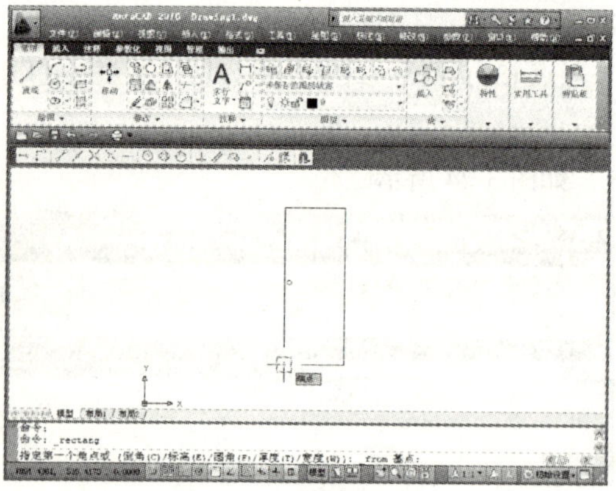

图3-28　指定基点

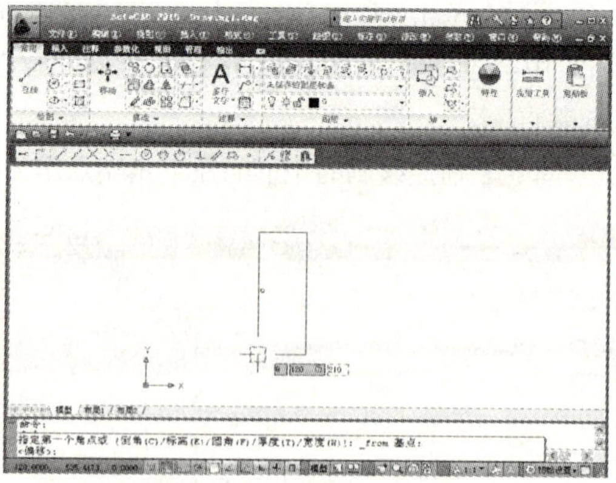

图3-29　指定偏移距离

Step 06 在命令提示后输入矩形第二个角点的坐标“@560,450”，并按“Enter”键确认，如图 3-30 所示。

Step 07 再按“Enter”键重复矩形命令，单击“捕捉自”按钮，捕捉刚绘制的小矩形左上角端点作为基点，指定偏移距离为（0,200），绘制大小为“560mm×1000mm”的矩形，如图 3-31 所示。

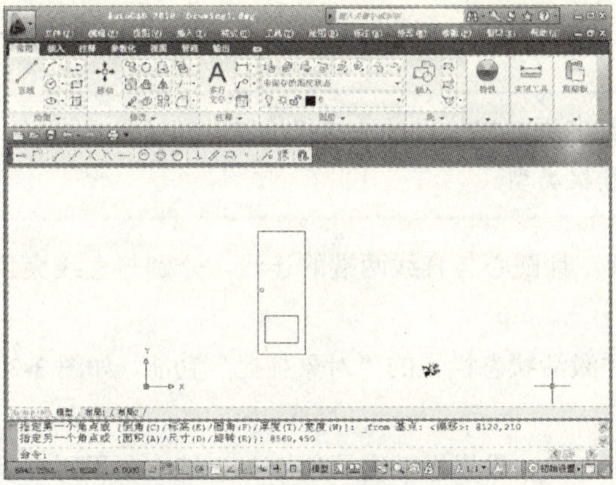

图3-30　指定矩形的另一个角点

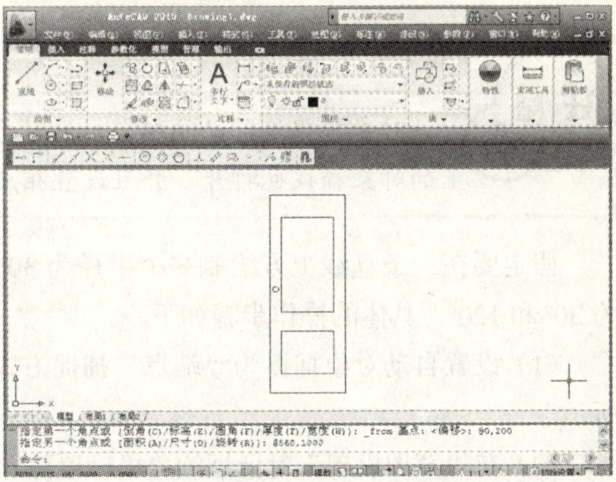

图3-31　绘制另一个矩形

3.3　对象追踪

在使用AutoCAD时，经常会绘制一些烦琐的图形，如果使用对象追踪功能，绘图速度可提升一半，精确度也是很高的。对象追踪分为对象捕捉追踪和极轴追踪，二者都可以打开临时对齐路径，有助于以精确的位置和角度来创建对象。

对象追踪需与对象捕捉配合使用，只有先设置对象捕捉，才能从对象的捕捉点进行追踪。

3.3.1　对象捕捉追踪

启用对象捕捉追踪功能后，在命令中指定点时，光标可以沿着基于其他对象捕捉点的对齐路径进行追踪。在AutoCAD 2010中打开或关闭对象捕捉主要有如下几种方式。

方法1：在状态栏上单击“对象捕捉追踪”按钮。

方法2：按“F11”键进行切换。

方法3：在“草图设置”对话框的“对象捕捉”选项卡中进行设置。

使用对象捕捉追踪时，可以沿着基于对象捕捉点的对齐路径进行追踪。获取的点上显示捕捉标记，一次最多可以获取7个追踪点。在获取点之后，在绘图路径上，当移动光标时，将显示相对于获取点的水平和垂直对齐路径。例如可以首先根据对象捕捉功能确定对象的某一特征点，再以该点为基准点进行追踪，来得到准确的目标点，如图3-32所示。

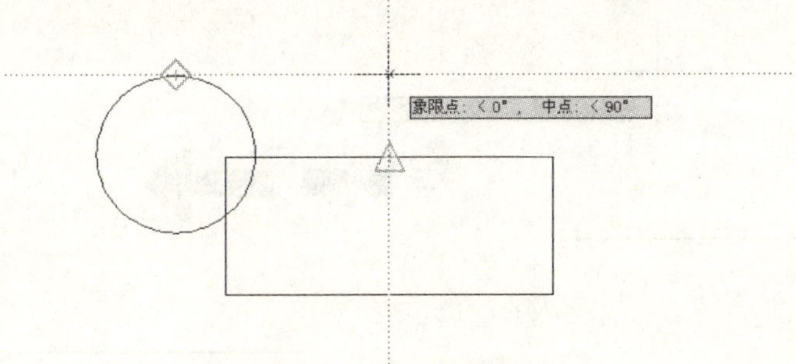

图3-32　对象捕捉追踪

注意

对象捕捉追踪必须配合自动对象捕捉完成，即使用对象捕捉追踪时必须将状态栏上的对象捕捉也打开，并且设置相应的捕捉类型。

假定要在一条直线上方绘制一个半径为30的圆，且圆心与直线两端的连线，分别与直线夹角为30º和120º。具体的操作步骤如下。

（1）设置自动对象捕捉为“端点”捕捉方式，并激活状态栏上的“对象捕捉”功能，如图3-33所示。

（2）在“草图设置”对话框的“极轴追踪”选项卡上，设置极轴增量角为30，选中“用所有极轴角设置追踪”单选按钮并将其激活，如图3-34所示。

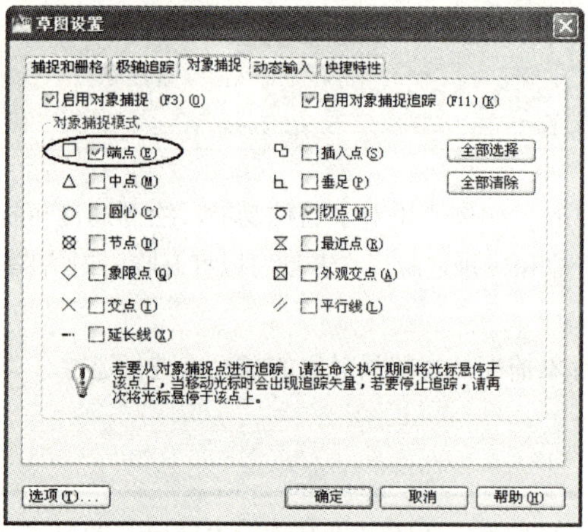

图3-33 “对象捕捉”选项卡

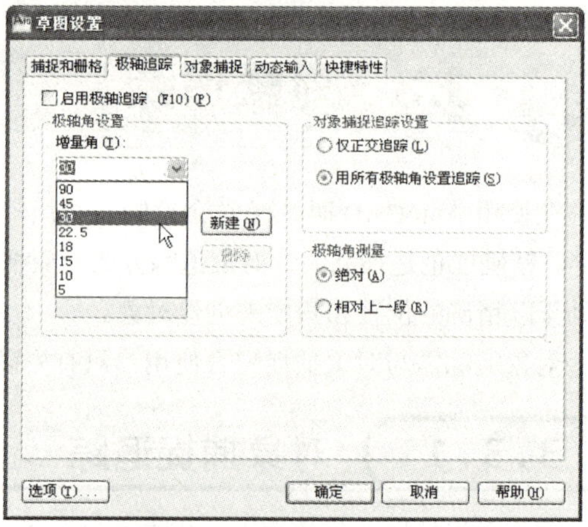

图3-34 “极轴追踪”选项卡

（3）单击状态栏上的“对象捕捉追踪”按钮之后，选择绘制圆命令。

（4）光标在直线左端处停留，出现端点标记后移开，再将光标放在直线右端处停留，出现端点标记后，将光标移向屏幕上方。

（5）待屏幕上出现追踪线并在光标附近的工具栏提示中，显示交点的坐标为“端点<30，端点<120”时，拾取点为创建圆的圆心，指定圆的半径为30，即可得到如图3-35所示的结果。

使用对象捕捉追踪功能，不用做辅助线即可直接生成相关的特征点，这样既确保了绘图的精确性，又可以大大提高绘图效率。

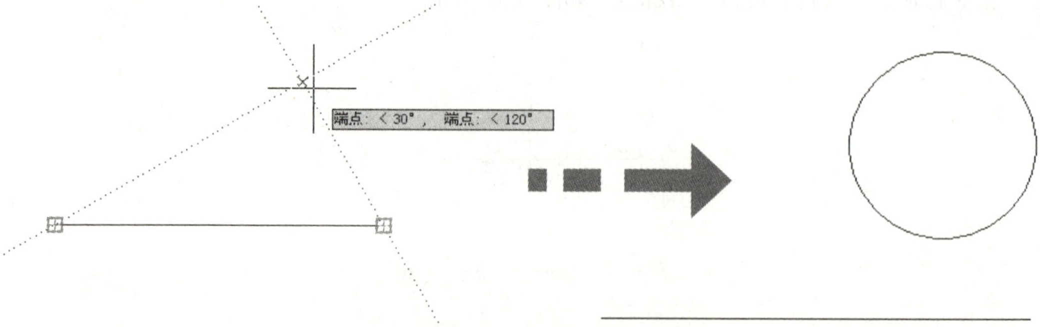

图3-35 使用“对象捕捉追踪”绘制圆

3.3.2 极轴追踪

在绘图过程中，使用极坐标方便、快速，而“极轴追踪”正是以极坐标为基础的，显示由指定的极轴角度所定义的临时路径，再按照指定距离进行捕捉。通过指定极轴角度，可以在绘图时捕捉到各种设置好的角度方向。

在 AutoCAD 2010 中打开或关闭极轴追踪有如下几种方法。

方法 1：在 AutoCAD 2010 的状态栏上单击“极轴追踪”按钮。

方法 2：按“F10”键进行切换。

方法 3：在“草图设置”对话框的“极轴追踪”选项卡中进行设置。

图 3-36 所示为打开和关闭极轴追踪的信息提示。

在创建或修改对象时，可以使用“极轴追踪”以显示由指定极轴角度所定义的临时对齐路径。在三维视图中，极轴追踪额外提供上下方向的对齐路径。在这种情况下，工具栏将提示该角度为“+Z”或“-Z”。

极轴角与当前用户坐标系（UCS）的方向和图形中基准角度法则的设置相关。在“图形单位”对话框中可以设置角度的基准方向。

在 AutoCAD 2010 中激活极轴追踪设置的方法有如下 3 种。

方法 1：选择“工具”→“草图设置”命令。

方法 2：右键单击状态栏中的“极轴追踪”按钮，在弹出的菜单中选择“设置”命令。

方法 3：在命令提示行中输入命令“DSETTINGS”并按“空格”键或按“Enter”键。

采用上述激活极轴追踪设置的方法，打开“草图设置”对话框中的“极轴追踪”选项卡，就可以启用极轴追踪并设置对象捕捉追踪，还可以设置极轴角，如图 3-37 所示。

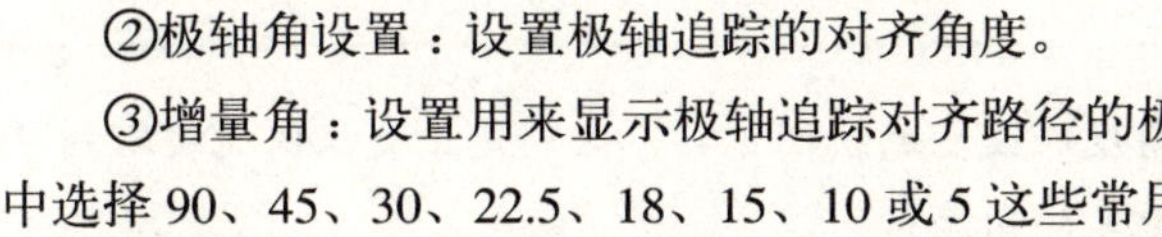

图3-36 打开和关闭极轴追踪

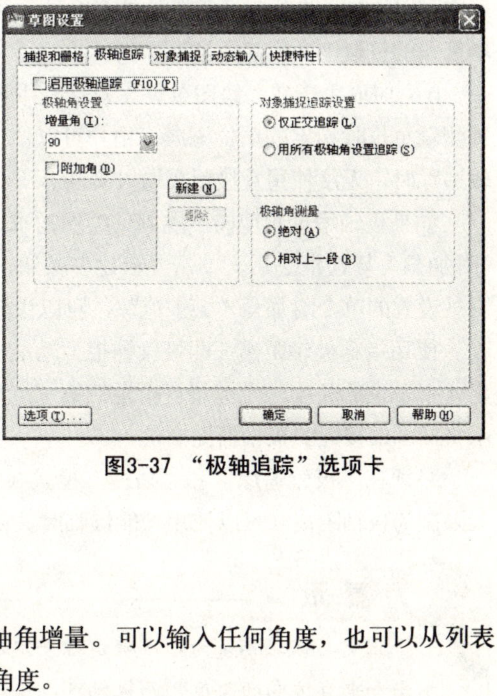

图3-37 “极轴追踪”选项卡

控制极轴追踪设置的各个参数含义如下。

①启用极轴追踪：打开或关闭极轴追踪。

②极轴角设置：设置极轴追踪的对齐角度。

③增量角：设置用来显示极轴追踪对齐路径的极轴角增量。可以输入任何角度，也可以从列表中选择 90、45、30、22.5、18、15、10 或 5 这些常用角度。

④附加角：对极轴追踪使用列表中任何一种附加角度，附加角度是绝对的，而非增量的。

⑤角度列表：如果选定“附加角”，将列出可用的附加角度。要添加新的角度，请单击“新建”按钮。要删除现有的角度，请单击“删除”按钮，如图 3-38 所示。

⑥仅正交追踪：选中该单选按钮表示当对象捕捉追踪打开时，仅显示已获得对象捕捉点的正交（水平 / 垂直）对象捕捉追踪路径。

⑦用所有极轴角设置追踪：选中该单选按钮表示如果对象捕捉追踪打开，则当指定点时，允许光标沿已获得对象捕捉点的任何极轴角追踪路径进行追踪。

⑧绝对：选中该单选按钮表示根据当前用户坐标系 UCS 确定极轴追踪角度。

⑨相对上一段：选中该单选按钮表示根据上一个绘制线段确定极轴追踪角度。

可以使用极轴追踪沿着 90°、60°、45°、30°、22.5°、18°、15°、10° 和 5° 的极轴角增量进行追踪，也可以指定其他角度。如图 3-39 所示显示了当极轴角增量设置为 30°，光标移动 90° 时显示的对齐路径。

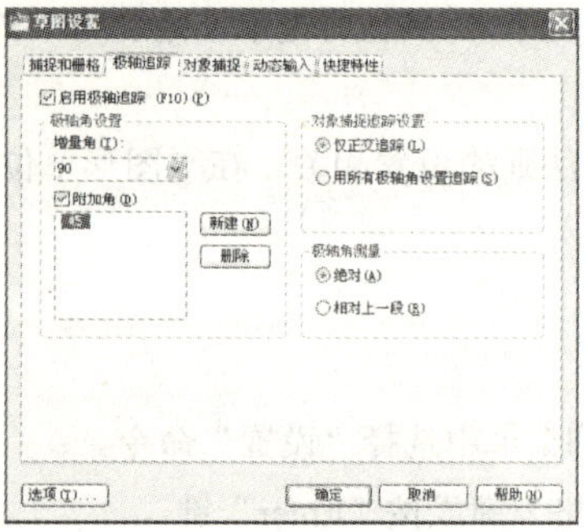

图3-38 选定“附加角”

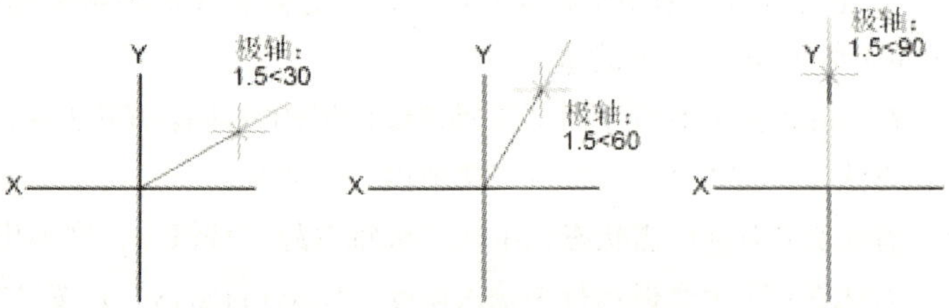

图3-39 指定极轴角度（极轴追踪）

选中“启用极轴追踪”复选框激活极轴追踪，在“极轴角设置”选项区域的“增量角”下拉列表中可以选择一个极轴角追踪的增量角，也可以直接输入一个列表中没有的角度，这样，所有 0º 和增量角的整数倍角度都会被追踪到。

0 方向取决于在“绘图单位”对话框中设置的角度。捕捉的方向（顺时针或逆时针）取决于设置测量单位时指定的单位方向。用户可以使用功能键临时打开和关闭极轴追踪（使用功能键进行极轴追踪时，无法使用直接距离输入方法）。

如果极轴增量角度仍不能满足绘图需求，还可以增加附加角来设置单独的极轴角。只要在选中“附加角”复选框之后，单击“新建”按钮，在列表框中输入角度值即可。附加角不像增量角，只有被设置的单个附加角才会被追踪，可以设置多个附加角。

使用指定极轴距离（即极轴捕捉）功能之后，光标将按指定的极轴距离增量进行移动。如果指定 4 个单位的长度，光标将自指定的第一点捕捉 0、4、8、12、16 等长度。移动光标时，工具栏提示将显示最接近的极轴捕捉增量。

必须在“极轴追踪”和“捕捉”模式（设置为“极轴捕捉”）同时打开的情况下，才能将点输入限制为极轴距离（可以使用功能键临时关闭所有的捕捉和追踪）。

提 示

正交与极轴都是为了准确追踪一定的角度而设置的绘图工具，区别是正交仅仅能追踪到水平和垂直方向的角度，而极轴可以追踪更多的角度。

3.3.3 实战：绘制台式洗脸盆

利用对象捕捉追踪可以快捷地定义某些无法用对象捕捉直接捕捉到的点的位置，对象捕捉追踪可以根据现有对象的特征点定义新的坐标点。

下面介绍通过使用对象捕捉追踪功能绘制如图 3-40 所示的洗脸盆图形。

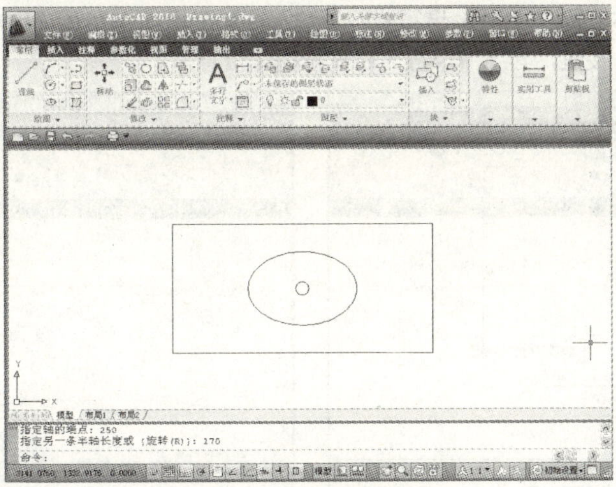

图3-40 洗脸盆最终绘制效果

学习目的

通过本实例练习，可以熟练掌握一些“对象捕捉追踪”命令的使用方法。

重点难点

- 启用“对象捕捉追踪”功能，根据现有对象特征点定义新的坐标点。

操作步骤

Step01 选择功能区选项板中的“常用”选项卡，单击“绘图”面板中的“矩形”按钮，在“命令行”中将显示提示信息“指定第一个角点或 [倒角 (C)/ 标高 (E)/ 圆角 (F)/ 厚度 (T)/ 宽度 (W)]:”。

Step02 在绘图窗口中指定一点作为矩形的第一个角点，按“Enter”键确认，在“命令行”将显示提示信息“指定另一个角点或 [面积 (A)/ 尺寸 (D)/ 旋转 (R)]:”。

Step03 指定矩形的另一个角点“@1200,600”，绘制洗脸盆的外侧轮廓，如图 3-41 所示。

Step04 右键单击状态栏上的“对象捕捉”按钮，从弹出的菜单中选择“中心”和“圆心”选项。

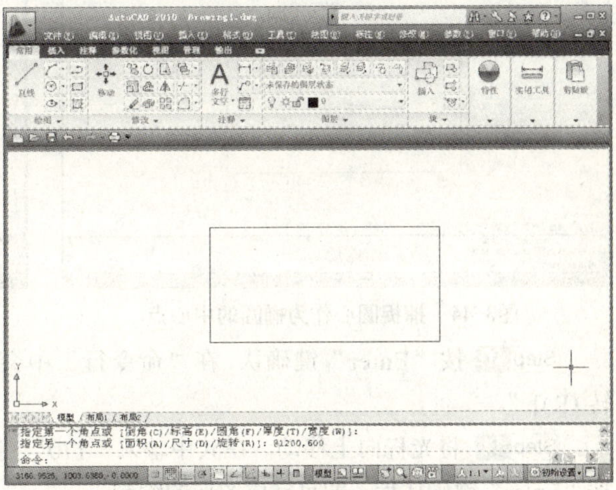

图3-41 绘制洗脸盆外侧轮廓

Step 05 单击“绘图”面板中的“圆”按钮，在“命令行”中会显示提示信息“circle 指定圆的圆心或 [三点 (3P)/ 两点 (2P)/ 切点、切点、半径 (T)]:”。

Step 06 在绘图窗口中捕捉矩形左侧边和上侧边中点追踪线的交点，作为圆心的位置，如图 3-42 所示。

Step 07 捕捉中心追踪线交点并单击鼠标后，在“命令行”中将提示信息“指定圆的半径或 [直径 (D)]: ”。在命令提示后输入“30”，指定圆的半径，如图 3-43 所示。按“Enter”键确认，单击“绘图”面板中的“椭圆”按钮，其“命令行”将显示提示信息：

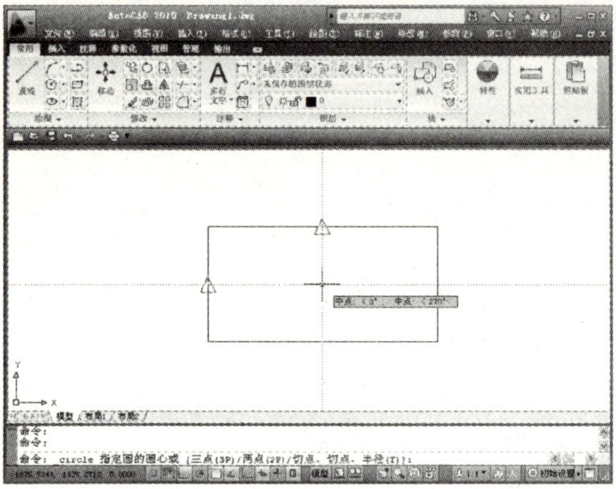

图3-42　指定圆心

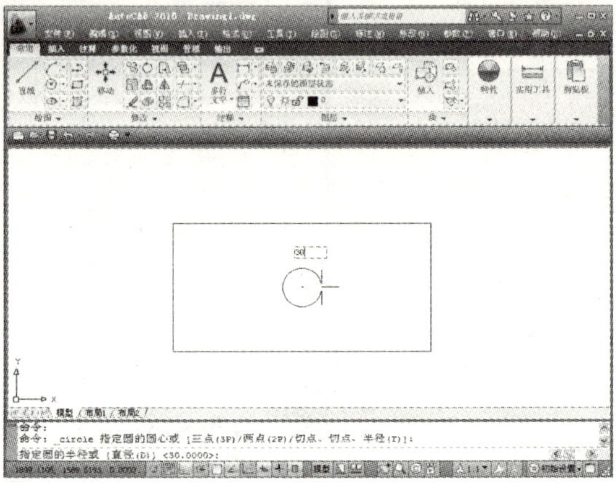

图3-43　指定圆的半径

指定椭圆的轴端点或 [圆弧(A)/中心点(C)]: _c

指定椭圆的中心点:

Step 08 捕捉圆形的圆心作为椭圆的中心点，如图 3-44 所示。单击状态栏中的“正交模式”按钮，在“命令行”中会显示提示信息“指定轴的端点：＜正交 开＞”。

Step 09 将光标向右移动，在其中输入“250”，指定椭圆长轴的长度，如图 3-45 所示。

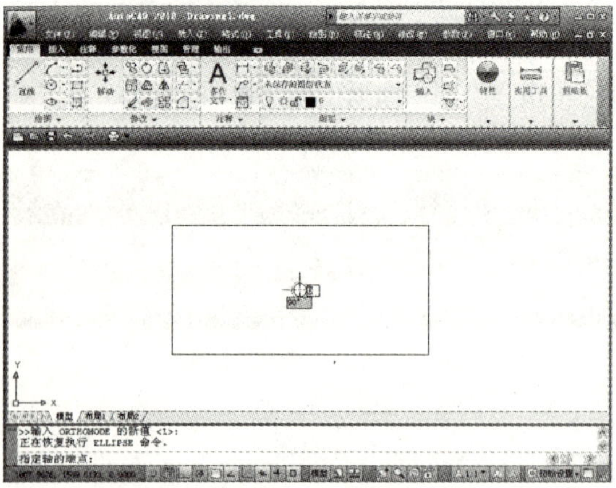

图3-44　捕捉圆心作为椭圆的中心点

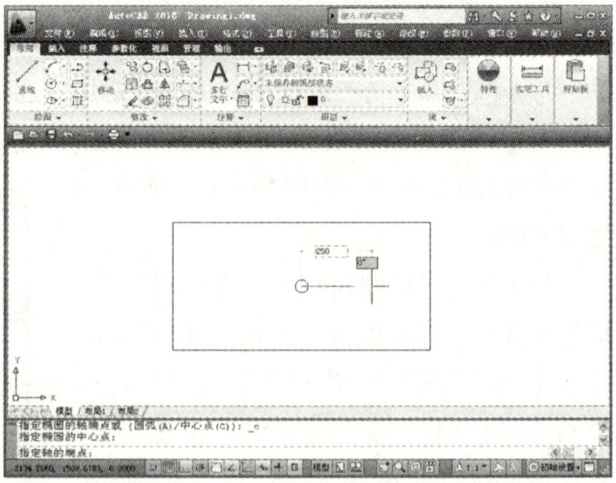

图3-45　指定椭圆长轴的长度

Step 10 按“Enter”键确认，在“命令行”中会显示提示信息“指定另一条半轴长度或 [旋转 (R)]: ”。

Step 11 将光标向上移动，在其中输入“170”，指定椭圆另一条半轴的长度，如图 3-46 所示。按“Enter”键确认后，即可完成图形的绘制。

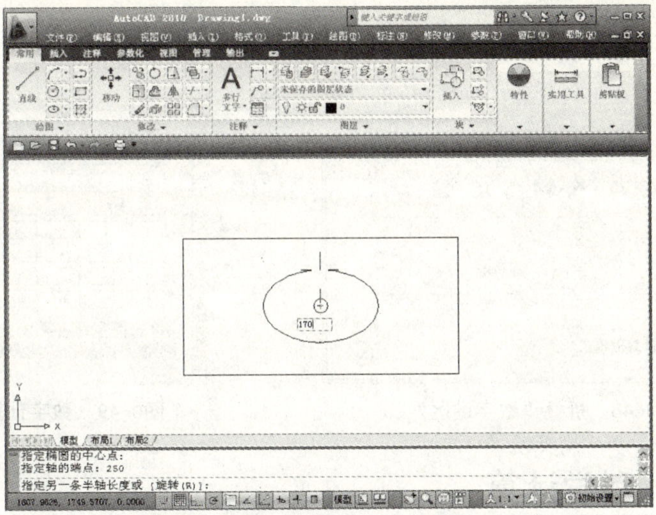

图3-46　指定椭圆另一条半轴的长度

3.4　使用快速计算器面板

在 AutoCAD 2010 中的计算器功能能够进行科学计算、单位转换和变量求值，而且使用方便。在 AutoCAD 2010 中，打开“快速计算器”面板的方法有如下几种。

①选择“工具”→“选项板”→“快速计算器”命令。

②在功能区选项板“视图”选项卡中单击“选项板”面板中的“快速计算器”按钮。

③在功能区选项板“常用”选项卡中单击“实用工具”面板中的“快速计算器”按钮。

④按“Ctrl+8”组合键进行切换。

⑤在“命令行”中执行“Quickcalc”命令。

在执行上述命令后，将会弹出“快速计算器”浮动面板，如图 3-47 所示。

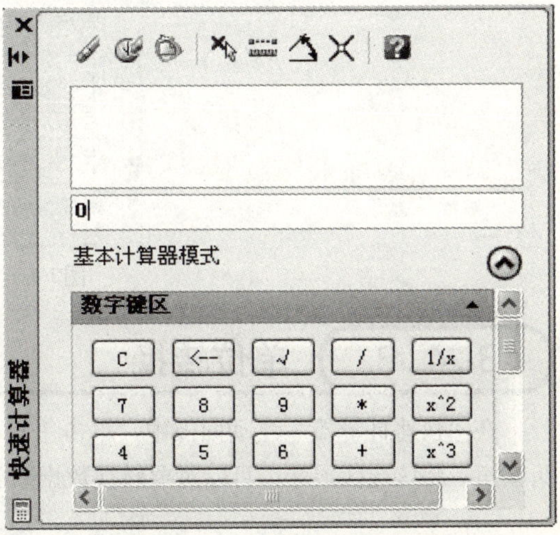

图3-47　“快速计算器”面板

3.4.1　数字计算

单击“快速计算器”浮动面板中的“基本计算器模式”右侧的按钮，可以将“快速计算器”面板折叠，再次单击该按钮可以展开面板。单击“数字键区”选项卡右侧的按钮，可以折叠该列表，如图 3-48 所示。

在展开的“数字键区”列表中，单击相应数字及运算符号可完成数字计算，如图 3-49 所示为计算“88×15”的结果。

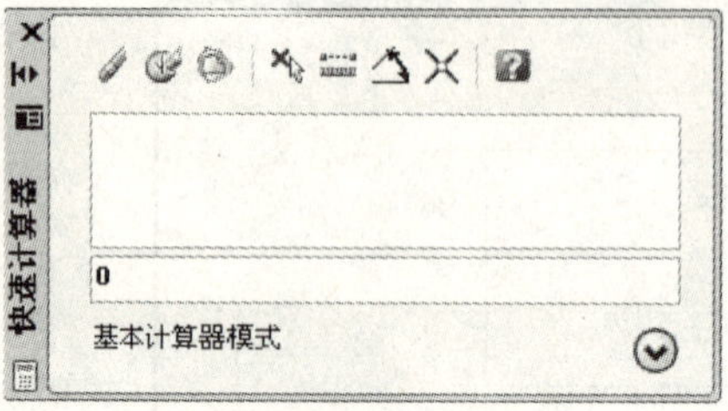

图3-48　折叠“数字键区”

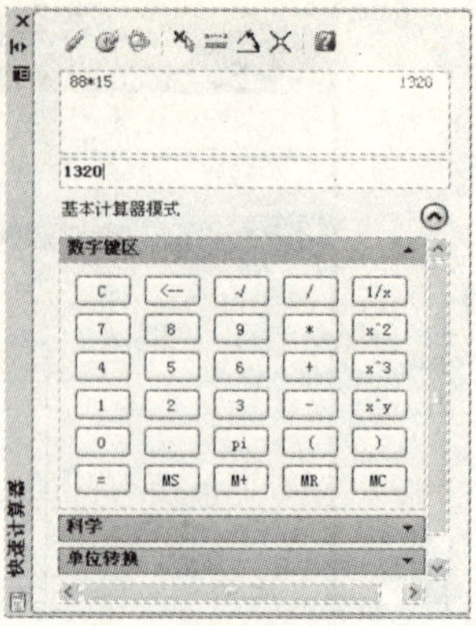

图3-49　数字计算

3.4.2 科学计算

单击“科学”选项卡右侧的下拉箭头按钮，在展开的列表中单击相应的按钮并结合“数字键区”的数字，可实现常用的科学计算，图 3-50 所示为“cos(6×6+8)”的计算结果。

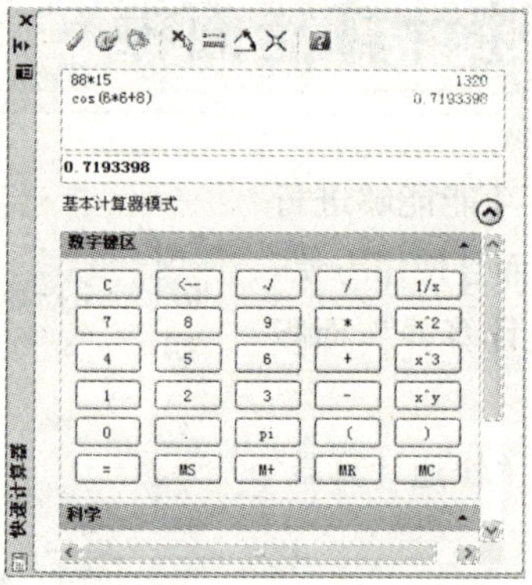

图3-50　科学计算结果

3.4.3 单位转换

在“快速计算器”浮动面板中，单击“基本计算器模式”中“单位转换”选项卡右侧的下拉箭头按钮，将该选区展开，可以对要转换数据的类型及单位等进行修改，如图 3-51 所示。

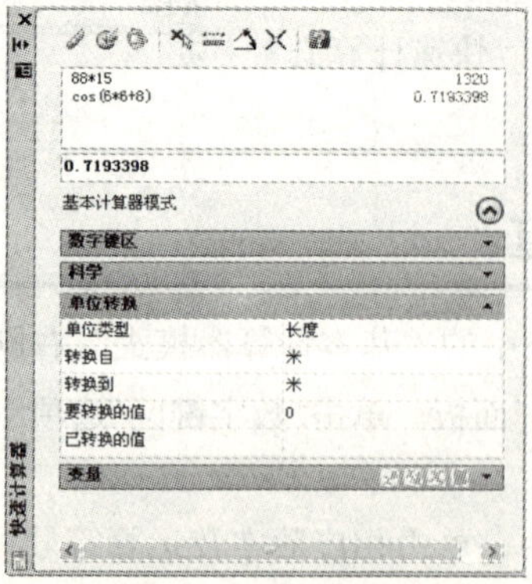

图3-51　单位转换

3.4.4 变量求值

在“快速计算器”浮动面板中，单击“基本计算器模式”中“变量”选项卡右侧的下拉箭头按钮，可以使用展开的函数对变量求值，如图3-52所示。在变量选区中还可以新建变量、编辑变量、删除变量、将变量返回到输入区域等。

1．新建变量

（1）单击“变量”区域的“新建变量”按钮，即可打开“变量定义”对话框，如图3-53所示。

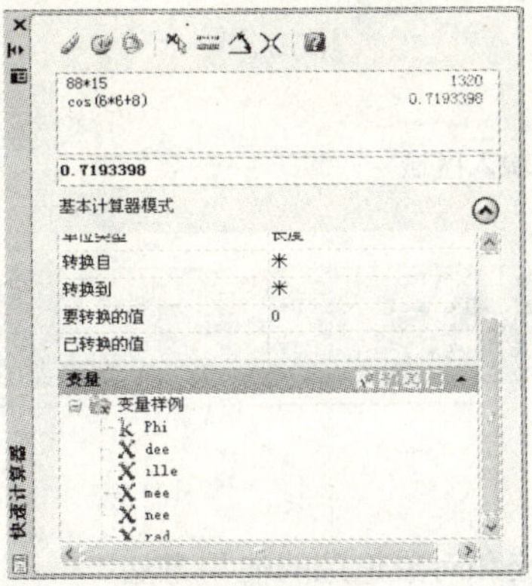

图3-52 变量

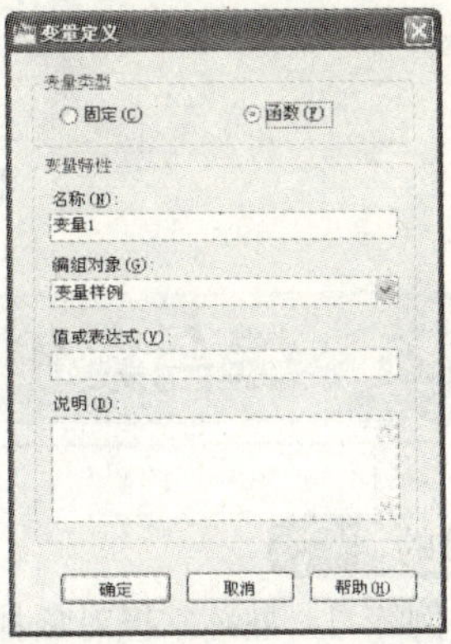

图3-53 “变量定义”对话框

（2）单击“编组对象”下拉按钮，从下拉菜单中选择“新建”命令，即可打开“目录定义”对话框，在相应位置处输入所需内容，如图3-54所示。

2．编辑变量

在“变量样例”中选择一个需要编辑的变量，单击“变量”区域的“编辑变量”按钮，在“变量定义”对话框中对变量进行编辑。图3-55所示为选中“dee”变量后的“变量定义”对话框，在其中对选中的变量进行编辑。

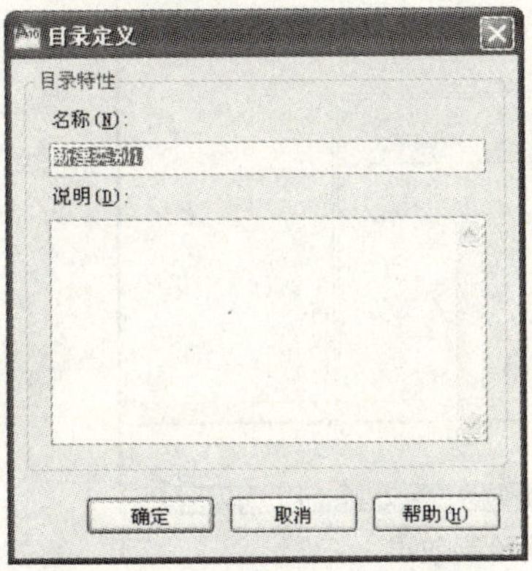

图3-54 “目录定义”对话框

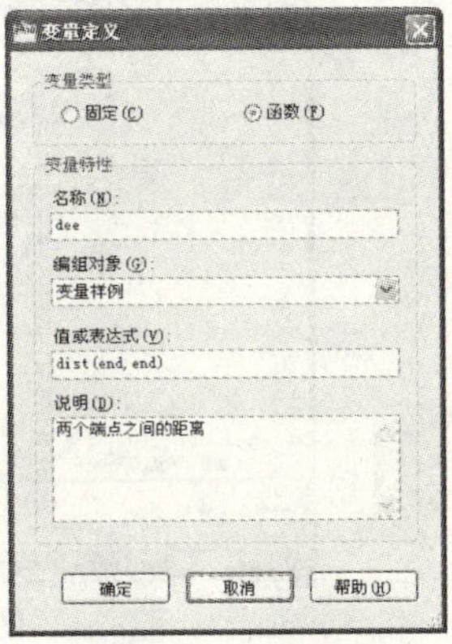

图3-55 编辑变量

3．删除变量

如果要删除某选项，可选中要删除的选项，单击“变量”区域的“删除”按钮以删除该选项。

4．将变量返回到输入区域

选中要返回输入区域的值，单击“将变量返回到输入区域”按钮，则值就返回到输入区域中了。图3-56所示为将“Phi”变量的值返回到输入区。

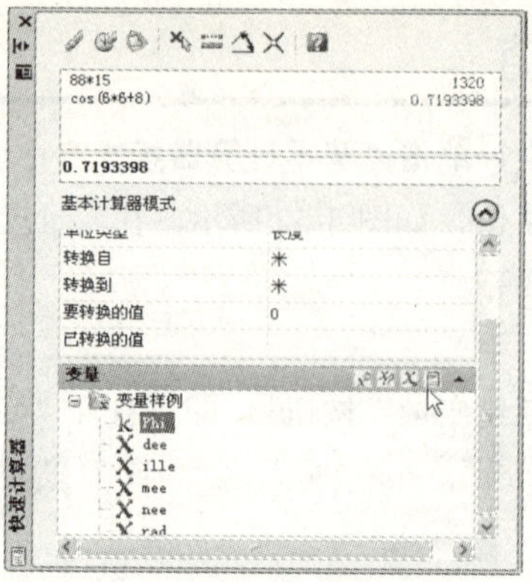

图3-56 值返回到输入区域

3.5 综合案例——绘制书桌

学习目的

通过本实例练习，熟练掌握对象捕捉、栅格、正交和对象追踪的使用方法。

重点难点

- 使用对象捕捉，栅格的应用，使用正交功能，使用对象捕捉追踪。

下面将利用绘图及编辑命令，结合捕捉功能绘制书桌图形，如图 3-57 所示。

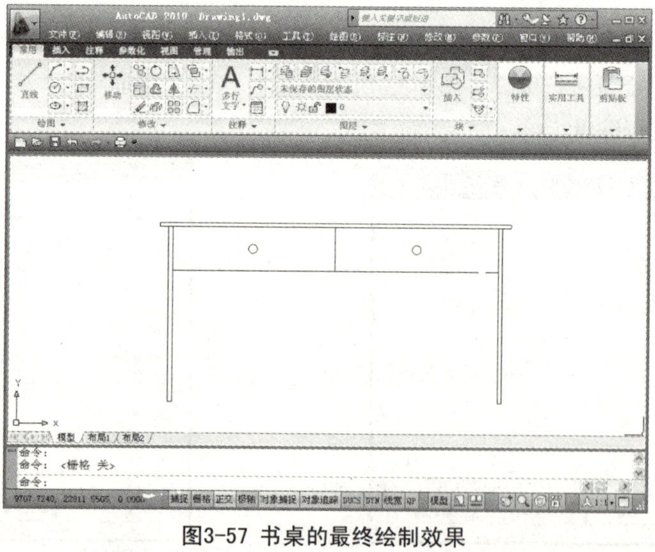

图3-57 书桌的最终绘制效果

操作步骤

1. 绘制圆角矩形

Step 01 新建一个图形文件，在“命令行”中输入“LIMITS”命令，按“Enter”键后在“命令行”中显示提示信息：

重新设置模型空间界限:

指定左下角点或 [开(ON)/关(OFF)] <0.0000,0.0000>:

Step02 按“Enter”键,指定坐标原点为图形界限的左下角点,“命令行”中将显示提示信息“指定右上角点 <42000.0000,29700.0000>:”。

Step03 在命令提示后输入“4200,2970”,指定图形界限的右上角点。单击状态栏中的“栅格显示”按钮，在绘图界限中显示栅格，在“命令行”中显示提示信息“命令：< 栅格 开 >”。

Step04 在“命令行”中输入“ZOOM（或输入“Z”）”命令，按“Enter”键后在“命令行”中显示提示信息：

定窗口的角点，输入比例因子 (nX 或 nXP),或

[全部(A)/中心(C)/动态(D)/范围(E)/上一个(P)/比例(S)/窗口(W)/对象(O)] <实时>:

Step05 在命令提示后输入“A”,设置观察视图范围,让图形界限全部显示,如图3-58所示。在“命令行”中输入“REC”命令，按“Enter”键调用“矩形”命令，在“命令行”中显示提示信息“指定第一个角点或 [倒角 (C)/ 标高 (E)/ 圆角 (F)/ 厚度 (T)/ 宽度 (W)]:”。

Step06 在命令提示后输入“F”选择“圆角”选项，按“Enter”键确认，“命令行”中显示提示信息“指定矩形的圆角半径 <0.0000>:”。

Step07 在命令提示后输入“10”，指定圆角半径，按“Enter”键确认，“命令行”中将显示提示信息“指定第一个角点或 [倒角 (C)/ 标高 (E)/ 圆角 (F)/ 厚度 (T)/ 宽度 (W)]:”。

Step08 在绘图窗口中捕捉一个栅格点作为第一个角点，“命令行”中将显示提示信息“指定另一个角点或 [面积 (A)/ 尺寸 (D)/ 旋转 (R)]:”。

Step09 在命令提示后输入“@1600,20”绘制一个圆角矩形，如图3-59所示。

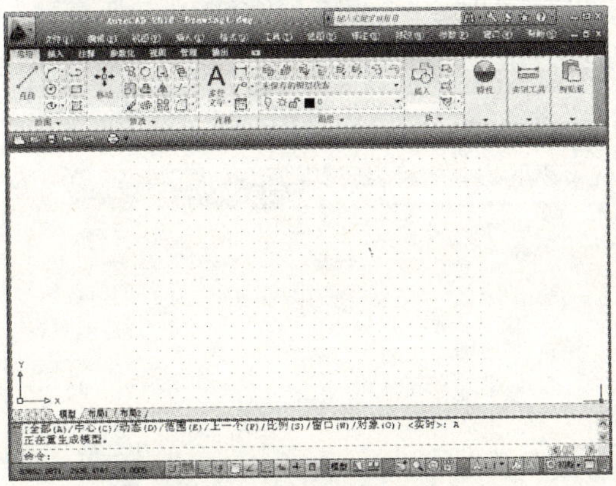

图3-58 设置观察视图范围

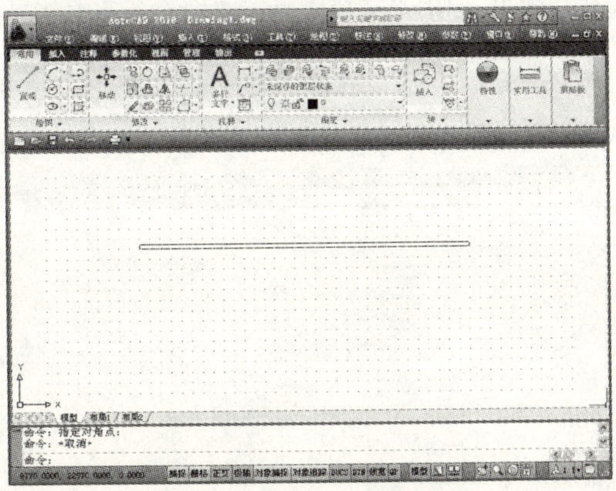

图3-59 绘制一个圆角矩形

2. **绘制矩形桌腿**

Step01 按“Enter”键重复“矩形”命令，在“命令行”中显示提示信息：

当前矩形模式:　圆角=10.0000

指定第一个角点或 [倒角(C)/标高(E)/圆角(F)/厚度(T)/宽度(W)]:

Step02 在命令提示后输入“F”，选择“圆角”选项，按“Enter”键确认，“命令行”中将显示提示信息“指定矩形的圆角半径 <10.0000>:”。

Step03 在命令提示后输入“0”，指定圆角半径，按“Enter”键确认，“命令行”中将显示提示信息“指定第一个角点或 [倒角 (C)/ 标高 (E)/ 圆角 (F)/ 厚度 (T)/ 宽度 (W)]:”。

Step 04 单击“对象捕捉”工具栏中的“捕捉自”按钮，“命令行”中将显示提示信息“_from 基点 :”。在绘图窗口中捕捉圆角矩形的左下角端点作为基点，如图 3-60 所示。“命令行”中将显示提示信息“< 偏移 >:”。

Step 05 在命令提示后输入“@30,0”，指定从基点偏移的距离，按“Enter”键确认，“命令行”中将显示提示信息“指定另一个角点或 [面积 (A)/ 尺寸 (D)/ 旋转 (R)]:”。

Step 06 在命令提示后输入“@20,-800”，绘制一个矩形，如图 3-61 所示。在“命令行”中输入“L”，调用“直线”命令，在“命令行”中显示提示信息“命令 : _line 指定第一点 :”。

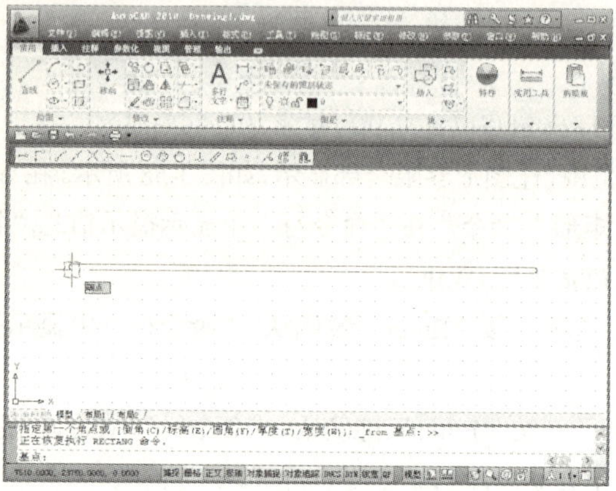

图3-60　指定矩形端点作为基点

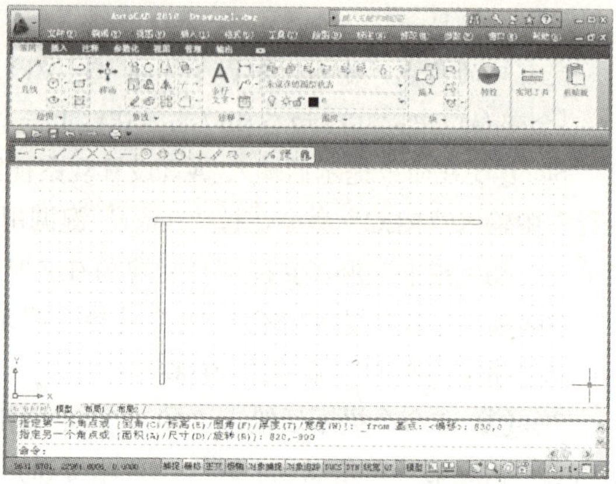

图3-61　绘制矩形桌腿

3．完成书桌绘制

Step 01 捕捉圆角矩形底端边的中点作为直线的第一点，如图 3-62 所示。单击状态栏中的“正交模式”按钮，启用正交模式功能，“命令行”中将显示提示信息“指定下一点或 [放弃 (U)]: < 正交 开 >”。

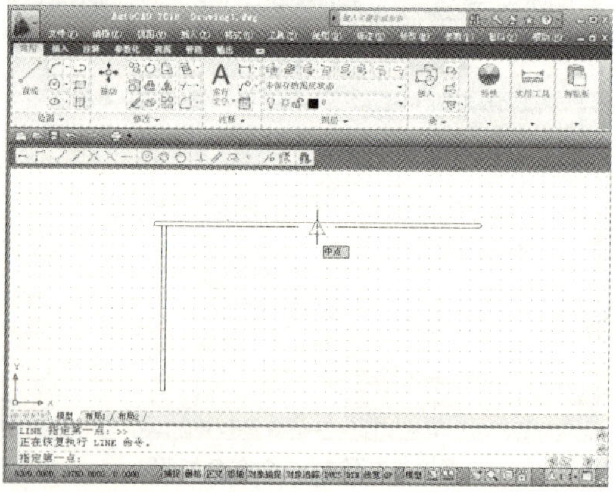

图3-62　捕捉中点作为直线第一点

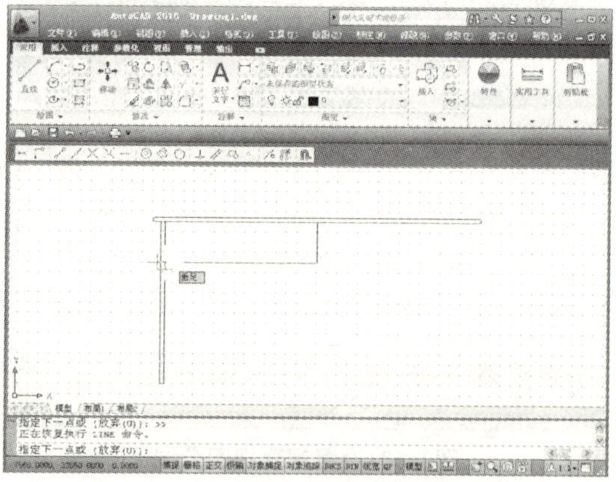

图3-63　捕捉直线到矩形右侧边的垂足

Step 02 将光标向下移动，在命令提示后输入“200”，按“Enter”键确认，“命令行”中将显示提示信息“指定下一点或 [放弃 (U)]:”。

Step 03 将光标向左移动，捕捉直线到另一个矩形右侧边的垂足，如图 3-63 所示。在“命令行”中输入“C”，调用“圆”命令，在“命令行”中显示提示信息“circle 指定圆的圆心或 [三点 (3P)/ 两点 (2P)/ 切点、切点、半径 (T)]:”。

Step 04 捕捉绘制的两条直线的中点追踪线的交点作为圆心，如图 3-64 所示，“命令行”中将显示提示信息“指定圆的半径或 [直径 (D)]:”。

Step 05 在命令提示后输入　20　，指定圆的半径，按　Enter　键绘制如图 3-65 所示的圆。

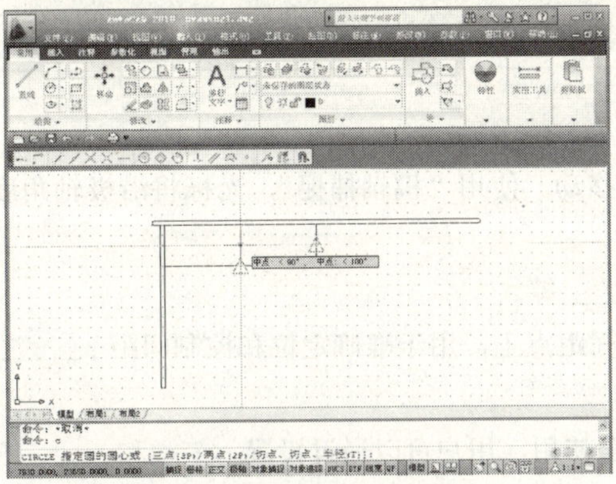

图3-64　捕捉中点作为圆心

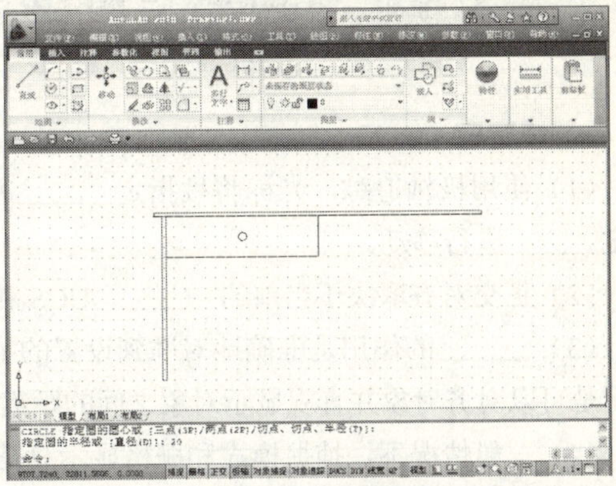

图3-65　绘制圆形

Step 06 在　命令行　中输入　MI ，调用　镜像　命令，在　命令行　中显示提示信息：

mirror

选择对象:

Step 07 在绘图窗口中选择左侧的矩形、水平直线及圆形作为要镜像的对象，如图 3-66 所示，按　Enter　键确认，　命令行　中将显示提示信息　指定镜像线的第一点：。

Step 08 捕捉垂直直线上方端点作为镜像线的第一点，　命令行　中将显示提示信息　指定镜像线的第二点：。

Step 09 捕捉垂直直线下方端点作为镜像线的第二点，如图 3-67 所示，　命令行　中将显示提示信息　要删除源对象吗？ [是 (Y)/ 否 (N)] <N>: 。

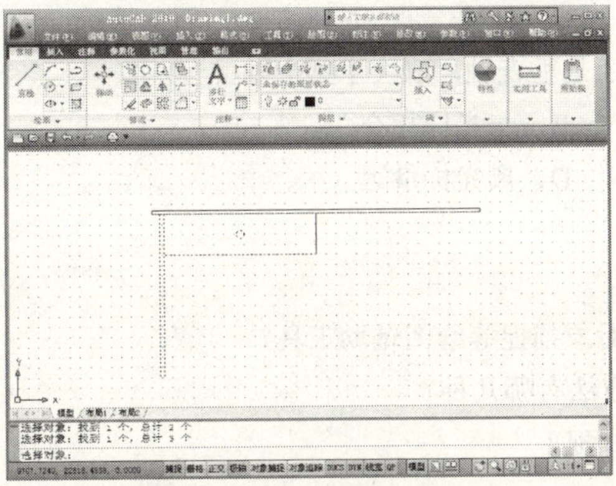

图3-66 选择要镜像的对象

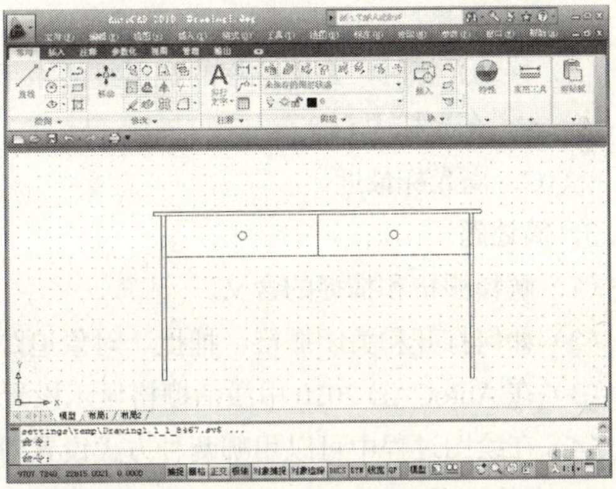

图3-67 指定镜像线

Step 10 直接按　Enter　键，保留镜像源对象，完成书桌图形的绘制。最后单击快速访问工具栏上的　保存　按钮，保存该文件即可。

在工程设计中，工程图不仅能反映设计师的设计意图，同时还可以从图形中提取相关的数据。在建筑图设计过程中，无论采用　自上而下　或　自下而上　的设计模式，都需要对设计方案或各种绘图参数进行反复论证和修改，包括零件尺寸、形状、配合、位置和动作。在此需求下，就需要设计人员能够运用 AutoCAD 中的辅助工具实现精确绘图了。

因此，只有熟练掌握 AutoCAD 2010 辅助工具的用法、对象的选择方法，才能将其应用到现实生活中，如现实生活中常见的土地测量、建筑面积计算等。

3.6 习题与上机练习

1．填空题

（1）使用极轴追踪，光标将按指定______进行移动。使用“极轴捕捉”，光标将沿极轴角度按指定______进行移动。

（2）正交对齐取决于当前的______、UCS 和______等。

（3）______的作用是准确地对准到设置的捕捉间距点上，用于准确定位和控制间距；______的作用是可以对齐对象并直观显示对象之间的距离。

（4）一般情况下，捕捉模式和栅格显示总是配合使用，用户可以通过设置______和______的捕捉间距来控制捕捉精度。

（5）对象捕捉功能能使用户绘制出精确的______，对象捕捉必须在绘图或编辑命令的执行过程中提示______时才可使用。

2．选择题

（1）自动追踪功能分为（　　）两种。

A．对象捕捉追踪和捕捉　　B．对象捕捉追踪和极轴追踪

C．极轴捕捉和对象捕捉　　D．对象捕捉和栅格

（2）（　　）是点的矩阵，延伸到指定为图形界限的整个区域。

A．正交　　B．极轴　　C．栅格　　D．捕捉

（3）确保精确绘图的另一条途径是（　　）。

A．栅格　　B．正交　　C．捕捉　　D．对象追踪

（4）移动光标时，定义位移的拖引线沿水平轴还是垂直轴，取决于哪个轴（　　）。

A．在光标中心　　B．与光标相交

C．离光标最近　　D．离光标最远

3．简述题

（1）解释栅格和捕捉的含义。

（2）如何打开和关闭栅格、捕捉、对象追踪、对象捕捉等绘图辅助工具？

（3）在 AutoCAD 2010 中激活栅格显示设置的方法有哪几种？

（4）在绘图过程中可以用哪两种方式设置对象捕捉？

4．上机练习

使用对象捕捉功能，不计尺寸绘制出如图 3-68 所示的图形。

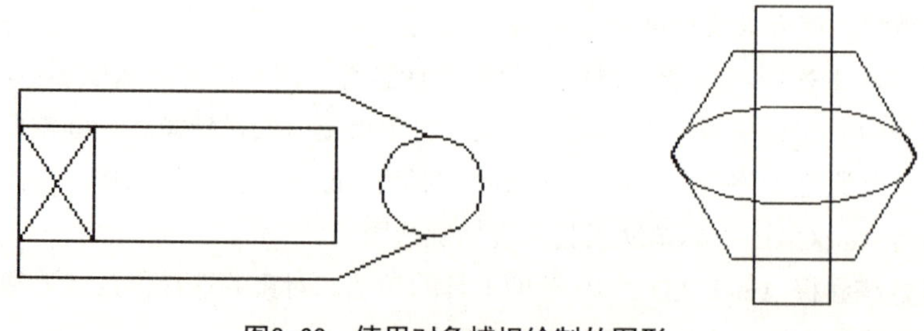

图3-68　使用对象捕捉绘制的图形

第4章 绘制复杂的对象

绘图是 AutoCAD 的主要功能，也是最基本的功能，AutoCAD 提供了多种绘制图形的命令，如绘制多线、多段线、样条曲线等命令。用户可以非常方便地调用这些命令绘制图形，这种方法快捷，准确性高，但要求掌握绘图命令及其命令的具体功能。

学习目标

- 了解创建和编辑多线的方法
- 理解绘制和编辑二维多段线的方法
- 掌握创建和编辑样条曲线的方法
- 掌握绘制徒手画和修订云线的方法

4.1 创建和编辑多线

多线是一种由多条平行线组成的组合对象，使用多线可同时绘制两条或两条以上的平行直线。平行线之间的间距和数目可以调整，多线常用于绘制建筑图中的墙体、电子线路图等平行线对象。

4.1.1 绘制多线与闭合多线

当多线为两段或两段以上时，可以闭合多线。下面分别介绍绘制多线与闭合多线的方法。

1. 绘制多线

在快速访问工具栏中选择“显示菜单栏”命令，在弹出的菜单中选择“绘图”→“多线”命令，或直接输入命令“MLINE”，即可以绘制多线。绘制的多线效果如图 4-1 所示。

执行 MLINE 命令后，命令行显示如下提示信息：

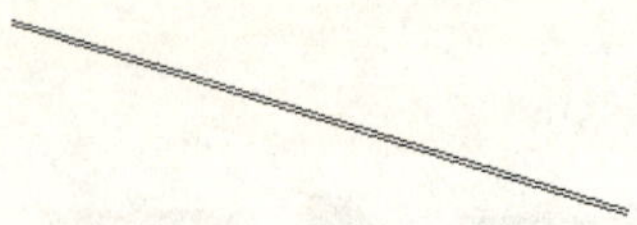

图4-1　绘制多线

命令: _mline

当前设置: 对正 = 上,比例 = 20.00,样式 = STANDARD

指定起点或 [对正（J）/比例（S）/样式（ST）]:（在绘图窗口指定多线的起点）

指定下一点:（在绘图窗口指定多线的下一点）

指定下一点或 [放弃（U）]:（右键单击，在弹出的快捷菜单中选择“确定”命令，或者按“Enter”键即可完成多线的绘制）

在命令行的提示信息中，第一行说明当前的绘图格式：对正方式为上，比例为20.00，多线样式为标准型(STANDARD);第二行为绘制多线时的选项，在绘制多线过程中，有三个选项可供设置，分别是对正、比例、样式。各选项的含义如下。

① 对正（J):指定用何种对齐方式来绘制多线。此时，命令行显示提示信息“输入对正类型 [上（T）/ 无（Z）/ 下（B）] < 上 >”。其中，“上（T）”表示当从左向右绘制多线时，多线上最顶端的线将随着光标移动；“无（Z）”表示绘制多线时，多线的中心线将随着光标点移动；“下（B）”表示当从左向右绘制多线时，多线上底端的线将随着光标移动。

② 比例（S）: 用于控制多线的宽度，相当于更改多线各元素的偏移值。但此比例的更改并不影响线型比例。

③ 样式（ST）: 指定绘制的多线的样式，默认为标准型（STANDARD)。当命令行显示“输入多线样式名或 [?]:”提示信息时，可以直接输入已有的多线样式名，也可以输入“？”，显示已定义的多线样式。

2. 绘制闭合多线

在绘制多线时，当多线有两段或两段以上时，要结束多线的绘制，可右键单击，此时，在弹出的快捷菜单中的绘制命令里多了“闭合”命令，选择该命令，即可闭合当前多线，如图4-2所示。绘制闭合多线时，命令行的提示信息如下：

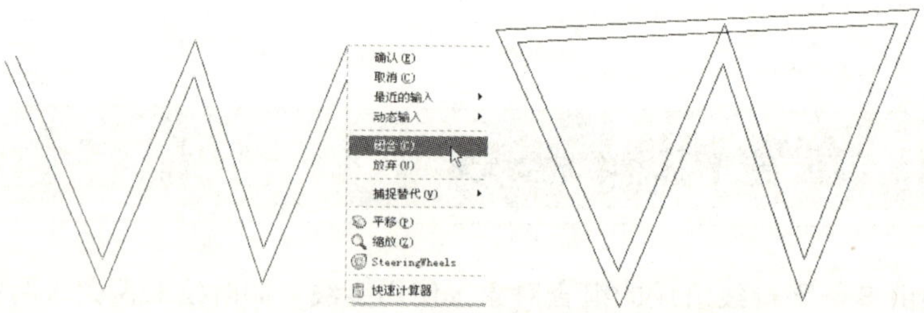

图4-2　绘制闭合多线

命令: _mline

当前设置: 对正 = 上, 比例 = 20.00, 样式 = STANDARD

指定起点或 [对正（J）/比例（S）/样式（ST）]:

指定下一点:

指定下一点或 [放弃（U）]:

指定下一点或 [闭合（C）/放弃（U）]:

指定下一点或 [闭合（C）/放弃（U）]:

指定下一点或 [闭合（C）/放弃（U）]: C

4.1.2 设置多线样式

在绘制多线时，每条多线都对应一个已定义好的多线样式。可根据需要设置多线样式，如选择多线的数目、给出多线指定比例因子等。下面介绍设置多线样式的方法。

（1）选择“格式”→“多线样式”命令，或在命令行中输入“MLSTYLE”命令，即可弹出“多线样式”对话框，如图 4-3 所示。

（2）单击“多线样式”对话框右侧的“新建”按钮，即可弹出“创建新的多线样式”对话框，在“新样式名”文本框中输入样式名“XYCM”，如图 4-4 所示。

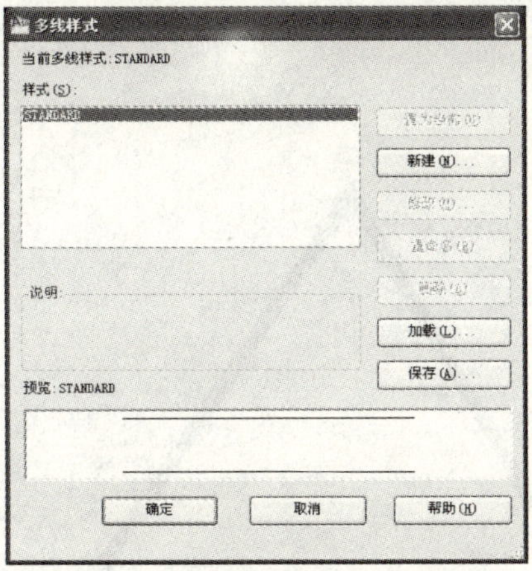

图4-3 “多线样式”对话框

图4-4 “创建新的多线样式”对话框

（3）单击“继续”按钮，即可弹出“新建多线样式：XYCM”对话框，在其中可创建新多线样式的封口、填充和元素特性等内容，如图 4-5 所示。

①“说明”文本框：在该文本框中可输入对多线的说明。当在“多线样式”列表中选中多线时，说明信息将显示在“说明”区域中。

②“封口”选项区域：用于控制多线起点和端点处的样式。可以为多线的每个端点选择一条直线或弧线，并输入角度。

③“填充”选项区域：在“填充颜色”下拉列表可从中选择一种填充颜色作为多线的背景。

④“显示连接”复选框：可以在多线的拐角处显示连接线，不选则不显示连接线。

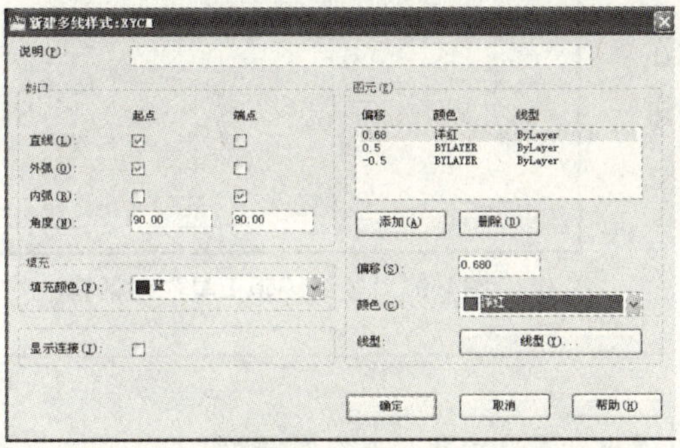

图4-5 “新建多线样式：XYCM”对话框

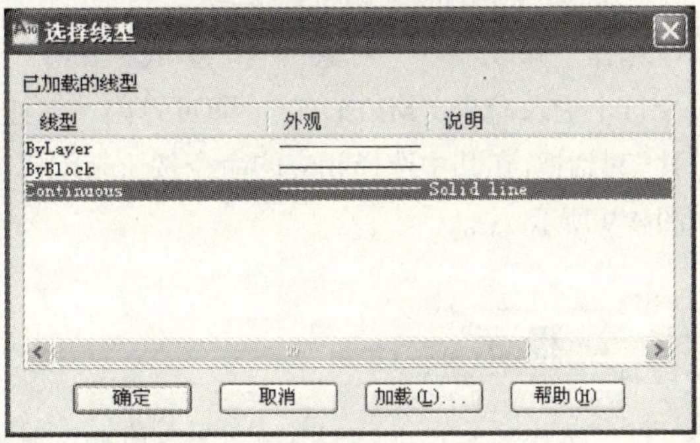

图4-6 “选择线型”对话框

⑤“图元”选项区域：设置多线样式的元素特性，包括多线的线条数目、每条线的颜色和线型等特性。单击“添加”按钮，在“图元”列表框中将加入一个偏移量为 0 的新线条元素；在“偏移”

文本框中可输入线条元素的偏移量；在“颜色”下拉列表框中可设置当前线条的颜色；单击“线型”按钮，在“选择线型”对话框中可设置线元素的线型，如图 4-6 所示。如果要删除某一线条，可在“图元”列表框中选中该线条元素，单击“删除”按钮即可。

（4）单击“确定”按钮返回“多线样式”对话框。在“样式”列表框中选择新建的“XYCM”多线样式，在“预览”列表框中可显示新设置的样式，单击“置为当前”按钮，该样式即可应用在当前图形中，如图 4-7 所示。

（5）单击“确定”按钮，在 AutoCAD 2010 工作界面中选择“绘图”→“多线”命令，在绘图窗口中绘制一条多线，新设置的样式即可应用在当前图形中，如图 4-8 所示。

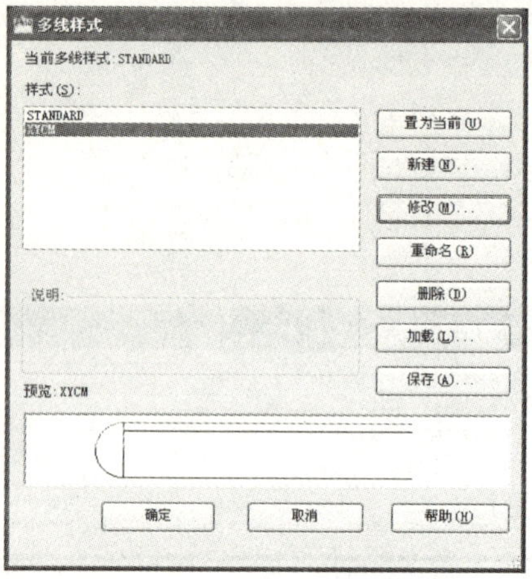

图4-7 显示新建的多线样式

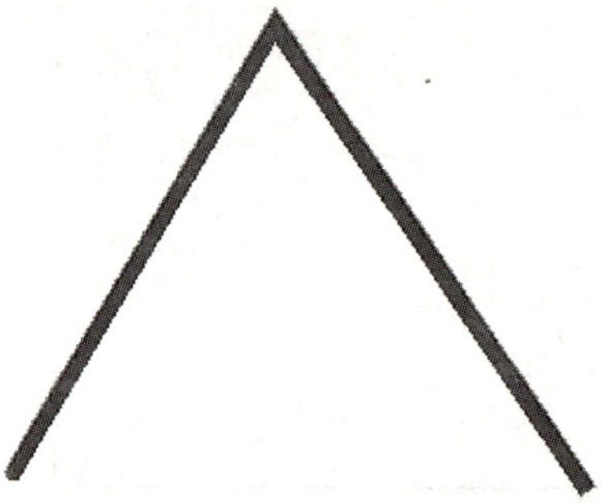

图4-8 使用当前样式绘制多线的效果

4.1.3 编辑多线

使用 MLEDIT 命令可以对创建的多线进行编辑。其主要功能如下。

① 改变两条多线的相交形式，比如，使它们相交成“十”字形或“T”字形。

② 在多线中加入控制顶点或删除顶点。

③ 将多线中的线条切断或接合。

选择“修改”→“对象”→“多线”命令，或在命令行中输入命令“MLEDIT”，即可弹出“多线编辑工具”对话框，在其中选择相应的命令按钮来编辑多线，如图 4-9 所示。

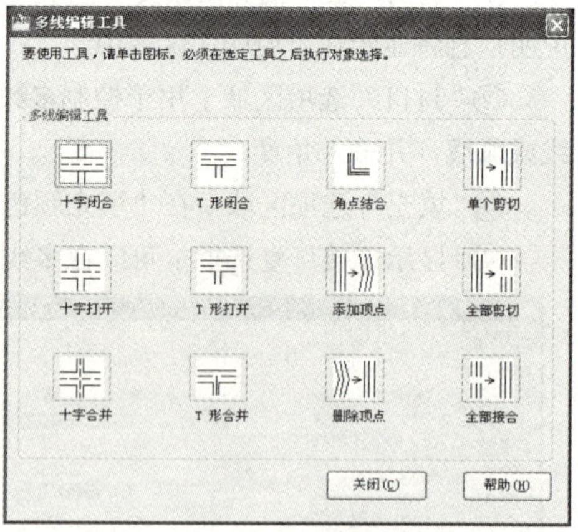

图4-9 “多线编辑工具”对话框

提 示

在绘图窗口中双击绘制的多线图形，也可以弹出“多线编辑工具”对话框。

在“多线编辑工具”对话框中单击任意一个多线编辑工具后，命令行中会提示如下信息：

命令：_mledit

选择第一条多线:

在绘图窗口中选择一条绘制的多线图形，此时，命令行中会提示如下信息:

选择第二条多线:

在绘图窗口中选择另一条绘制的多线图形后，即可完成多线的编辑。下面分别介绍使用“多线编辑工具”对话框中的各个编辑工具编辑多线的效果。

1．“十字闭合”工具

“十字闭合”工具用于在两条多线之间创建闭合的十字交点，选择两条多线的前后顺序不同，其编辑效果也不相同。在绘图窗口中绘制如图 4-10（a）所示的两个多线图形，在命令行中输入命令“MLEDIT”，在“多线编辑工具”对话框中选择“十字闭合”工具，在绘图窗口中先选择多线 1，再选择多线 2，编辑后的效果如图 4-10（b）所示；在绘图窗口中先选择多线 2，再选择多线 1，编辑后的效果如图 4-10（c）所示。

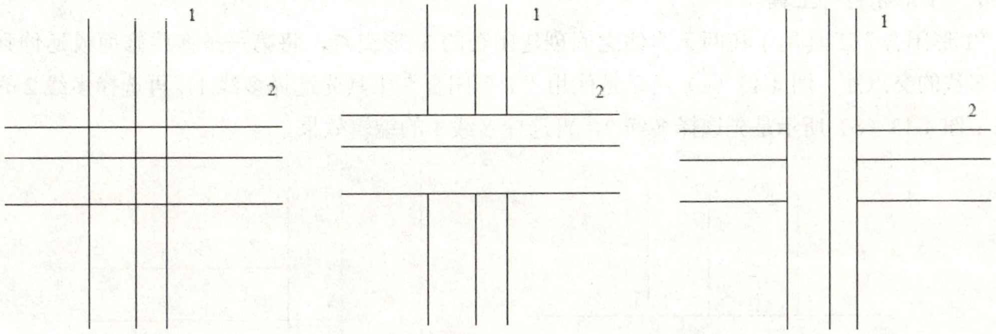

（a）　　（b）　　（c）

图4-10　使用“十字闭合”工具编辑的效果

2．“十字打开”工具

“十字打开”工具用于打断第一条多线的所有图元，打断第二条多线的外部图元，并在两条多线之间创建开放的十字交点。下面以图 4-11（a）所示的两个多线图形为例，在命令行中输入命令“MLEDIT”，在“多线编辑工具”对话框中选择“十字打开”工具，在绘图窗口中先选择多线 1，再选择多线 2，编辑效果如图 4-11（b）所示；在绘图窗口中先选择多线 2，再选择多线 1，编辑效果如图 4-11（c）所示。

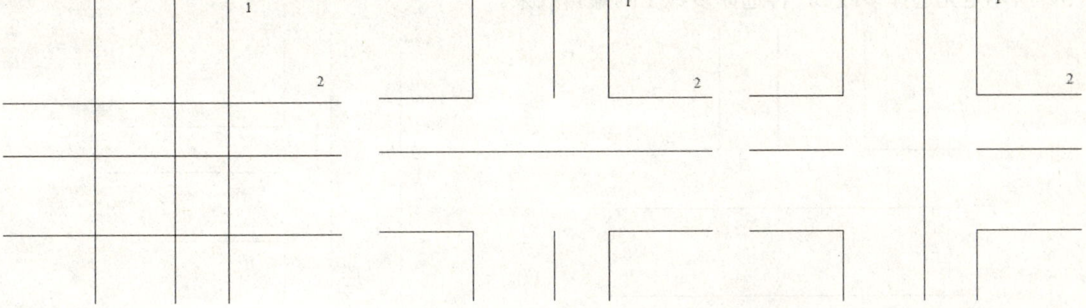

（a）　　（b）　　（c）

图4-11　使用“十字打开”工具编辑后的效果

3. “十字合并”工具

“十字合并”工具用于在两条多线之间创建合并的十字交点，在此交叉口中，第一条多线和第二条多线的所有直线都修剪到交叉的部分。选择两条多线的前后顺序不同时，其编辑效果是相同的，如图 4-12 所示。

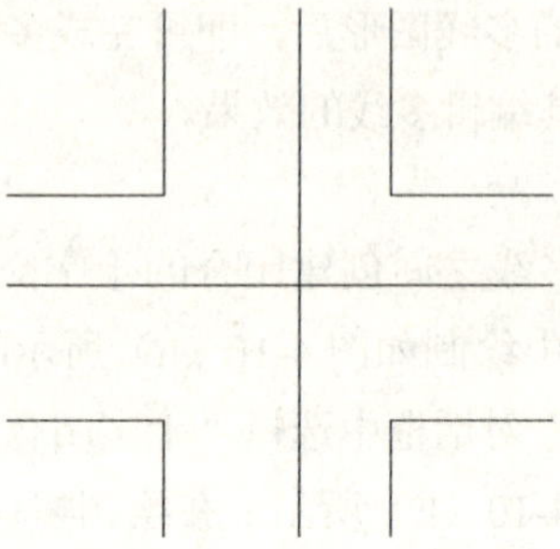

图4-12　使用“十字合并”工具编辑效果

4. “T 形闭合”工具

“T 形闭合”工具用于在两条多线之间创建闭合的 T 形交点，将第一条多线修剪或延伸到与第二条多线的交点处。图 4-13（a）所示是使用“T 形闭合”工具先选择多线 1，再选择多线 2 的编辑效果；图 4-13（b）所示是先选择多线 2，再选择多线 1 的编辑效果。

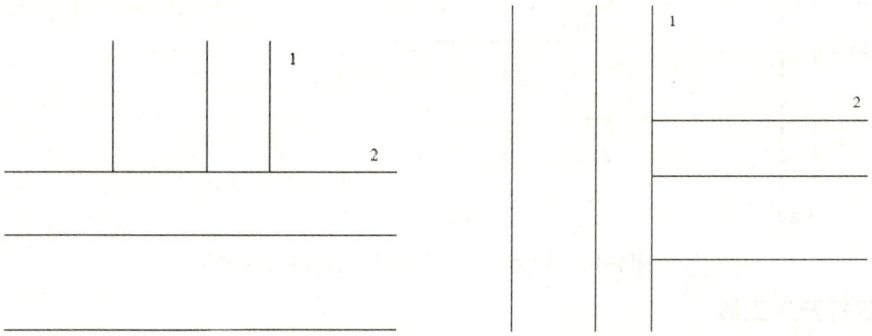

（a）　（b）

图4-13　使用“T形闭合”工具编辑效果

5. “T 形打开”工具

“T 形打开”工具用于将多线修剪或延伸到另一条多线的交点处，在两条多线间创建打开的 T 形交点。图 4-14（a）所示是使用“T 形打开”工具先选择多线 1，再选择多线 2 的编辑效果；图 4-14（b）所示是先选择多线 2，再选择多线 1 的编辑效果。

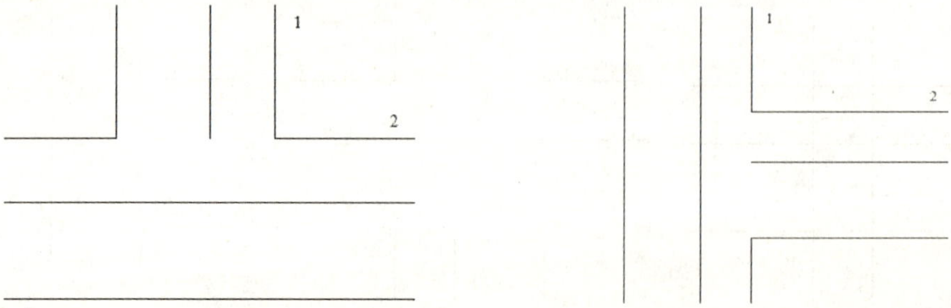

（a）　（b）

图4-14　使用“T形打开”工具编辑效果

6. “T 形合并” 工具

“T 形合并” 工具用于将多线修剪或延伸到另一条多线的交点处，在两条多线间创建合并的 T 形交点。图 4-15（a）所示是使用 “T 形合并” 工具先选择多线 1，再选择多线 2 的编辑效果；图 4-15（b）所示是先选择多线 2，再选择多线 1 的编辑效果。

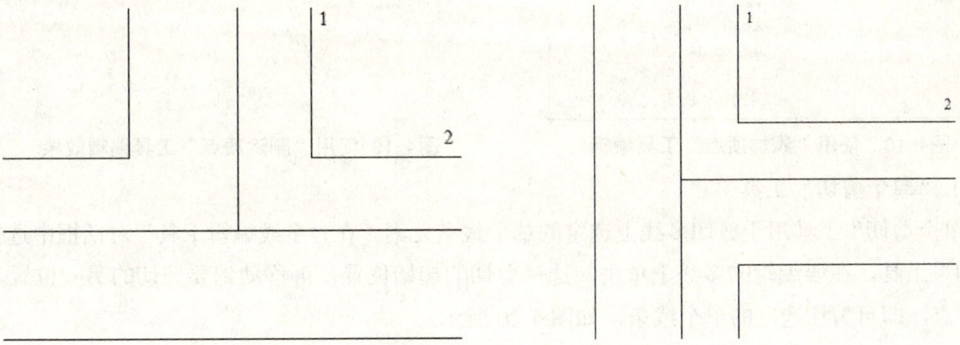

（a）　　　　（b）

图4-15　使用 “T形合并” 工具编辑效果

7. “角点结合” 工具

“角点结合”工具用于在多线之间创建角点结合。使用该工具的编辑效果与多线的选择顺序无关，但会因拾取点位置不同而出现不同效果。图 4-16（a）所示是拾取点在多线 2 的右部分的编辑效果；图 4-16（b）所示是拾取点在多线 2 的左部分的编辑效果。

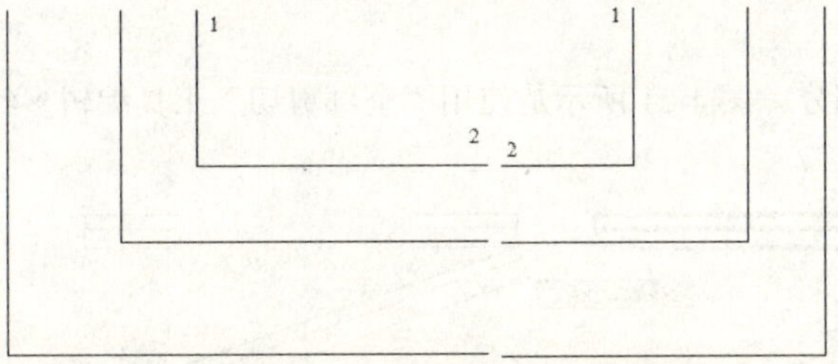

（a）　　　　（b）

图4-16　使用 “角点结合” 工具编辑效果

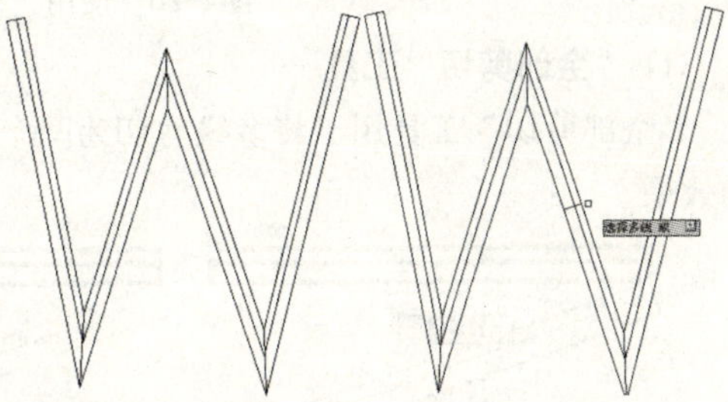

图4-17　使用 “添加顶点” 工具编辑效果

8. “添加顶点” 工具

“添加顶点” 工具用于在多线上添加一个或多个顶点。在 “多线编辑工具” 对话框中选择 “添加顶点” 工具，在多线上要添加顶点位置处单击，即可添加一个顶点，如图 4-17 所示。

注 意

使用 “添加顶点” 工具编辑多线时，只有在显示连接的多线上才可以添加顶点。要在多线上显示连接，可在 “新建多线样式” 对话框中选中 “显示连接” 复选框，如图4-18所示。

9. “删除顶点” 工具

“删除顶点” 工具用于从多线上删除顶点。在 “多线编辑工具” 对话框中选择 “删除顶点” 工具，在多线上要删除顶点的位置处单击，即可删除该顶点，如图 4-19 所示。

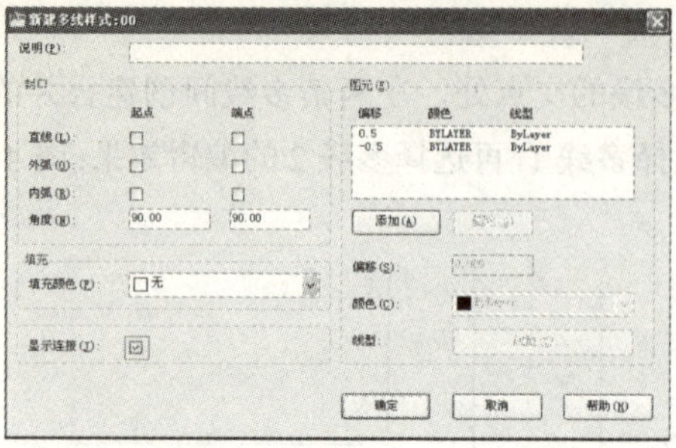

图4-18 使用“添加顶点”工具编辑

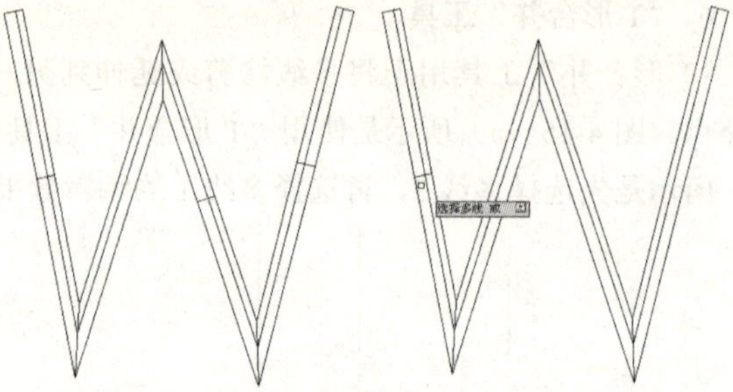

图4-19 使用“删除顶点”工具编辑效果

10.“单个剪切”工具

“单个剪切”工具用于剪切多线上选定的单个线条元素。在“多线编辑工具”对话框中选择“单个剪切”工具，在要编辑的多线上单击，选择剪切的起始位置，再移动到要剪切的另一位置，选择第二个点，即可剪切选定的单个线条，如图 4-20 所示。

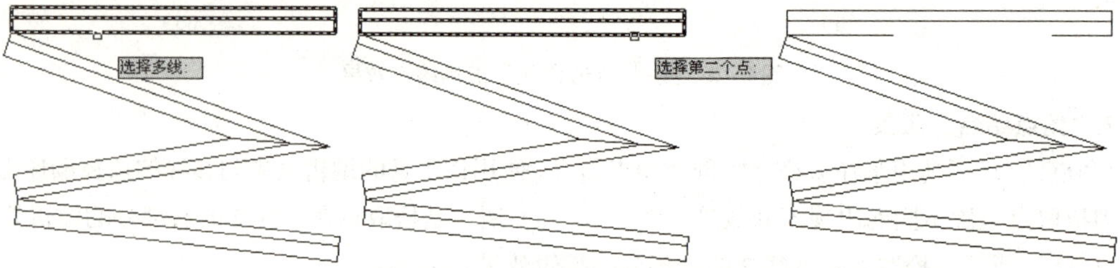

图4-20 使用“单个剪切”工具编辑的效果

11.“全部剪切”工具

“全部剪切”工具用于将多线剪切为两个部分。图 4-21 所示是使用“全部剪切”工具编辑多线的效果。

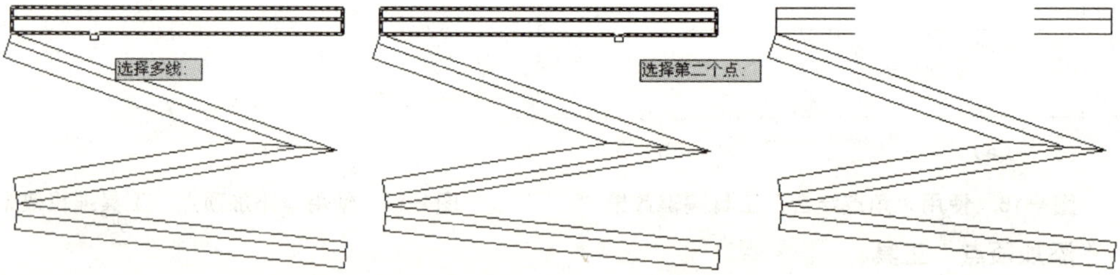

图4-21 使用“全部剪切”工具编辑多线的效果

12.“全部结合”工具

“全部结合”工具用于将已被剪切的多线线段重新结合起来。图 4-22 所示是使用“全部结合”工具编辑多线的效果。

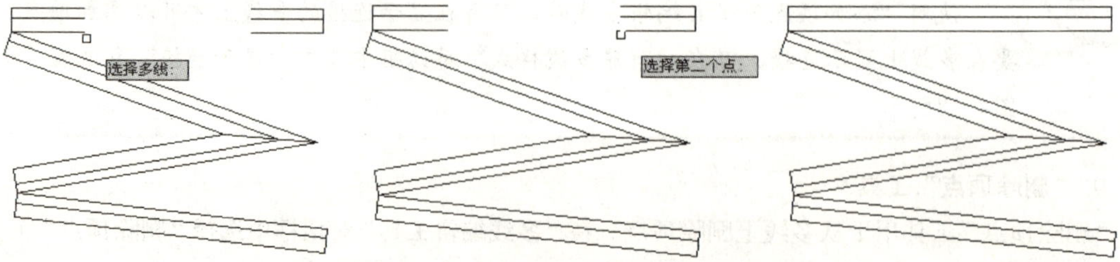

图4-22 使用“全部结合”工具编辑多线效果

4.2 绘制和编辑二维多段线

多段线是作为单个对象创建的相互连接的序列线段，可以创建直线段、弧线段或两者组合而成的线段。多段线中包含的直线段和曲线段是有宽度的线，可以为多段线对象指定一个线宽，也可以对每条线段单独设置宽度，每一段的起点和终点可以具有不同的线宽。

4.2.1 绘制多段线

要绘制多段线，选择“绘图”→“多段线”命令，或在绘图工具栏中单击“多段线”按钮，或直接在命令行中输入命令“PLINE”（简写形式为“PL”）即可。

执行多段线命令时，命令行中提示如下信息：

命令: _pline （调用多段线命令）

指定起点: （指定起点）

当前线宽为 0.0000 （显示当前线宽信息）

指定下一个点或 [圆弧(A)/半宽(H)/长度(L)/放弃(U)/宽度(W)]: （指定下一点）

指定下一点或 [圆弧(A)/闭合(C)/半宽(H)/长度(L)/放弃(U)/宽度(W)]（结束命令）

图 4-23 所示是利用多段线绘制的三角形。命令行中各选项的含义和功能如下。

（1）闭合（C）：此选项可绘制一条直线段（从当前位置到多段线起点）以闭合多段线并结束命令。

（2）半宽（H）：指定多段线的半宽度，即多段线宽度等于设定值的 2 倍。可分别指定起点半宽和端点半宽，起点半宽将成为默认的端点半宽，端点半宽在再次修改半宽之前将作为所有后续线段的统一半宽。

（3）长度（L）：在与前一线段相同的角度方向上绘制指定长度的直线段。如果前一线段是圆弧，程序将绘制与该弧线段相切的新直线段。

（4）放弃（U）：删除最近一次添加到多段线上的直线段或弧线段。

（5）宽度（W）：指定下一条直线段的宽度。起点宽度将成为默认的端点宽度，端点宽度在再次修改宽度之前将作为所有后续线段的统一宽度。

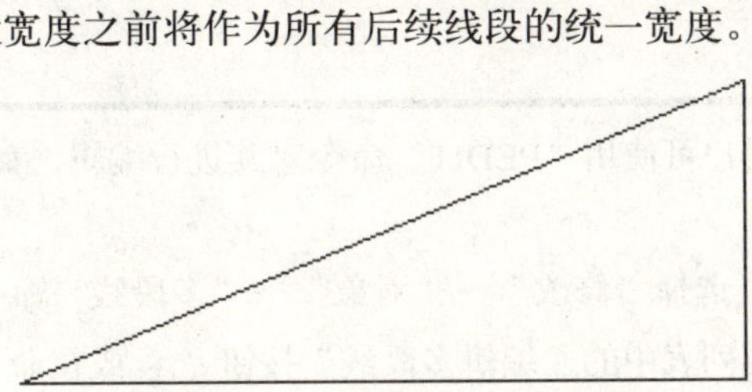

图4-23 利用多段线绘制三角形

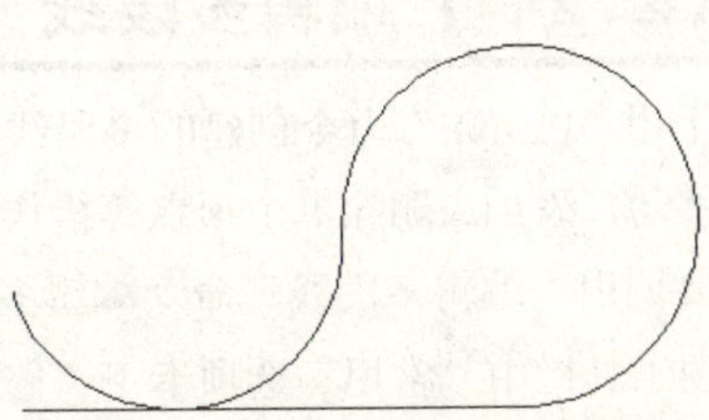

图4-24 绘制带弧线段的多线段

当选择“圆弧（A）”选项时，将把弧线段添加到多段线中，即从绘制直线方式切换到绘制圆弧方式。弧线段从多段线上一段的最后一点开始并与多段线相切。如果前一线段是圆弧，则下一段圆弧将是与前一弧线段相切的新弧线段。此时，命令行将提示如下信息：

指定下一个点或 [圆弧（A）/半宽（H）/长度（L）/放弃（U）/宽度（W）]: a 输入“a”

指定圆弧的端点或[角度（A）/圆心（CE）/闭合（CL）/方向（D）/半宽（H）/直线（L）/半径（R）/第二个点（S）/放弃（U）/宽度（W）]: （指定圆弧端点或选择某个选项）

图 4-24 所示是选择“圆弧”选项后，绘制的带弧线段的多线段

上述命令行中各选项的含义和功能如下。

① 角度（A）：选择“角度”选项后，将根据圆弧对应的圆心角来绘制圆弧段。命令行中会提示指定弧线段的从起点开始的包含角，输入正数将按逆时针方向创建弧线段，输入负数将按顺时针方向创建弧线段。

② 圆心（CE）：选择此选项后，命令行中将提示指定弧线段的圆心，然后根据指定的圆心位置来绘制圆弧段。

③ 闭合（CL）：根据最后点和多段线的起点为圆弧的两个端点，绘制一个圆弧来闭合多段线，并结束多段线命令。

④ 方向（D）：指定弧线段的起始方向，根据起始点的切线方向来绘制圆弧。

技巧

通过输入起始点方向与水平方向的夹角可以确定圆弧的起点切线方向，或者指定一点，程序会把圆弧的起点与该点的连线作为圆弧的起点切线方向。确定切线方向后，再确定圆弧的另一个端点，即可绘制弧线段。

⑤ 半宽（H）：指定从宽多段线线段的中心到其一边的宽度。起点半宽将成为默认的端点半宽。端点半宽在再次修改半宽之前将作为所有后续线段的统一半宽。宽线线段的起点和端点位于宽线的中心。

⑥ 直线（L）：退出“圆弧”选项，将多段线命令从绘制圆弧方式切换到绘制直线段方式。

⑦ 半径（R）：指定弧线段的半径。

⑧ 第二个点（S）：指定三点圆弧的第二点和端点，根据三点方式绘制圆弧。

⑨ 放弃（U）：删除最近一次添加到多段线上的弧线段。

⑩ 宽度（W）：指定下一弧线段的起点宽度和中点宽度。起点宽度将成为默认的端点宽度。端点宽度在再次修改宽度之前将作为所有后续线段的统一宽度。

4.2.2 编辑多段线

对于用“PLINE”命令创建的多段线对象，用户可使用“PEDIT”命令对其进行编辑，如闭合、打开、移动、添加或删除单个顶点等操作。

若要调用“编辑多段线”命令编辑多段线，可选择“修改”→“对象”→“多段线”命令，或单击绘图工具栏中“常用”选项卡下“修改”下拉列表中的“编辑多段线”按钮，或在命令行中输入命令“PEDIT”。执行“PEDIT”命令后，命令行中将会显示如下提示信息：

命令: pedit （调用“编辑多段线”命令）

选择多段线或 [多条(M)]: （选择要编辑的多段线）

输入选项 [闭合(C)/合并(J)/宽度(W)/编辑顶点(E)/拟合(F)/样条曲线(S)/非曲线化(D)/线型生成(L)/反转(R)/放弃(U)]: （选择编辑操作选项）

在“选择多段线或[多条(M)]:”提示后，若直接在绘图窗口中选择多段线，则只能选择一个多段线对象；若输入“M”，则可在绘图窗口中选择多个多段线对象进行编辑。用户选择直线、圆弧

对象时将提示“选定的对象不是多段线，是否将其转换为多段线？<Y>”。

当用户选择一个多段线对象（或将直线、圆弧等对象转换为多段线对象）后，命令行中显示提示信息“输入选项 [闭合 (C)/ 合并 (J)/ 宽度 (W)/ 编辑顶点 (E)/ 拟合 (F)/ 样条曲线 (S)/ 非曲线化 (D)/ 线型生成 (L)/ 反转 (R)/ 放弃 (U)]: ”。其中各选项的含义和功能如下。

① 闭合（C）：闭合开放的多段线。即使多段线的起点和终点均位于同一点上，AutoCAD 仍认为它是打开的，而必须使用该选项才能进行闭合。对于已闭合的多段线，则该选项被“Open（打开）”所代替，其作用相反。

② 合并（J）：将直线、圆弧或多段线对象和与其端点重合的其他多段线对象合并成一个多段线。对于曲线拟合多段线，在合并后将删除曲线拟合。图 4-25 所示是绘制的两个多段线，图 4-26 所示是选择“合并”选项后，将它们连成一条多段线的效果。

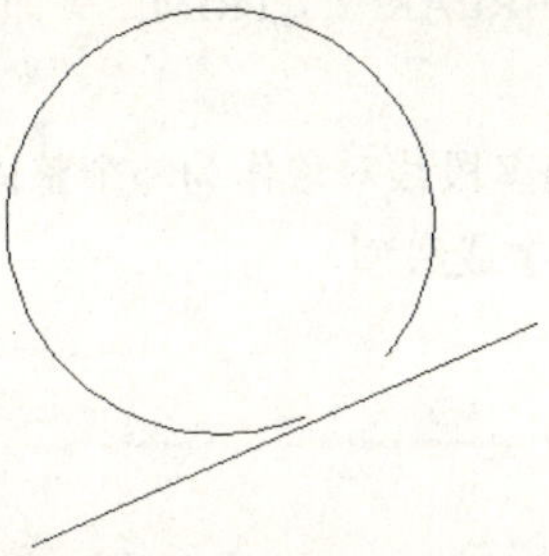
图4-25 合并前两个多段线

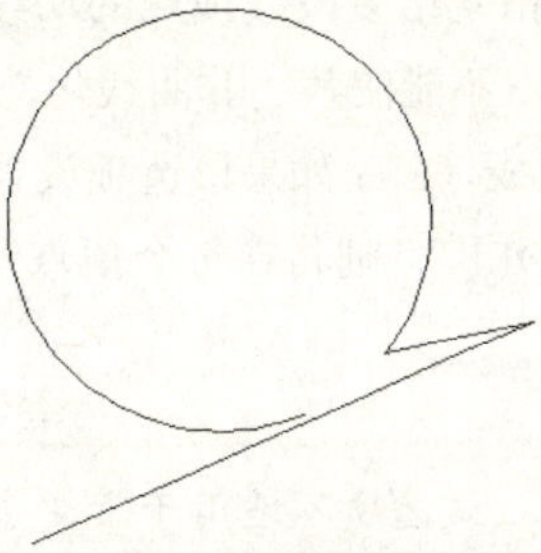
图4-26 合并后的多段线

③ 宽度（W）：指定多段线的宽度，该宽度值对于多段线的各个线段均有效。图 4-27 所示分别是使用默认的宽度和指定宽度为 6mm 绘制的两个多段线。

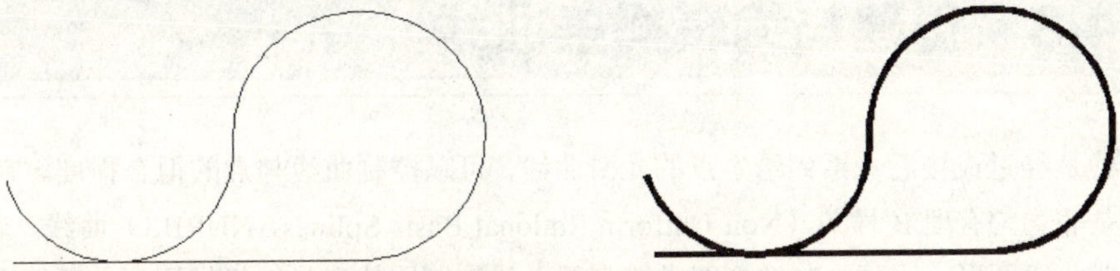
图4-27 使用不同宽度绘制的多段线

④ 编辑顶点（E）：用于对组成多段线的各个顶点进行编辑。用户选择该选项后，多段线的第一个顶点以“×”为标记，如果该顶点具有切线，则还将在切线方向上绘有箭头。

⑤ 拟合（F）：在每两个相邻顶点之间增加两个顶点，由此来生成一条光滑的曲线，该曲线由连接各对顶点的弧线段组成。曲线通过多段线的所有顶点并使用指定的切线方向，图 4-28 所示是选择“拟合”选项前后多段线的效果。

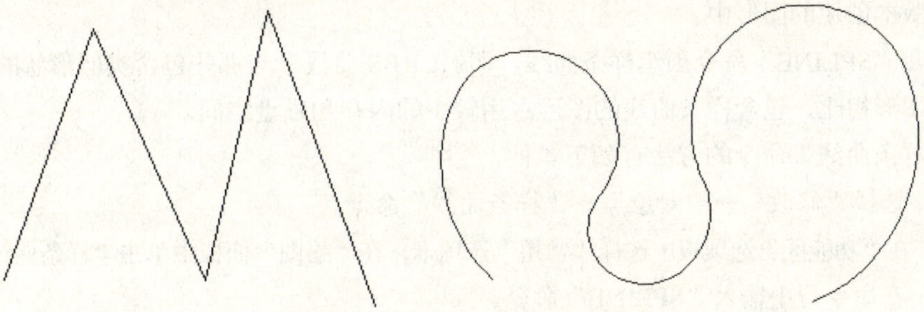
图4-28 拟合前后多段线的效果

提示

如果原多段线包含弧线段，在生成样条曲线时等同于直线段。如果原多段线有宽度，则生成的样条曲线将由第一个顶点的宽度平滑过渡到最后一个顶点的宽度，所有中间的宽度信息都将被忽略。

⑥ 样条曲线（S）：使用多段线的顶点作为控制点来生成样条曲线，该曲线将通过第一个和最后一个控制点，但并不一定通过其他控制点。这类曲线称为 B 样条曲线。AutoCAD 可以生成二次或三次样条拟合多段线。

⑦ 非曲线化（O）：删除拟合曲线和样条曲线插入的多余顶点，并将多段线的所有线段恢复为直线，但保留指定给多段线顶点的切线信息。但对于使用“BREAK”、“TRIM”等命令编辑后的样条拟合多段线，不能使其“非曲线化”。

⑧ 线型生成（L）：如果该选项设置为“ON”状态，则将多段线对象作为一个整体来生成线型；如果设置为“OFF”，则将在每个顶点处以点划线开始和结束生成线型。

注意

该选项不适用于带变宽线段的多段线。

⑨ 放弃（U）：取消上一编辑操作而不退出命令。

4.3 创建与编辑样条曲线

样条曲线是经过或接近一系列给定点的光滑曲线，可以控制曲线与点的拟合程度。在 AutoCAD 中，其类型是非均匀有理 B 样条（Non-Uniform Rational Basis Splines，NURBS）曲线，常用于创建形状不规则的曲线图形，比如绘制地形图或等高图、建筑制图的配景、机械图形的断切面等。

4.3.1 创建样条曲线

要创建样条曲线，可采用如下两种方法。

（1）使用“PEDIT”命令的“样条曲线”选项创建样条曲线，可以使通过“PEDIT”创建的现有样条曲线平滑。这样的样条曲线拟合多段线，是使用统一节点矢量创建的，很可能包含在使用本产品的早期版本创建的图形中。

（2）使用“SPLINE”命令创建样条曲线，即 NURBS 曲线。与那些包含类似形状的样条曲线拟合多段线的图形相比，包含样条曲线的图形占用较少的内存和磁盘空间。

调用“样条曲线”命令的方法有如下 4 种。

方法 1：选择“修改”→“对象”→“样条曲线”命令。

方法 2：在“功能区”选项板中选择“常用”选项卡，在“绘图”面板中单击“样条曲线”按钮～。

方法 3：在命令行中输入“SPLINE”命令。

方法 4：单击绘图工具栏上的“样条曲线”按钮～。

调用“样条曲线”命令后，命令行中将会显示如下提示信息。

命令：spline （调用“样条曲线”命令）

指定第一个点或［对象(O)］：（指定样条曲线的起点）

指定下一点：（指定样条曲线的下一点）

指定下一点或［闭合(C)/拟合公差(F)］<起点切向>：（指定样条曲线的下一点）

指定下一点或［闭合(C)/拟合公差(F)］<起点切向>：（按“Enter”键结束绘制）

指定起点切向：（指定第一点的切向）

指定端点切向：（指定最后一点的切向）

根据命令行中的提示先在绘图窗口中单击鼠标确定样条曲线的起点，移动鼠标到指定的位置，指定样条曲线的下一点，继续指定样条曲线的下一点，输入两个拟合点后，按“Enter”键，根据系统的提示输入起点和端点的切线方向，可通过在绘图窗口中单击鼠标确定一点来指定切线的方向，图 4-29 所示是根据命令行中的提示绘制的一条样条曲线。

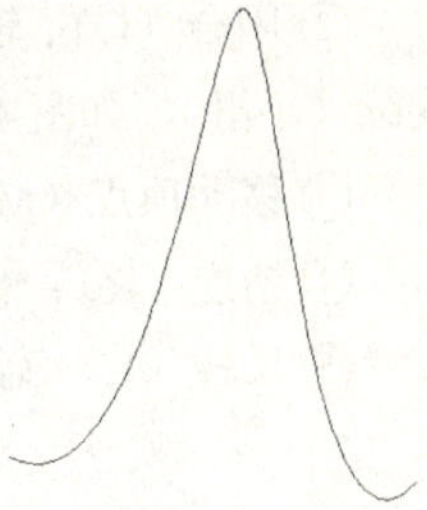

图4-29 绘制样条曲线

命令行中各选项的含义和功能如下。

① 闭合（C）：在命令行的提示信息“指定下一点或 [闭合 (C)/ 拟合公差 (F)] < 起点切向 >:”中，直接按“Enter”键，将结束绘制。若输入“C”，并按“Enter”键，则会将绘制的样条曲线的最后一点与第一点重合，并要求指定最后一点的切向，这样可以闭合样条曲线。

② 拟合公差（F）：输入“F”并按“Enter”键，则可修改当前样条曲线的拟合公差。根据新公差以现有点重新定义样条曲线，命令行中将会显示提示信息“指定拟合公差 <0.0000>:”。

公差表示样条曲线拟合所指定的拟合精度。公差越小，样条曲线就越接近拟合点，比如公差设置为 0 时，则表明样条曲线精确地通过拟合点；设置为大于 0 的值时，公差将使样条曲线在指定的公差范围内通过拟合点。

4.3.2 编辑样条曲线

在样条曲线绘制完成之后，可以对样条曲线进行一系列的编辑，如编辑定义样条曲线的拟合点数据、将开放样条曲线修改为连续闭合的环或移动拟合点等。

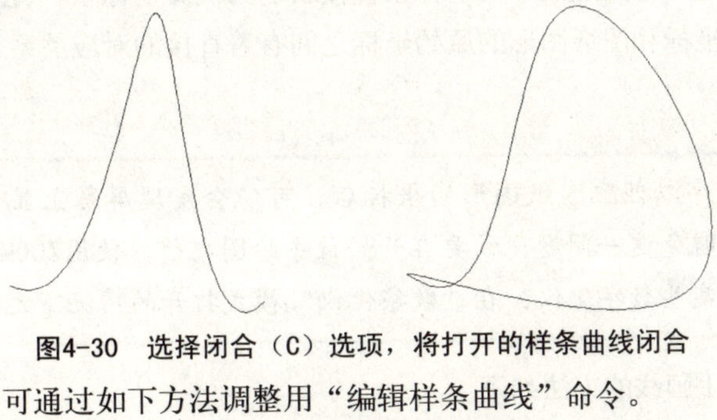

图4-30 选择闭合（C）选项，将打开的样条曲线闭合

要编辑样条曲线，可通过如下方法调整用“编辑样条曲线”命令。

方法 1：选择“修改”→“对象”→“样条曲线”命令。

方法 2：在“功能区”选项板中选择“常用”选项卡，在“修改”面板中单击“编辑样条曲线”按钮。

方法 3：直接双击要编辑的样条曲线进行编辑。

方法 4：在命令行中输入“SPLINEDIT”命令。

样条曲线编辑命令是一个单对象编辑命令，一次只能编辑一个样条曲线对象。执行该命令并选择需要编辑的样条曲线后，在曲线周围将显示控制点，同时命令行中显示如下提示信息：

```
命令: splinedit
选择样条曲线:
输入选项 [拟合数据(F)/闭合(C)/移动顶点(M)/优化(R)/反转(E)/转换为多段线(P)/放弃(U)]:
```

命令行中各选项的含义和功能如下。

① 拟合数据（F）：输入“F”后，可编辑定义样条曲线的拟合数据。

② 闭合（C）：输入“C”后，若选择打开的样条曲线，则闭合该样条曲线，使其在端点处切向连续（平滑），如图 4-30 所示；若选择闭合的样条曲线，则打开该样条曲线。

③ 移动顶点（M）：输入“M”后，可移动样条曲线的控制顶点并去除拟合点。

④ 精度（R）：输入“R”后，可精密调整样条曲线。

⑤ 反转（E）：输入“E”后，可反转样条曲线的方向，使起点和终点交换。

4.4 绘制徒手画和修订云线

在绘图时常需要绘制一些不规则的线条，AutoCAD 提供了“SKETCH”命令，使用它可以创建一系列徒手画线段，每条线段都是可以独立的对象或多段线。徒手画对于创建不规则边界、创建签名或使用数字化仪追踪非常有用。

4.4.1 绘制徒手画

绘制徒手画时，定点设备就像画笔一样。单击定点设备将把“画笔”放到屏幕上以进行绘图，再次单击将收起画笔并停止绘图。如果需要直接将图纸上的地图轮廓绘制到 AutoCAD 图形中，在“数字化仪”模式下徒手绘图是非常有用的。

选择“工具”→“数字化仪”→“开”命令，即可开启数字化仪模式。在“数字化仪”模式打开时可以对程序进行配置，将图纸图形的坐标系直接映射为世界坐标系。这样，十字光标所在位置的坐标、数字化仪上的坐标和图纸图形的原始坐标之间有着直接的对应关系。

> **注意**
>
> 配置程序以匹配图纸图形的坐标后，可能会发现屏幕上显示的区域并不是所需的区域。为避免这一问题，需要在开始徒手绘图之前，使用ZOOM命令显示整个工作区域。但对于某些数字化仪，在“数字化仪”模式打开的情况下无法选择该菜单。

徒手绘图和记录徒手画线的方法如下。

（1）在命令行中输入命令“SKETCH”。

（2）命令行提示“记录增量 <1.0000>:”，输入最小线段长度（距离参数），或使用默认的长度，并按“Enter”键。或者在绘图窗口中单击，创建起始点。徒手画是从单击鼠标时，十字光标所在的位置开始画线。此时，命令行中将会显示“指定第二点：”。

（3）移动定点设备（鼠标），AutoCAD 将以（2）中指定的最小线段长度为单位，继续绘制徒手画线段，此时线段为绿色。

提 示

在绘图窗口中单击鼠标指定增量的第二个点后，这样，确定的线段长度就将作为徒手画的增量精度。只有当设备移动的距离大于记录增量才能生成线段。使用较小的线段可以提高精度，但会明显增加图形文件的大小。

（4）此时，命令行中将会显示提示信息：

徒手画. 画笔(P)/退出(X)/结束(Q)/记录(R)/删除(E)/连接(C)

（5）在绘图窗口中直接单击并拖动鼠标进行徒手绘图，再次单击鼠标，完成徒手画的绘制，在命令行中将会显示提示信息“<笔 落> <笔 提>”，即可根据命令行中的提示进行徒手画线的记录或删除等操作。提示中的各选项的含义如下。

①“画笔”：按“P”键，将指定为画笔模式，在用定点设备选择菜单前必须提笔。

②“退出”：按“X”键，将指定为退出模式，此时命令行中将记录并报告临时徒手画线段数后结束命令。

③“结束”：按“Q”键，将指定为结束模式，此时，将放弃从开始调用“SKETCH”命令或上一次使用“记录”选项时所有临时的徒手画线段，并结束 SKETCH 命令。

④“记录”：按“R”键，将指定为记录模式，此时将永久保存临时线段且不改变画笔的位置，并在命令行中显示线段的数量，如“记录 7 条直线”。

⑤“删除”：按“E”键，将指定为删除模式，删除临时线段的所有部分，如果画笔已落下，则提起画笔。此时，命令行中将会显示提示信息“删除：选择删除端点”。

⑥“连接”：按“C”键，将指定为连接模式，继续从上次所画线段的端点或上次删除线段的端点开始画线，此时，命令行中将会显示提示信息“连接：移到直线端点”。

4.4.2 修订云线

修订云线是由连续圆弧组成的多段线，用于在检查阶段提醒注意图形的某个部分。在检查或用红线圈阅图形时，可以使用“修订云线”功能标记，以提高工作效率。

在 AutoCAD 2010 中调用修订云线命令，可单击绘图工具栏上的“修订云线”按钮，或在命令行中输入“REVCLOUD”命令，或选择“绘图”→“修订云线”命令，即可创建由连续圆弧组成的云线形。

技巧

除直接绘制修订云线外，还可以将闭合对象，如圆、椭圆、闭合多段线或样条曲线等转换为修订云线。将闭合对象转换为修订云线时，如果 DELOBJ 系统变量的值设置为 1，则原始对象将被删除。

修订云线的方法如下。

（1）选择“绘图”→“修订云线”命令，在调用修订云线命令后，命令行中将会显示以下提示信息：

最小弧长: 15　最大弧长: 15　样式: 普通

指定起点或 [弧长(A)/对象(O)/样式(S)] <对象>:

（2）如果直接在绘图窗口中的视图中单击鼠标，确定云线的起点，则命令行中会显示提示信息“沿云线路径引导十字光标...”。

（3）移动十字光标，在绘图窗口中直接拖动鼠标，绘制修订云线，当云线的起点和终点相接时，命令行中将显示提示信息“修订云线完成”。绘制云线的效果如图 4-31 所示。

图4-31　绘制云线

（4）若指定云线中弧长的长度，可在调用修订云线命令后，在命令行提示后输入“A”并按“Enter”键，选择“弧长”选项，指定云线中弧线长度，命令行中将显示提示信息：

指定最小弧长 <15>:

指定最大弧长 <15>:

（5）输入最小弧长和最大弧长参数后，按“Enter”键，命令行中将显示提示信息：

指定起点或 [弧长(A)/对象(O)/样式(S)] <对象>:

沿云线路径引导十字光标...

修订云线完成

（6）若在命令行提示后输入“O”，并按“Enter”键，可指定要转换为云线的闭合对象。命令行中将显示提示信息“选择对象:”。

（7）在绘图窗口中选择要转换为云线的闭合对象，命令行中将显示提示信息：

反转方向 [是(Y)/否(N)] <否>:

若输入“Y”，并按“Enter”键，则可以反转云线中的弧线方向，图 4-32 所示是反转云线前后的效果；若直接按“Enter”键，则将保持弧线的原样。

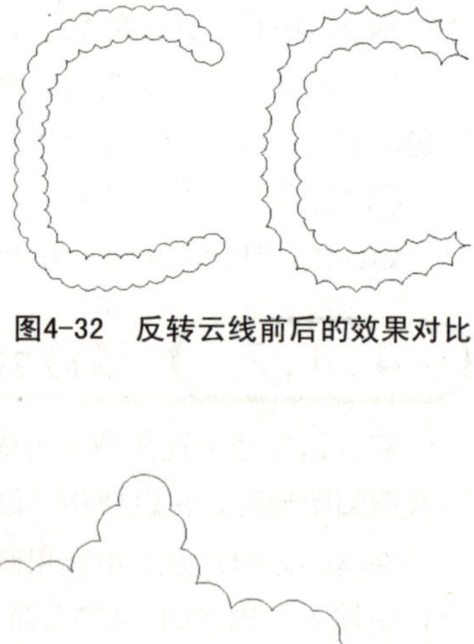

图4-32　反转云线前后的效果对比

（8）若在命令行提示后输入“S”，并按“Enter”键，命令行中将显示提示信息：

选择圆弧样式 [普通(N)/手绘(C)] <普通>:

输入“N”，并按“Enter”键，则命令行中将显示提示信息：

圆弧样式 = 普通，选择使用普通模式绘制云线

输入“C”，并按“Enter”键，则命令行中将显示提示信息：

圆弧样式 = 手绘，选择使用手绘模式绘制云线，在命令行中会提示指定云线的起点

（9）在绘图窗口中单击鼠标，确定云线的起点，命令行中将显示提示信息：

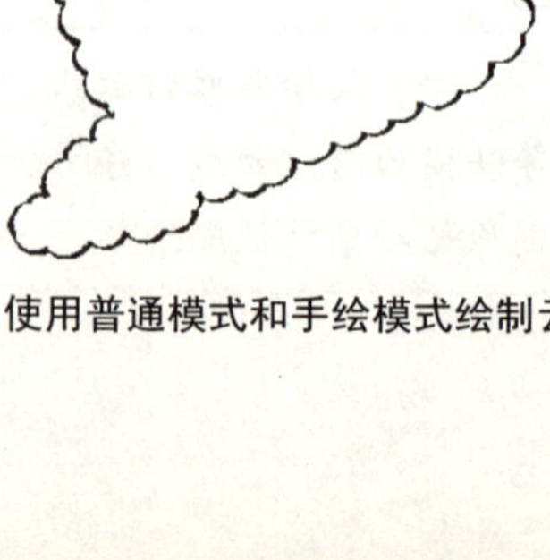

图4-33　使用普通模式和手绘模式绘制云线效果

沿云线路径引导十字光标...

修订云线完成

图 4-33 所示分别是使用普通模式和手绘模式绘制云线的效果。

4.4.3 绘制擦除对象

擦除可以在现有的对象上生成空白区域，用于添加注释或详细的屏蔽信息。擦除对象可以使用当前背景色屏蔽底层的对象，该区域由擦除边框进行绑定，使用时可以打开该区域进行编辑，也可以关闭此区域进行打印。绘制擦除对象的方法如下。

在命令行中输入命令“WIPEOUT”，命令行中将显示提示信息“指定第一点或 [边框（F）/ 多段线（P）]< 多段线 >:”，根据实际需要输入“F”或“P”后，按“Enter”键，命令行中将显示提示信息“输入模式 [开（ON）/ 关（OFF）] <ON>:”，按照提示执行相应的命令即可。

4.5 综合案例1——绘制房屋平面图

学习目的

通过本实例练习可以熟练掌握多线的绘制方法与多线编辑工具的使用方法。

重点难点

- 绘制多线，利用多线编辑工具编辑多线。

下面将绘制房屋平面墙体结构图，最终的效果如图 4-34 所示。在这个设计图中，展示了各个房间的位置和大小。

图4-34 房屋平面墙体结构图

操作步骤

1．**绘制辅助线**

Step 01 单击“快速访问工具栏”上的“新建”按钮，新建一个空白图形文件。单击“常用”选项卡下“图层”面板中的“图层特性”按钮，即可打开“图层特性管理器”面板。在中间区域的空白处右键单击，在弹出的菜单中选择“新建图层”选项，新建两个图层，分别命名为“辅助线”和“轮廓线”，如图 4-35 所示。

Step02 单击“辅助线”图层后对应的“颜色”选项，在“选择颜色”对话框中将图层的颜色设置为红色，如图4-36所示。

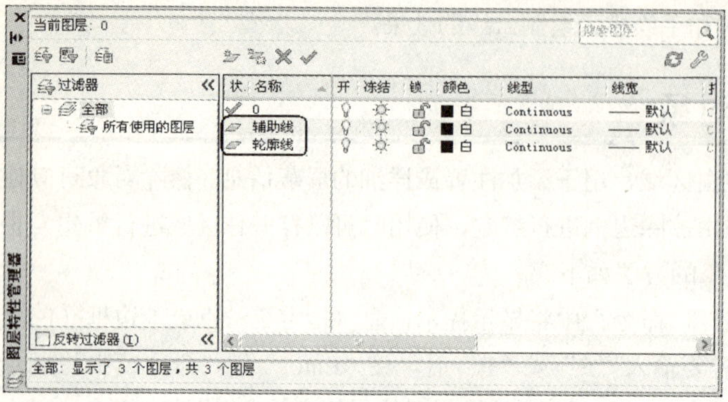

图4-35 新建两个图层

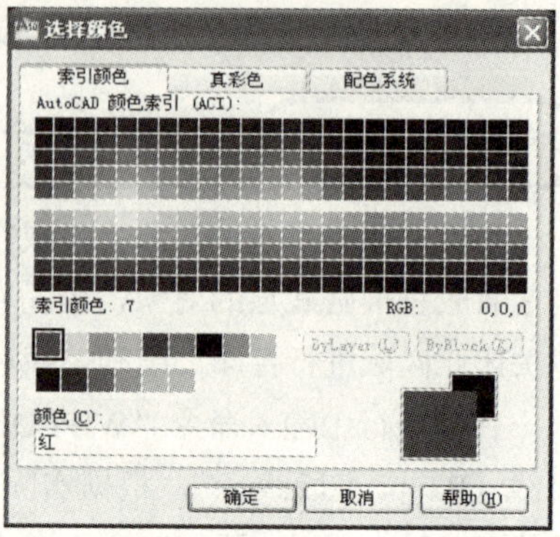

图4-36 设置“辅助线”图层颜色为红色

Step03 单击“确定”按钮返回“图层特性管理器”面板。单击“辅助线”图层后对应的“线型”选项，在“选择线型”对话框中单击“加载”按钮，在“加载或重载线型”对话框中选择线型“ACAD_ISO04W100”，将其添加到“选择线型”对话框的列表框中，如图4-37所示。

Step04 选择线型“ACAD_ISO04W100”后，返回“图层特性管理器”面板中。单击“轮廓线”图层后对应的“线宽”选项，在“线宽”对话框中设置图层的线宽为0.30mm，如图4-38所示。

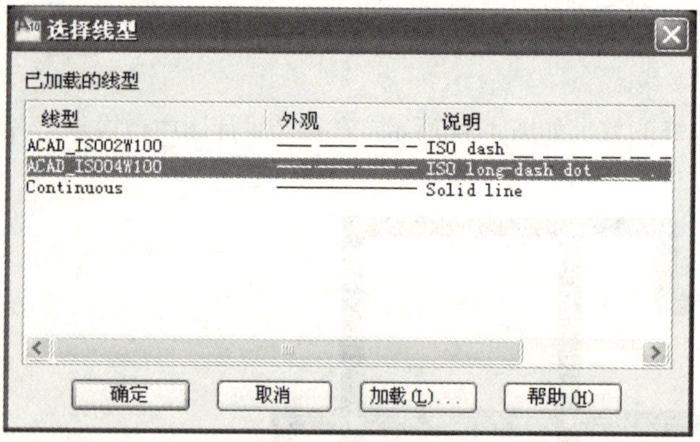

图4-37 设置“辅助线”图层线型为ACAD_ISO04W100

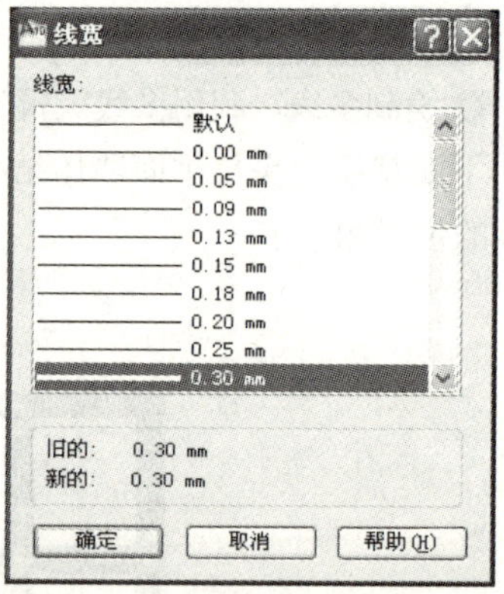

图4-38 设置“轮廓线”图层线宽为0.30mm

Step05 在“图层特性管理器”面板中的“辅助线”图层上右键单击，在弹出的菜单中选择“置为当前”选项，将该图层设置为当前图层，如图4-39所示。关闭“图层特性管理器”面板。

Step06 单击“常用”选项卡下“绘图”面板中的“直线”按钮，单击状态栏中的“正交模式”按钮，此时，命令行中会显示提示信息“命令：_line 指定第一点：<正交 开>”。

Step07 在绘图窗口中指定直线的起点，命令行中会显示提示信息“指定下一点或 [放弃(U)]:”。

Step08 将光标向右移动，在命令行提示信息后输入“15000”，绘制一个长度为15000的水平直线，按“Enter”键结束命令。再按“Enter”键重复直线命令。按照上述方法在绘图窗口中绘制一个长度为8000的垂直直线，如图4-40所示。

注意

如果绘制的辅助直线不是以点划线显示的，可能是由于绘图窗口中缩放的比例太小，也可能是由于线型的“全局比例因子”值不合适。如果是后者的原因导致的，可通过选择“格式”→“线型”命令，在打开的“线型管理器”对话框中修改“全局比例因子”的值来解决。

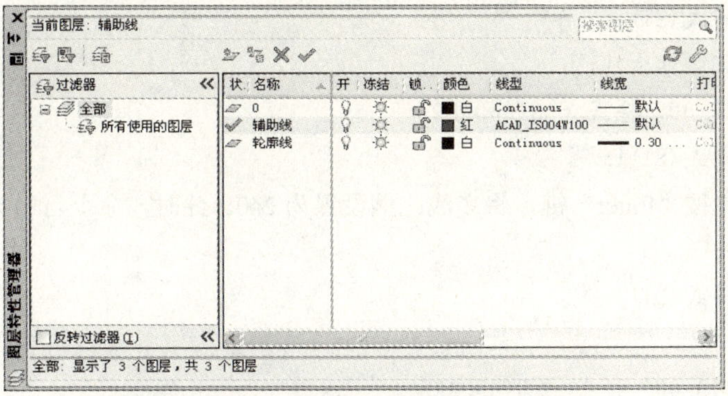

图4-39 将“辅助线”图层设置为当前图层

图4-40 绘制辅助线

Step 09 单击“常用”选项卡下“修改”面板中的“偏移”按钮，调用偏移命令。此时，命令行中会显示如下提示信息：

命令: _offset

当前设置: 删除源=否 图层=源 offsetgaptype=0

指定偏移距离或 [通过(T)/删除(E)/图层(L)] <通过>:

Step 10 在提示信息中输入“3000”，指定偏移距离，并按“Enter”键，确认操作。此时，命令行中会显示提示信息“选择要偏移的对象，或 [退出 (E)/ 放弃 (U)] < 退出 >:”。

Step 11 在绘图窗口中选择绘制的水平辅助线作为要偏移的对象并按“Enter”键，此时，命令行中会显示提示信息“指定要偏移的那一侧上的点，或 [退出 (E)/ 多个 (M)/ 放弃 (U)] < 退出 >:”。

Step 12 在水平辅助线上方单击鼠标，将其向上进行偏移并按“Enter”键确认操作，如图 4-41 所示。按“Enter”键重复偏移命令，然后按照同样的方法将偏移后的水平辅助线再依次向上偏移 2400 和 1600 的距离，将垂直辅助线向右依次偏移 2000、3000、2000、4500 和 1500 的距离，如图 4-42 所示。

图4-41 偏移水平辅助线

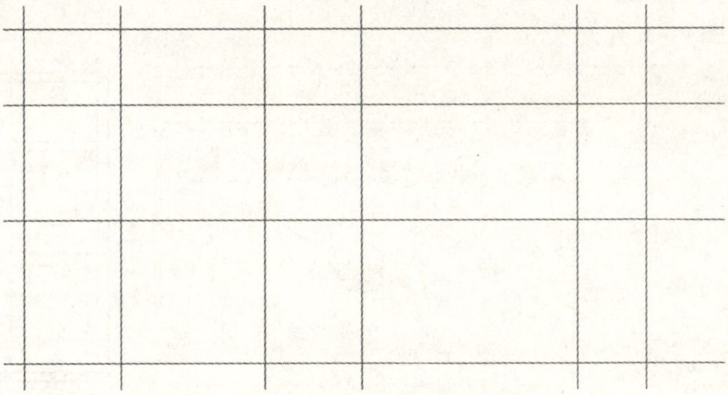

图4-42 分别偏移水平线和垂直线

2. 绘制多线

Step01 在“图层特性管理器”面板中将“轮廓线”图层设置为当前图层，选择“绘图”→“多线”命令，调用多线命令。根据命令行中的提示信息将多线的对正方式设置为“无”，命令行中会显示如下提示信息：

命令：ml

mline

当前设置：对正 = 上，比例 = 20.00，样式 = STANDARD

指定起点或 [对正(J)/比例(S)/样式(ST)]： j

输入对正类型 [上(T)/无(Z)/下(B)] <上>： z

当前设置：对正 = 无，比例 = 20.00，样式 = STANDARD

指定起点或 [对正(J)/比例(S)/样式(ST)]：

Step02 在命令行中输入“S”，并按“Enter”键，将多线比例设置为240。此时，命令行中会显示如下提示信息：

指定起点或 [对正(J)/比例(S)/样式(ST)]： s

输入多线比例 <20.00>： 240

当前设置：对正 = 无，比例 = 240.00，样式 = STANDARD

指定起点或 [对正(J)/比例(S)/样式(ST)]：

Step03 指定辅助线左上角的交点作为多线的起点，并指定辅助线右上角的交点作为多线的终点，绘制一条多线，如图4-43所示。

Step04 按“Enter”键重复多线命令，参照同样方法绘制其他多线，如图4-44所示。

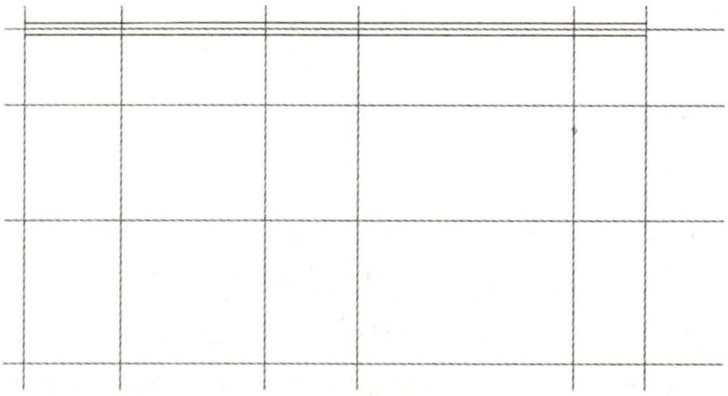

图4-43 绘制一条多线

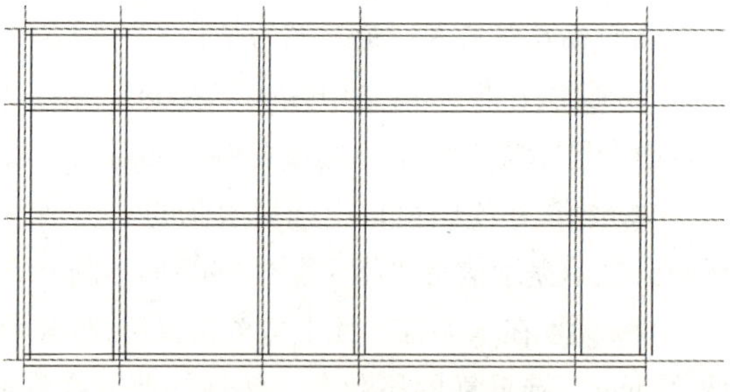

图4-44 绘制其他多线

Step05 在“图层特性管理器”面板中单击“辅助线”图层后的“💡”图标，隐藏绘制的辅助线，如图4-45所示。

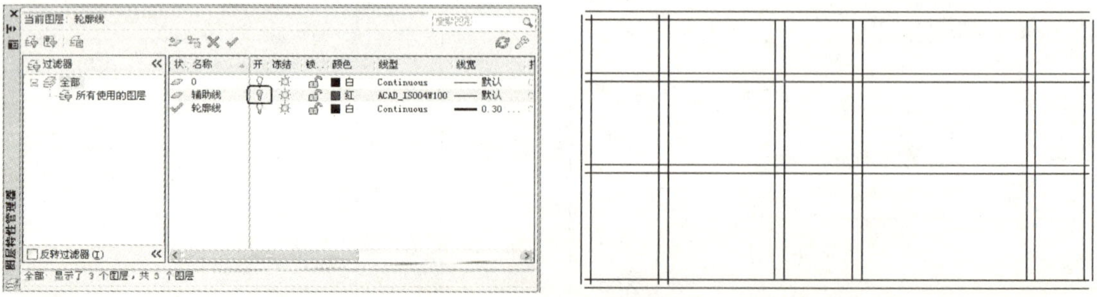

图4-45 隐藏绘制的辅助线

Step06 选择“修改”→“对象”→“多线”命令，即可打开“多线编辑工具”对话框，在其中选择“角点结合”工具，如图 4-46 所示。

Step07 在绘图窗口中选择拾取点，对其中两条多线进行修直角，如图 4-47 所示。

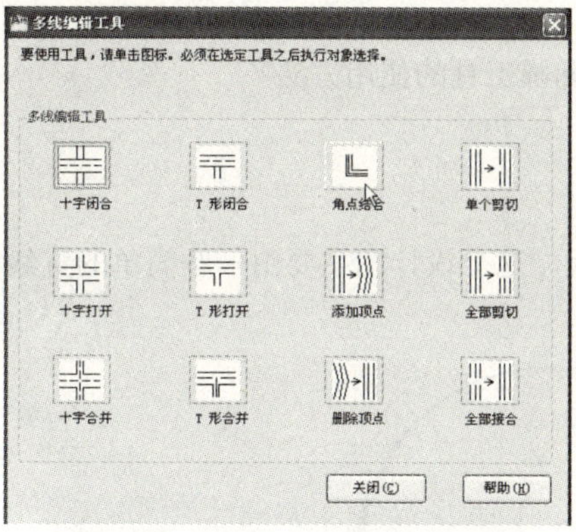

图4-46　选择“角点结合”工具

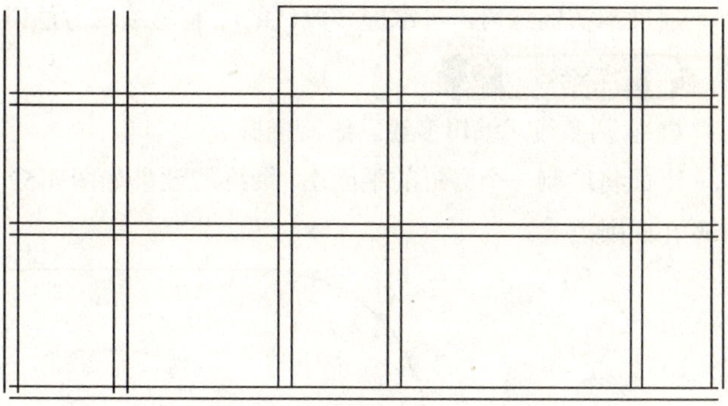

图4-47　对两条多线进行修直角

Step08 参照同样方法选择其他需要修直角的多线，对其进行编辑，如图 4-48 所示。

Step09 在“多线编辑工具”对话框中选择“T 形打开”工具，选择需要修改的多线，对其进行修 T 形，如图 4-49 所示。

Step10 在“多线编辑工具”对话框中选择“十字合并”工具，对图形中需要修改的多线进行十字合并，如图 4-50 所示。最后，单击状态栏中的“线宽”，显示绘制的墙体多线的线宽，即可完成房屋平面墙体结构图的绘制，如图 4-51 所示。

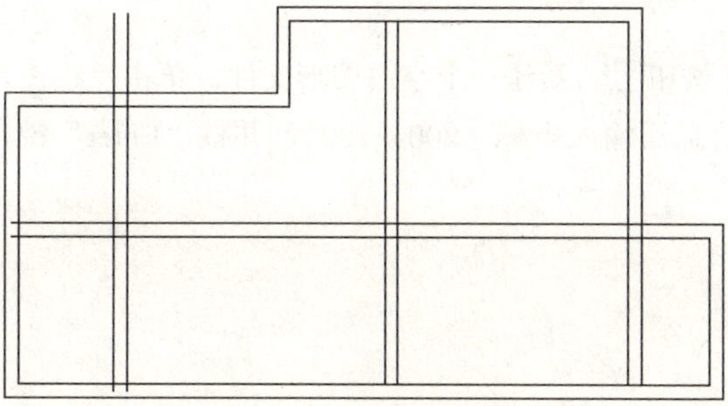

图4-48　对多线修直角效果

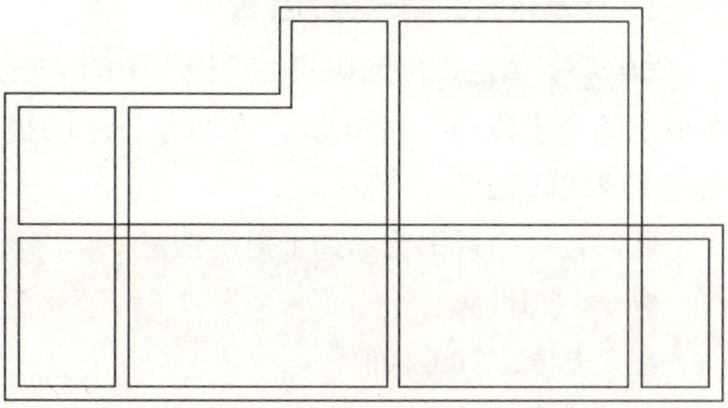

图4-49　对多线修T形效果

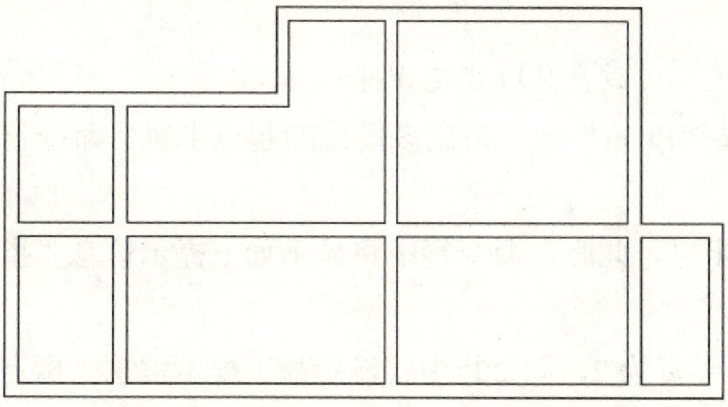

图4-50　对多线进行十字合并后的效果

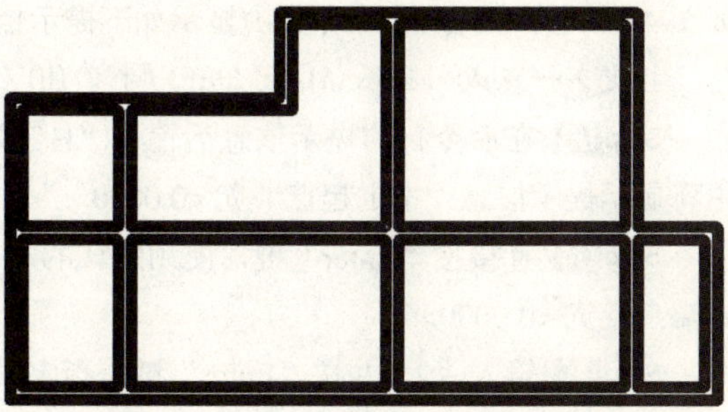

图4-51　房屋平面墙体结构图的最终效果

4.6 综合案例2——绘制浴缸

学习目的

通过本实例练习，可掌握多段线的绘制与编辑方法以及椭圆工具的使用方法。

重点难点

- 绘制多线，编辑多线，绘制椭圆。

下面将绘制一个浴缸的平面图，最终的效果如图 4-52 所示，这个设计图主要由一些简单的直线、圆弧和椭圆组成。

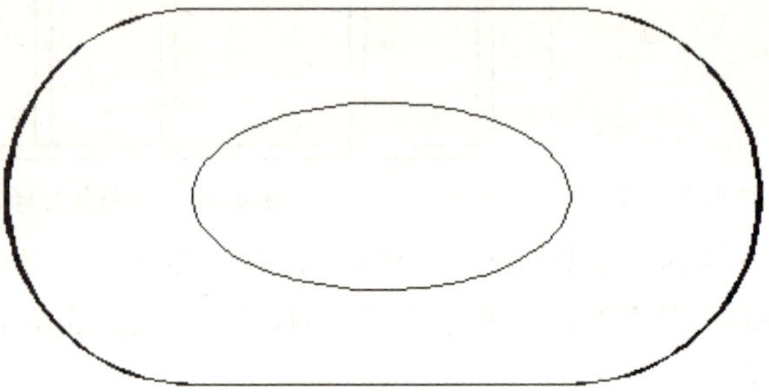

图4-52 浴缸

操作步骤

1．绘制浴缸外侧轮廓的弧线

Step01 单击“快速访问工具栏”上的“新建”按钮，新建一个空白图形文件。单击“绘图”面板上的“多段线”按钮，在命令行中的提示信息后输入坐标（200，100），并按“Enter”键，指定多段线的起点。

此时，命令行中显示如下提示信息：

命令: _pline

指定起点: 200,100

当前线宽为 0.0000

指定下一个点或 [圆弧(A)/半宽(H)/长度(L)/放弃(U)/宽度(W)]:

Step02 在命令行的提示信息后输入坐标（500,100）并按“Enter”键，指定多段线的下一点，如图 4-53 所示。此时，命令行中显示如下提示信息：

指定下一点或 [圆弧(A)/闭合(C)/半宽(H)/长度(L)/放弃(U)/宽度(W)]:

Step03 在命令行的提示信息后输入“H”并按“Enter”键，指定多段线的起点半宽，命令行中将显示提示信息“指定起点半宽 <0.0000>:”。

Step04 直接按“Enter”键，使用默认的起点半宽，此时，命令行中将显示如下提示信息“指定端点半宽 <0.0000>: ”。

Step05 输入“2”并按“Enter”键，指定端点半宽为 2，命令行中将显示如下提示信息“指定下一点或 [圆弧 (A)/ 闭合 (C)/ 半宽 (H)/ 长度 (L)/ 放弃 (U)/ 宽度 (W)]: ”。

Step06 输入“A”并按“Enter”键，指定下一点为圆弧，命令行中将显示如下提示信息“指定圆弧的端点或 [角度 (A)/ 圆心 (CE)/ 闭合 (CL)/ 方向 (D)/ 半宽 (H)/ 直线 (L)/ 半径 (R)/ 第二个点 (S)/ 放弃 (U)/ 宽度 (W)]: ”。

Step07 输入“A”并按“Enter”键选择圆弧的角度，命令行中显示提示信息“指定包含角 :”。

Step08 输入“90”并按“Enter”键，指定圆弧的包含角为 90，命令行中将显示如下提示信息：“指定圆弧的端点或 [圆心 (CE)/ 半径 (R)]: ”。

Step09 输入“CE”并按“Enter”键选择圆弧的圆心，命令行中显示提示信息“指定圆弧的圆心 : ”。

Step10 输入坐标（500,250）并按“Enter”键，指定圆弧的圆心位置，绘制弧线，如图 4-54 所示，命令行中将显示提示信息“指定圆弧的端点或 [角度 (A)/ 圆心 (CE)/ 闭合 (CL)/ 方向 (D)/ 半宽 (H)/ 直线 (L)/ 半径 (R)/ 第二个点 (S)/ 放弃 (U)/ 宽度 (W)]:”。

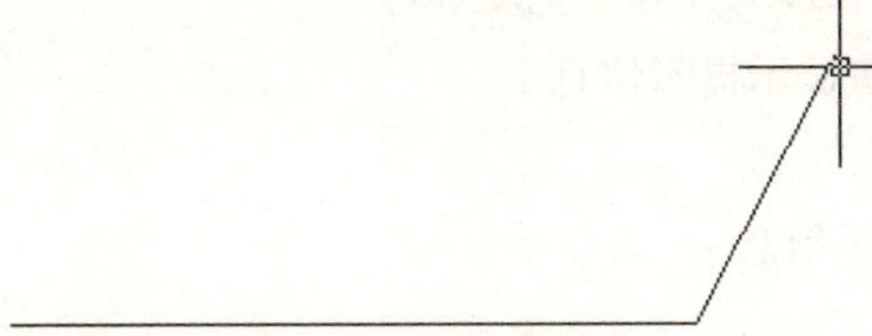

图4-53 绘制直线段

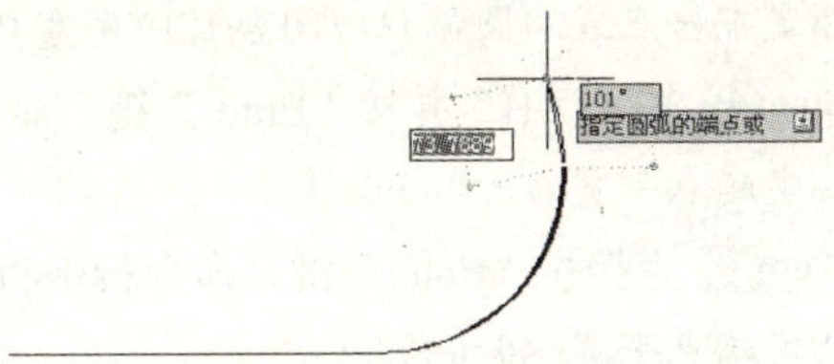

图4-54 绘制圆弧

2．对圆弧进行设置

Step01 输入“W”并按“Enter”键，指定圆弧的宽度，命令行中将显示如下提示信息：

指定起点宽度 <4.0000>:

Step02 按“Enter”键，使用默认的起点宽度，此时，命令行中将显示如下提示信息：

指定端点宽度 <4.0000>:

Step03 输入“0”并按“Enter”键，指定圆弧的端点宽度为 0，此时，命令行中将显示如下提示信息：

指定圆弧的端点或 [角度 (A) / 圆心 (CE) / 闭合 (CL) / 方向 (D) / 半宽 (H) / 直线 (L) / 半径 (R) / 第二个点 (S) / 放弃 (U) / 宽度 (W)]:

Step04 输入“D”并按“Enter”键，选择圆弧的方向，命令行中将显示如下提示信息：

指定圆弧的起点切向:

Step05 在圆弧的竖直方向上单击，确定圆弧的起点切向，如图 4-55 所示。此时，命令行中将显示提示信息：

指定圆弧的端点:

Step06 输入坐标（500,400）并按“Enter”键，指定圆弧的端点位置，绘制一段圆弧，如图 4-56 所示。此时，命令行中将显示提示信息：

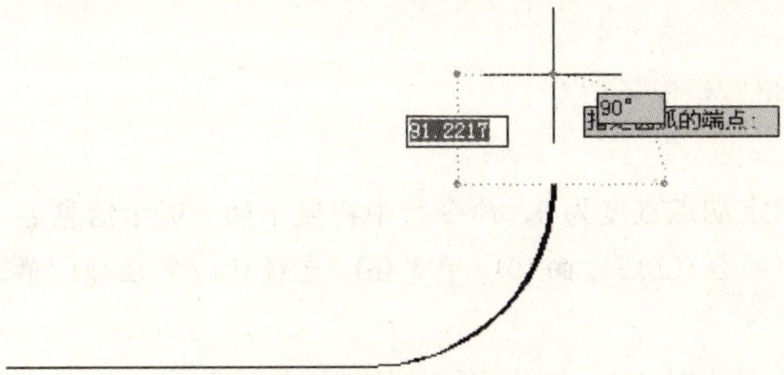

图4-55 指定圆弧的起点切向

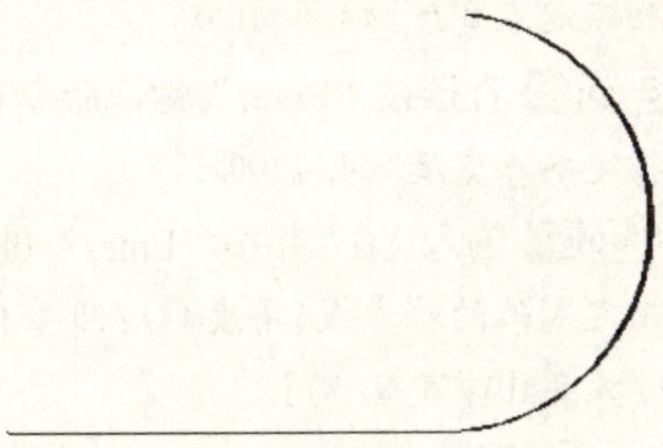

图4-56 绘制另一段圆弧

指定圆弧的端点或[角度(A)/圆心(CE)/闭合(CL)/方向(D)/半宽(H)/直线(L)/半径(R)/第二个点(S)/放弃(U)/宽度(W)]:

Step07 输入“L”并按“Enter”键,选择“直线”选项,命令行中将显示如下提示信息:

指定下一点或 [圆弧(A)/闭合(C)/半宽(H)/长度(L)/放弃(U)/宽度(W)]:

Step08 输入坐标(200,400)并按“Enter”键,指定直线的另一点,绘制一段直线,如图4-57所示,命令行中将显示如下提示信息:

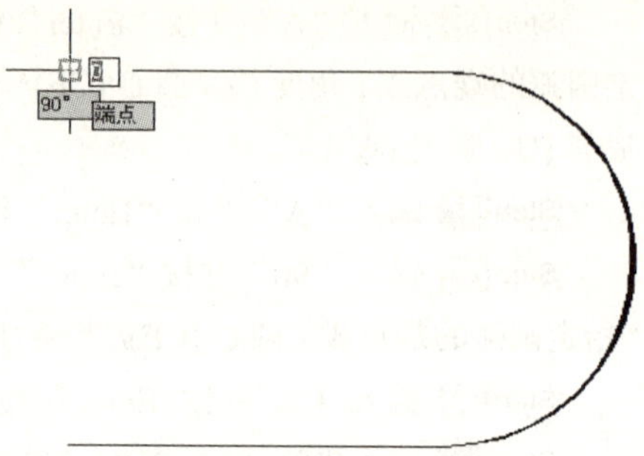

图4-57 绘制一段直线

指定下一点或 [圆弧(A)/闭合(C)/半宽(H)/长度(L)/放弃(U)/宽度(W)]:

Step09 输入“H”并按“Enter”键,命令行中将显示提示信息:

指定起点半宽 <0.0000>:

Step10 直接按“Enter”键,命令行中将显示提示信息:

指定端点半宽 <0.0000>:

Step11 输入“2”,并按“Enter”键,命令行中将显示如下提示信息:

指定下一点或 [圆弧(A)/闭合(C)/半宽(H)/长度(L)/放弃(U)/宽度(W)]:

Step12 输入“A”并按“Enter”键,命令行中将显示提示信息:

指定圆弧的端点或[角度(A)/圆心(CE)/闭合(CL)/方向(D)/半宽(H)/直线(L)/半径(R)/第二个点(S)/放弃(U)/宽度(W)]:

3. 绘制浴缸外侧轮廓

Step01 输入“CE”并按“Enter”键,命令行中将显示提示信息:

指定圆弧的圆心:

Step02 输入坐标(200,250),并按“Enter”键,命令行中将显示如下提示信息:

指定圆弧的端点或 [角度(A)/长度(L)]:

Step03 输入“A”并按“Enter”键,命令行中将显示提示信息:

指定包含角:

Step04 输入“90”,并按“Enter”键,绘制另一段圆弧(如图4-58所示),命令行中将显示提示信息:

指定圆弧的端点或[角度(A)/圆心(CE)/闭合(CL)/方向(D)/半宽(H)/直线(L)/半径(R)/第二个点(S)/放弃(U)/宽度(W)]:

Step05 输入“W”,并按“Enter”键,命令行中将显示提示信息:

指定起点宽度 <4.0000>:

Step06 直接按“Enter”键,命令行中将显示提示信息:

指定端点宽度 <4.0000>:

Step07 输入“0”并按“Enter”键,指定端点宽度为0,命令行中将显示如下提示信息:

指定圆弧的端点或[角度(A)/圆心(CE)/闭合(CL)/方向(D)/半宽(H)/直线(L)/半径(R)/第二个点(S)/放弃(U)/宽度(W)]:

Step08 输入“CL”并按“Enter”键,闭合绘制的图形,完成浴缸外侧轮廓的绘制,如图4-59所示。

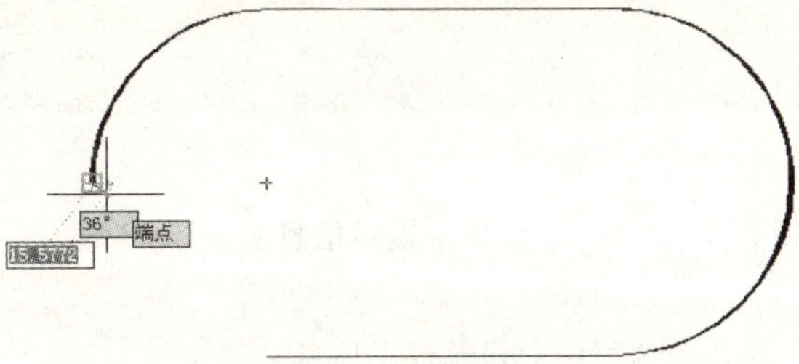

图4-58 绘制另一段圆弧

图4-59　绘制浴缸外侧轮廓

4．绘制内部轮廓

Step01 单击“绘图”面板中的按钮，以“轴，端点”方式绘制椭圆，命令行中将显示提示信息：

指定椭圆的轴端点或 [圆弧(A)/中心点(C)]:

Step02 指定左侧圆弧的圆心作为椭圆的轴端点，然后再指定右侧圆弧的圆心为椭圆轴的另一个端点，如图 4-60 所示，命令行中将显示如下提示信息：

指定轴的另一个端点:

指定另一条半轴长度或 [旋转(R)]:

Step03 在命令行中输入“75”并按“Enter”键，确定半轴的长度，绘制浴缸的内部轮廓，如图 4-61 所示。

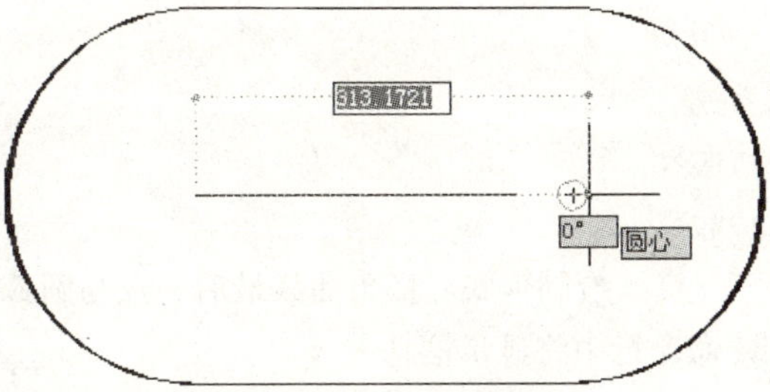

图4-60　确定椭圆的轴端点

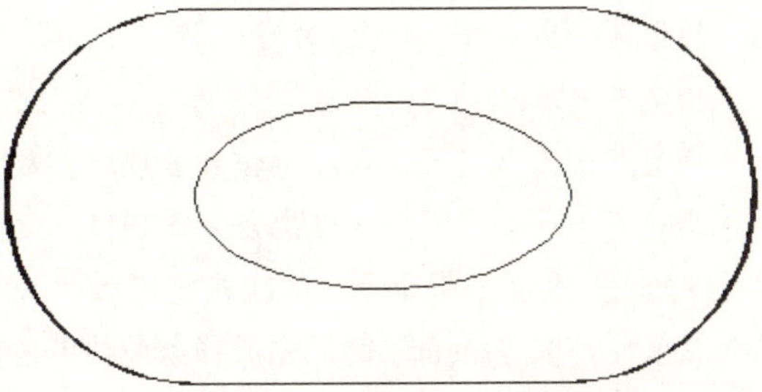

图4-61　绘制浴缸的内部轮廓

4.7　综合案例3——绘制雨伞

学习目的

通过本实例练习，可以熟练掌握圆弧、样条曲线和多段线命令的使用方法。

重点难点

- 绘制圆弧，利用“样条曲线”命令绘制图形，利用多段线绘制图形。

下面将绘制一个雨伞，最终效果如图 4-62 所示，这个设计图主要由一些简单的圆弧、样条曲线和多段线组成。

图4-62　雨伞

操作步骤

1．绘制伞的外框和伞底

Step01 单击“绘图”面板中的“圆弧”按钮，命令行中会显示提示信息：

指定圆弧的起点或 [圆心(C)]:

Step02 在命令行中输入“C”并按“Enter”键，命令行中会显示提示信息：

指定圆弧的圆心:

Step03 在绘图窗口中单击鼠标确定圆弧圆心，命令行中会显示提示信息：

指定圆弧的起点:

Step04 输入“@800,0”并按“Enter”键，命令行中会显示提示信息：

指定圆弧的端点或 [角度(A)/弦长(L)]:

Step05 输入“A”并按“Enter”键，指定圆弧的角度，命令行中会显示提示信息：

指定包含角:

Step06 输入“180”，并按“Enter”键，即可绘制一段包含角度为 180 的圆弧，如图 4-63 所示。

Step07 在“绘图”面板中单击“样条曲线”按钮，在绘图窗口中指定圆弧左侧端点作为样条曲线的第一个点，命令行中会显示如下提示信息：

指定第一个点或 [对象(O)]:

指定下一点:

指定下一点或 [闭合(C)/拟合公差(F)] <起点切向>:

指定下一点或 [闭合(C)/拟合公差(F)] <起点切向>:

Step08 重复上述命令，依次指定样条曲线的下一点，绘制伞底，样条曲线最后一点与圆弧右侧端点重合。按“Enter”键，完成样条曲线的绘制，命令行中将显示信息：

指定起点切向：

Step09 直接按“Enter”键，使用默认指定的样条曲线的起点切向，命令行中将显示信息：

指定端点切向：

直接按“Enter”键，使用默认指定的样条曲线的端点切向，完成伞底的绘制，如图 4-64 所示。

图4-63 绘制伞的外框

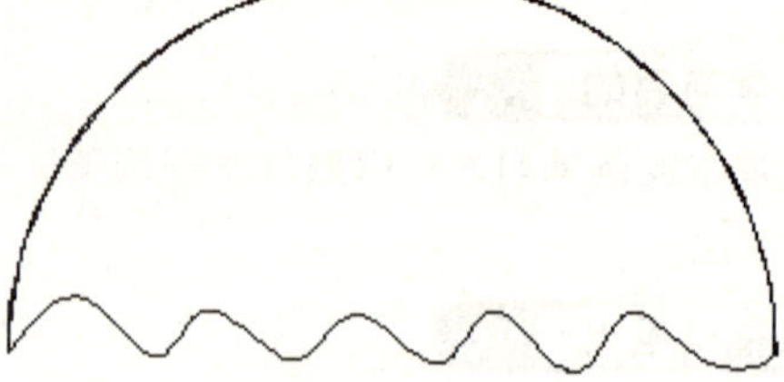

图4-64 绘制伞底

2．绘制伞面

Step01 按“Enter”键重复“样条曲线”命令，指定圆弧的上方的中点作为样条曲线的起点，如图 4-65 所示。

Step02 根据命令行中的提示信息指定伞底边左侧的最近点为样条曲线的端点，并使用默认指定的起点切向和端点切向，如图 4-66 所示。

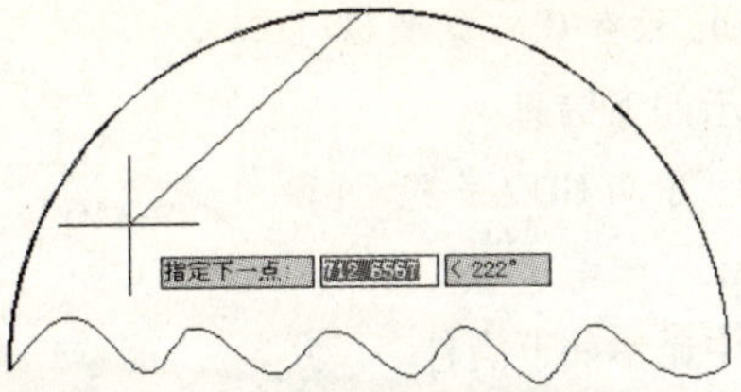

图4-65　指定样条曲线的起点

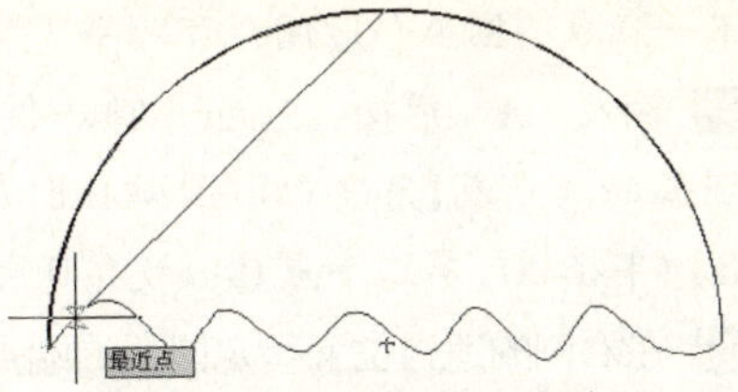

图4-66　指定样条曲线的端点

Step03 重复上述两个步骤，绘制伞面，如图 4-67 所示。

3．绘制伞顶和伞把

Step01 单击“绘图”面板中的“多段线”按钮，根据命令行中的提示指定圆弧上方的中点作为多段线的起点，命令行中会显示如下信息：

指定起点:

当前线宽为 0.0000

指定下一个点或 [圆弧(A)/半宽(H)/长度(L)/放弃(U)/宽度(W)]:

Step02 在命令行中输入“W”并按“Enter”键，指定多段线的宽度，根据命令行中的提示依次指定起点宽度和端点宽度分别为 10mm 和 5mm，命令行中显示如下信息：

指定起点宽度 <0.0000>: 10

指定端点宽度 <10.0000>: 5

指定下一个点或 [圆弧(A)/半宽(H)/长度(L)/放弃(U)/宽度(W)]:

Step03 在伞顶的垂直上方指定多段线的终点，命令行中显示如下信息：

指定下一点或 [圆弧(A)/闭合(C)/半宽(H)/长度(L)/放弃(U)/宽度(W)]:

Step04 按“Enter”键，完成伞顶的绘制，如图 4-68 所示。

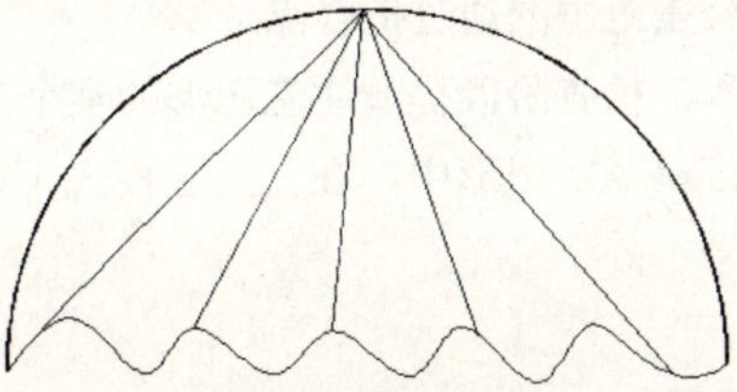

图4-67　绘制伞面

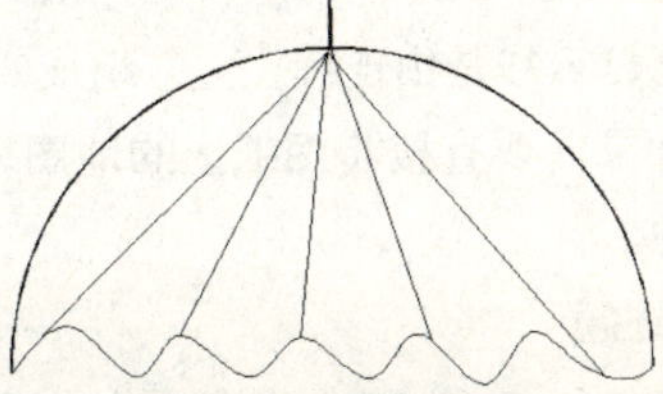

图4-68　绘制伞顶

Step05 按“Enter”键重复多段线命令，指定伞底边的中点作为多段线的起点，并在命令行中的提示信息后输入“W”后按“Enter”键，指定多段线的宽度，命令行中显示如下信息：

指定起点:

当前线宽为 5.0000

指定下一个点或 [圆弧(A)/半宽(H)/长度(L)/放弃(U)/宽度(W)]:

指定起点宽度 <5.0000>:

Step06 在命令行中输入“10”后按“Enter”键，指定起点宽度为 10，并在命令行中的提示信息后输入“10”后按“Enter”键，指定端点宽度，命令行中显示如下提示信息：

指定端点宽度 <10.0000>: 10

指定下一个点或 [圆弧(A)/半宽(H)/长度(L)/放弃(U)/宽度(W)]:

Step07 在伞把起点的垂直下方单击鼠标，确定伞把的长度，命令行中显示如下信息：

指定下一点或 [圆弧(A)/闭合(C)/半宽(H)/长度(L)/放弃(U)/宽度(W)]:

Step08 输入 A 后按 Enter 键，命令行中显示如下信息：

指定圆弧的端点或[角度(A)/圆心(CE)/闭合(CL)/方向(D)/半宽(H)/直线(L)/半径(R)/第二个点(S)/放弃(U)/宽度(W)]:

Step09 在右侧的适当位置指定圆弧的端点，命令行中显示如下信息：

指定圆弧的端点或[角度(A)/圆心(CE)/闭合(CL)/方向(D)/半宽(H)/直线(L)/半径(R)/第二个点(S)/放弃(U)/宽度(W)]:

Step10 按 Enter 键结束多段线命令，完成伞把绘制，雨伞的最终效果如图 4-69 所示。

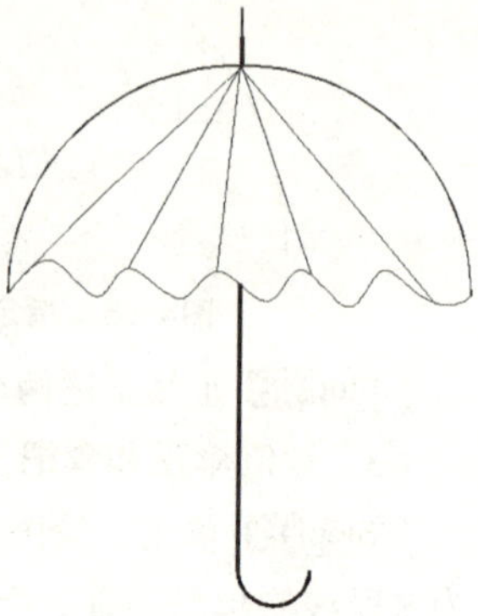

图4-69 绘制伞把

AutoCAD 中提供了丰富的图形工具，主要包括各种点、线条、矩形、多边形、圆、圆弧、椭圆、圆环、多线、多段线、样条曲线等。将这些基本绘图工具与一些高级绘图工具结合使用，有助于绘制更复杂、专业和精确的图形。

4.8 习题与上机练习

1. **填空题**

（1）使用______命令，可以对创建的多线进行编辑。

（2）多段线是作为单个对象创建的相互连接的序列线段，可以创建______、______或两者组合而成的线段。

（3）在创建样条曲线时，当拟合公差设置为______时，则表明样条曲线精确地通过拟合点；设置为大于______的值时，公差将使样条曲线在指定的公差范围内通过拟合点。

（4）修订云线是由连续______组成的多段线，用于在检查阶段提醒注意图形的某个部分。

（5）如果需要直接将图纸上的地图轮廓绘制到 AutoCAD 图形中，在______模式下徒手绘图是非常有用的。

2. **简述题**

（1）在 AutoCAD 2010 中有哪些多线编辑工具，它们的功能分别是什么。

（2）要创建样条曲线，可采用哪些方法。

3. **上机练习**

（1）利用本章所学知识，绘制如图 4-70 所示的包含直线和圆弧的等宽多段线。

（2）利用修订云线命令绘制一个如图 4-71 所示的云朵图形。

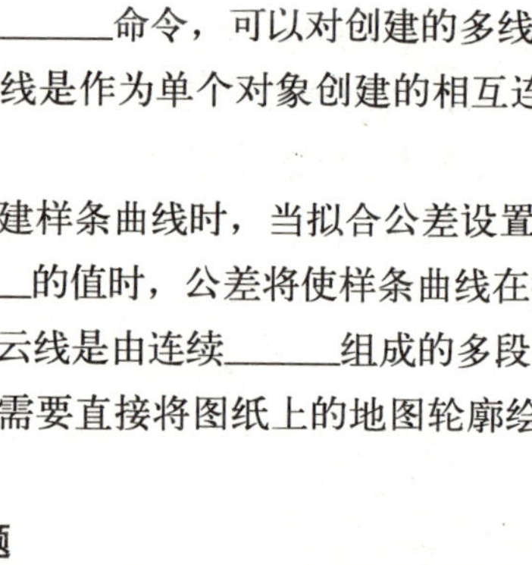

图4-70 等宽的多段线

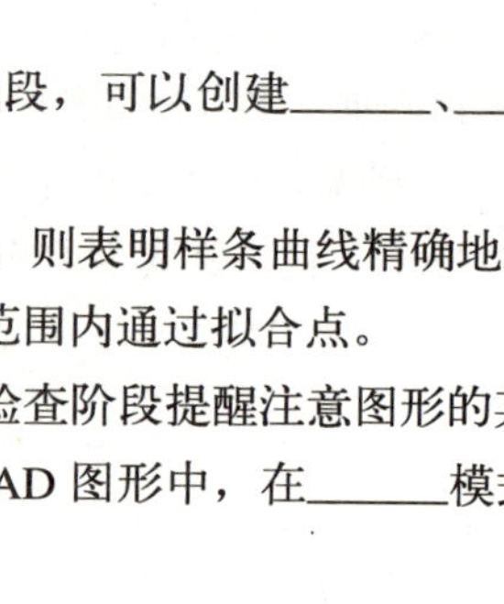

图4-71 云朵图形

第5章 面域与图案填充

本章主要介绍了面域与图案填充这两个功能的使用方法。应掌握面域与图案填充的用法和作用，并灵活地运用它们。面域在绘制三维图形的过程中也会经常使用。

学习目标

- 了解面域与图案填充的含义
- 理解面域的三种布尔运算方法
- 掌握建立与修改面域和图案填充
- 熟悉装饰门和住宅楼总平面图的绘制方法

面域是由封闭边界创建的二维平面，边界可以是一条曲线或一系列相连的曲线，组成边界的对象可以是直线、多段线、圆、圆弧、椭圆、椭圆弧、样条曲线、三维面或实体等。面域的外表和闭合的多段线相似，但面域具有很多独特的性质，如质心、周长和惯性距等。

图案填充是使用选择的图案来填充指定的区域，常用来绘制剖面、表现表面纹理或涂色，区分不同的建筑材料等。

5.1 面域

面域是一个单独的对象，外观与平面图形外观相同，具有面积、周长等几何特征。可以为面域填充图案和着色，以及分析面域的几何特征和物理特征，还可以对面域进行差集、并集或交集运算。

5.1.1 面域的创建

在 AutoCAD 2010 中不能直接绘制面域，而是利用现有封闭对象或由多个对象组成的封闭区域通过“面域”命令创建。这些封闭区域可以是圆、椭圆、封闭的多段线等对象，也可以是直线、圆弧、椭圆弧和样条曲线等对象构成的封闭区域。调用“面域”命令的方法如下。

（1）选择“绘图”→“面域”命令。

（2）选择中的“常用”选项卡，单击“绘图”面板中的“面域”按钮。

（3）单击“绘图”工具栏中的“面域”按钮。

（4）在“命令行”中执行 REGION（或 REG）命令，按“Enter”键确认。

调用“面域”命令后，在绘图窗口中选择一个或多个封闭的对象，按“Enter”键确认，即可创建面域，如图 5-1 所示。其“命令行”中的提示信息如下：

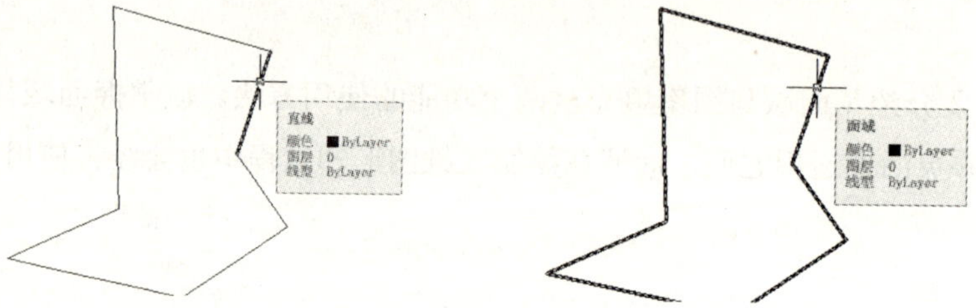

图5-1　创建面域前后对比

命令: _region　　（调用“面域”命令）
选择对象: 找到 1 个　　（选择对象）
选择对象: 找到 1 个，总计 2 个
选择对象: 找到 1 个，总计 3 个
选择对象: 找到 1 个，总计 4 个
选择对象: 找到 1 个，总计 5 个
选择对象: 找到 1 个，总计 6 个
选择对象: 找到 1 个，总计 7 个
选择对象:　　（按“Enter”键结束命令）
已提取 1 个环
已创建 1 个面域

面域的边界由端点相连的曲线组成，曲线上的每个端点只能连接两条边。相交或自交的曲线不能存在于同一个面域中，只能建立各自的面域。

5.1.2 对面域进行布尔运算

对于多个面域，可以通过布尔运算来创建复杂的新面域，如差集、并集和交集等运算。然后就可以对组合面域进行拉伸或旋转等操作，从而产生复杂的三维实体。

1. 并集

并集计算的作用是将多个面域对象相加合并成一个面域对象。调用“并集”运算命令的方法如下。

（1）单击“实体编辑”工具栏中的“并集”按钮。

（2）选择“修改”→“实体编辑”→“并集”命令。

（3）在“命令行”中执行 UNION 命令，按“Enter”键确认。

调用“并集”运算命令后，在绘图窗口中选择两个或多个共同的面域，按“Enter”键确认，如图 5-2 所示。

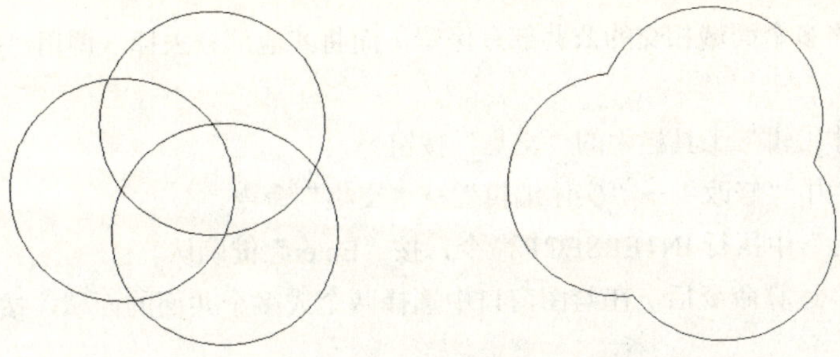

图5-2　并集运算前后效果对比

其“命令行”中的提示信息如下：

命令：union　　　　　　　　　　　　　　　　（调用“并集”运算命令）
选择对象：找到 1 个
选择对象：找到 1 个，总计 2 个
选择对象：找到 1 个，总计 3 个　　　　　　　（选择三个圆形面域）
选择对象：　　　　　　　　　　　　　　　　（按“Enter”键结束命令）

2．差集

差集运算是从一个面域中减去另一个面域，创建一个新的面域，调用“差集”命令的方法如下。

（1）单击“实体编辑”工具栏中的“差集”按钮。

（2）选择“修改”→“实体编辑”→“差集”命令。

（3）在“命令行”中执行 SUBTRACT 命令，按“Enter”键确认。

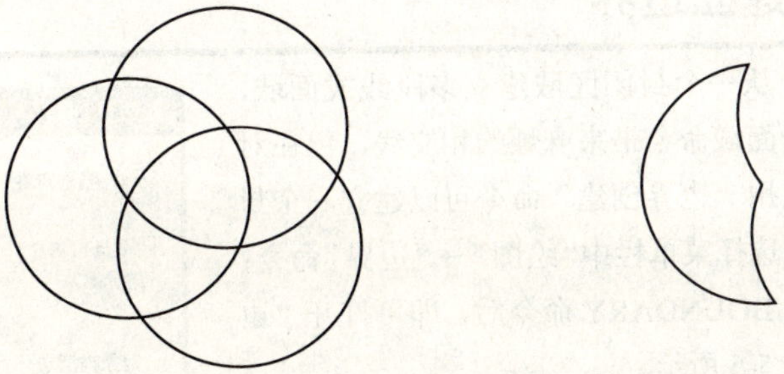

图5-3　差集运算前后效果对比

调用“差集”运算命令后，在绘图窗口中选择两个或多个共同的面域，按“Enter”键确认，如图 5-3 所示。其“命令行”中的提示信息如下：

命令：subtract　　　　　　　　　　　　　　（调用“差集”运算命令）
选择要从中减去的实体、曲面和面域...
选择对象：指定对角点：找到 1 个　　　　　　（选择左侧圆形面域）
选择对象：　　　　　　　　　　　　　　　　（按“Enter”键确认）
选择要减去的实体、曲面和面域...
选择对象：指定对角点：找到 2 个　　　　　　（同时选择右侧两个圆形面域）
选择对象：　　　　　　　　　　　　　　　　（按“Enter”键结束命令）

3. **交集**

交集的作用是将多个面域相交的公共部分保留，而将其他部分去掉。调用“交集”命令的方法如下。

（1）单击“实体编辑”工具栏中的“交集”按钮。

（2）选择菜单栏中“修改”→“实体编辑”→“交集”命令。

（3）在“命令行”中执行 INTERSECT 命令，按“Enter”键确认。

在调用“交集”运算命令后，在绘图窗口中选择两个或多个共面的面域，按“Enter”键确认，如图 5-4 所示。

其“命令行”中的提示信息如下：

命令：intersect　　（调用“交集”运算命令）

选择对象：指定对角点：找到 3 个　　（选择三个面域）

选择对象：　　（按“Enter”键确认）

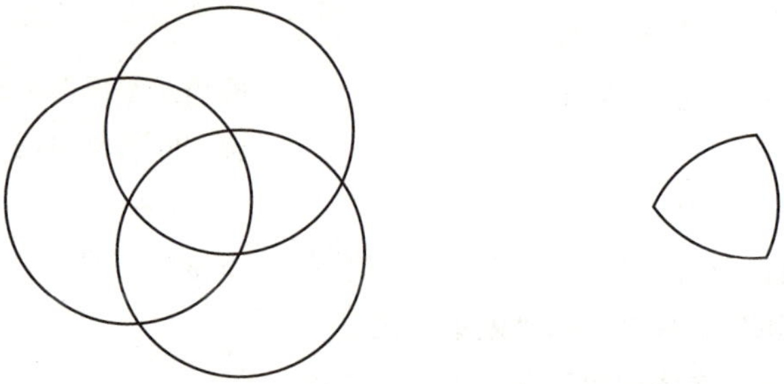

图5-4　交集运算前后效果对比

5.1.3 建立边界

“边界创建”命令从一个封闭区域建立多段线或面域，该命令可以忽略那些给面域命令带来麻烦的相交线，但在对象之间不允许有空。使用“边界创建”命令可以建立一个封闭的复杂区域。可通过选择菜单栏中“绘图”→“边界”命令；或在“命令行”中执行 BOUNDARY 命令后，即可打开“边界创建”对话框，如图 5-5 所示。

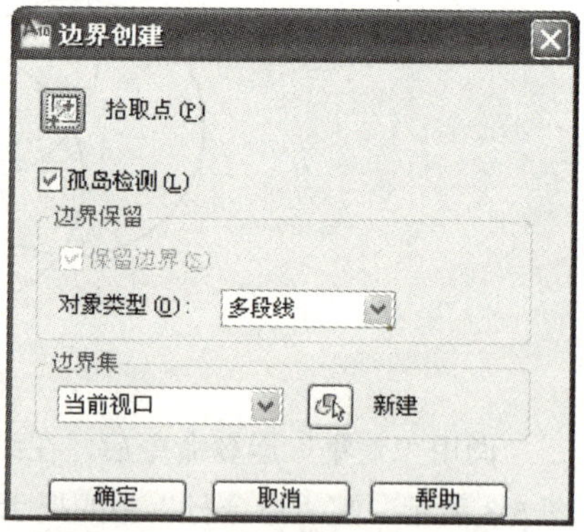

图5-5　“边界创建”对话框

在默认情况下，孤岛检测方式是打开的，边界创建检测完全落在边界区域内的有界区域中，并建立封闭区域的多段线或面域。

在“对象类型”下拉列表中选择“多段线”选项，可以创建边界；选择“面域”选项，单击“确定”按钮后创建的图形就不是边界，而是一个面域。

在 AutoCAD 2010 中，面域可以对对象进行复制和移动等操作，但在创建面域时，如果系统变量 DELOBJ 的值是 1 时，在定义了面域后将删除原始对象；如果系统变量 DELOBJ 的值为 0 时，则不会删除原始对象。

如果要分解面域，可以选择功能区选项板中的“常用”选项卡，然后单击“修改”面板中的“分解”按钮，即可将整个面域分解成多个对象组成的图形。

注意

在AutoCAD 2010中，面域是二维实体模型，它不但包含边的信息，还包含边界内的信息。

5.1.4 从面域中提取数据

在 AutoCAD 中，面域对象除了具有一般的图形对象属性之外，还具有面对象的属性，共同重要的属性之一就是质量特征。选择菜单栏中“工具”>“查询”>“面域 / 质量特征”命令或者在“命令行”中执行 MASSPROP 命令，选择需要查询的面域，按“Enter”键确认后，将弹出如图 5-6 所示的“AutoCAD 文本窗口”，在该窗口中显示了面域的相关特征。

当在命令行中显示“是否将分析结果写入文件？ [是（Y）/ 否（N）]< 否 >:”命令时，按“Enter”键，即可结束该命令；如果在命令行中输入“Y”，则将分析结果存入文件并打开“创建质量与面积特性文件”对话框，就可以确保文件存储的位置与文件名称正确，如图 5-7 所示。

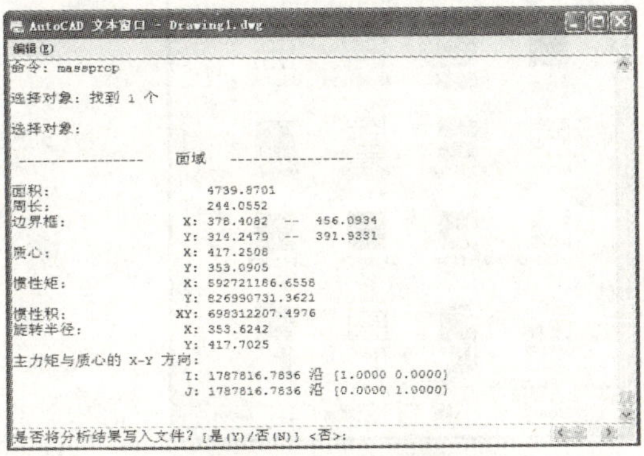

图5-6 显示面域特性

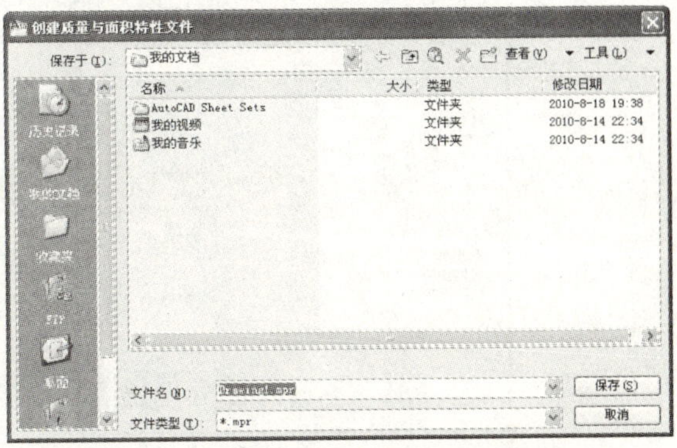

图5-7 “创建质量与面积特性文件”对话框

5.2 图案填充

在 AutoCAD 2010 中绘制图形时，常用到填充图案以标识某个区域的意义及用途等。AutoCAD 2010 提供了多种标准填充图案和渐变色样式，可自定义图案填充图案和渐变色样式。

5.2.1 建立图案填充

使用“图案填充和渐变色”对话框可以定义边界、图案类型、图案特性、图案对象和渐变填充对象的属性等。打开“图案填充和渐变色”对话框的方法有如下几种。

（1）选择“绘图”→“图案填充”命令。

（2）在“绘图”工具栏中单击“图案填充”按钮▦。

（3）选择功能区选项板中“常用”选项卡，单击“绘图”面板中的“图案填充”按钮。

（4）在“命令行”中执行 GRADIENT 命令。

调用“图案填充”命令后，即可打开“图案填充和渐变色”对话框，如图 5-8 所示。

在“图案填充和渐变色”对话框中包括两个选项卡“图案填充”和“渐变色”。

1.“**图案填充**”**选项卡**

使用“图案填充”选项卡可以定义填充图案的外观。

（1）“类型和图案”选项区。该选项区用来指定图案填充的类型和图案，所包含的各个选项的含义如下所述。

① 类型：在“类型”下拉列表中包括 3 个选项“预定义”、“用户定义”和“自定义”，主要用来设置图案的类型。“预定义”选项提供了现成的 AutoCAD 填充图案，保存在 acad.pat 和 acadiso.pat 文件中。

② 图案：列出可用的预定义图案。最近使用的 6 个预定义图案出现在列表顶部。只有将“类型”设置为“预定义”，该“图案”选项才可用。

③ 图案右侧的 按钮：单击该按钮后弹出“填充图案选项板”对话框，在该对话框中可显示所有填充图案的图例，如图 5-9 所示。

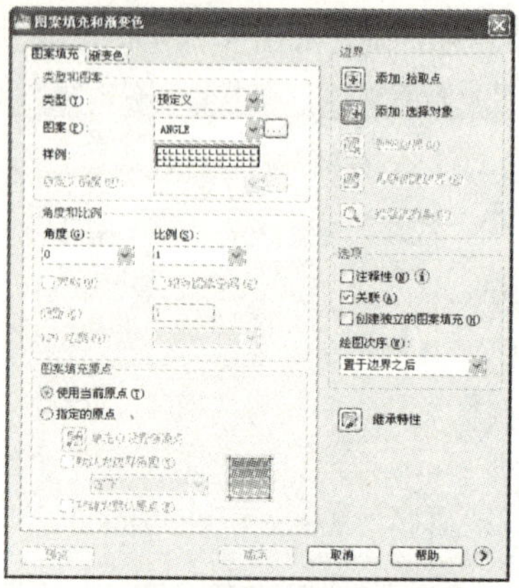

图5-8 “图案填充和渐变色”对话框

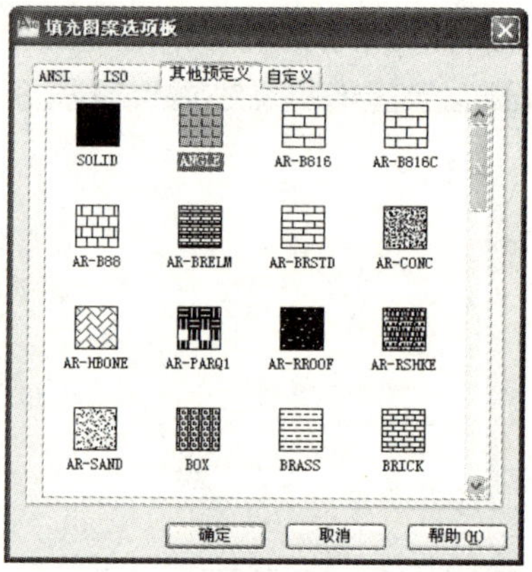

图5-9 “填充图案选项板”对话框

④ 样例：显示选定图案的预览图像。当选定 solid 图案时，单击“样例”图案右侧下拉按钮，在其中对填充的颜色进行选择，如图 5-10 所示。

⑤ 自定义图案：列出可用的自定义图案，只有在“类型”中选择了“自定义”，此选项才可用，如图 5-11 所示。

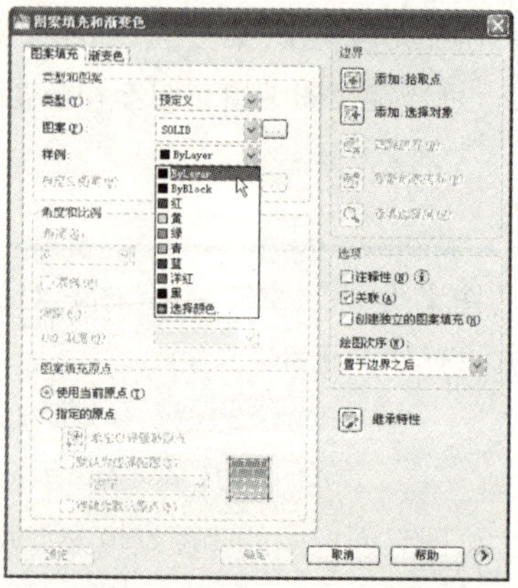

图5-10 选择填充图案的颜色

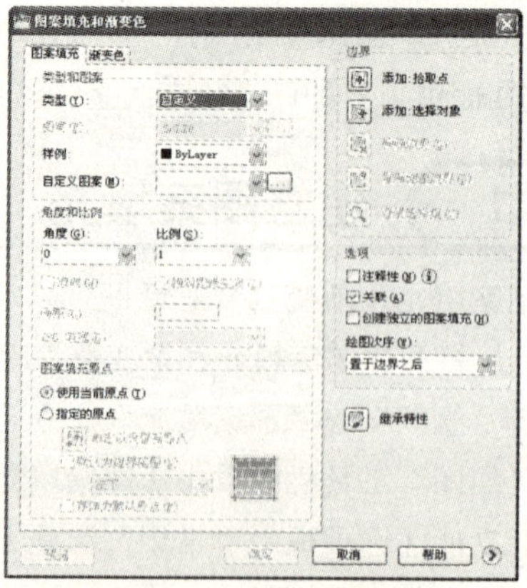

图5-11 自定义图案

⑥ 自定义图案的...按钮：单击该按钮显示“填充图案选项板”对话框，在其中查看所有自定义图案的预览图像，如图 5-12 所示。

（2）“角度和比例”选项区。该选项区用来指定填充图案的角度和比例，所包含的各个选项的含义如下所述。

① 角度：指定填充图案的角度，相对当前 UCS 坐标系的 X 轴，如图 5-13 所示。

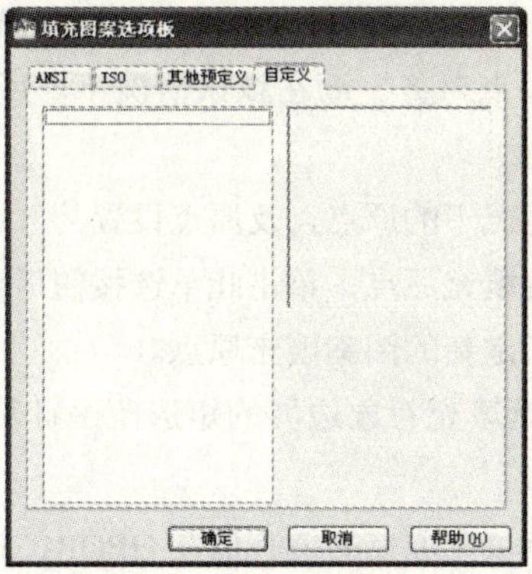

图5-12 查看所有自定义图案的预览图像

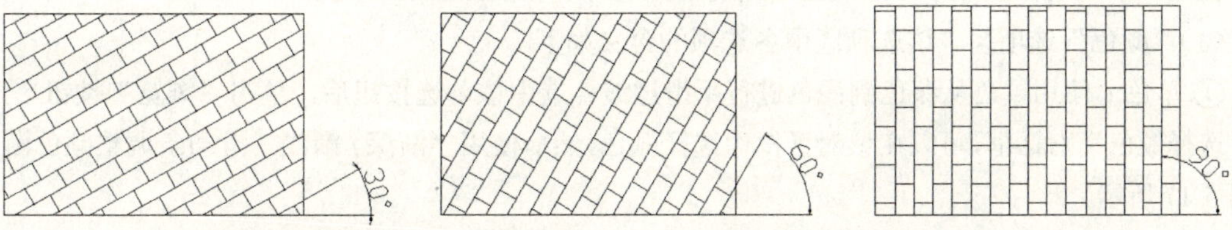

图5-13 填充角度分别为30°、60°和90°的图案示例

② 比例：放大或缩小预定义或自定义图案，只有将“类型”设置为“预定义”或“自定义”，此选项才可用，如图 5-14 所示。

图5-14 比例分别为0.5、1.0和2.0的图案示例

③ 双向：对于用户定义的图案，将绘制第二组直线，这些直线与原来的直线成 90° 角，从而构成交叉线，只有将“类型”设置为“用户定义”，此选项才可用，如图 5-15 所示。

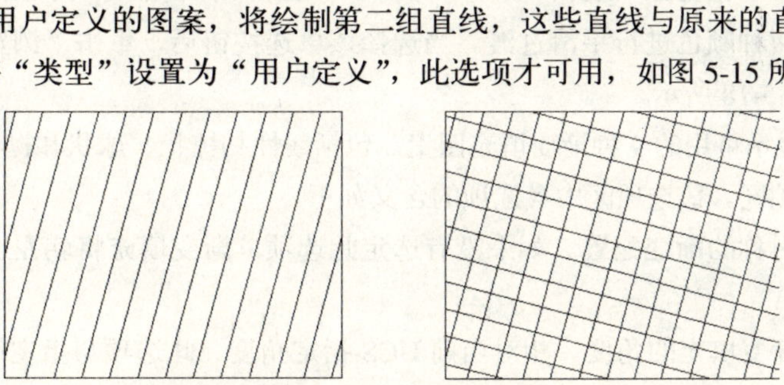

图5-15 单向与双向的填充图案示例

④ 相对图纸空间：相对于图纸空间单位缩放填充图案。使用此选项，可很容易地做到以适合于布局的比例显示填充图案，该选项仅适用于布局。

⑤ 间距：指定用户定义图案中的直线间距。只有将“类型”设置为“用户定义”，此选项才可用。

⑥ ISO 笔宽：基于选定笔宽缩放 ISO 预定义图案。只有将“类型”设置为“预定义”，并将“图案”设置为可用的 ISO 图案的一种，该选项才可用。

（3）“图案填充原点”选项区。图案填充原点用来控制填充图案生成的起始位置，例如某些图案填充需要与图案填充边界上的一点对齐。而在默认情况下，所有图案填充原点都对应于当前的 UCS 原点。

① 使用当前原点：采用默认情况下的原点，及原点设置为（0,0）。

② 指定的原点：指定新的图案填充原点，单击此单选按钮后该选项中的其他选项才可用。

③ 单击以设置新原点：直接指定新的图案填充原点。

④ 默认为边界范围：根据图案填充对象边界的矩形范围计算新原点。可以选择该范围的 4 个角点及其中心。

⑤ 存储为默认原点：将新图案填充原点的值存储在 HPORIGIN 系统变量中。

2．“渐变色”选项卡

使用“渐变色”选项卡可以设置新渐变填充的外观，如图 5-16 所示。

（1）“颜色”选项区。该选项区中各选项的含义如下。

① 单色：使用单色从深色到浅色进行平滑过渡。选中该单选按钮后，单击“浏览”按钮 显示“选择颜色”对话框，可以在该对话框中选择颜色，然后使用“渐深 / 渐浅”滑动条调整颜色渐变，如图 5-17 所示。

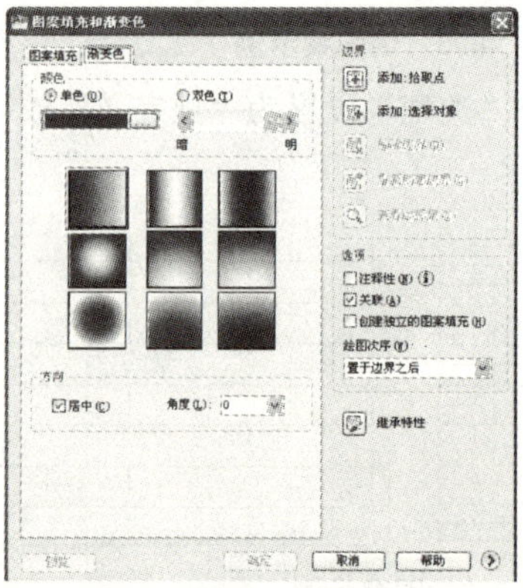

图5-16 “渐变色”选项卡

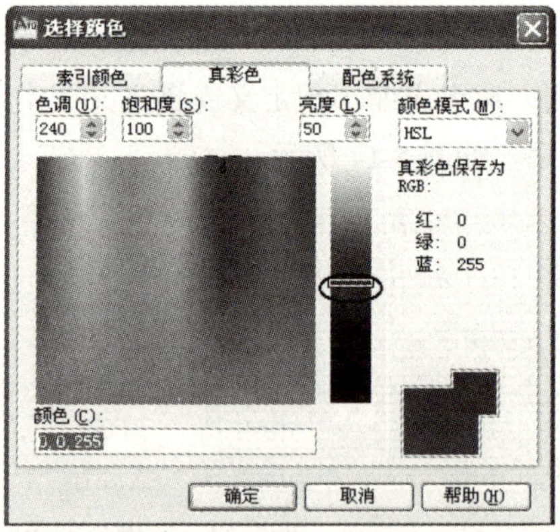

图5-17 使用“渐深/渐浅”滑动条调整颜色渐变

② 双色：使用两种颜色进行平滑过渡。当选择该单选按钮后，单击“浏览”按钮，可以分别选择两种颜色，如图 5-18 所示。

③ 渐变图案：显示可用的 9 种渐变填充图案，包括线性扫掠状、球状和抛物面状图案。

（2）“方向”选项区。该选项区中各选项的含义如下。

① 居中：指定对称的渐变配置。如果没有选定此选项，渐变填充将朝左上方变化，创建光源在对象左边的图案。

② 角度：指定渐变填充的角度。相对当前 UCS 指定角度。此选项与指定给图案填充的角度互不影响。

3．“更多选项”工具按钮

使用“图案填充和渐变色”对话框中的“更多选项工具”按钮，可以将“图案填充和渐变色”对话框展开，再次单击“更少选项”按钮，可以将“图案填充和渐变色”对话框展开，再次单击“更少选项”按钮可以将其折叠，展开的对话框如图 5-19 所示。

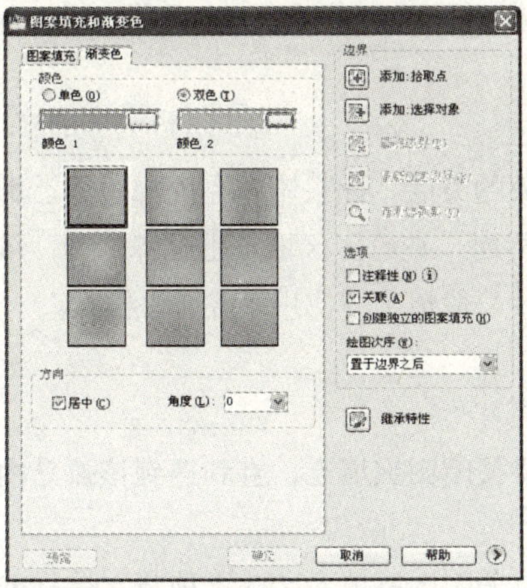

图5-18 选择两种颜色

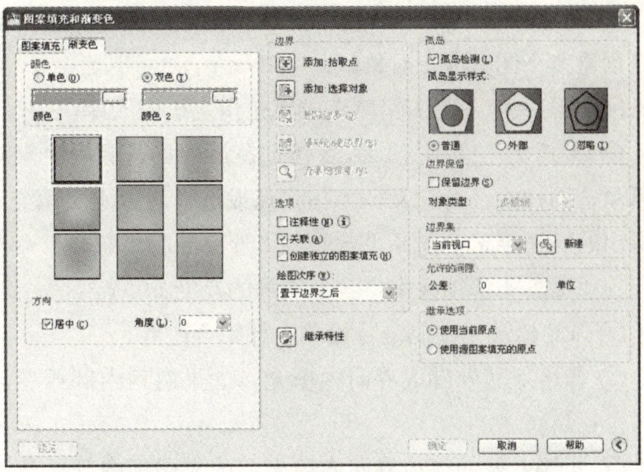

图5-19 展开“图案填充和渐变色”对话框

（1）“边界”选项区。该选项区用来拾取、删除图案填充和渐变色的边界，该选项组为填充和渐变色通用，其中各选项的含义如下所述。

①“添加:拾取点”按钮:根据围绕指定点构成封闭区域的现有对象确定边界,单击该按钮后“图案填充和渐变色”对话框将暂时关闭，系统将会提示拾取一个点，按“Enter”键返回对话框，如图 5-20 所示。

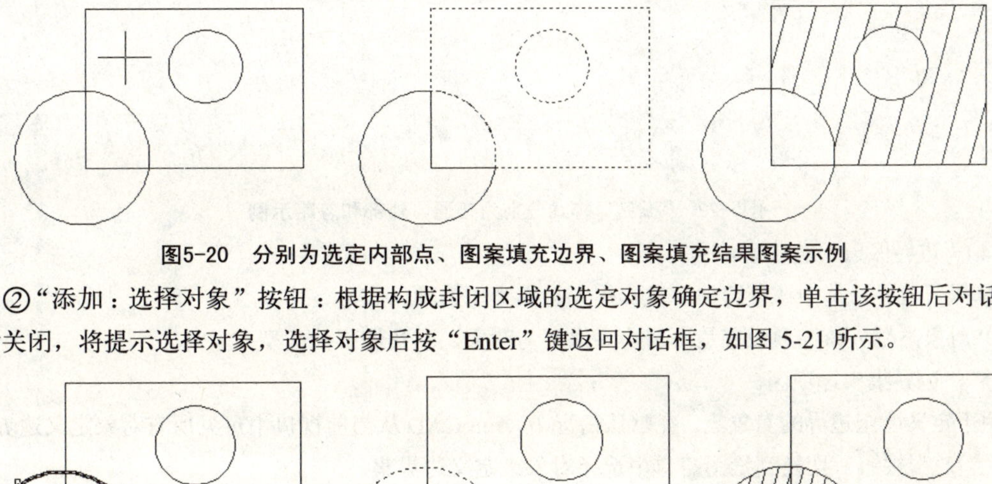

图5-20 分别为选定内部点、图案填充边界、图案填充结果图案示例

②“添加：选择对象”按钮：根据构成封闭区域的选定对象确定边界，单击该按钮后对话框将暂时关闭，将提示选择对象，选择对象后按“Enter”键返回对话框，如图 5-21 所示。

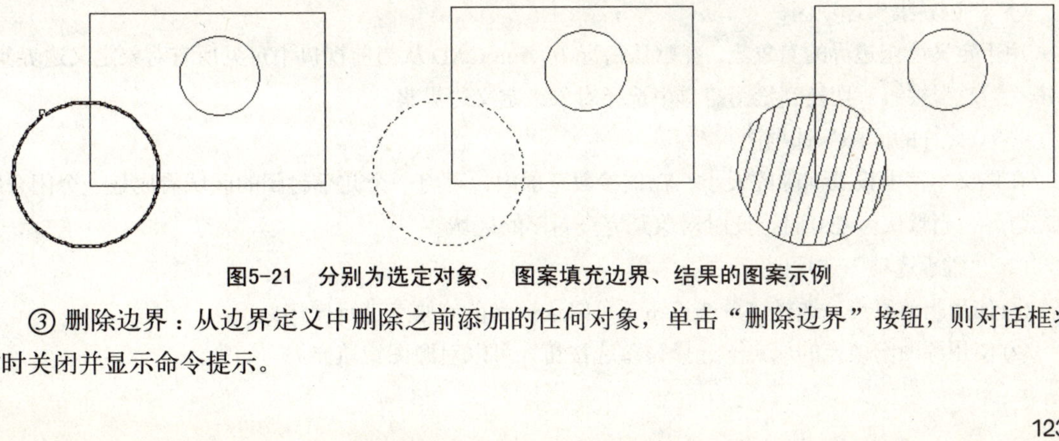

图5-21 分别为选定对象、 图案填充边界、结果的图案示例

③ 删除边界：从边界定义中删除之前添加的任何对象，单击“删除边界”按钮，则对话框将暂时关闭并显示命令提示。

（2）“选项”选项区。该选项区用来控制几个常用的图案填充或填充选项，其中各选项的含义如下。

① 注释性：用来指定图案填充为注释性。

② 关联：控制图案填充或填充的关联，关联的图案填充或填充在修改其边界时将更新。

③ 创建独立的图案填充：控制当指定了几个单独的闭合边界时，是创建单个图案填充对象，还是创建多个图案填充对象。

④ 绘图次序：为图案填充或填充指定绘图次序。

（3）“孤岛”选项区。孤岛指定在最外层边界内填充对象的方法。如果不存在内部边界，则指定孤岛检测样式没有意义。当指定点或选择对象定义填充边界时，在绘图区域单击鼠标右键，可以从弹出的快捷菜单中选择“普通”、“外部”和“忽略”命令。一般情况下使用“普通”样式。

在“孤岛”选项区中，各个选项的功能如下。

① 孤岛检测：控制是否检测内部闭合边界。

② 普通：从外部边界向内填充。如果遇到内部孤岛，将关闭图案填充，直到遇到该孤岛内的另一个孤岛。

③ 外部：从外部边界向内填充。如果遇到内部孤岛，将关闭图案填充。此选项只对结构的最外层进行图案填充或填充，而结构内部保留空白。

④ 忽略：忽略所有内部的对象，填充图案时将通过这些对象，如图 5-22 所示。

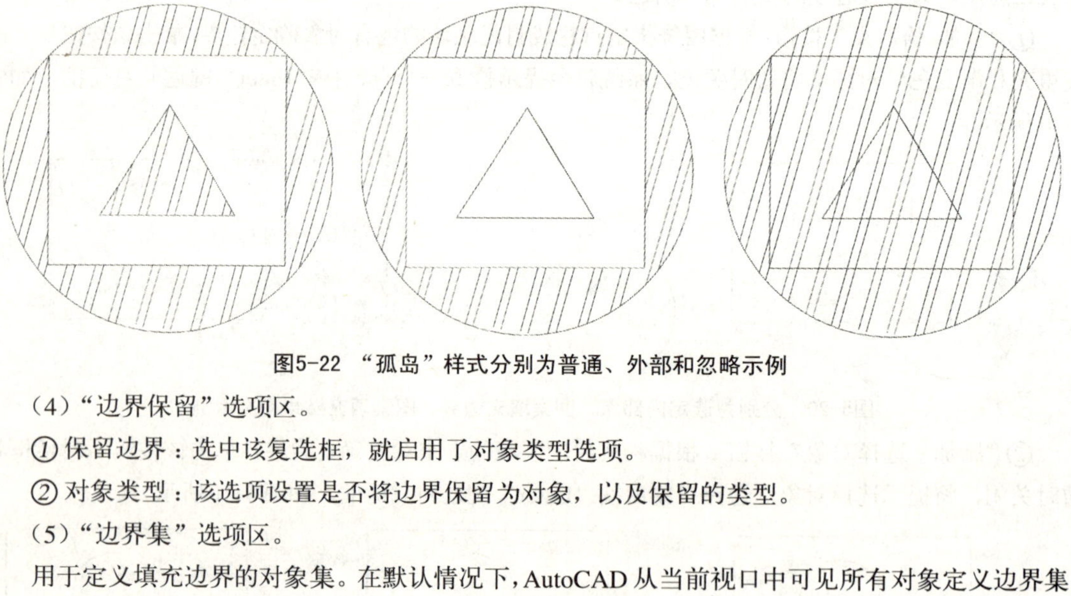

图5-22 “孤岛”样式分别为普通、外部和忽略示例

（4）“边界保留”选项区。

① 保留边界：选中该复选框，就启用了对象类型选项。

② 对象类型：该选项设置是否将边界保留为对象，以及保留的类型。

（5）“边界集”选项区。

用于定义填充边界的对象集。在默认情况下，AutoCAD 从当前视口中可见所有对象定义边界集。单击“新建”按钮，切换到绘图窗口中选择对象来定义边界集。

（6）“允许的间隙”选项区。

在该文本框中设置间隙的大小，在该参数范围内，可将一个几乎封闭的区域看成是一个闭合的填充边界，当默认值是 0 时，此时对象是完全封闭的区域。

（7）“继承选项”选项区。

① 使用当前原点：选择该单选按钮，可以选择当前的原点进行操作。

② 使用源图案填充的原点：选择该单选按钮，可以对源图案填充。

5.2.2 修改图案填充

当建立图案填充后，还可以修改其图案或渐变填充。对图案填充的修改主要在“图案填充编辑”对话框中完成。打开“图案填充编辑”对话框的方法如下。

（1）选择“修改”→“对象”→“图案填充”命令，在绘图窗口中选择需要修改的图案填充对象。

（2）选择功能区选项板中的“常用”选项卡，在展开的“修改”面板中单击“编辑图案填充”按钮，再选择需要修改的图案填充对象。

（3）在“命令行”中执行 HATCHEDIT 命令，选择需要修改的图案填充对象。

（4）双击选择需要修改的图案填充对象。

执行以上命令并选择要修改的图案填充，即可打开“图案填充编辑”对话框，如图 5-23 所示。该对话框显示了选定的填充对象或渐变填充对象的当前特性，在其中可对所选图案填充进行修改。

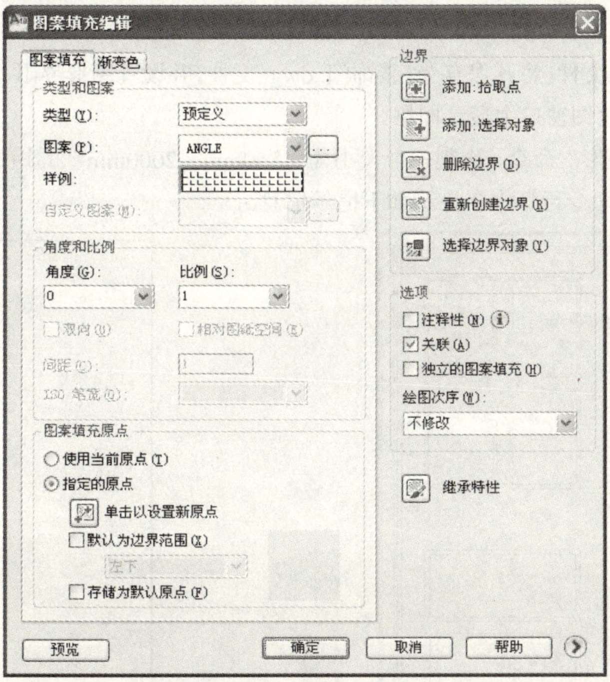

图5-23 “图案填充编辑”对话框

5.2.3 图案填充的可见性

对于一些显示器和打印机，需要花很长时间来进行图案填充，关闭“填充”模式可以提高运行速度。使用填充命令可以控制图案填充的可见性。在“命令行”中执行 FILL 命令后，按“Enter”键确认，其“命令行”将显示如下提示信息：

命令：fill

输入模式 [开(ON)/关(OFF)] <开>:

直接按“Enter”键确认后，就可以显示图案填充；输入“OFF”后按“Enter”键后，则关闭显示图案填充。当关闭显示图案填充后，选择“视图”→“重生成”命令，即可打开或关闭显示图案填充。

5.3 综合案例1——绘制装饰门

学习目的

通过本实例练习，可掌握设置矩形阵列、偏移矩形、创建面域以及对面域进行差集运算的方法。

重点难点

- 设置矩形阵列，偏移矩形，创建面域。

利用布尔运算绘制装饰门，具体的显示效果如图 5-24 所示。

操作步骤

1. 设置矩形阵列

Step01 新建一个文件，将其保存为"装饰门 .dwg"文件，并设置图形界限。单击"状态栏"中的"栅格显示"按钮，在绘图窗口中显示栅格。

Step02 调用"矩形"命令，绘制一个大小为"850mm×2000mm"的矩形，作为门的基本形状，如图 5-25 所示。其"命令行"中将显示如下提示信息：

图5-24 装饰门的最终绘制图形

图5-25 绘制门的矩形外框

命令: _rectang

指定第一个角点或 [倒角(C)/标高(E)/圆角(F)/厚度(T)/宽度(W)]:

指定另一个角点或 [面积(A)/尺寸(D)/旋转(R)]: @850,2000

Step03 按"Enter"键重复"矩形"命令，单击"捕捉"工具栏中的"捕捉自"按钮，"命令行"中将显示如下提示信息：

命令: _rectang

指定第一个角点或 [倒角(C)/标高(E)/圆角(F)/厚度(T)/宽度(W)]: _from 基点:

Step04 捕捉矩形的左上角顶点作为基点，并指定偏移为 (@100,-100)，绘制一个大小为"300mm×420mm"的矩形，如图 5-26 所示。

Step05 调用“偏移”命令，将刚绘制的矩形向内偏移 15 的距离，如图 5-27 所示。

“命令行”中将显示如下提示信息：

<偏移>: @100,-100

指定另一个角点或 [面积(A)/尺寸(D)/旋转(R)]: @300,-420

命令: _offset

当前设置: 删除源=否　图层=源　OFFSETGAPTYPE=0

指定偏移距离或 [通过(T)/删除(E)/图层(L)] <1.0000>:　15

选择要偏移的对象,或 [退出(E)/放弃(U)] <退出>:

指定要偏移的那一侧上的点,或 [退出(E)/多个(M)/放弃(U)] <退出>:

选择要偏移的对象,或 [退出(E)/放弃(U)] <退出>:

图5-26　绘制小矩形

图5-27　偏移操作

Step06 调用“阵列”命令，即可打开“阵列”对话框，在其中选择两个小矩形作为阵列对象，其他参数设置如图 5-28 所示。

Step07 在“阵列”对话框中，单击“预览”按钮，在绘图窗口中预览阵列效果。然后单击右键接受，得到阵列效果，如图 5-29 所示。

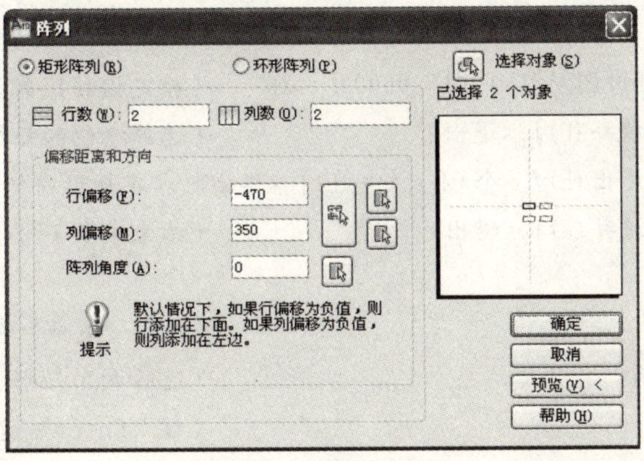

图5-28　“阵列”对话框

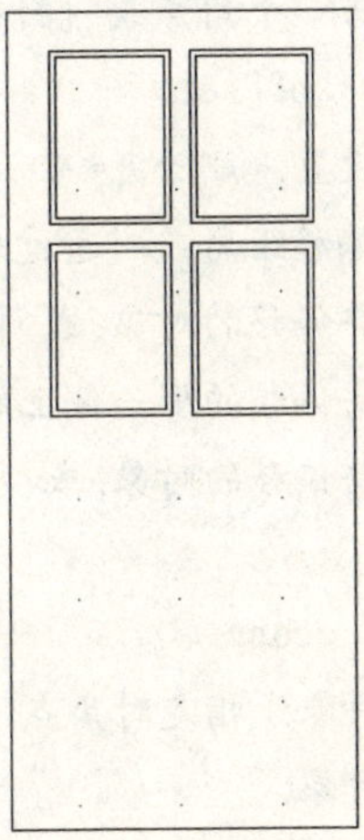

图5-29　阵列效果

命令: array (调用"阵列"命令)
选择对象: 找到 1 个
选择对象: 找到 1 个，总计 2 个 (框选两个小矩形)
选择对象: (按"Enter"键确认)

2. 偏移矩形

Step01 调用"矩形"命令，结合"捕捉自"按钮，以大矩形的左下角顶点为基点，向右上方偏移并绘制一个大小为"650mm×300mm"的矩形，调用"偏移"命令，将刚绘制的矩形向内偏移20mm的距离，如图5-30所示。

Step02 调用"复制"命令，将绘制的两个矩形向上复制350mm的距离，如图5-31所示。

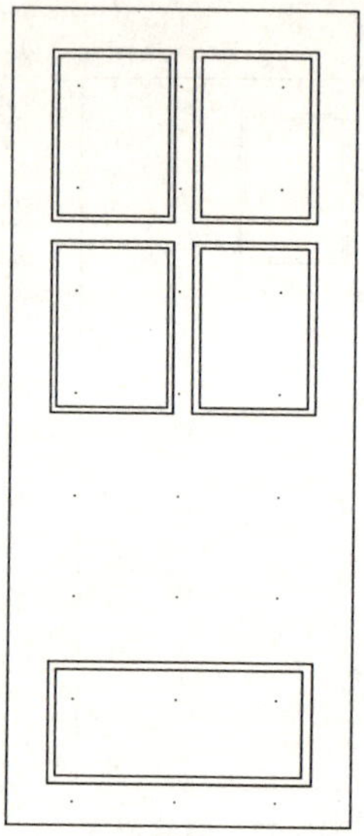

图5-30 绘制并偏移矩形

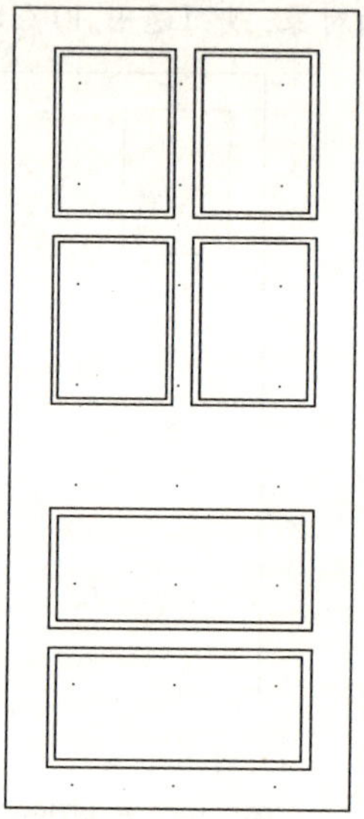

图5-31 复制操作

命令: _rectang (调用"矩形"命令)
指定第一个角点或[倒角(C)/标高(E)/圆角(F)/厚度(T)/宽度(W)]: (指定门矩形左下角顶点)
_from 基点: <偏移>: @100,100 (指定偏移距离)
指定另一个角点或 [面积(A)/尺寸(D)/旋转(R)]: @650,300 (指定另一个角点)
命令: _offset (调用"偏移"命令)
当前设置: 删除源=否 图层=源 OFFSETGAPTYPE=0
指定偏移距离或 [通过(T)/删除(E)/图层(L)] <15.0000>: 20 (指定偏移距离)
选择要偏移的对象,或 [退出(E)/放弃(U)] <退出>: (选择绘制的矩形)
指定要偏移的那一侧上的点,或 [退出(E)/多个(M)/放弃(U)] <退出>: (在矩形内侧单击)
选择要偏移的对象,或 [退出(E)/放弃(U)] <退出>: (结束命令)
命令:
命令: _copy (调用"复制"命令)
选择对象: 指定对角点: 找到 2 个 (选择两个矩形)
选择对象: (按"Enter"键确认)
当前设置: 复制模式 = 多个 (指定外侧矩形左上角顶点)

指定基点或 [位移(D)/模式(O)] <位移>: 指定第二个点或 <使用第一个点作为位移>: @0,350
(指定第二个点)

指定第二个点或 [退出(E)/放弃(U)] <退出>:　　　　　　　　　　　　(结束命令)

Step03 调用“偏移”命令，将作为门形状的矩形向外侧偏移 15mm 的距离，如图 5-32 所示。

Step04 调用“修剪”命令，以偏移得到矩形作为剪切边剪除该矩形下边，如图 5-33 所示。

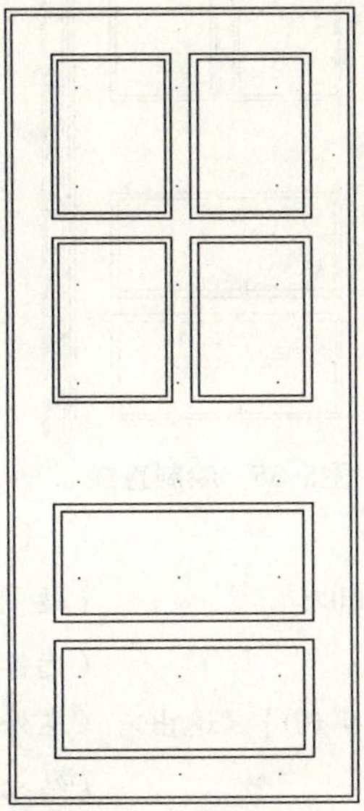

图5-32　偏移矩形

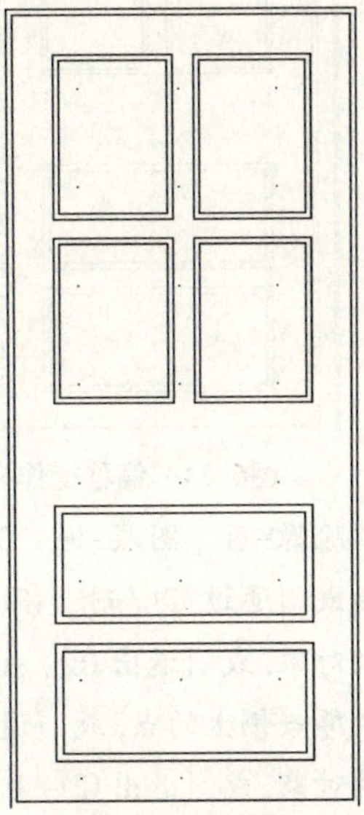

图5-33　修剪操作

命令: _offset　　　　　　　　　　　　　　　　　　　　(调用“偏移”命令)

当前设置: 删除源=否　图层=源　OFFSETGAPTYPE=0

指定偏移距离或 [通过(T)/删除(E)/图层(L)] <20.0000>:　15　　　(指定偏移距离)

选择要偏移的对象,或 [退出(E)/放弃(U)] <退出>:　　　　　　　(选择门矩形)

指定要偏移的那一侧上的点,或 [退出(E)/多个(M)/放弃(U)] <退出>: (在矩形外侧单击)

选择要偏移的对象,或 [退出(E)/放弃(U)] <退出>:　　　　　　　(结束命令)

命令:　trim　　　　　　　　　　　　　　　　　　　　　(调用“修剪”命令)

当前设置:投影=UCS,边=无

选择剪切边...　　　　　　　　　　　　　　　　　　　　(选择偏移得到的矩形)

选择对象或 <全部选择>:　找到 1 个

选择对象:　　　　　　　　　　　　　　　　　　　　　　(按“Enter”键确认)

选择要修剪的对象,或按住 Shift 键选择要延伸的对象,或

[栏选(F)/窗交(C)/投影(P)/边(E)/删除(R)/放弃(U)]:　　　(单击偏移得到的矩形的下边)

选择要修剪的对象,或按住 Shift 键选择要延伸的对象,或

[栏选(F)/窗交(C)/投影(P)/边(E)/删除(R)/放弃(U)]:　　　　(结束命令)

Step05 调用“偏移”命令，将剪切后的矩形（只有三个边）向外侧依次偏移 15mm、50mm 和 10mm 的距离，如图 5-34 所示。

Step06 调用“直线”命令，绘制一条直线表示地平面，如图 5-35 所示。

命令: _offset　　　　　　　　　　　　　　　　　　　　(调用“偏移”命令)

图5-34 偏移操作

图5-35 绘制直线

当前设置: 删除源=否 图层=源 OFFSETGAPTYPE=0

指定偏移距离或 [通过(T)/删除(E)/图层(L)] <15.0000>: （按“Enter”键确认）

选择要偏移的对象,或 [退出(E)/放弃(U)] <退出>: （选择修剪后的矩形）

指定要偏移的那一侧上的点,或 [退出(E)/多个(M)/放弃(U)] <退出>: （在外侧单击）

选择要偏移的对象,或 [退出(E)/放弃(U)] <退出>: （结束命令）

命令: offset （重复“偏移”命令）

当前设置: 删除源=否 图层=源 OFFSETGAPTYPE=0

指定偏移距离或 [通过(T)/删除(E)/图层(L)] <15.0000>: 50 （指定偏移距离）

选择要偏移的对象, 或 [退出(E)/放弃(U)] <退出>: （选择刚偏移后的矩形）

指定要偏移的那一侧上的点,或 [退出(E)/多个(M)/放弃(U)] <退出>: （在外侧单击）

选择要偏移的对象,或 [退出(E)/放弃(U)] <退出>: （结束命令）

命令: offset （重复“偏移”命令）

当前设置: 删除源=否 图层=源 OFFSETGAPTYPE=0

指定偏移距离或 [通过(T)/删除(E)/图层(L)] <50.0000>: 10 （指定偏移距离）

选择要偏移的对象,或 [退出(E)/放弃(U)] <退出>: （选择刚偏移后的矩形）

指定要偏移的那一侧上的点,或 [退出(E)/多个(M)/放弃(U)] <退出>: （在外侧单击）

选择要偏移的对象,或 [退出(E)/放弃(U)] <退出>: （结束命令）

Step07 调用“圆”命令，结合“捕捉自”按钮，从门框最内侧的矩形上边框中点位置向下偏移 545mm 的距离，绘制一个直径为 180mm 的圆，如图 5-36 所示。

Step08 调用“偏移”命令，将绘制的圆分别向内侧偏移 15mm 和 100mm 距离，如图 5-37 所示。

命令: _circle 指定圆的圆心或 [三点(3P)/两点(2P)/切点、切点、半径(T)]: _from 基点: <偏移>: @0,-545

指定圆的半径或 [直径(D)] <36.6066>: 180

命令: _offset （调用“偏移”命令）

当前设置: 删除源=否 图层=源 OFFSETGAPTYPE=0

图5-36 绘制圆

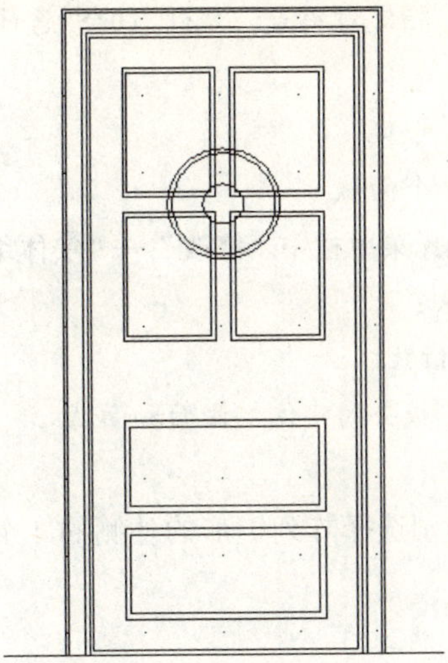

图5-37 偏移圆

指定偏移距离或 [通过(T)/删除(E)/图层(L)] <10.0000>: 15 (按“Enter”键确认)
选择要偏移的对象,或 [退出(E)/放弃(U)] <退出>: (选择修剪后的矩形)
指定要偏移的那一侧上的点,或 [退出(E)/多个(M)/放弃(U)] <退出>: (在外侧单击)
选择要偏移的对象,或 [退出(E)/放弃(U)] <退出>: (结束命令)
命令: offset (重复“偏移”命令)
当前设置: 删除源=否 图层=源 OFFSETGAPTYPE=0
指定偏移距离或 [通过(T)/删除(E)/图层(L)] <15.0000>: 100 (指定偏移距离)
选择要偏移的对象,或 [退出(E)/放弃(U)] <退出>: (选择刚偏移后的矩形)
指定要偏移的那一侧上的点,或 [退出(E)/多个(M)/放弃(U)] <退出>: (在外侧单击)
选择要偏移的对象,或 [退出(E)/放弃(U)] <退出>: (结束命令)

3. **创建面域**

Step01 选择功能区选项板中“常用”选项卡,在展开的“绘图”面板中单击“面域”按钮,调用“面域”命令，在“命令行”中提示如下信息：

命令: _region
选择对象:

Step02 在绘图窗口中选中阵列的矩形及绘制的圆（不选择最内侧的圆，总计 10 个对象），然后按“Enter”键确认，将其创建为面域，如图 5-38 所示。

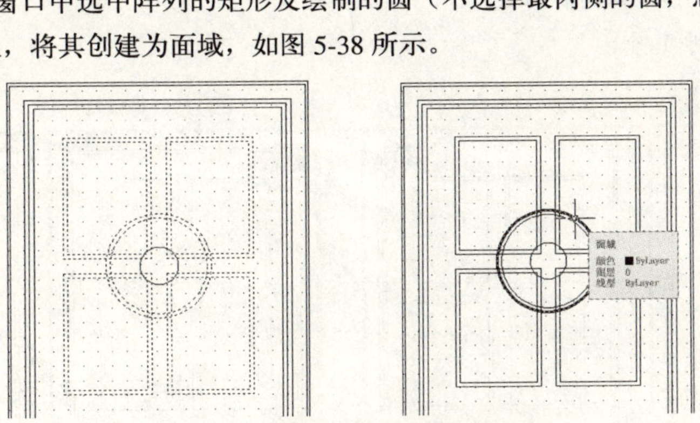

图5-38 选择对象及创建的面域

选择对象：指定对角点：找到 10个，总计 10 个

选择对象：

已提取 10 个环

已创建 10 个面域

Step03 选择菜单栏中“修改”→“实体编辑”→“差集”命令，调用“差集”命令，在“命令行”中提示如下信息：

命令：subtract

选择要从中减去的实体、曲面和面域...

选择对象：

Step04 分别选择阵列矩形的外侧的 4 个矩形面域，按“Enter”键确认，在“命令行”中提示如下信息：

选择对象：找到 1 个

选择对象：找到 1 个，总计 2 个

选择对象：找到 1 个，总计 3 个

选择对象：找到 1 个，总计 4 个

选择对象：

选择要减去的实体、曲面和面域...

Step05 选择内侧的圆形面域对象，按“Enter”键进行差集运算并结束命令，如图 5-39 所示。

Step06 按“Enter”键重复“差集”命令，选择矩形造型的内轮廓，再选择圆形的外轮廓，进行差集运算，如图 5-40 所示。

命令：subtract

选择要从中减去的实体、曲面和面域...

选择对象：找到 1 个

选择对象：找到 1 个，总计 2 个

选择对象：找到 1 个，总计 3 个

选择对象：找到 1 个，总计 4 个

选择对象：

选择要减去的实体、曲面和面域...

选择对象：找到 1 个

选择对象：

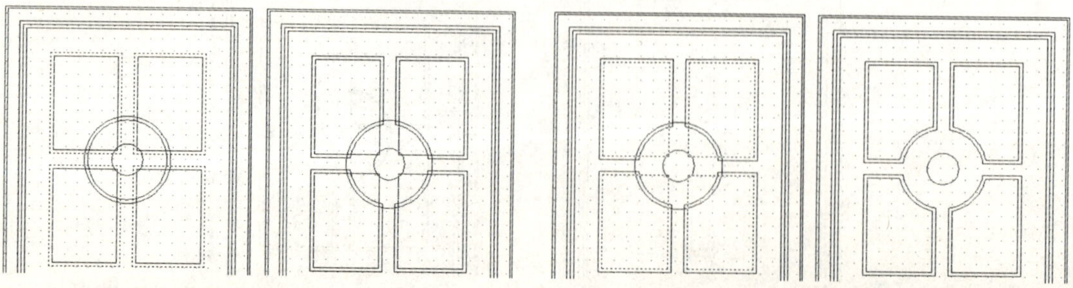

图5-39 选择对象及差集运算效果　　图5-40 选择对象及差集运算效果

5.4 综合案例2——绘制住宅楼总平面图

利用本章所学知识绘制如图 5-41 所示的住宅楼总平面图。

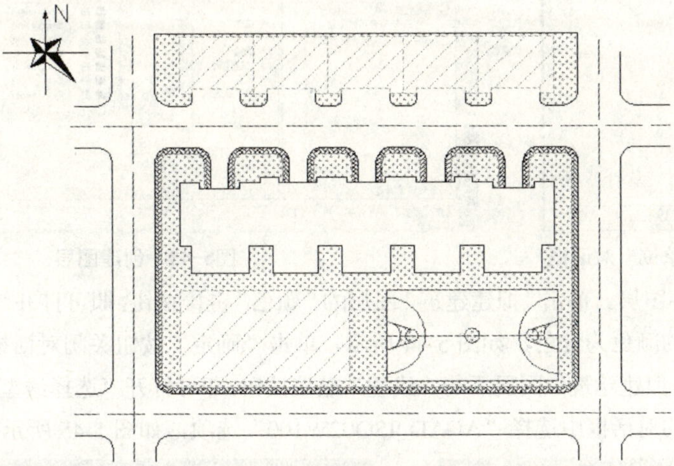

图5-41 住宅楼总平面图总体绘制效果

学习目的

通过本实例练习，可掌握设置不同图层，对绘制的图形实现镜像与偏移，对不同图层进行图案填充等方法。

重点难点

设置不同图层，实现图形镜像与偏移，对直线进行圆角操作，实现直线阵列，对不同图层进行图案填充。

操作步骤

1. 设置不同的图层

Step01 新建一个图形文件，并设置图形界限。“命令行”中将提示如下信息：

```
命令: limits
重新设置模型空间界限:
指定左下角点或 [开(ON)/关(OFF)] <0.0000,0.0000>:
指定右上角点 <420.0000,297.0000>: 100000,80000
命令: z
zoom
指定窗口的角点,输入比例因子 (nX 或 nXP),或者
[全部(A)/中心(C)/动态(D)/范围(E)/上一个(P)/比例(S)/窗口(W)/对象(O)] <实时>: a
正在重生成模型
```

Step02 在“命令行”中输入“UNITS”命令，调用“单位”命令，打开“图形单位”对话框，参数设置如图 5-42 所示。

Step 03 选择功能区选项板中“常用”选项卡，单击“图层”面板中的“图层特性”按钮，打开“图层特性管理器”浮动面板，单击“新建图层”按钮，创建如图 5-43 所示的图层。

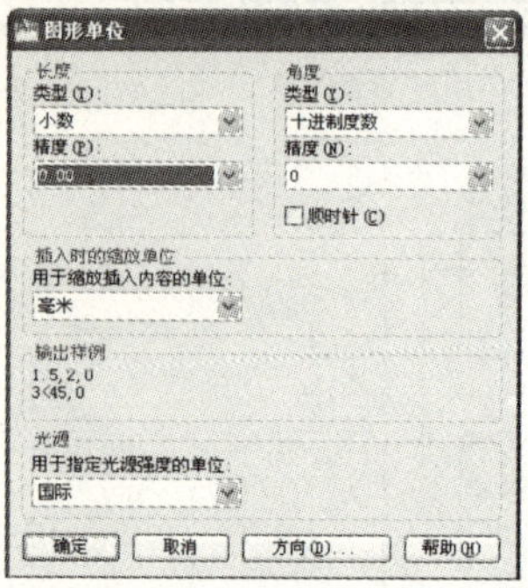

图5-42 “图形单位”对话框

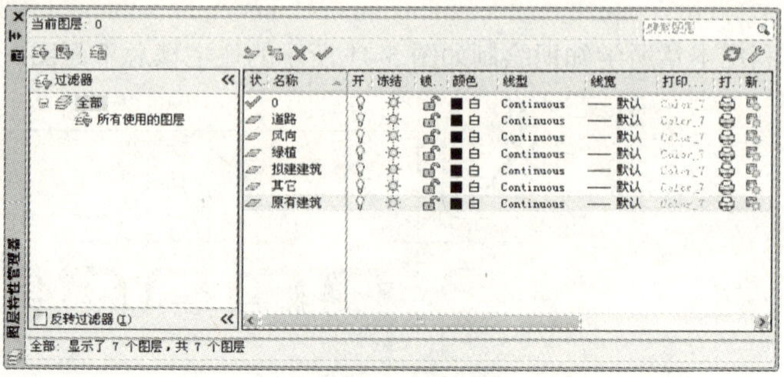

图5-43 创建图层

Step 04 设置各图层。单击“拟建建筑”图层的“颜色”链接按钮，即可打开“选择颜色”对话框，在其中设置该图层的颜色为青色，如图 5-44 所示。单击“确定”按钮关闭对话框。

Step 05 单击“拟建建筑”图层后的“线型”链接按钮，即可打开“选择线型”对话框，单击“加载”按钮，在打开的对话框中选择“ACAD_ISO02W100”选项，如图 5-45 所示。

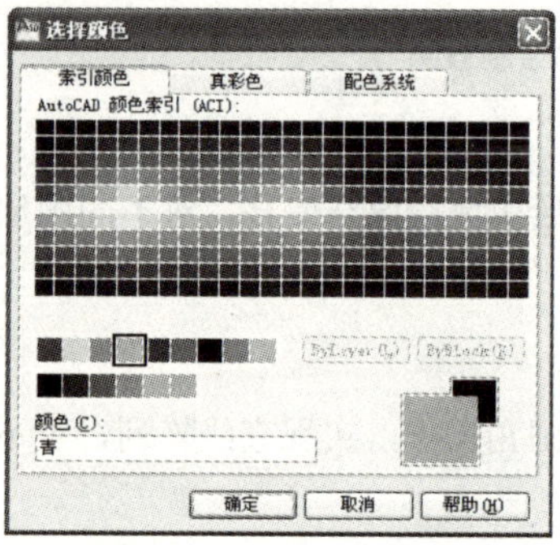

图5-44 设置图层的颜色

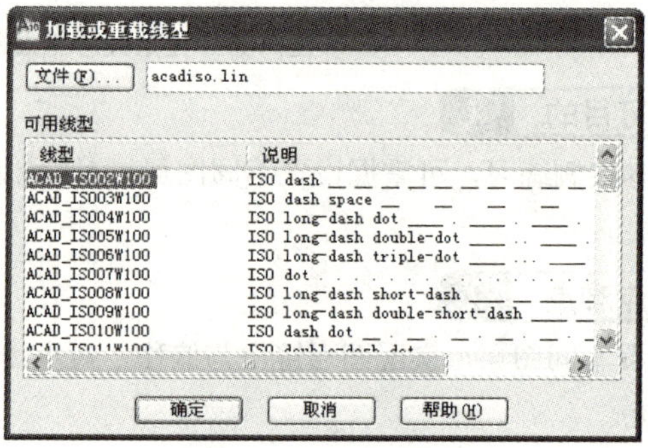

图5-45 选择线型

Step 06 单击“确定”按钮，加载选择的线型到“选择线型”对话框中，如图 5-46 所示，选中该线型，单击“确定”按钮，关闭对话框。

Step 07 单击“拟建建筑”图层后的“线宽”按钮，即可打开“线宽”对话框，在其中设置该图层的线宽为 0.35mm，如图 5-47 所示。

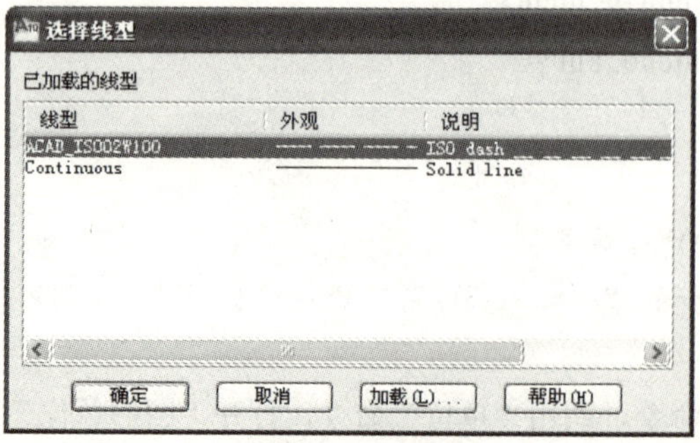

图5-46 加载线型

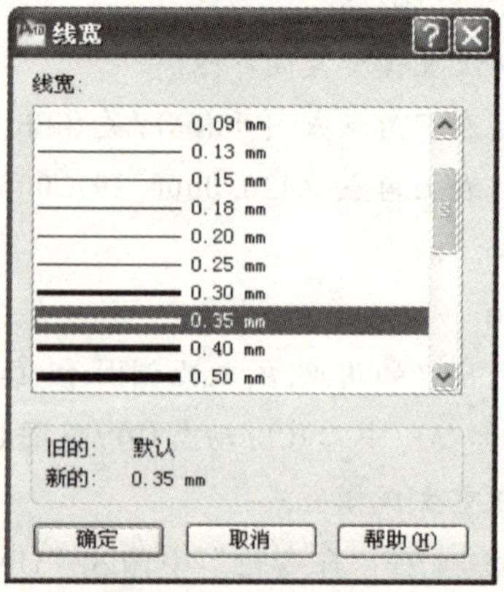

图5-47 设置线宽

Step08 按同样的方法，设置创建的其他各图层的颜色、线型和线宽，“图层特性管理器”选项板如图 5-48 所示。

Step09 将“原有建筑”图层设置为当前图层，调用“直线”命令，按“F8”键打开正交模式，在绘图窗口中绘制如图 5-49 所示的图形。

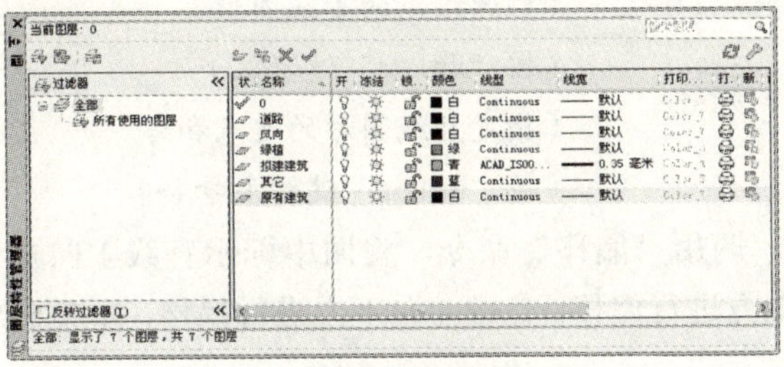

图5-48 设置图层

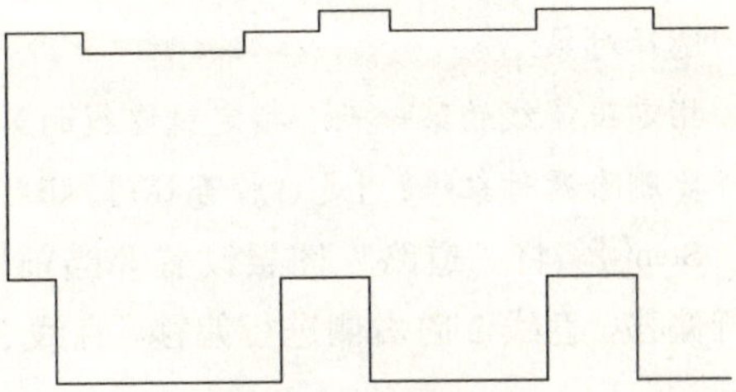

图5-49 绘制图形

命令: _line 指定第一点: <正交 开> （调用“直线”命令，并指定起点）
指定下一点或 [放弃(U)]: 3150 （鼠标左移，指定下一点）
指定下一点或 [放弃(U)]: 875 （鼠标上移，指定下一点）
指定下一点或 [闭合(C)/放弃(U)]: 5000 （鼠标上移，指定下一点）
指定下一点或 [闭合(C)/放弃(U)]: 875 （鼠标上移，指定下一点）
指定下一点或 [闭合(C)/放弃(U)]: 6300 （鼠标上移，指定下一点）
指定下一点或 [闭合(C)/放弃(U)]: 875 （鼠标上移，指定下一点）
指定下一点或 [闭合(C)/放弃(U)]: 3000 （鼠标左移，指定下一点）
指定下一点或 [闭合(C)/放弃(U)]: 875 （鼠标下移，指定下一点）
指定下一点或 [闭合(C)/放弃(U)]: 3300 （鼠标左移，指定下一点）
指定下一点或 [闭合(C)/放弃(U)]: 875 （鼠标下移，指定下一点）
指定下一点或 [闭合(C)/放弃(U)]: 6750 （鼠标左移，指定下一点）
指定下一点或 [闭合(C)/放弃(U)]: 875 （鼠标上移，指定下一点）
指定下一点或 [闭合(C)/放弃(U)]: 3250 （鼠标左移，指定下一点）
指定下一点或 [闭合(C)/放弃(U)]: 10500 （鼠标下移，指定下一点）
指定下一点或 [闭合(C)/放弃(U)]: 2000 （鼠标右移，指定下一点）
指定下一点或 [闭合(C)/放弃(U)]: 4500 （鼠标下移，指定下一点）
指定下一点或 [闭合(C)/放弃(U)]: 9500 （鼠标右移，指定下一点）
指定下一点或 [闭合(C)/放弃(U)]: 4500 （鼠标上移，指定下一点）
指定下一点或 [闭合(C)/放弃(U)]: 3900 （鼠标右移，指定下一点）
指定下一点或 [闭合(C)/放弃(U)]: 4500 （鼠标下移，指定下一点）
指定下一点或 [闭合(C)/放弃(U)]: 7500 （鼠标右移，指定下一点）
指定下一点或 [闭合(C)/放弃(U)]: 4500 （鼠标上移，指定下一点）
指定下一点或 [闭合(C)/放弃(U)]: 3900 （鼠标右移，指定下一点）
指定下一点或 [闭合(C)/放弃(U)]: 4500 （鼠标下移，指定下一点）
指定下一点或 [闭合(C)/放弃(U)]: 3950 （鼠标右移，指定下一点）
指定下一点或 [闭合(C)/放弃(U)]: （结束命令，指定下一点）

2. 绘制道路交叉口

Step01 在“命令行”中输入“M”,调用“镜像”命令,以直线图形的起点和终点连线为镜像线,将所绘制的图形镜像到另一侧,如图 5-50 所示。

命令: mirror （调用“镜像”命令）
选择对象: 指定对角点: 找到 25 个 （框选绘制的直线图形）
选择对象: （按“Enter”键确认）
指定镜像线的第一点: 指定镜像线的第二点: （指定直线图形的起点和终点）
要删除源对象吗? [是(Y)/否(N)] <N>: n （按“Enter”键结束命令）

Step02 将“道路”图层设置为当前图层,调用“偏移”命令,将图中标示直线 1 向左侧进行偏移,直线 2 向右侧进行偏移,直线 3 向上方进行偏移,直线 4 向下方进行偏移,如图 5-51 所示。

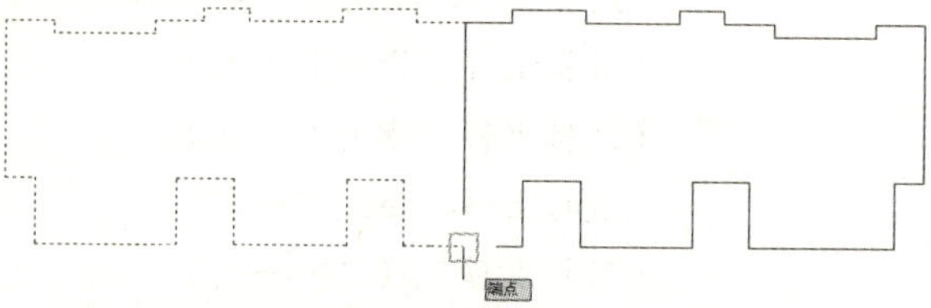

图5-50 镜像操作

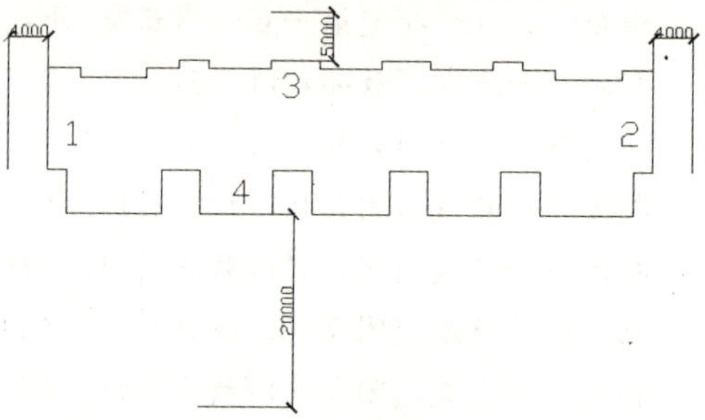

图5-51 偏移操作

命令: _offset （调用“偏移”命令）
当前设置: 删除源=否 图层=源 OFFSETGAPTYPE=0
指定偏移距离或 [通过(T)/删除(E)/图层(L)] <1.00>: 4000 （指定偏移距离）
选择要偏移的对象,或 [退出(E)/放弃(U)] <退出>: （选择直线1）
指定要偏移的那一侧上的点,或 [退出(E)/多个(M)/放弃(U)] <退出>:
选择要偏移的对象,或 [退出(E)/放弃(U)] <退出>: （在直线1的左侧单击）
命令: offset
当前设置: 删除源=否 图层=源 OFFSETGAPTYPE=0
指定偏移距离或 [通过(T)/删除(E)/图层(L)] <4000.00>:
选择要偏移的对象,或 [退出(E)/放弃(U)] <退出>: （选择直线2）
指定要偏移的那一侧上的点,或 [退出(E)/多个(M)/放弃(U)] <退出>: （在直线2的右侧单击）
选择要偏移的对象,或 [退出(E)/放弃(U)] <退出>: （结束命令）
命令: offset （重复“偏移”命令）
当前设置: 删除源=否 图层=源 OFFSETGAPTYPE=0
指定偏移距离或 [通过(T)/删除(E)/图层(L)] <4000.00>: 5000 （指定偏移距离）
选择要偏移的对象,或 [退出(E)/放弃(U)] <退出>: （选择直线3）
指定要偏移的那一侧上的点,或 [退出(E)/多个(M)/放弃(U)] <退出>: (在直线3的上方单击)
选择要偏移的对象,或 [退出(E)/放弃(U)] <退出>: （结束命令）
命令: offset （重复“偏移”命令）

当前设置：删除源=否 图层=源 OFFSETGAPTYPE=0

指定偏移距离或 [通过(T)/删除(E)/图层(L)] <5000.00>: 20000 （指定偏移距离）

选择要偏移的对象，或 [退出(E)/放弃(U)] <退出>: （选择直线4）

指定要偏移的那一侧上的点，或 [退出(E)/多个(M)/放弃(U)] <退出>:（在直线4的下方单击）

选择要偏移的对象，或 [退出(E)/放弃(U)] <退出>: （结束命令）

Step03 调用"圆角"命令，设置圆角半径为2500mm，对偏移后的直线进行圆角操作，如图5-52所示。

命令：_fillet （调用"圆角"命令）

当前设置：模式 = 修剪，半径 = 0.00

选择第一个对象或 [放弃(U)/多段线(P)/半径(R)/修剪(T)/多个(M)]: r（输入"r"选择"半径"选项）

指定圆角半径 <0.00>: 2500 （指定圆角半径）

选择第一个对象或 [放弃(U)/多段线(P)/半径(R)/修剪(T)/多个(M)]: （选择偏移后的一条直线）

选择第二个对象，或按住 Shift 键选择要应用角点的对象: （选择偏移后的另一条直线）

命令： fillet （重复"圆角"命令）

当前设置：模式 = 修剪，半径 = 2500.00

选择第一个对象或 [放弃(U)/多段线(P)/半径(R)/修剪(T)/多个(M)]:（选择偏移后的直线）

选择第二个对象，或按住 Shift 键选择要应用角点的对象: （选择偏移后的直线）

命令：fillet

当前设置：模式 = 修剪，半径 = 2500.00

选择第一个对象或 [放弃(U)/多段线(P)/半径(R)/修剪(T)/多个(M)]:

选择第二个对象，或按住 Shift 键选择要应用角点的对象:

命令：fillet

当前设置：模式 = 修剪，半径 = 2500.00

选择第一个对象或 [放弃(U)/多段线(P)/半径(R)/修剪(T)/多个(M)]:

选择第二个对象，或按住 Shift 键选择要应用角点的对象:

Step04 调用"直线"命令，以原有建筑图形相应直线的中点为起点，绘制垂直线，如图5-53所示。

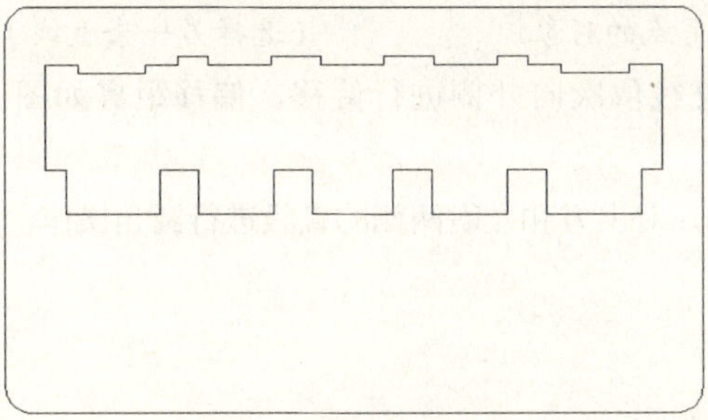

图5-52 圆角操作效果

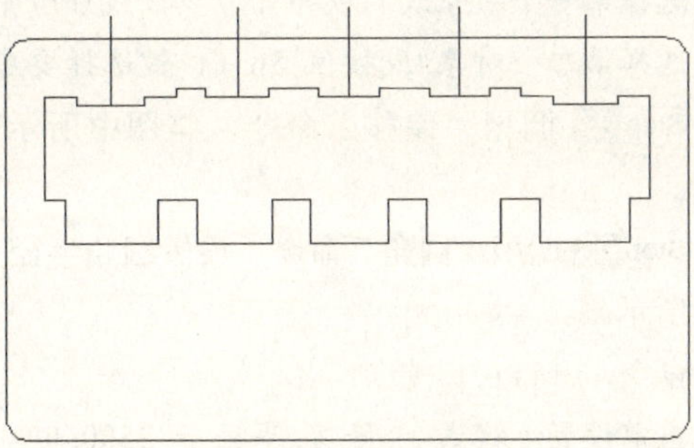

图5-53 绘制垂直线

Step05 调用"偏移"命令，将刚绘制的垂直线分别向各自左右偏移1500mm的距离，删除绘制的直线。再调用“修剪”命令，对图形进行修剪操作，如图 5-54 所示。

命令: trim

当前设置:投影=UCS,边=无

选择剪切边...

选择对象或 <全部选择>:

选择要修剪的对象,或按住 Shift 键选择要延伸的对象,或

[栏选(F)/窗交(C)/投影(P)/边(E)/删除(R)/放弃(U)]:

选择要修剪的对象,或按住 Shift 键选择要延伸的对象,或

[栏选(F)/窗交(C)/投影(P)/边(E)/删除(R)/放弃(U)]:

选择要修剪的对象,或按住 Shift 键选择要延伸的对象,或

[栏选(F)/窗交(C)/投影(P)/边(E)/删除(R)/放弃(U)]:

选择要修剪的对象,或按住 Shift 键选择要延伸的对象,或

[栏选(F)/窗交(C)/投影(P)/边(E)/删除(R)/放弃(U)]:

选择要修剪的对象,或按住 Shift 键选择要延伸的对象,或

[栏选(F)/窗交(C)/投影(P)/边(E)/删除(R)/放弃(U)]:

选择要修剪的对象,或按住 Shift 键选择要延伸的对象,或

[栏选(F)/窗交(C)/投影(P)/边(E)/删除(R)/放弃(U)]:

Step 06 调用“圆角”命令，对图形进行圆角操作，如图 5-55 所示。

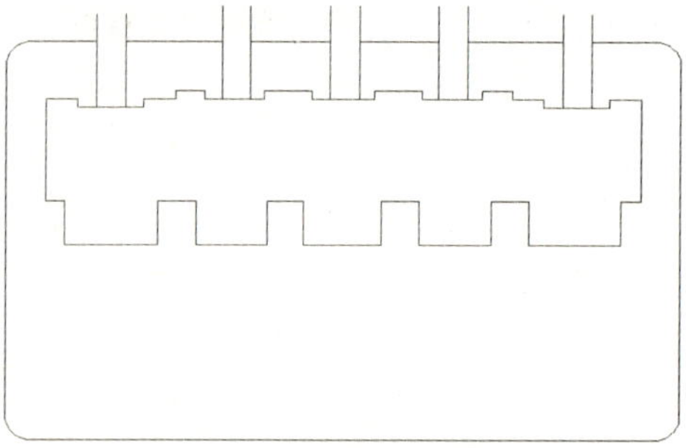

图5-54 偏移并修剪操作

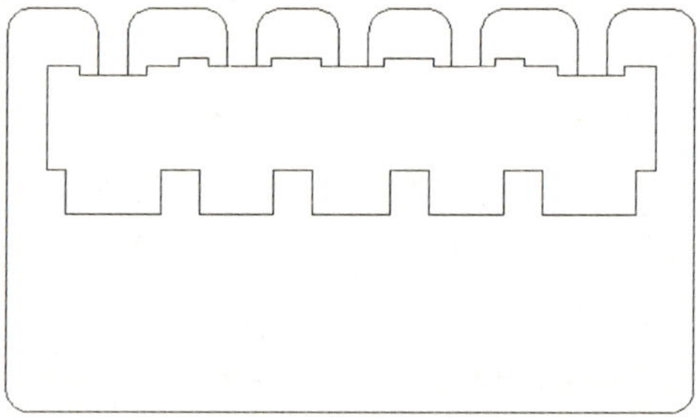

图5-55 圆角操作

命令: _fillet （调用“圆角”命令）

当前设置: 模式 = 修剪,半径 = 2500.00

选择第一个对象或 [放弃(U)/多段线(P)/半径(R)/修剪(T)/多个(M)]:（选择直线）

选择第二个对象,或按住 Shift 键选择要应用角点的对象: （选择另一条直线）

Step 07 调用“偏移”命令，将图中所示的直线依次向外侧进行偏移，偏移距离如图 5-56 所示。

Step 08 调用“圆角”命令，设置圆角半径为 0，对上方和左右两侧的直线进行圆角操作，如图 5-57 所示。

命令: _fillet

当前设置: 模式 = 修剪,半径 = 2500.00

选择第一个对象或 [放弃(U)/多段线(P)/半径(R)/修剪(T)/多个(M)]: r

指定圆角半径 <2500.00>: 0

选择第一个对象或 [放弃(U)/多段线(P)/半径(R)/修剪(T)/多个(M)]:
选择第二个对象,或按住 Shift 键选择要应用角点的对象:
命令: fillet
当前设置: 模式 = 修剪,半径 = 0.00
选择第一个对象或 [放弃(U)/多段线(P)/半径(R)/修剪(T)/多个(M)]:
选择第二个对象,或按住 Shift 键选择要应用角点的对象:

Step 09 调用“延伸”命令，以圆角后的左右两侧的直线为延伸边界，对偏移后的直线进行延伸操作，如图 5-58 所示。

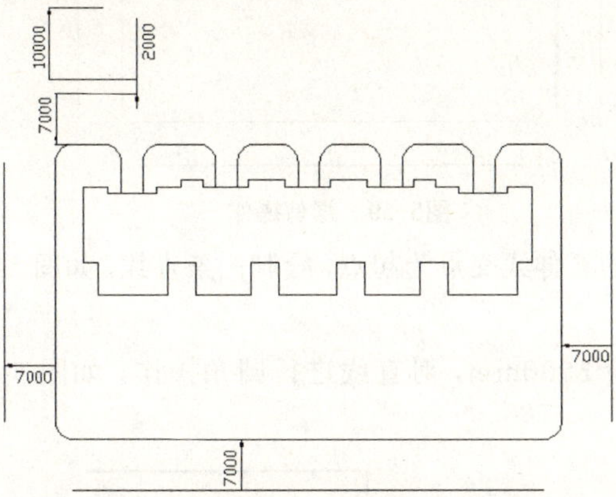

图5-56 偏移操作

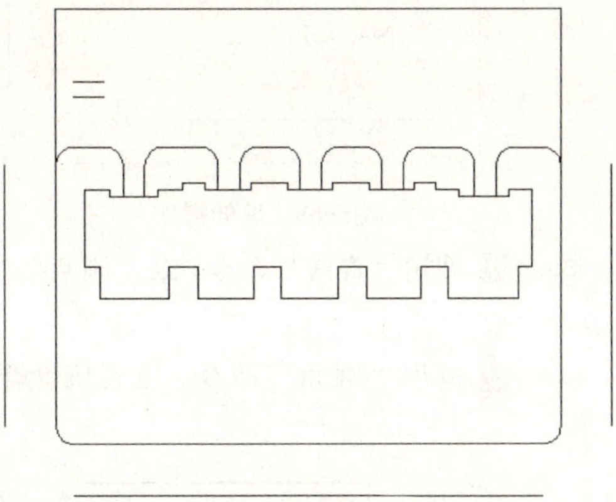

图5-57 圆角操作

命令: extend
当前设置:投影=UCS,边=无
选择边界的边...
选择对象或 <全部选择>: 找到 1 个
选择对象:
选择要延伸的对象,或按住 Shift 键选择要修剪的对象,或
[栏选(F)/窗交(C)/投影(P)/边(E)/放弃(U)]:
选择要延伸的对象,或按住 Shift 键选择要修剪的对象,或
[栏选(F)/窗交(C)/投影(P)/边(E)/放弃(U)]:
选择要延伸的对象,或按住 Shift 键选择要修剪的对象,或
[栏选(F)/窗交(C)/投影(P)/边(E)/放弃(U)]:
命令: extend
当前设置:投影=UCS,边=无
选择边界的边...
选择对象或 <全部选择>: 找到 1 个

Step 10 调用“修剪”命令，对左右两侧的直线进行修剪操作，如图 5-59 所示。

命令: _trim
当前设置:投影=UCS,边=无
选择剪切边...

选择对象或 <全部选择>:
选择修剪对象,或按住 Shift 键选择要延伸的对象,或
[栏选(F)/窗交(C)/投影(P)/边(E)/删除(R)/放弃(U)]:

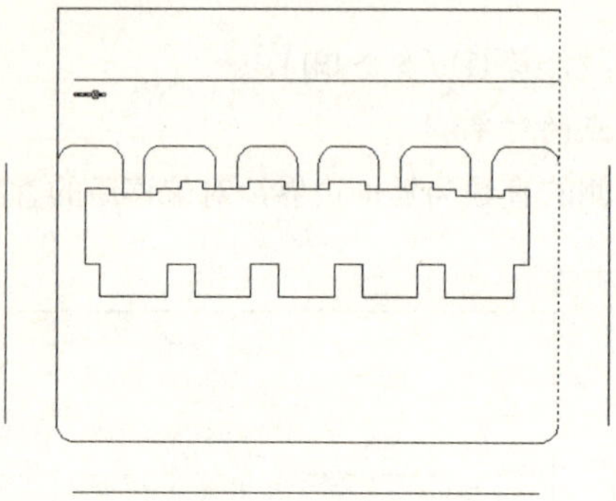

图5-58 延伸操作

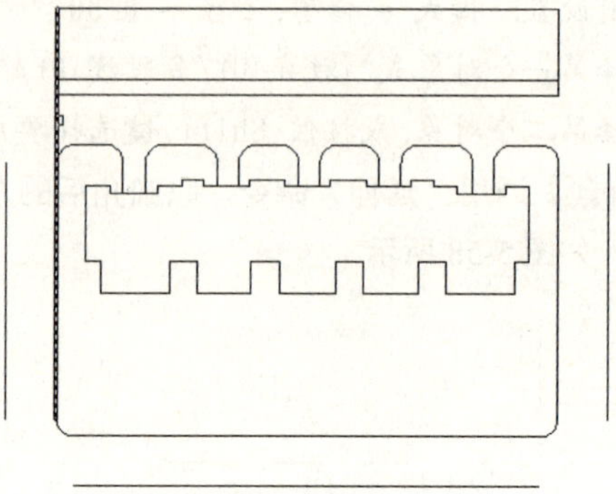

图5-59 修剪操作

Step 11 调用“直线”命令，以左侧两条直线的延伸线交点为起点，绘制一条直线，如图 5-60 所示。

Step 12 调用“圆角”命令，设置圆角半径为 2500mm，对直线进行圆角操作，如图 5-61 所示。

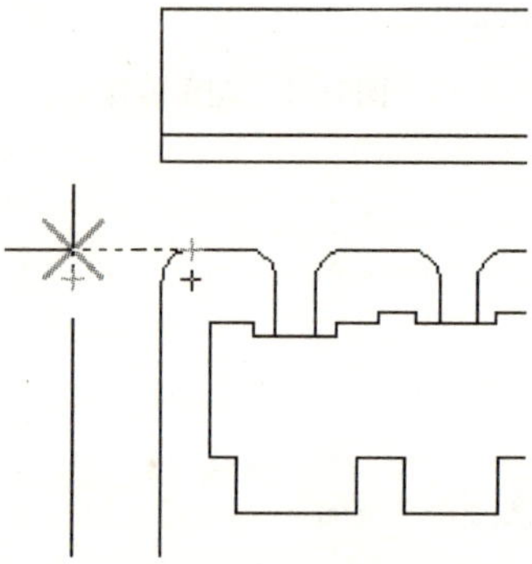

图5-60 绘制直线

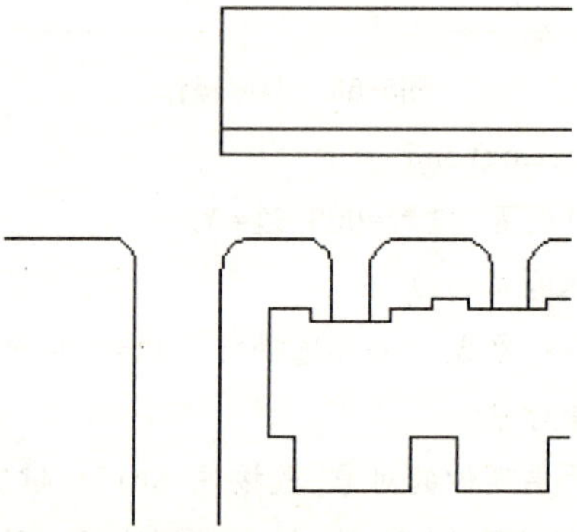

图5-61 圆角操作

Step 13 按照同样方法绘制其他的道路交叉口，如图 5-62 所示。

3．绘制拟建车库图形

Step 01 调用“直线”命令，结合“捕捉自”按钮，在道路正中绘制道路中心线，选中 4 条直线，在“特性”面板中设置线型为 ACAD_ISO02W100，颜色为红色，如图 5-63 所示。

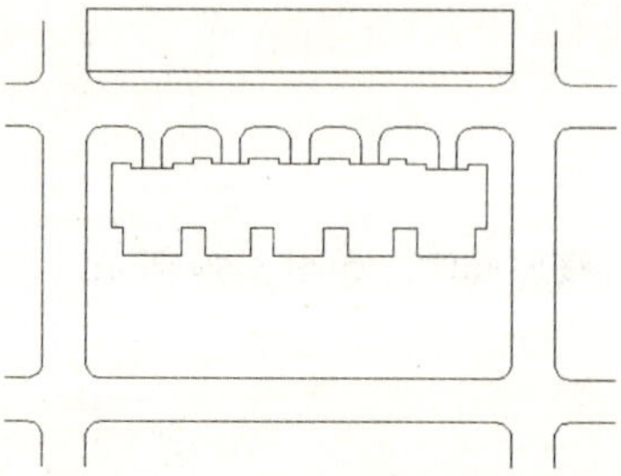

图5-62 绘制道路交叉口效果

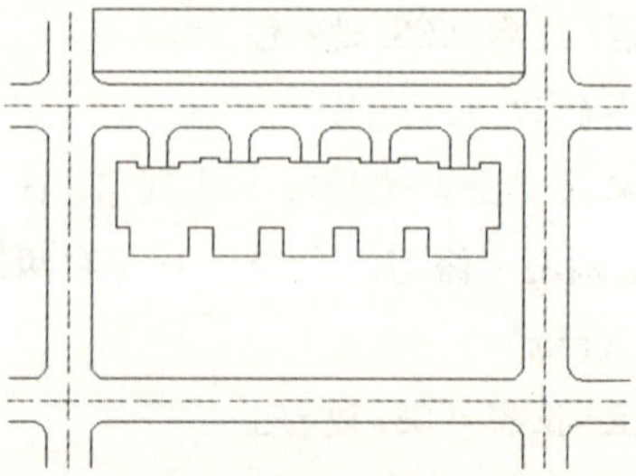

图5-63 绘制道路中心线

Step02 将“拟建建筑”图层设置为当前图层，调用“直线”命令，以原有建筑左侧垂直线的延伸线与偏移后水平线的交点为起点，结合“捕捉自”按钮，以与另一条平行线相交的垂足为基点，向下偏移 500mm 的距离，绘制一条垂直线，如图 5-64 所示。

命令: _line 指定第一点: _from 基点: <偏移>: @0,-500
指定下一点或 [放弃(U)]: @0,-9500
指定下一点或 [放弃(U)]:

Step03 再绘制一条水平线，如图 5-65 所示。

命令: line
指定第一点: <对象捕捉 开>　　(以垂直线上端点为第一点)
指定下一点或 [放弃(U)]: @12300,0
指定下一点或 [放弃(U)]:

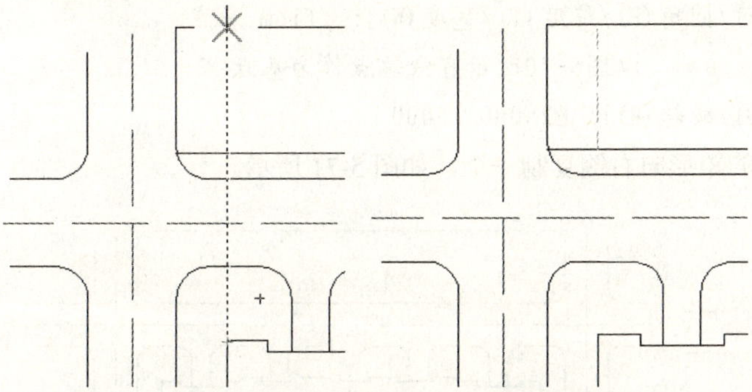

图5-64　结合“捕捉自”按钮绘制直线

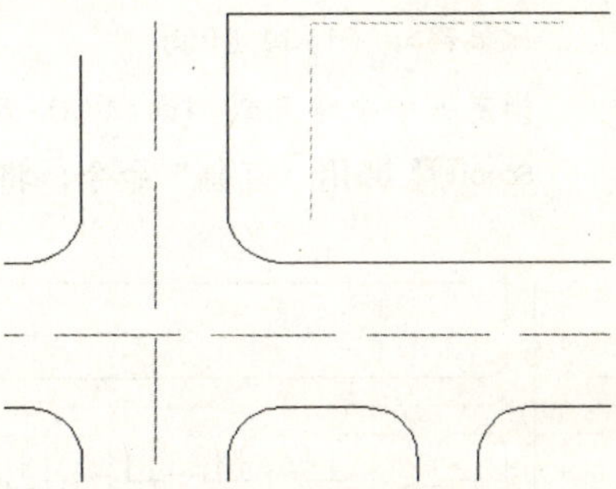

图5-65　绘制水平线

Step04 重复“直线”命令，绘制如图 5-66 所示的直线。

命令: _line 指定第一点: <对象捕捉 开>　　(指定垂直线下方端点)
指定下一点或 [放弃(U)]: 2150 <对象捕捉 关>　　(鼠标右移)
指定下一点或 [放弃(U)]: 800　　(鼠标上移)
指定下一点或 [闭合(C)/放弃(U)]: 8000　　(鼠标右移)
指定下一点或 [闭合(C)/放弃(U)]: 800　　(鼠标下移)
指定下一点或 [闭合(C)/放弃(U)]: 2150　　(鼠标右移)
指定下一点或 [闭合(C)/放弃(U)]:

Step05 删除绘制在“道路”图层的水平线，调用“阵列”命令，即可打开“阵列”对话框，选中刚绘制的直线为阵列对象，其他参数设置如图 5-67 所示。

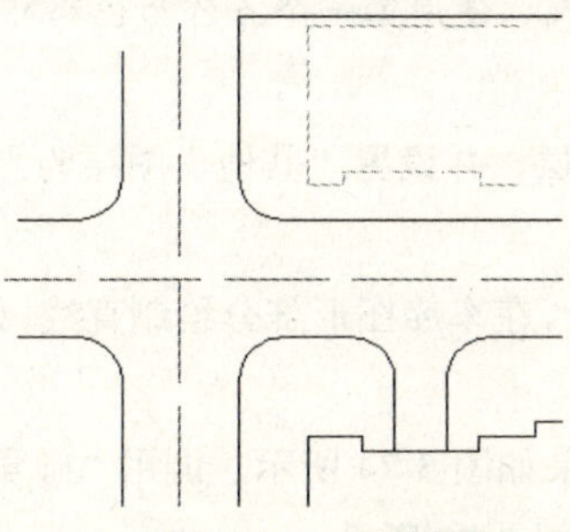

图5-66　绘制直线

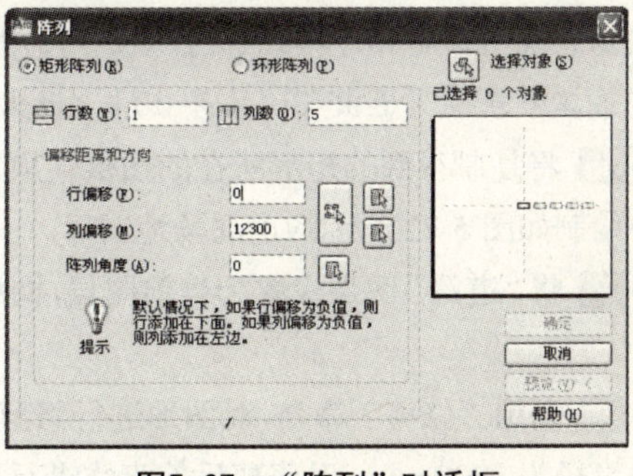

图5-67　“阵列”对话框

Step 06 单击“确定”按钮，将绘制的直线向右阵列复制 5 个，效果如图 5-68 所示。调用“直线”命令，连接右侧的两个端点，绘制完成的拟建车库图形如图 5-69 所示。

4. 绘制室内休闲中心

Step 01 调用“矩形”命令，在原有建筑的下方绘制一个大小为“28000mm×15000mm”的矩形作为室内休闲中心，如图 5-70 所示。

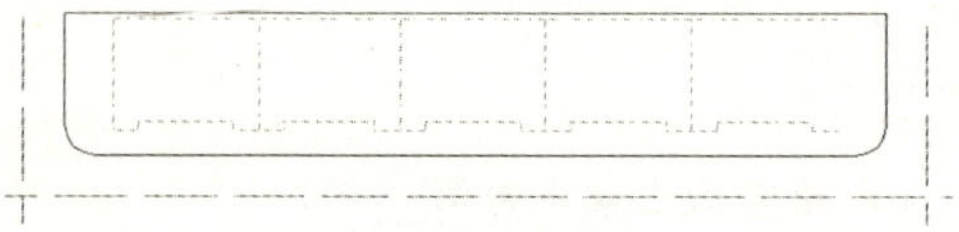

图5-68 阵列效果

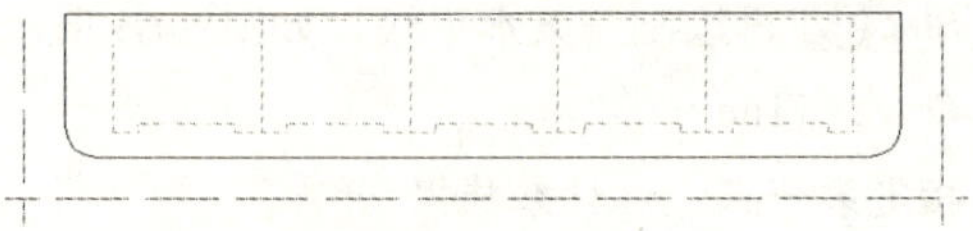

图5-69 绘制直线

命令: _rectang

指定第一个角点或 [倒角(C)/标高(E)/圆角(F)/厚度(T)/宽度(W)]: _from 基点:

<偏移>: @1500,2000　　以图5-70所示直线端点作为基点

指定另一个角点或 [面积(A)/尺寸(D)/旋转(R)]: @28000,15000

Step 02 调用“复制”命令，将绘制的矩形向右侧复制一个，如图 5-71 所示。

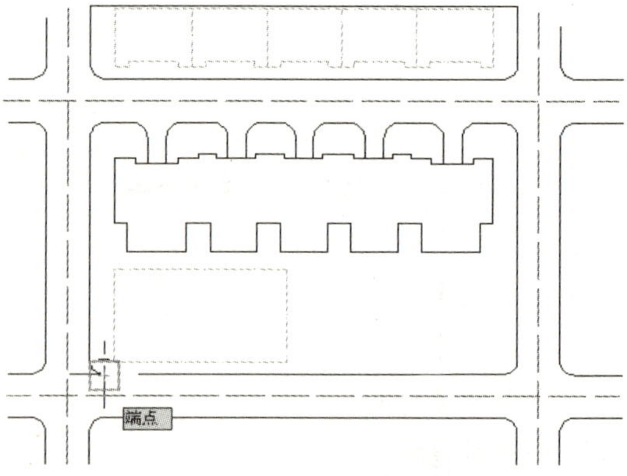

图5-70 绘制矩形

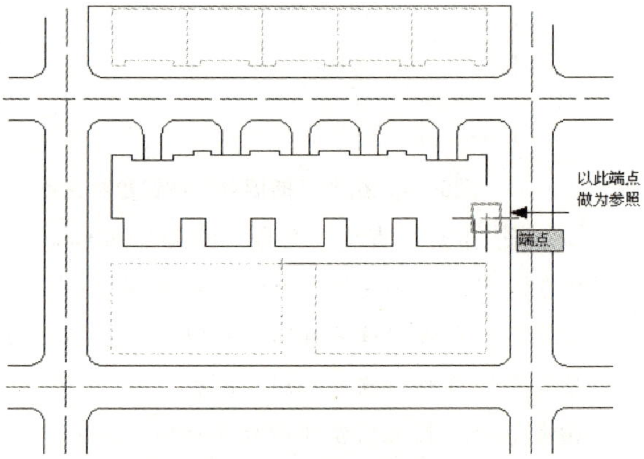

图5-71 复制操作

命令: _copy

选择对象: 找到 1 个

选择对象:

当前设置: 复制模式 = 多个

指定基点或 [位移(D)/模式(O)] <位移>: 指定第二个点或 <使用第一个点作为位移>:

指定第二个点或 [退出(E)/放弃(U)] <退出>:

Step 03 将复制得到的矩形所在的图层转换为“其他”图层，并设置“其他”图层为当前图层，在矩形中绘制如图 5-72 所示的运动场地图形。

Step 04 将“道路”图层设置为当前图层，调用“直线”命令，在车库图形部分绘制直线，如图 5-73 所示。

Step 05 调用“修剪”命令，对图形进行修剪操作，显示效果如图 5-74 所示。调用“圆角”命令，设置圆角半径为 1000mm，对修剪后的直线进行圆角操作，如图 5-75 所示。

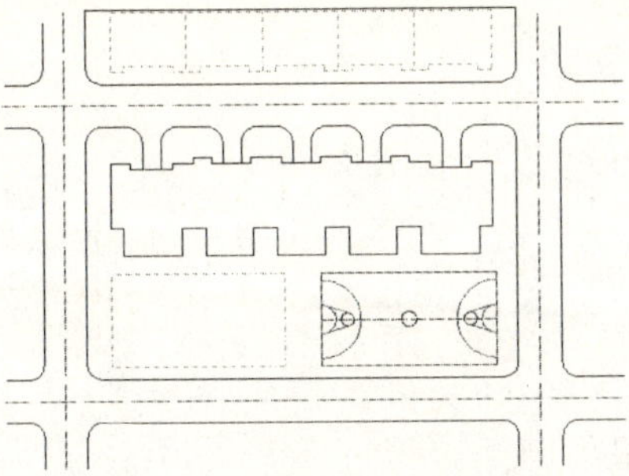

图5-72　绘制运动场地图形

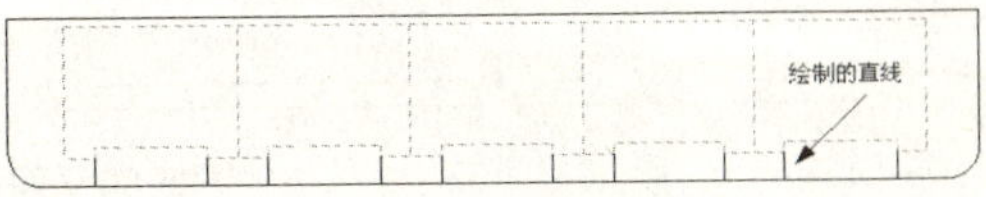

图5-73　绘制直线

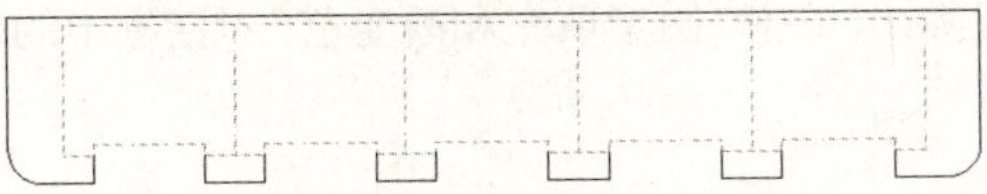

图5-74　修剪效果

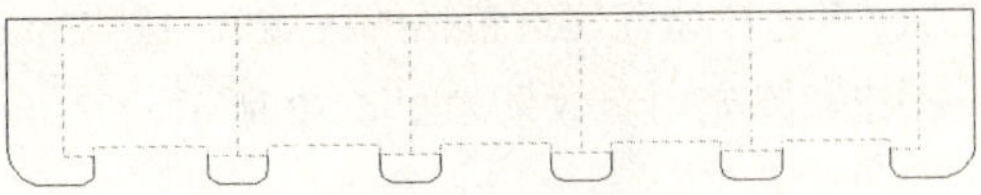

图5-75　圆角操作

5．实现楼面图图案填充

Step01 将“绿植”图层设置为当前图层，在“命令行”中执行“BHATCH（图案填充）”命令，即可打开“图案填充和渐变色”对话框，在“类型和图案”区域中单击“图案”右侧的 按钮，在“填充图案选项板”对话框中选择“CROSS”图案，如图5-76所示。

Step02 单击“确定”按钮，返回“图案填充和渐变色”对话框，在“角度和比例”区域中设置“比例”为100，如图5-77所示。

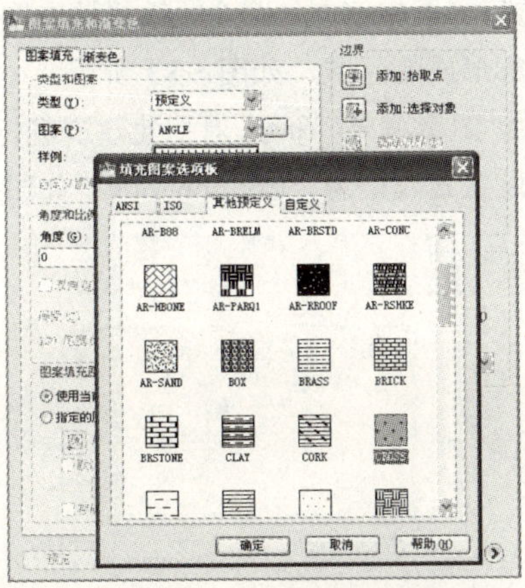

图5-76　选择填充图案

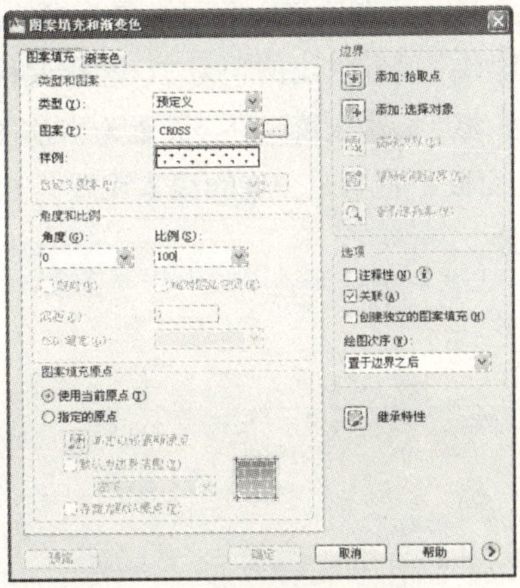

图5-77　设置填充比例

Step03 单击“边界”选项区域中的“添加：拾取点”按钮，在绘图区域中拾取填充区域（不包括拟建建筑），如图5-78所示。按“Enter”键确认，返回“图案填充和渐变色”对话框，单击“确定”按钮完成图案填充，如图5-79所示。

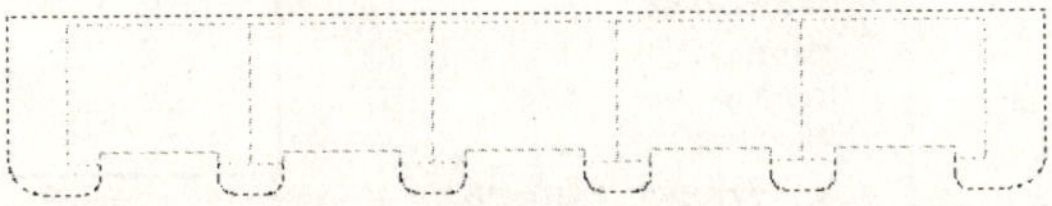

图5-78　选择填充区域

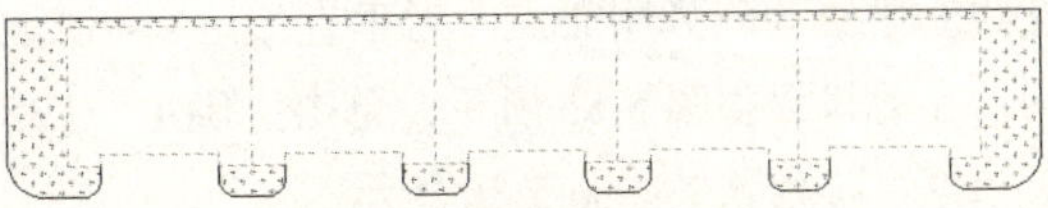

图5-79　图案填充效果

Step04 调用“偏移”命令，将原有建筑外侧的道路轮廓向内偏移1000mm的距离，然后将偏移后的直线和圆弧转换到“绿植”图层，如图5-80所示。

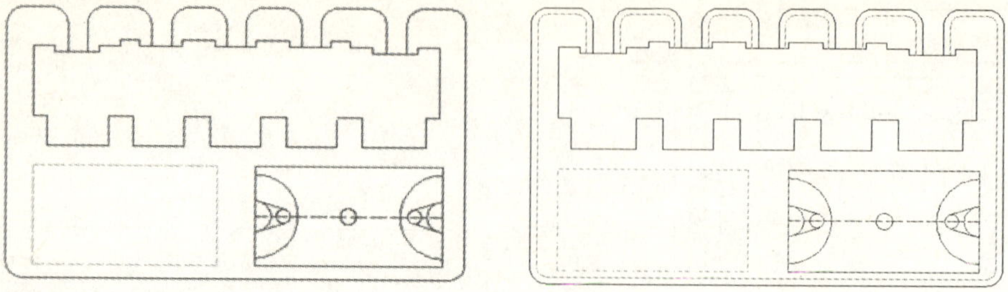

图5-80　偏移并转换图层

Step 05 调用“图案填充”命令，设置“图案填充和渐变色”对话框，拾取如图 5-81 所示的填充区域（不选择原有建筑包括的区域）。按“Enter”键确认，单击“图案填充和渐变色”对话框中的“确定”按钮，填充图案效果如图 5-82 所示。

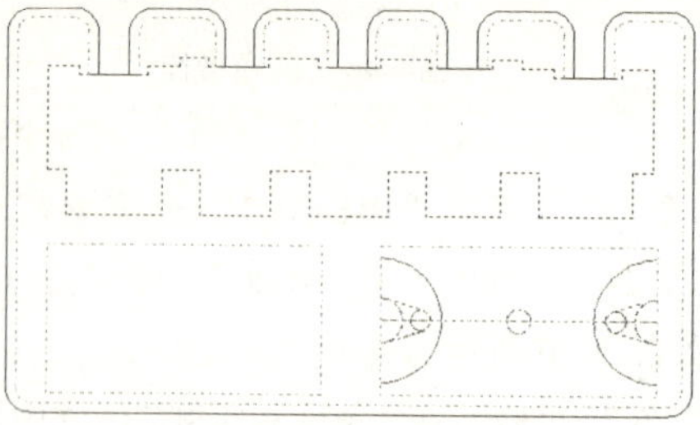

图5-81　选择填充区域

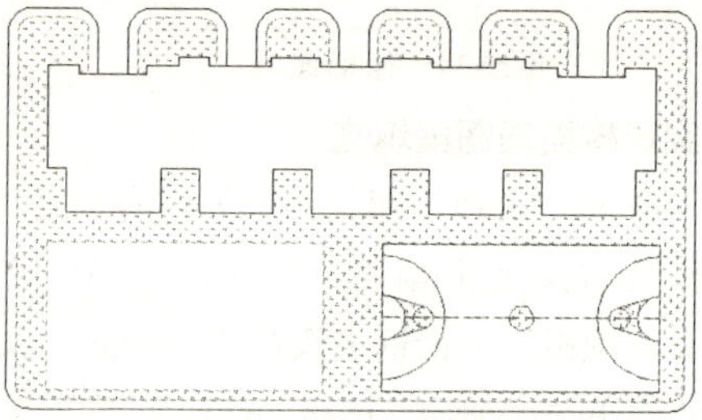

图5-82　图案填充

Step 06 将“原有建筑”图层设置为当前图层，重复“图案填充”命令，选择填充图案为“AR-HBONE”类型，设置“比例”为 5，选择偏移道路轮廓形成的区域，如图 5-83 所示。

Step 07 将“拟建建筑”图层设置为当前图层，调用“图案填充”命令，对拟建建筑进行图案填充，在“特性”面板中将填充图案的线宽设置为 0.25mm，设置其线型为“Contionuous”，如图 5-84 所示。

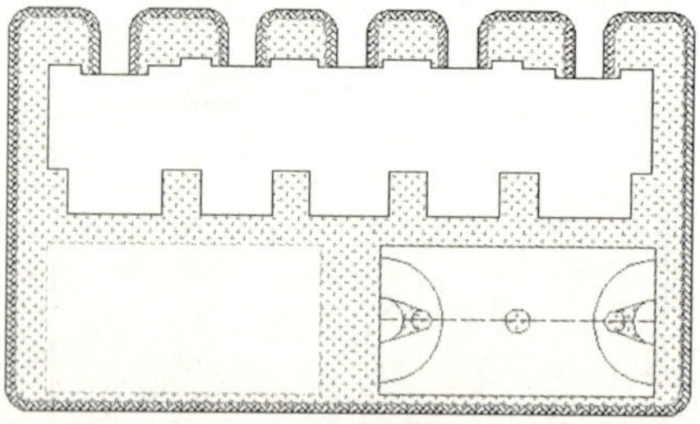

图5-83　图案填充效果

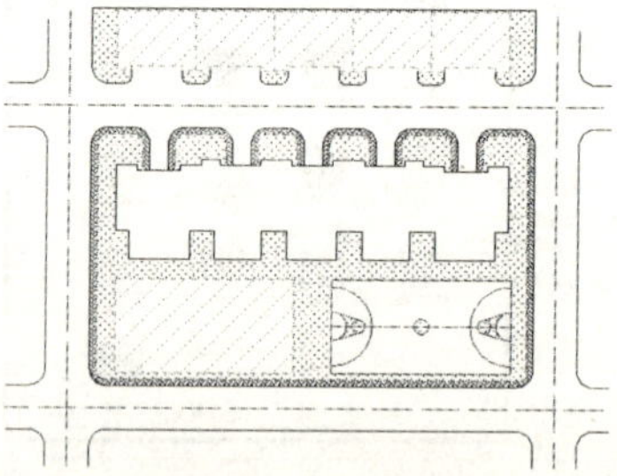

图5-84　图案填充

6. 绘制指向标

Step 01 将“风向”图层设置为当前图层，调用“直线”命令，绘制一条垂直线。调用“阵列”命令，以直线的中点为阵列中心点，对垂直线进行环形阵列复制，参数设置如图 5-85 所示。单击“确定”按钮关闭对话框，阵列效果如图 5-86 所示。

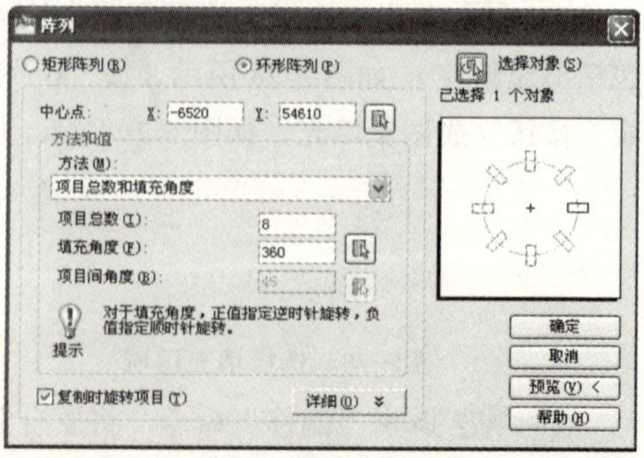

图5-85　“阵列”对话框

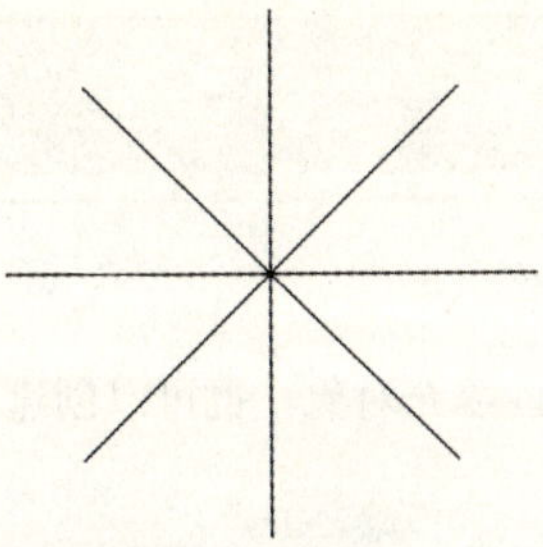

图5-86　阵列效果

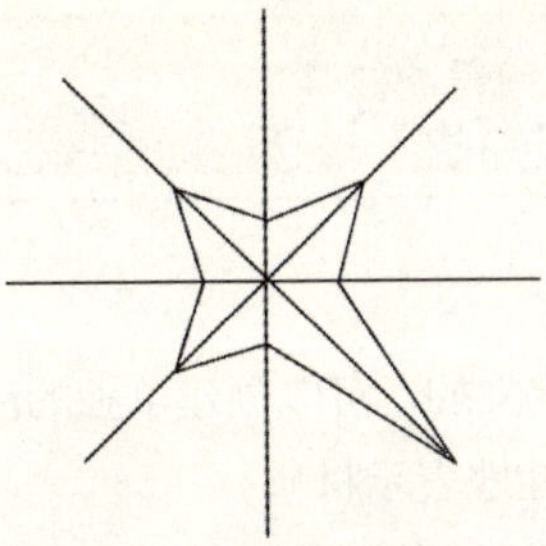

图5-87　绘制多段线

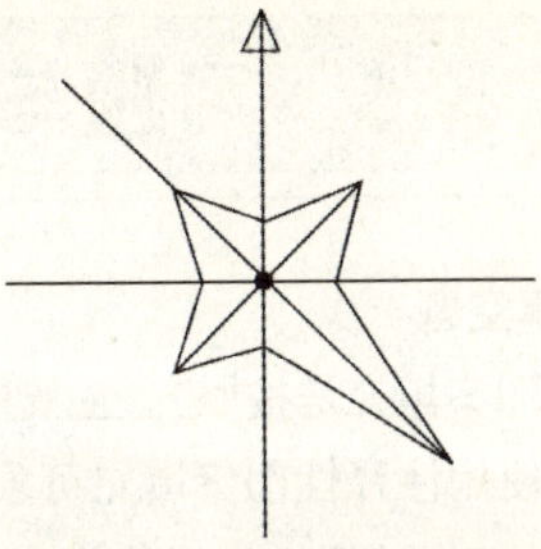

图5-88　绘制箭头及修剪效果

Step02 调用“多段线”命令，设置捕捉“最近点”模式，绘制如图 5-87 所示的图形。

Step03 调用“直线”命令，在垂直线的上方端点位置绘制箭头，调用“修剪”命令，对图形进行修剪操作，如图 5-88 所示。

Step04 调用“图案填充”命令，即可打开“图案填充和渐变色”对话框，参数设置如图 5-89 所示。单击“添加：拾取点”按钮，选择填充区域，图案填充效果如图 5-90 所示。

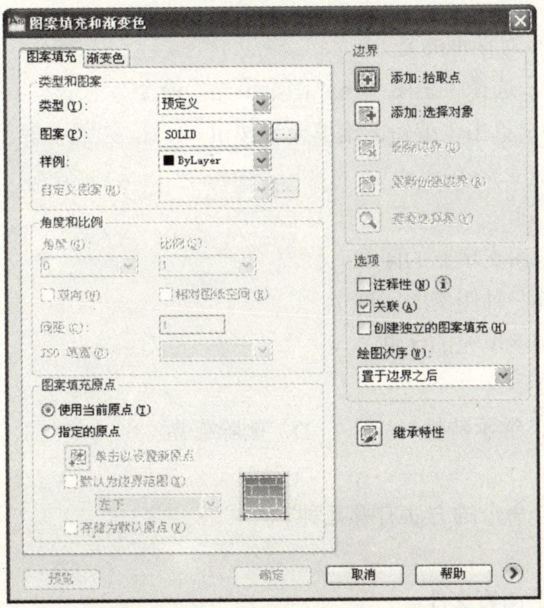

图5-89　设置填充参数

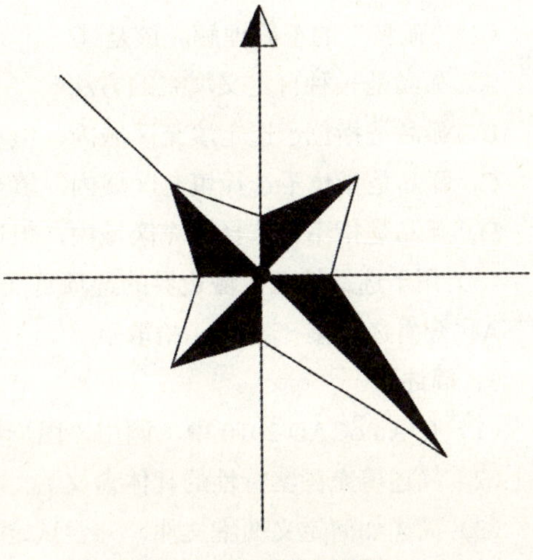

图5-90　图案填充效果

Step05 调用“单行文字”命令，在箭头位置输入字母“N”，表示方向为北，将绘制的风玫瑰放置到图形的适当位置，即可完成如图 5-91 所示的绘制。

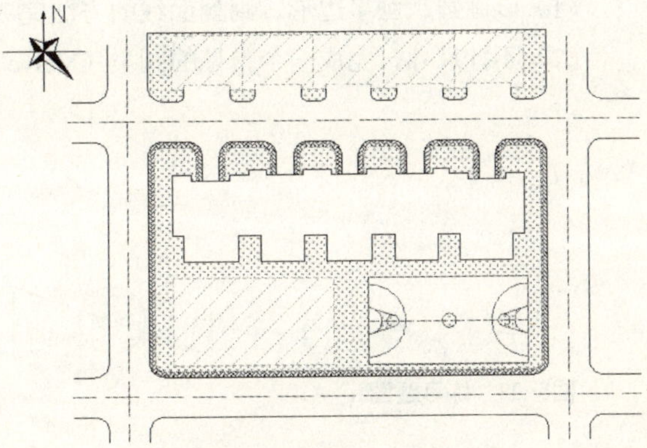

图5-91　最终效果图

在 AutoCAD 中，面域和图案填充也属于二维图形对象。其中，面域是具有边界的平面区域，它是一个面对象，内部可以包含孔；图案填充是一种使用指定线条图案来充满指定区域的图形对象，常常用于表达剖切面和不同类型物体对象的外观纹理。

5.5 习题与上机练习

1．填空题

（1）图案填充是按照______进行定义的，可以创建单独的注释性填充对象，也可以创建______填充图案，使用注释性图案填充可象征性地表示材质。

（2）______计算的作用是将多个面域对象相加合并成一个面域对象；______运算是从一个面域中减去另一个面域，来创建一个新的面域；______的作用是将多个面域相交的公共部分保留，而将其他部分去掉。

（3）______命令从一个封闭区域建立多段线或面域，该命令可以忽略那些给面域命令带来麻烦的相交线，但是在对象之间不允许有空。

（4）在“图案填充和渐变色”对话框中包括______和______选项卡。

2．选择题

（1）下面操作方法不能打开“边界图案填充”对话框的是（　　）。

A．单击“图案填充”按钮　　B．选择“绘图”→“图案填充”命令

C．在命令行内输入“BHATCH”命令　　D．单击“编辑图案填充”按钮

（2）“孤岛”的正确理解应该是（　　）。

A．孤岛是一种自定义填充的方法

B．孤岛是指位于选定填充区域内，但不进行图案填充的区域

C．孤岛是指位于选择填充区域内，填充另外一种图案的区域

D．孤岛是指不在选择填充区域内，但进行图案填充的区域

（3）用于选择填充区域边界的选项是（　　）。

A．查看选择集　　B．拾取点　　C．继承特性　　D．删除孤岛

3．简述题

（1）在 AutoCAD 2010 中，调用“图形界限”命令的方法有哪几种？

（2）简述填充图案特性的具体含义。

（3）简述如何定义图案文件，并尝试定义一个图案文件。

4．上机练习

（1）以画圆、画多边形、画剖面线的方法完成如图 5-92 所示的图形。

（2）不计尺寸，完成一个常见的阀类（Valve），如图 5-93 所示。

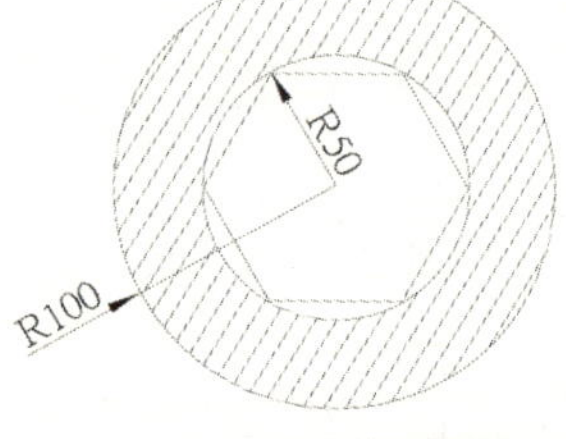

图5-92　练习题图1

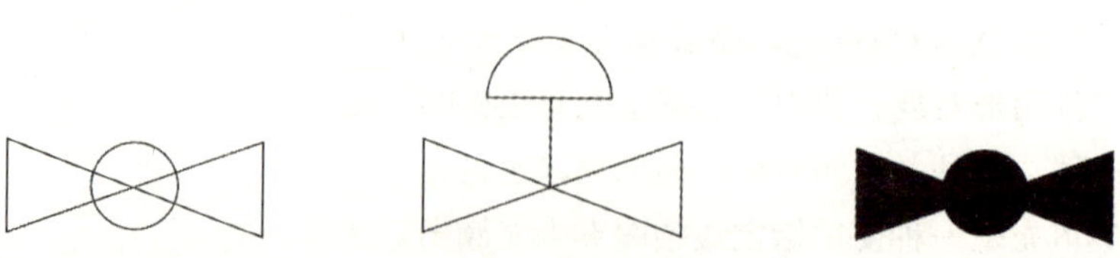

图5-93　练习题图2

第6章 创建并编辑尺寸标注

尺寸是工程图样中必不可少的重要内容，是制造零件，装配、检验产品的重要依据。本章详细介绍了尺寸标注的概念、样式和创建尺寸标注的方法，可以对尺寸标注有初步的了解。此外，还讲述了标注形位公差和编辑尺寸标注的方法。

学习目标

- 了解尺寸标注的概念
- 理解尺寸标注的样式
- 掌握创建和编辑尺寸标注的方法
- 掌握标注形位公差的方法

按照所标对象不同，AutoCAD 将尺寸分成长度尺寸、半径、直径、角度、指引线等；按照尺寸形式不同，尺寸可分为水平、垂直、对齐、连续、基线等。对于不同的尺寸标注方法，AutoCAD 有相应的尺寸标注命令。

6.1 尺寸标注的概念

标注是建筑设计、工程施工的重要依据，包括尺寸标注、通用注释和其他批注信息。进行尺寸标注是向图形中添加测量注释的过程，准确无误地给图形文件进行尺寸标注，可反映出实体的形状大小及各实体之间的位置关系。因此，在进行标注前应了解尺寸标注的基本概念。

6.1.1 尺寸标注的规则

在 AutoCAD 中提供了许多标注对象及设置标注格式的方法，允许用户在各个方向上为各类对象创建各种不同的尺寸标注。为了正确地使用尺寸标注，在设计尺寸标注样式和创建尺寸标注前，应先了解尺寸标注的规则。

在 AutoCAD 2010 中对绘制的图形进行尺寸标注时应遵循如下规则。

① 尺寸线应用细实线绘制，与被标注对象平行；延伸线应用细实线绘制，一般与被标注长度垂直。

② 图样所示物体的真实大小应以图样上标注的尺寸为依据，与图形的比例及绘图的准确性无关。

③ 图样中同一个结构的尺寸，在图形中只能标注一次，并应标注在反映该结构最清晰的部位上。重复的结构可以标注它们的数量。

④ 图样中所示的尺寸应为该图样所示物体的成品尺寸，否则应当加以说明。

⑤ 图样中的尺寸（包括技术要求和其他说明）以毫米（mm）为单位时，不需要标注计量单位的代号或名称。如果采用其他计量单位，则需注明计量单位的代号或名称，如厘米、度等。

⑥ 互相平行的尺寸线，应从被标注的图样轮廓线由近及远整齐排列，较小尺寸应离轮廓线较近，较大尺寸应离轮廓线较远。

⑦ 在国家标准（《建筑制图标准》GB/T 50104-2001）中还可以使用图形的简化方法进行标注，其中连续排列的等长尺寸，可用“个数×等长尺寸＝总长”的形式标注。

6.1.2 尺寸标注的元素

在建筑绘图中，一个完整的尺寸标注应由标注文字、尺寸线、延伸线、尺寸线的端点符号及起点等元素组成，如图 6-1 所示。

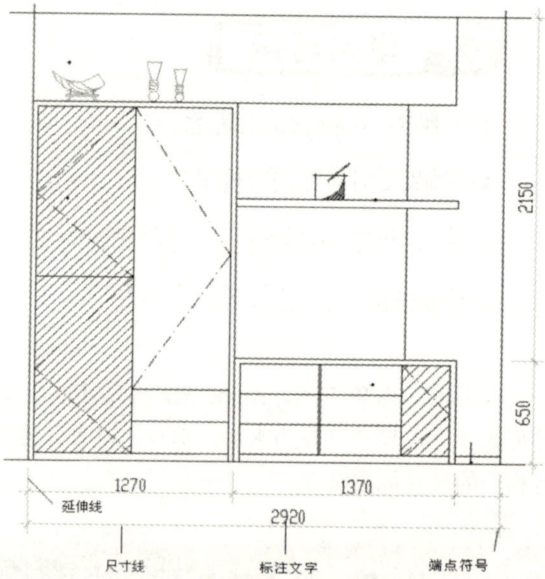

图6-1 尺寸标注的组成

（1）标注文字。标注文字是用于指示图形对象的实际测量值的文本字符串，通常由数字、词汇、参数和特殊符号组成。默认情况下，数字/符号的格式为十进制。尺寸文字可以只反映基本的尺寸，也可以带尺寸公差，还可以按极限尺寸形式标注。

标注文字应按标准字体书写，要求字体端正、笔划清楚、排列整齐、间隔均匀。根据图形的复杂程度，字体的大小通常可选用 20、13、10、7、5、3.5、2.5 共 7 种，宽高比为 0.67，数字及字母的笔划粗细度约为字高的 1/10，且规定图样上的汉字应为仿宋体，并采用国家正式公布的简化字（以 1964 年公告，1986 年修订的《简化字总表》为国家标准）。在图中遇到图线时须将图线断开。如果图线断开影响信息的表达，则需要调整尺寸标注的位置。

（2）尺寸线。尺寸线一般与所标注对象平行，用于指示标注的方向和范围。对于角度标注，尺寸线是一段圆弧。AutoCAD 通常将尺寸线放置在测量区域中。当尺寸线所在的测量区域空间太小，不足以放置标注文字时，尺寸线将被分为两部分，分别表示测量方向和被测量距离的长度。

（3）尺寸线的端点符号。尺寸线的端点符号也称为终止符号，显示在尺寸线的两端，用于指出测量的开始和结束位置。在室内设计绘图中一般使用建筑标记。尺寸线的端点符号可以为箭头、小斜线箭头、点或斜杠等标记，以满足不同的行业的需要。

(4) 起点。尺寸标注对象标注的定义点，通常是延伸线的引出点。系统测量的数据均以起点为计算点。

(5)尺寸延伸线。尺寸延伸线也称为投影线或证示线，从标注起点引出的表示标注范围的直线，可从图形的轮廓线、轴线、对称中心线引出。同时，轮廓线、轴线及对称中心线也可作为延伸线。

AutoCAD 2010 提供了十余种标注工具以标注图形对象，分别通过如下方法选择标注方式。

方法 1：在“标注”菜单中选择需要的标注方式。

方法 2：在“常用”选项卡下的“注释”面板中单击 线性 按钮的下拉箭头，在弹出的菜单中选择标注样式。

方法 3：在“注释”选项卡下的“标注”面板中选择标注样式。

方法 4：在“标注”工具栏中选择标注样式。

图 6-2 所示是“标注”工具栏，使用这些标注方式可以进行角度、直径、半径、线性、对齐、连续及基线等标注，如图 6-3 所示 。

图6-2 “标注”工具栏

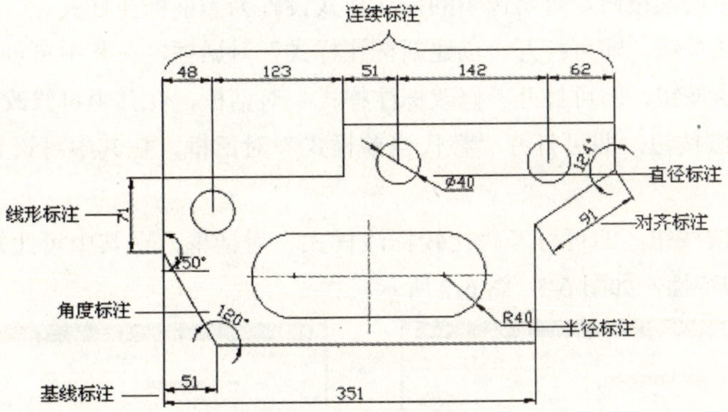

图6-3 对图形进行标注

6.1.3 尺寸标注样式的管理

在 AutoCAD 2010 中，尺寸标注样式不仅可以用于控制尺寸变量，包括尺寸线、标注文字、尺寸界线、箭头的外观及方式、尺寸公差、替换单位等，还可以控制 AutoCAD 放置文字和尺寸线的管理规则以及公差值的格式和精度等项目。

利用“标注样式管理器”对话框可以对标注样式进行管理，如创建和设置标注样式。

通过如下几种方法都可以打开“标注样式管理器”对话框，完成新建标注样式、设置当前标注样式、修改现有的标注样式、替代标注样式中的值、比较标注样式、重命名标注样式，以及删除标注样式等操作，如图 6-4 所示。

方法 1：选择“格式”→“标注样式”命令。

方法 2：在“常用”选项卡下的“注释”面板中单击“标注样式”按钮。

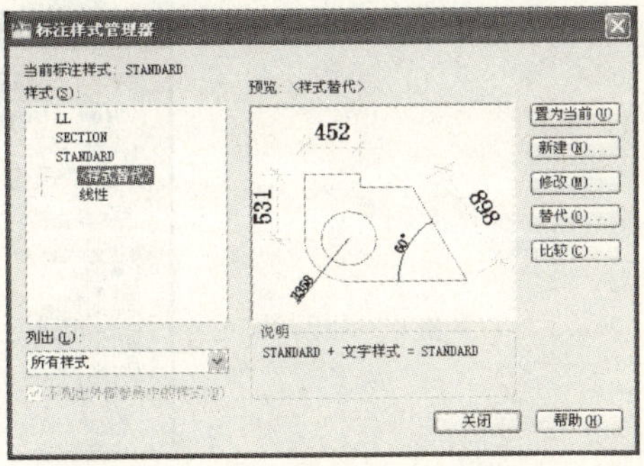

图6-4 “标注样式管理器”对话框

方法 3：在“注释”选项卡下的“标注”面板中单击“标注样式”按钮 。

方法 4：单击“标注”工具栏中的“标注样式”按钮 。

方法 5：在命令行中输入命令“DIMSTYLE”。

在 AutoCAD 2010 中新建图形文件时，系统将根据样板文件来创建一个默认的标注样式。如使用“acad.dwt”样板时默认样式为“STANDARD”，使用“acadiso.dwg”样板时默认样式为“ISO-25”。此外，DIN 和 JIS 系列图形样板还分别提供了德国和日本工业标准样式。在没有用另一种样式替换当前样式之前，STANDARD 样式基本上都是根据美国国家标准协会（ANSI）标注标准设计的。

“标注样式管理器”对话框中各选项及按钮的含义和功能如下。

① 当前标注样式：显示当前正在使用的标注样式名称（默认标注样式为 STANDARD）。

② 样式：该列表框中显示了当前图形中可供选择的所有标注样式，对当前使用的标注样式，在该选项区域内突出显示。

③ 列出：在该下拉列表中可以选择显示哪种标注样式。列出的标注样式有 2 个选项：所有样式和正在使用的样式。其中，选择所有样式，在“样式”区域中将显示所有的标注样式；若选择正在使用的样式，则在该区域中将显示当前图形引用的标注样式。

④ 置为当前：单击该按钮，可将选中的标注样式设置为当前标注样式。

⑤ 新建：单击该按钮，即可打开“创建新标注样式”对话框，在其中可创建新标注样式。

⑥ 修改：单击该按钮，即可打开“修改标注样式”对话框，在其中可修改已创建的标注样式。

⑦ 替代：单击该按钮，即可打开“替代当前样式”对话框，在其中可设置当前标注样式的临时替代值。

⑧ 比较：单击该按钮，即可打开“比较标注样式”对话框，在其中可比较两种标注样式的特性或浏览标注样式的特性，如图 6-5~ 图 6-7 所示。

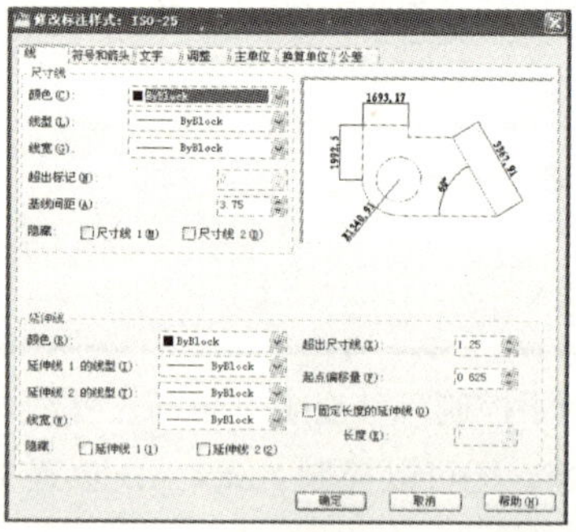

图6-5 “修改当前样式”对话框

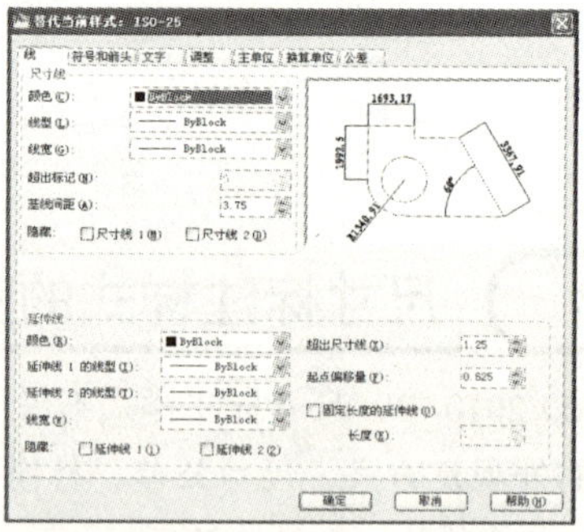

图6-6 “替代当前样式”对话框

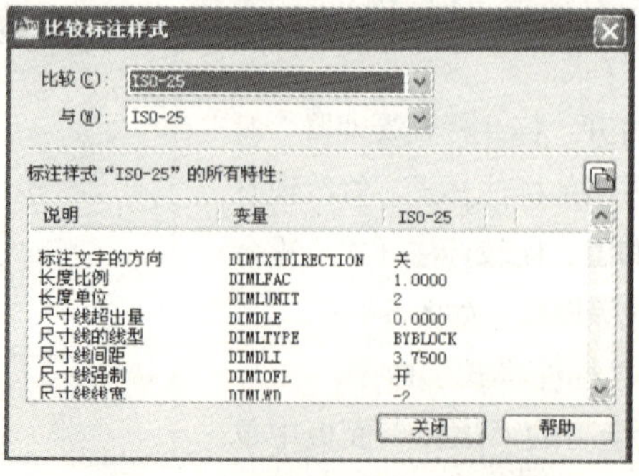

图6-7 “比较标注样式”对话框

6.2 尺寸标注的样式

对图形进行尺寸标注，可以使整体图形更加容易识别和理解。但在进行尺寸标注之前，需要先创建标注样式。

6.2.1 创建新标注样式

要创建标注样式，可在“标注样式管理器”对话框中单击“新建”按钮，打开“创建新标注样式”对话框，如图6-8所示。在“新样式名”文本框中可设置新的样式名称；在“基础样式”下拉列表中指定某个尺寸样式作为新样式的基础样式，则新样式将包含基础样式的所有设置；选中“注释性”复选框，则在标注时会自动加注释。

此外，还可在“用于”下拉列表中设定新样式控制的尺寸的类型。默认情况下，“用于”下拉列表的默认选项是“所有标注”，含义是指新样式将控制所有类型的尺寸。

单击“创建新标注样式”对话框中的“继续”按钮，即可打开“新建标注样式”对话框，如图6-9所示。使用“新建标注样式”对话框可以设置新标注样式的特性，其中包括“线”、“符号和箭头”、“文字”、“调整”、“主单位”、“换算单位”及“公差”7个选项卡。

注意

“新建标注样式”、“修改标注样式”和“替代当前样式”这3个选项卡中的选项是相同的。

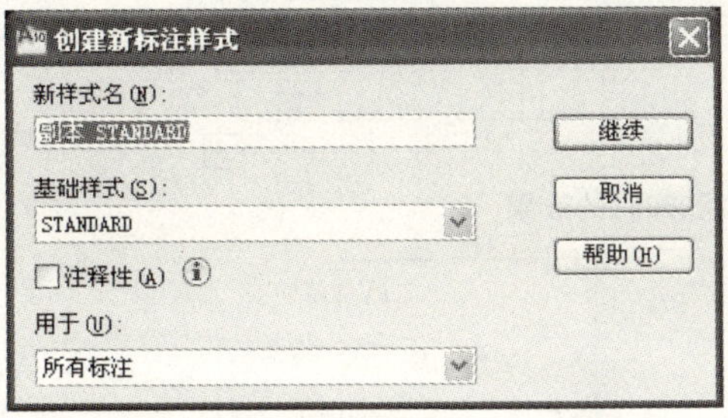

图6-8 “创建新标注样式”对话框

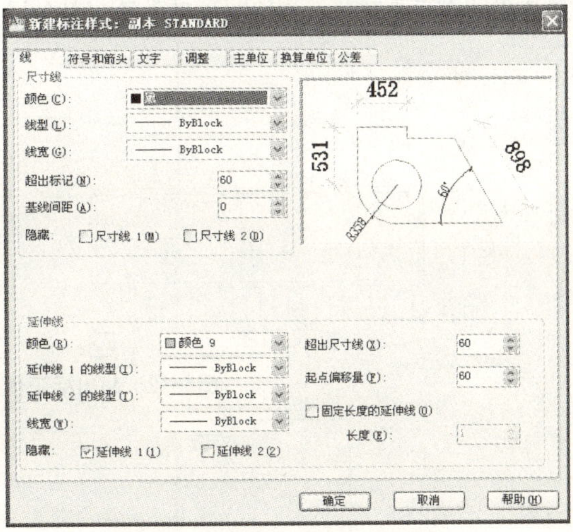

图6-9 “新建标注样式”对话框

6.2.2 “线”选项卡

“线”选项卡用于设置尺寸线、尺寸界线的尺寸、方式、颜色等，包括“尺寸线”和“延伸线”2个选项区域。

1. “尺寸线”选项区域

该选项区域用于设置尺寸线的颜色和线宽、超出标记、基线间距及控制是否隐藏尺寸线。

①颜色：在该下拉列表中可以设置尺寸线的颜色。若单击“颜色”下拉列表中的“选择颜色”选项，可打开“选择颜色”对话框，在其中选择一种合适的颜色，如图 6-10 所示。

②线型：在该下拉列表中可以设置尺寸线的线型。若单击“线型”下拉列表中的“其他”选项，可打开“选择线型”对话框，在其中可选择合适的线型，如图 6-11 所示。

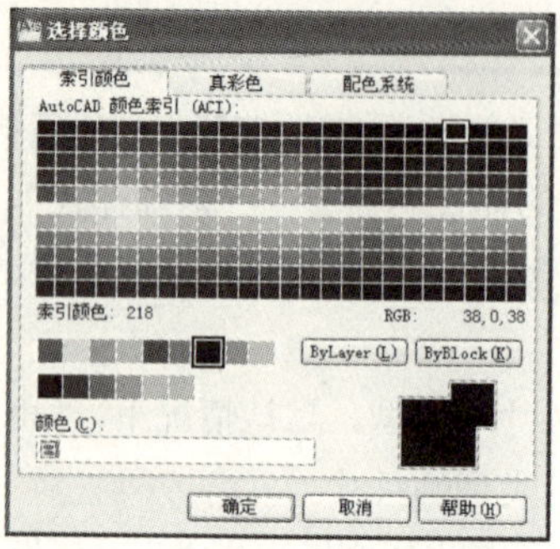

图6-10 “选择颜色”对话框

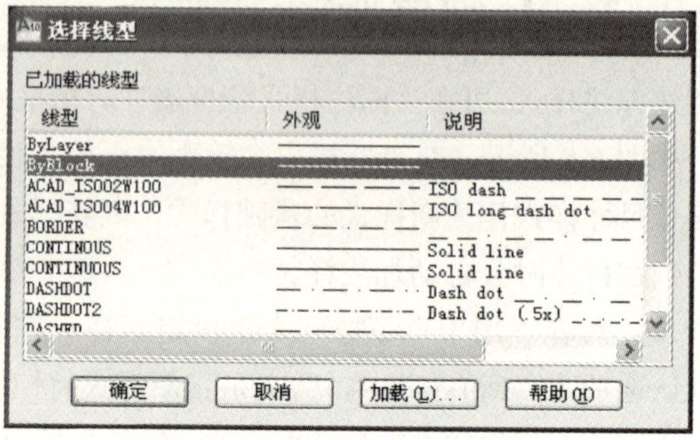

图6-11 “选择线型”对话框

③线宽：在该下拉列表中可以设置尺寸线和延伸线的宽度。默认情况下，尺寸线的线宽也是随块的。

④超出标记：当尺寸线的端点符号采用倾斜、小点、积分或无标记等样式时，使用该文本框可设置尺寸线超出延伸线的长度。图 6-12 所示分别是超出标记值为 0 和 60 时的效果。

⑤基线间距：进行基线尺寸标注时，在该文本框中可以设置尺寸线之间的距离。

⑥隐藏：尺寸线一般分为两段，选中“尺寸线 1”或“尺寸线 2”复选框，可以隐藏第 1 段尺寸线或第 2 段尺寸线及其相应的端点符号。图 6-13 所示分别是隐藏尺寸线 1 和尺寸线 2 的效果。

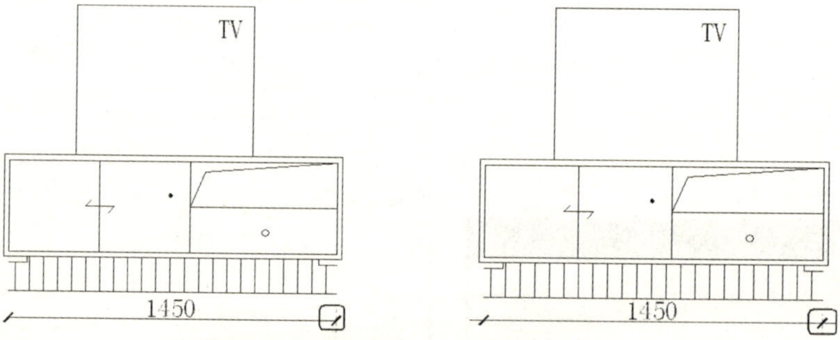

图6-12 超出标记值为0和60时的效果

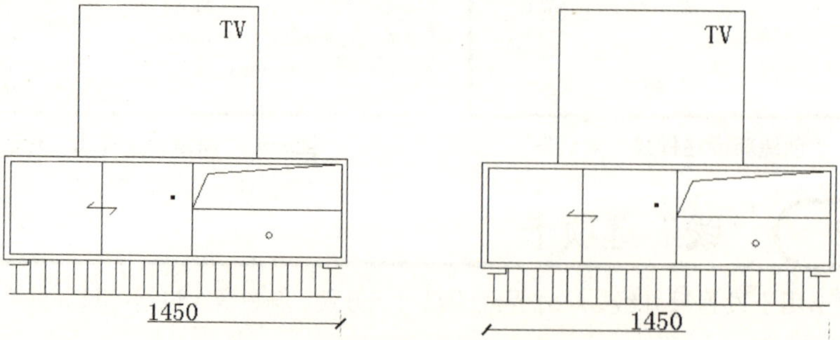

图6-13 隐藏尺寸线1和尺寸线2的效果

2．“延伸线”选项区域

该选项区域用于设置尺寸界线的颜色、线宽、超出尺寸线的长度、起点偏移量以及控制是否隐藏尺寸界线。

① 颜色：在该下拉列表中可以设置延伸线的颜色。

② 延伸线 1 的线型 / 延伸线 2 的线型：在该下拉列表中可以分别设置延伸线 1 和延伸线 2 的线型。

③ 线宽：在该下拉列表中可以设置延伸线的线宽。

④ 超出尺寸线：在文本框中可设置延伸线超出尺寸线的距离，也可以使用变量 dimexe 进行设置。图 6-14 所示分别是超出尺寸线值为 0 和 60 时的效果。

⑤ 起点偏移量：在文本框中设置延伸线的起点与标注定义点的距离，如图 6-15 所示。

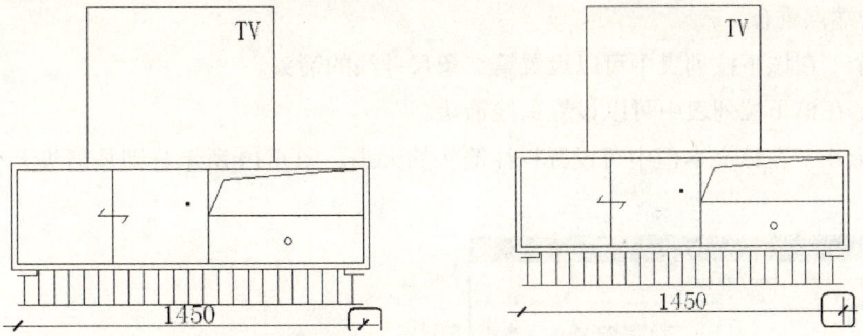

图6-14 超出尺寸线值为0和60时的效果

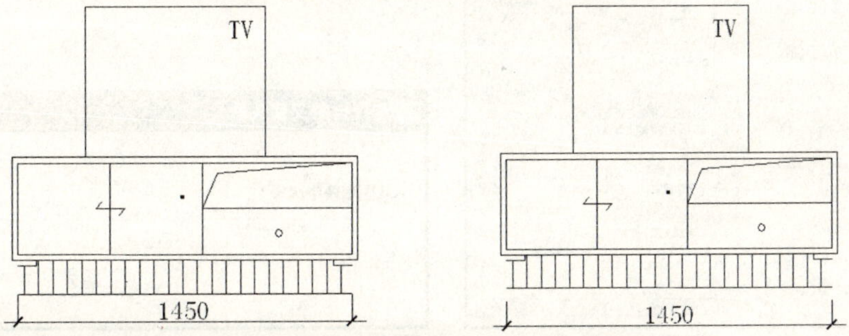

图6-15 起点偏移量值为0和60时的效果

⑥ 固定长度的延伸线：选中该复选框，可以使用具有特定长度的延伸线标注图形，此时，可在“长度”文本框中输入延伸线的数值。

⑦ 隐藏：选中“延伸线 1”或“延伸线 2”复选框，可以相应地延伸线。图 6-16 所示分别是隐藏延伸线 1 和延伸线 2 的效果。

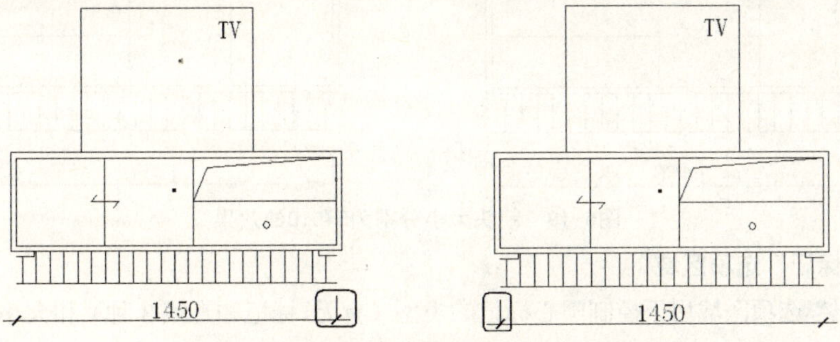

图6-16 分别隐藏延伸线1和延伸线2的效果

6.2.3 “符号和箭头”选项卡

“符号和箭头”选项卡用于设置箭头格式和特性、圆心标记格式和大小、圆弧标注的格式及半径折线标注的格式，如图 6-17 所示。

1.“箭头”选项区域

“箭头”选项区域用于选择尺寸线和引线箭头的种类及定义它们的尺寸大小。

① 第一个：在该下拉列表中可以设置第一条尺寸线的箭头。若在其中选择“用户箭头”选项，即可打开“选择自定义箭头块”对话框，如图 6-18 所示。在“从图形块中选择”文本框中输入当前图形中已有的块名，单击“确定”按钮，即可将该块作为尺寸线的箭头样式。此时，块的插入基点与尺寸线的端点重合。

② 第二个：在该下拉列表中可以设置第二条尺寸线的箭头。

③ 引线：在该下拉列表中可以设置引线箭头。

④ 箭头大小：在该文本框中可设置标注箭头的大小。图 6-19 所示分别是箭头大小为 5 和 10 的效果。

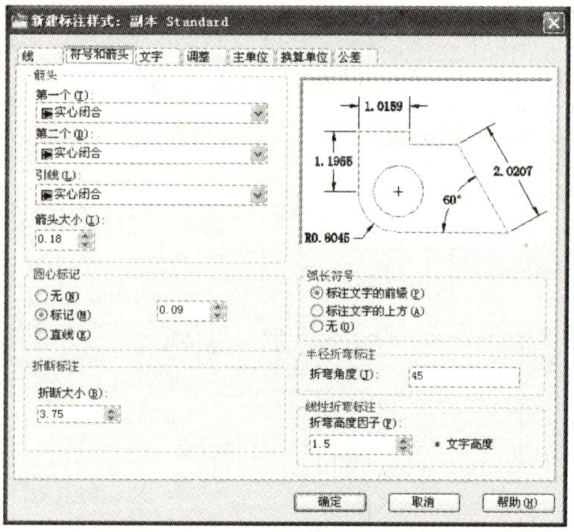

图6-17 “符号和箭头”选项卡

图6-18 “选择自定义箭头块”对话框

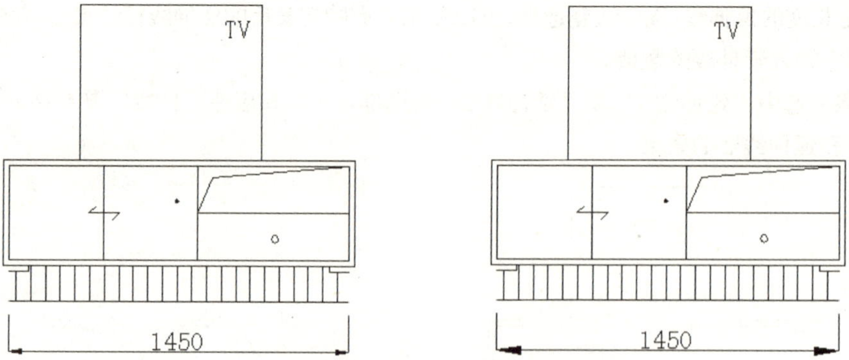

图6-19 箭头大小分别为5和10的效果

2.“圆心标记”选项区域

“圆心标记”选项区域用于控制圆心标记的类型（有无、标记和直线 3 种）和大小。若选中“无”单选按钮，则不创建圆心标记和中心线；选中“标记”单选按钮，则在圆心位置以短十字线标记圆心，该十字线长度可在文本框中设定。选中“直线”单选按钮，则圆心标记的标记线将延伸到圆外，其后的文本框主要用于设定中间小十字标记和长标记线延伸到圆外的尺寸。图 6-20 所示分别是选择“标记”单选按钮和“直线”单选按钮时，圆心标记的效果。

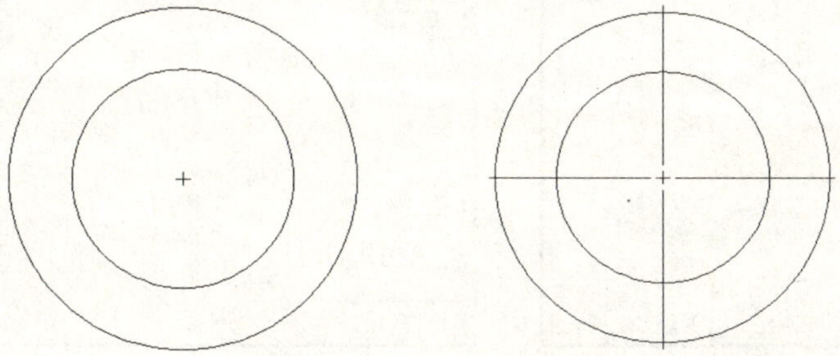

图6-20 标记效果和直线效果

3.“折断标注”选项区域

在“折断大小”文本框中可设置在标注折断时，标注线的长度大小。

4.“弧长符号”选项区域

该选项区域用于控制圆弧符号相对应标注文字的位置，包括“标注文字的前缀”、“标注文字的上方”、“无”。图 6-21 所示是分别选择这 3 个单选按钮时的标注效果。

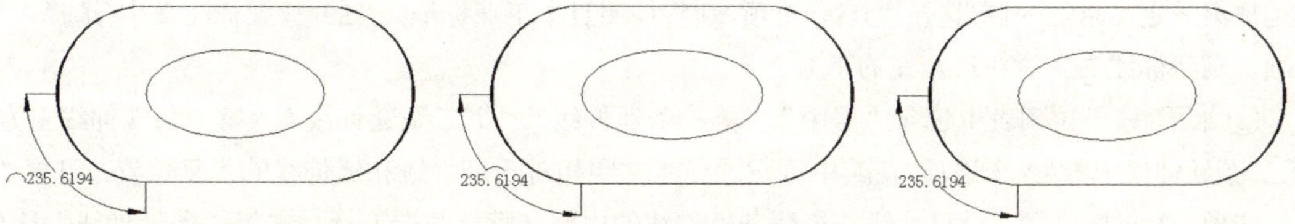

图6-21 弧长符号的位置

5.“半径折弯标注”选项区域

在“折弯角度”文本框中可设置标注圆弧半径时，标注线的折弯角度大小。

6.“线性折弯标注”选项区域

在“折弯高度因子”文本框中设置折弯标注打断时，折弯线的高度。

6.2.4 “文字”选项卡

“文字”选项卡用于设置所标注文字的外观、位置和对齐方式，如图 6-22 所示。

1.“文字外观”选项区域

该选项区域用于设置文字的样式、颜色、高度和分数高度比例，以及控制是否绘制文字边框。

① 文字样式：在该下拉列表中可设置标注文字的样式。单击后面对应的按钮，可打开“文字样式”对话框，从中可设置文字的样式，如图 6-23 所示。

② 文字颜色：在该下拉列表中可设置标注文字的颜色。

③ 填充颜色：在该下拉列表中可以设置标注文字背景的颜色。

④ 文字高度：用于设置当前标注文字样式的高度。

⑤ 分数高度比例：用于设置标注分数和公差的文字高度，AutoCAD 把文字高度乘以该比值，用得到的值设置分数和公差的文字高度。

⑥ 绘制文字边框：选中该复选框，可在标注文字的周围绘制一个边框。

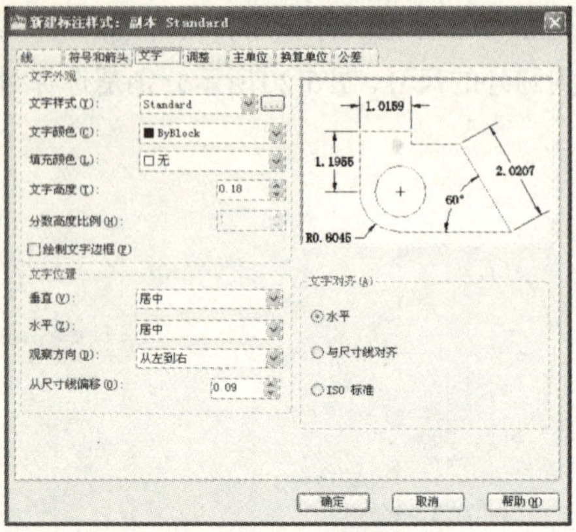

图6-22 “文字”选项卡

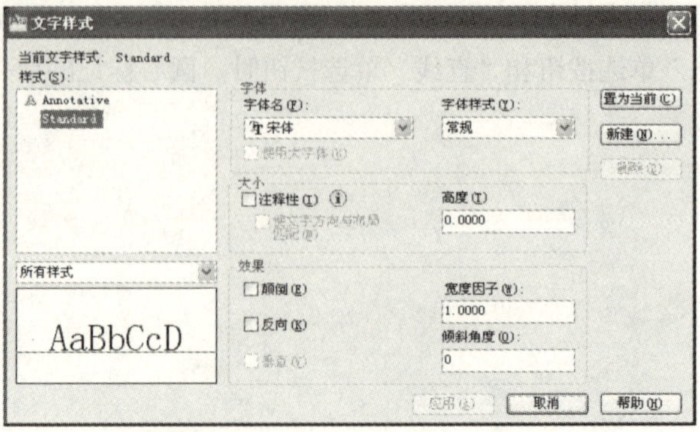

图6-23 “文字样式”对话框

2.“文字位置”选项区域

该选项区域用于控制标注文字的垂直、水平位置及距尺寸线的偏移量。

① 垂直：该下拉列表中包含“居中”、“上”、“外部”、“JIS”、“下”5 个选项，在其中可设置标注文字相对于尺寸线的垂直位置。选择“居中”选项，则将标注文字放在尺寸线的中间；选择“上”选项，则将标注文字放在尺寸线的上方（默认情况）；选择“外部”选项，则将标注文字放在尺寸线远离第一定义点的一侧；选择“JIS”选项，则将按照日本工业标准（JIS）放置标注文字；选择“下”选项，则将标注文字放在尺寸线的下方。

② 水平：该下拉列表中包含“居中”、“第一条延伸线”、“第二条延伸线”、“第一条延伸线上方”、“第二条延伸线上方”5 个选项，在其中可设置标注文字相对于尺寸线和延伸线的水平位置。选择“居中”选项，则将标注文字沿尺寸线放在两条延伸线的中间（默认情况）；选择“第一条延伸线”选项，则将标注文字沿尺寸线与第一条延伸线左对正；选择“第二条延伸线”选项，则将标注文字沿尺寸线与第二条延伸线左对正；选择“第一条延伸线上方”选项，则将沿着第一条延伸线放置标注文字或把标注文字放在第一条延伸线之上；选择“第二条延伸线上方”选项，则将沿着第二条延伸线放置标注文字或把标注文字放在第二条延伸线之上。图 6-24（a）所示是在“垂直”下拉列表和“水平”下拉列表中选择“居中”选项时，标注文字的效果；图 6-24（b）所示是在“垂直”下拉列表中选择“下”选项，在“水平”下拉列表中选择“第二条延伸线”选项时，标注文字的效果；图 6-24（c）所示是在“垂直”下拉列表中选择“外部”选项，在“水平”下拉列表中选择“第一条延伸线上方”选项时，标注文字的效果。

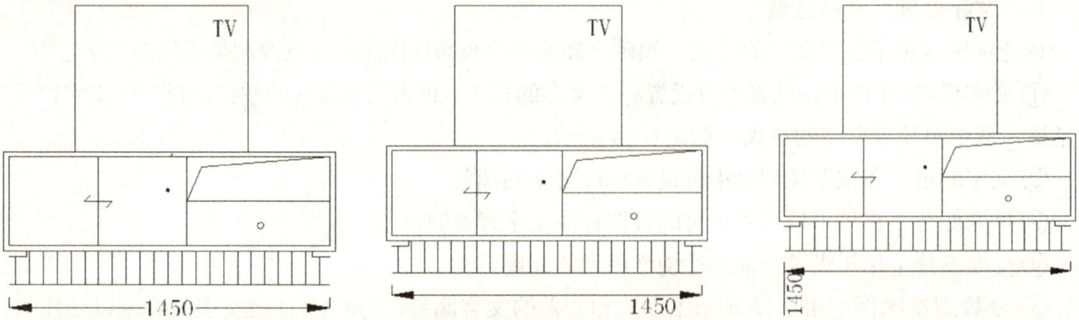

（a）垂直水平居中的效果　（b）在尺寸线的下方，并与第二条延伸线右对正　（c）沿第一条延伸线放置标注文字

图6-24 标注文字在不同位置的效果

③ 观察方向：在该下拉列表中可设置观察文字的方向。

④ 从尺寸线偏移：在该文本框中可设置标注文字与两侧尺寸线的距离。

3．“文字对齐”选项区域

该选项区域用于控制标注文字与尺寸线的对齐方式。

① 水平：选择该单选按钮，则标注文字与 X 轴平行，不考虑尺寸线。

② 与尺寸线对齐：选择该单选按钮，则标注文字的方向与尺寸线一致。

③ ISO 标准：选择该单选按钮，则标注文字按 ISO 标准放置。即当标注文字在延伸线内时，文字方向与尺寸线方向一致；当标注文字在延伸线外时，文字水平放置。

图 6-25 所示是选择“水平”单选按钮和“与尺寸线对齐”单选按钮时，标注文字的效果。

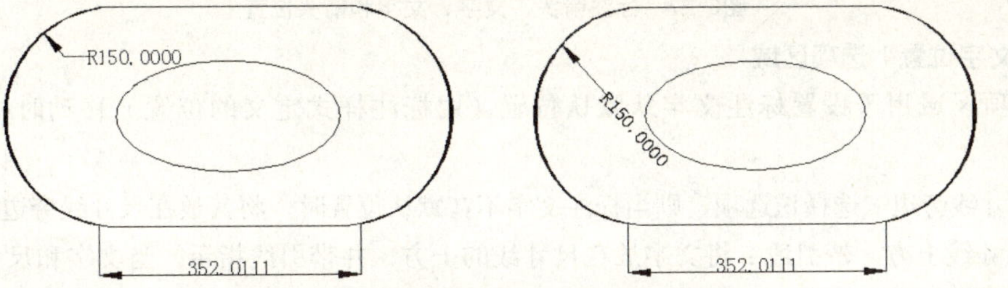

图6-25　水平对齐和与尺寸线对齐的效果

6.2.5 “调整”选项卡

“调整”选项卡用于控制标注文字、箭头、引线和尺寸线的放置，如图 6-26 所示。

1．“调整选项”选项区域

在进行尺寸标注时，当两条延伸线之间没有足够的距离同时放置标注文字和箭头时，设置首先从延伸线中移出的对象。

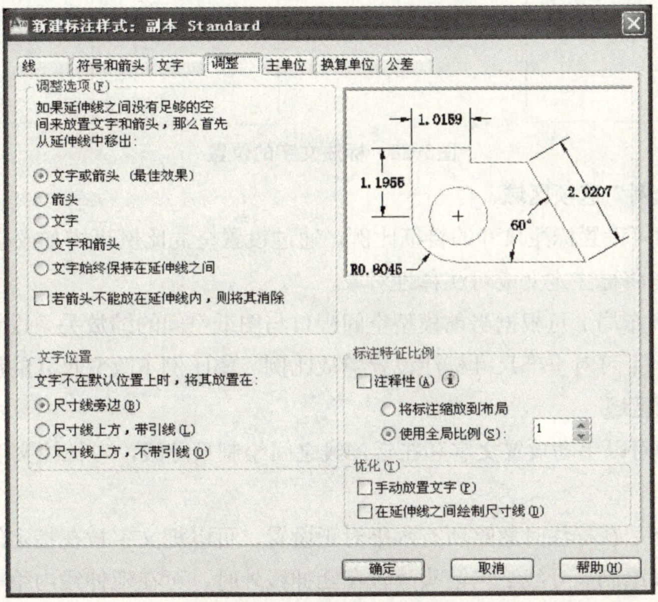

图6-26　“调整”选项卡

① 文字或箭头（最佳效果）：选择该选项，可按最佳效果自动选择移出文字或箭头。

② 箭头：选择该选项，则当延伸线间距离不足以放下箭头时，箭头都放在延伸线外。

③ 文字：选择该选项，则当延伸间距离不足以放下文字时，文字都放在延伸线外。

④ 文字和箭头：当延伸间距离不足以放下文字和箭头时，文字和箭头都放在延伸线外。

⑤ 文字始终保持在延伸线之间：选择该选项，则始终将标注中的文字放在延伸线之间。

⑥ 若箭头不能放在延伸线内，则将其消除：选中该复选框，如果延伸线内间距太小，则不显示箭头。

图 6-27 所示分别为选择“箭头”、“文字”、“文字和箭头”选项时，标注的效果。

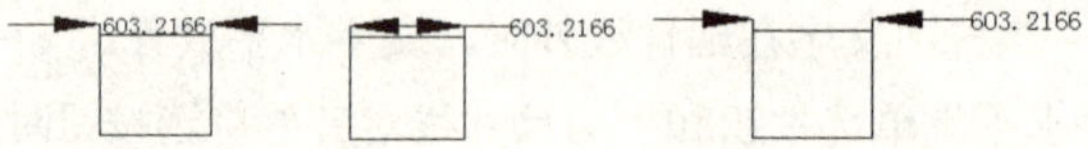

图6-27　标注箭头、文字、文字和箭头位置

2.“文字位置”选项区域

该选项区域用于设置标注文字从默认位置（由标注样式定义的位置）移动时标注文字的位置。

① 尺寸线旁边：选择该选项，则当标注文字不在默认位置时，将其放在尺寸线旁边。

② 尺寸线上方，带引线：将文字放在尺寸线的上方，并带引线指示。当文字和尺寸线的距离较远时，可使用该选项。

③ 尺寸线上方，不带引线：将文字放在尺寸线的上方，不带引线指示。

如图 6-28 所示，分别为选择“尺寸线旁边”、“尺寸线上方，带引线”、“尺寸线上方，不带引线”选项时，标注文字的位置。

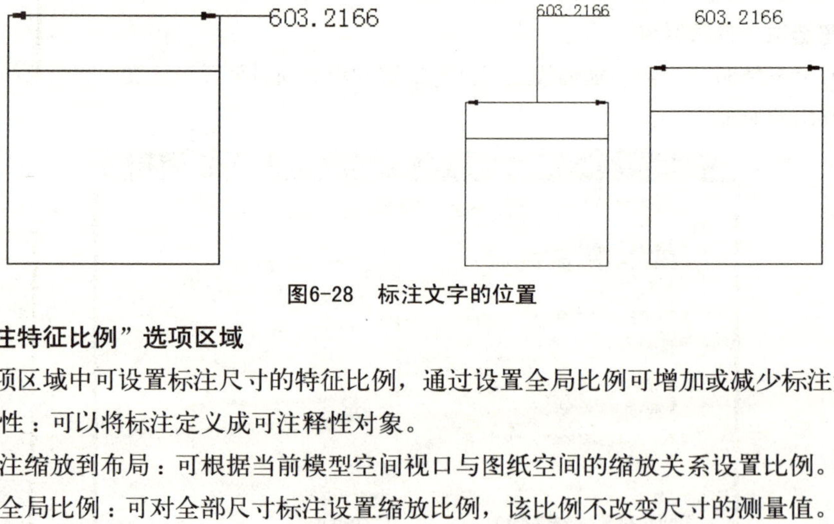

图6-28　标注文字的位置

3.“标注特征比例”选项区域

在该选项区域中可设置标注尺寸的特征比例，通过设置全局比例可增加或减少标注大小。

① 注释性：可以将标注定义成可注释性对象。

② 将标注缩放到布局：可根据当前模型空间视口与图纸空间的缩放关系设置比例。

③ 使用全局比例：可对全部尺寸标注设置缩放比例，该比例不改变尺寸的测量值。

4.“优化”选项区域

在该选项区域中可以手动放置文字和在延伸线之间绘制尺寸线，对标注文字和尺寸线进行细微调整。

① 手动放置文字：在标注时忽略所有水平对正设置，可以把文字放在指定的位置。

② 在延伸线之间绘制尺寸线：当箭头放置在延伸线外时，可在延伸线内绘制出尺寸线。

6.2.6 “主单位”选项卡

“主单位”选项卡用于设置主标注单位的格式和精度、标注文字的前缀和后缀等，如图 6-29 所示。

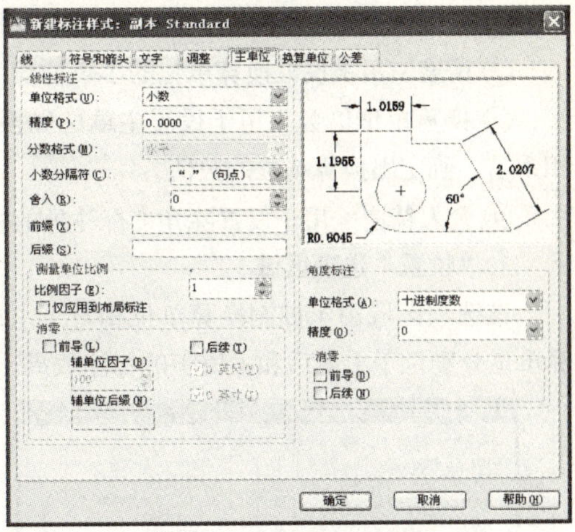

图6-29 “主单位”选项卡

1.“**线性标注**”**选项区域**

该选项区域可用于对线性标注的单位格式与精度进行设置。

① 单位格式：在该下拉列表中可设置除角度标注外的其余各标注类型的尺寸单位。

② 精度：在该下拉列表中可设置除角度标注外的尺寸精度（默认精度是 0.00）。

③ 分数格式：当“单位格式”为分数时，可在该下拉列表中设置分数的格式，包括水平、对象和非堆叠 3 种方式。

④ 小数分隔符：在下拉列表中可设置小数的分隔符，包括逗点、句点和空格 3 种方式。

⑤ 舍入：在该文本框中可设置除角度标注外的尺寸测量值的舍入值。

⑥ 前缀 / 后缀：在该文本框中可设置标注文字的前缀和后缀。

2.“**测量单位比例**”**选项区域**

该选项区域可设置测量尺寸缩放比例，AutoCAD 实际标注值为测量值与该比例的乘积。

① 比例因子：在该文本框中可以设置线性标注测量值的比例因子。

② 仅应用到布局标注：选中该复选框，则只对布局中创建的标注应用线性比例值。

3.“**消零**”**选项区域**

该选项区域用于控制是否显示尺寸标注中的“前导”和“后续”零，以及英尺和英寸中的零是否输出。

① 前导：选中该复选框，则不输出十进制尺寸的前导零（如 0.01 变为 .01）。

② 后续：选中该复选框，则不输出十进制尺寸的后续零（如 12.000 变为 12，23.400 变为 23.4 等）。

③ 0 英尺：表示在距离小于 1 英寸时，不输出英寸 - 英尺型标注中的英尺部分。

④ 0 英寸：表示在距离是整数英尺时，不输出英寸 - 英尺型标注中的英寸部分。

4.“**角度标注**”**选项区域**

该选项区域用于设置角度标注的单位格式、精度及消零等。

① 单位格式：在该下拉列表中可设置标注角度时的单位。

② 精度：在该下拉列表中可设置标注角度的尺寸精度。

6.2.7 “换算单位”选项卡

“换算单位”选项卡用于指定标注测量值中换算单位的显示并设置其格式和精度，如图 6-30 所示。选中“显示换算单位”复选框，即可为标注文字添加换算测量单位。使用 AutoCAD 的换算标注单位，可转换使用不同测量单位制的标注。通常是显示英制标注的等效公制标注，或公制标注的等效英制标注。在标注文字中，换算标注单位显示在主单位旁边方括号内。

1.“换算单位”选项区域

该选项区域用于设置换算单位的单位格式。

① 单位格式：在该下拉列表中可以设置换算单位的单位格式。

② 精度：用于设置换算单位的小数位数。

③ 换算单位倍数：用于设置主单位和换算单位之间的换算因子，即通过线性距离与换算因子相乘后，确定出换算单位的数值。

④ 舍入精度：用于设置除角度标注外的所有标注类型的换算单位的舍入规则。

2.“位置”选项区域

该选项区域用于控制换算单位相对于主单位的位置，包括主值后或主值下。图 6-31 所示为换算单位分别位于主值后和主值下的标注效果。

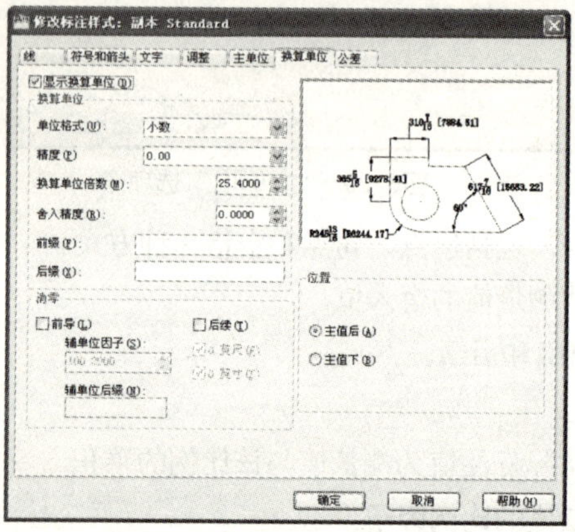

图6-30 “换算单位”选项卡

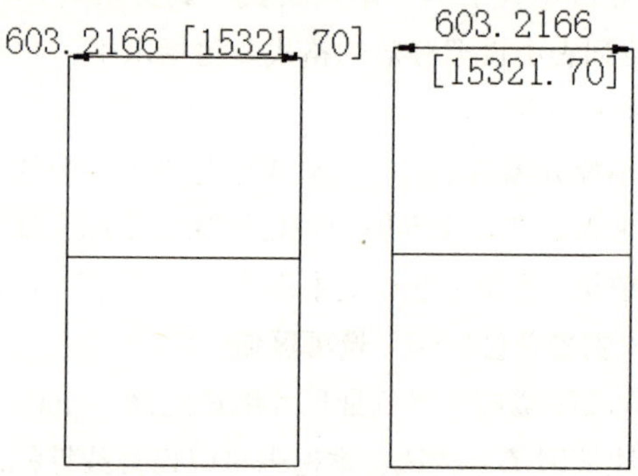

图6-31 换算单位分别位于“主值后”和“主值下”的标注效果

6.2.8 “公差”选项卡

通过“公差”选项卡可设置标注文字中公差格式，包括方式、精度、上偏差、下偏差、高度比例、垂直位置、消零和换算单位公差等内容，如图 6-32 所示。

1.“公差格式”选项区域

该选项区域用于设置公差的标注格式。

① 方式：在该下拉列表中可选择计算公差的方法，包括无、对称、极限偏差、极限尺寸和基本尺寸等选项。图 6-33 所示为依次选择这几种公差标注方式时的效果。

② 上偏差：用于设置最大公差或上偏差。

③ 下偏差：用于设置最小公差或下偏差。

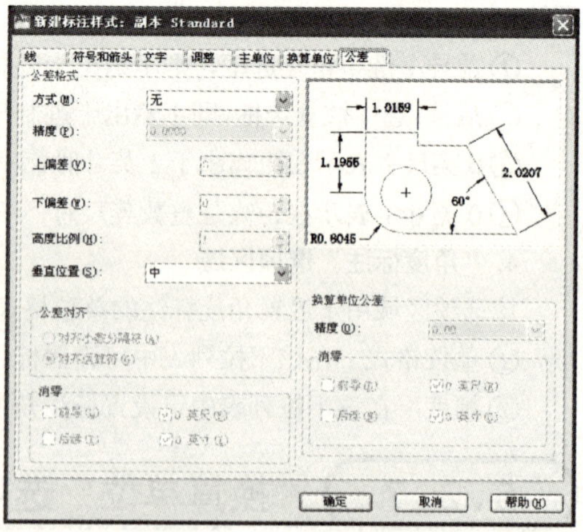

图6-32 “公差”选项卡

④ 高度比例：用于设置公差文字的高度比例因子，AutoCAD 将该高度比例因子与尺寸文字高度的乘积作为公差文字的高度。

⑤ 垂直位置：用于设置公差文字相对于尺寸文字的位置，包括上、中、下 3 种方式。

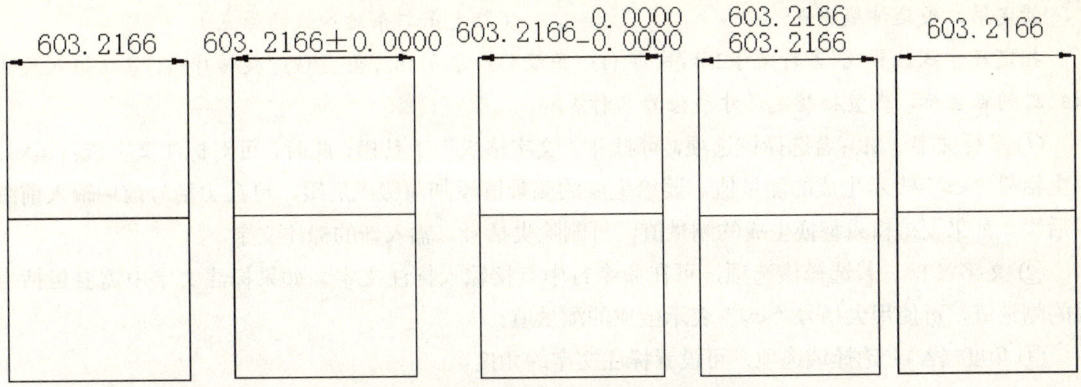

图6-33　选择不同的公差标注方式时的效果

2．“公差对齐”选项区域

该选项区域用于控制在堆叠时上偏差值和下偏差值的对齐。

① 对齐小数分隔符：选择该选项，则可通过值的小数分隔符堆叠值。

② 对齐运算符：选择该选项，则可通过值的运算符堆叠值。

3．“换算单位公差”选项区域

该选项区域用于设置换算公差单位的精度和消零的规则。

6.3　创建尺寸标注

下面介绍创建各种尺寸标注的方法，包括创建线性标注与对齐标注，半径、直径和圆心标注，角度和基线标注，坐标标注和快速标注，标注间距和标注打断的方法。

6.3.1　线性标注与对齐标注

1．线性标注

使用线性尺寸标注可以标注线性方面的尺寸，比如标注水平尺寸、垂直尺寸和旋转尺寸。创建线性标注时，可以修改文字内容、文字角度或尺寸线的角度。

要调用“线性标注”，可利用如下几种方法。

方法1：选择“标注”→“线性”命令。

方法2：在“标注”工具栏中单击“线性”按钮。

方法3：在“常用”选项卡下的“注释”面板中单击“线性”按钮。

方法4：在“注释”选项卡下的“标注”面板中单击“线性”按钮。

方法5：在命令行中输入命令“DIMLINEAR”。

调用“线性标注”命令后，即可创建用于标注用户坐标系XY平面中的两个点之间的距离测量值，并通过指定点或选择一个对象来实现。命令行中会显示如下提示信息：

命令: _dimlinear

指定第一条延伸线原点或 <选择对象>:　　　　（捕捉对象的某个特征点或在命令行中直接输入点的坐标）

指定第二条延伸线原点：　　　　　　　　　（指定第二条延伸线的原点）

指定尺寸线位置或[多行文字(M)/文字(T)/角度(A)/水平(H)/垂直(V)/旋转(R)]：　（输入尺寸线经过的点坐标，或直接指定尺寸线位置名称）

① 多行文字（M）：若选择该选项，可打开"文字格式"工具栏，此时，可对标注文字进行编辑。用尖括号"<>"表示生成的测量值。要给生成的测量值添加前缀或后缀，可在尖括号前后输入前缀或后缀。如果要编辑或替换生成的测量值，可删除尖括号，输入新的标注文字。

② 文字（T）：若选择该选项，可在命令行中直接输入标注文字。如果标注文字中需要包括生成的测量值，可使用尖括号"<>"表示生成的测量值。

③ 角度（A）：选择该选项，可设置标注文字的角度。

④ 水平（H）/ 垂直（V）：若选择这两个选项，可指定标注水平线或垂直线尺寸。命令行中会显示提示信息"指定尺寸线位置或 [多行文字 (M)/ 文字 (T)/ 角度 (A)]:"，然后直接确定尺寸线位置或编辑标注的文字和角度，即可进行标注了。

⑤ 旋转（R）：选择该选项后，可指定旋转尺寸线的角度。

下面通过一个简单的例子，介绍创建线性标注的方法。

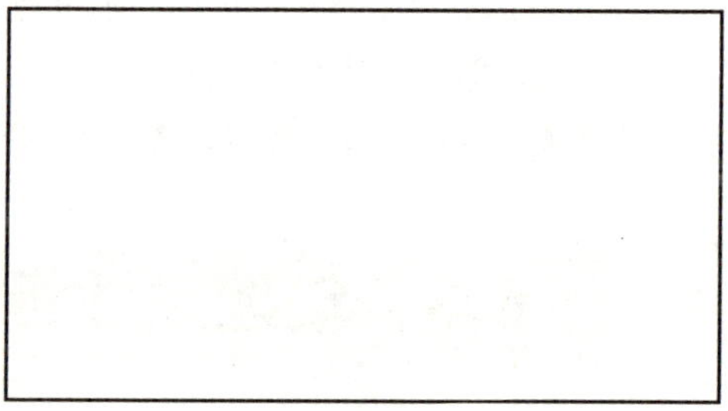
图6-34　绘制矩形

（1）在绘图窗口中绘制如图 6-34 所示的矩形，选择"标注"→"线性"命令，命令行中将显示提示信息：

指定第一条延伸线原点或 <选择对象>:

（2）捕捉矩形左侧的端点为第一条延伸线的原点，命令行中显示如下提示信息：

指定第二条延伸线原点:

（3）将光标移动到矩形右侧的端点上，并单击鼠标，指定第二条延伸线的原点，如图 6-35 所示。命令行中显示提示信息：

指定尺寸线位置或 [多行文字(M)/文字(T)/角度(A)/水平(H)/垂直(V)/旋转(R)]：　（输入尺寸线经过的点坐标，或直接指定尺寸线位置）

（4）向上或向下移动光标，指定尺寸线的位置，即可创建线性标注，如图 6-36 所示。

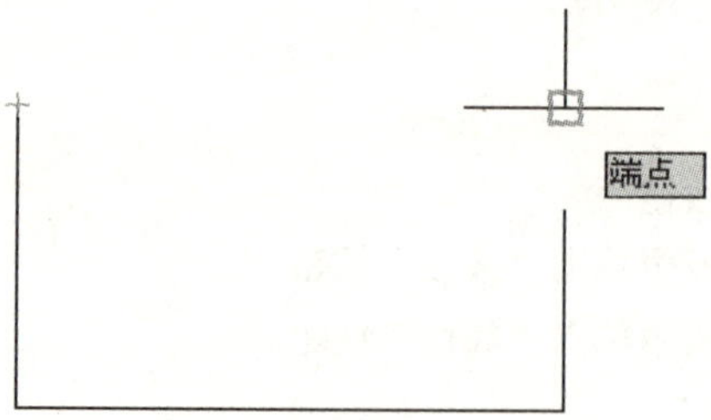

图6-35　指定第一条和第二条延伸线的原点

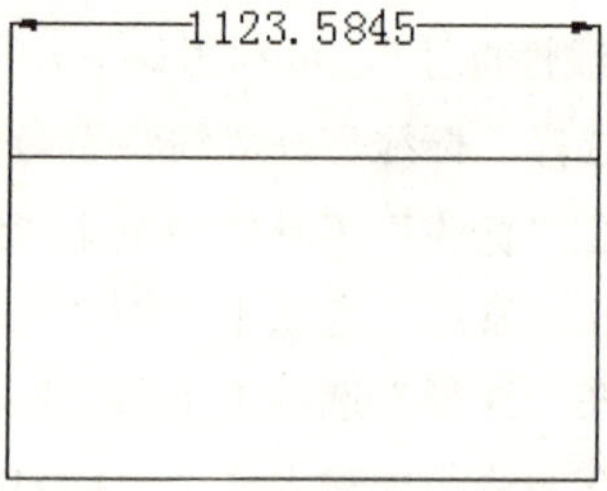

图6-36　创建线性标注

注 意

在拾取标注点时一定要打开对象捕捉功能，精确拾取标注对象的特征点，才可在标点与注点之间建立关联性，也即标注值会随着标注对象的修改而自动更新。

2. 对齐标注

使用对齐尺寸标注可以标注某一条倾斜线段的实际长度。对齐标注实际上是线性标注尺寸的一种特殊形式。在对直线进行标注时，如果不知道此直线的倾斜角度，使用线性标注方法就无法得到准确的测量结果，这时就可以使用对齐标注了。在对齐标注模式下，尺寸线与标注对象平行，常用于标注斜线或斜面。要调用“对齐标注”可通过如下几种方法。

方法1：选择“标注”→“对齐”命令。

方法2：在“标注”工具栏中单击“对齐”按钮。

方法3：在“常用”选项卡下的“注释”面板中的“线性标注”下拉列表中单击“对齐”按钮。

方法4：在“注释”选项卡下的“标注”面板中的“线性标注”下拉列表中单击“对齐”按钮。

方法5：在命令行中输入命令“DIMALIGNED”。

下面通过一个简单的例子，介绍创建对齐标注的方法。

在绘图窗口中绘制如图6-37所示的五边形，选择“标注”→“对齐”命令，按照创建线性标注的步骤，即可创建对齐标注，如图6-38所示。此时，命令行中将显示如下提示信息：

```
命令: _dimaligned
指定第一条延伸线原点或 <选择对象>:
指定第二条延伸线原点:
指定尺寸线位置或
[多行文字(M)/文字(T)/角度(A)]:
标注文字 = 748.2585
```

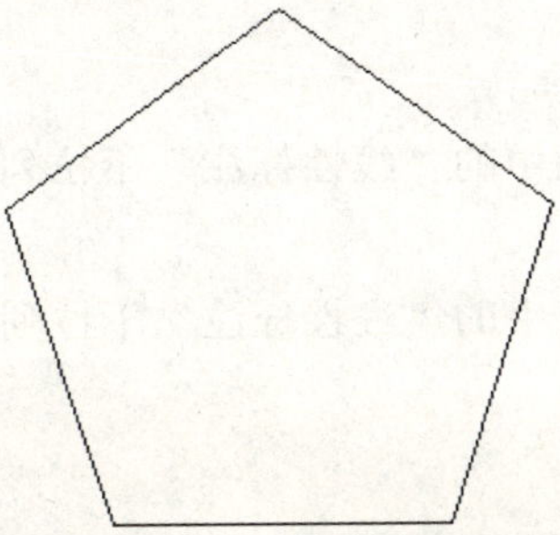

图6-37 创建五边形

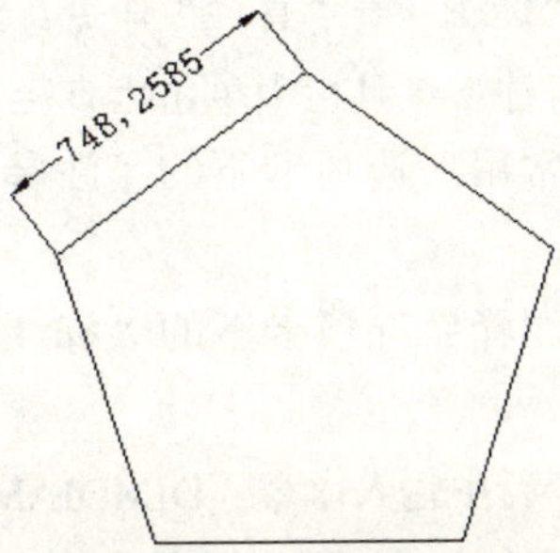

图6-38 创建对齐标注

6.3.2 半径、直径和圆心标注

在AutoCAD中可以对圆进行半径、直径和圆心标注。

1. 半径标注

半径标注可以用来标注圆弧或圆的半径。

要调用“半径标注”可通过如下几种方法。

方法1：选择“标注”→“半径”命令。

方法2：在“标注”工具栏中单击“半径”按钮。

方法3：在“常用”选项卡下的“注释”面板中的“线性标注”下拉列表中单击“半径”按钮。

方法4：在“注释”选项卡下的“标注”面板中的“线性标注”下拉列表中单击“半径”按钮。

方法5：在命令行中输入命令“DIMRADIUS”。

调用半径标注命令后，即可对圆或圆弧的半径进行标注。下面通过一个例子，介绍创建半径标注的方法。

（1）在绘图窗口中绘制如图 6-39 所示的圆，选择“标注”→“半径”命令，命令行中将显示如下提示信息：

命令：_dimradius

选择圆弧或圆:

（2）在绘图窗口中选择要标注的圆弧或圆后，命令行中将显示以下提示信息：

指定尺寸线位置或 [多行文字(M)/文字(T)/角度(A)]:

（3）在指定尺寸线的位置后，即可根据测量方法值自动标注圆弧或圆的半径，如图 6-40 所示。

图6-39　绘制圆

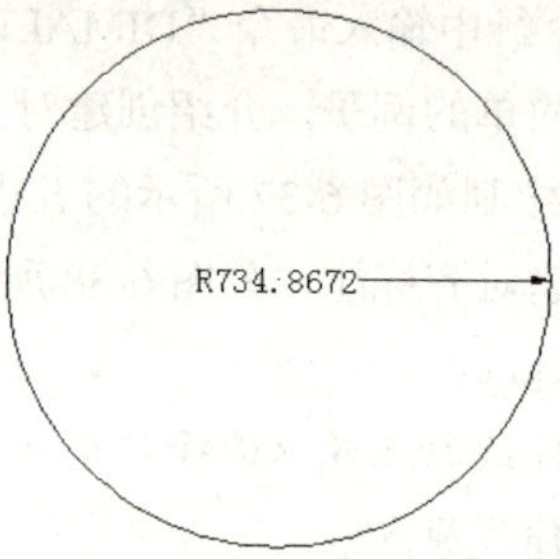

图6-40　自动标注圆弧或圆的半径

2. **直径标注**

直径标注用来标注圆弧或圆的直径。要调用“直径标注”可通过如下几种方法。

方法 1：选择“标注”→“直径”命令。

方法 2：在“标注”工具栏中单击“直径”按钮。

方法 3：在“常用”选项卡下的“注释”面板中的“线性标注”下拉列表中单击“直径”按钮。

方法 4：在“注释”选项卡下的“标注”面板中的“线性标注”下拉列表中单击“直径”按钮。

方法 5：在命令行中输入命令“DIMDIAMETER”。

在调用直径标注命令后，即可对圆或圆弧进行直径尺寸的标注。

提 示

在标注直径和半径尺寸时，AutoCAD 会自动在标注文字前面加入“Φ”或“R”符号。

下面通过一个简单的例子，介绍创建直径标注的方法。

（1）以图 6-41 所示的圆为例，选择“标注”→“直径”命令，命令行中将显示如下提示信息：

命令：_dimdiameter

选择圆弧或圆:

（2）在绘图窗口中选择要标注的圆弧或圆后，命令行中将显示如下提示信息：

指定尺寸线位置或 [多行文字(M)/文字(T)/角度(A)]:

（3）在指定尺寸线的位置后，即可根据测量方法值自动标注圆弧或圆的半径，如图 6-41 所示。

技巧

当使用“多行文字（M）”或“文字（T）”选项重新确定尺寸文字时，需要在尺寸文字前加前缀（%%C），才能使标出的直径尺寸有直径符号（Φ）。

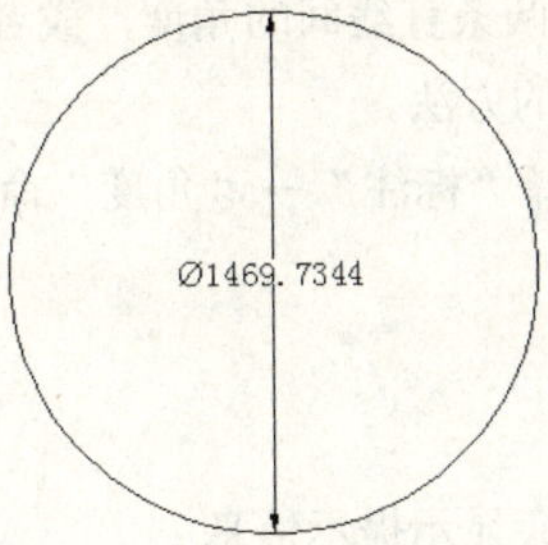

图6-41 标注圆的直径尺寸

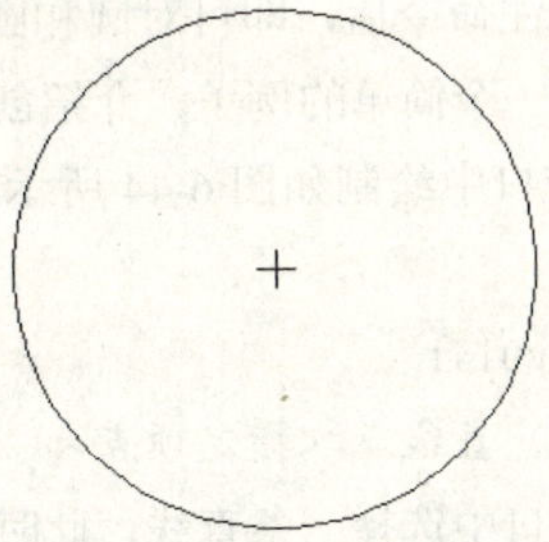

图6-42 对圆进行圆心标记

3．**圆心标注**

使用圆心标注可以标注圆或圆弧的圆心。

要调用“圆心标注”，可通过如下几种方法。

方法 1：选择“标注”→“圆心”命令。

方法 2：在“标注”工具栏中单击“圆心”按钮。

方法 3：在“常用”选项卡下的“注释”面板中单击“圆心”按钮。

方法 4：在“注释”选项卡下的“标注”面板中单击“圆心”按钮。

方法 5：在命令行中输入命令“DIMCENTER”。

在调用圆心标注命令后，选择需要标记圆心的圆或圆弧，即可对圆或圆弧进行圆心标注，如图 6-42 所示。圆心标记的形状受系统变量 DIMCEN 的控制，当该变量值大于零时，显示圆心标记，且该变量值是圆心标记线长度的一半；当变量值小于零时，显示圆心线，且该变量值是圆心处小十字线长度的一半；当变量值为零时，不显示圆心标记，如图 6-43 所示。

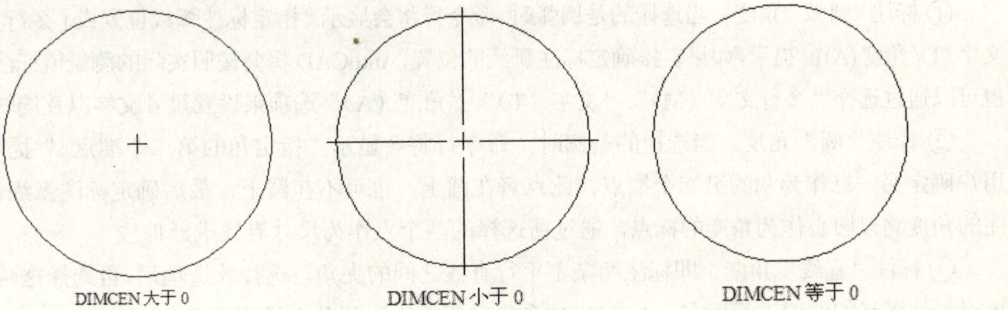

图6-43 不同形式的圆心标记

6.3.3 角度和基线标注

1．**角度标注**

角度标注可以标注圆、圆弧、两条直线以及三点之间的角度，用来测量两条直线或三个点之间或圆弧的角度。要调用“角度标注”，可通过如下几种方法。

方法 1：选择“标注”→“角度”命令。

方法 2：在“标注”工具栏中单击“角度”按钮△。

方法 3：在“常用”选项卡下的“注释”面板中单击“角度”按钮。

方法 4：在“注释”选项卡下的“标注”面板中单击“角度”按钮。

方法 5：在命令行中输入命令“DIMANGULAR”。

在调用角度标注命令后，即可对圆和圆弧的角度、两条直线间的角度，或者是三点间的角度进行标注。下面通过一个简单的例子，介绍创建角度标注的方法。

（1）在绘图窗口中绘制如图 6-44 所示的直线，选择“标注”→“角度”命令，命令行中会显示如下提示信息：

命令: _dimangular

选择圆弧、圆、直线或 <指定顶点>:

（2）在绘图窗口中选择一条直线，此时，命令行中会显示提示信息：

选择第二条直线:

（3）选择另外一条直线后，命令行中会显示如下提示信息：

指定标注弧线位置或 [多行文字(M)/文字(T)/角度(A)]:

（4）指定标注直线的角度的位置后，系统将两条直线作为角度的边，并将直线的交点作为角度顶点来标注角度，如图 6-45 所示。

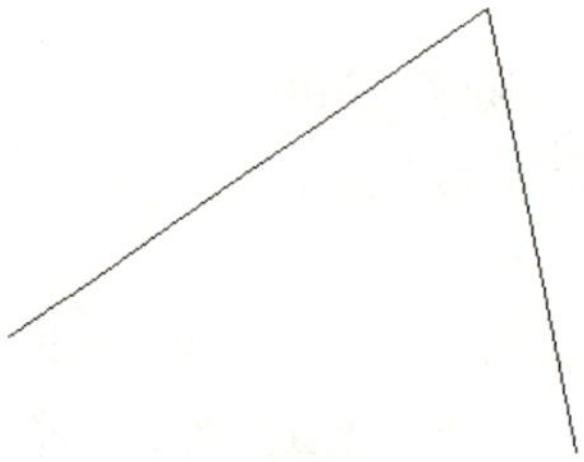

图6-44　绘制直线

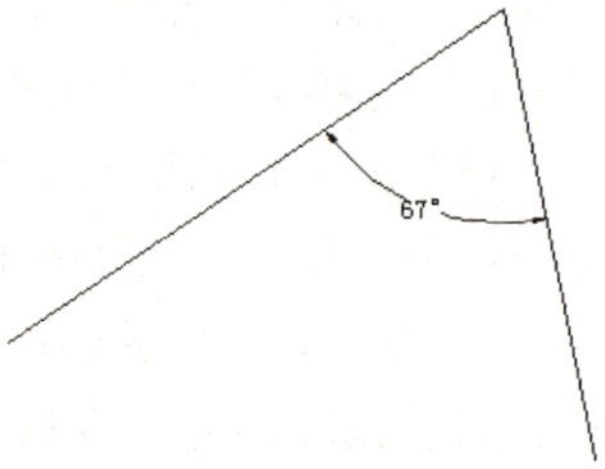

图6-45　标注直线的角度

角度标注命令中各选项的含义如下。

① 标注“圆弧”角度。当选择的是圆弧时，命令行将会显示“指定标注弧线位置或 [多行文字 (M)/文字 (T)/ 角度 (A)]:”提示，如果直接确定标注弧线的位置，AutoCAD 将会按照实际的测量值标注出角度，也可以通过选择“多行文字（M）”、“文字（T）”、“角度（A）”选项来设置尺寸文字以及旋转角度。

② 标注“圆”角度。当选择的是圆时，命令行将会显示“指定角的第二个端点 :”提示，要求用户确定另一点作为角的第二个端点，此点可在圆上，也可不在圆上，最后确定标注弧线位置。标注的角度将以圆心作为角度的标点，通过所选择的两个点作为尺寸界线或延伸线。

③ 标注“直线”角度。即标注两条不平行直线之间的夹角。选择此选项后，再选择这两条直线，再对标注弧线的位置进行确定。AutoCAD 会自动标注出这两条直线的夹角。

④“指定顶点”标注角度。在选择此选项之后，应该先确定角的顶点，再分别指定角的两个端点，最后再指定标注弧线的位置。

2．基线标注

基线标注以某一点、线或面作为基准，其他尺寸按照该基准进行定位。在创建基线标注之前，必须创建线性、对齐或角度标注。AutoCAD 将会从基线标注的第一个尺寸界线处测量基线标注。要调用“基线标注”可通过如下几种方法。

方法1：选择“标注”→“基线”命令。

方法2：在“标注”工具栏中单击“基线”标注按钮。

方法3：在“常用”选项卡下的“注释”面板中单击“基线”标注按钮。

方法4：在“注释”选项卡下的“标注”面板中单击“基线”标注按钮。

方法5：在命令行中输入命令“DIMBASELINE”。

下面通过一个简单的例子，介绍创建基线标注的方法。

（1）在绘制窗口中绘制如图6-46所示的图形，并对其进行线性标注。

（2）选择“标注”→“基线”命令，命令行中将会显示如下提示信息：

命令: _dimbaseline

指定第二条延伸线原点或 [放弃(U)/选择(S)] <选择>:

（3）在绘图窗口中选择线性标注上方延伸线的原点，则以基线标注方式标注出尺寸，如图6-47所示。命令行中显示提示信息：

指定第二条延伸线原点或 [放弃(U)/选择(S)] <选择>:

（4）参照同样方法，继续指定延伸线的原点，按两次“Enter”键，即可结束基线标注的创建，如图6-48所示。

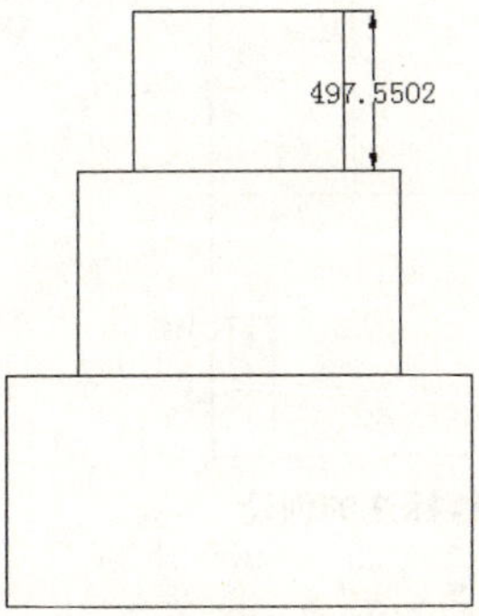

图6-46　对图形进行线性标注

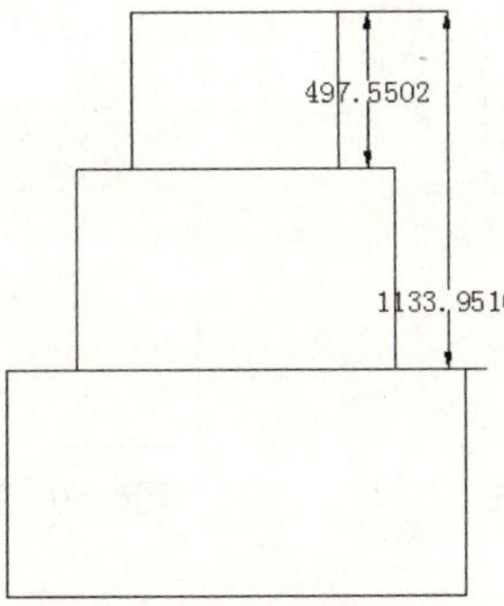

图6-47　创建基线标注

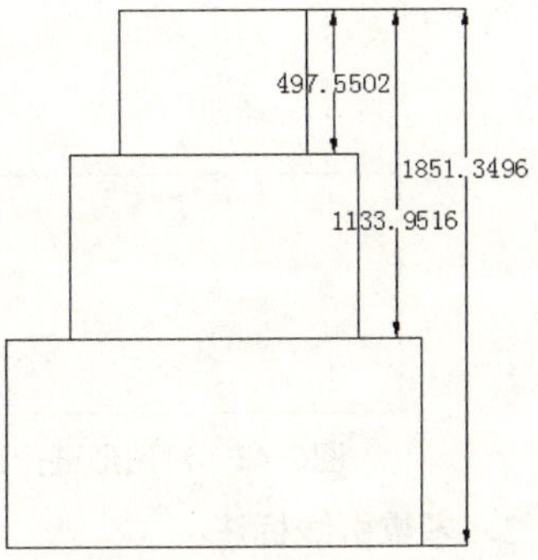

图6-48　完成基线标注的创建

6.3.4 连续和多重引线标注

1. 连续标注

连续标注是从上一个标注的第二条延伸线开始进行标注，是首尾相连的多个标注。在创建连续标注之前，必须创建线性、对齐或角度标注，以确定连续标注所需要的前一尺寸标注的尺寸界线。调用“连续标注”可通过如下几种方法。

方法1：选择“标注”→“连续”命令。

方法2：在“标注”工具栏中单击“连续”标注按钮。

方法3：在“常用”选项卡下的“注释”面板中单击“连续”标注按钮。

方法4：在“注释”选项卡下的“标注”面板中单击“连续”标注按钮。

方法5：在命令行中输入命令“DIMCONTINUE”。

下面以图6-46所示的图形为例，介绍创建连续标注的方法。

（1）在使用连续标注前，必须先使用“线性标注”命令将第一个尺寸标注出来。选择“标注”→“连续”命令，命令行中将显示如下提示信息：

命令: _dimcontinue

指定第二条延伸线原点或 [放弃(U)/选择(S)] <选择>:

（2）在绘图窗口中选择线性标注的第二条延伸线的原点后，即可自动进行连续标注，如图 6-49 所示。命令行中将显示提示信息：

指定第二条延伸线原点或 [放弃(U)/选择(S)] <选择>:

（3）参照同样方法，继续指定延伸线的原点，按两次“Enter”键，即可结束连续标注的创建，如图 6-50 所示。

技巧

在连续标注及基线标注中，不但可对线性尺寸进行基线标注或连续标注，也可对角度进行基线标注。

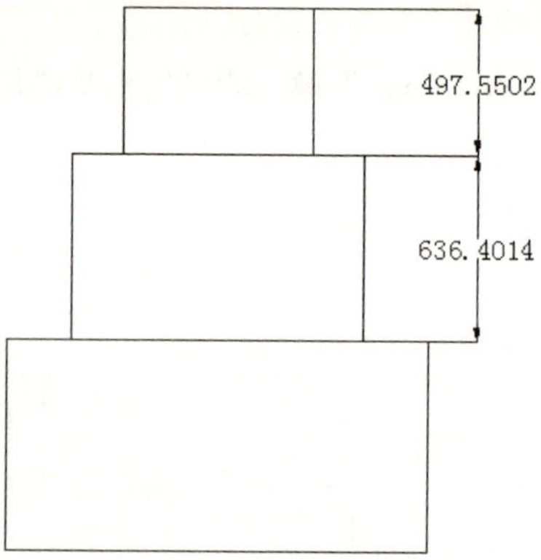

图6-49　对图形进行连续标注

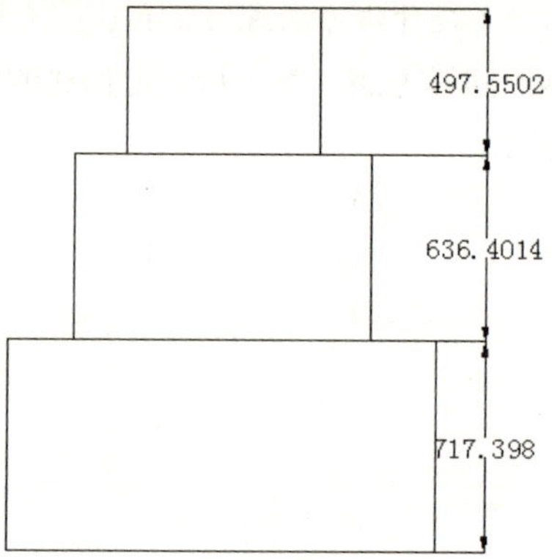

图6-50　完成连续标注的创建

2. 多重引线标注

多重引线是由样条直线段连着箭头组成的对象，通常由一条短水平线（又称为钩线、折线或着陆线）将文字和特征控制框连接到引线上。

在创建多重引线标注之前，可先创建多重引线样式。方法是：在“注释”面板中单击“多重引线样式”按钮，可打开“多重引线样式管理器”对话框，如图 6-51 所示。

单击“新建”按钮，可打开“创建新多重引线样式”对话框，在其中设置多重引线的名称和基础样式，创建多重引线样式，如图 6-52 所示。

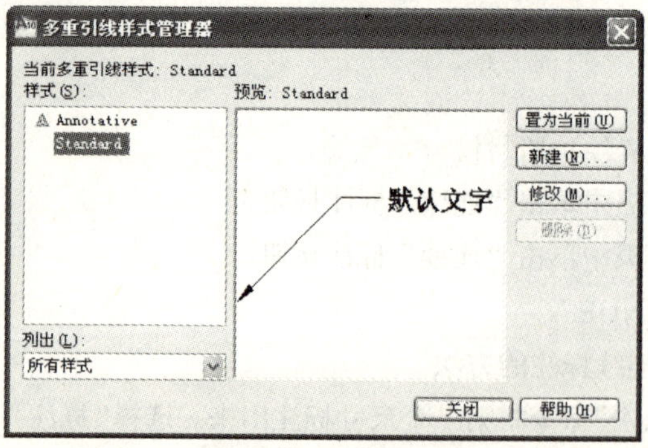

图6-51　“多重引线样式管理器”对话框

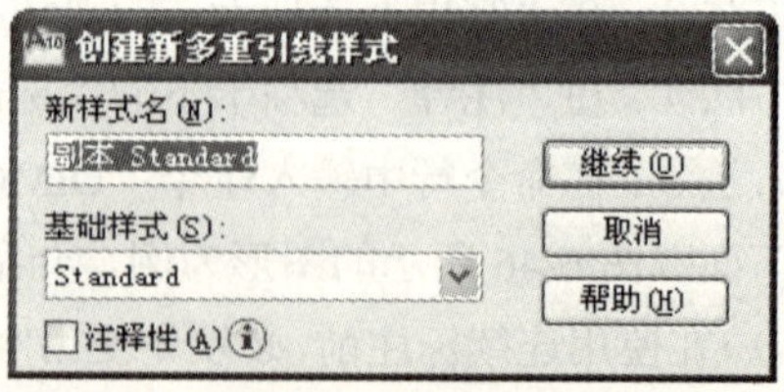

图6-52　“创建新多重引线样式”对话框

单击“继续”按钮，可打开“修改多重引线样式”对话框，在其中可设置多重引线的格式、箭头和文字的大小等内容，如图 6-53 所示。

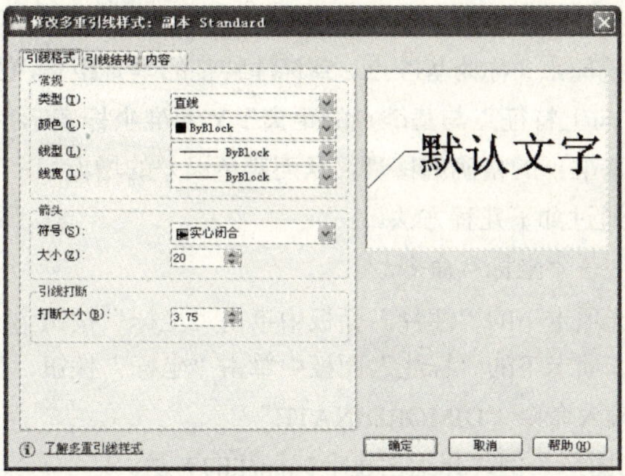

图6-53　“修改多重引线样式”对话框

创建新多重引线样式后返回“多重引线样式管理器”对话框，单击“置为当前”按钮，即可使用该样式创建多重引线。要调用“多重引线标注”，可通过如下几种方法。

方法 1：选择“标注”→“多重引线”命令。

方法 2：在“常用”选项卡下的“注释”面板中单击“多重引线”按钮。

方法 3：在“注释”选项卡下的“引线”面板中单击“多重引线”按钮。

方法 4：在命令行中输入命令“MLEADER”。

下面以图 6-49 所示的图形为例，介绍创建多重引线标注的方法。

(1) 选择“标注”→“多重引线”命令，命令行中将显示如下提示信息：

命令: _mleader

指定引线箭头的位置或 [引线基线优先(L)/内容优先(C)/选项(O)] <选项>:

(2) 在绘图窗口中指定引线箭头的位置并按“Enter”键确认，如图 6-54 所示，命令行中将显示提示信息：

指定引线基线的位置:

(3) 确定引线基线的位置，则会打开一个文字输入框，在其中输入注释的内容，如图 6-55 所示。在“注释”选项卡“引线”面板中单击“添加引线”按钮，即可为图形连续添加多个引线标注和注释。

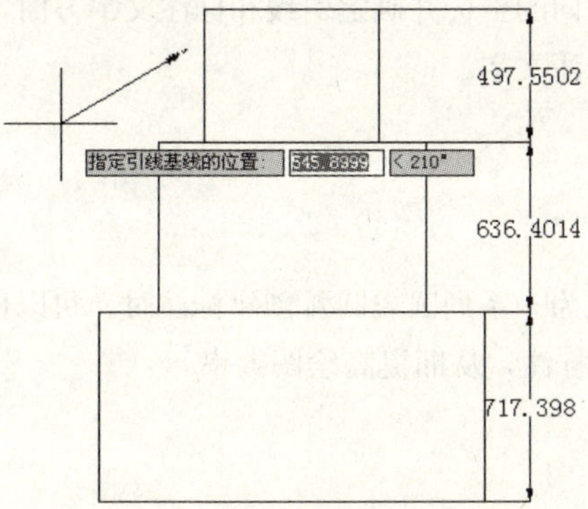

图6-54　指定引线箭头的位置

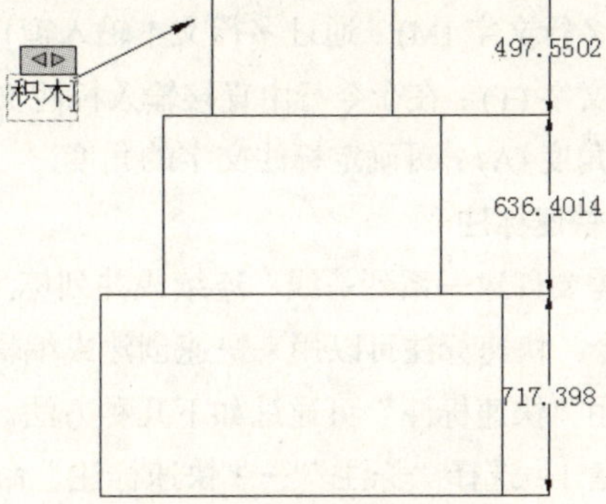

图6-55　确定引线基线的位置

6.3.5 坐标标注和快速标注

1. 坐标标注

坐标标注可以标注测量原点（称为基准点）到标注特征的垂直距离，它由 X 或 Y 值和引线组成。X 基准坐标表示在 X 轴方向上特征点与基准点的距离；Y 基准坐标表示在 Y 轴方向上的测量距离。坐标标注可保持特征点与基准点的精确偏移量，从而避免误差的增大。

调用“坐标标注”可通过如下几种方法。

方法 1：选择“标注”→“坐标”命令。

方法 2：在“常用”选项卡下的“注释”面板中单击“坐标”按钮。

方法 3：在“注释”选项卡下的“标注”面板中单击“坐标”按钮。

方法 4：在命令行中输入命令“DIMORDINATE”。

下面以图 6-56 所示的图形为例，介绍创建坐标标注的方法。

（1）选择“标注”→“坐标”命令，命令行中将显示如下提示信息：

命令: _dimordinate

指定点坐标:

（2）在绘图窗口中选择需要标注坐标的点，这里指定点坐标为两直线夹角处的顶点，如图 6-57 所示。此时，命令行中将显示如下提示信息：

指定引线端点或 [X 基准(X)/Y 基准(Y)/多行文字(M)/文字(T)/角度(A)]:

（3）指定引线端点位置为第一个小圆圆心，确定引线端点位置后，即可根据指定定点的坐标和引线端点的坐标之差，确定它是 X 坐标标注还是 Y 坐标标注，如图 6-58 所示。

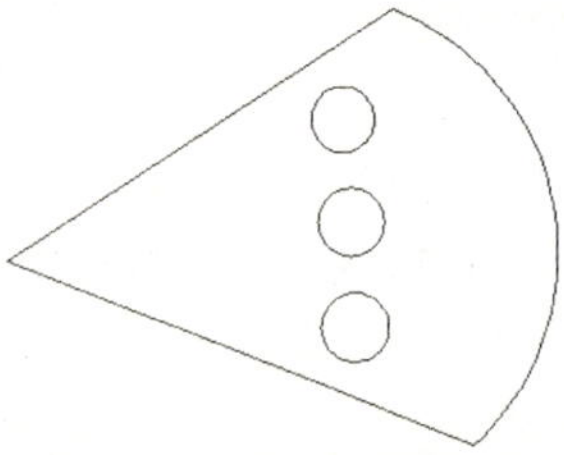

图6-56 标注之前的图形

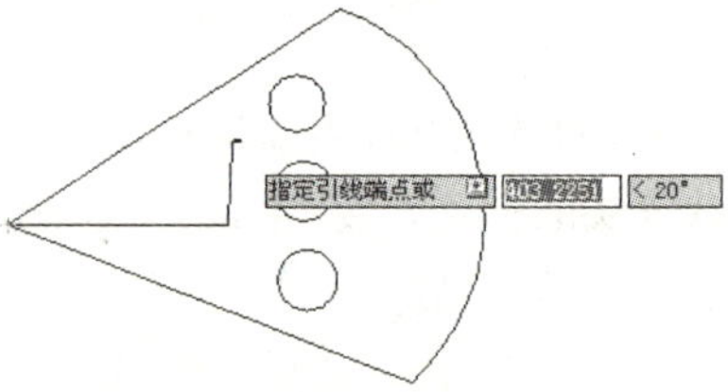

图6-57 指定点坐标

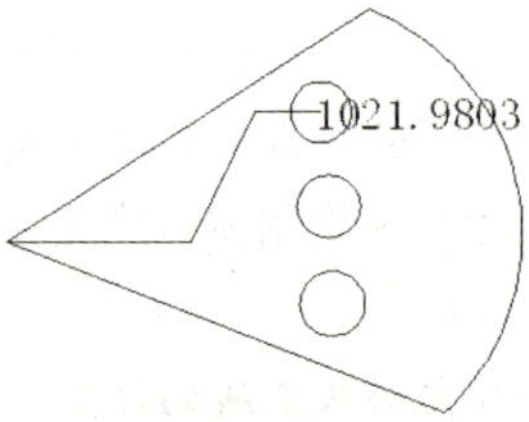

图6-58 坐标标注

在此命令行提示中，各选项的含义如下。

① X 基准 (X)：选择该选项后，将指定测量 X 方向的坐标并确定引线和标注文字方向。

② Y 基准 (Y)：选择该选项后，将指定测量 Y 方向的坐标并确定引线和标注文字方向。

③ 多行文字 (M)：通过多行文本输入窗口输入标注文字。

④ 文字 (T)：在命令行中直接输入标注文字。

⑤ 角度 (A)：可确定标注文字的角度。

2. 快速标注

当需要创建一系列基线、连续或并列标注，或者为一系列圆或圆弧创建标注时，可以使用快速标注命令。快速标注可以用来快速创建或编辑一系列标注，从而提高绘图效率。

调用“快速标注”可通过如下几种方法。

方法 1：选择“标注”→“快速标注”命令。

方法 2：在“注释”选项卡下的“标注”面板中单击“快速标注”按钮。

方法 3：在命令行中输入命令“QDIM”。

下面以图 6-56 所示的图形为例，介绍创建快速标注的方法。

（1）选择“标注”→“快速标注”命令，在绘图窗口中单击鼠标左键，分别选中图形中的 3 个小圆，命令行中将显示如下提示信息：

```
命令: _qdim
关联标注优先级 = 端点
选择要标注的几何图形: 找到 1 个
选择要标注的几何图形: 找到 1 个,总计 2 个
选择要标注的几何图形: 找到 1 个,总计 3 个
选择要标注的几何图形:
```

（2）按“Enter”键结束图形的选取，如图 6-59 所示。命令行中将显示提示信息：指定尺寸线位置或 [连续 (C)/ 并列 (S)/ 基线 (B)/ 坐标 (O)/ 半径 (R)/ 直径 (D)/ 基准点 (P)/ 编辑 (E)/ 设置 (T)] < 连续 >:

（3）使用快速标注命令可以进行“连续 (C)”、“并列 (S)”、“基线 (B)”、“坐标 (O)”、“半径 (R)”及“直径 (D)”等一系列形式的标注，这里在命令行中输入“R”，并按“Enter”键，对圆进行半径标注，命令行中将显示提示信息：指定尺寸线位置或 [连续 (C)/ 并列 (S)/ 基线 (B)/ 坐标 (O)/ 半径 (R)/ 直径 (D)/ 基准点 (P)/ 编辑 (E)/ 设置 (T)] < 半径 >:

（4）指定尺寸线位置后，即可对选中的 3 个小圆快速进行半径标注，如图 6-60 所示。

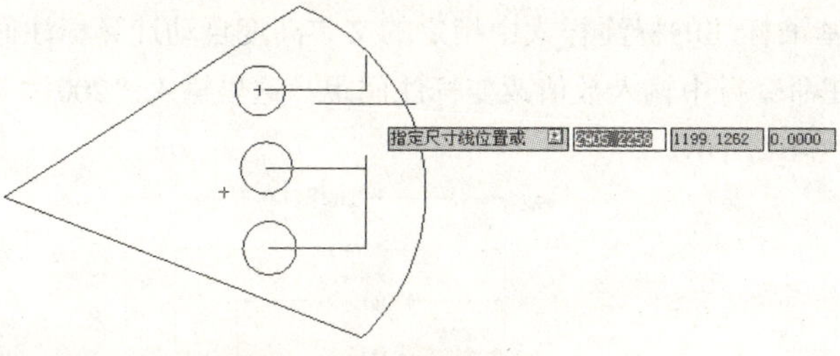

图6-59 结束图形的选择

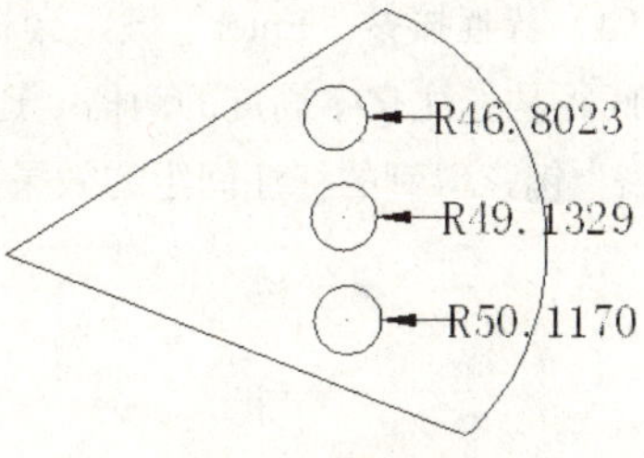

图6-60 快速标注

6.3.6 标注间距和标注打断

1. 标注间距

使用标注间距命令可以在已标注的图形中修改标注尺寸线的位置间距大小。

调用“标注间距”可通过如下几种方法。

方法 1：选择“标注”→“标注间距”命令。

方法 2：在“标注”工具栏中单击“等距标注”按钮 。

方法 3：在命令行中输入命令“DIMSPACE”。

以图 6-61 所示标注尺寸线为例介绍标注间距命令使用方法。

（1）选择“标注”→“标注间距”命令，命令行中会显示提示信息：选择基准标注：

（2）在绘图窗口中选择第一个标注线作为基准标注，如图 6-62 所示。根据命令行中的提示信息选择要调整与标准标注间距的标注线，这里选择其余三条标注线，如图 6-63 所示。

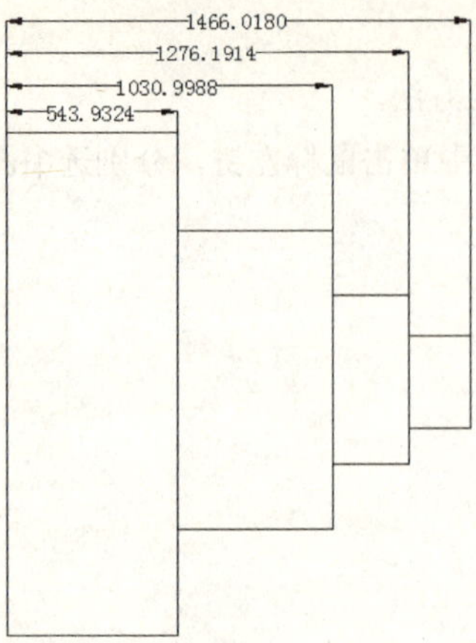

图6-61　原标注尺寸线

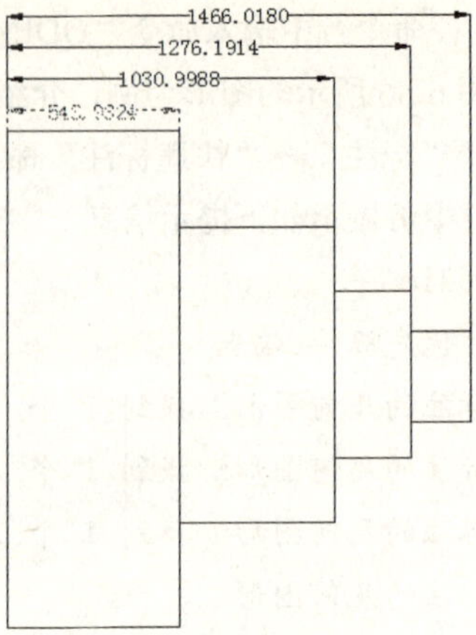

图6-62　选择基准标注

此时，命令行中将显示如下提示信息：

选择要产生间距的标注: 找到 1 个

选择要产生间距的标注: 找到 1 个, 总计 2 个

选择要产生间距的标注: 找到 1 个, 总计 3 个

选择要产生间距的标注:

（3）按“Enter”键确认要产生间距的标注的选择，命令行中会显示提示信息：

输入值或 [自动(A)] <自动>:

（4）若直接按“Enter”键，会根据基准标注的标注样式中指定的文字高度自动计算标注间距，所得间距是标注文字高度的两倍；还可在命令行中输入数值改变标注间距，这里输入“200”，并按“Enter”键，得到的标注间距的效果如图 6-64 所示。

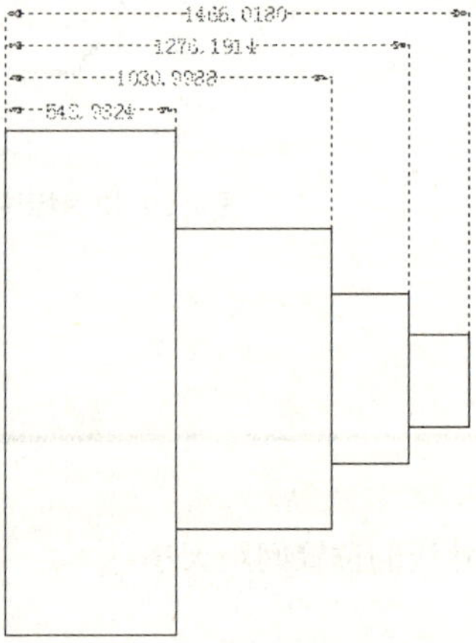

图6-63　选择要产生间距的标注

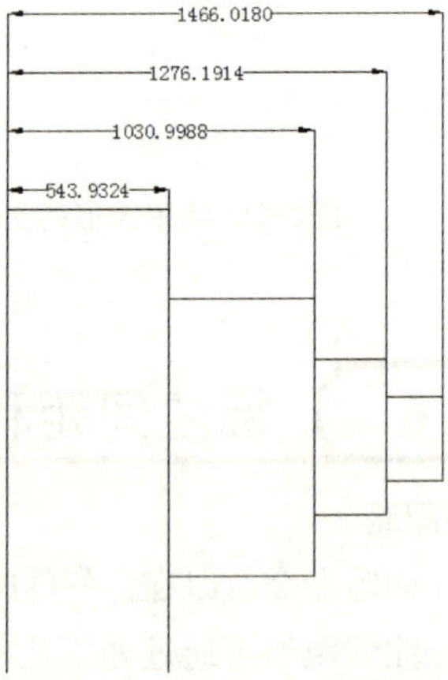

图6-64　标注间距后的效果

2．标注打断

使用标注打断命令可以在标注线和图形之间产生一个隔断。

调用“标注打断”可通过如下几种方法。

方法 1：选择“标注”→“标注打断”命令。

方法 2：在“标注”工具栏中单击“折断标注”按钮。

方法 3：在命令行中输入命令“DIMBREAK”。

下面以图 6-65 所示的标注尺寸线为例，介绍标注打断命令的使用方法。

（1）选择“标注”→“标注打断”命令，命令行中将显示如下提示信息：

命令: _dimbreak

选择要添加/删除折断的标注或 [多个(M)]:

（2）在绘图窗口中选择一条标注线，如图 6-66 所示。命令行中将显示如下提示信息：

选择要折断标注的对象或 [自动(A)/手动(M)/删除(R)] <自动>:

（3）在绘图窗口中选择要打断的标注，如图 6-67 所示。按“Enter”键结束命令，即可看到打断标注的效果，如图 6-68 所示。

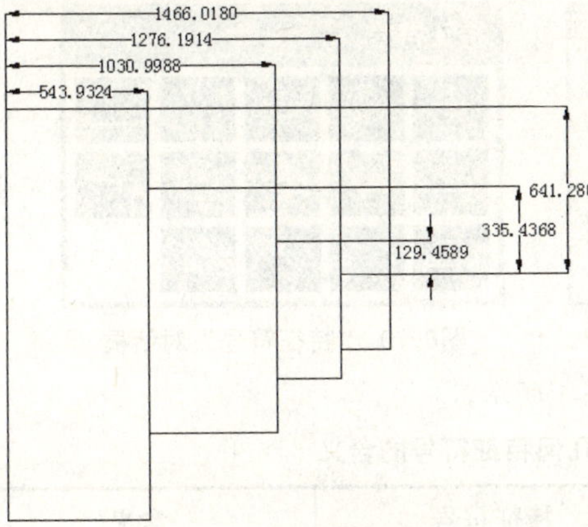

图6-65 原标注图形

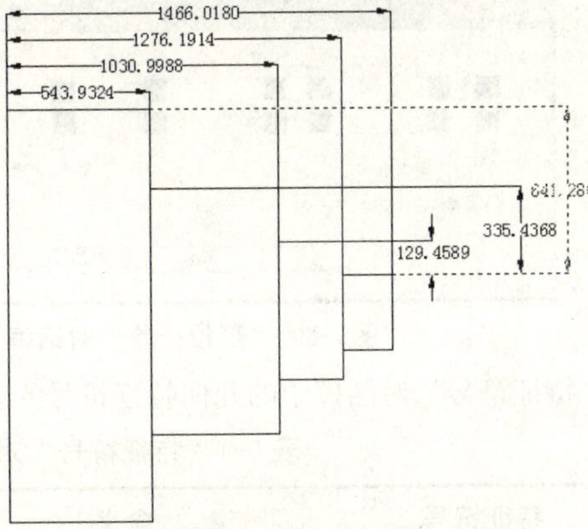

图6-66 选择要添加折断的标注线

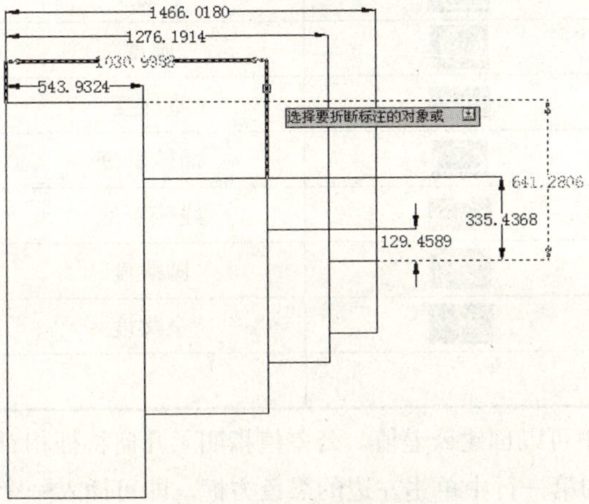

图6-67 选择要打断的标注

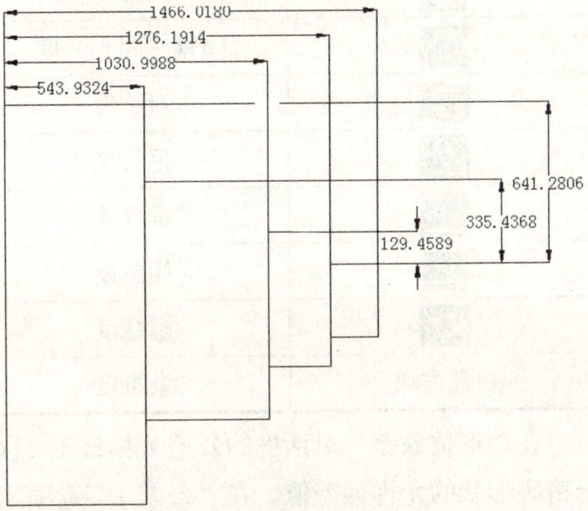

图6-68 打断标注的效果

6.4 标注形位公差

加工后的零件不仅有尺寸误差，构成零件几何特征的点、线、面的实际形状或相互位置与理想几何体的形状和相互位置还不可避免地存在差异，这种形状上的差异就是形状误差，而相互位置的差异就是位置误差，统称为形位误差。

AutoCAD 中提供了专门的形位公差工具，调用形位公差命令可通过如下几种方法。

①选择“标注”→“公差”命令。

②单击“标注”工具栏上的“公差”按钮 。

③在“注释”选项卡下的“标注”面板中单击“公差”按钮。

④在命令行中输入命令“TOLERANCE”。

使用上面的任意一个操作，均可打开“形位公差”对话框，如图 6-69 所示，在其中可以设置特征控制框的符号和值。在“符号”区域中可以设置公差的几何特征符号，单击其中的特征控制框，即可打开“特征符号”对话框，如图 6-70 所示。单击选择其中一个几何特征符号，即可退出“特征符号”对话框。

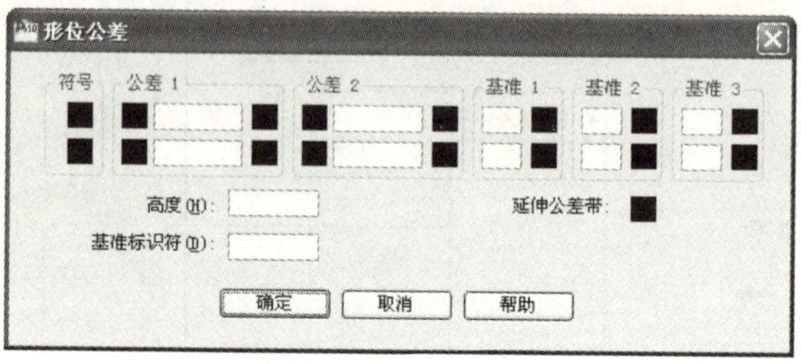

图6-69 “形位公差”对话框

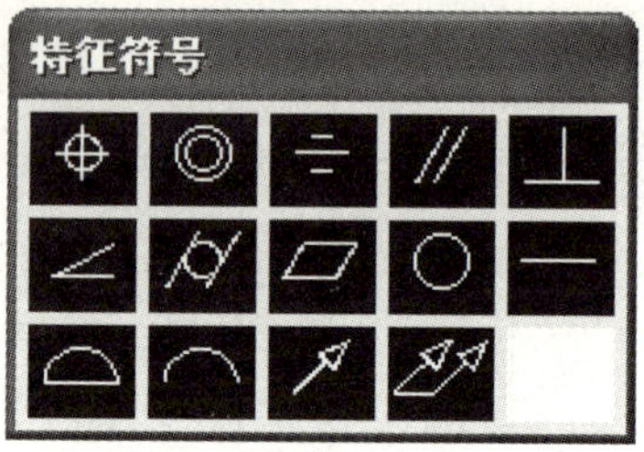

图6-70 “特征符号”对话框

“特征符号”对话框中的几何特征符号的含义如表 6-1 所示。

表 6-1 “特征符号”对话框中的几何特征符号的含义

特征符号	含义	特征符号	含义
	位置度		平面度
	同轴（同心）度		圆度
	对称度		直线度
	平行度		面轮廓度
	垂直度		线轮廓度
	倾斜度		圆跳度
	圆柱度		全跳度
白色方块	全跳度		

在“形位公差”对话框的公差 1 和公差 2 区域中可以创建公差值。公差值指明了几何特征相对于精确形状的允许偏差值。在“公差 1”选项区域的第一行中单击左边的黑色方框，即可插入一个直径符号，如图 6-71 所示；在中间的特征框中可以输入公差值；单击右边的黑色方框，可打开“附加符号”对话框，在其中可以选择修改符号，如图 6-72 所示。

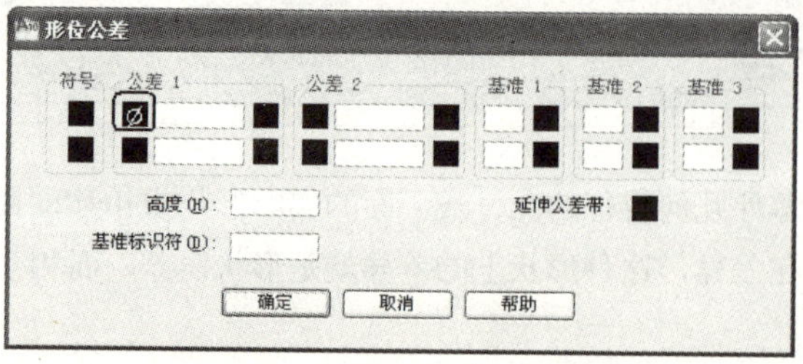

图6-71 插入一个直径符号

图6-72 “附加符号”对话框

“附加符号”对话框中的符号共有Ⓜ、Ⓛ、Ⓢ和空白4个选项，其含义分别如下：

Ⓜ：表示最大附加符号，几何特征包含规定极限尺寸内的最大包容量；

Ⓛ：表示最小附加符号，几何特征包含规定极限尺寸内的最小包容量，在Ⓛ中孔应具有最大直径，而轴应具有最小直径；

Ⓢ：表示不考虑特征尺寸，这时几何特征可以是规定极限尺寸内的任意大小。

在基准1、2、3区域中可以设置公差的基准和相应的附加符号。

在“高度”特征控制框中可以设置“延伸公差带”的值。“延伸公差带”控制固定垂直部分延伸区的高度变化，并以位置公差控制公差精度。单击“延伸公差带”特征控制框，可以在延伸公差带值的后面插入延伸公差带符号。

在“基准标识符”区域可以创建由参照字母组成的基准标识符号。

下面以图6-73所示的图形为例，介绍标注形位公差的操作方法。

（1）在命令行中输入命令“LE”并按“Enter”键，调用引线命令。命令行中将显示以下提示信息：

命令: le

qleader

指定第一个引线点或 [设置(S)] <设置>: S　　（选择“设置”选项，打开“引线设置”对话框，按照如图6-74所示进行设置）

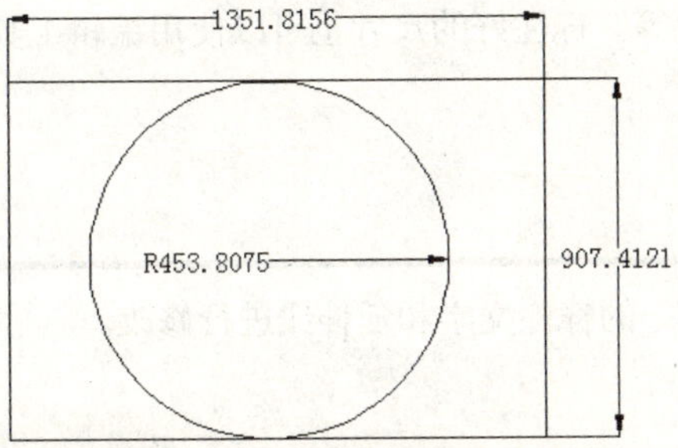

图6-73　标注形位公差前的图形

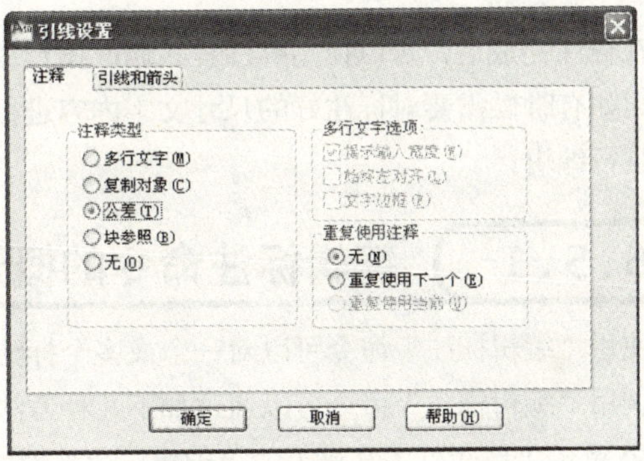

图6-74　“引线设置”对话框

指定第一个引线点或 [设置(S)] <设置>:（捕捉如图6-75所示中的端点A，指定第一个引线点）

指定下一点:　<正交 开>　（打开“正交”功能，垂直向上移动光标，在图6-75所示端点B处单击，指定引线的下一点）

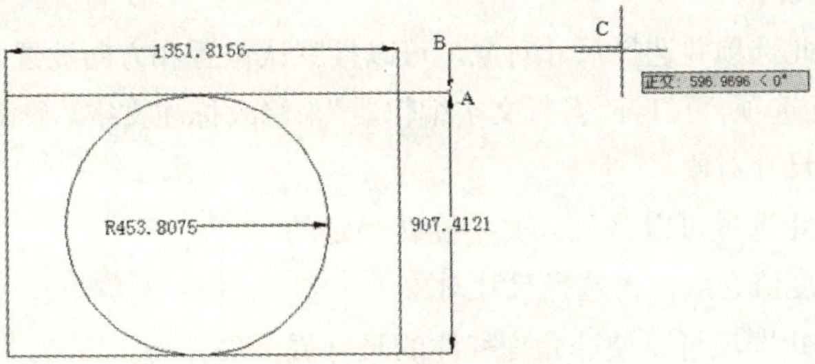

图6-75　指定三个引线点

指定下一点:　　（水平向右移动光标，在如图6-75所示端点C处单击，指定第三个引线点）

（2）指定第三个引线点后，系统自动打开“形位公差”对话框。在“形位公差”对话框中的“符号”选项区域中单击第一个特征控制框，即可打开“特征符号”对话框，在其中单击公差符号◎，被选择的特征符号出现在“形位公差”对话框内。在“公差 1”的中间的特征控制框中输入公差值“0.005”。

（3）继续在“形位公差”对话框“符号”选项区域中单击第二个特征控制框，在“特征符号”对话框中选择特征符号◎，被选择的特征符号即可出现在“形位公差”对话框内。

（4）在“公差 1”下单击第二个黑框，插入直径符号，再按照如图 6-76 所示设置公差参数。单击对话框中的“确定”按钮，标注形位公差结果如图 6-77 所示。

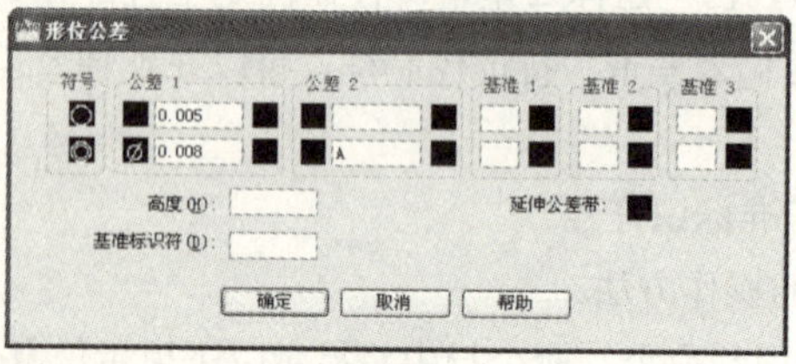

图6-76　设置“形位公差”对话框

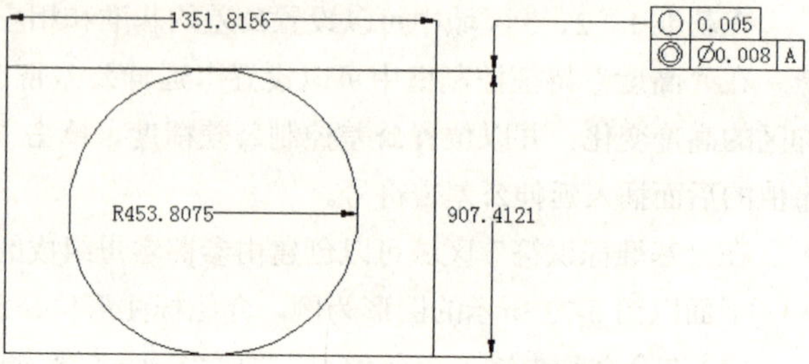

图6-77　标注形位公差的效果

6.5　编辑尺寸标注

在标注完成后，可以使用标注样式修改图形中的所有标注，也可以单独修改图形中部分标注对象，比如有时候需要对标注好的尺寸文字内容进行修改等。标注好的尺寸也可以使用编辑工具直接对其进行编辑。

6.5.1　编辑标注命令的概述

使用“编辑标注”命令可以对一个或多个标注对象上的标注文字和延伸线进行修改。

调用“编辑标注”命令可以通过如下几种方法。

① 单击“标注”工具栏上的“编辑标注”按钮。

② 在命令行中输入命令“DIMEDIT”。

调用“编辑标注”命令后，即可对已有标注进行编辑，此时命令行将会显示信息：

输入标注编辑类型 [默认(H)/新建(N)/旋转(R)/倾斜(O)] <默认>: H

其中各选项的含义如下。

① 默认 (H)：选择此选项并选择尺寸对象，可以按默认位置和方向放置尺寸文字。

② 新建 (N)：选择此选项，可打开“多行文字编辑器”来修改标注文字。修改或输入尺寸文字之后，需要再选择需要修改的尺寸对象。

③ 旋转 (R)：选择此选项可以将尺寸文字旋转一定的角度，同样是先设置角度值之后，再选择尺寸对象。

④ 倾斜 (O)：选择此选项可以使非角度标注的尺寸界线倾斜一定角度。这时需要先选择尺寸对象之后，再设置倾斜角度值。如图 6-78 所示，是将线性标注延伸线的倾斜角度设置为 45°时的标注效果。

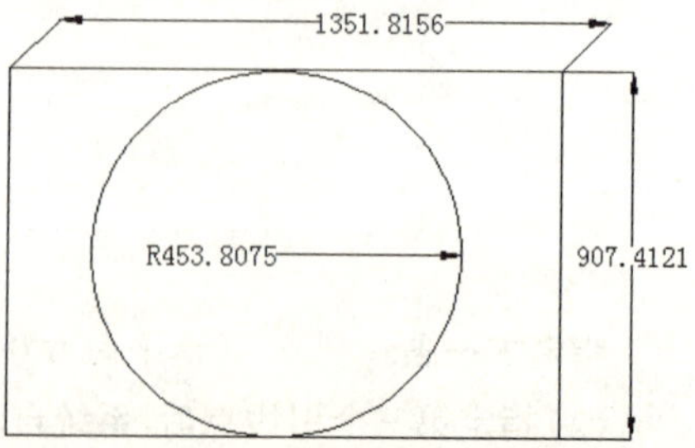

图6-78　设置线性标注延伸线的倾斜角度

6.5.2 编辑标注文字命令的使用

对标注文字进行编辑，可以将现有文字进行旋转或用新文字替换，还可以将文字移动到新位置或返回其初始位置。调用“编辑标注文字”命令可以通过如下几种方法。

① 单击“标注”工具栏上的“编辑标注文字”按钮。

② 在命令行中输入命令“DIMTEDIT”。

下面介绍“编辑标注文字”命令的使用方法。

（1）调用“编辑标注文字”命令后，命令行中将显示提示信息：

选择标注:

（2）在绘图窗口中选择要编辑的标注，命令行中将显示提示信息：

为标注文字指定新位置或 [左对齐(L)/右对齐(R)/居中(C)/默认(H)/角度(A)]:

（3）可以直接拖动鼠标为标注文字指定新位置，也可以为标注文字指定如下选项。

① 左对齐(L):在命令行中输入“L”并按“Enter”键，可将标注文字沿尺寸线靠左对齐，如图 6-79 所示。该选项只适用于线性、直径和半径标注。

② 右对齐(R):在命令行中输入“R”并按“Enter”键，可将标注文字沿尺寸线靠右对齐，如图 6-80 所示。该选项只适用于线性、直径和半径标注。

③ 居中(C):在命令行中输入“C”并按“Enter”键，可将标注文字放在尺寸线的中间，如图 6-81 所示。

④ 默认(H):在命令行中输入“H”并按“Enter”键，可将标注文字按照默认的位置和方向放置。

⑤ 角度(A)：在命令行中输入“A”并按“Enter”键，可旋转标注文字的角度，图 6-82 所示是将标注文字旋转 45°的效果。

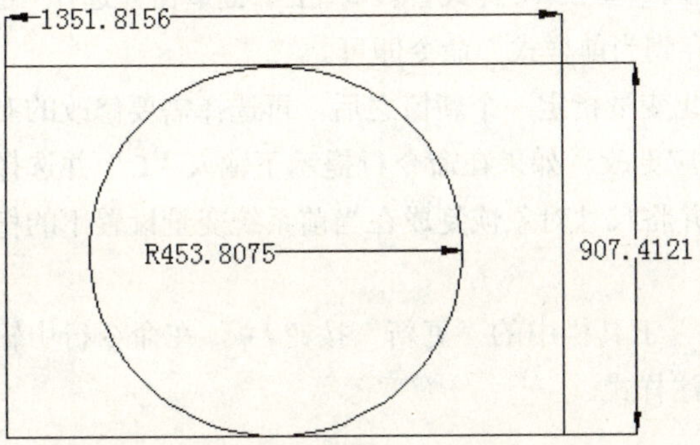

图6-79 将标注文字沿尺寸线靠左对齐

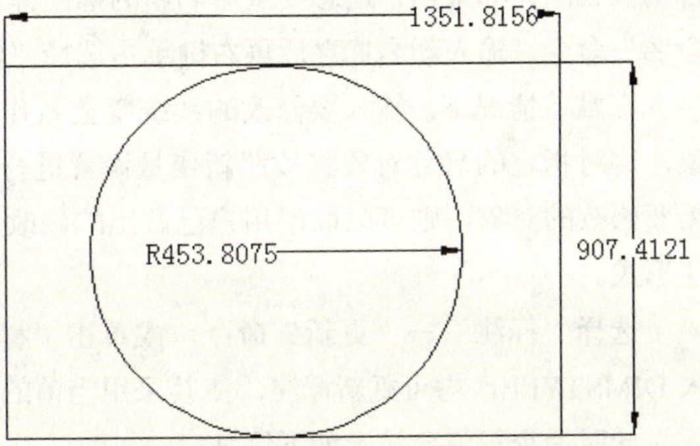

图6-80 将标注文字沿尺寸线靠右对齐

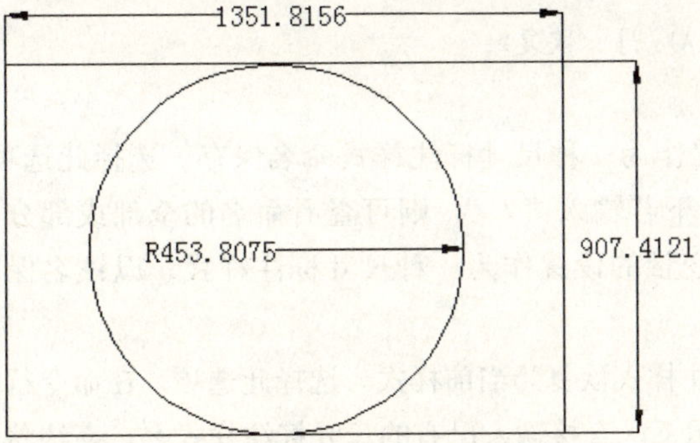

图6-81 将标注文字放在尺寸线的中间

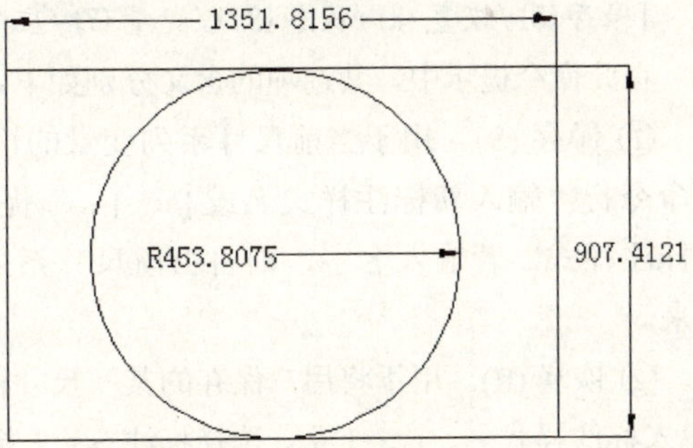

图6-82 将标注文字旋转45°

6.5.3 替代与更新

在尺寸标注完毕之后，若发现有缺失或不妥之处，还可利用标注编辑的方法对其进行修改或使用性质命令变更标注样式。当想要对当前样式进行修改但又不想创建新的标注样式时，可以创建标注样式替代。

选择“标注”→“标注样式”命令，或单击“标注”工具栏中的“倾斜”按钮，在“标注样式管理器”对话框中单击“替代”按钮，即可打开“替代当前样式”对话框，在其中可以调整样式替代，内容包括尺寸界线、公差、单位以及其可见性等，如图6-83所示。在完成创建标注样式替代后，AutoCAD将在标注样式名下显示“<样式替代>”，如图6-84所示。

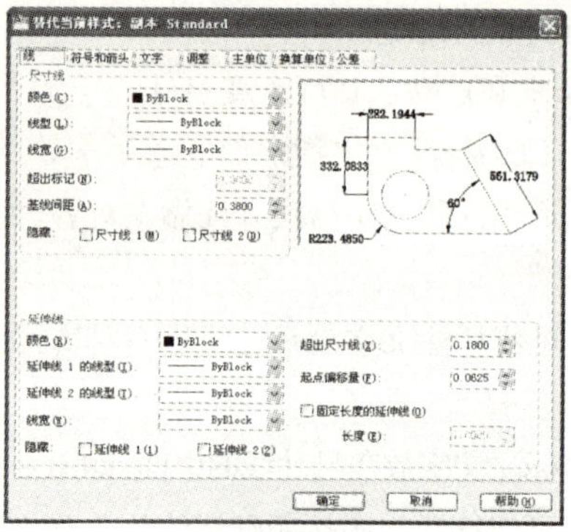

图6-83 “替代当前样式”对话框

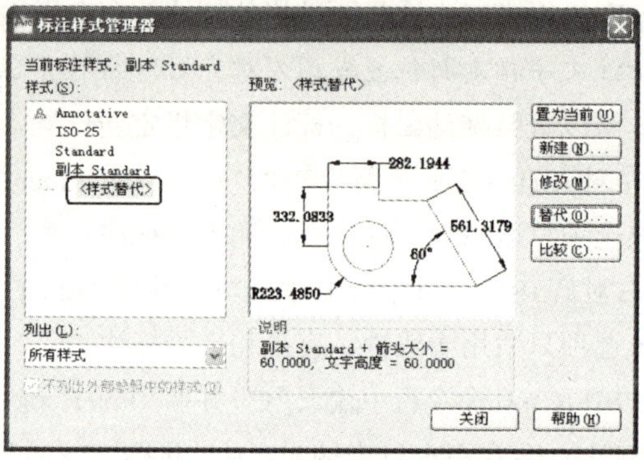

图6-84 创建“样式替代”

用户只能为当前样式创建标注样式替代，当其他标注样式被设置为当前样式之后，标注样式将自动被删除。如果用户还想要重命名新的标注样式，则只要在“<样式替代>”上右键单击并选择“重命名”命令，输入新名称之后再右键单击选择“保存到当前样式”命令即可。

在默认情况下，输入要修改的系统变量名并为此变量指定一个新值之后，再选择需要修改的对象，这时指定的尺寸对象将按照新变量设置进行相应更改。如果在命令行提示下输入“C”并选择需要修改的对象，则可以取消用户已做出的修改，并将尺寸对象恢复成在当前系统变量设置下的标注形式。

选择“标注”→“更新”命令，或单击“标注”工具栏中的“更新”按钮，在命令行中输入DIMSTYLE，均可更新标注，使其采用当前的标注样式。

此时命令行将会显示如下信息：

输入标注样式选项

[保存(S)/恢复(R)/状态(ST)/变量(V)/应用(A)/?] <恢复>:

在此命令提示中，其选项的含义分别如下。

① 保存(S)。用于当前尺寸系列变量的设置作为一种尺寸标注样式命名保存。选择此选项，在命令行“输入新标注样式名或[?]：”提示下若输入“？”，则可查看命名的全部或部分尺寸标注样式。若输入名字，则将当前尺寸系列变量的设置作为一种尺寸标注样式，以该名保存起来。

② 恢复(R)。用于将用户保存的某一尺寸标注样式恢复为当前样式。选择此选项，在命令行的“输入标注样式名、[?]或<选择标注>：”提示下，直接输入已有的尺寸标注样式名，系统将该尺寸标注样式恢复成当前样式。输入“？”，则可查看当前图形中已有的全部或部分尺寸标注样式。

按“Enter”键并选择某一尺寸对象，则可显示当前的尺寸标注样式名，以及对此尺寸对象应用替换命令改变的尺寸变量及其设置。

③ 状态 (ST)。用于查看当前各尺寸系统变量的状态。选择此选项，可切换到文本窗口并显示各尺寸系统变量及其当前设置。

④ 变量 (V)。可列出指定的标注样式、指定对象的全部或部分尺寸系统变量及其设置。执行此选项后，命令行中将会出现与执行“恢复（R）”选项相同的提示。

⑤ 应用 (A)。根据当前尺寸系统变量的设置对指定的尺寸对象进行更新。执行此选项后，AutoCAD 将会提示信息：

选择对象： （选择需要更新的尺寸对象）

⑥“？”选项。用于显示当前图形中命名的尺寸标注样式。

6.6 综合案例1——创建标注样式

学习目的

通过本实例练习，可以熟练掌握创建标注样式的方法。

重点难点

- 创建新标注样式，利用新标注样式对图形进行标注

下面将介绍创建新标注样式的操作方法。

操作步骤

Step01 在“常用”选项卡的“图层”面板上单击“图层特性”按钮，即可打开“图层特性管理器”面板。在面板中间区域右键单击，在弹出的菜单中选择“新建图层”选项，新建一个图层并将其命名为“标注”，如图 6-85 所示。

Step02 选择“标注”→“标注样式”命令，即可打开“标注样式管理器”对话框。单击右侧的“新建”按钮，即可弹出“创建新标注样式”对话框。在“新样式名”文本框中输入新样式名称“xbzys”，在“基础样式”下拉列表中选择“ISO-25”，如图 6-86 所示。

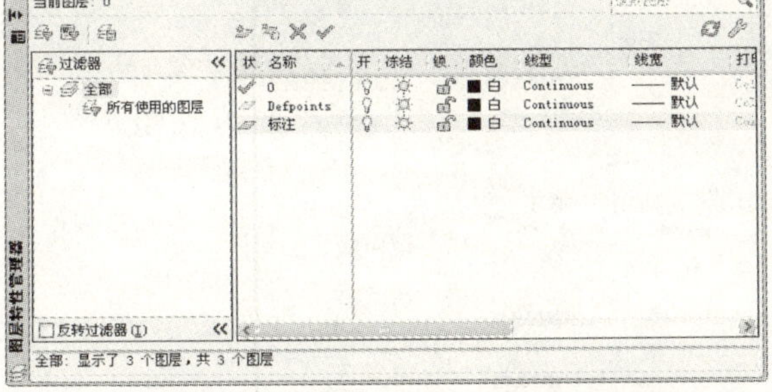

图6-85 新建一个名为“标注”的图层

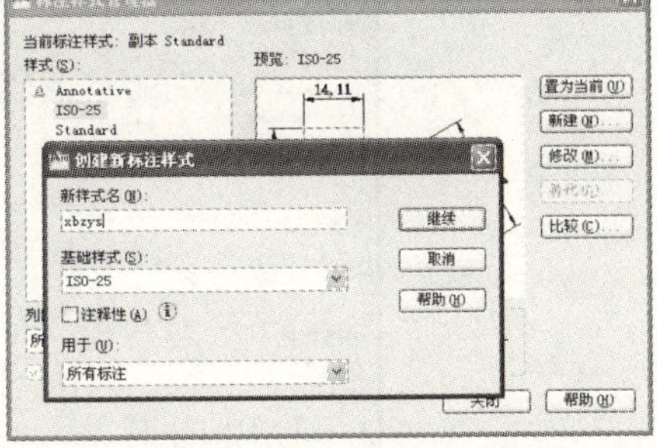

图6-86 新建一个名为“xbzys”的标注样式

Step03 单击“继续”按钮，即可打开“新建标注样式：xbzys”对话框，在“线”选项卡中设置各项参数，如图 6-87 所示。

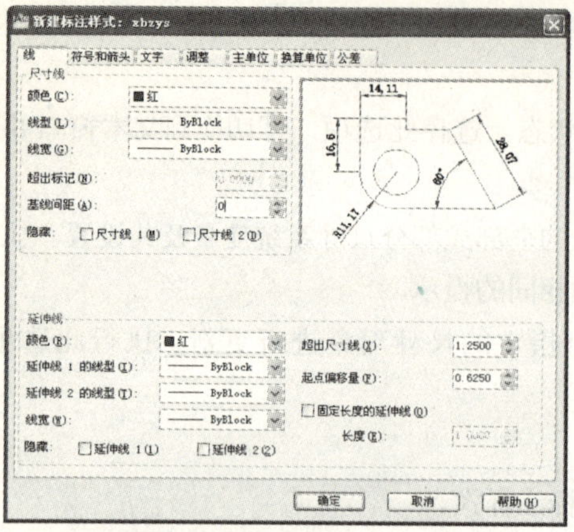

图6-87 设置“线”选项卡中参数

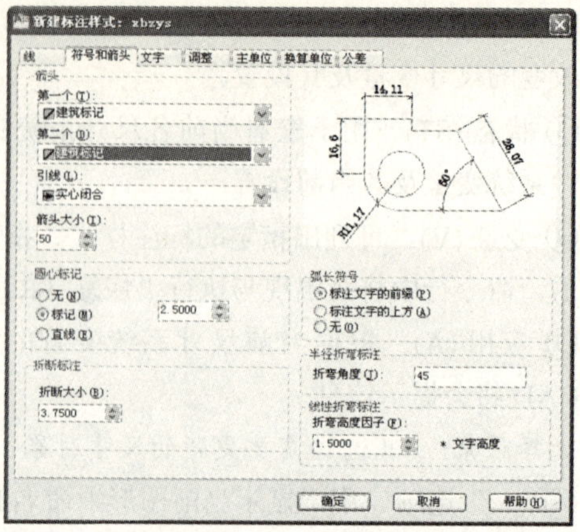

图6-88 设置“符号和箭头”选项卡中参数

Step 04 选择“符号和箭头”选项卡，在“箭头”选项区域的“第一个”下拉列表中选择“建筑标记”选项，其余参数按照如图 6-88 所示进行设置。

Step 05 选择“文字”选项卡，单击“文字样式”下拉列表后的[...]按钮，即可打开“文字样式”对话框。单击右侧的“新建”按钮，在“新建文字样式”对话框中输入样式名“xbzys”，如图 6-89 所示。

Step 06 单击“确定”按钮，在“文字样式”对话框左侧的“样式”列表框中会显示新建的文字样式“xbzys”，在其中设置“高度”为 50，如图 6-90 所示。

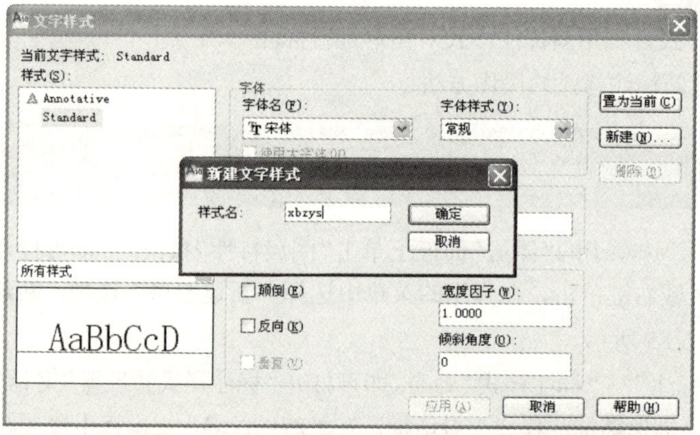

图6-89 新建一个名为“xbzys”的文字样式

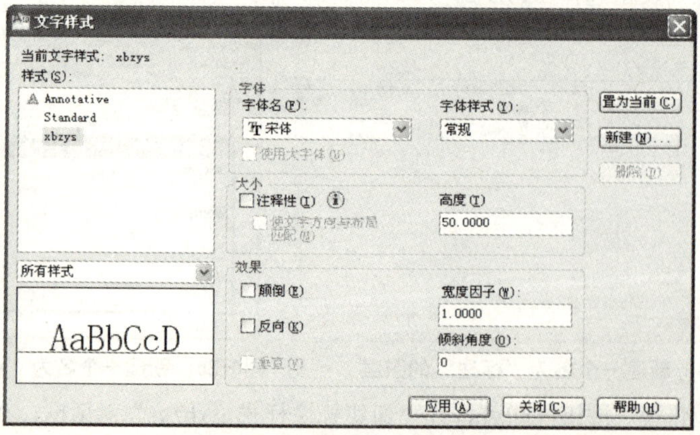

图6-90 设置文字样式的高度

Step07 单击“应用”按钮，再单击“关闭”按钮返回“新建标注样式:xbzys”对话框，在“文字样式”下拉列表中选择“xbzys”选项，如图 6-91 所示。

Step08 单击“确定”按钮返回“标注样式管理器”对话框，在“样式”列表框中可看到刚才创建的“xbzys”标注样式，如图 6-92 所示。单击“置为当前”按钮，将该标注样式设置为当前标注样式，单击“关闭”按钮关闭对话框。

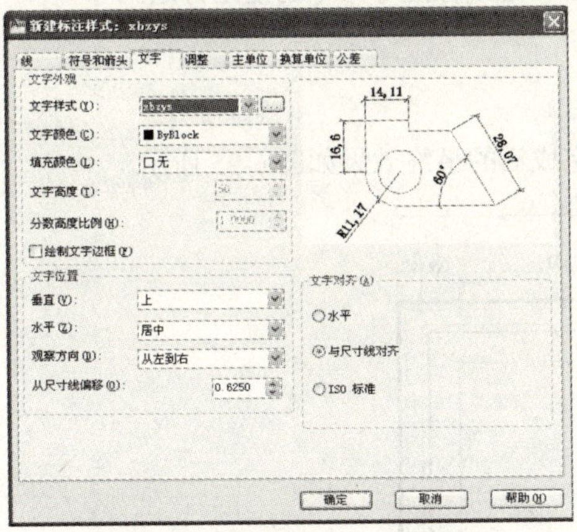

图6-91　设置文字样式为“xbzys”

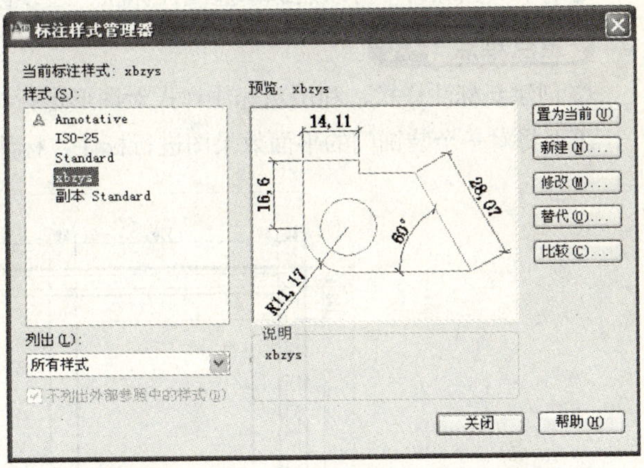

图6-92　将“xbzys”设置为当前标注样式

Step09 选择“标注”→“线性”命令,使用刚才创建的标注样式对图形进行线性标注,如图 6-93 所示。命令行中会显示如下提示信息：

命令: _dimlinear

指定第一条延伸线原点或 <选择对象>:

指定第二条延伸线原点:

指定尺寸线位置或[多行文字(M)/文字(T)/角度(A)/水平(H)/垂直(V)/旋转(R)]:

标注文字 = 1247.94

Step10 参照同样方法对图形的其他部分进行线性标注和半径标注,标注完成后的效果如图 6-94 所示。

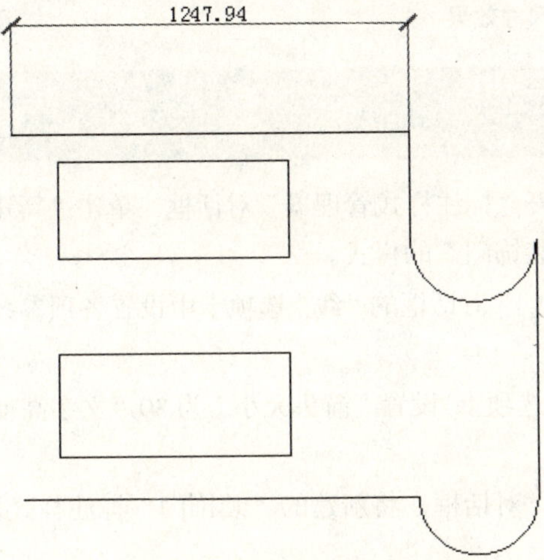

图6-93　对图形进行线性标注

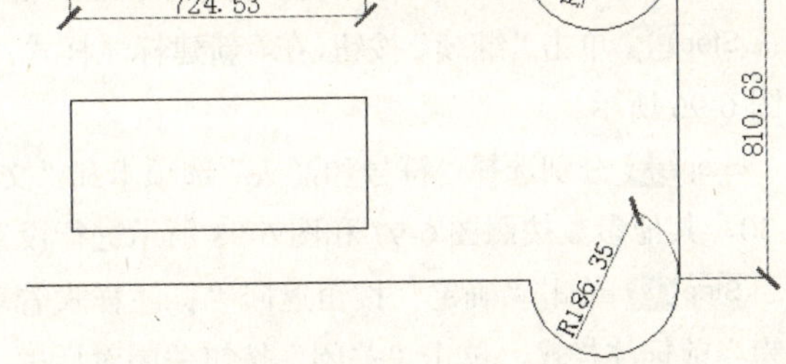

图6-94　利用新标注样式标注图形效果

6.7 综合案例2——标注装饰门尺寸

学习目的

通过本实例练习，可以熟练掌握线性标注、连续标注和基线标注等命令的使用方法。

重点难点

- 创建新标注样式，利用新标注样式对图形进行标注。

下面将对一个装饰门的平面效果图进行标注，标注完成后的最终效果如图 6-95 所示。

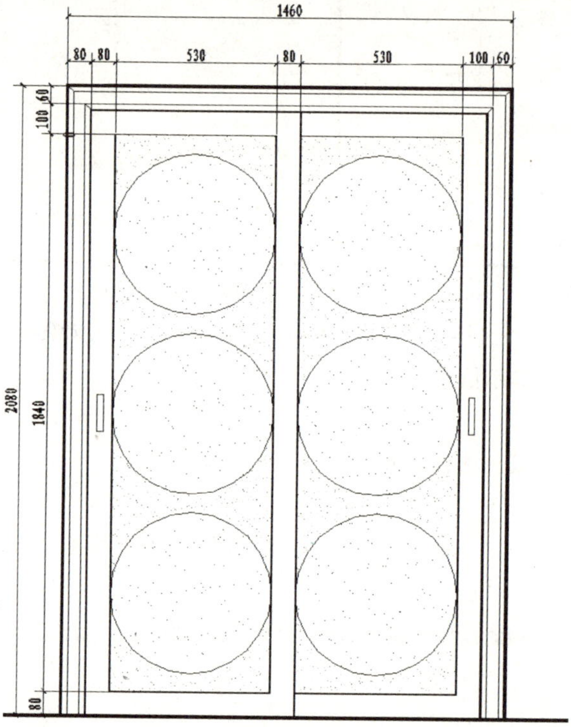

图6-95 标注装饰门尺寸效果

操作步骤

Step01 选择“标注”→“标注样式”命令，即可打开“标注样式管理器”对话框。单击“新建”按钮，新建一个以“ISO-25”标注样式为基础，名为“装饰门”的样式。

Step02 单击“继续”按钮，在“新建标注样式：装饰门”对话框的“线”选项卡中设置各项参数，如图 6-96 所示。

Step03 分别选择“符号和箭头”选项卡和“文字”选项卡，设置“箭头大小”为 30，“文字高度”为 30，其他参数按照图 6-97 和图 6-98 所示进行设置。

Step04 单击“确定”按钮返回“标注样式管理器”对话框，将新建的“装饰门”标注样式设置为当前标注样式，单击“关闭”按钮关闭对话框。

Step05 在 AutoCAD 2010 中打开“素材 / 第 6 章 /06-01.dwg”文件（装饰门图形），如图 6-99 所示。

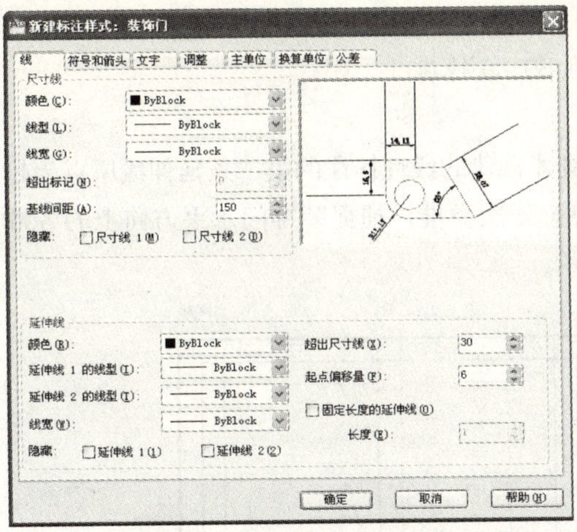

图6-96　设置“线”选项卡

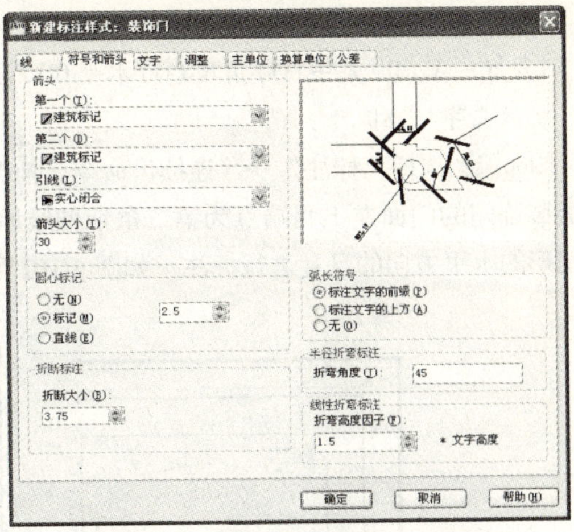

图6-97　设置“符号和箭头”选项卡

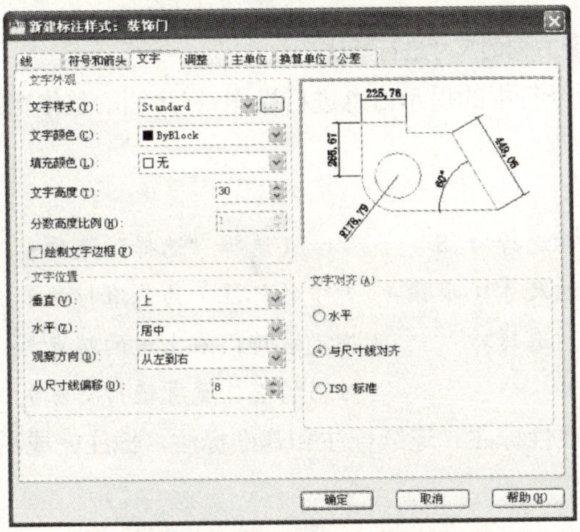

图6-98　设置“文字”选项卡

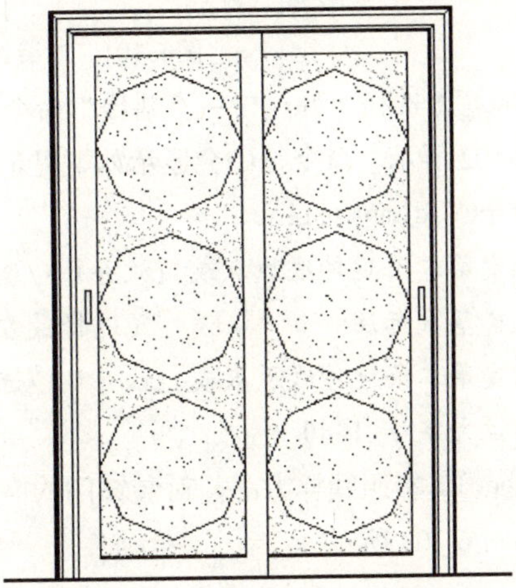

图6-99　打开“装饰门”图形

Step 06 选择“标注”→“线性”命令，捕捉图形左上角的端点为第一条延伸线的原点，捕捉内侧门框左上角的端点为第二条延伸线的原点，在合适位置单击鼠标，指定尺寸线的位置，对门框的宽度进行尺寸标注，如图 6-100 所示。

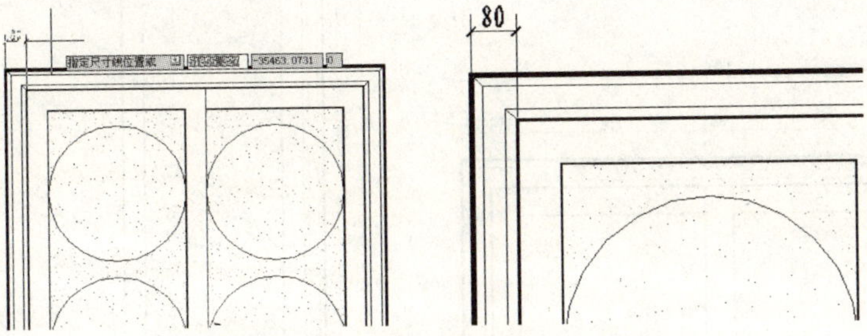

图6-100　对门框的宽度进行尺寸标注

命令行中会显示如下提示信息：

命令: _dimlinear

指定第一条延伸线原点或 <选择对象>:

指定第二条延伸线原点:

指定尺寸线位置或

[多行文字(M)/文字(T)/角度(A)/水平(H)/垂直(V)/旋转(R)]:

标注文字 = 80

Step07 选择“标注”→“连续”命令，捕捉刚才创建的线性标注的第二条延伸线原点为起点，捕捉装饰门的门面左上角端点为第二条延伸线原点，依次类推，捕捉装饰门水平方向上的各端点，对图形的水平方向的尺寸进行标注，如图 6-101 所示。

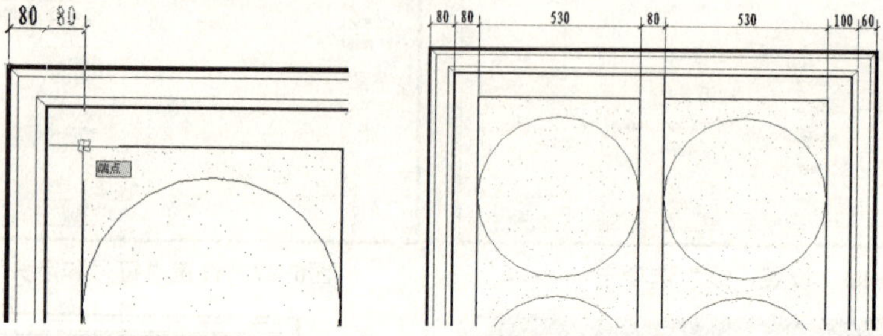

图6-101　对装饰门的水平方向的尺寸进行标注

Step08 选择“标注”→“基线”命令，根据命令行中的提示信息进行操作，标注门的整体宽度，如图 6-102 所示。命令行中会显示如下提示信息：

命令: _dimbaseline

指定第二条延伸线原点或 [放弃(U)/选择(S)] <选择>: S　　　　（选择“选择”选项）

选择基准标注:　　　　（选择最左侧的标注尺寸（步骤（7）中的标注）为基准标注）

指定第二条延伸线原点或 [放弃(U)/选择(S)] <选择>:　　　　（指定装饰门右上角的端点）

标注文字 = 1460　　　　（对门的整体宽度进行标注）

Step09 参照同样方法，对装饰门的高度进行线性标注、连续标注和基准标注，标注完成后的效果如图 6-103 所示。

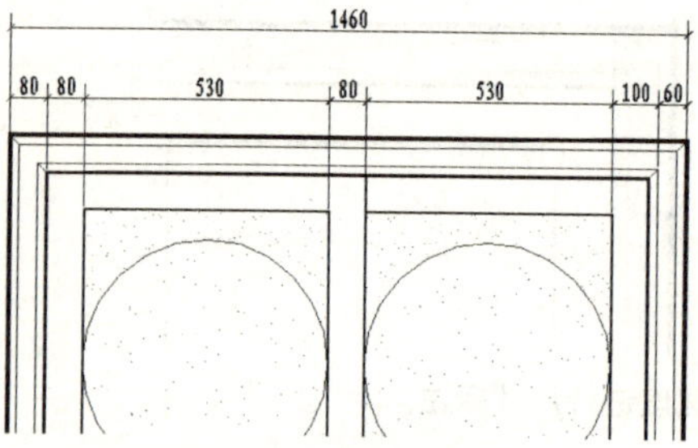

图6-102　标注装饰门的整体宽度

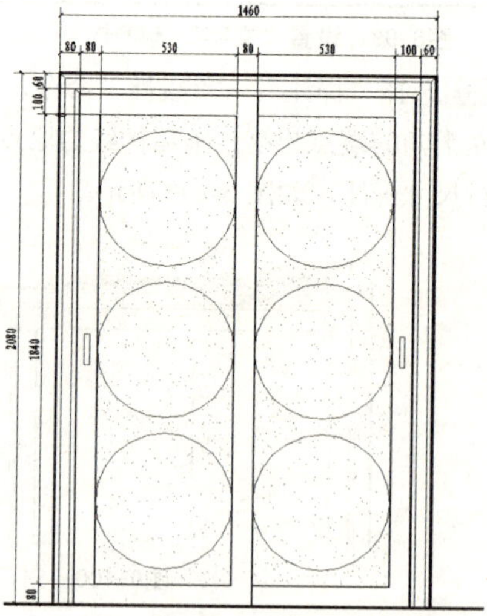

图6-103　对装饰门的高度进行标注

建筑形体的投影图，虽然已经清楚地表达了形体的形状和各部分的相互关系，但还必须注上足够的尺寸，才能明确形体的实际大小和各部分的相对位置。在标注建筑形体的尺寸时，要考虑两个问题：投影图上应标注哪些尺寸和尺寸应标注在投影图的什么位置。

6.8　习题与上机练习

1．填空题

（1）在建筑绘图中，一个完整的尺寸标注应由______、______、______、______、______等元素组成。

（2）在命令行中输入命令______，即可打开“标注样式管理器”对话框。

（3）形位公差表示对象特征的______、______、______、______和______的允许偏差。

（4）在命令行中输入命令______，即可调用多重引线命令。

（5）“特征符号”对话框中的符号“○”、“↗”、“⊥”、“⌯”分别表示______、______、______、______。

2．简述题

（1）在 AutoCAD 2010 中，对绘制的图形进行尺寸标注时应遵循哪些规则？

（2）在 AutoCAD 2010 中，可以创建哪些类型的标注，它们的定义是什么？

3．上机练习

（1）对图 6-104 进行尺寸标注。

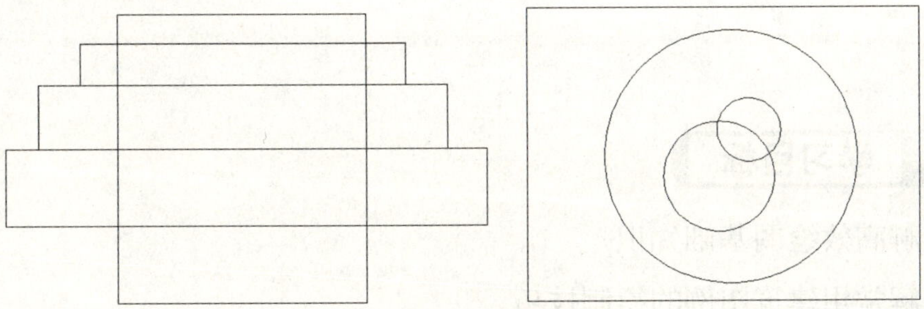

图6-104　练习题图1

（2）对图 6-105 中的标注进行编辑，使标注中的文字分别左对齐、右对齐、居中对齐和倾斜 60°。

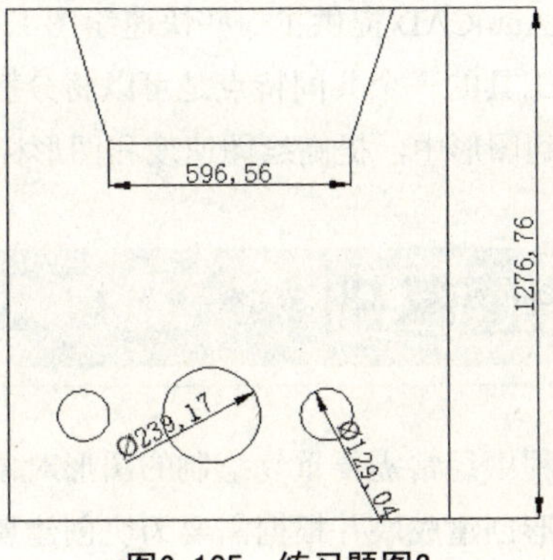

图6-105　练习题图2

第7章 AutoCAD 2010高效绘图

本章主要介绍建筑与建筑工程专业常用图例，包括室外布置图例、室内设施图例以及管道和空调布置图例等绘制方法，以及如何将这些图例创建成图块的技巧。通过本章的介绍可以掌握进行建筑设计常用图例的绘制方法，掌握绘制图块方法与调用图块参数设置，还可通过图例的绘制熟悉 AutoCAD 各种基本功能的操作方法等。

学习目标

- 了解高效绘图基础知识
- 理解常用建筑图例的绘制技巧
- 掌握绘制管道和空调布置图例

为方便绘图，提高绘图效率，AutoCAD 提供了一些快速绘图工具，包括图块及其属性、设计中心、工具选项板以及样板图等。这些工具的一个共同特点是可以将分散的图形通过一定方式组织成一个单元，在绘图时将这些单元插入到图形中，提高绘图速度和图形标准化。

7.1 高效绘图基础

在绘制图形时，对于绘图过程中经常需要重复绘制的图形对象，或所绘制图形与已有的图形文件相同，则可把要重复绘制的图形创建成块并根据需要为块创建属性，如指定块的名称、用途及设计者等信息，在需要时将该组对象插入，缩短重复绘图的时间，从而提高绘图效率。同时，也可把已有图形文件以参照的块形式插入到当前图形中（即外部参照）。

7.1.1 图块及应用

图块也称为块，是 AutoCAD 图形设计中的一个重要概念。图块是一个或多个图形对象形成的对象集合。该集合对象可以作为一个单一的整体在图形文件中重复插入使用。另外，块还具有各自的图层、颜色、线型和线宽等基本特性，对于块的操作可以像对其他单个的图形对象一样，执行移动、复制、分解、镜像等操作。

如果在图块中加入一些帮助文字，即可将图块改变为属性图块。在AutoCAD中插入属性图块时，用户可设置输入的提示文字，使每一个图块都能拥有各自的定义。

1. 块的定义

AutoCAD的块包含了内部块和外部块。内部块是指创建的图块保存在定义该图块的图形中，只能在当前图形中应用，而不能插入到其他图形中；外部块是指创建的图块可作为一个独立文件保存，还可将该图块插入到任何图形中，并对图块执行单独的打开和编辑操作。

AutoCAD 2010提出了动态块的概念。动态块是指将一般的图块创建成可以自由调整属性参数的图块，使块的概念得到了新的延伸。比如可以将不同长度、角度、大小、对齐方式等，甚至整个块图形的样式设计到一个相关块中，插入块后仅需要简单拖动几个变量即可实现块的修改。因此，动态块具有灵活性和智能性。使用动态块可极大地提高绘图效率，并减少块图形库创建的工作量，还可以精减块图形库。

在AutoCAD绘图的过程中，创建块的前提是将组成块的图形对象预先绘制出来，有了绘制好的原始图形对象后，再激活创建块的命令，才可以创建块。

可以使用若干种方法创建块，如下所述。

① 合并对象以在当前图形中创建块定义。

② 使用“块编辑器”功能区上下文选项卡（当功能区处于活动状态时）或“块编辑器”（当功能区未处于活动状态时），将动态行为添加到当前图形中的块定义。

③ 创建一个图形文件，随后将它作为块插入到其他图形中。

④ 使用若干种相关块定义创建一个图形文件以用作块库。

在AutoCAD 2010中，激活图块命令的方法有如下4种。

方法1：在“功能区”选项板中选择“常用”选项卡，在“块”面板中单击“创建”按钮。

方法2：选择菜单栏中“绘图”→“块”→“创建”命令。

方法3：在命令提示行中直接输入命令“BMAK”并按“Enter”键或“空格”键。

方法4：在“绘图”工具栏（如图7-1所示）中单击“创建”按钮。

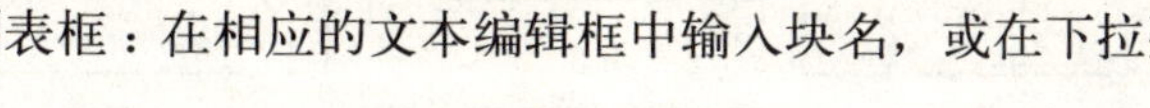

图7-1 “绘图”工具栏

采用上述方法激活图块命令，即可打开“块定义”对话框。在其中可以为块起名、选择图形对象、指定基点等，将原对象生成块。此时的块为内部块，只能出现在本图中，或由AutoCAD设计中心插入其他图档。块的定义包括名称、基点和对象三个基本要素。

下面对“块定义”对话框中的各选项进行说明。

（1）“名称”下拉列表框：在相应的文本编辑框中输入块名，或在下拉列表中选取当前图形中已存在的块名。

注意

在创建时尽量使用中文来给块命名，并在名称中尽可能表达清楚该块的具体用处，而不要使用“aaa”、“111”等随意键入的名字，这样，在创建了多个块定义后仍然能将不同用处的块区分开来。

（2）“基点”选项区域：此区域指定块的插入基点坐标，默认值为（0,0,0）。定义块时的基点实际就是插入块时的位置基准点，可直接在 X、Y、Z 三个坐标文本框中键入坐标值。当然，也可以单击“拾取点”按钮，拾取块对象上的某个特征点坐标作为基点坐标，并在拾取坐标的过程中打开状态栏上的“对象捕捉”模式，以确保精确拾取到块上的坐标点。

（3）“对象”选项区域：此区域用于指定新块中要包含的对象，以及创建块后是保留或删除选定的对象，还是将其转换成块实例。

①“保留”选项：将原封不动地保留创建块的原始对象，是一组零散图线，对于想要使用这些对象来创建另外一些比较类似的图块时，将其简单修改即可，这种情况应选择“保留”。

②“转换为块”选项：将块的原始对象直接转换成新创建的块，相当于在原位置执行了一次插入块的操作，这也是经常要执行的操作。

③“删除”选项：创建块的原始对象将被从当前图形中删除掉。

（4）“设置”选项区域：该区域指定块的一些特性设置。

①“块单位”下拉列表：使用设计中心、工具选项板或 i-drop 将块拖放到图形时，指定块的缩放单位（最好指定一个单位而不要使用“无单位”，以避免在设计中心或 i-drop 拖放图块时，AutoCAD 会自动换算单位而不出现比例问题）。

②“按统一比例缩放”复选框：选择这一选项后，插入块时不允许块沿 X、Y、Z 方向使用单独的缩放比例。

③“允许分解”复选框：指定块是否可以被分解。

④“超链接”按钮：在插入超链接对话框（如图 7-2 所示）中将超链接与块定义相关联。

现假定将图 7-3 所示图形文件定义为块，则具体的操作步骤如下。

（1）在 AutoCAD 2010 工作界面的绘图区域中绘制如图 7-3 所示的图形对象。

（2）采用上述方法激活图块命令，即可打开“块定义”对话框。在“名称”文本框中输入块名（如“自定义块 1”），在“对象”选项区域选中“转换为块”单选按钮，如图 7-4 所示。

（3）如果需要在图形中保留用于创建块定义的原对象，则必须确保未选中“删除”单选按钮。如果选择了该选项，将从图形中删除原对象。如果有必要，还可以使用“OOPS”命令恢复原对象。

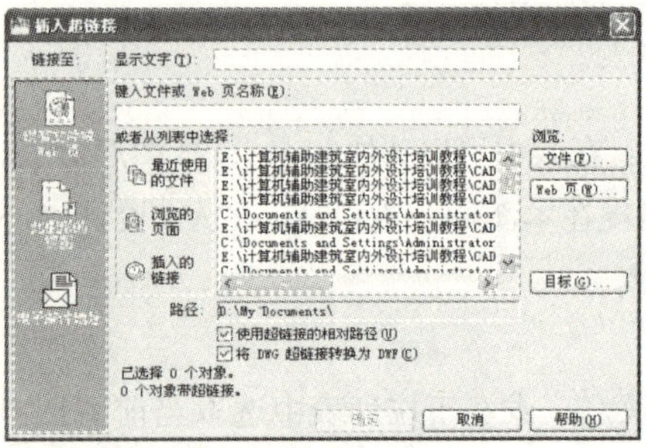

图7-2 “插入超链接”对话框

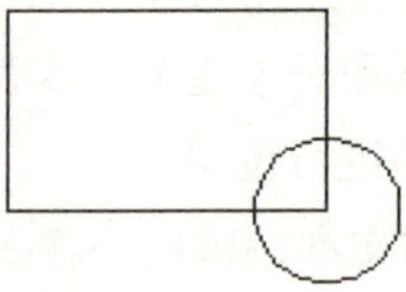

图7-3 原图形文件

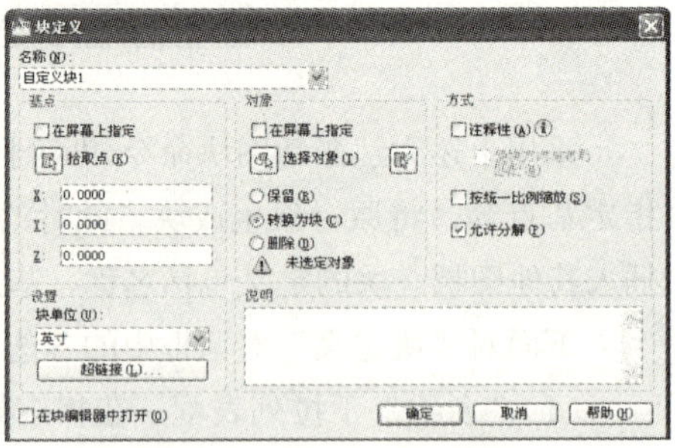

图7-4 “块定义”对话框

（4）单击“选择对象”按钮，在绘图区域中选择要包括在块定义中的对象。选择完毕之后按“Enter”键或“Space（空格）”键，以完成对象选择。待“块定义”对话框重新出现时，即可在“对象”选项区中看到“已经选择 2 个对象”，如图 7-5 所示。

（5）在“块定义”对话框的“基点”选项区域中，单击“拾取点”按钮，用鼠标指定一个点作为块插入点，或在 X、Y、Z 文本框中输入该点的坐标。

注意

如果没有拾取基点，则块将以默认值为（0,0,0）作为基点来创建块，这样将造成块定义中的对象距离坐标原点有多远，插入块时该图块就会跑多远。因此，在定义块时一定不要遗漏基点的定义。

（6）在“说明”列表框中输入块定义的说明。该说明将显示在设计中心（Adcenter）中，如图 7-6 所示。在所有设置完毕之后，单击“确定”按钮，即可在当前图形中定义块，并将其随时插入其他图形中。

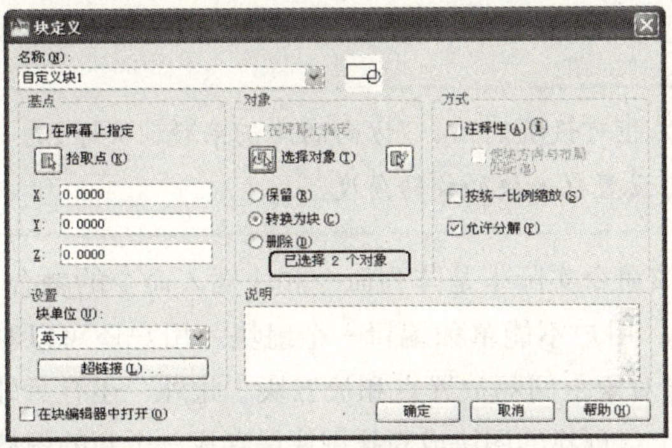

图7-5　选择块对象

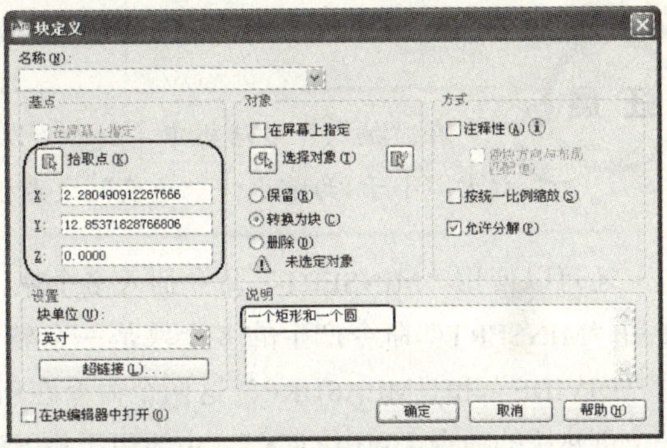

图7-6　指定块插入点和块说明

在块创建完成之后，块的定义将保存到当前图形文件的块库中。块的定义实际上存在于一个专门的块库中，但该库并不在图形中显示，仅仅是在插入块时调用库中的块图形并使其显示出来。另外，块的定义支持嵌套，即已经是块的图形对象还可以被包含到另一个与之不同名的块定义中。

外部块单独作为一个图形文件存在，是将图块保存成一个新的图片文件（*.dwg），可以在任何一个文件中使用。在命令行输入“WBLOCK”，可以创建外部块。

2. 块的插入

创建块或图形文件都是为了便于在绘图时使用，在实际的使用过程中，这些块或图形文件均可作为单个的对象放置于图形文件中。在 AutoCAD 2010 中激活插入块命令的方法如下。

方法 1：选择“插入”→“块”命令。

方法 2：在“功能区”选项板中选择“常用”选项卡，在“块”面板中单击“插入”按钮。

方法 3：在命令行提示中直接输入命令“INSERT”并按“Enter”键或“空格”键。

方法 4：在“绘图”工具栏中单击“插入”按钮。

采用上述方法可打开“插入”对话框，在其中可根据“名称”选择插入内部块，根据“浏览”选择文件名插入外部块，在插入块时改变所插入块或图形的比例与旋转角度，如图 7-7 所示。

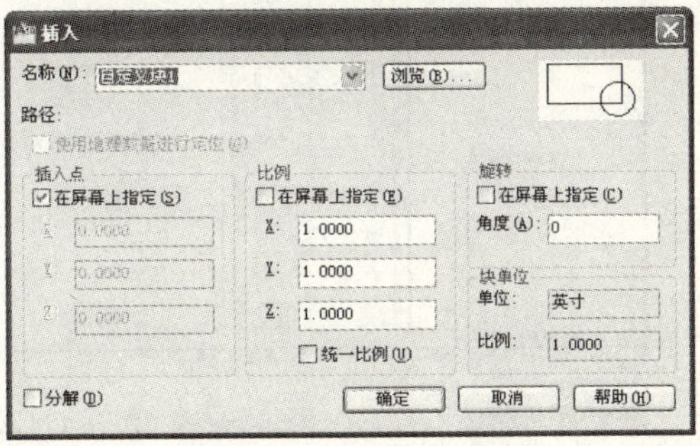

图7-7　“插入”对话框

在“插入”对话框中各选项的含义如下。

①“名称”文本框：指定要插入块的名称，或指定作为块插入的图形文件名，单击“浏览”按钮可选择作为块插入的图形文件名。

②“插入点”选项区域：该区域用于决定插入点的位置，在屏幕上使用鼠标指定插入点或直接输入插入点坐标，均可决定插入点的位置。

③“比例”选项区域：该区域用于决定块在X、Y、Z这3个方向上的比例。在屏幕上使用鼠标指定或直接输入缩放比例，均可决定图形的缩放比例。如选中“统一比例”复选框，则表示在X、Y、Z这3个方向上的比例是相同的。

④“旋转”选项区域：该区域决定插入块的旋转角度，在屏幕上使用鼠标指定块的旋转角度或直接输入块的旋转角度均可。

⑤“分解”复选框：决定插入块时是作为单个对象还是分成若干个对象，选中该选项后将只能用于X比例因子。

注 意

在“插入”对话框中，X、Y、Z文本框可设置X、Y、Z方向的比例系数，大于1为放大，小于1为缩小；“角度”文本框可设置插入块的旋转角度。

还可以使用“MINSERT”命令插入多个块，该命令实际上是阵列命令和块插入命令的融合。使用“MINSERT”命令产生的多个块是一个整体，用户不能单独编辑一个组块。用户还可以利用“DIVIDE”和“MEASURE”这两个命令在所选对象上间隔放置点和放置块。此外，还有另外一个创建块的命令“WBLOCK”，主要用于将图面上已创建的图块或新建图块保存成一个新的图档（*.dwg），再用插入块命令将其插入其他图档中使用。

下面以AutoCAD 2010内前面创建的范例文件为例（参见图7-8），讲述将部分图形以“WBLOCK”命令保存成一个独立文件的方法。具体的操作步骤如下。

（1）打开“C:\Program Files\AutoCAD 2010\Sample\DesignCenter-装饰门.dwg”并选择模型标签，使用缩放工具将欲制作图块的图形区域放大，再在命令窗口中输入“W”（执行WBLOCK命令），如图7-8所示。

（2）在“写块”对话框的“文件名和路径”文本框中，分别输入新图块要保存的路径及名称，并单击“拾取点”按钮，如图7-9所示。

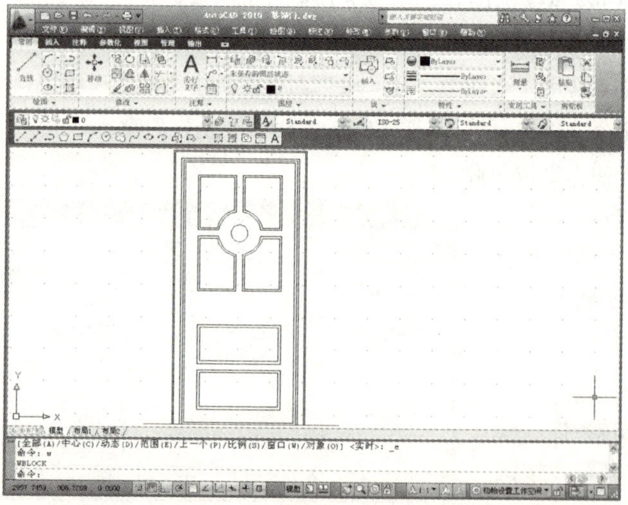

图7-8 使用缩放工具将欲制作图块的图形区域放大

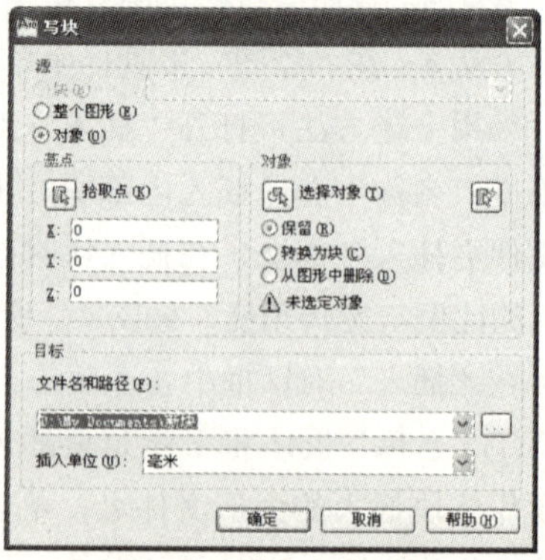

图7-9 “写块”对话框

（3）待返回到 AutoCAD 绘图区之后，选择“直线”按钮捕捉到端点，再在绘图区中选择图块的插入基准点。待返回到制作图块对话框之后，单击“选择对象”按钮，并在绘图区中右键单击选取的欲创建块的对象。

（4）待返回到制作图块窗口之后，选择“确定”按钮完成对该图块的创建，即可将文件保存在被选择的文件夹中。

7.1.2 设计中心与工具选项板

使用 AutoCAD 2010 设计中心可以组织设计内容并将其拖到当前图形中。工具选项板是“工具选项板”浮动面板中选项卡形式的区域，提供组织、共享和放置块及填充图案的有效方法。工具选项板还包含由第三方开发人员提供的自定义工具。也可利用设置中组织内容并将其创建为工具选项板。设计中心与工具选项板的使用大大方便了绘图，提高了绘图的效率。

1. 设计中心

在 AutoCAD 2010 中，启动“设计中心”浮动面板的方法如下。

（1）选择“工具”→“选项板”→“设计中心”命令。

（2）单击“标准”工具栏中的“设计中心”按钮。

（3）在命令行提示中输入“ADCEnter”命令。

（4）按“Ctrl+2”组合键。

执行完上述命令后，系统会打开“设计中心”浮动面板。第一次启动设计中心时，默认打开的选项卡为“文件夹”。内容显示区采用大图标显示，左边的资源管理器采用 tree view 显示方式显示系统的树形结构，在浏览资源的同时，内容显示区显示所浏览资源的有关细目或内容，如图 7-10 所示。也可以用此命令搜索资源，方法与 Windows 资源管理器类似。

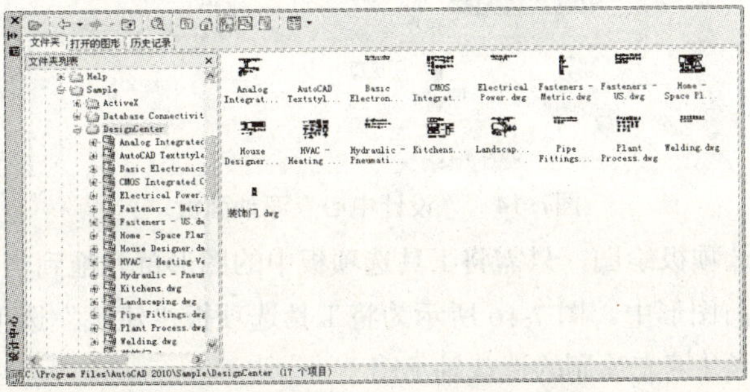

图7-10 AutoCAD 2010设计中心的资源管理器和内容显示区

设计中心的优点是可以将系统文件夹中的 DWG 图形当成图块插入到当前图形中。

（1）从文件夹列表中或查找结果列表框选择要插入的对象，拖动对象到打开的图形。

（2）单击鼠标右键，从弹出的菜单中选择“比例”、“旋转”等选项。

（3）在相应的命令行提示下输入比例和旋转角度等数值。

2. 工具选项板

在 AutoCAD 2010 中，打开“工具选项板”浮动窗口的方法如下。

方法 1：选择“工具”→“工具选项板”命令。

方法 2：单击“标准”工具栏中的“工具选项板窗口”按钮。

方法 3：在命令行提示中输入“TOOLPALETTES”命令。

方法 4：按“Ctrl+3”组合键。

执行完上述命令后，系统自动打开“工具选项板”浮动窗口，如图 7-11 所示。该工具选项板上有系统预设的 3 个选项卡。单击鼠标右键，在系统打开的快捷菜单中选择“新建选项板”命令，如图 7-12 所示。系统新建一个空白选项卡，可以命名该选项卡，如图 7-13 所示。

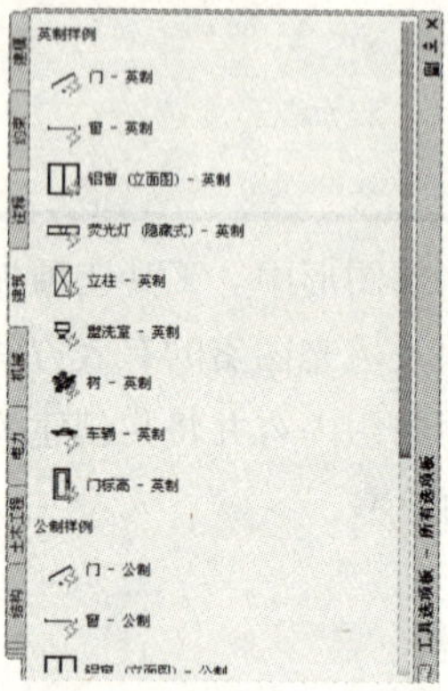

图7-11 “工具选项板”浮动窗口

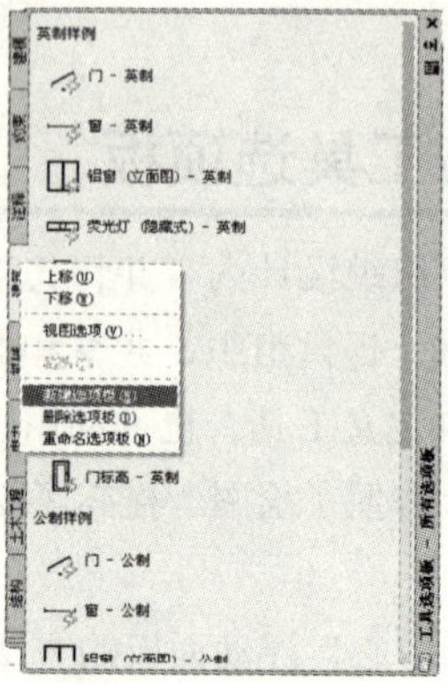

图7-12 快捷菜单

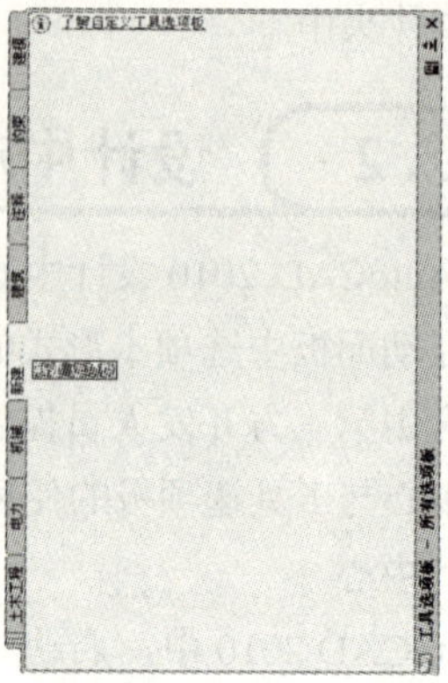

图7-13 命名选项板

若在 Designcenter 文件中右键单击，在弹出的菜单中选择“创建块的工具选项板”选项，如图 7-14 所示。设计中心中存储的图元出现在工具选项板中新建 Designcenter 选项卡上，如图 7-15 所示。可以将设计中心与工具选项板结合起来，建立一个快捷方便的工具选项板。

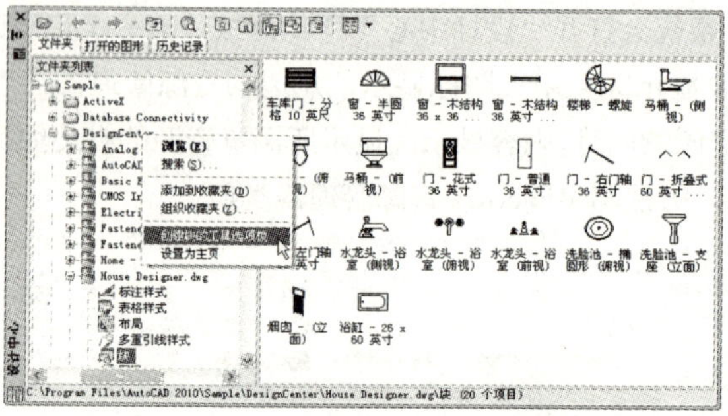

图7-14 “设计中心”浮动面板

如果想要利用工具选项板绘图，只需将工具选项板中的图形单元拖到当前图形，该图形单元就以图块的形式插入到当前图形中。图 7-16 所示为将工具选项板“建筑”选项卡中的“床 - 双人床”图形单元，拖到当前图形并填充绘制的滚珠轴承图。

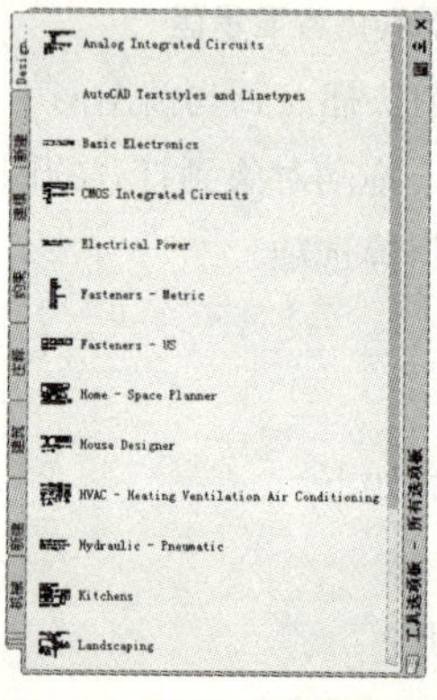

图7-15 创建工具选项板

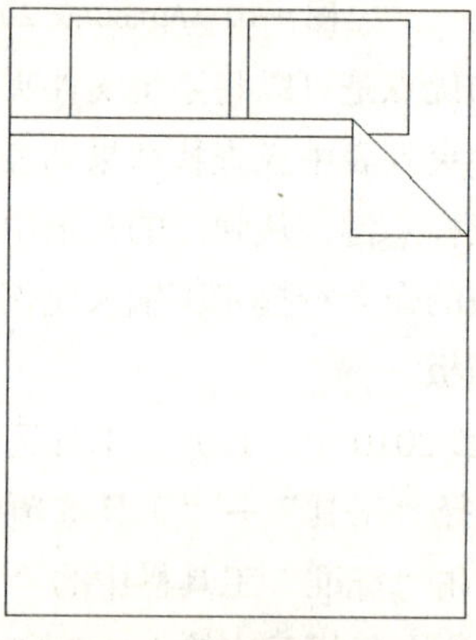

图7-16 图形单元

7.2 绘制常用建筑图例

在建筑设计中，有些图例是经常用到的，例如门窗、楼梯等，若将这些图例制成图块，应用时直接调用，可以大大提高绘图的效率和质量。

7.2.1 设置建筑与建筑工程样板图

如何能在保证绘图质量的前提下，加快建筑设计的速度是每一个建筑师考虑的问题。其实，只要善于观察和分析，就可以做得越来越好。

按照基本绘图步骤，用户每次在绘图之前都需要对图形边界、单位控制、光标捕捉模数、网点设置、图层、颜色、线型、字型、实体、图块、视图、视口、坐标系、尺寸标注变量及各种命令参数初值等绘图环境进行设定。对于同一专业同一类型的大部分图纸，其绘图环境参数基本甚至完全相同，为此，AutoCAD 提供了设置样板图功能，通过样板图的设置，在使用相同或类似绘图环境参数时，直接调用样板图或调用后进行简单修改就可以了。

1. 样板图的定义与启动

样板图是包括一定绘图环境但并未绘制实体的图形，具体操作步骤如下。

（1）选择“文件”→“新建”命令或单击快速访问工具栏中的“新建”按钮，即可弹出“创建新图形”对话框，单击“使用样板”按钮，在下方的列表框中选择“Tutorial-iarch.dwt”样板，如图 7-17 所示。

（2）单击“确定”按钮，显示效果如图 7-18 所示。

实际上，AutoCAD 样板图包括图形边界设定、图层、线型、颜色、字型、尺寸标注变量及各种命令参数初值等设定，涉及 AutoCAD 图形环境中全部的可变部分。在对建筑与建筑工程设计方案及绘制方法进行认真分析后，用户可以根据需要仿照系统默认样板图 acadiso.dwg 设定适合各专业的绘图环境，将其保存，即成为专业性的样板图。

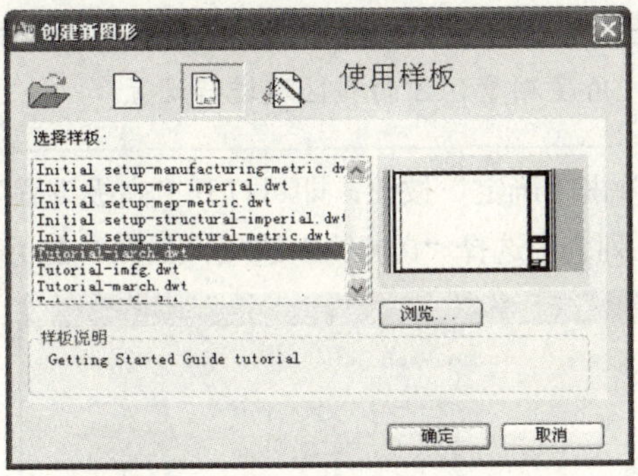

图7-17 “创建新图形”对话框

图7-18 “Tutorial-iarch.dwt”样板

2. 样板图设置的方法

样板图设置的方法有两种，一是以自有专业图形为样板图，二是重新设定样板图。

（1）以自有专业图形为样板图。如果精心绘制某一专业的工程图，必定已事先设定了图形界限、图层、实体特性、字型、尺寸标注样式及其他相关系统变量等。如果将文件中已有图形实体删去并命名存盘，就保存了图形的环境设定，建立了一个专业样板图文件，在绘制同类专业图时即可调用这个样板图文件，直接利用其中的各种环境进行绘图。也可以调用其他专业的绘图环境为样板图，不仅可以节省很多时间和精力，而且可使图形文件规范化和标准化，既保证了图面质量，又有利于文件之间的通讯传递和资源共享。

（2）重新设定样板图。假如身边没有绘好的专业工程图，或虽然有一些图，然而它们并不标准化、规范化，不适合绘图的需要，这时，必须重新设定样板图的各种环境参数。

当使用 AutoCAD 第一次绘制某一专业图时，则需根据专业属性，用相应命令设定图层、线型、颜色、字型及尺寸标注变量等。设定之前一定要认真分析和归纳样板图所需的空间、视口、视图、坐标系、视点及其他相关参数，设定完成后，还应该用该样板图进行绘图，试验所设定环境是否满足专业需要，在试验过程中不断进行调整，满意后，命名存盘已备调用，这样，一个样板图就大功告成了。

有时，一个专业可能还需要用到几个不同的样板图，例如二维和三维、模型空间与图纸空间等几种绘图方式，可能需要多种样板图设置，这时可调用已有样板图或已有专业图做适当修改，满意后命名存盘即可。

提 示

AutoCAD 本身提供了一些建筑样板图，但都是建立在非中国标准之上的，这不能不说是 AutoCAD 的一个缺憾。

3. 建筑总平面图样板图的创建

建筑总平面图是建筑施工图的一种，反映了建筑物的总体布局。由于总平面图的范围一般比较大，所以采用较小的比例绘制。国家标准《建筑制图标准》（GB/T50104-2001）规定，总平面图应采用1：500、1：1000或者1：2000的比例绘制。创建标注样式的具体的绘制步骤如下。

（1）选择“文件”→“新建”命令，即可弹出“创建新图形”对话框，在其中单击“使用向导”按钮，通过向导来逐步创建新的图形文件（建议选择“快速设置”向导模式），如图 7-19 所示。

提 示

在使用向导创建新图形时，“快速设置”将基于样板 acadiso.dwt 设置新图形的单位和区域，而“高级设置”将对新图形的单位、角度、角度测量、方向和区域进行设置。

（2）根据需要这里选择“高级设置”向导模式，单击“确定”按钮，即可打开“高级设置”对话框，将测量单位设置为“小数”型；在“精度”下拉列表中选择“0.0000”选项，如图 7-20 所示。

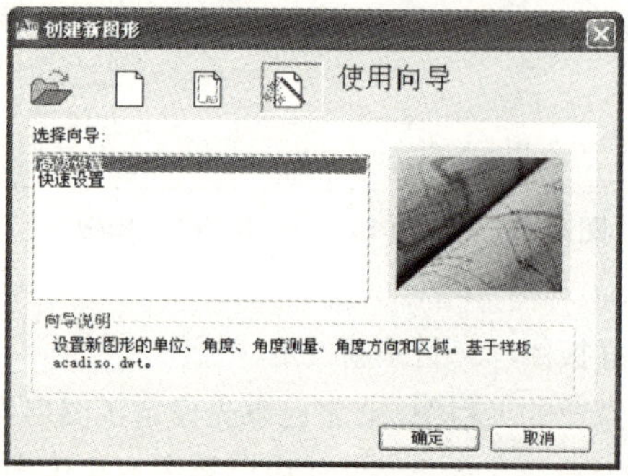

图7-19 “使用向导”对话框

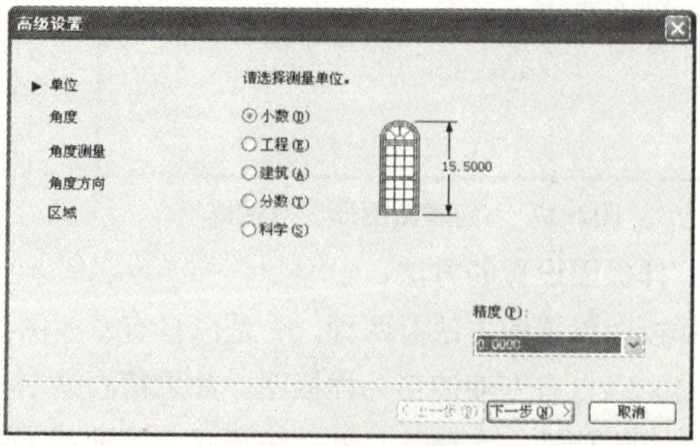

图7-20 设置测量单位

（3）单击“下一步”按钮，将角度测量单位设置为“十进制度数”型；在“精度”下拉列表中选择“0”选项，如图 7-21 所示。

（4）单击“下一步”按钮，将角度测量的起始方向设置为“东”，如图 7-22 所示。

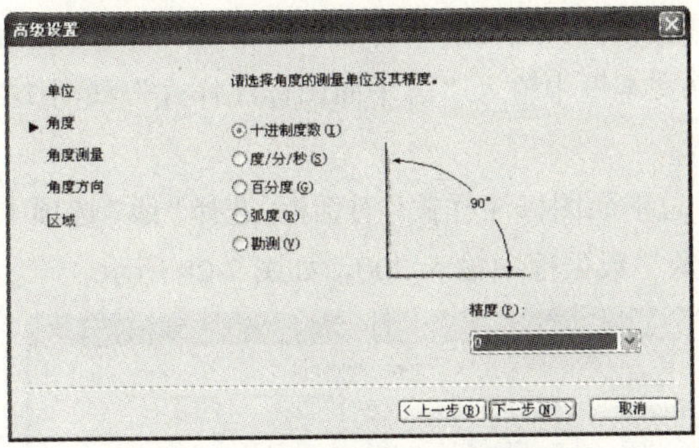

图7-21　设置角度测量单位及角度

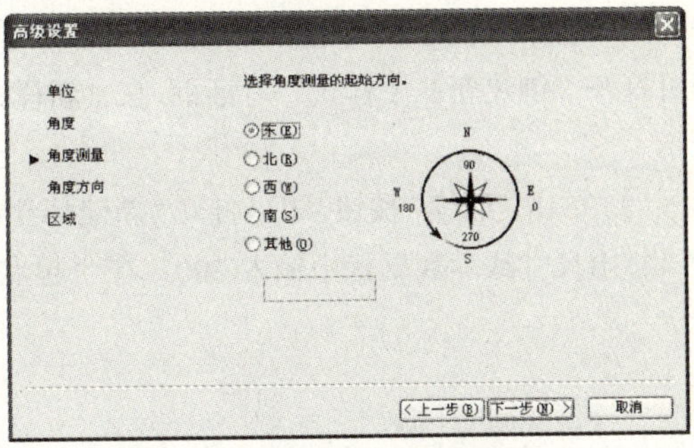

图7-22　设置角度测量的起始方向

（5）继续单击“下一步”按钮，将角度测量的方向设置为“逆时针”，如图 7-23 所示。

（6）单击“下一步”按钮，在“宽度”文本框中输入“1189000”，在“长度”文本框中输入“841000”，如图 7-24 所示。最后单击“完成”按钮，即可结束绘图环境的设置。

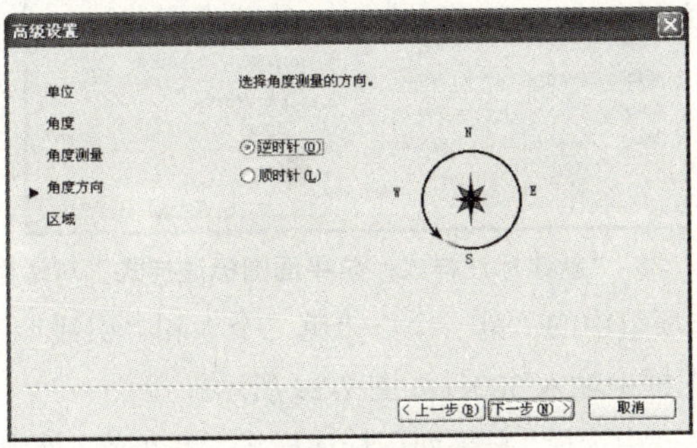

图7-23　设置角度测量的方向

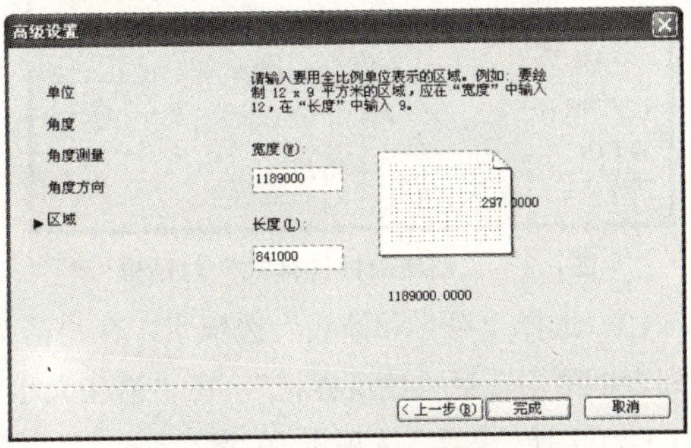

图7-24　设置绘图区域

（7）在建筑制图中，通常包括辅助线层、轴线层、尺寸标注层、文字标注层、墙线层、门窗层及图框层等基本图层。选择功能区选项板中的“常用”选项卡，单击“图层”面板中的“图层特性”按钮，或选择菜单栏中“格式”→“图层”命令，弹出“图层特性管理器”浮动面板，单击“新建图层”按钮，依次创建如图 7-25 所示的基本图层。

（8）选择菜单栏中“格式”→“文字样式”命令，即可弹出“文字样式”对话框，新建样式名“总平面图文字样式”；在“字体名”下拉列表中选择“仿宋 _GB2312”；在“高度”文本框中输入“400.00”，如图 7-26 所示。

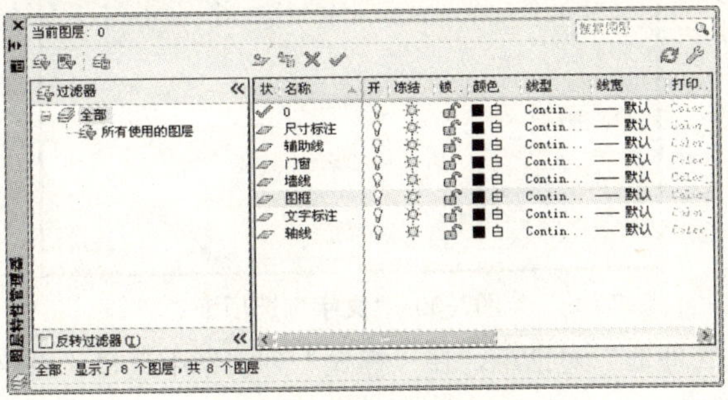

图7-25　建立基本图层

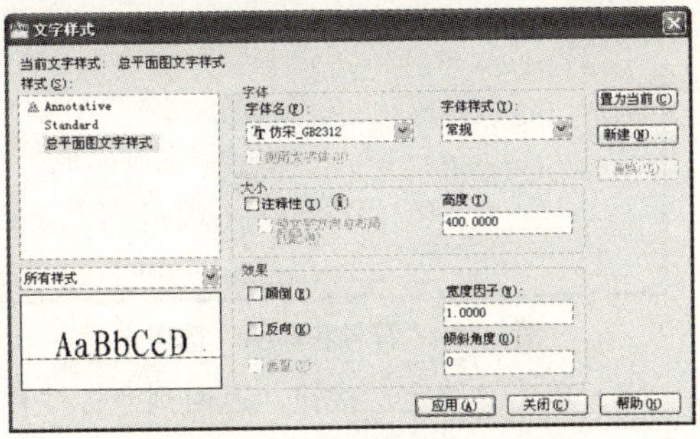

图7-26　“文字样式”对话框

（9）同样设置文字样式“总平面图标注样式”，在“字体名”下拉列表框中选择“romans.shx”，在“宽度比例”文本框中输入“0.7”。

对总平面图样式进行标注的具体操作步骤如下。

（1）选择“格式”→“标注样式”命令，即可打开“标注样式管理器”对话框。单击“新建”按钮，即可打开“创建新标注样式”对话框，在“新样式名”文本框中输入“总平面图标注样式”，如图 7-27 所示。

（2）单击“继续”按钮，即可打开“新建标注样式：总平面图标注样式”对话框，选择“线”选项卡，在“超出尺寸线”数据框中输入 300，在“起点偏移量”数据框中输入 200，如图 7-28 所示。

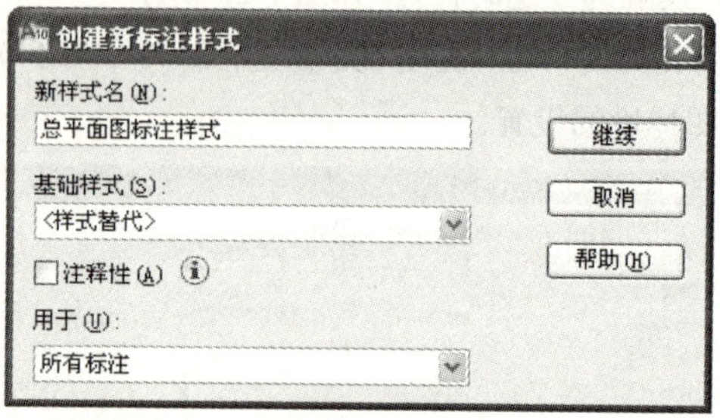

图7-27 “创建新标注样式”对话框

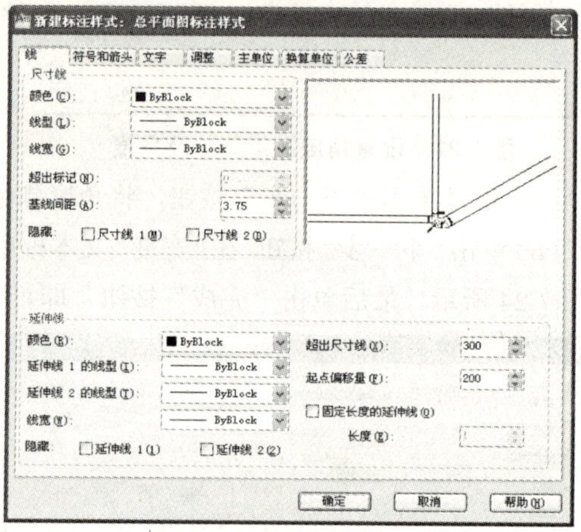

图7-28 “新建标注样式：总平面图标注样式”对话框

（3）选择“符号和箭头”选项卡，在“箭头”选项组中的“第一个”、“第二个”和“引线”下拉列表框中均选择“建筑标记”，在“箭头大小”数据框中输入 300，如图 7-29 所示。

（4）选择“文字”选项卡，在“文字样式”下拉列表框中选择“总平面图标注样式”，在“文字外观”选项组中的“文字高度”数据框中输入 350，在“文字位置”选项组中的“从尺寸线偏移”数据框中输入 100，如图 7-30 所示。

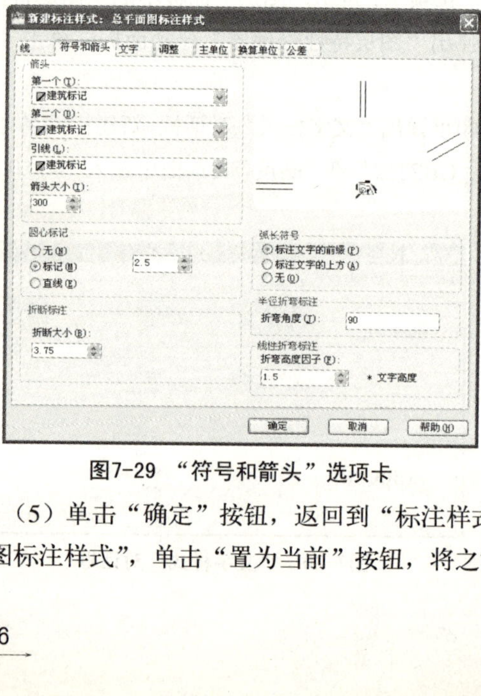

图7-29 “符号和箭头”选项卡

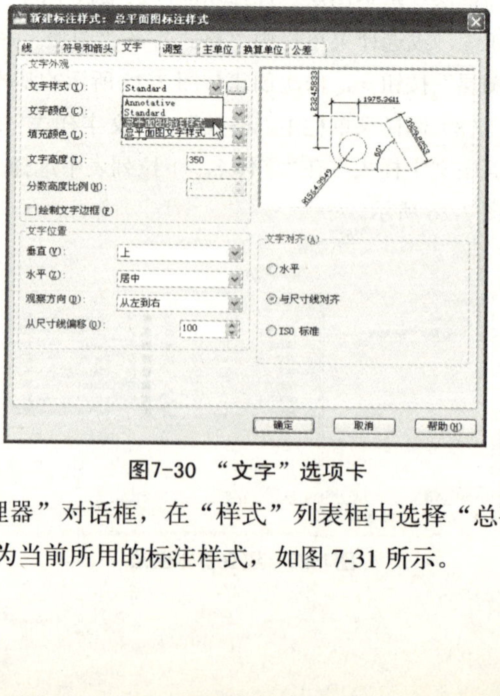

图7-30 “文字”选项卡

（5）单击“确定”按钮，返回到“标注样式管理器”对话框，在“样式”列表框中选择“总平面图标注样式”，单击“置为当前”按钮，将之设置为当前所用的标注样式，如图 7-31 所示。

（6）单击“新建”按钮，在“创建新标注样式”对话框的“用于”下拉列表框中选择“角度标注”，单击“继续”按钮，即可打开“新建标注样式”对话框，在“符号和箭头”选项卡中将“箭头”选项组中的“第一个”、“第二个”下拉列表框中均选择“实心闭合”，如图7-32所示。

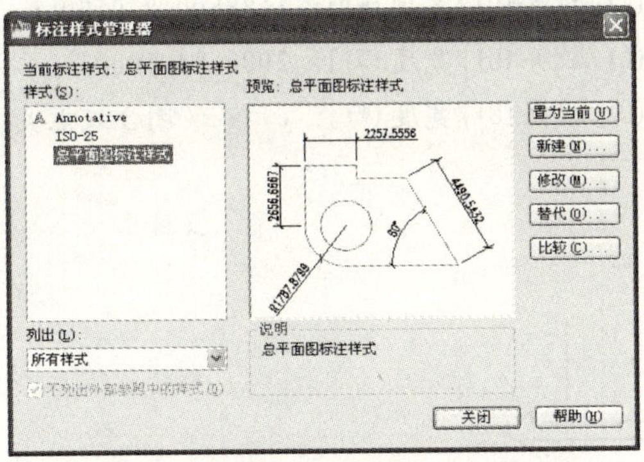

图7-31 “标注样式管理器”对话框

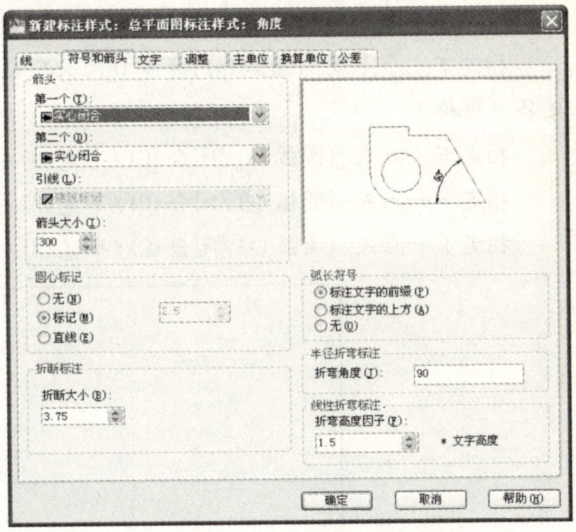

图7-32 设置角度标注

（7）单击“确定”按钮返回到“标注样式管理器”对话框。同样设置“用于”下拉列表框中的“半径标注”和“直径标注”。单击“关闭”按钮，关闭“标注样式管理器”对话框。在“图层”工具栏中的下拉列表中选择“图框”图层，将其设置为当前图层。再在功能区面板中选择“常用”选项卡，在“绘图”面板中单击“矩形”按钮，绘制一个“1189000mm×841000mm”的矩形，如图7-33所示。

图7-33 绘制外图框

命令：_rectang

指定第一个角点或 [倒角(C)/标高(E)/圆角(F)/厚度(T)/宽度(W)]：0,0 （指定第一个角点坐标）

指定另一个角点或 [面积(A)/尺寸(D)/旋转(R)]：1189000,841000 （指定第二个角点坐标）

命令：z

zoom

指定窗口的角点，输入比例因子 (nX 或 nXP)，或者

[全部(A)/中心(C)/动态(D)/范围(E)/上一个(P)/比例(S)/窗口(W)/对象(O)] <实时>：a （全部缩放）

正在重生成模型

完成工程样板图的创建的具体操作步骤如下。

（1）在功能区面板中选择“常用”选项卡，在“绘图”面板中单击“多段线”按钮，绘制出如图7-34所示的内图框。

命令：_pline

指定起点：2000,500 （指定起点为（2000,500））

当前线宽为 0.0000

指定下一个点或 [圆弧(A)/半宽(H)/长度(L)/放弃(U)/宽度(W)]: w （选择线宽）

指定起点宽度 <0.0000>: 80 （指定起点宽度为80）

指定端点宽度 <80.0000>: 80 （指定终点宽度为80）

指定下一个点或 [圆弧(A)/半宽(H)/长度(L)/放弃(U)/宽度(W)]: 1188500,500 （依次指定各点坐标）

指定下一点或 [圆弧(A)/闭合(C)/半宽(H)/长度(L)/放弃(U)/宽度(W)]: 1188500,840500

指定下一点或 [圆弧(A)/闭合(C)/半宽(H)/长度(L)/放弃(U)/宽度(W)]: 2000,840500

指定下一点或 [圆弧(A)/闭合(C)/半宽(H)/长度(L)/放弃(U)/宽度(W)]: c （闭合线框）

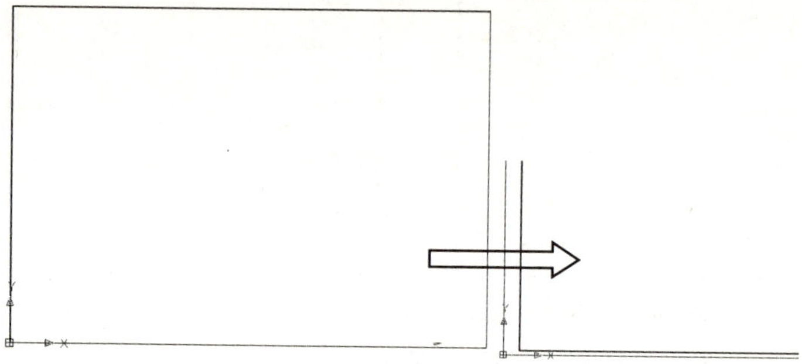

图7-34 绘制内图框

（2）在功能区面板中选择“常用”选项卡，在“绘图”面板中单击“直线”按钮，绘制出如图 7-35 所示的直线。

命令: _line 指定第一点: （单击任意一点）

指定下一点或 [放弃(U)]: <正交 开> 18000 （打开正交功能，将鼠标左移，输入长度）

指定下一点或 [放弃(U)]: 3300 （将鼠标上移，输入长度）

指定下一点或 [闭合(C)/放弃(U)]: （按“Enter”键结束命令）

（3）在功能区面板中选择“常用”选项卡，在“修改”面板中单击“偏移”按钮，绘制偏移线段，偏移距离分别为 600mm、1500mm、3000mm、4500mm、6000mm、2000mm、2500mm，如图 7-36 所示。

命令: _offset

当前设置: 删除源=否 图层=源 OFFSETGAPTYPE=0

指定偏移距离或 [通过(T)/删除(E)/图层(L)] <1.0000>: 600 （输入偏移距离）

选择要偏移的对象，或 [退出(E)/放弃(U)] <退出>: （选择水平线段A）

指定要偏移的那一侧上的点，或 [退出(E)/多个(M)/放弃(U)] <退出>: （单击线段A上方）

选择要偏移的对象，或 [退出(E)/放弃(U)] <退出>: （按“Enter”键重复命令）

图7-35 绘制直线

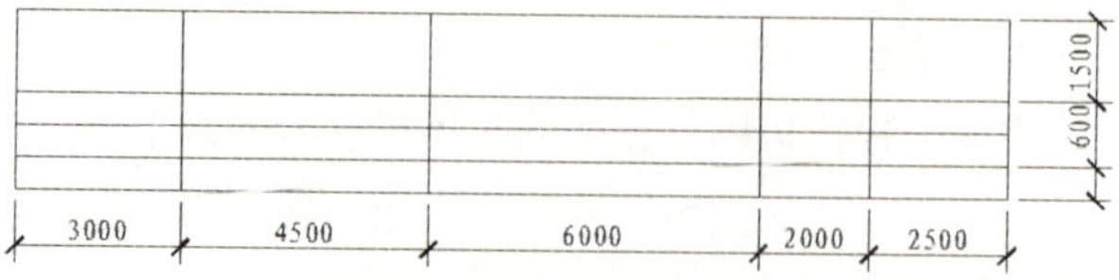

图7-36 绘制标题栏线段

（4）选择“绘图”→“文字”→“单行文字”命令，即可添加标题栏文字，如图 7-37 所示。

命令: _dtext

当前文字样式：“总平面图标注样式” 文字高度：400.0000 注释性：否

指定文字的起点或 [对正(J)/样式(S)]: （单击一点）

指定文字的旋转角度 <0>: （按“Enter”键，按默认设置）

（5）单击“修改”面板中的“移动”按钮，将标题栏移动到图框中去，即可完成图框的绘制，如图 7-38 所示。

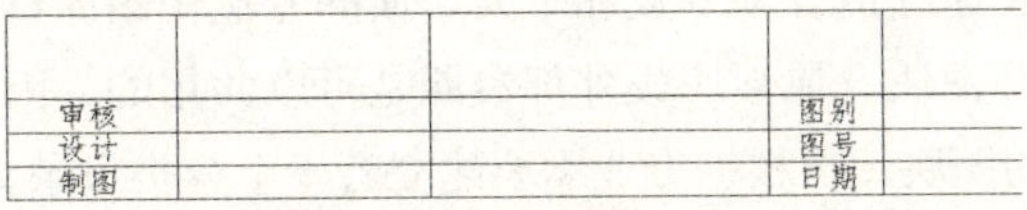

图7-37 添加标题栏文字

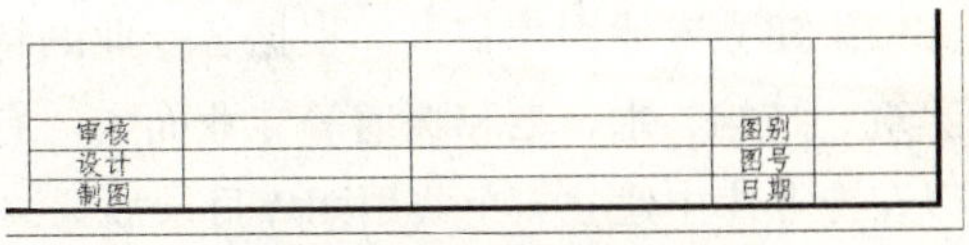

图7-38 完成图框的绘制

（6）选择“文件”→“另存为”命令，即可弹出“图形另存为”对话框，在“文件类型”下拉列表框中选择“AutoCAD 图形样板（*.dwt）”选项，在“文件名”下拉列表框中输入“总平面图样板 A0”，如图 7-39 所示。单击“保存”按钮，即可弹出“样板选项”对话框，在“说明”列表框中输入该样板图的简要说明，如图 7-40 所示。

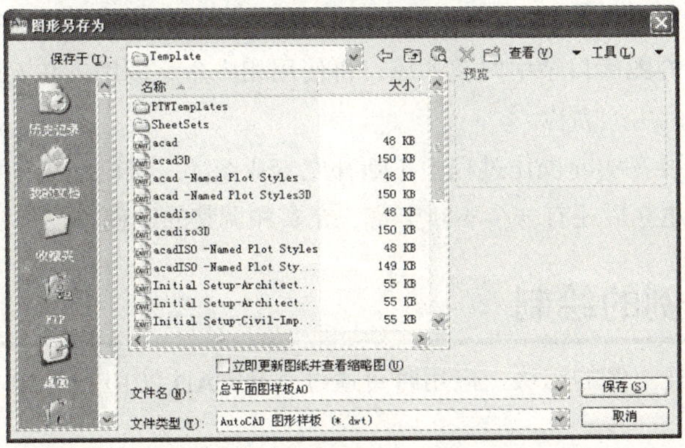

图7-39 “图形另存为”对话框

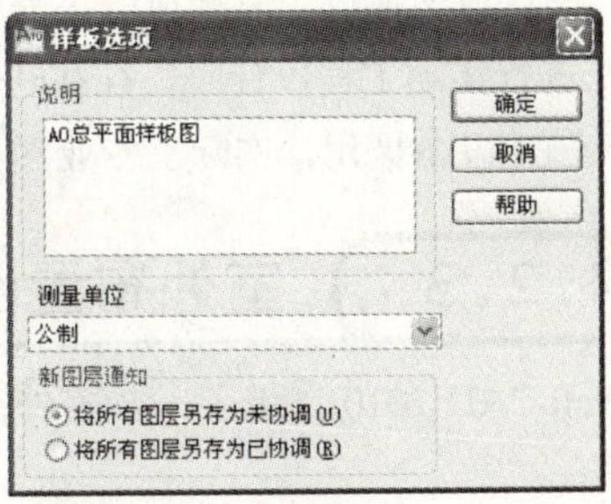

图7-40 “样板选项”对话框

至此，就完成了 A0 图纸的样板图创建，也可以按照相同的步骤完成 A1、A2 和 A3 等图纸建筑总平面图样板图的创建。

7.2.2 设立建筑与建筑工程专业图库

对已有图形的重新利用，是绘图软件提高图形绘制效率的重要手段，为此，AutoCAD 提供了图块、属性块及外部参照功能。

1. 图块、属性块及外部参照的定义

图块是被命名并保存的一组图形对象。带有相关文字说明、参数等属性的图块称为属性块。建立块后，就可随时插入它们。不管构成块的对象有多少，块本身只是一个单独的对象，可以方便地对它进行移动、复制等编辑操作。外部参照能以引用方式将外部图形放置到当前图形中。当由几个人共同完成一项设计任务时，就可以利用外部参照来辅助工作。设计时，每个设计人员都可引用同一张图形，共享设计数据并能彼此间协调设计结果。

2. 专业图库建立的方法

专业图库的建立首先要分析图形适合做图块、属性块还是外部参照图形，然后用相应命令建立图库或外部参照，具体设置过程有如下几个方面。

（1）分析专业图形。图块、属性块及外部参照图形各有特点。图块适合于形体较小，形状基本固定、需要经常调用的图形。属性块适合于形体较小，形体基本固定、需要经常调用且需标注变量或文本的图形。而外部参照适合于形体较大、调用后不需要修改的常用图形，如卫生间、厨房大样图等。在对专业图库进行分析后，根据图块、属性块和外部参照图形的各自特点，分别对不同形体进行归类，合理建立图块、属性块和外部参照图形等。

（2）建立专业图库目录。根据各专业的特点，建立适合本专业和个人习惯的专业化图库目录。就建筑、结构、水、电和暖通等专业而言，有一些图块、属性块或外部参照是可以共用的。因此，可以在专业库中建立一个共用图库目录放置共用的图块，再根据专业需要建立若干个分类目录，如按块的类型分类，按形体的专业属性分类等。同时，还应建立 ACAD 批处理文件 ACAD.BAT（DOS）和 ACAD.INT（Windows 版本下），并在其中加入专业图库路径，这样在 CAD 中就可以直接调用图库文件。建立专业的分类目录对于方便调用、提高绘图效率大有益处。

（3）建立专业图库。进行以上两步工作后，可以用普通的 CAD 命令绘制出各专业图块、属性块和外部参照的图形，再使用相应的命令制作图块、属性块和外部参照图形。

对于一些常用的图块和属性块，如建筑上的标高符号、详图索引等可以制成内部图块保存在样板图中，而大部分图形则适合放于专门的图库目录中归类入库，再使用相应命令调用。在入库时应给相应图块或图形赋予有规律的、易于调用的名称。

在进行实际工程设计时，往往还需要在实际操作过程中不断补充专业图库，将已经绘制好的图形存入图库以备调用，实际上专业图库建立后还有一个不断丰富、充实和调整的过程。

7.2.3 室外布置图例的绘制

AutoCAD 2010 自带了一些室外布置图例的图块，应用时可通过 AutoCAD 2010 设计中心直接调用。

1. AutoCAD 2010 设计中心

AutoCAD 2010 设计中心提供了设计数据共享和设计资料管理的解决方案。在设计中心，除了能够进行打开图形、附着外部参照和插入块等常规操作外，还能够轻松使用外部图形的图层、尺寸和文字样式等。具体的操作步骤如下。

（1）选择“工具”→“选项板”→“设计中心”命令或单击“标准”工具栏上的“设计中心”按钮，均可打开“设计中心”浮动窗口。

（2）在设计中心中，显示想要的图形中的标注样式，在右键单击弹出的菜单中选择“添加标注样式”选项，如图 7-41 所示。这样，在当前图形中就添加了指定的标注样式。

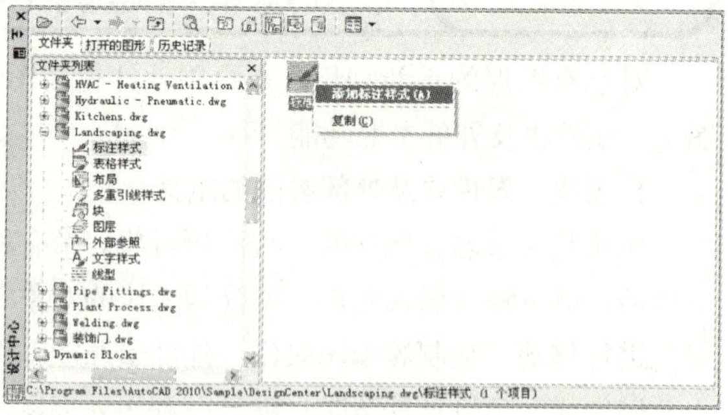

图7-41　利用设计中心实现图形之间标注样式的复制

利用类似的操作方法通过设计中心可以实现图形之间文字样式、表格样式等的复制。

2. 设置图块所在的环境

图块所在文件的参数设置会直接影响图块的调用，具体操作步骤如下。

（1）可以根据需要自行设置图块所保存的文件夹。并设置图层为“0”，颜色、线型和线宽设置为“随层”，有特殊需要的除外。

（2）比例设置为1：100（在建筑图的绘制中，有很大一部分采用的是此比例），调用图块时，一定要注意比例的一致性。

3. 调用 AutoCAD 自带图块

调用 AutoCAD 的过程主要可分为调用图块和修改图块，再重新生成图块。

调用“游泳池”图块的具体操作步骤如下。

（1）单击“标准”工具栏上的“设计中心”按钮▦，即可打开“设计中心”对话框，在“文件夹”选项卡的“文件夹列表”列表框中找到“Landscaping.dwg”文件，单击其中的“块”选项，如图 7-42 所示（其中右侧为图块的图形和名称）。

（2）双击图块中“游泳池”的图标，即可自动打开“插入”对话框，如图 7-43 所示。

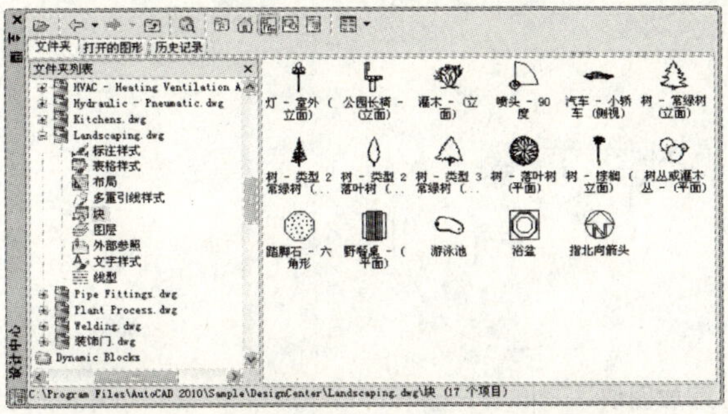

图7-42　AutoCAD2010自带的室外布置图例

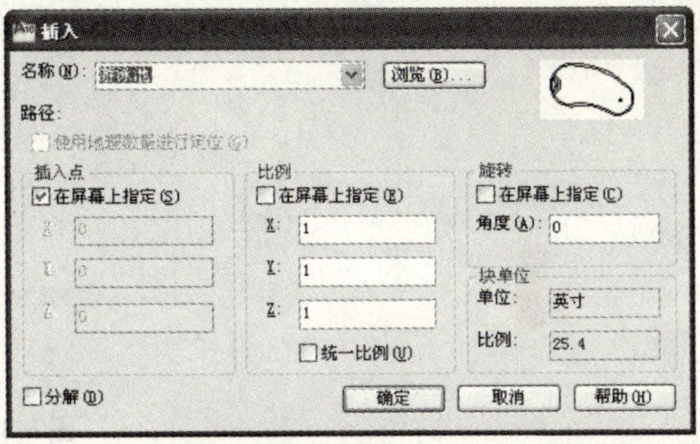

图7-43　“插入”对话框

提　示

若插入的图块需要修改，而修改后便要重新生成图块，所以在插入图块时，对话框中的比例、角度等参数均保持系统默认值。

（3）单击“确定”按钮，移动鼠标拖至图形空白处完成插入，如图 7-44 所示。

（4）在“游泳池”图块所在的同一文件中还有“灯 - 室外（立面）”、“树丛或灌木丛 -（平面）”和“指北向箭头”等图块，可以采用同样方法，把这些图块插入到图形中，如图 7-45 所示。

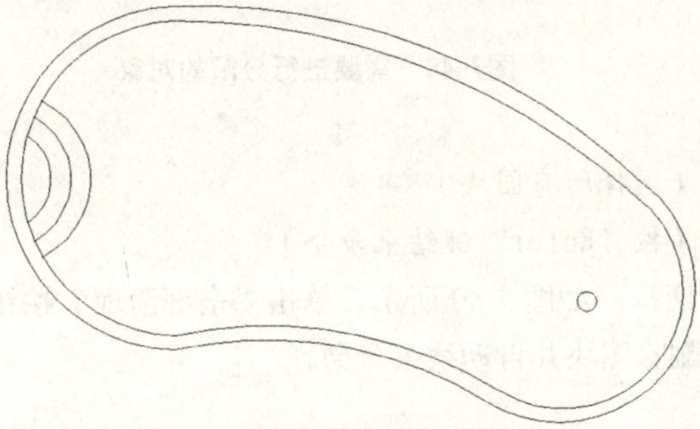

图7-44　在绘图区插入“游泳池”

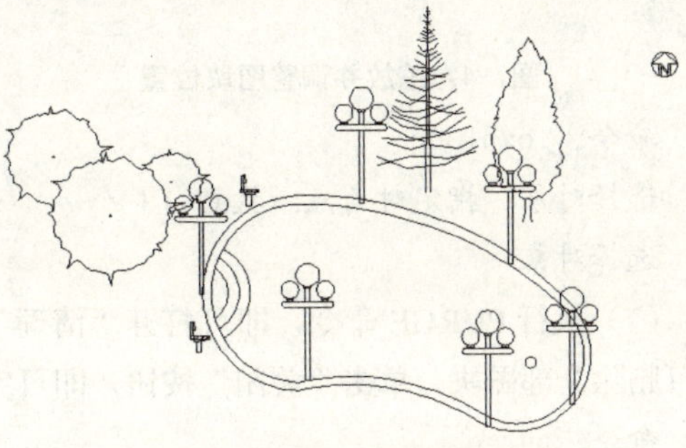

图7-45　从设计中心调用的图块

（5）选择“修改”→“缩放”命令，即可缩放图块，如图 7-46 所示。

命令：_scale

选择对象：找到 1 个　　　　　　　　　　　（选择“游泳池”图块）

选择对象: （按“Enter”键）

指定基点: （捕捉“游泳池”图块右端同心圆的圆心）

指定比例因子或 [复制(C)/参照(R)] <1.0000>: 4（输入比例因子）

命令: z （调整窗口视点）

zoom

指定窗口的角点，输入比例因子 (nX 或 nXP)，或者

[全部(A)/中心(C)/动态(D)/范围(E)/上一个(P)/比例(S)/窗口(W)/对象(O)] <实时>: a（选择“全部”选项）

正在重生成模型

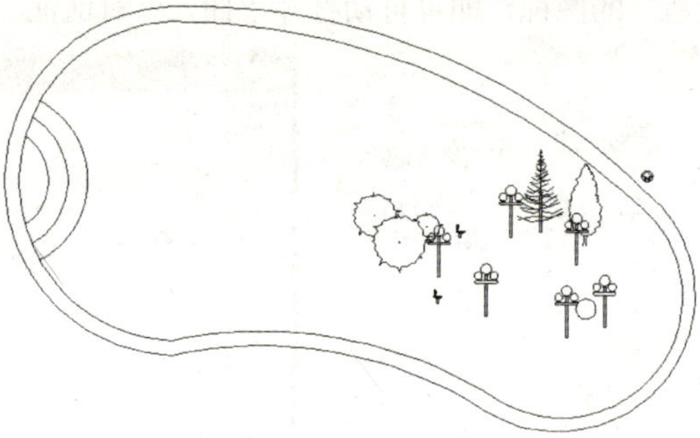

图7-46 缩放图块

(6)“指北向箭头”图块放大3倍的过程同上。调整各图块的相对位置，如图7-47所示。单击“修改”工具栏上的“分解”按钮，即可分解出如图7-48所示的图块。

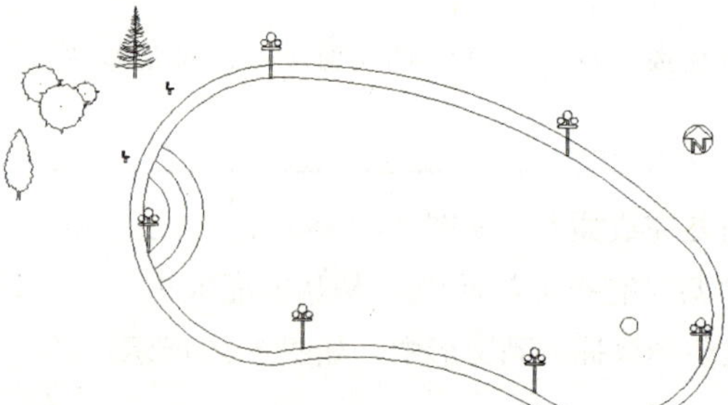

图7-47 缩放并调整图块位置

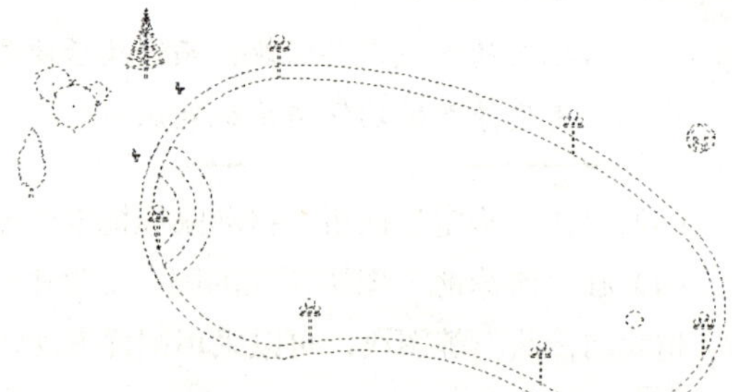

图7-48 需要进行分解的对象

命令: _explode

选择对象: 指定对角点: 找到 13 个 （选择所有图块）

选择对象: （按“Enter”键结束命令）

(7) 执行PURGE命令，即可打开“清理”对话框，如图7-49所示。单击“全部清理”按钮，即可删除全部图块。单击“关闭”按钮，即可完成删除图块并自动结束命令。

命令: purge

已清理 游泳池

已清理 灯 - 室外 (立面)

已清理 树 - 类型 2 常绿树 (立面)

已清理 公园长椅 - (立面)

已清理 树丛或灌木丛 - (平面)

已清理 树 - 类型 2 落叶树 (立面)

已清理 指北向箭头

已清理 Annotative

已清理 Annotative

(8) 选择“绘图”→“块”→“创建”命令，即可打开“块定义”对话框，在“名称”下拉列表框中输入“指北向箭头”内容，如图 7-50 所示。

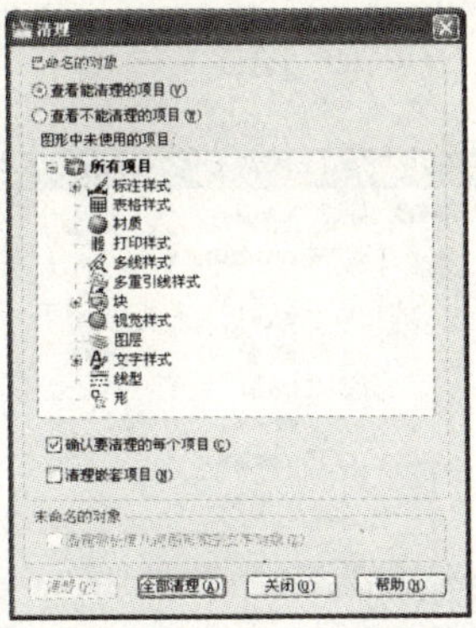

图7-49 “清理”对话框

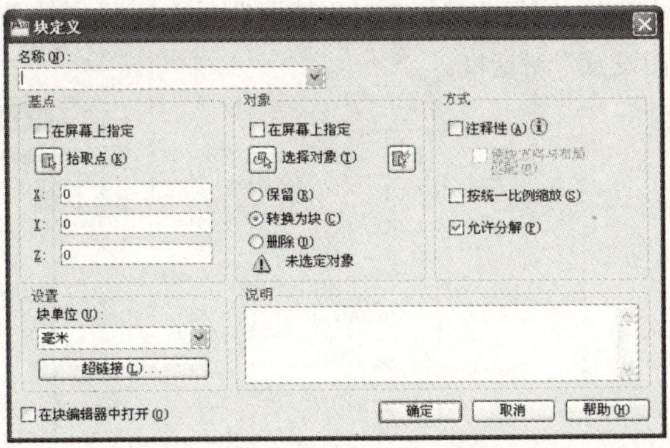

图7-50 “块定义”对话框

(9)单击“对象”选项组中的“选择对象”按钮，选择“指北向箭头”，如图 7-51 所示。选择完成后，AutoCAD 自动返回“块定义”对话框。

(10) 单击“基点”选项组中的“拾取点”按钮选择圆心，如图 7-52 所示。自动返回“块定义”对话框，如图 7-53 所示。单击“确定”按钮，即可完成“指北向箭头”图块的绘制。其余图块的绘制方法同上，由于篇幅有限，这里不再赘述。

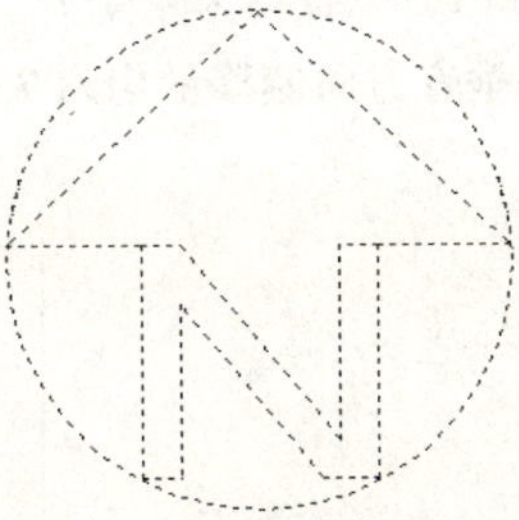

图7-51 选择绘制图块的对象

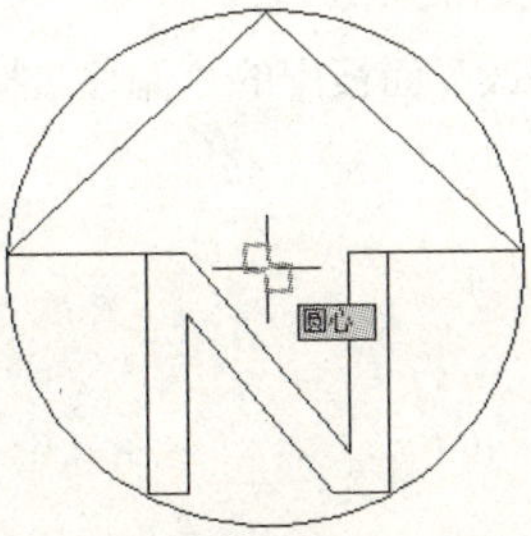

图7-52 选择绘制图块的拾取点

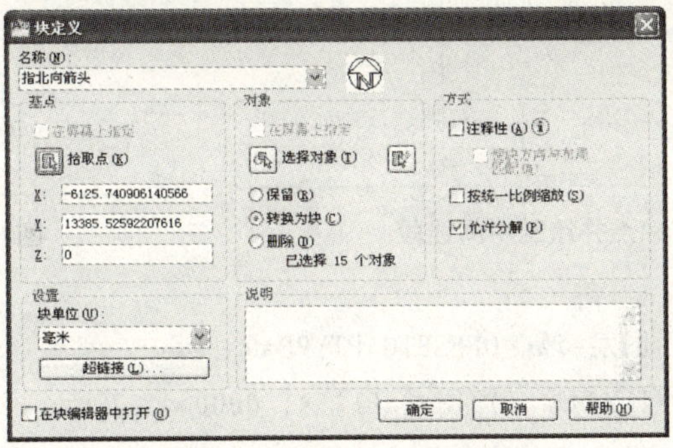

图7-53 “块定义”对话框

4. 自制图块

室外布置图例中需要自制的图块很简单，例如“小草”图块。具体的绘制步骤如下。

（1）在功能区选项板中选择“常用”选项卡，在“绘图”面板中单击“直线”按钮，绘制一条直线。

命令：_line 指定第一点：　　（单击一点）

指定下一点或 [放弃(U)]：15　　（打开正交功能，将鼠标右移，输入直线长度）

指定下一点或 [放弃(U)]：　　（按“Enter”键结束命令）

（2）右键单击状态栏上的“对象捕捉”按钮，从弹出的菜单中选择“设置”选项，如图 7-54 所示。在“草图设置”对话框中选择“对象捕捉”选项卡，设置结果如图 7-55 所示。最后单击“关闭”按钮，关闭“草图设置”对话框。

图7-54　选择“设置”选项

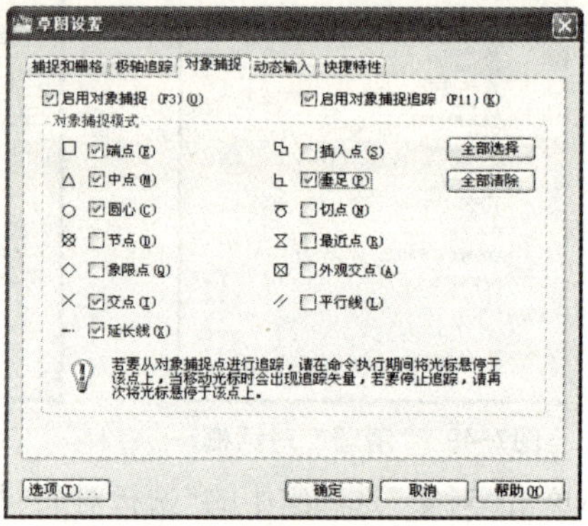

图7-55　“草图设置”对话框

（3）选择“绘图”→“直线”命令，绘制出如图 7-56 所示的中间线段。

命令：_line 指定第一点：　　（捕捉中点）

指定下一点或 [放弃(U)]：15　　（将鼠标上移，输入线段长度）

指定下一点或 [放弃(U)]：　　（按“Enter”键结束命令）

（4）单击“修改”面板中的“偏移”按钮，设置水平与垂直方向偏移量均为 7.6，绘制出如图 7-57 所示的辅助线。

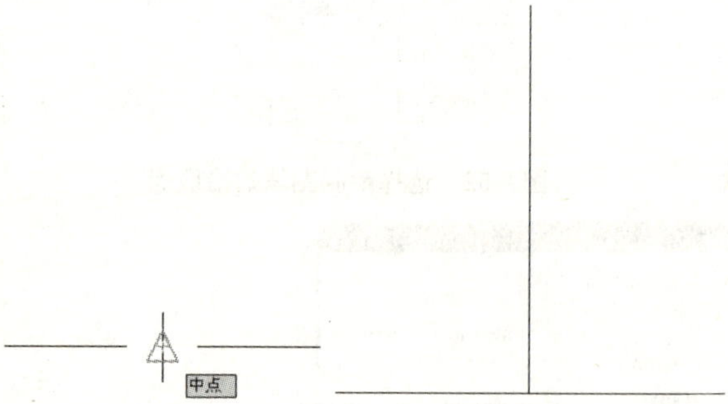

图7-56　捕捉中点并绘制中间线段

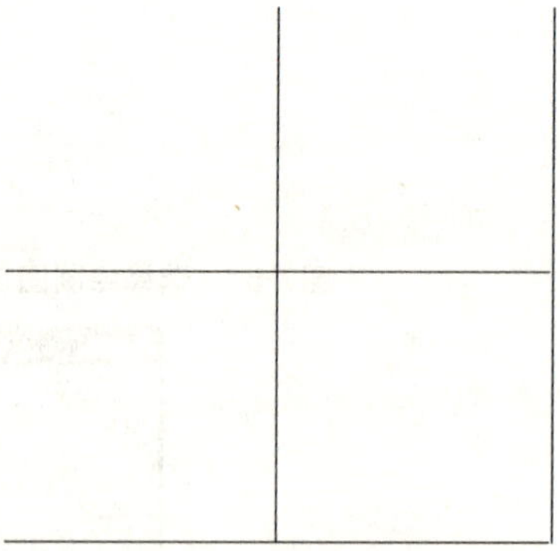

图7-57　绘制辅助线

命令：_offset

当前设置：删除源=否　图层=源　OFFSETGAPTYPE=0

指定偏移距离或 [通过(T)/删除(E)/图层(L)] <1.0000>：7.6　　（输入偏移距离）

选择要偏移的对象，或 [退出(E)/放弃(U)] <退出>：　　（选择水平线段）

指定要偏移的那一侧上的点，或［退出(E)/多个(M)/放弃(U)］<退出>: （单击线段上方）

选择要偏移的对象，或［退出(E)/放弃(U)］<退出>: （选择垂直线段）

指定要偏移的那一侧上的点，或［退出(E)/多个(M)/放弃(U)］<退出>: （单击线段右侧）

选择要偏移的对象，或［退出(E)/放弃(U)］<退出>: （按“Enter”键结束命令）

（5）单击“绘图”面板中的“直线”按钮，连接A、B两点。再单击“修改”面板中的“镜像”按钮，绘制AB、BC线段，如图7-58所示。

（6）单击“修改”面板中的“删除”按钮，即可删除多余的辅助线，如图7-59所示。参照上述方法，创建并调用“小草”图块。至此，室外布置图例全部绘制完成。

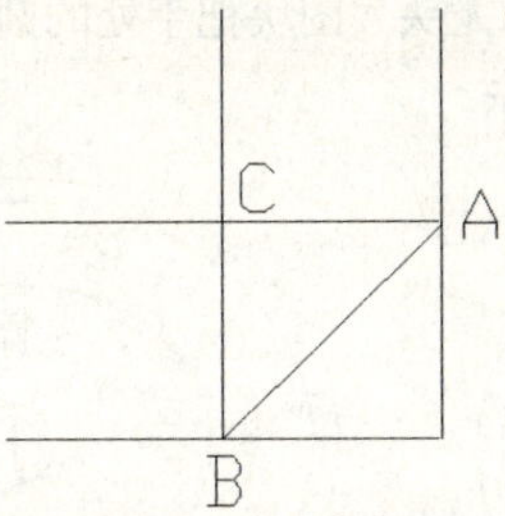

图7-58 绘制AB、BC线段

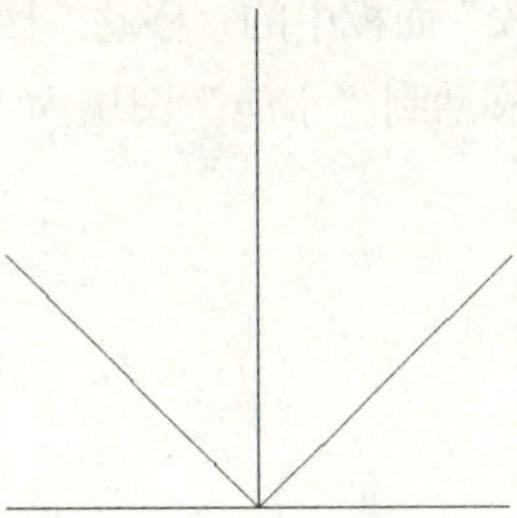

图7-59 “小草”图形

7.2.4 室内设施图例的绘制

“Home-Space Planner（室内设施图例）”文件中的图块及其图形和名称如图7-60所示。

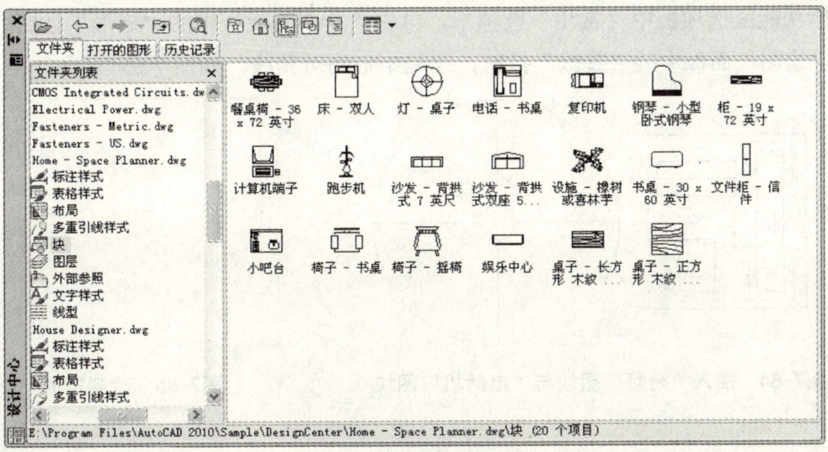

图7-60 室内设施图例

这些图块也分为两部分，一部分为系统自带图块，另一部分为需要绘制的图块。关于系统自带图块的调入、修改及其重新生成，这里讲述如何利用已有图块的合并生成新图块的方法。

1. 合并图块

利用图块的合并来绘制图块省时、高效。下面通过“水池”和“床头柜”图块的绘制来讲述如何利用已有图块的合并绘制图块。利用“水池”与“水龙头”两个图块绘制“水池”图块与利用“台灯”图块与“电话机”图块绘制“床头柜”图块的具体操作步骤如下。

（1）单击“标准”工具栏上的“设计中心”按钮，打开“设计中心”对话框，找到图块所在的文件，调用“水池”与“水龙头”两个图块，如图7-61所示。

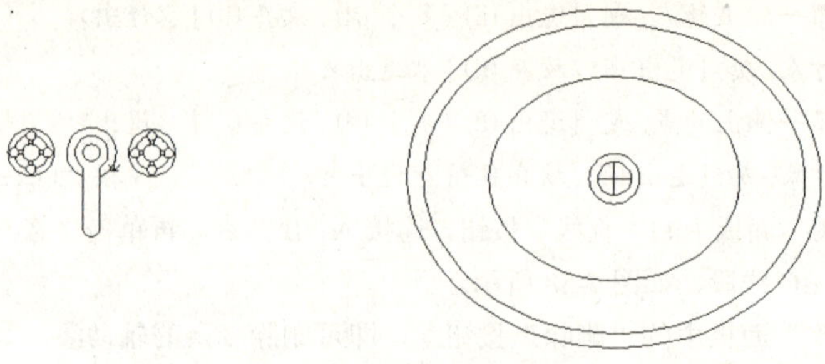

图7-61　插入“水池”与“水龙头”两个图块

（2）单击“修改”面板中的“移动”按钮，捕捉“水龙头”图块把手处的圆心，如图 7-62 所示。将“水龙头”图块移动到“水池”图块内，如图 7-63 所示。

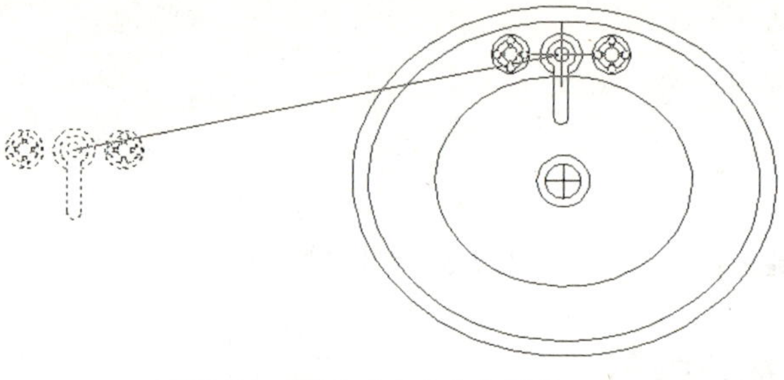

图7-62　移动“水龙头”图块

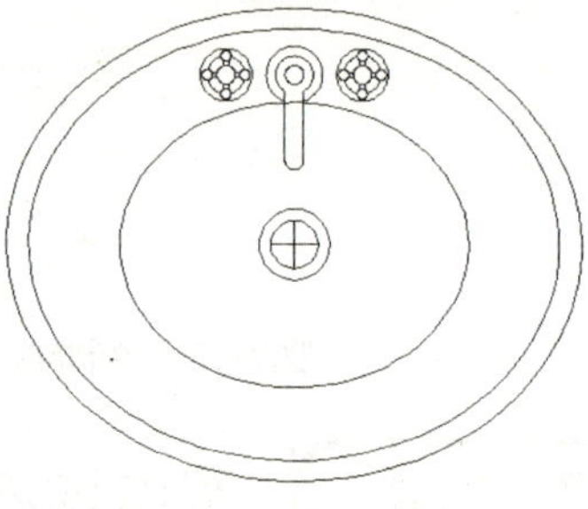

图7-63　“水池”图块

（3）调用“台灯”图块与“电话机”图块，如图 7-64 所示。

（4）选择功能区选项板中“常用”选项卡，单击“绘图”面板中的“矩形”按钮，绘制一个矩形，单击“绘图”面板中的“直线”按钮，绘制矩形的对角线，如图 7-65 所示。

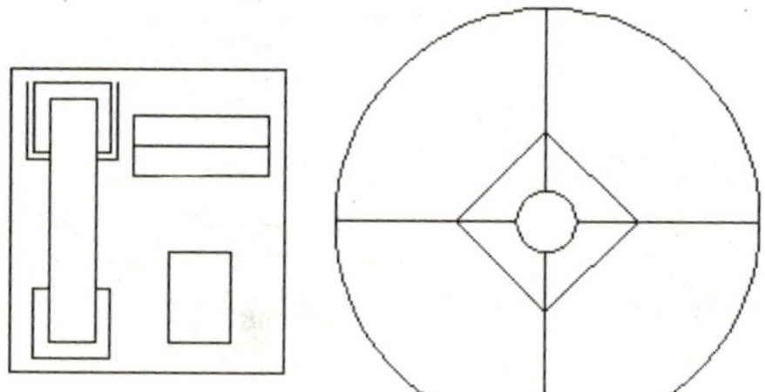

图7-64　插入“台灯”图块与“电话机”图块

图7-65　绘制矩形

命令: _rectang
指定第一个角点或 [倒角(C)/标高(E)/圆角(F)/厚度(T)/宽度(W)]:　　（单击一点）
指定另一个角点或 [面积(A)/尺寸(D)/旋转(R)]: @80,80 （输入相对坐标，指定矩形另一角点）
命令: _line 指定第一点:　　（捕捉矩形一角点）
指定下一点或 [放弃(U)]:　　（捕捉矩形另一对角点）
指定下一点或 [放弃(U)]:　　（按“Enter”键结束命令）

（5）选择“修改”→“打断”命令，即可将对角线分为相等的两段。再执行“ROTATE”命令，将“电话机”图块旋转 90°，执行“MOVE”命令，移动“台灯”图块与“电话机”图块。移动方法同“水龙头”图块的移动，移动点为两段对角线的中点，如图 7-66 所示。

（6）单击“修改”面板中的“删除”按钮或执行 ERASE 命令，即可删除对角线，如图 7-67 所示。

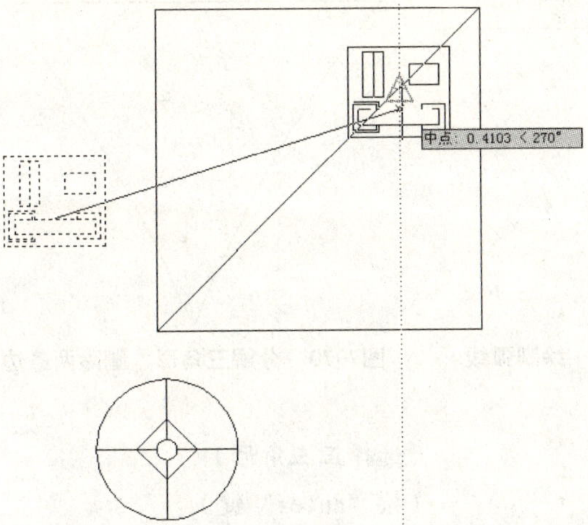

图7-66 移动“台灯”图块与“电话机”图块

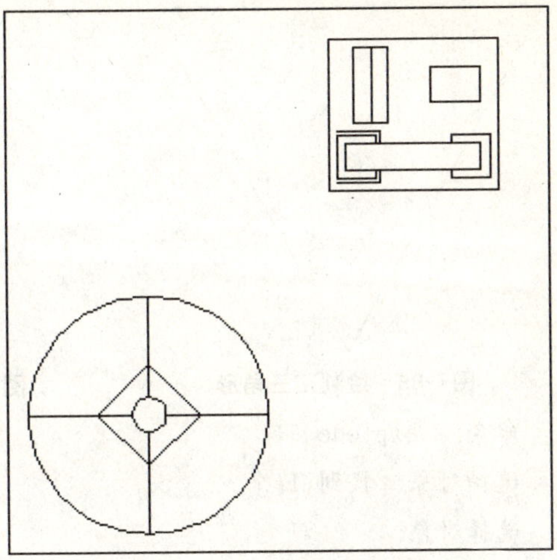

图7-67 制“床头柜”图块效果

2. 绘制“小便池”图块

下面将详细介绍“小便池”、“沙发与茶几”、“楼梯 1”及“盆景 3”等自制图块的绘制，其余图块的绘制方法基本相同。具体的操作步骤如下。

（1）选择功能区选项板中“常用”选项卡，单击“绘图”面板中的“正多边形”按钮，绘制出如图 7-68 所示的正三角形。

命令：_polygon 输入边的数目 <4>：3 （输入正多边形边数）
指定正多边形的中心点或 [边(E)]：e （选择“边长”画法）
指定边的第一个端点： （单击一点）
指定边的第二个端点： <正交 开> 5.6 （在状态栏打开正交功能，输入正三角形边长）

（2）单击“绘图”面板中的“三点”按钮，绘制左边弧线。

命令：_arc 指定圆弧的起点或 [圆心(C)]： <对象捕捉 开> （捕捉A点）
指定圆弧的第二个点或 [圆心(C)/端点(E)]：e （选择“端点”画法）
指定圆弧的端点： （捕捉B点）
指定圆弧的圆心或 [角度(A)/方向(D)/半径(R)]：r （选择“半径”画法）
指定圆弧的半径：20 （输入半径值）

（3）另一边圆弧可以采用同样的方法绘制，也可以利用“修改”面板中的“镜像”按钮进行绘制，如图 7-69 所示。

命令：_mirror
选择对象：找到 1 个 （选择弧线AB）
选择对象： （按“Enter”键结束命令）
指定镜像线的第一点： （捕捉A点）
指定镜像线的第二点： （捕捉正三角形底边的中点）
要删除源对象吗？[是(Y)/否(N)] <N>： （按“Enter”键结束命令）

（4）单击“修改”面板中的“分解”按钮，分解三角形，再单击“修改”面板中的“删除”按钮，删除多余的两条边，如图 7-70 所示。

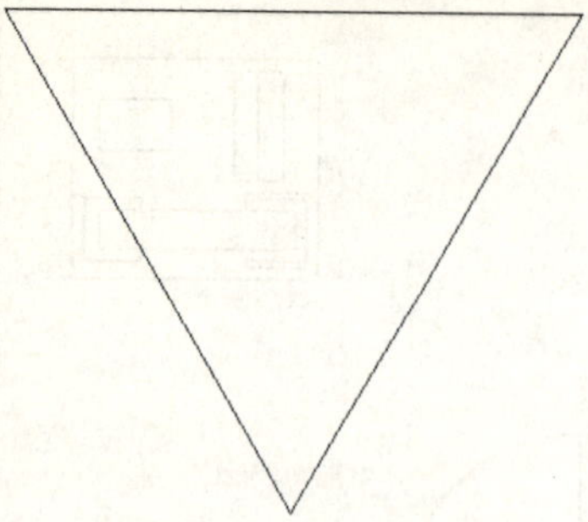

图7-68　绘制正三角形

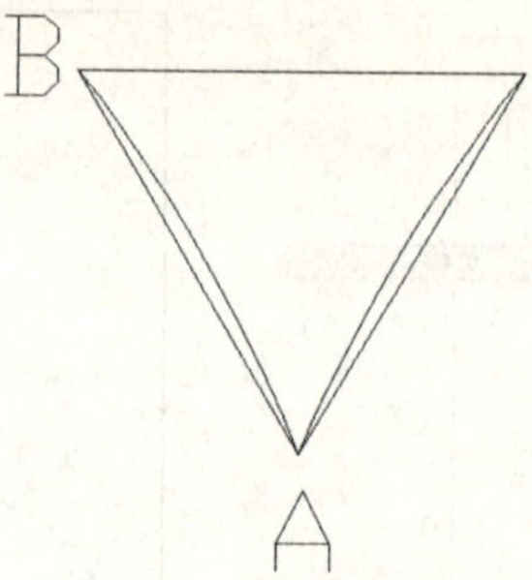

图7-69　绘制弧线

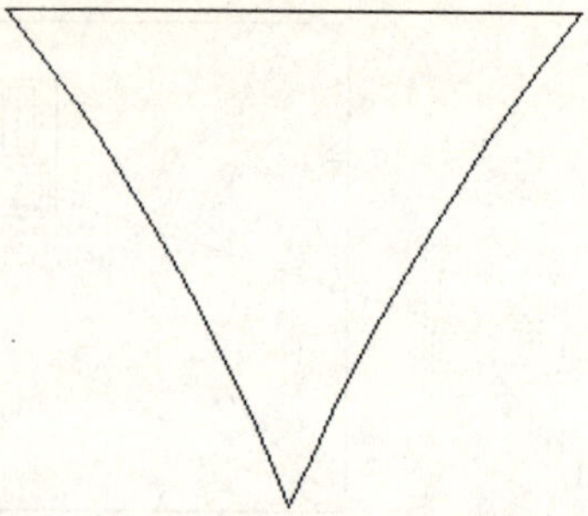

图7-70　分解三角形，删除两条边

命令：_explode
选择对象：找到 1 个　　（选择正三角形）
选择对象：　　（按“Enter”键）
命令：_erase
选择对象：找到 1 个　　（选择要删除的一边）
选择对象：　　（按“Enter”键）
命令：_erase
选择对象：找到 1 个　　（选择要删除的一边）
选择对象：　　（按“Enter”键）

（5）选择“修改”→“圆角”命令，即可对各个角进行圆角处理，最终处理结果如图 7-71 所示。

命令：_fillet
当前设置：模式 = 修剪，半径 = 0.0000
选择第一个对象或 [放弃(U)/多段线(P)/半径(R)/修剪(T)/多个(M)]：r　（选择“半径”画法）
指定圆角半径 <0.0000>：0.8　　（输入圆角半径）
选择第一个对象或 [放弃(U)/多段线(P)/半径(R)/修剪(T)/多个(M)]：　（选择一弧线）
选择第二个对象，或按住 Shift 键选择要应用角点的对象：　（选择三角形边长）

（6）执行 PEDIT 命令，将其合成多段线，如图 7-72 所示。

命令：pedit
选择多段线或 [多条(M)]：选择多段线或 [多条(M)]：　（在图角处理后的三角形上选择一条线段）
选定的对象不是多段线
是否将其转换为多段线？<Y>　　（按“Enter”键）
输入选项 [闭合(C)/合并(J)/宽度(W)/编辑顶点(E)/拟合(F)/样条曲线(S)/非曲线化(D)/线型生成(L)/反转(R)/放弃(U)]：j　　（选择“合并”选项）
选择对象：找到 1 个
选择对象：找到 1 个，总计 2 个
选择对象：找到 1 个，总计 3 个
选择对象：找到 1 个，总计 4 个
选择对象：找到 1 个，总计 5 个　　（依次选择其余5部分）
选择对象：　　（按“Enter”键）

多段线已增加 5 条线段

输入选项 [打开(O)/合并(J)/宽度(W)/编辑顶点(E)/拟合(F)/样条曲线(S)/非曲线化(D)/线型生成(L)/反转(R)/放弃(U)]: （按“Enter”键结束命令）

（7）单击“修改”面板中的“偏移”按钮，将其向内偏移0.5距离，绘制出如图7-73所示的“小便池”图块。

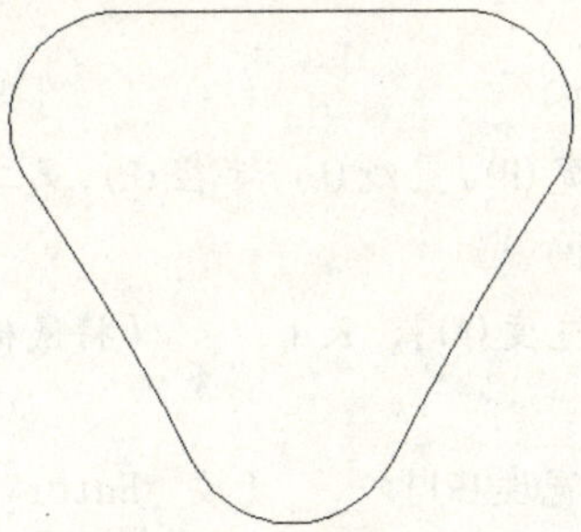

图7-71 圆角处理

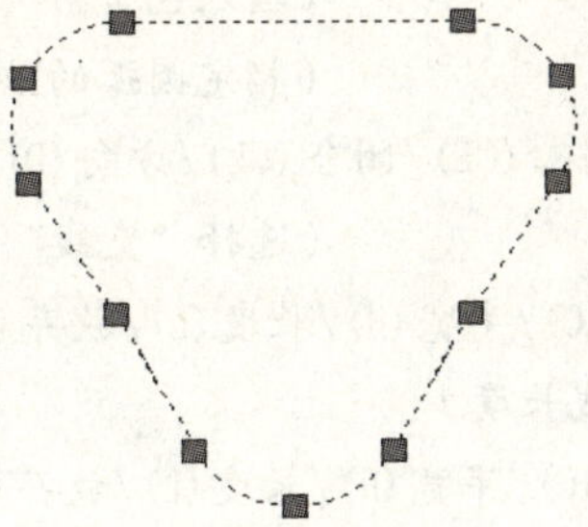

图7-72 合成多段线

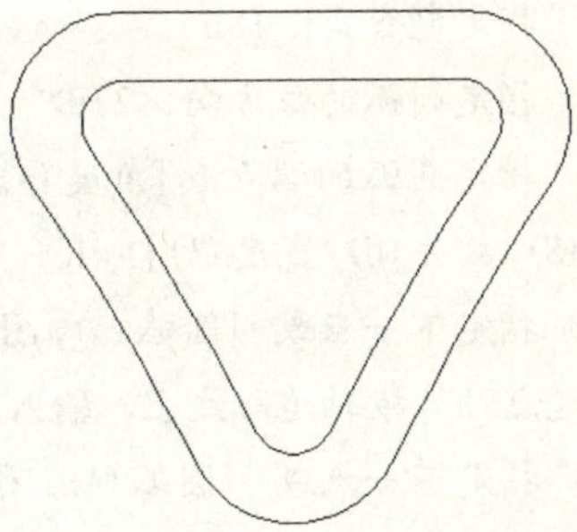

图7-73 绘制“小便池”图块

3. 绘制“沙发与茶几”图块

再讲述“沙发与茶几”图块的绘制，具体的操作步骤如下。

（1）右键单击状态栏上的“对象追踪”按钮，在弹出的菜单中选择“设置”选项，即可打开“草图设置”对话框，选择“极轴追踪”选项卡，具体设置如图7-74所示。单击“确定”按钮，关闭对话框。

（2）在功能区选项板中选择“常用”选项卡，在“绘图”面板中单击“多段线”按钮，绘制沙发外轮廓线，如图7-75所示。

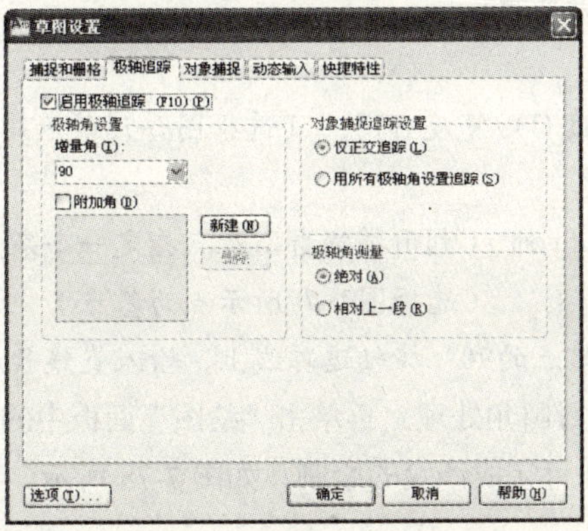

图7-74 “草图设置”对话框

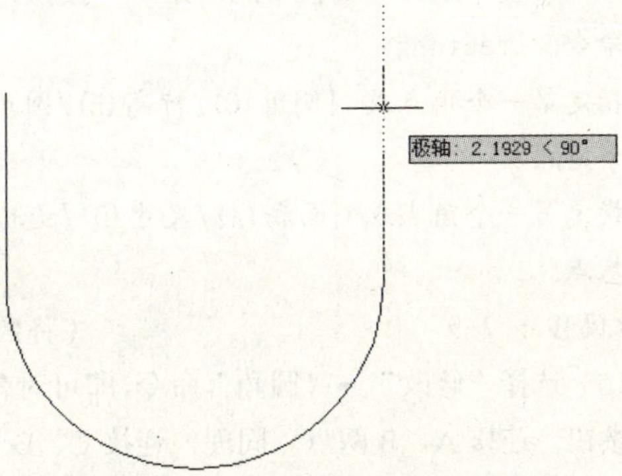

图7-75 绘制沙发外轮廓线

命令: _pline

指定起点: （单击一点）

当前线宽为 0.0000

指定下一个点或[圆弧(A)/半宽(H)/长度(L)/放弃(U)/宽度(W)]:<对象捕捉 开> <对象捕捉追踪 开> >>

指定下一个点或 [圆弧(A)/半宽(H)/长度(L)/放弃(U)/宽度(W)]: 2.4 （将鼠标放在起点的270° 极轴追踪线上，输入长度）

指定下一点或 [圆弧(A)/闭合(C)/半宽(H)/长度(L)/放弃(U)/宽度(W)]: a （选择“圆弧”选项）

指定圆弧的端点或

[角度(A)/圆心(CE)/闭合(CL)/方向(D)/半宽(H)/直线(L)/半径(R)/第二个点(S)/放弃(U)/宽度(W)]: r　　　　(选择"半径"选项)

指定圆弧的半径: 2.4　　　　(输入圆弧半径)

指定圆弧的端点或 [角度(A)]: a　　　　(选择"角度"画法)

指定包含角: 180　　　　(输入包含角)

指定圆弧的弦方向 <270>: 360　　　　(指定圆弧的弦方向)

指定圆弧的端点或[角度(A)/圆心(CE)/闭合(CL)/方向(D)/半宽(H)/直线(L)/半径(R)/第二个点(S)/放弃(U)/宽度(W)]: 1　　　　(选择"直线"选项)

指定下一点或 [圆弧(A)/闭合(C)/半宽(H)/长度(L)/放弃(U)/宽度(W)]: 2.4　　　　(将鼠标放在起点90° 极轴追踪线上，输入直线长度)

指定下一点或 [圆弧(A)/闭合(C)/半宽(H)/长度(L)/放弃(U)/宽度(W)]:　　　　(按"Enter"键结束命令)

(3) 单击"修改"面板中的"偏移"按钮，偏移对象。

命令: _offset

当前设置: 删除源=否　图层=源　OFFSETGAPTYPE=0

指定偏移距离或 [通过(T)/删除(E)/图层(L)] <1.0000>: 0.7　　　　(输入偏移距离)

选择要偏移的对象,或 [退出(E)/放弃(U)] <退出>:　　　　(选择沙发外轮廓线)

指定要偏移的那一侧上的点,或 [退出(E)/多个(M)/放弃(U)] <退出>:　　　　(单击外轮廓线内一点)

选择要偏移的对象,或 [退出(E)/放弃(U)] <退出>:　　　　(按"Enter"键结束命令)

(4) 单击"绘图"面板中的"矩形"按钮，绘制沙发座垫。

命令: _rectang

指定第一个角点或 [倒角(C)/标高(E)/圆角(F)/厚度(T)/宽度(W)]:　(选择图7-76所示矩形的第一个角点)

指定另一个角点或 [面积(A)/尺寸(D)/旋转(R)]: _from　(利用捕捉自...基点指定一个基点)

基点:　　　　(选择图7-77所示点为基点)

<偏移>: 2.9　　　　(将鼠标放在起点的90° 极轴追踪线上，输入直线长度)

(5) 选择"修改"→"圆角"命令,即可对各个角进行圆角处理。再单击"绘图"面板中的"直线"按钮，连接A、B两点。同理，连接C、D两点，即可完成沙发的绘制，如图7-78所示。

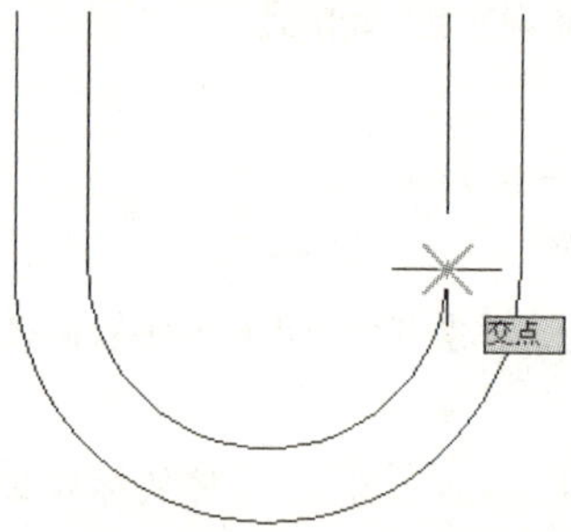

图7-76　捕捉交点

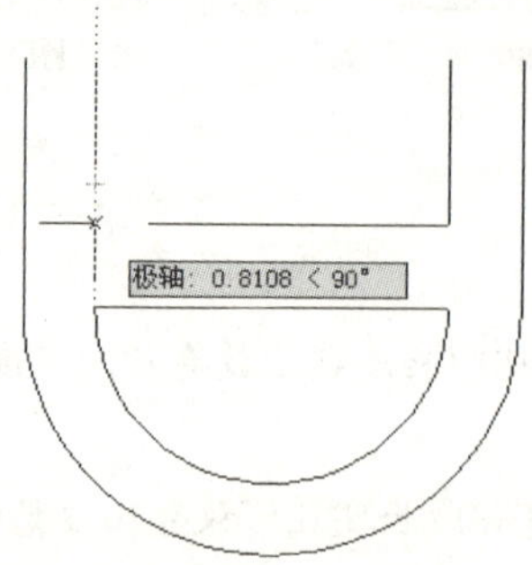

图7-77　选择矩形的角点

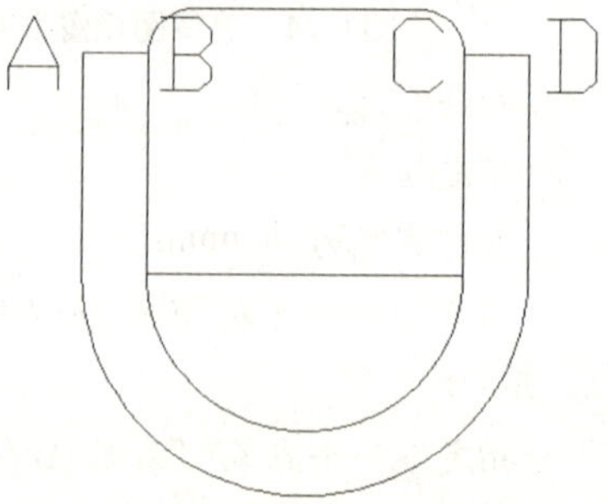

图7-78　绘制沙发

命令：fillet

当前设置：模式 = 修剪，半径 = 0.0000

选择第一个对象或 [放弃(U)/多段线(P)/半径(R)/修剪(T)/多个(M)]：r　　（选择“半径”选项）

指定圆角半径 <0.0000>：0.5　　（输入圆角半径）

选择第一个对象或 [放弃(U)/多段线(P)/半径(R)/修剪(T)/多个(M)]：　　（选择矩形一边）

选择第二个对象，或按住 Shift 键选择要应用角点的对象：　　（选择矩形另一边）

命令：　　（按“Enter”键，重复命令）

命令： fillet

当前设置：模式 = 修剪，半径 = 0.5000

选择第一个对象或 [放弃(U)/多段线(P)/半径(R)/修剪(T)/多个(M)]：　　（选择矩形一边）

选择第二个对象，或按住 Shift 键选择要应用角点的对象：　　（选择矩形另一边）

命令：l　　（输入绘线命令简称）

line指定第一点： <对象捕捉 开> >>

指定第一点：

指定下一点或 [放弃(U)]：　　（捕捉A点）

指定下一点或 [放弃(U)]：　　（捕捉B点）

命令： line指定第一点：

指定下一点或 [放弃(U)]：　　（捕捉C点）

指定下一点或 [放弃(U)]：　　（捕捉D点）

（6）单击“绘图”面板中的“圆心，半径”按钮，绘制茶几。

命令：_circle 指定圆的圆心或 [三点(3P)/两点(2P)/切点、切点、半径(T)]：_from

基点：<对象捕捉 开>　　（利用捕捉自...基点指定圆心，如图7-79所示）

<偏移>：3.5　　（将鼠标放在基点的0°极轴追踪线上，输入偏移量）

指定圆的半径或 [直径(D)]：2.4　　（输入圆的半径）

执行完上述操作后，最终绘制结果如图 7-80 所示。

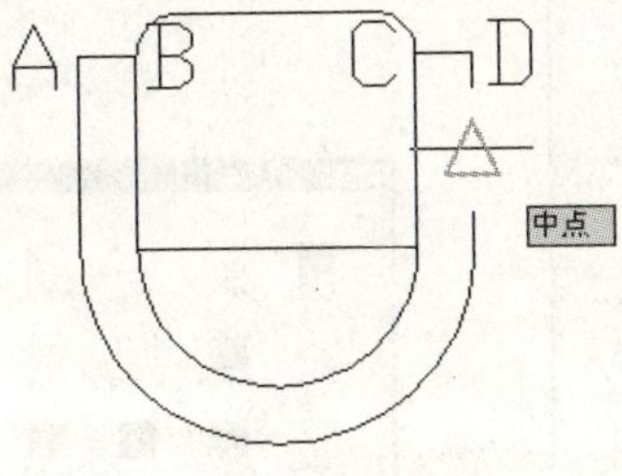

图7-79　捕捉自基点指定圆心

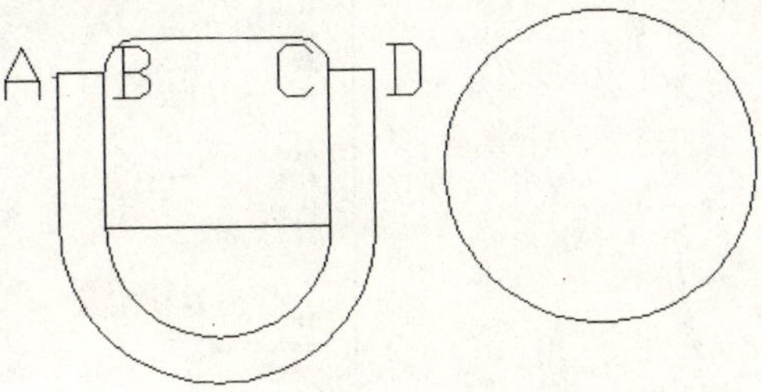

图7-80　绘制茶几

（7）单击“修改”面板中的“镜像”按钮，绘制另一个沙发。执行完上述操作后，沙发与茶几的最终绘制结果如图 7-83 所示。

命令：_mirror

选择对象：指定对角点：找到 5 个　　（选择“沙发”，如图7-81所示）

选择对象：　　（按“Enter”键确认）

指定镜像线的第一点:　　　　　　　　　　（捕捉圆心作为镜像线起点）
指定镜像线的第二点:　　　　（将鼠标放在起点的90° 极轴追踪线上单击一点，如图7-82所示）
要删除源对象吗? [是(Y)/否(N)] <N>:　　（按“Enter”键结束命令）

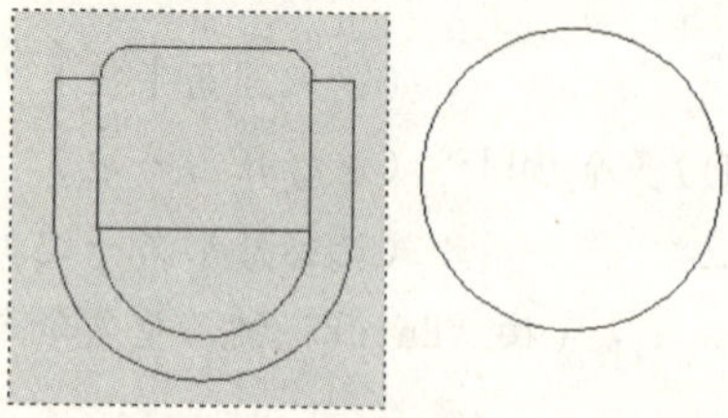

图7-81　选择“沙发”

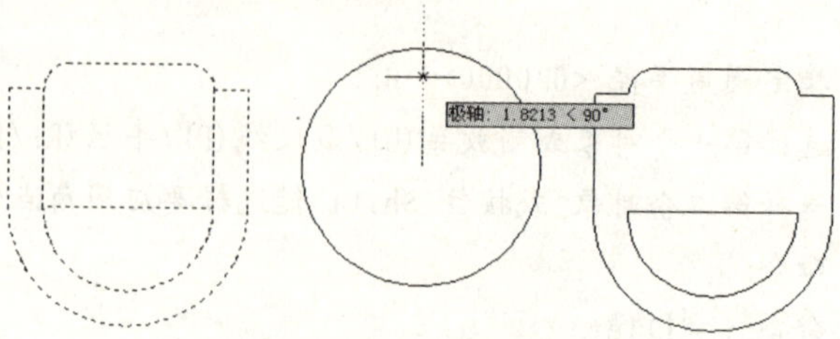

图7-82　绘制另一个沙发

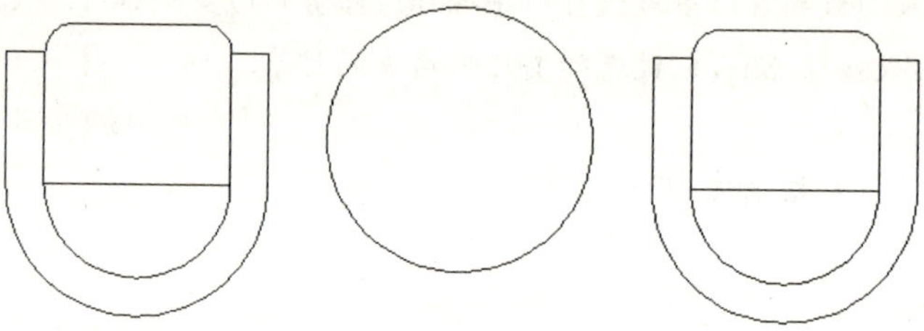

图7-83　“沙发与茶几”图块

4. 绘制“楼梯 1”图块

前面讲述了“小便池”图块与“沙发与茶几”图块的绘制方法，下面将介绍“楼梯 1”图块的绘制。具体的操作步骤如下。

（1）选择“绘图”→“正多边形”命令或单击“绘图”面板中的“正多边形”按钮，绘制一个三角形。再利用关键点编辑方式拉伸三角形，取三角形的顶点作为热关键点，如图 7-84 所示。

（2）选择功能区选项板中“常用”选项卡，单击“绘图”面板中的“图案填充”按钮，即可打开“图案填充和渐变色”对话框，如图 7-85 所示。单击“图案填充”选项卡中的...按钮，即可打开“填充图案选项板”对话框，在其中选择“SOLID”图案选项，如图 7-86 所示。

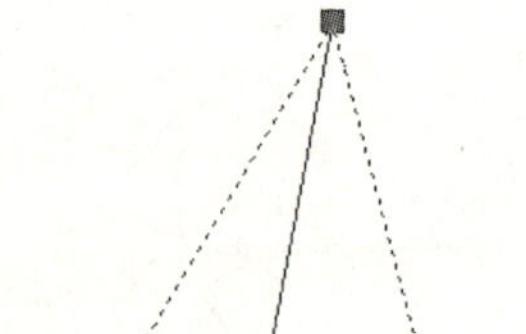

图7-84　拉伸三角形

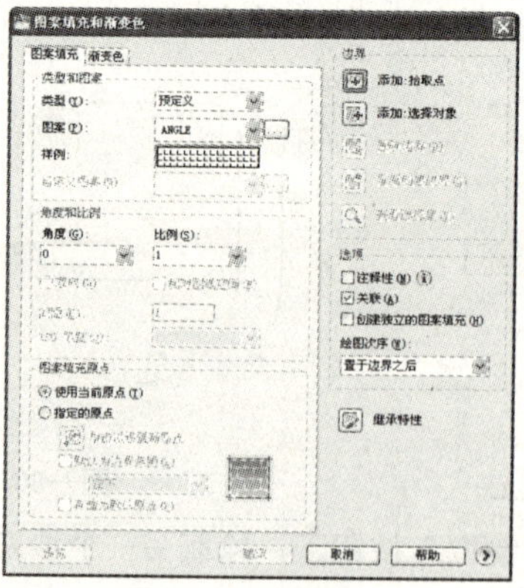

图7-85　“图案填充和渐变色”对话框

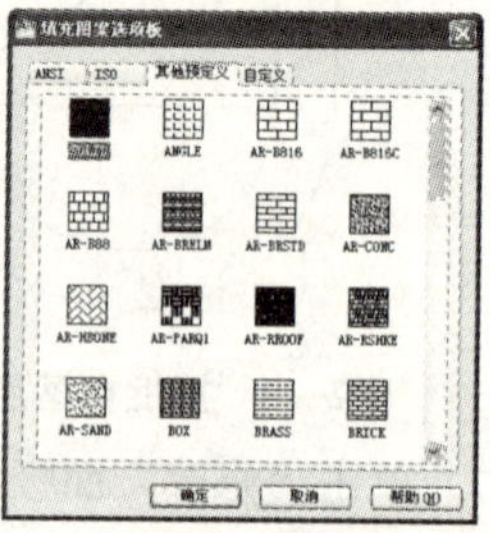

图7-86　“填充图案选项板”对话框

（3）单击“确定”按钮返回“图案填充和渐变色”对话框，单击“边界”选项组中的按钮（“添加：拾取点”），在三角形内部单击一点，如图 7-87 所示。再次返回“图案填充和渐变色”对话框，单击“确定”按钮完成箭头绘制。

（4）单击“绘图”面板中的“矩形”按钮或直接单击“绘图”工具栏中的“矩形”按钮，绘制出如图 7-88 所示的扶手。

命令：_rectang

指定第一个角点或 [倒角(C)/标高(E)/圆角(F)/厚度(T)/宽度(W)]：　　（单击一点）

指定另一个角点或 [面积(A)/尺寸(D)/旋转(R)]：@3,22　　（输入相对坐标）

（5）单击“绘图”工具栏上的“直线”按钮，绘制一条直线。再单击“修改”面板中的“阵列”按钮，即可弹出“阵列”对话框，设置如图 7-89 所示。

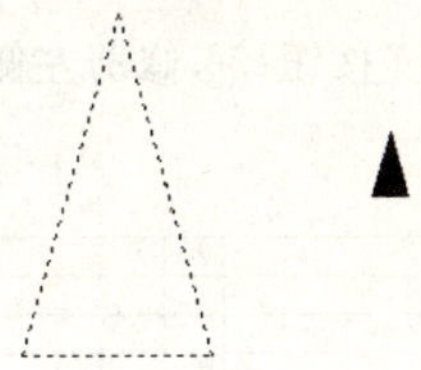

图7-87　添加拾取点

图7-88　绘制“扶手”

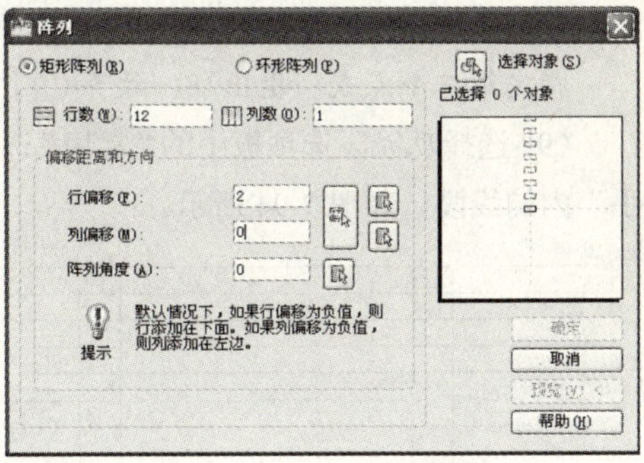

图7-89　“阵列”对话框

命令：_line 指定第一点：　　（单击一点）

指定下一点或 [放弃(U)]：<正交 开> 50　　（打开正交功能，输入直线长度）

指定下一点或 [放弃(U)]：　　（按“Enter”键结束命令）

（6）单击按钮（“添加：选择对象”）按钮选择线段，返回“阵列”对话框，单击“确定”按钮完成阵列绘制，如图 7-90 所示。

（7）选择“格式”→“点样式”命令，即可打开“点样式”对话框，如图 7-91 所示。选择“绘图”→“点”→“定数等分”命令或执行“DIVIDE”命令，即可等分台阶线，结果如图 7-92 所示。

命令：divide

选择要定数等分的对象：　　（选择直线段）

输入线段数目或 [块(B)]：4　　（输入等分线段的数目）

图7-90　阵列绘制

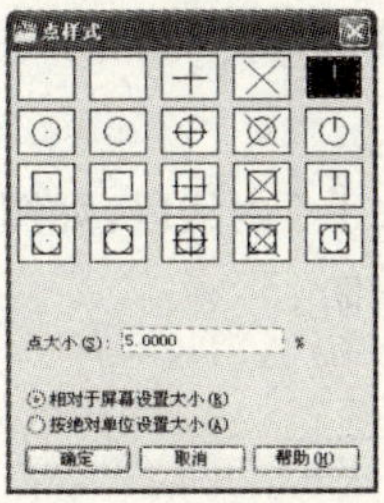

图7-91　“点样式”对话框

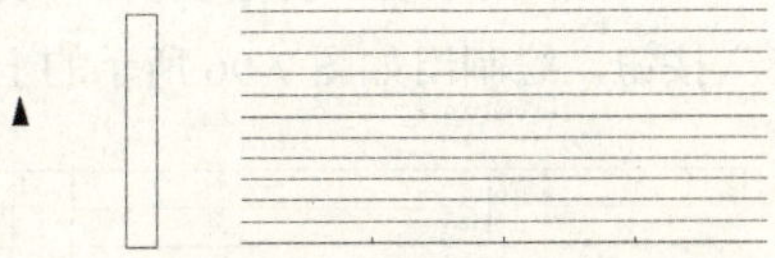

图7-92　等分台阶线

（8）单击“修改”面板中的“移动”按钮，移动“扶手”到适当的位置。再单击“修改”面板中的“复制”按钮或执行“COPY”命令复制“扶手”，最终结果如图 7-93 所示。

命令：_move

选择对象：找到 1 个　　（选择矩形）

选择对象：　　（按“Enter”键确认）

指定基点或 [位移(D)] <位移>:　<对象捕捉 开>　　(捕捉矩形底边的中点)

指定第二个点或 <使用第一个点作为位移>:　　(捕捉等分点)

命令: _copy

选择对象: 找到 1 个　　(选择矩形)

选择对象:　　(按"Enter"键确认)

当前设置: 复制模式 = 多个

指定基点或 [位移(D)/模式(O)] <位移>:

指定第二个点或 <使用第一个点作为位移>:　　(捕捉等分点)

指定第二个点或 [退出(E)/放弃(U)] <退出>:　　(按"Enter"键结束命令)

(9)选择功能区选项板中的"常用"选项卡,单击"修改"面板中的"修剪"按钮,修剪左侧"扶手"内的线段，如图 7-94 所示。

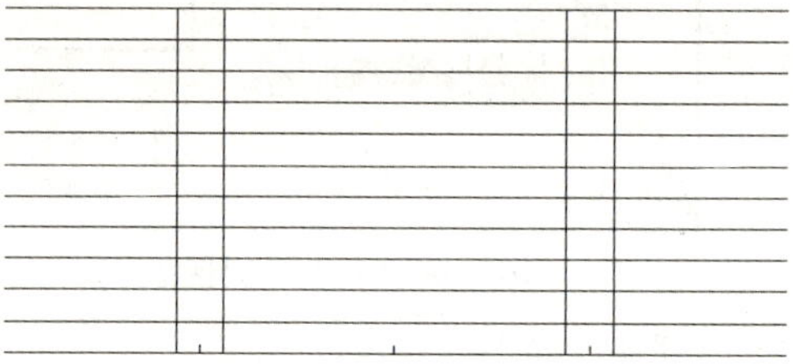

图7-93　移动、复制"扶手"

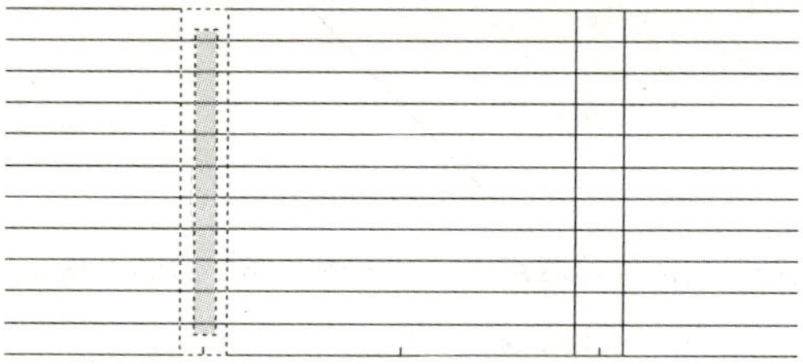

图7-94　选择左侧要修剪的直线

命令: _trim

当前设置:投影=UCS,边=无

选择剪切边...

选择对象或 <全部选择>:　找到 1 个　　(选择矩形)

选择对象:　　(按"Enter"键确认)

选择要修剪的对象,或按住 Shift 键选择要延伸的对象,或[栏选(F)/窗交(C)/投影(P)/边(E)/删除(R)/放弃(U)]:　　(选择要修剪的直线)

指定对角点:

选择要修剪的对象,或按住 Shift 键选择要延伸的对象,或[栏选(F)/窗交(C)/投影(P)/边(E)/删除(R)/放弃(U)]:　　(按"Enter"键结束命令)

(10)采用同样的方式修剪另一支"扶手"内线段,如图 7-95 所示。单击"绘图"工具栏上的"矩形"按钮，绘制出如图 7-96 所示的上下台阶。

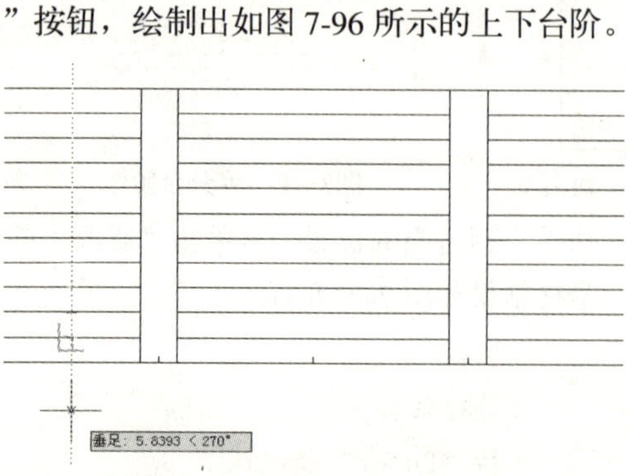

图7-95　取矩形第一对角点

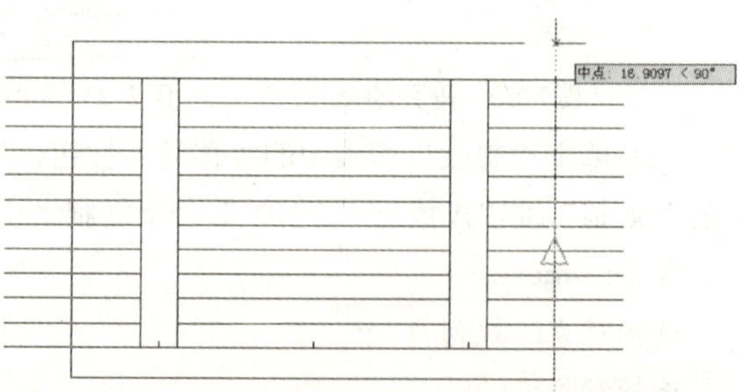

图7-96　取矩形另一对角点

（11）利用中点连线，将矩形分解后删除多余的线段并复制箭头，如图7-97所示。选择“绘图”→“文字”→“单行文字”命令，标出文字“上”，文字高度为2.5，最终结果如图7-98所示。至此，整个楼梯的绘制就完成了。

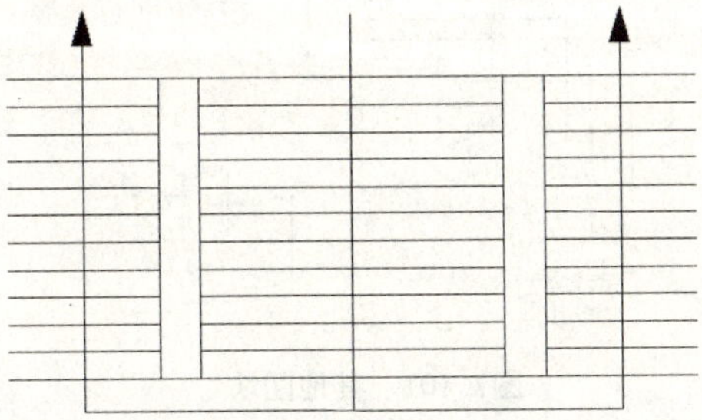

图7-97 删除线段并复制箭头

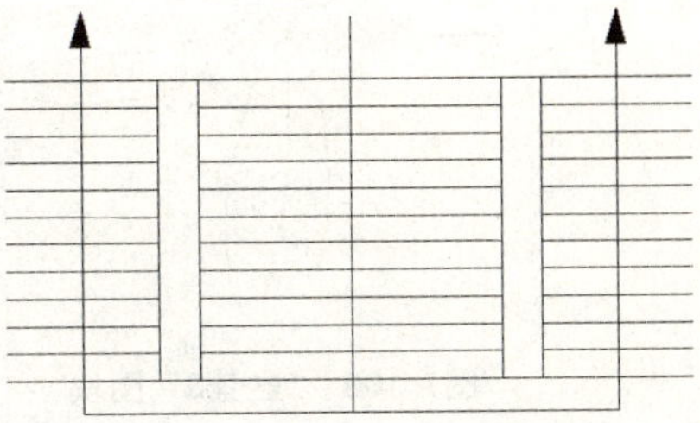

图7-98 绘制“楼梯1”图块

5. 绘制“盆景3”图块

下面将介绍“盆景3”图块的绘制方法，具体的操作步骤如下。

（1）单击“绘图”工具栏上的“样条曲线”按钮，绘制一段一段的线段并组合成一片花瓣形状，如图7-99所示。

命令：_spline
指定第一个点或 [对象(O)]:　　　　（单击一点）
指定下一点:　　　　（以下依据花瓣形状进行选点）
指定下一点或 [闭合(C)/拟合公差(F)] <起点切向>:
指定下一点或 [闭合(C)/拟合公差(F)] <起点切向>:
指定下一点或 [闭合(C)/拟合公差(F)] <起点切向>:
指定下一点或 [闭合(C)/拟合公差(F)] <起点切向>:
指定下一点或 [闭合(C)/拟合公差(F)] <起点切向>:
指定下一点或 [闭合(C)/拟合公差(F)] <起点切向>:
指定下一点或 [闭合(C)/拟合公差(F)] <起点切向>:
指定下一点或 [闭合(C)/拟合公差(F)] <起点切向>: c （直接输入“C”，按“Enter”键闭合）
指定切向:　　　　（按“Enter”键结束命令）

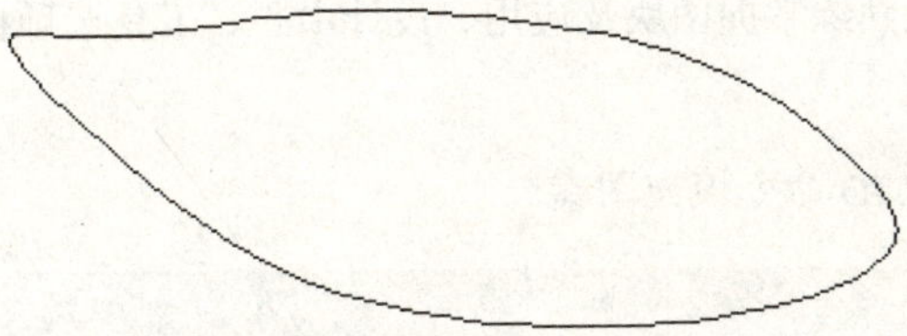

图7-99 绘制一片花瓣

（2）按照同样的绘制方法绘制其余的花瓣，最后再组合出如图7-100所示的“盆景3”。当然，如果合适，也可以采用椭圆来绘制花瓣。

其他需要自己绘制的图块还有“楼梯2”、“大门（双）”、“大便池”、“单人沙发”、“电视机2”及“门（单）”等，可以按照如图7-101所示的尺寸进行绘制。所有图形绘制完成后，执行BLOCK命令将其创建成图块。

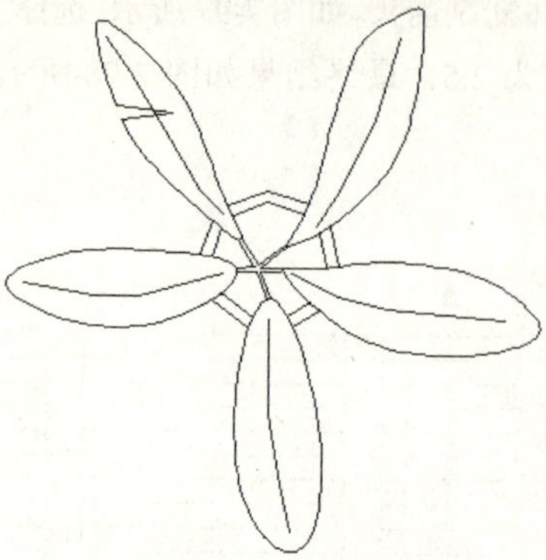

图7-100 “盆景3”图块

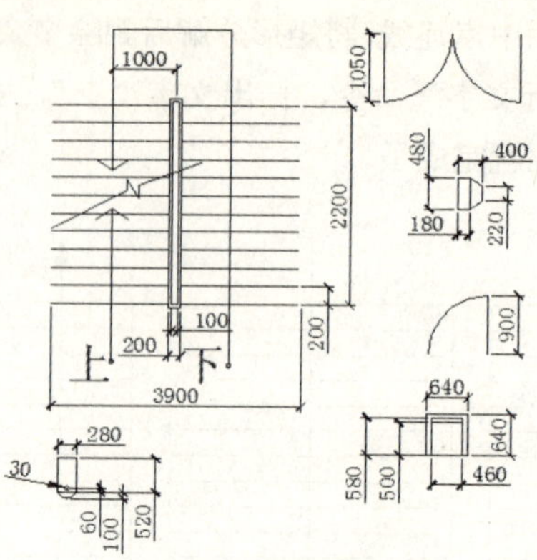

图7-101 其他图块

7.3 综合案例——绘制管道和空调布置图例

管道和空调布置实例的绘制主要包括“风口”、“水泵”、“透气帽”、“圆形地漏”、“存水湾”以及各种阀门等图块的绘制。其中“管道和空调布置图例”文件夹中的图块及其图形和名称如图 7-102 所示。

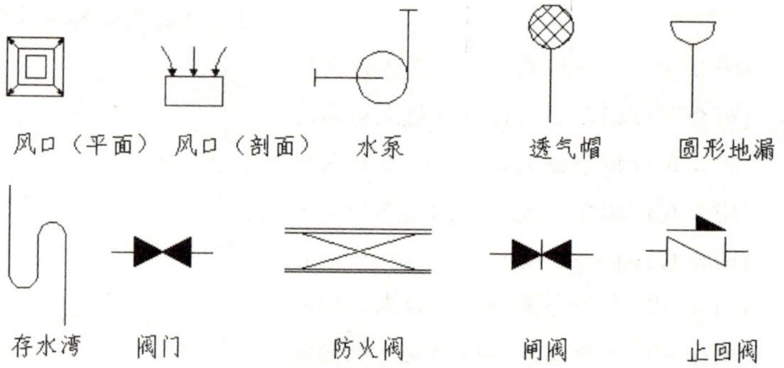

图7-102 管道和空调布置图例

学习目的

通过本实例练习，可以熟练掌握图块及应用、设计中心、工具选项板等的使用方法。

重点难点

- 创建新图块，用 SOLID 命令填充图案。

操作步骤

1. 绘制“风口”图块

绘制“风口”图块的操作方法与前面绘制的其他图块方法相似。

Step 01 选择“绘图”→“正多边形”命令或单击“绘图”面板中的“正多边形”按钮，绘制出如图7-103所示的正方形（本书中的图采用1：100的比例绘制，故命令行输入的数值，是图中标注数值的0.01倍）。

命令：_polygon 输入边的数目 <4>： （默认边数）

指定正多边形的中心点或 [边(E)]：e （选择“边”选项绘制）

指定边的第一个端点： （单击一点）

指定边的第二个端点：8 （打开正交功能，将鼠标右移，输入边长）

Step02 单击“修改”工具栏上的“偏移”按钮，将正方形向内偏移，如图 7-104 所示。

命令：_offset

当前设置：删除源=否 图层=源 OFFSETGAPTYPE=0

指定偏移距离或 [通过(T)/删除(E)/图层(L)] <通过>：1.5 （输入偏移距离）

选择要偏移的对象，或 [退出(E)/放弃(U)] <退出>： （选择正方形）

指定要偏移的那一侧上的点，或 [退出(E)/多个(M)/放弃(U)] <退出>： （在正方形内部单击一点）

选择要偏移的对象，或 [退出(E)/放弃(U)] <退出>： （按“Enter”键结束命令）

命令： （按“Enter”键，重复命令）

_offset

当前设置：删除源=否 图层=源 OFFSETGAPTYPE=0

指定偏移距离或 [通过(T)/删除(E)/图层(L)] <1.5000>：1 （输入偏移距离）

选择要偏移的对象，或 [退出(E)/放弃(U)] <退出>： （选择正方形）

指定要偏移的那一侧上的点，或 [退出(E)/多个(M)/放弃(U)] <退出>： （在正方形内部单击一点）

选择要偏移的对象，或 [退出(E)/放弃(U)] <退出>： （按“Enter”键结束命令）

Step03 打开“对象捕捉”功能，单击“绘图”工具栏上的“直线”按钮或执行“LINE”命令，连接最外面两个正方形的右上方两个对角点，如图 7-105 所示。

图7-103 绘制一个正方形

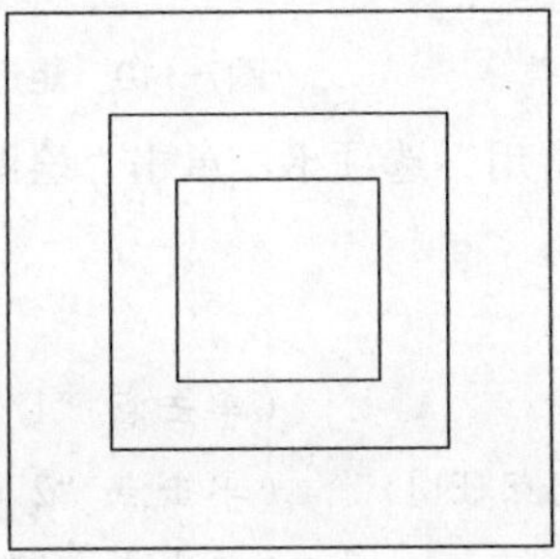

图7-104 绘制三个正方形

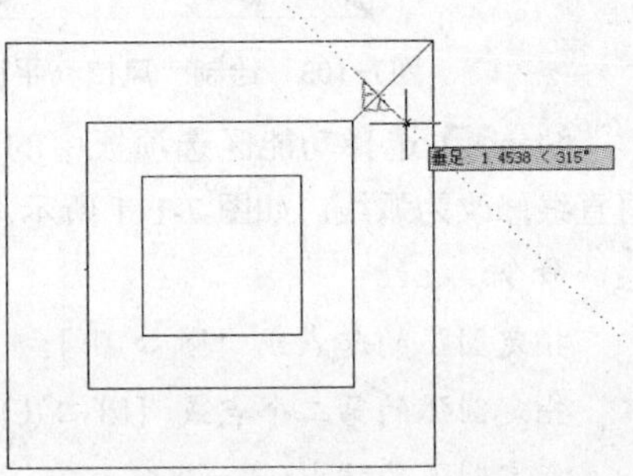

图7-105 连接最外面两个正方形的对角点

命令：_line 指定第一点：

指定下一点或 [放弃(U)]： （在空白处单击一点）

指定下一点或 [放弃(U)]：0.5 （将鼠标放在315° 极轴追踪线上，输入距离）

指定下一点或 [放弃(U)]： （按“Enter”键结束命令）

Step04 选择功能区选项板中“常用”选项卡，单击“修改”面板中的“移动”按钮或执行“MOVE”命令，利用对象捕捉功能移动对象，如图 7-106 所示。

命令：_move 找到 1 个 （选择上面绘制的短线段）

指定基点或 [位移(D)] <位移>： （捕捉短线段中点）

指定第二个点或 <使用第一个点作为位移>：（捕捉对角线的中点）

Step05 连线并用“SOLID”命令填充，即可完成一个箭头的绘制，如图 7-107 所示。

Step 06 单击“修改”工具栏上的“阵列”按钮，即可打开“阵列”对话框，在其中选中“环形阵列”单选按钮，如图 7-108 所示。

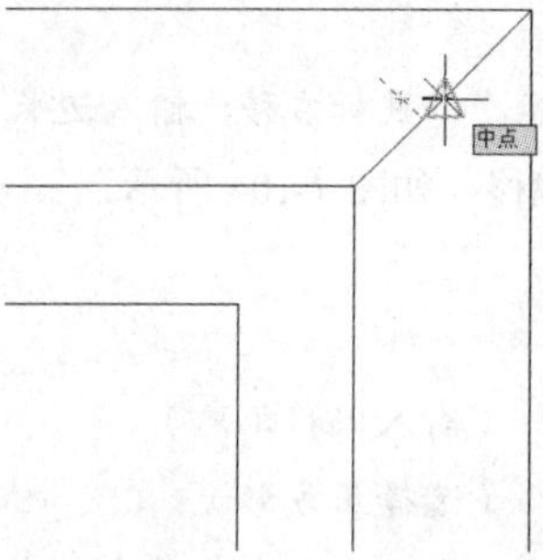

图7-106　利用对象捕捉功能移动对象

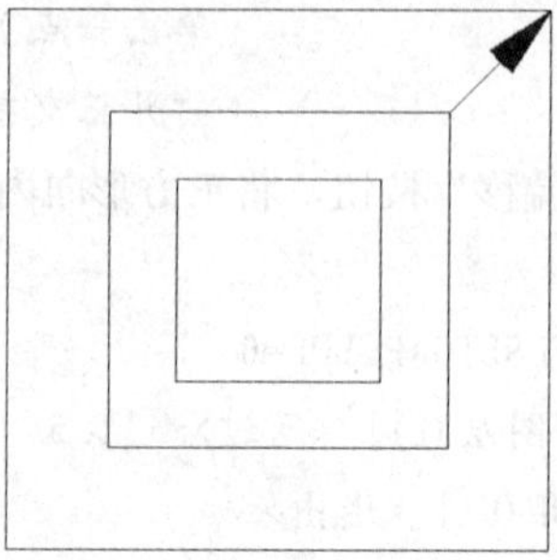

图7-107　绘制一个箭头

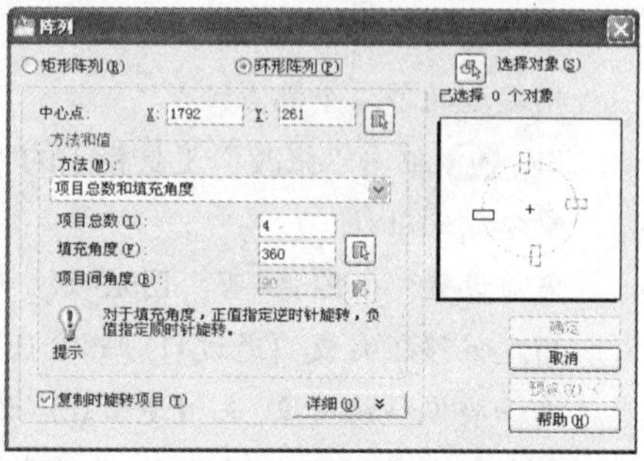

图7-108　“阵列”对话框

Step 07 单击“选择对象”按钮，选择箭头，返回“阵列”对话框。单击“中心点”右侧“拾取中心点”按钮，即可打开对象捕捉功能，利用对象追踪功能，单击正方形的中心点为阵列的中心点，返回“阵列”对话框，单击“确定”按钮，即可完成“风口（平面）”图块的绘制，如图 7-109 所示。

Step 08 利用前面所讲述的方法，绘制矩形、线段和箭头后，如图 7-110 所示。

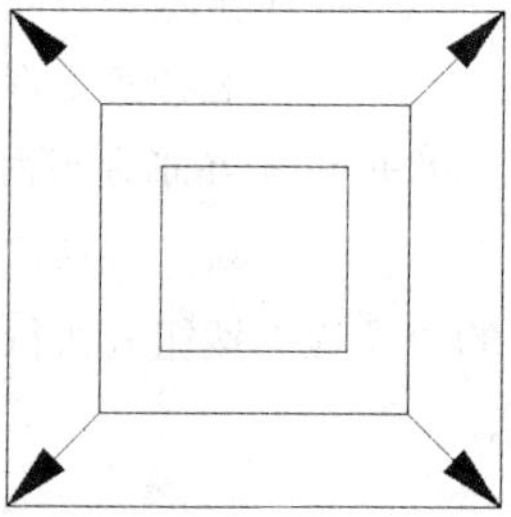

图7-109　绘制“风口（平面）”

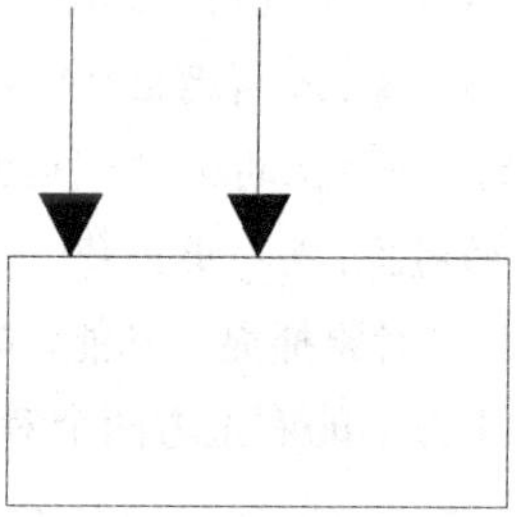

图7-110　矩形、线段和箭头的绘制

Step 09 选择功能区选项板中的“常用”选项卡，单击“绘图”面板中的“三点”按钮，将直线修改为弧线，如图 7-111 所示。

命令：_arc

指定圆弧的起点或 [圆心(C)]:　　（单击点“1”为起点）

指定圆弧的第二个点或 [圆心(C)/端点(E)]:　　（单击点“2”）

指定圆弧的端点:　　（单击点“3”）

Step 10 删除多余线段，以中间箭头线为镜像线，镜像生成另一边的箭头，完成“风口（剖面）”图块的绘制，最终结果如图 7-112 所示。

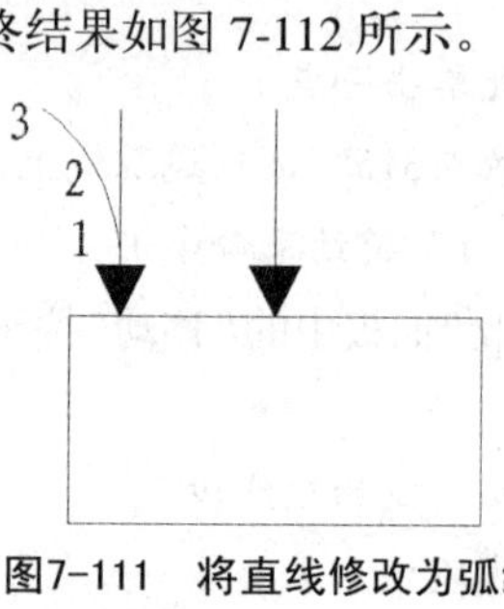

图7-111　将直线修改为弧线

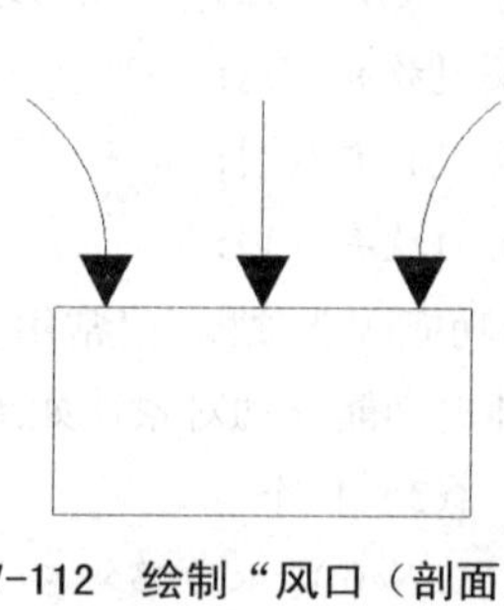

图7-112　绘制“风口（剖面）”

2. 绘制“水泵”、“透气帽”及“圆形地漏”等图块

“水泵”、“透气帽”及“圆形地漏”等图形都是由圆和线段组成的。它们的绘制方法基本相同，这里以带有填充图案的“透气帽”图块的绘制为例讲述。

Step01 选择功能区选项板中的“常用”选项卡，单击“绘图”面板中的“圆心，半径”按钮，绘制一个直径为3的圆。

命令：_circle

指定圆的圆心或 [三点(3P)/两点(2P)/切点、切点、半径(T)]：　（在空白处单击一点）

指定圆的半径或 [直径(D)]：3　（输入圆的直径）

Step02 单击“绘图”面板中的“直线”按钮，捕捉交点绘制直线，如图7-113所示。

命令：_line

指定第一点：

指定下一点或 [放弃(U)]：10　（输入线段的长度）

指定下一点或 [放弃(U)]：　（按“Enter”键结束命令）

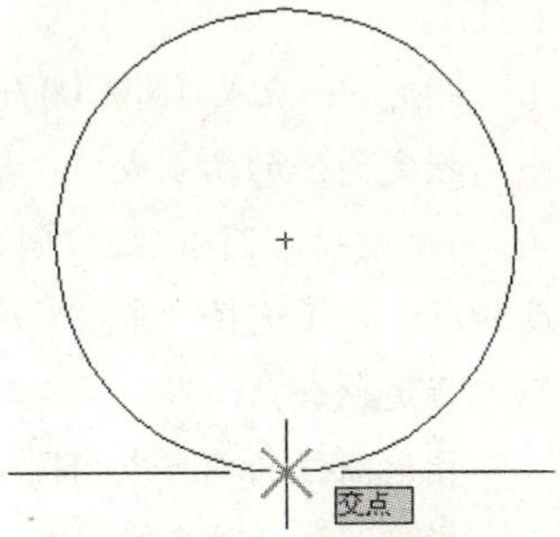

图7-113 捕捉交点

Step03 单击“绘图”面板中的“图案填充”按钮，即可打开“图案填充和渐变色”对话框。单击“图案填充”选项卡图案中的按钮，即可打开“填充图案选项板”对话框，在“ANSI”选项卡中选择“ANSI37”图案，如图7-114所示。单击“确定”按钮返回“图案填充和渐变色”对话框，将“角度和比例”选项组中“比例”下拉列表框设为“0.5”，如图7-115所示。

图7-114 “填充图案选项板”对话框

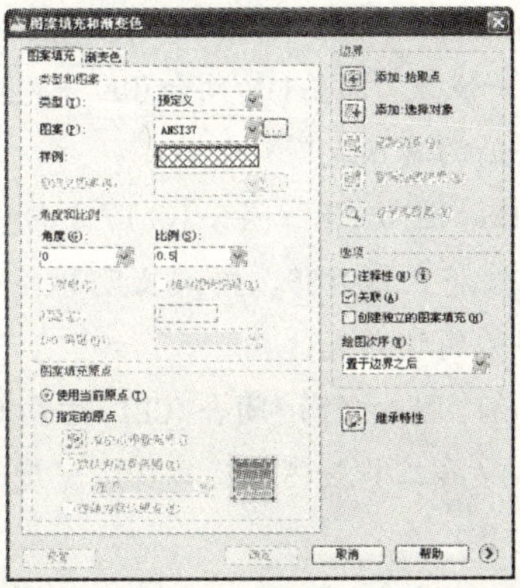

图7-115 “图案填充和渐变色”对话框

Step04 单击“边界”选项组中的按钮（“添加：拾取点”），单击圆内部一点，再次返回“图案填充和渐变色”对话框，单击“确定”按钮完成图案填充，如图7-116所示。

Step05 利用同样的方法，绘制“水泵”、“圆形地漏”等图块，如图7-117所示。“防火阀”图块的尺寸如图7-118所示。

图7-116 “透气帽”图块

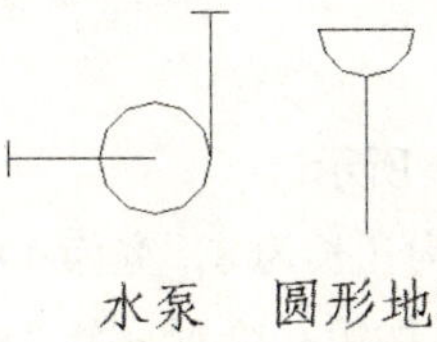

图7-117 “水泵”、“圆形地漏”图块

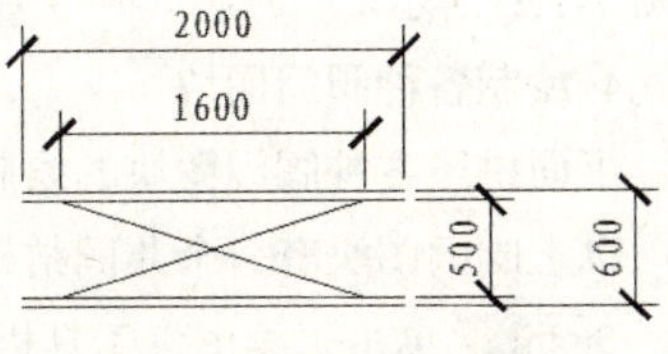

图7-118 “防火阀”图块

3. 绘制“存水湾”图块

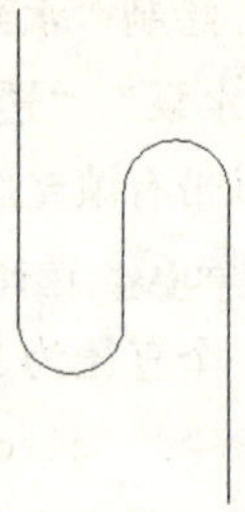

图7-119 “存水湾”图块

Step01 选择功能区选项板中的“常用”选项卡，单击“绘图”面板中的“多段线”按钮，绘制“存水湾”图块，如图 7-119 所示。

命令: _pline

指定起点: （单击一点）

当前线宽为 0.0000

指定下一个点或 [圆弧(A)/半宽(H)/长度(L)/放弃(U)/宽度(W)]: <正交 开> 12 （打开正交功能，将鼠标下移，输入线段的长度）

指定下一点或 [圆弧(A)/闭合(C)/半宽(H)/长度(L)/放弃(U)/宽度(W)]: a （选择“圆弧”选项）

指定圆弧的端点或

[角度(A)/圆心(CE)/闭合(CL)/方向(D)/半宽(H)/直线(L)/半径(R)/第二个点(S)/放弃(U)/宽度(W)]: a （选择“角度”选项）

指定包含角: 180 （输入角度值）

指定圆弧的端点或 [圆心(CE)/半径(R)]: 4 （将鼠标右移，输入长度）

指定圆弧的端点或

[角度(A)/圆心(CE)/闭合(CL)/方向(D)/半宽(H)/直线(L)/半径(R)/第二个点(S)/放弃(U)/宽度(W)]: l （选择“直径”选项）

指定下一点或 [圆弧(A)/闭合(C)/半宽(H)/长度(L)/放弃(U)/宽度(W)]: 5 （将鼠标上移，输入线段的长度）

指定下一点或 [圆弧(A)/闭合(C)/半宽(H)/长度(L)/放弃(U)/宽度(W)]: a （选择“圆弧”选项）

指定圆弧的端点或

[角度(A)/圆心(CE)/闭合(CL)/方向(D)/半宽(H)/直线(L)/半径(R)/第二个点(S)/放弃(U)/宽度(W)]: 4 （将鼠标右移，输入长度）

指定圆弧的端点或

[角度(A)/圆心(CE)/闭合(CL)/方向(D)/半宽(H)/直线(L)/半径(R)/第二个点(S)/放弃(U)/宽度(W)]: l （选择“直线”选项）

指定下一点或 [圆弧(A)/闭合(C)/半宽(H)/长度(L)/放弃(U)/宽度(W)]: 12 （将鼠标下移，输入线段的长度）

指定下一点或 [圆弧(A)/闭合(C)/半宽(H)/长度(L)/放弃(U)/宽度(W)]: （按“Enter”键结束命令）

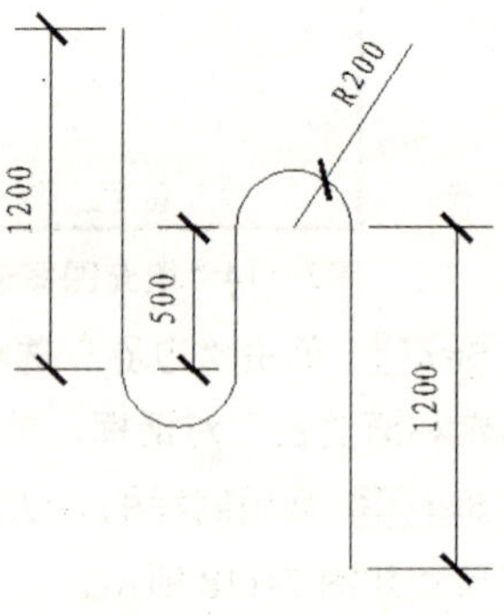

图7-120 添加尺寸后“存水湾”图块

Step02 为刚绘制的“存水湾”图块添加尺寸后的结果如图 7-120 所示。

4. 绘制各种阀门图块

下面讲述各种阀门图块的绘制，如图 7-121 所示。

以上阀门图块有一个共同结构——矩形结构（长为 8，宽为 4）。

Step01 单击“绘图”工具栏中的“矩形”按钮，绘制一个“8mm×4mm”的矩形。

Step02 再单击“绘图”工具栏中的“直线”按钮或执行“LINE”命令，连接矩形对角线，如图 7-122 所示。

图7-121 各种阀门图块

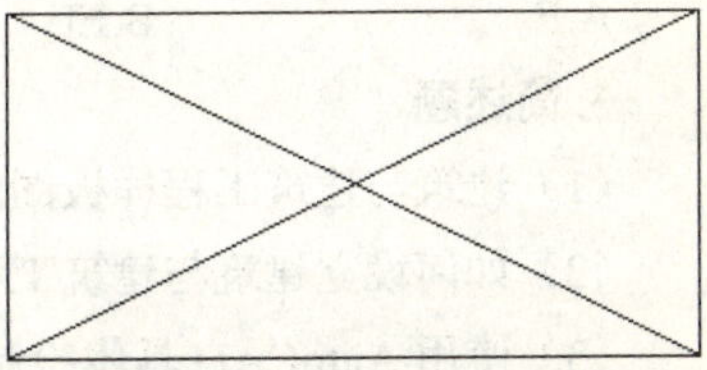

图7-122 连接矩形对角线

Step03 单击“修改”面板中的“分解”按钮或执行“EXPLODE”命令，分解矩形，并复制两个矩形，如图 7-123 所示。对“止回阀”图块，绘制出如图 7-124 所示的线段。

Step04 删除多余线段，再用“SOLID”命令填充图案，如图 7-125 所示。再绘制其余线段，如图 7-126 所示。当所有图块的图形绘制完成后，执行“BLOCK”命令将其创建成图块。

AutoCAD 2010 设计中心提供了设计数据共享和设计资料管理的解决方案，在设计中心，除进行打开图形、附着外部参照和插入块等常规操作外，还可使用外部图形的图层、尺寸和文字样式等。

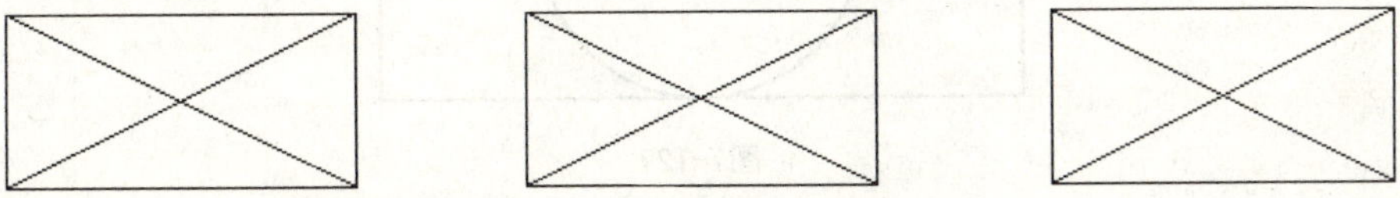

图7-123 分解矩形并复制两个矩形

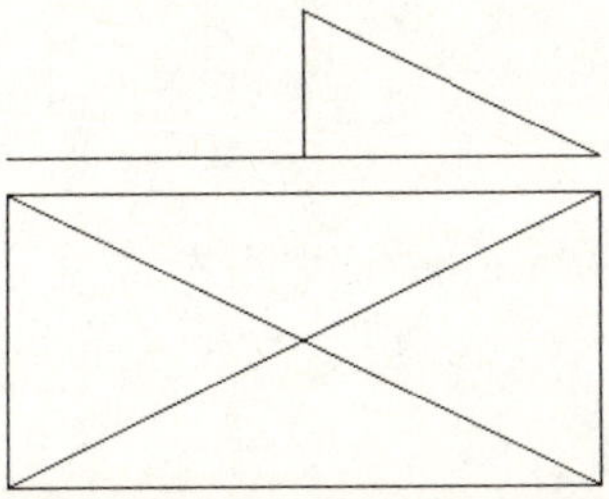

图7-124 绘制“止回阀”图块的上部

图7-125 图案填充效果

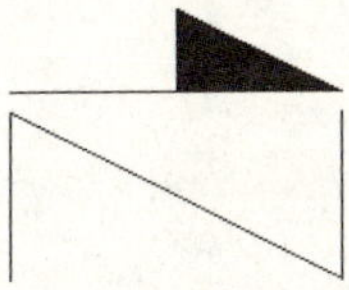

图7-126 绘制其余线段

7.4 习题与上机练习

1. 填空题

（1）AutoCAD 2010 设计中心提供了设计数据共享和设计资料管理的解决方案，在设计中心，除了能够进行______、附着外部参照和______等常规操作外，还能够轻松使用外部图形的图层、______等。

（2）______是一个或多个图形对象形成的对象集合。该集合对象可以作为一个单一的整体在图形文件中重复插入使用。

（3）样板图设置的方法有两种：一是______，二是______。

2. 选择题

（1）使用（　　）代号捕捉圆心。

A.INT　　B.END　　C.EXT　　D.CEN

(2) 输入（　　）便可以绘制椭圆。

A.E　　B.EL　　C.ELL　　D.ELLP

3. 简述题

(1) 建筑与建筑工程样板图的作用是什么，如何设置？

(2) 如何设立建筑与建筑工程专业图库？

(3) 使用 AutoCAD 具体绘制建筑图形时，应遵照哪些步骤？

4. 上机练习

(1) 创建 A2 图纸的建筑结构平面图样板图。

(2) 利用本章所学知识，绘制如图 7-127 所示的图块。

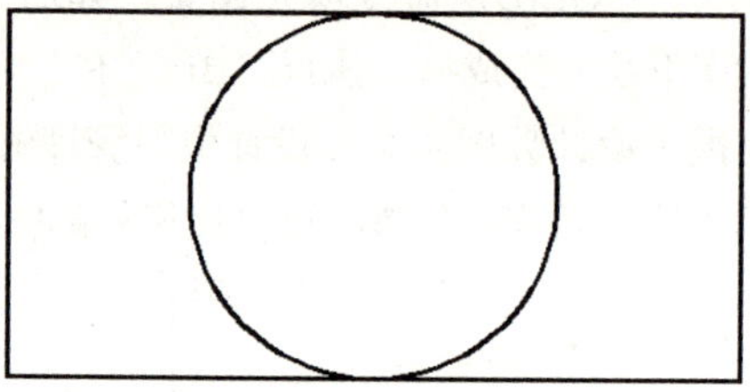

图7-127

第8章 绘制三维建筑图

在建筑设计中，三维绘图是设计人员必须掌握的知识点之一，利用三维建模可以真实地创建出和现实生活中一样的模型。本章主要介绍了三维绘图基础、创建基本立体的方法，以及扫掠、放样和切割实体的方法。

学习目标

- 了解三维绘图基础
- 掌握基本立体的绘制方法
- 掌握扫掠、放样、切割实体的方法

三维绘图在 AutoCAD 中是非常重要的一项功能，在建筑制图中，经常会用到三维图形。利用 AutoCAD 的三维绘图功能可以绘制出各种各样的立体图形，由于它能更加直观地反映物体的实体情况，因此，给人以强烈的真实感，特别是在进行渲染以后。

8.1 三维绘图基础

AutoCAD 提供了丰富的三维实体编辑和修改命令，各实体之间可进行多种布尔运算命令，从而创建出复杂形状的三维实体模型。还提供了有利于创建三维对象的工作空间，配合动态输入，可以让简单三维模型更接近参数化，使 AutoCAD 三维建模更加简单容易。

8.1.1 三维建模空间

AutoCAD 2010 为三维建模设置了三维工作空间，要创建三维模型时，可切换至 AutoCAD 的三维工作空间。单击状态栏上的“初始设置工作空间”按钮右侧的下拉箭头，在弹出的快捷菜单中选择“三维建模”命令，即可切换至三维建模空间。默认情况下，三维建模空间包含“建模”面板、“实体编辑”面板、“视图”面板和工具选项板等，如图 8-1 所示。

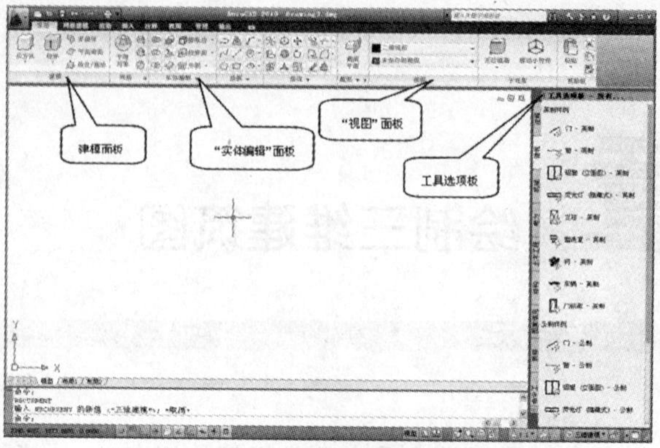

图8-1　三维建模空间

- “建模”面板：包含创建基本立体、回转体及其他曲面立体等的命令按钮。
- “实体编辑”面板：利用该面板中的各按钮可对实体表面进行拉伸、旋转等操作。
- “视图”面板：通过该面板的命令按钮可设定观察模型的方向，形成不同模型视图。
- “工具选项板”：包含二维绘图及编辑命令，还提供了各类材质样例。

8.1.2 用标准视点观察 3D 模型

在创建三维模型时，要不断变换三维模型的显示方位和用户坐标系，这样，才能从空间的不同方位来观察三维模型。即任何三维模型均可从任意一个方向观察。

AutoCAD 提供了多种观察模型的方法，下面讲述用标准视点观察 3D 模型的方法。

要用标准视点来观察三维模型，可先进入三维建模空间，在功能区选项板中的“常用”选项卡下的“视图”面板“视图控制”下拉列表中选择一种标准视点，如图 8-2 所示。通过 AutoCAD 提供的 10 种标准视点能获得 3D 对象的 10 种视图，如前视图、后视图、左视图和西南轴测图等。

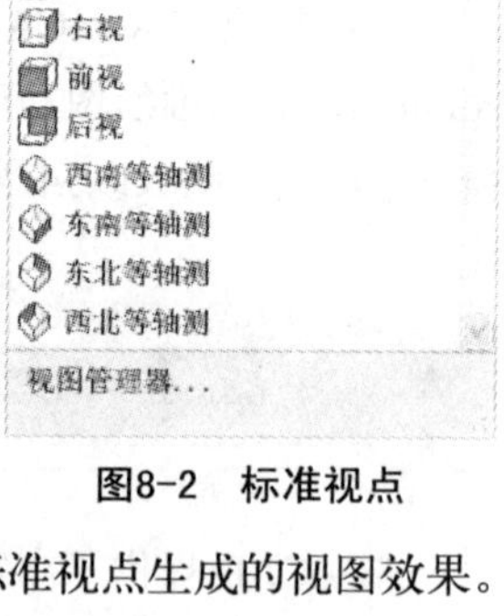

图8-2　标准视点

标准视点是相对于某个基准坐标系（世界坐标系或用户坐标系）设定的，基准坐标系不同，所得视图也不同。要指定标准视点的基准坐标系，可在“视图控制”下拉列表中选择“视图管理器”选项，即可打开“视图管理器”对话框，在左侧列表中列出了预设的标准正交视图名称，要设定这些视图采用的基准坐标系，可在右侧“设定相对于”下拉列表中进行选择，如图 8-3 所示。

下面打开“素材 / 第 8 章 /08-01.dwg”文件（如图 8-4 所示），演示不同的标准视点生成的视图效果。

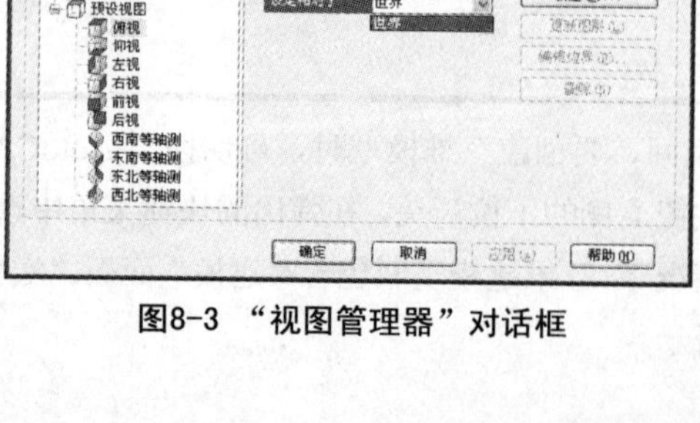

图8-3　“视图管理器”对话框

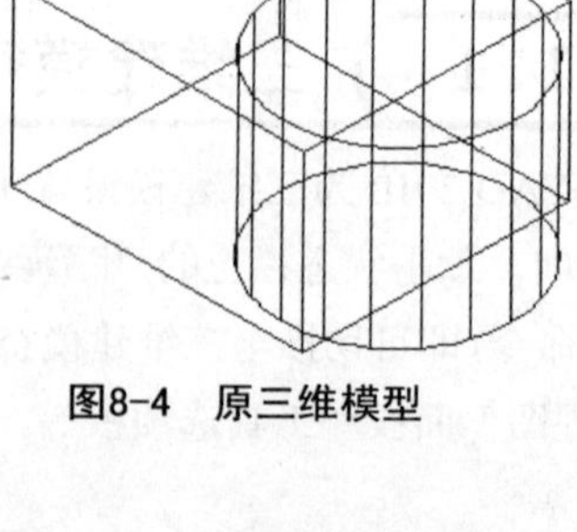

图8-4　原三维模型

① 俯视。在“视图”面板上的“视图控制”下拉列表中单击“俯视”按钮，即可得到此三维模型的俯视图，如图 8-5 所示。

② 仰视。在“视图”面板上的“视图控制”下拉列表中单击“仰视”按钮，即可得到此三维模型的仰视图，如图 8-6 所示。

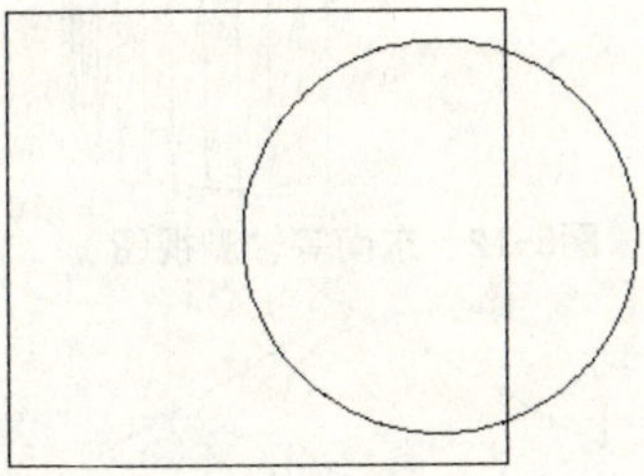

图8-5 俯视图

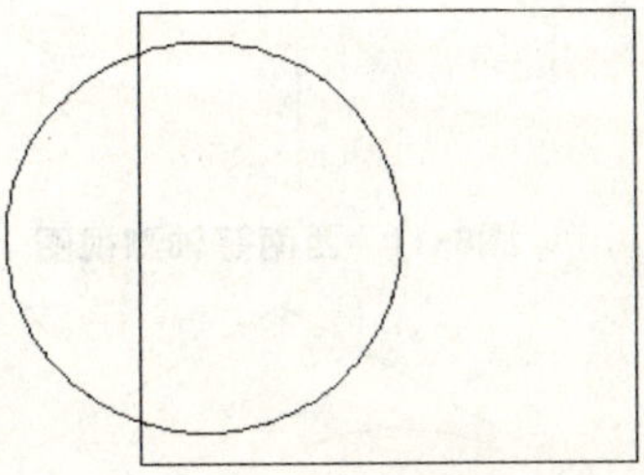

图8-6 仰视图

③ 左视。在“视图”面板上的“视图控制”下拉列表中单击“左视”按钮，执行消隐命令“HIDE”，即可得到此三维模型的左视图，如图 8-7 所示。

④ 右视。在“视图控制”下拉列表中单击“右视”按钮，执行消隐命令“HIDE”，即可得到此三维模型的右视图，如图 8-8 所示。

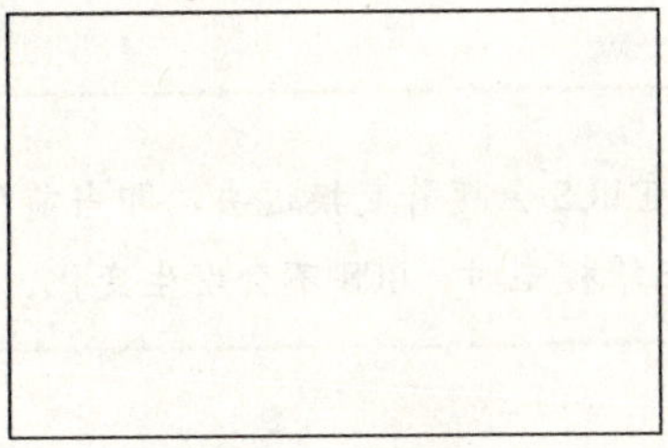

图8-7 左视图

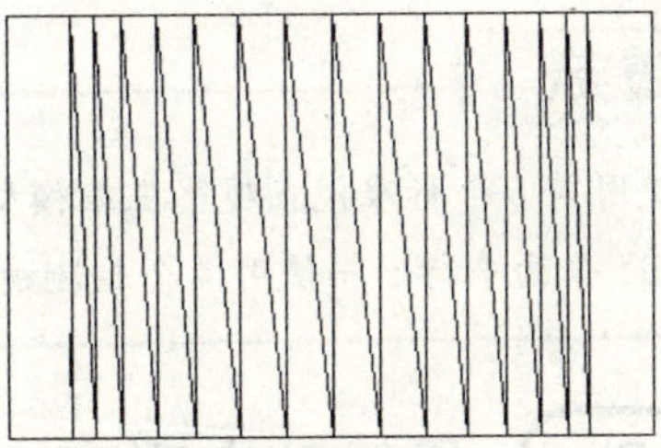

图8-8 右视图

⑤ 前视。在“视图控制”下拉列表中单击“前视”按钮，即可得到此三维模型的前视图，如图 8-9 所示。

⑥ 后视。在“视图控制”下拉列表中单击“后视”按钮，即可得到此三维模型的后视图，如图 8-10 所示。

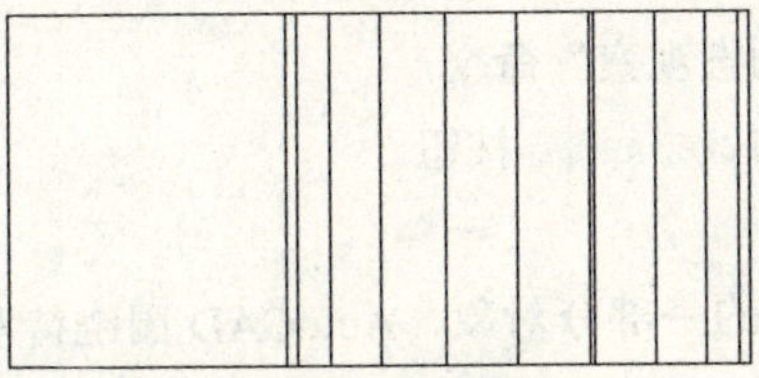

图8-9 前视图

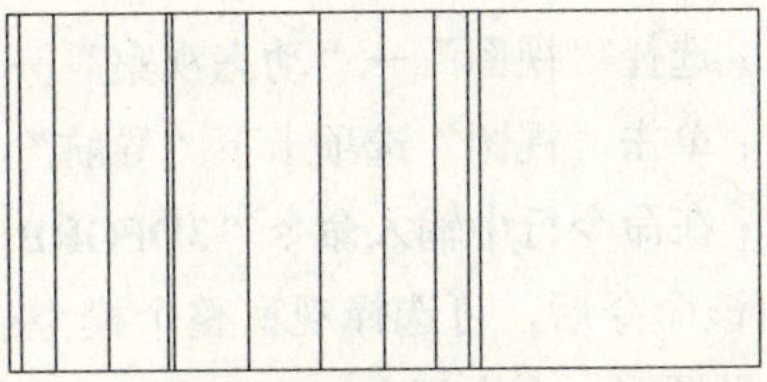

图8-10 后视图

⑦ 西南等轴测。在“视图控制”下拉列表中单击“西南等轴测”按钮，并执行消隐命令“HIDE”，即可得到此三维模型的西南等轴测视图，如图 8-11 所示。

⑧ 东南等轴测。在“视图控制”下拉列表中单击“东南等轴测”按钮，执行消隐命令“HIDE”，即可得到此三维模型的东南等轴测视图，如图 8-12 所示。

⑨ 东北等轴测。在“视图控制”下拉列表中单击“东北等轴测”按钮，执行消隐命令“HIDE”，即可得到此三维模型的东北等轴测视图，如图 8-13 所示。

⑩ 西北等轴测。在“视图控制”下拉列表中单击“西北等轴测”按钮，执行消隐命令“HIDE”，即可得到此三维模型的西北等轴测视图，如图 8-14 所示。

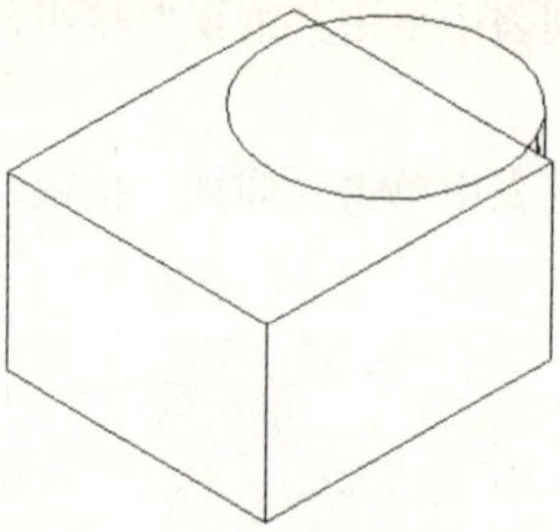

图8-11　西南等轴测视图

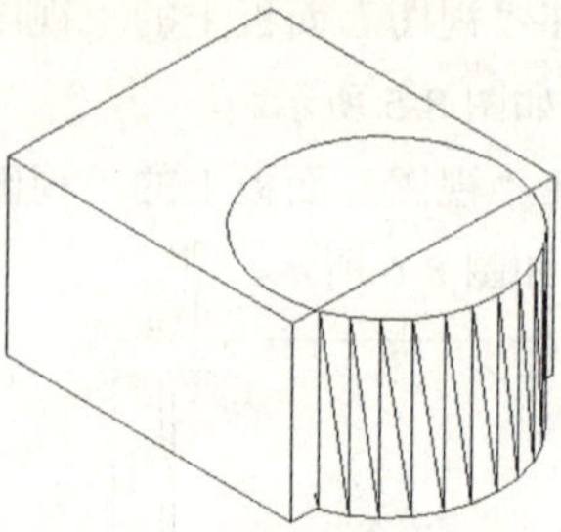

图8-12　东南等轴测视图

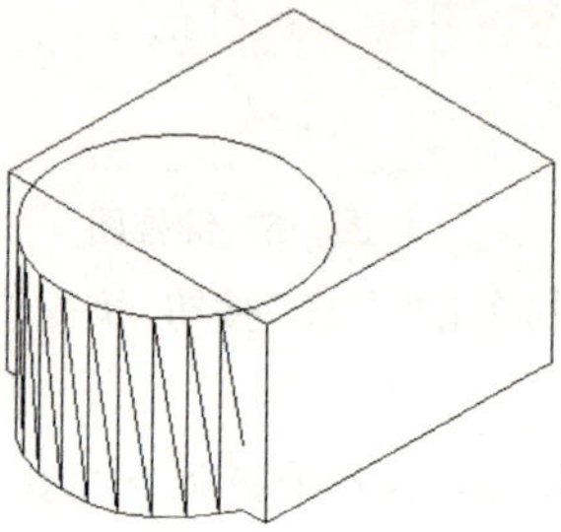

图8-13　东北等轴测视图

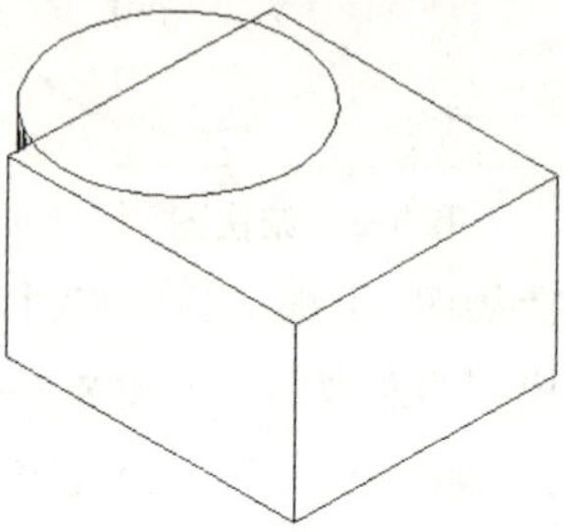

图8-14　西北等轴测视图

提 示

在使用前 6 个标准视点观察三维模型时，当前 UCS 会随着变换过去，即当前视图平面与 UCS 的 XOY 平面平行；而使用 4 个轴测视图观察三维模型时，UCS 不会发生变化。

8.1.3 三维动态观察

AutoCAD 的动态观察可以动态、交互式、直观地观察显示三维模型，使创建三维模型更为方便。使用 3DFORBIT 命令可激活交互式的动态视图，通过单击并拖动鼠标的方法来改变观察方向，从而方便地获得不同方向的 3D 视图。调用 3DFORBIT 命令可通过如下方法进行。

方法 1：选择“视图”→“动态观察”→“自由动态观察”命令。

方法 2：单击“视图”选项卡下“导航”面板中的 自由动态观察 按钮。

方法 3：在命令行中输入命令“3DFORBIT”。

在调用该命令后，可选择观察整个模型或模型中的一部分对象，AutoCAD 围绕待观察的对象形成一个辅助圆（一个大圆和 4 个均匀分布的小圆），该圆被 4 个小圆分成 4 等份，如图 8-15 所示。辅助圆的圆心是观察目标点，当按住鼠标左键拖动时，待观察的对象静止不动，而视点绕着 3D 对象旋转，显示结果是视图在不断地转动。当鼠标指针移动至圆的不同位置时，其形状将发生变化，不同形状的光标表明了当前视图的放置方向。

① 球形指针。当鼠标指针位于辅助圆内时，就会显示为这种形状。按住鼠标左键并拖动，即可使球体沿鼠标指针拖动的方向放置，模型视图也会随之旋转。

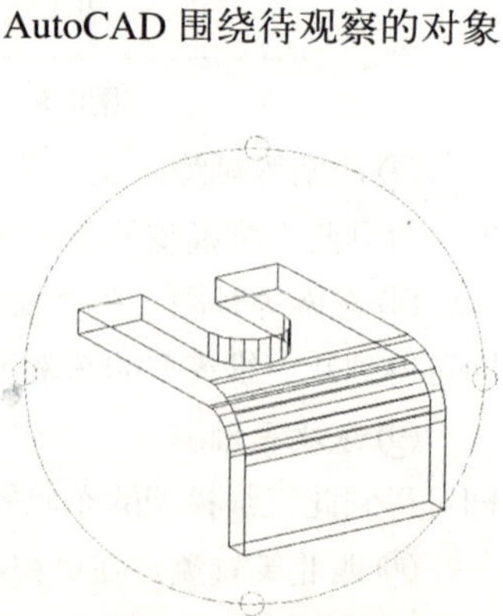

图8-15　三维动态视图

② 圆形指针⊙。当鼠标指针移动到辅助圆外时，就会显示为这种形状。按住鼠标左键并将指针沿辅助圆拖动，模型视图即可旋转，此旋转轴垂直于屏幕并通过辅助圆心。

③ 水平椭圆形指针。当鼠标指针移动到辅助圆上的左、右两个小圆的位置时显示为水平椭圆形。此时，按住鼠标左键并拖动，即可使视图绕着一个铅垂轴线转动，此旋转轴线经过辅助圆心。

④ 竖直椭圆形指针。当鼠标指针移动到辅助圆上的上、下两个小圆的位置时，就会显示为竖直椭圆形。按住鼠标左键并拖动，即可使视图绕着一个水平轴线转动，此旋转轴线经过辅助圆心。

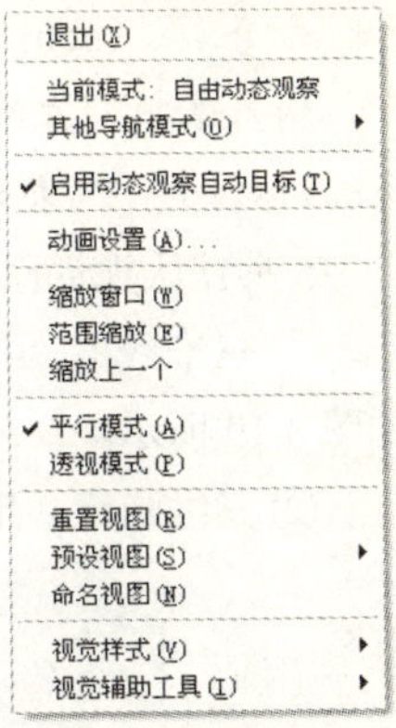

图8-16 右键快捷菜单

当激活 3DFORBIT 命令后，在绘图窗口中右键单击（如图 8-16 所示），其常用命令功能如下。

①“其他导航模式”：可对三维视图执行平移和缩放等操作。

②“缩放窗口”：可用矩形窗口选择要缩放的区域。

③“范围缩放”：可将所有 3D 对象构成的视图缩放到图形窗口的大小。

④“缩放上一个”：若对对象进行动态放置模型操作，可使其回到旋转前的状态。

⑤“平行模式”：可激活平行投影模式。

⑥“透视模式”：可激活透视投影模式，透视图与眼睛观察到的图像极为接近。

⑦“重置视图”：可将当前的视图恢复到激活 3DFORBIT 命令时的视图。

⑧“预设视图”:提供了常用的标准视图，与“视图”面板上的“视图控制”下拉列表中的选项一样。

⑨“视觉样式”：提供了三维隐藏、三维线框、概念、真实 4 种模型显示方式。

8.1.4 视觉样式

视觉样式用于改变模型在视口中的显示外观，它是一组控制模型显示方式的设置，包括面设置、环境设置及边设置等。面设置控制视口中面的外观，环境设置控制视口中的阴影和背景，边设置控制如何显示边。当选中一种视觉样式时，AutoCAD 在视口中按样式规定的形式显示模型。

在 AutoCAD 2010 中提供了 5 种默认的视觉样式，可在“常用”选项卡下的“视图”面板的“视觉样式”下拉列表中进行选择，如图 8-17 所示。下面以“素材 / 第 8 章 /08-02.dwg”中的图形着色前后的效果为例讲述视觉样式中各选项的含义，如图 8-18 所示。

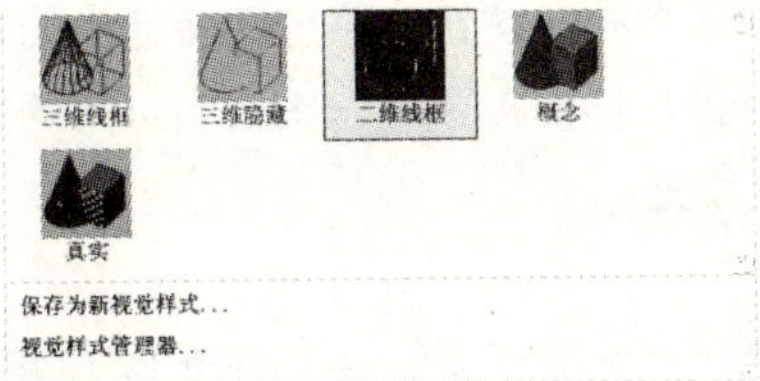

图8-17 默认视觉样式控制面板

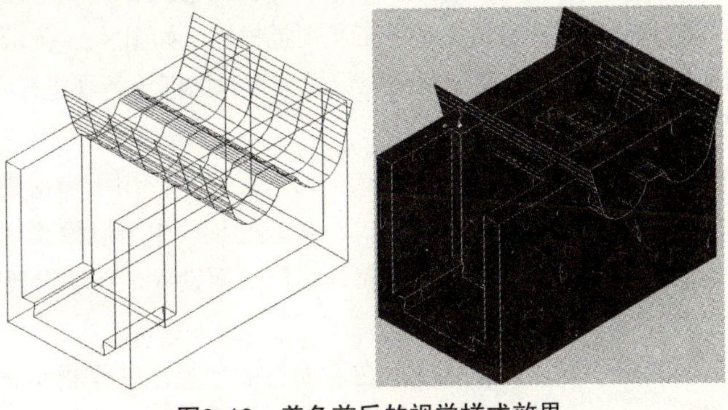

图8-18 着色前后的视觉样式效果

命令: _vscurrent　　　　　　　　　（选择“真实”模式视觉样式）

输入选项 [二维线框(2)/三维线框(3)/三维隐藏(H)/真实(R)/概念(C)/其他(O)] <三维线框>: _realistic　（表现“真实”模式的视觉效果）

5 种默认视觉样式的含义及功能如下。

① 三维线框：用直线和曲线表示模型，同时显示着色的 UCS 图标中，光栅图像、线型及线宽可见，如图 8-19 所示。

② 三维隐藏：用三维线框表示模型并隐藏不可见线条，如图 8-20 所示。

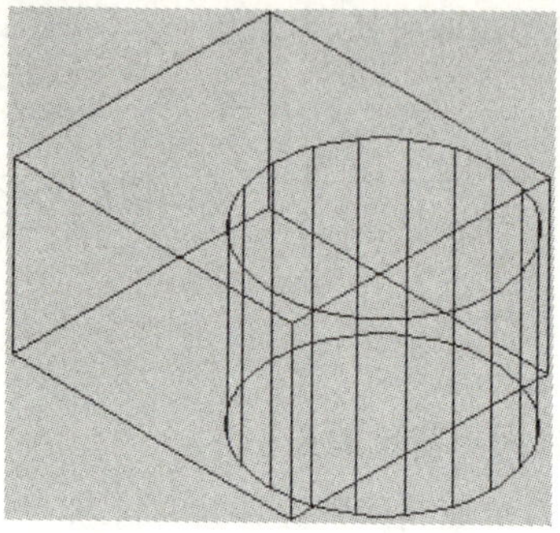
图8-19　三维线框视觉效果

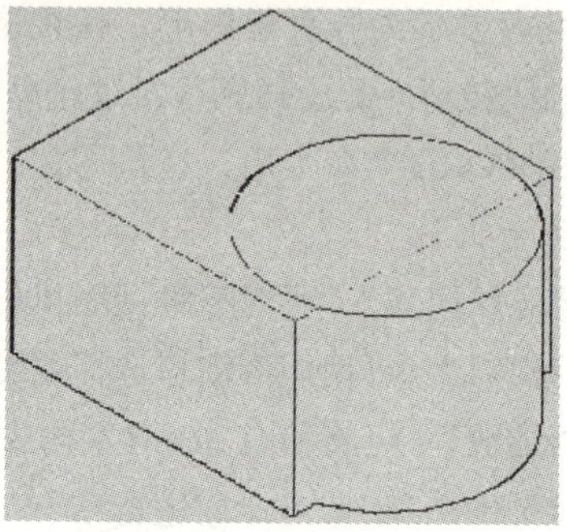
图8-20 三维隐藏视觉效果

③ 二维线框：用直线和曲线表示边界的对象，线型和线宽都可见。

④ 概念：着色对象，并使对象的边平滑化。着色使用古氏面样式，一种冷色和暖色之间的过渡而不是从深色到浅色的过渡。效果缺乏真实感，但可以更方便地查看模型的细节，如图 8-21 所示。

⑤ 真实：对模型表面进行着色并使对象的边平滑化。显示已附着于对象的材质，如图 8-22 所示。

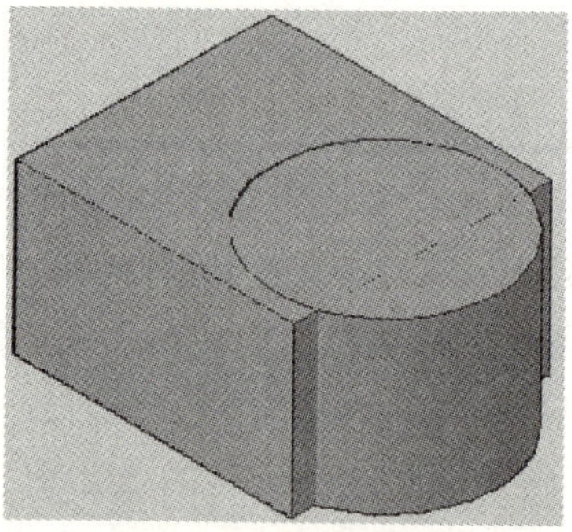
图8-21　概念效果

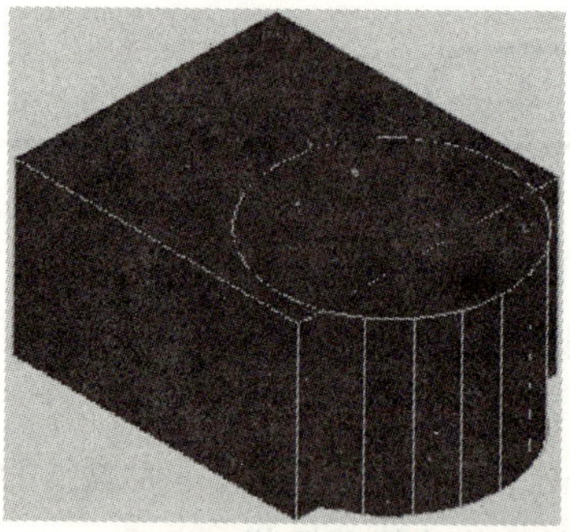
图8-22　真实效果

在“视觉样式”下拉列表中选择“视觉样式管理器”选项，即可打开“视觉样式管理器”面板，在其中重新设置视觉样式及自定义视觉样式，如图 8-23 所示。在此窗口中单击“创建新的视觉样式”按钮，即可打开“创建新的视觉样式”对话框为新视觉样式命名，创建出新的视觉样式，如图 8-24 所示。

单击按钮，系统将会把选中的视觉样式应用于当前视口中；单击按钮，系统会将选中的视觉样式输出到工具选项面板中。在参数选项区中可以设置视觉样式，该面板中包含图形中可用的视觉样式的样例图像面板和 3 个特性面板：面设置、环境设置和边设置。

1.“面设置”选项栏

该选项栏用于控制面上颜色和着色的外观，可控制面着色模式、光源质量、亮显强度及不透明度等。

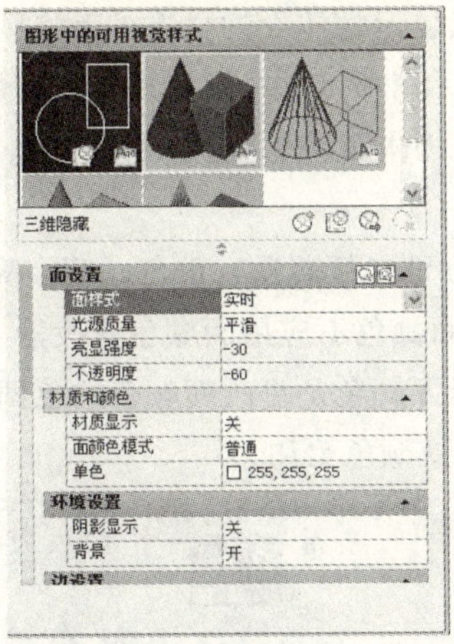

图8-23 视觉样式管理器

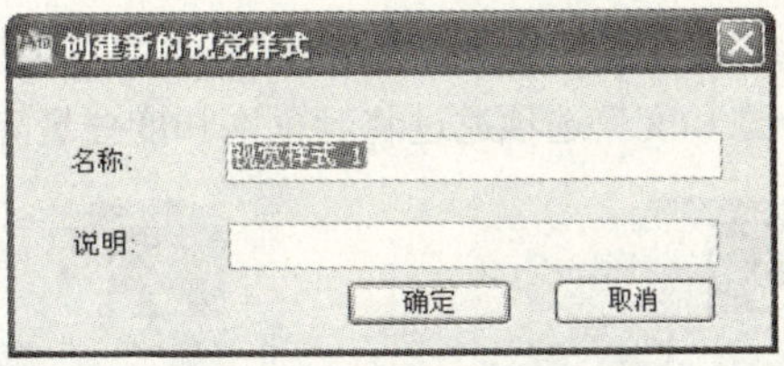

图8-24 新建的视觉样式

① 面样式：选择该选项，并单击右侧的三角按钮，从下拉列表中可选择“实时”、“古氏”和“无”三种面着色样式，如图 8-25 所示。其中，“实时”面样式表现的物体面非常接近于现实中的面；“古氏”面样式使用冷色和暖色而不是暗色和亮色来增强面的显示效果；“无”面样式，其他面样式将被禁用。

② 光源质量：单击右侧三角按钮可选择“镶嵌面的”、“平滑”和“最平滑”三个选项（默认选项为“平滑”），决定所设定光源是否显示模型上的镶嵌面，如图 8-26 所示。

提 示

采用“镶嵌面的”模式显示对象时，虽然不如采用体着色模式时显示对象那样光滑，但是可显示出附着于对象上的材质，且使对象外观为镶嵌面，表现比较平整。

③ 亮显强度：其中的参数用于控制亮显在无材质面上的大小。

④ 不透明度：控制面在视口中的不透明度或透明度。

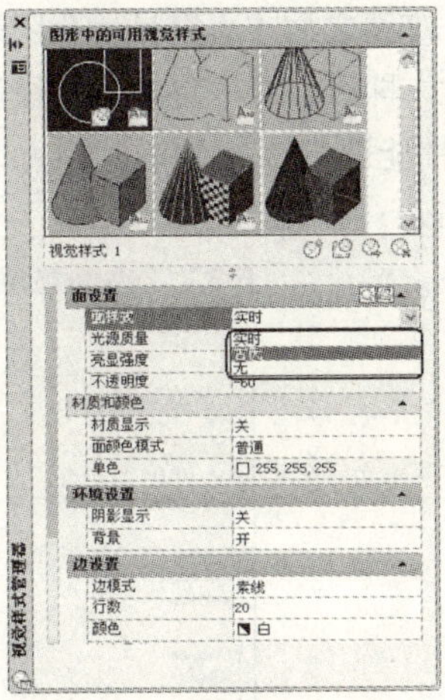

图8-25 面样式的选择

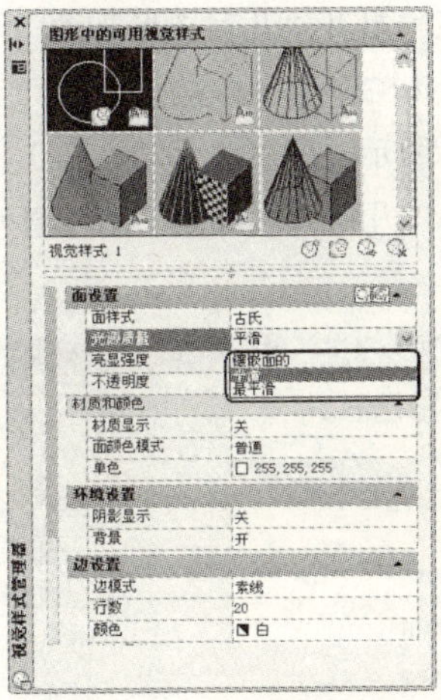

图8-26 光源质量选择

2.“材质和颜色”选项栏

此选项栏主要用于控制面上的材质和颜色显示。

① 材质显示：单击三角按钮，在弹出的下拉列表中分别有材质和纹理、材质和关 3 个选项，如

图 8-27 所示。如选择“材质和纹理”选项，则视图中不仅显示物体面的材质，还将显示赋予物体的贴图纹理；如选择“材质”选项，则视图中物体面仅显示材质（如金属材质、塑料材质等），而不显示赋予其上的贴图纹理；如选择“关”选项，则视图中物体面将既不显示材质，也不显示纹理，仅以系统默认的面颜色显示。

② 面颜色模式：此选项用于控制面上的颜色显示，分别包括普通、单色、明、降饱和度等 4 种颜色选项，如图 8-28 所示。其中：“普通”选项所显示面颜色不应用面颜色修改器；“单色”选项所显示面颜色以指定颜色着色的模型；“明”选项所显示面颜色是更改面颜色的色调和饱和度值后效果；“降饱和度”选项通过将颜色饱和度分量降低 30% 使颜色柔和。

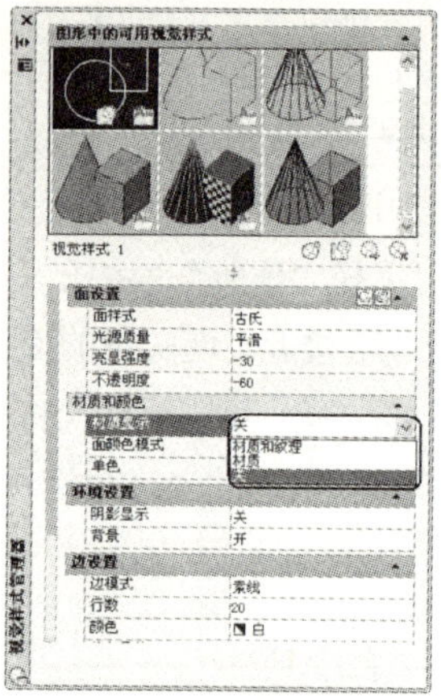

图8-27　材质显示

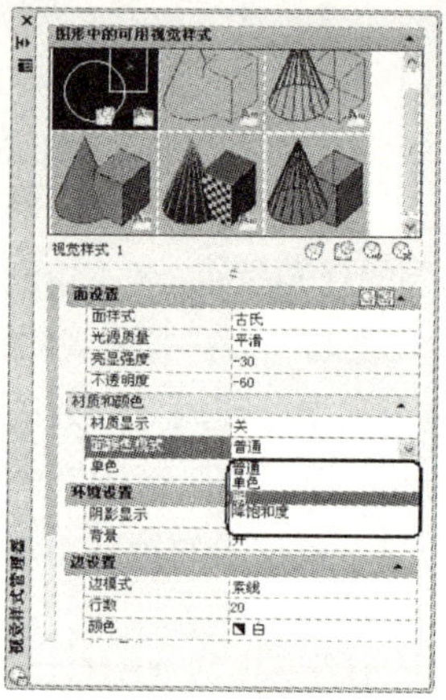

图8-28　面颜色模式

图8-29　阴影显示选项

3.“环境设置”选项栏

此选项栏用于打开和关闭阴影及背景。

● “阴影显示”选项：其中包含关、全阴影及地面阴影 3 种选项，如图 8-29 所示。通常可以将阴影关闭以增强系统性能。

在系统环境中打开“几何图形加速”选项并进行硬件加速之后才可以显示全阴影。在命令提示下输入“3DCONFIG”命令，按“空格”键或“Enter”键，即可打开“自适应降级和性能调节”对话框，如图 8-30 所示。单击“手动调节”按钮，在“手动性能调节”对话框中选中“启动硬件加速”复选框，即可将“几何图形加速”选项打开，如图 8-31 所示。

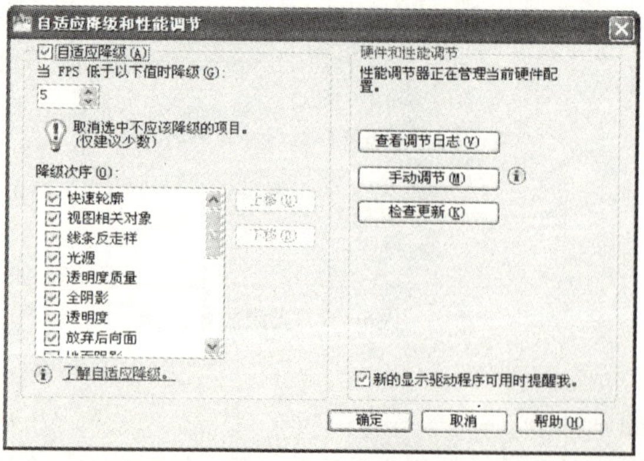

图8-30　“自适应降级和性能调节”对话框

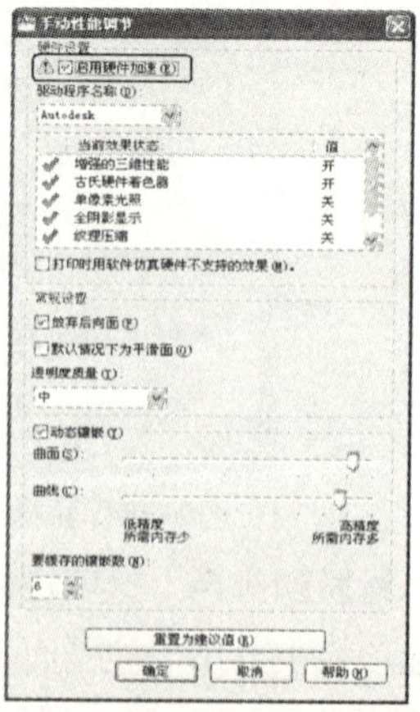

图8-31　“手动性能调节”对话框

注 意

如果性能在自适应降级处于打开状态时，降至默认（或指定）级别以下，将以特定次序关闭效果，直至性能恢复至可接受的级别。除可以帧每秒（fps）为单位指定性能级别外，还可以更改降级次序并选择不应降级的项目。

4. “边设置”选项栏

该选项栏用于设置模型的边模式，指定显示哪些边以及是否应用边修改器。在 AutoCAD 2010 中的边模式有镶嵌面边、素线和无三种，如图 8-32 所示。分别选择这三种模式，视图中的模型边将显示出不同效果。

5. “边修改器”选项栏

该选项栏用于控制边的显示。除不同类型的边可使用不同的颜色和线型来显示之外，还可以为其添加一些特殊效果（如对边缘的抖动和外伸等）。

使用边修改器可以生成尚处于概念阶段的模型的外观，抖动使线条看上去像是用铅笔绘制的草图；外伸则会生成另一种手绘效果，如图 8-33 所示。

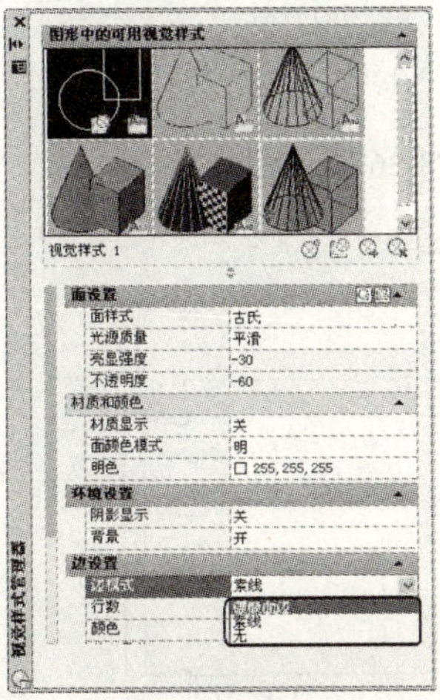

图8-32 边模式

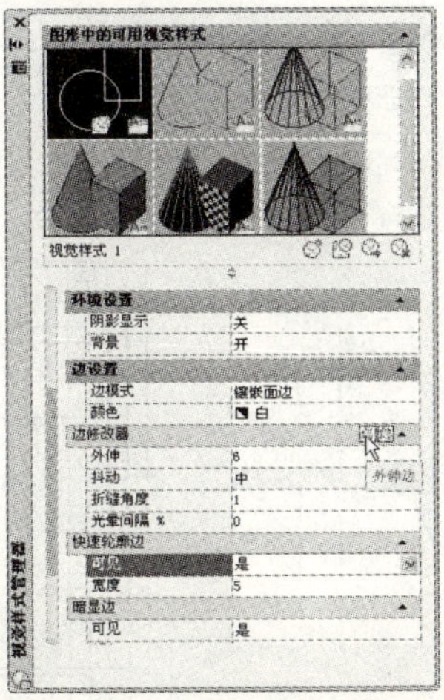

图8-33 “边修改器”选项栏

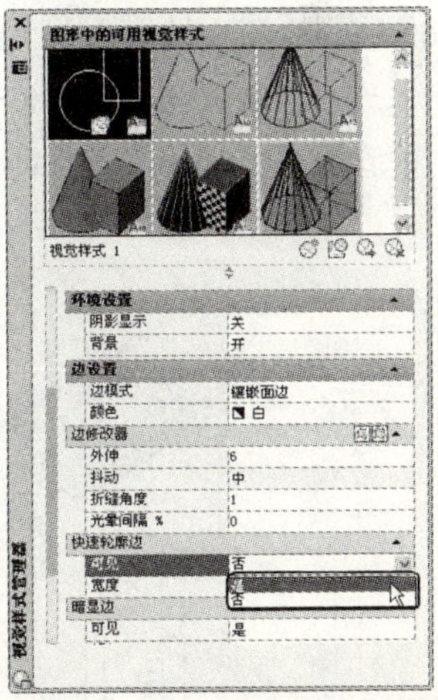

图8-34 “快速轮廓边”选项栏

6. “快速轮廓边”选项栏

通过启用快速轮廓边，可以控制视图中图形的边宽度值，如图 8-34 所示。在着色模型或线框模型中，视觉样式可以设定素线、镶嵌面边、轮廓边、遮挡边和相交边的可见性和外观等。仅在镶嵌面之间的角度小于指定折缝角度值时才显示镶嵌面边。另外，打印样式不适用于应用了抖动边修改器的对象。

8.1.5 快速建立平面视图

建立三维模型，常常要在各种绘图平面上进行二维绘图，这当然离不开用户坐标系的建立或切换。由于观察方向与绘图平面间通常有一定角度，所以这些二维绘图看上去不工整。尽管可以用三维动态观察器（3DORBIT）方便地调整视图，但总不能满意地进行所需的二维绘图，此时，可使用“观察 UCS 的平面视图（PLAN）”命令，快速建立 3D 对象的平面视图。该命令可以生成坐标系的 XY

平面视图，即视点位于坐标系的 *Z* 轴上。

这样，当用户想在 3D 空间的某个平面上绘图时，可先以该平面为 *XY* 坐标面创建新坐标系，使用 PLAN 命令使坐标系的 *XY* 平面视图显示在屏幕上，即绘图平面（UCS 的 *XY* 平面）与屏幕绘图区平行，如同世界坐标系里的二维绘图一般，非常方便。

下面以“素材 / 第 8 章 /08-02.dwg”文件为例，演示用 PLAN 命令建立 3D 对象的平面视图的效果。具体的操作步骤如下。

（1）打开“素材 / 第 8 章 /08-02.dwg”文件，利用 UCS 命令建立用户坐标系。

（2）在命令行中输入命令“UCS”，显示如下提示信息：

指定 UCS 的原点或 [面(F)/命名(NA)/对象(OB)/上一个(P)/视图(V)/世界(W)/X/Y/Z/Z 轴(ZA)] <世界>:

（3）捕捉 3D 对象中的端点 *A*，指定 UCS 的原点，如图 8-35 所示。此时，命令行中显示提示信息：

指定 X 轴上的点或 <接受>:

（4）捕捉 3D 对象中的端点 *B*，指定 *X* 轴上的点。此时，命令行中显示提示信息：

指定 XY 平面上的点或 <接受>:

（5）捕捉 3D 对象中的端点 *C*，指定 *XY* 平面上的点，建立用户坐标系，如图 8-35 所示。

（6）在命令行中输入命令“PLAN”，显示如下提示信息：

输入选项 [当前 UCS(C)/UCS(U)/世界(W)] <当前 UCS>:

（7）直接按“Enter”键，即可显示 3D 对象的坐标平面，如图 8-36 所示。

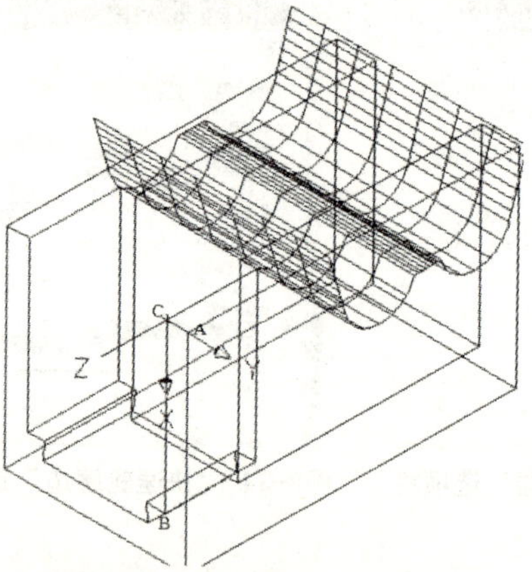

图8-35　建立用户坐标系

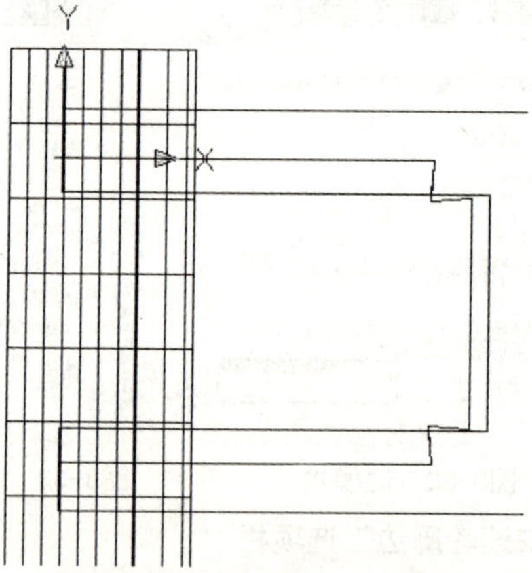

图8-36　显示3D对象的坐标平面

8.1.6 平行投影模式及透视投影模式

AutoCAD 图形窗口中的投影模式包括平行投影模式和透视投影模式，前者投影线相互平行，后者投影线相交于投射中心。平行投影视图能反映出物体主要部分的真实大小和比例关系。透视模式与眼睛观察物体的方式类似，此时物体显示的特点是近大远小，视图具有较强的深度感和距离感。当观察点与目标距离接近时，这种效果更明显。

要在 AutoCAD 中选择查看平行投影图或透视投影图，选择“视图”→“动态观察”→“自由动态观察”命令，在绘图窗口中右键单击，在弹出的菜单中选择“平行模式”命令或透视模式，即可以相应的投影模式查看对象。图 8-37 所示为平行投影图，图 8-38 所示为透视投影图。

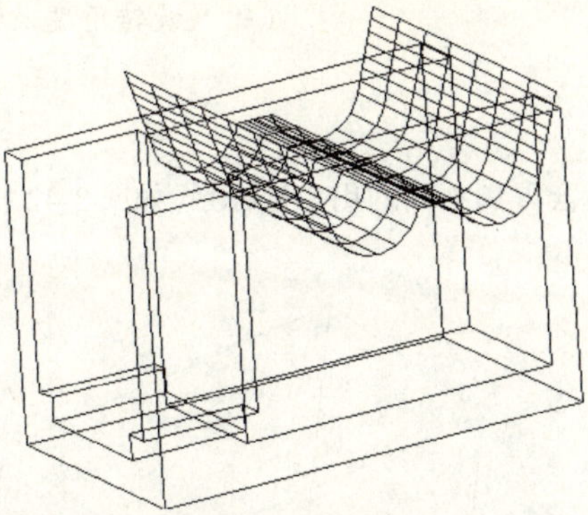

图8-37　平行投影图

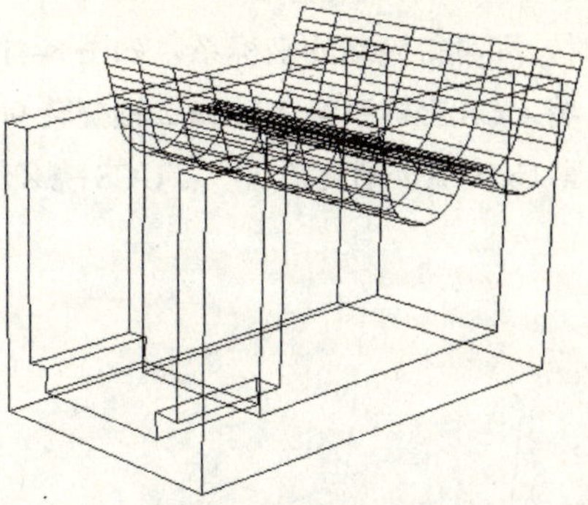

图8-38　透视投影图

8.1.7　用户坐标系及动态用户坐标系

在 AutoCAD 中，默认的坐标系是世界坐标系（WCS），它是一个固定坐标系。但用户可根据绘图需要建立自己的坐标系，即用户坐标系（UCS），该坐标系是一个可变动的坐标系。在系统初始设置中，这两个坐标系在新图形中是重合的，系统一般只显示用户坐标系。

在 AutoCAD 三维建模中几乎完全使用了用户坐标系，但大多数 2D 命令只能在当前坐标系的 XY 平面或与 XY 平面平行的平面内执行，若想在空间的某一个平面内使用 2D 命令，则应沿此平面位置创建新的 UCS。在创建新的 UCS 之前，需要先改变坐标原点。方法如下。

在 AutoCAD 中打开一个如图 8-39 所示的长方体，然后在命令行中输入命令“UCS”，命令行中将显示如下提示信息：

指定 UCS 的原点或 [面(F)/命名(NA)/对象(OB)/上一个(P)/视图(V)/世界(W)/X/Y/Z/Z 轴(ZA)] <世界>:　　（捕捉A点，作为UCS的原点）

指定 X 轴上的点或 <接受>:　　（按“Enter”键）

此时，即可改变坐标原点，如图 8-40 所示。

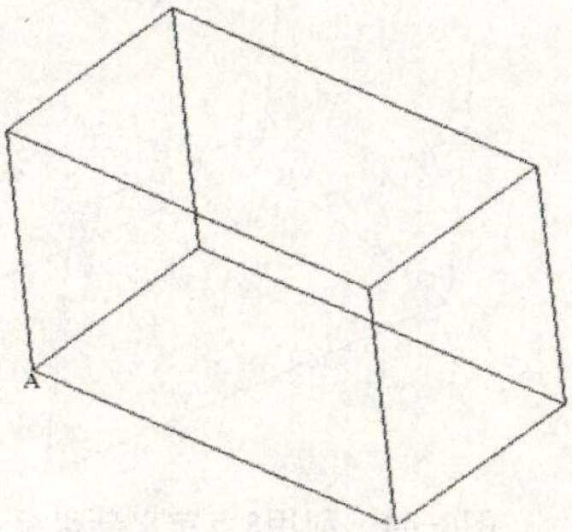

图8-39　绘制长方体

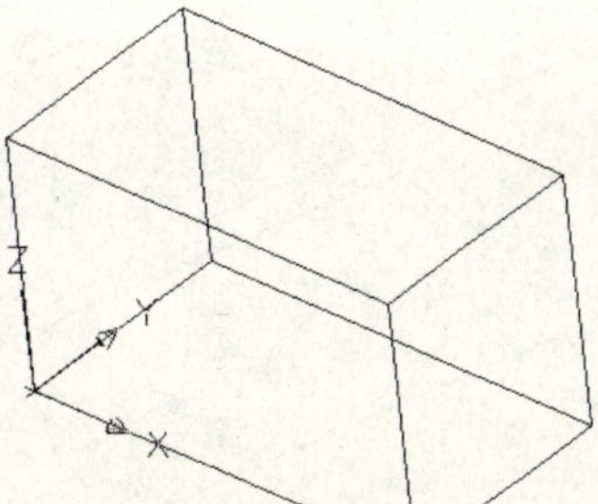

图8-40　改变坐标原点

下面介绍几种创建新的 UCS 的方法。

1．将 UCS 坐标系绕 *X* 轴旋转 90°

在命令行中输入命令“UCS”，根据命令行中的提示信息将 UCS 坐标系绕 *X* 轴旋转 90°，创建新的坐标系，命令行中显示如下信息：

指定 UCS 的原点或 [面(F)/命名(NA)/对象(OB)/上一个(P)/视图(V)/世界(W)/X/Y/Z/Z 轴(ZA)] <世界>: X　　（使用“X”选项）

指定绕 X 轴的旋转角度 <90>: 90 （输入旋转角度“90”）

此时，即可得到新的坐标系，如图 8-41 所示。

2．将 UCS 坐标系绕 Y 轴和 Z 轴旋转 90°

同理，UCS 绕 Y 轴旋转 90° 与 UCS 绕 Z 轴旋转 90° 会得到不同的用户坐标系，如图 8-42 和图 8-43 所示。

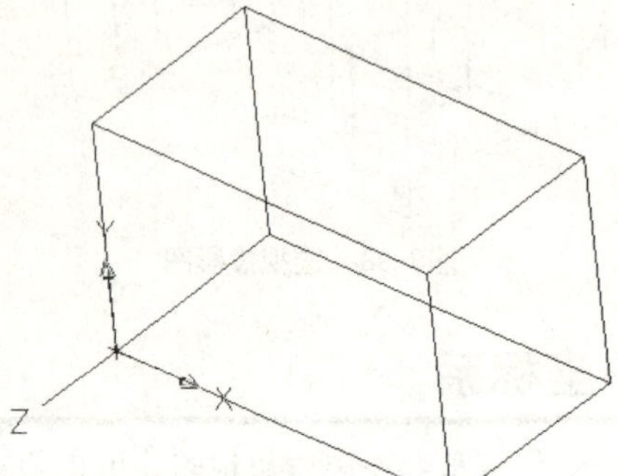

图8-41 绕 X 轴旋转

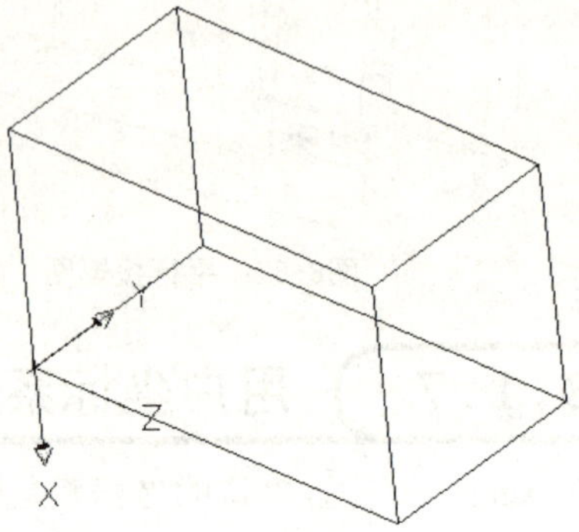

图8-42 绕 Y 轴旋转

3．利用三点定义新坐标系

在命令行中输入命令“UCS”，根据命令行中的提示信息，指定新 UCS 原点及其 X 和 Y 轴的正方向，创建新的坐标系。命令行中显示如下信息：

指定 UCS 的原点或 [面(F)/命名(NA)/对象(OB)/上一个(P)/视图(V)/世界(W)/X/Y/Z/Z 轴(ZA)] <世界>: （捕捉B点）

指定 X 轴上的点或 <接受>: （捕捉C点）

指定 XY 平面上的点或 <接受>: （捕捉D点）

此时，得到的新坐标系如图 8-44 所示。

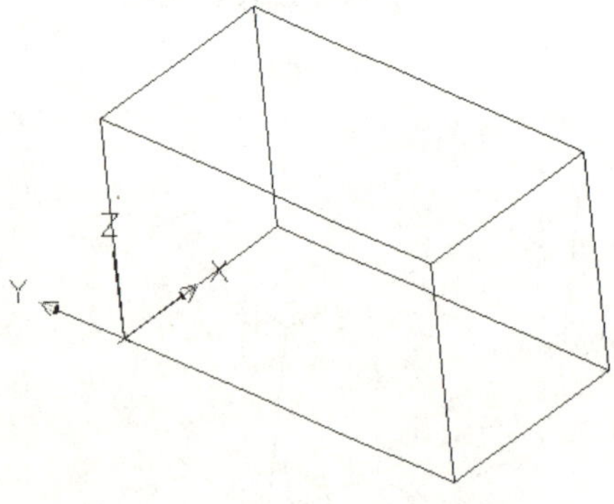

图8-43 绕 Z 轴旋转

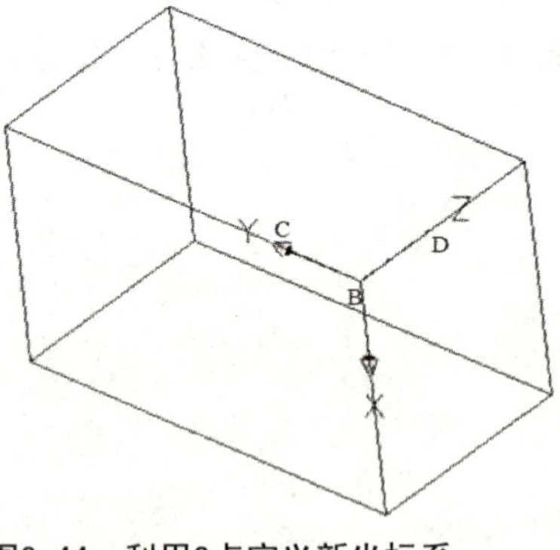

图8-44 利用3点定义新坐标系

除用 UCS 命令改变坐标系外，也可以打开动态 UCS 功能，使 UCS 坐标系的 XY 平面在绘图过程中自动与某一平面对齐。

要打开动态 UCS 功能，可单击状态栏上的按钮。动态 UCS 实现的 UCS 创建是临时的，当前的 UCS 并不真正切换到该临时的 UCS 中。执行二维或三维绘图命令，将光标移动到要绘图的实体面，该实体面高亮显示，表明坐标系的 XY 平面临时与实体面对齐，绘制的对象将处于此面内。绘图完成后，UCS 坐标系又返回到创建对象前所在的状态。

8.2 基本立体、由二维对象形成实体或曲面

由于三维实体具有体积、重心及回转半径等特征，比其他三维对象更具有实体特征，因此，更能真实地表达物体的结构特征。在 AutoCAD 2010 中，除使用自带的实体命令和曲面命令创建实体和曲面外，还可通过对二维对象进行拉伸、旋转等操作，生成三维实体模型。

8.2.1 三维基本立体

AutoCAD 2010 中的基本实体主要包括多段体、长方体、圆柱体、楔形体、球体、圆环体、棱锥体等。选择“绘图”→“建模”命令，在其子菜单中选择相应的选项，即可绘制多种三维基本体；或单击“建模”工具栏上的相应按钮，也可进行绘制，如图 8-45 所示和图 8-46 所示。

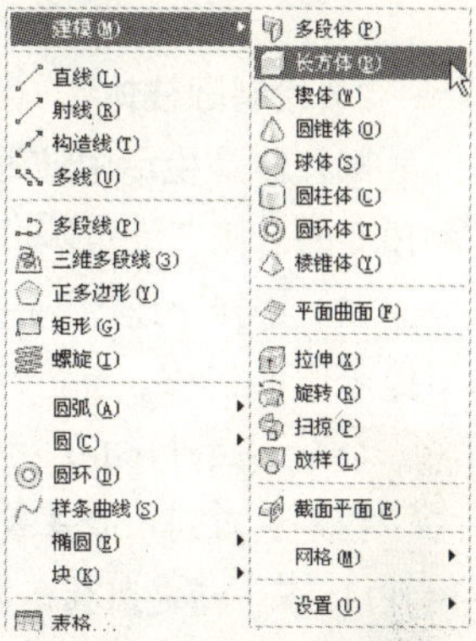

图8-45 “建模”子菜单

1、绘制长方体

通过“长方体”命令可以绘制长方体或正方体，绘制的长方体各边应分别与当前 UCS 坐标系统的 *X*、*Y*、*Z* 轴平行。下面介绍长方体的绘制方法。

选择“绘图”→“建模”→“长方体”命令，命令行中将显示如下提示信息：

图8-46 “建模”工具栏

命令: _box

指定第一个角点或 [中心(C)]:	在绘图窗口中指定长方体的一个角点
指定其他角点或 [立方体(C)/长度(L)]:	指定第二个角点来生成立方体
指定高度或 [两点(2P)] <41.3190>:	输入高度数值或直接按“Enter”键生成长方体

绘制的长方体效果如图 8-47 所示。

在创建长方体时，长方体的底面始终与当前 UCS 的 *XY* 平面（工作平面）平行。如果在创建长方体时选择了“立方体（C）”或“长度（L）”选项，则可在视图中创建正方体或普通长方体。在绘制长方体时需要注意。

① 可以输入长方体的对角点绘制长方体。

②“长度（L）”：选择此选项，可通过输入长、宽、高的值绘制长方体。长、宽、高是长方体分别与当前坐标系 *X*、*Y*、*Z* 坐标轴平行的边的长度。

③“立方体（C）”：选择此选项，可以绘制一个正方体，如图 8-48 所示。

提 示

如果在绘制完长方体后在屏幕上看到的不是一个长方体图形，则很可能是由于所查看的角度不同而造成的，此时只需选择不同的视图方向进行查看即可。

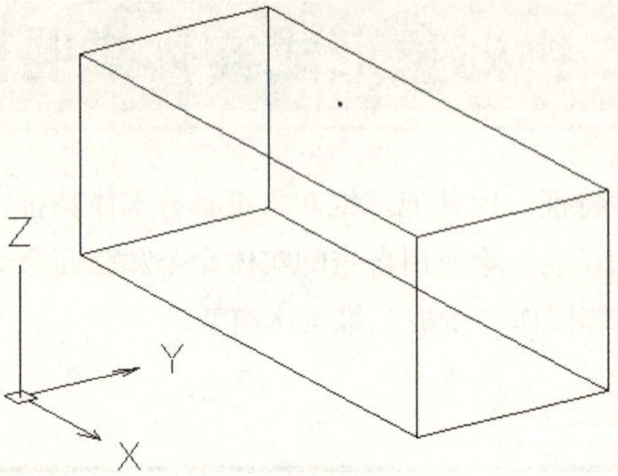

图8-47　绘制长方体

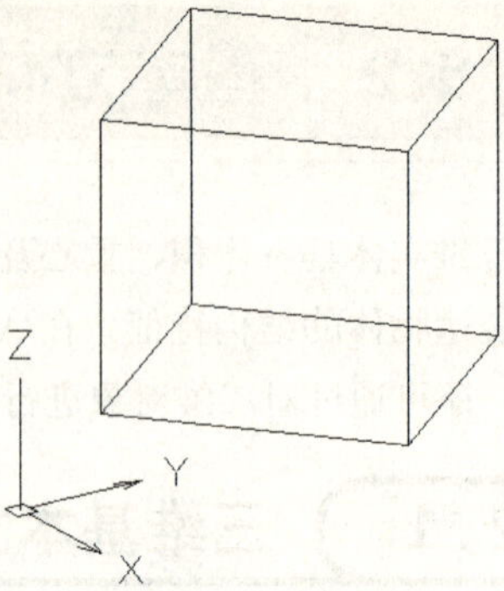

图8-48　绘制立方体

2. 绘制圆柱体

圆柱体是生活中随处可见的图形（如桌椅的腿、门厅前的柱子等），是一个以圆或椭圆为底面和顶面的三侧三维实体。下面介绍绘制圆柱体的几种方法。

（1）选择“绘图”→“建模”→“圆柱体”命令，命令行中将显示如下提示信息：

命令: _cylinder

指定底面的中心点或 [三点(3P)/两点(2P)/切点、切点、半径(T)/椭圆(E)]:　（指定圆柱体底面的中心点）

指定底面半径或 [直径(D)]:　　　　　（输入圆柱体的底面半径值）

指定高度或 [两点(2P)/轴端点(A)] <221.0661>（输入圆柱体的高度）

通过指定底面中心点、半径或直径以及高度，即可绘制一个圆柱体，如图 8-49 所示。

图8-49　绘制圆柱体

（2）调用“圆柱体”命令后，若在命令行提示信息后输入“3P”，选择“三点”选项，命令行中将显示如下提示信息：

命令: _cylinder

指定底面的中心点或 [三点(3P)/两点(2P)/切点、切点、半径(T)/椭圆(E)]: 3p

指定第一点:　　　　　　　　　　　　　　（确定第一点）

指定第二点:　　　　　　　　　　　　　　（确定第二点）

指定第三点:　　　　　　　　　　　　　　（确定第三点）

指定高度或 [两点(2P)/轴端点(A)] <351.9122>:　　　（指定圆柱体的高度）

此时，即可通过指定三点，绘制圆柱体。

（3）若在命令行提示信息后输入“2P”，选择“两点”选项，命令行中将显示如下提示信息：

命令: _cylinder

指定底面的中心点或 [三点(3P)/两点(2P)/切点、切点、半径(T)/椭圆(E)]: 2p

指定直径的第一个端点:　　　　　　　　　（确定直径的第一个端点）

指定直径的第二个端点:　　　　　　　　　（确定直径的第二个端点）

指定高度或 [两点(2P)/轴端点(A)] <-840.4258>:　　（指定圆柱体的高度）

此时，即可通过指定两点绘制圆柱体。

（4）若在命令行提示信息后输入“T”，选择“切点、切点、半径”选项，命令行中将显示如下提示信息：

命令：_cylinder

指定底面的中心点或 [三点(3P)/两点(2P)/切点、切点、半径(T)/椭圆(E)]：t

指定对象的第一个切点：　　（在图形中确定第一个切点（切点要在已有对象上进行选取））

指定对象的第二个切点：　　（在图形中确定第二个切点）

指定圆的半径 <838.6801>：900　　（输入圆的半径）

输入半径后，即可绘制圆柱体。

系统变量 ISOLINES 可以确定圆柱体表面的线密度。数值越大，线密度就越大，圆柱体就越光滑。例如要使圆柱体表面的网络线的密度为 40，可在命令行中输入命令“ISOLINES”，并按“Enter”键，命令行中将显示以下信息：

命令：isolines

输入 ISOLINES 的新值 <20>：40　　（设置实体表面网络线的数量为40）

再选择“视图”→“重生成”命令，重新生成模型，圆柱体表面网络线变得更加密集，如图 8-50 所示。

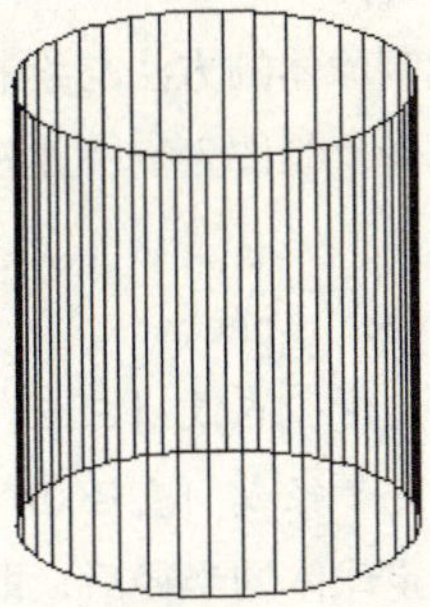

图8-50　改变圆柱体表面网络线密度

3．绘制圆锥体

在 AutoCAD 中，利用“圆锥体”命令可以绘制圆锥体或椭圆锥体。

下面介绍绘制圆锥体或椭圆锥体的方法。

选择“绘图”→“建模”→“圆锥体”命令，命令行中将显示如下信息：

命令：_cone

指定底面的中心点或 [三点(3P)/两点(2P)/切点、切点、半径(T)/椭圆(E)]：　　（指定圆锥体底面的中心点）

指定底面半径或 [直径(D)] <1087.7097>：　　（确定底面半径）

指定高度或 [两点(2P)/轴端点(A)/顶面半径(T)] <2118.1265>：　（确定圆锥体的高度）

指定圆锥体底面的中心点、底面半径和高度后，即可绘制一个圆锥体，如图 8-51 所示。

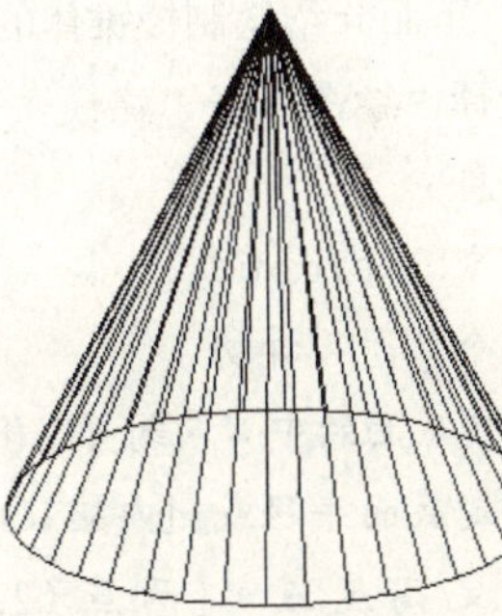

图8-51　绘制圆锥体

调用“圆锥体”命令后，若在命令行提示信息后输入“e”，选择“椭圆”选项，命令行中将显示如下信息：

命令：_cone

指定底面的中心点或 [三点(3P)/两点(2P)/切点、切点、半径(T)/椭圆(E)]：e

指定第一个轴的端点或 [中心(C)]：　　（确定第一个轴的端点）

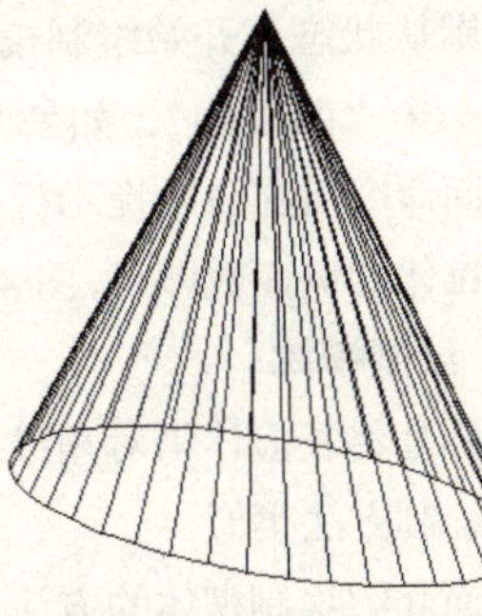

图8-52　绘制椭圆锥体

指定第一个轴的其他端点：（确定第一个轴的其他端点）

指定第二个轴的端点：（确定第二个轴的端点）

指定高度或 [两点(2P)/轴端点(A)/顶面半径(T)] <869.2393>：（确定椭圆锥体的高度）

在确定高度后，即可绘制一个椭圆锥体，如图 8-52 所示。

4. **绘制球体**

球体在建筑绘图中主要用来绘制球形屋顶、家具（如档位控制杆、家具拉手）等。

绘制球体的方法与绘制圆柱体一样，有多种方法。

选择“绘图”→“建模”→“球体”命令，命令行中将显示如下信息：

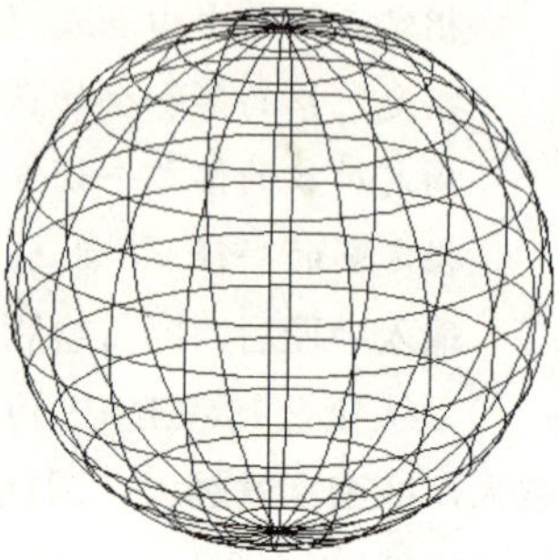

图8-53 绘制球体

命令：_sphere

指定中心点或 [三点(3P)/两点(2P)/切点、切点、半径(T)]：（确定球体的中心点）

指定半径或 [直径(D)] <438.7496>：（确定球体的半径）

确定球体的半径后，即可绘制一个球体，如图 8-53 所示。

在命令行中输入“3P”、“2P”、“T”后，可使用“三点法”、“两点法”和“相切、相切、半径法”绘制球体，绘制方法与绘制圆柱体的方法相似。

5. **绘制棱锥体**

利用 AutoCAD 2010 中的棱锥体工具，通过设置不同的参数能创建多种棱锥图形（如通过设置边数参数，即可绘制多种棱锥体和棱台）。下面介绍绘制棱锥体的方法。

选择“绘图”→“建模”→“棱锥体”命令，命令行中将显示如下信息：

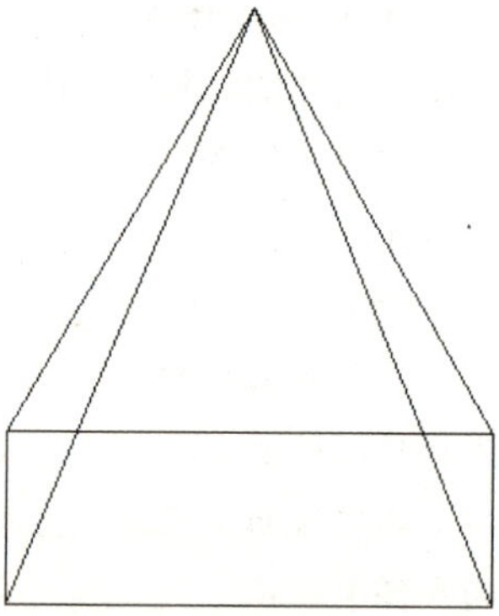

图8-54 绘制棱锥体

命令：_pyramid

4 个侧面 外切

指定底面的中心点或 [边(E)/侧面(S)]：（确定底面的中心点）

指定底面半径或 [内接(I)] <664.4121>：（确定底面半径）

指定高度或 [两点(2P)/轴端点(A)/顶面半径(T)] <1538.3340>：（确定棱锥体的高度）

指定高度后，即可绘制一个棱锥体，如图 8-54 所示。

在默认状态下开始绘制棱锥面时，棱锥面的边为 4，即创建的图形为一个“四面体”。如果要绘制多个边的棱锥面，则可以在启用棱锥面命令后在命令提示行中输入“S”命令，按“Enter”键后，输入棱锥体的侧面数即可，图 8-55 所示是绘制的 8 个侧面的棱锥体。

6. **绘制楔体**

楔体是将长方体沿对角线切成两半后的结果，其绘制方法与长方体的绘制方法类似。

下面介绍绘制楔体的方法。

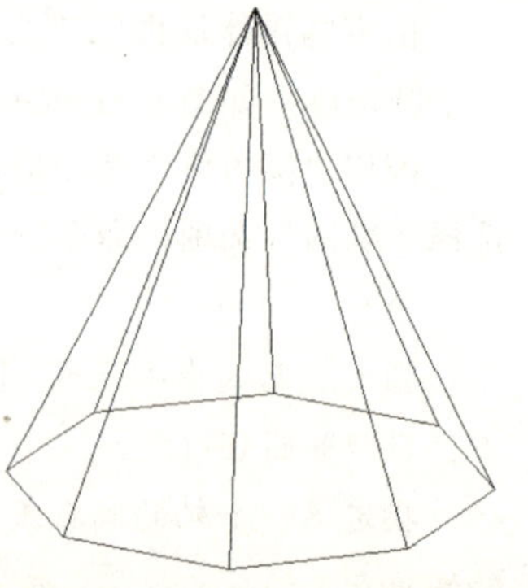

图8-55 绘制8个侧面的棱锥体

选择“绘图”→“建模”→“楔体”命令，命令行中将显示如下信息：

命令：_wedge

指定第一个角点或 [中心(C)]:　　　　　　　（确定楔体的第一个角点）

指定其他角点或 [立方体(C)/长度(L)]:　　　（确定其他角点）

指定高度或 [两点(2P)] <3818.2178>:　　　　（确定楔体的高度）

在指定高度后，即可绘制一个楔体，如图 8-56 所示。

若在确定楔体的第一个角点后，在命令行中的提示信息后输入“C”，选择“立方体”选项，此时，命令行中将显示提示信息：

指定长度 <221.0661>:

在输入楔体的长度后，即可绘制基于一个正方体的楔体，如图 8-57 所示。

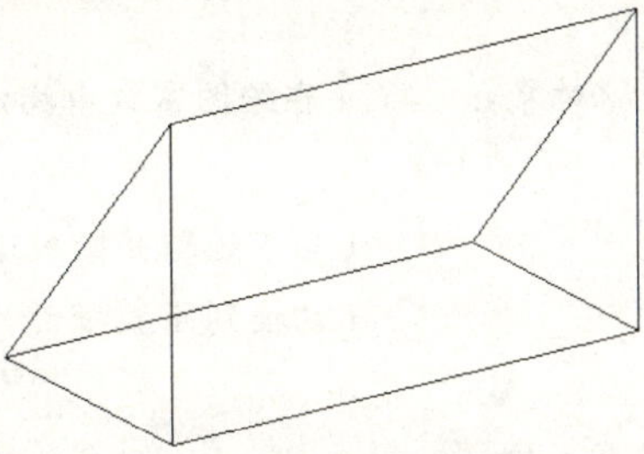

图8-56　绘制楔体

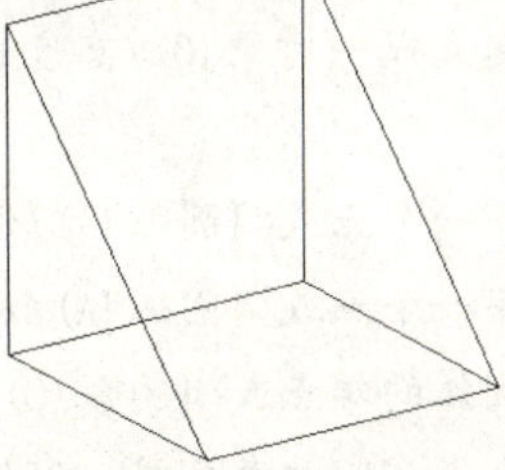

图8-57　绘制基于一个正方体的楔体

7. 绘制圆环体

选择“绘图”→“建模”→“圆环体”命令，即可绘制圆环体，在命令行中将显示以下信息：

命令：_torus

指定中心点或 [三点(3P)/两点(2P)/切点、切点、半径(T)]:　　　　（确定圆环的中心点）

指定半径或 [直径(D)] <1836.2406>:　（确定圆环的半径）

指定圆管半径或 [两点(2P)/直径(D)]:　（确定圆管的半径）

在指定圆管的半径后，即可绘制一个圆环体，如图 8-58 所示。

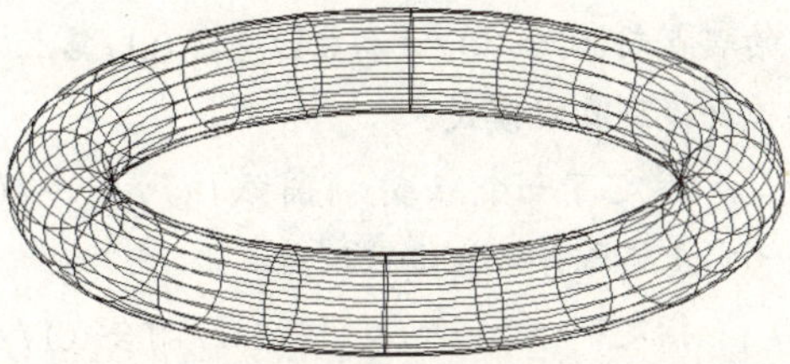

图8-58　绘制圆环体

注意

在创建过程中需要指定圆环和圆管的半径或直径，所谓圆管的半径或直径是指任何一个垂直于圆环截面的半径或直径。

8.2.2 多段体

多段体可以看作是带矩形轮廓的多段线。三维多段体只是在绘制多段体时，还需指定它的高度、厚度和对正方式。绘制多段体的方法有如下几种。

方法 1：选择“绘图”→“建模”→“多段体”命令。

方法 2：单击“建模”工具栏上的“多段体”按钮。

方法 3：在命令行中输入命令“POLYSOLID”。

下面通过一个简单的实例来介绍多段体的绘制方法。

（1）激活极轴追踪、对象捕捉和对象捕捉追踪功能，再用“POLYSOLID”创建多段体。

（2）调用“多段体”命令后，命令行中显示如下提示信息：

命令: _polysolid 高度 = 260.0000, 宽度 = 30.0000, 对正 = 居中

指定起点或 [对象(O)/高度(H)/宽度(W)/对正(J)] <对象>: W （选择“宽度”选项）

指定宽度 <30.0000>: 30 （指定多段线的宽度）

高度 = 260.0000, 宽度 = 30.0000, 对正 = 居中

指定起点或 [对象(O)/高度(H)/宽度(W)/对正(J)] <对象>: J （选择“对正”选项）

输入对正方式 [左对正(L)/居中(C)/右对正(R)] <居中>: C （设置对正方式为居中）

高度 = 260.0000, 宽度 = 30.0000, 对正 = 居中

指定起点或 [对象(O)/高度(H)/宽度(W)/对正(J)] <对象>: （在绘图窗口中指定多段体的起点）

指定下一个点或 [圆弧(A)/放弃(U)]: 100 （向下追踪并输入追踪距离）

指定下一个点或 [圆弧(A)/放弃(U)]: A （切换到圆弧模式）

指定圆弧的端点或 [闭合(C)/方向(D)/直线(L)/第二个点(S)/放弃(U)]: 220 （沿X轴方向追踪并输入追踪距离）

指定下一个点或 [圆弧(A)/闭合(C)/放弃(U)]: 指定圆弧的端点或[闭合(C)/方向(D)/直线(L)/第二个点(S)/放弃(U)]: L （切换到直线模式）

指定下一个点或 [圆弧(A)/闭合(C)/放弃(U)]: 150 （向上追踪并输入追踪距离）

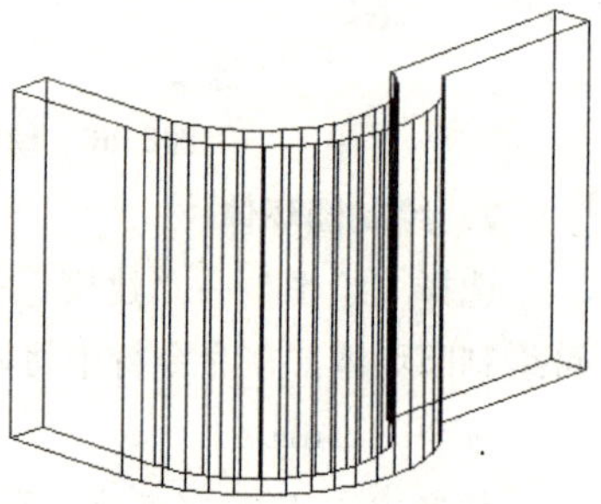

图8-59 绘制多段体

指定下一个点或 [圆弧(A)/闭合(C)/放弃(U)]: （按“Enter”键结束命令）

根据以上命令绘制的多段体效果如图 8-59 所示。

命令行的提示信息中的一些选项的含义如下。

① 对象（O）：在选择该选项后，可将绘图窗口中的直线、二维多线段、圆弧和圆转换为多段体。

② 高度（H）：设置多段体沿当前坐标系 Z 轴的高度。

③ 宽度（W）：设置多段体的宽度。

④ 对正（J）：设置多段体的对正方式，可以将多段体的宽度和高度设置为左对正、右对正或居中，默认设置为居中对正。

8.2.3 将二维对象拉伸成实体或曲面

在 AutoCAD 2010 中，通过三维对象编辑功能中的“拉伸”命令，可以将二维对象拉伸成实体或曲面。拉伸（Extrude）命令主要用于拉伸二维对象生成三维对象。可以拉伸成为三维实体的二维图形有闭合多线段、多边形、3D 多段线、圆、椭圆、封闭的样条曲线、面域等。若拉伸闭合，则生成实体，否则生成曲面。操作时可指定拉伸高度值及拉伸对象的锥角，还可沿某一直线或曲线路径进行拉伸。

调用“拉伸”命令的方法有如下几种。

方法 1：选择“绘图”→“建模”→“拉伸”命令。

方法 2：单击“建模”面板上的“拉伸”按钮。

方法 3：在命令行中输入命令“EXTRUDE”。

下面通过一个简单的实例讲述将二维对象拉伸成实体或曲面的方法。

（1）在绘图窗口中绘制如图 8-60 所示的图形，选择“绘图”→“面域”命令，将该图形创建成面域。

图8-60 绘制二维图形

（2）在命令行中输入命令“EXTRUDE”，利用该命令拉伸二维图形形成实体，命令行中将显示如下提示信息：

```
命令: _extrude
当前线框密度: ISOLINES=20
选择要拉伸的对象: 找到 1 个
选择要拉伸的对象:
指定拉伸的高度或 [方向(D)/路径(P)/倾斜角(T)]
<-297.7692>:     (指定高度)
```

在指定高度后，按“Enter”键，即可将二维对象拉伸形成实体，如图 8-61 所示。

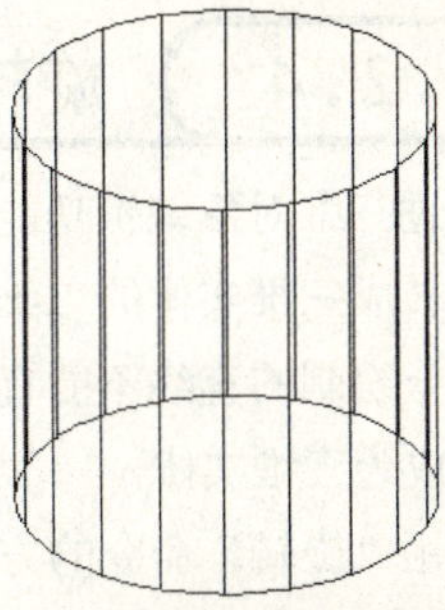

图8-61 将二维对象拉伸形成实体

若在命令“指定拉伸的高度或 [方向 (D)/ 路径 (P)/ 倾斜角 (T)] <-297.7692>:”后输入“T”，选择“倾斜角”选项，命令行中将显示如下提示信息：

```
指定拉伸的倾斜角度 <0>: 50
指定拉伸的高度或 [方向(D)/路径(P)/倾斜角(T)]
<-297.7692>:   (指定第二点)
```

指定第二点后，即可拉伸二维图形，形成实体，如图 8-62 所示。

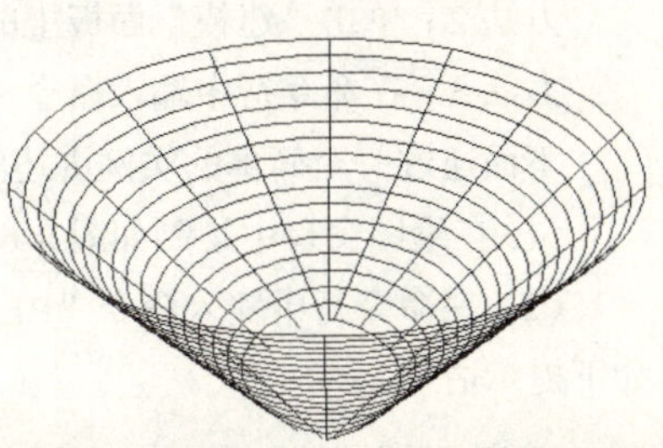

图8-62 倾斜角为50° 时的实体效果

技巧

当命令行中出现提示信息“指定拉伸的倾斜角度 <0>:”时，拉伸角度正负值表示拉伸实体在拉伸时是收缩还是扩张，正值表示向内收缩，负值表示向外扩张。

若要将二维对象拉伸成为曲面，可按照下面的方法进行操作。

（1）在绘图窗口中使用“多段线”命令绘制如图 8-63 所示的不闭合的图形。

（2）在命令行中输入命令“EXTRUDE”，利用该命令拉伸二维图形形成曲面，命令行中将显示如下提示信息：

```
命令: _extrude
当前线框密度: ISOLINES=20
选择要拉伸的对象: 找到 1 个
```

选择要拉伸的对象:

指定拉伸的高度或 [方向(D)/路径(P)/倾斜角(T)] <-297.7692>:

在输入要拉伸的高度后，按“Enter”键，即可将多段线拉伸形成曲面，如图 8-64 所示。

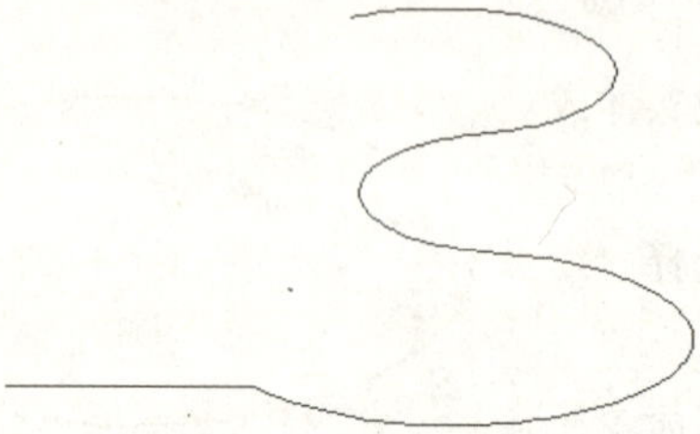

图8-63　绘制多段线

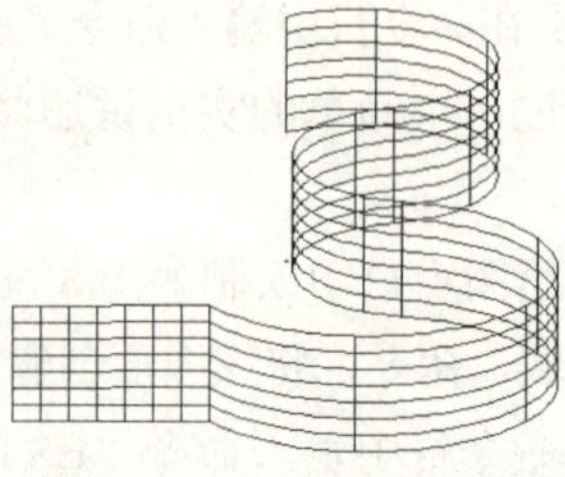

图8-64　拉伸形成曲面

8.2.4　旋转二维对象形成实体或曲面

通过三维对象编辑功能中的“旋转”命令,可以将二维对象旋转成实体或曲面。在 AutoCAD 中，可以旋转成三维实体的二维图形有封闭多段线、多边形、圆、椭圆、封闭样条曲线、圆环等。使用直线命令绘制的直线不能直接进行旋转，必须对其进行多段线编辑，成为完整封闭的多段线后，才能旋转成为三维实体。

调用“旋转”命令的方法有如下几种。

方法 1：选择“绘图”→“建模”→“旋转”命令。

方法 2：单击“建模”面板上的“旋转”按钮。

方法 3：在命令行中输入命令“REVOLVE”。

下面通过一个简单的实例讲述将二维对象旋转成实体或曲面的方法。

(1)在绘图窗口中绘制如图 8-65 所示的矩形,选择“绘图”→“面域”命令,将该图形创建成面域。

(2) 在命令行中输入命令“REVOLVE”，使用该命令旋转二维图形形成实体，命令行中将显示如下提示信息：

命令: _revolve

当前线框密度: ISOLINES=5

选择要旋转的对象: 找到 1 个　　(选择要旋转的对象)

选择要旋转的对象:　　(按“Enter”键确认)

指定轴起点或根据以下选项之一定义轴 [对象(O)/X/Y/Z] <对象>:　　(确定轴起点)

指定轴端点:　　(确定轴端点)

指定旋转角度或 [起点角度(ST)] <360>: 60　　(输入旋转角度)

在输入旋转角度后，按“Enter”键，即可将二维图形旋转成实体，如图 8-66 所示。

图8-65　绘制矩形

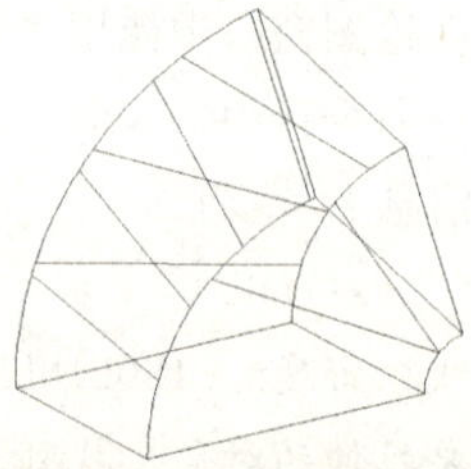

图8-66　将二维图形旋转成实体

8.3 扫掠、放样及切割实体

使用“拉伸”和“旋转”命令可以将二维对象生成实体。此外，通过扫掠、放样及切割等方法，也可以将已有的二维对象转化为实体或曲面。还可以通过加厚曲面，使之形成实体。

8.3.1 通过扫掠创建实体或曲面

使用“扫掠”命令可以沿开放或闭合的二维或三维路径扫掠开放或闭合的平面曲线创建新实体或曲面。可以扫掠多个对象，但是这些对象必须位于同一平面中。如果沿一条路径扫掠闭合的曲线，则生成实体；否则生成曲面。在扫掠对象时，轮廓一般会被移动并被调整到与路径垂直的方向。创建扫掠实体或曲面时，可选择的轮廓对象及路径如表 8-1 所示。

表 8-1 可选择的轮廓对象及路径

可扫掠的对象（轮廓）	可用做扫掠路径的对象
直线、圆弧、椭圆弧	直线、圆弧、椭圆弧
二维、三维多段线	二维、三维多段线
二维样条曲线	二维样条曲线
圆、椭圆	圆、椭圆
二维实体	螺旋线
实体上的平面	实体及曲面的边

调用“扫掠”命令的方法，有以下几种。

方法 1：选择“绘图”→“建模”→“扫掠”命令。

方法 2：单击“建模”面板上的“扫掠”按钮。

方法 3：在命令行中输入命令“SWEEP”。

下面通过一个简单的实例介绍将二维图形扫掠生成三维实体图形的方法。

（1）在绘图窗口中调用“圆”命令绘制一个圆，利用“直线”工具绘制一条以圆心为起点的直线，如图 8-67 所示。

（2）在命令行中输入命令“REVOLVE”，利用该命令扫掠二维图形形成实体，命令行中将显示如下提示信息：

```
命令: _sweep
当前线框密度:  ISOLINES=4
选择要扫掠的对象: 找到 1 个                              (单击需要扫掠的图形对象: 圆)
选择要扫掠的对象:
选择扫掠路径或 [对齐(A)/基点(B)/比例(S)/扭曲(T)]: T                (选择扭曲选项)
输入扭曲角度或允许非平面扫掠路径倾斜 [倾斜(B)] <0.0000>: 60      (输入扭曲值)
选择扫掠路径或 [对齐(A)/基点(B)/比例(S)/扭曲(T)]: B                (选择基点选项)
指定基点:                                                          (指定圆心为基点)
选择扫掠路径或 [对齐(A)/基点(B)/比例(S)/扭曲(T)]: A                (选择对齐选项)
```

扫掠前对齐垂直于路径的扫掠对象 [是(Y)/否(N)] <是>: Y

选择扫掠路径或 [对齐(A)/基点(B)/比例(S)/扭曲(T)]: （选择直线为扫掠路径）

执行“扫掠”命令后的图形如图 8-68 所示。

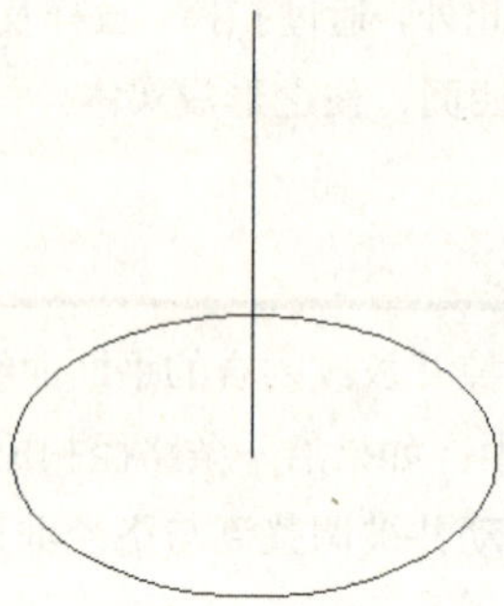

图8-67 绘制图形

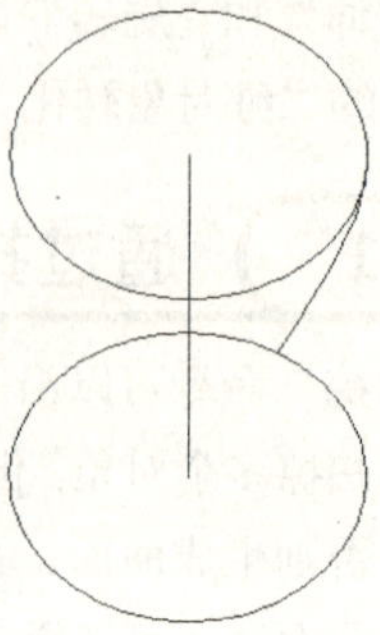

图8-68 扫掠后的图形

“SWEEP”命令中一些重要选项的含义如下。

① 对齐（A）：指定是否将轮廓调整到路径垂直的方向或保持原有方向。默认情况下，AutoCAD 将使轮廓与路径垂直。

② 基点（B）：指定扫掠时的基点，该点将与路径起始点对齐。

③ 比例（S）：路径起始点处轮廓缩放比例为 1，路径结束处缩放比例为输入值，中间轮廓沿路径连续变化。与选择点靠近的路径端点是路径的起始点。

④ 扭曲（T）：指定轮廓沿路径扫掠时的扭转角度，角度值小于 360° 。该选项包含“倾斜”子选项，可使轮廓随三维路径自然倾斜。

8.3.2 通过放样创建实体或曲面

使用放样命令可对一组平面轮廓曲线进行放样，形成实体或曲面。如果要放样的对象是闭合的图形，则放样后会得到三维实体；否则，将得到曲线。

技巧

用户在进行放样时，使用的曲线必须全部开放或全部闭合，不可使用既包含开放曲线又包含闭合曲线的选择集。

调用“放样”命令的方法有如下几种。

方法 1：选择“绘图”→“建模”→“放样”命令。

方法 2：单击“建模”面板上的“放样”按钮。

方法 3：在命令行中输入命令“LOFT”。

下面通过一个简单的实例来介绍将二维图形放样生成三维实体或曲面的方法。

（1）在绘图窗口中调用“多段线”命令绘制一个圆弧，并利用“直线”工具绘制一条直线，如图 8-69 所示。

（2）在命令行中输入命令“LOFT”，利用该命令放样二维图形形成实体，命令行中将显示如下提示信息：

命令: _loft

按放样次序选择横截面: 找到 1 个　　　　　　　　　　(选择放样对象)

按放样次序选择横截面: 找到 1 个,总计 2 个　　　　　　(选择放样对象)

按放样次序选择横截面:　　　　　　　　　　　　　　　(按“Enter”键结束选择)

输入选项 [导向(G)/路径(P)/仅横截面(C)] <仅横截面>: c　　(选择“仅横截面”选项)

此时，即可弹出“放样设置”对话框，在其中设置如图 8-70 所示的放样属性，设置完毕之后，单击“确定”按钮，即可看到放样后的图形效果，如图 8-71 所示。横截面定义了结果实体或曲面的轮廓（形状）。使用 LOFT 命令时，至少必须指定两个横截面。

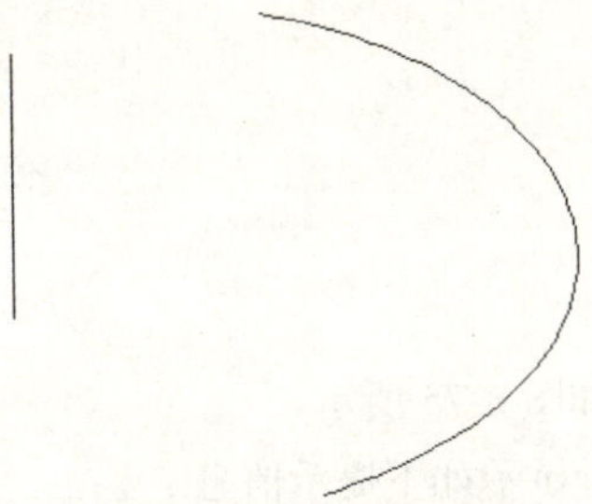

图8-69 绘制图形

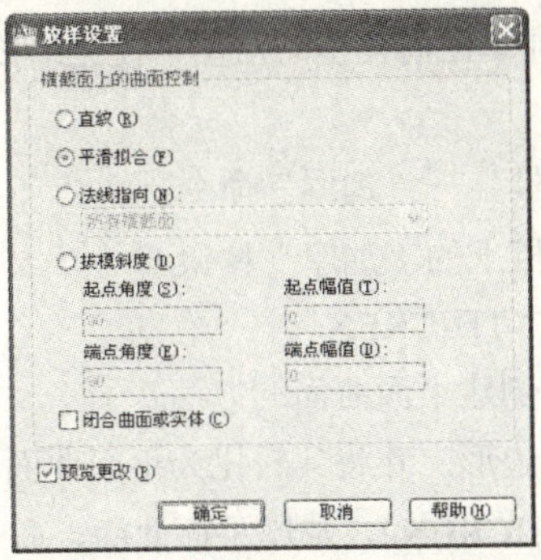

图8-70 “放样设置”对话框

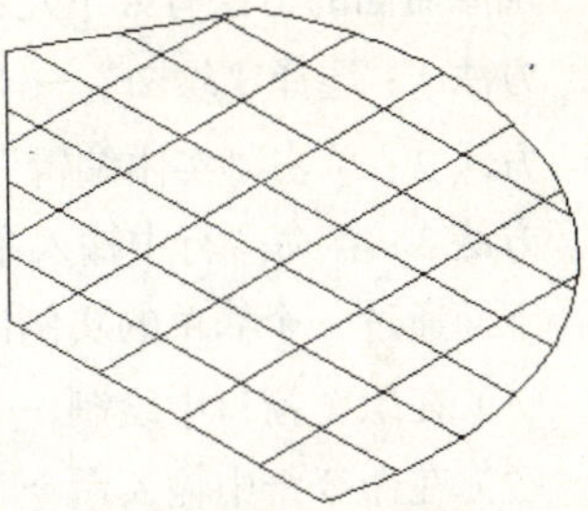

图8-71 放样后的图形

“LOFT”命令中一些重要选项的含义如下。

① 导向（G）：利用连接各个轮廓的导向曲线控制放样实体或曲面的截面形状。

② 路径（P）：指定一条简单的路径控制放样，该路径必须与全部或部分截面相交。

③ 仅横截面（C）：选择该选项，则只使用截面进行放样。此时，可打开“放样设置”对话框，在其中可以设置放样截面上的曲面控制选项。

8.3.3 创建平面与加厚曲面形成实体

使用“PLANESURF”命令可以通过指定矩形的对角点来创建，或通过选择构成一个或多个闭合区域的一个或多个对象，将它们转化为平面。其有效对象包括直线、圆、圆弧、椭圆、椭圆弧、二维多段线、平面三维多段线和平面样条曲线。

创建平面曲面的方法有如下几种。

方法 1：选择“绘图”→“建模”→“平面曲面”命令。

方法 2：单击“建模”面板上的“平面曲面”按钮。

方法 3：在命令行中输入命令“PLANESURF”。

下面通过一个简单的实例来介绍创建平面曲面的方法。

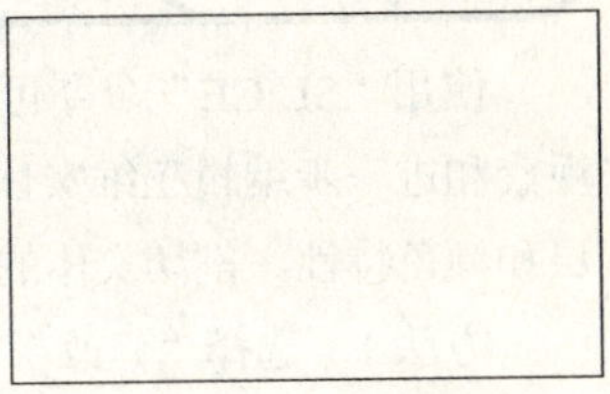

图8-72 创建矩形

（1）使用“矩形”命令，在绘图窗口中绘制一个矩形，如图 8-72 所示。

（2）在命令行中输入命令“PLANESURF”，绘制平面曲面，命令行显示如下提示信息：

命令: _planesurf

指定第一个角点或 [对象(O)] <对象>:

在绘图窗口中指定矩形的对角点即可创建矩形平面，如图 8-73 所示。

如果要将对象转换为平面曲面，可以选择“[对象 (O)]”选项，在绘图窗口中选择对象即可，图 8-74 所示为创建的平面曲面。

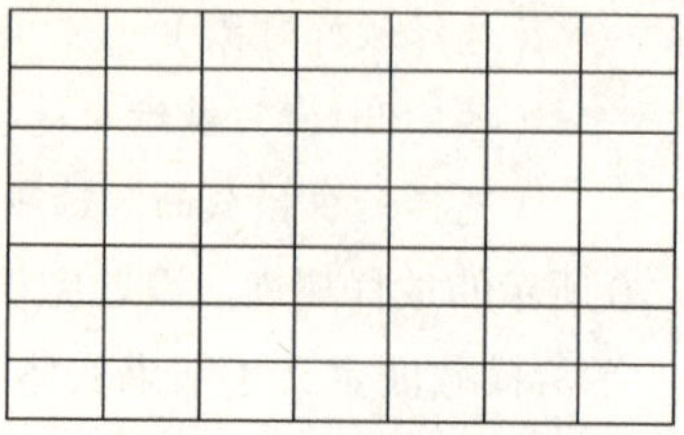

图8-73　创建矩形平面

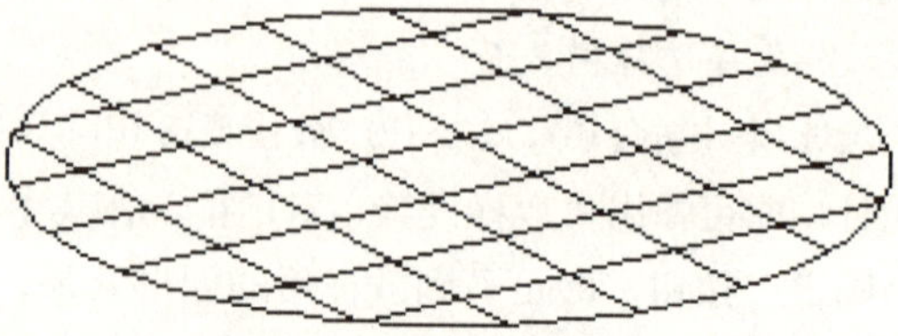

图8-74　创建的平面曲面

使用“THICKEN”命令可以加厚任何类型的曲面，使之形成实体。

加厚曲面的方法有如下几种。

方法 1：选择“绘图”→“建模”→“加厚”命令。

方法 2：单击“实体编辑”面板上的“加厚”按钮。

方法 3：在命令行中输入命令“THICKEN”。

下面通过一个简单的实例讲述创建平面曲面的方法。

（1）在绘图窗口中绘制一个五边形，并将其转化为平面曲面，如图 8-75 所示。

（2）在命令行中输入命令“THICKEN”，加厚平面曲面，命令行显示如下提示信息：

命令: _thicken

选择要加厚的曲面: 找到 1 个

选择要加厚的曲面:

指定厚度 <100.0000>: 500

输入厚度值后，曲面即可转化为实体，如图 8-76 所示。

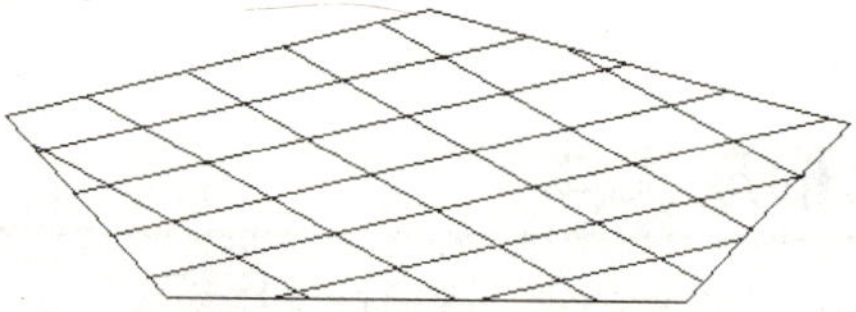

图8-75　创建平面曲面

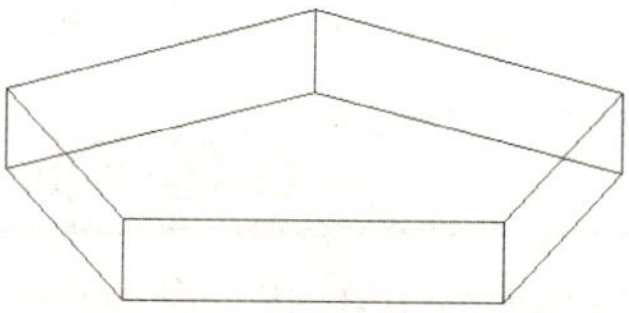

图8-76　加厚曲面转化为实体

8.3.4　利用平面或曲面切割实体

使用“SLICE”命令可以利用平面或曲面剖切三维实体，得到三维实体的剖切面，从而有利于观察和进一步编辑三维实体。被剖切的实体可保留一半或两半都保留，保留部分将保持原实体的图层和颜色特性。剖切实体的方法有如下两种。

方法 1：选择“修改”→“三维操作”→“剖切”命令。

方法 2：在命令行中输入命令“SLICE”。

调用“SLICE”后，命令行中将显示如下提示信息：

命令: _slice

选择要剖切的对象:

指定 切面 的起点或 [平面对象(O)/曲面(S)/Z 轴(Z)/视图(V)/XY(XY)/YZ(YZ)/ZX(ZX)/三点(3)] <三点>:

在此提示信息后，可选择不同的剖切方式。默认情况下，系统选择的是“三点”剖切方式，通过三点确定的平面对三维实体进行剖切，该平面也就是剖切面。

在选择该选项后，命令行中显示如下提示信息：

指定平面上的第一个点:

指定平面上的第二个点:

指定平面上的第三个点:

在所需的侧面上指定点或 [保留两个侧面(B)] <保留两个侧面>:

实体被剖切后，可选择保留一侧实体或保留两侧实体，如图 8-77 所示，左图为保留一侧实体，右侧为保留两侧实体。

图8-77　保留一侧或两侧实体

下面通过一个简单的实例介绍利用曲面切割实体的方法。

（1）单击“建模”面板上的“球体”按钮，绘制一个球体，如图 8-78 所示。

（2）在命令行中输入命令“SLICE”并按“Enter”键，调用“剖切”命令，命令行中显示以下信息：

选择要剖切的对象: 找到 1 个

选择要剖切的对象:

指定 切面 的起点或 [平面对象(O)/曲面(S)/Z 轴(Z)/视图(V)/XY(XY)/YZ(YZ)/ZX(ZX)/三点(3)] <三点>: YZ

指定 YZ 平面上的点 <0, 0, 0>:　（在绘图窗口中选择一点）

在所需的侧面上指定点或 [保留两个侧面(B)] <保留两个侧面>:（在球体的左上角选择一点）

在球体的左上角选择要剖切的点后，球体即被剖切并保留一侧，如图 8-79 所示。

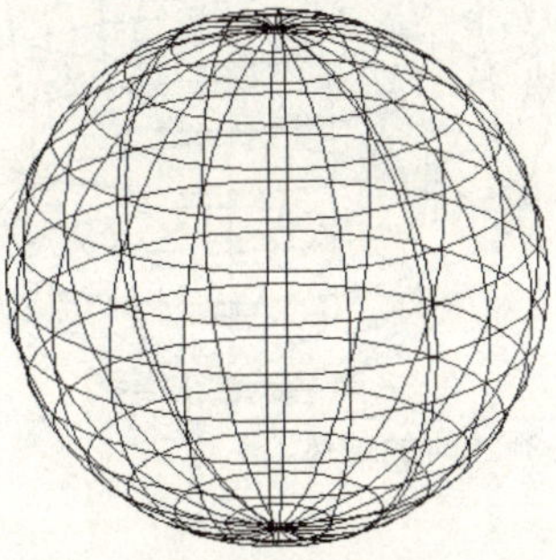

图8-78　绘制球体

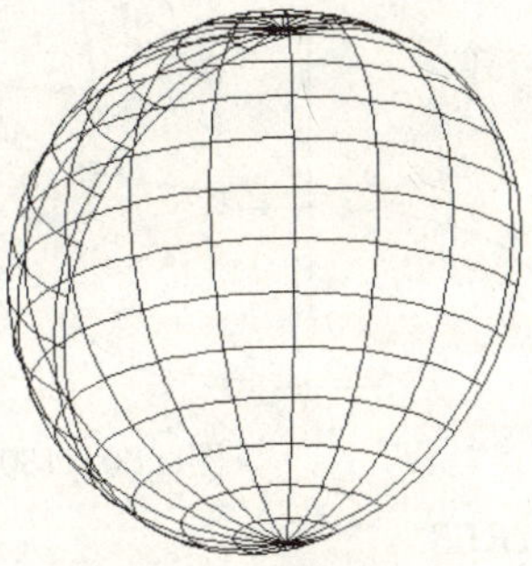

图8-79　切割球体

若在提示信息“指定 切面 的起点或 [平面对象 (O)/ 曲面 (S)/Z 轴 (Z)/ 视图 (V)/XY(XY)/YZ(YZ)/ZX(ZX)/ 三点 (3)] < 三点 >:”后输入“O”，并按“Enter”键，可以根据指定对象所在的平面剖切三维实体，对象可以是圆、椭圆、圆弧、二维样条曲线或二维多段线。当选择该选项后，命令行中将显示以下信息：

选择用于定义剖切平面的圆、椭圆、圆弧、二维样条线或二维多段线:

在所需的侧面上指定点或 [保留两个侧面(B)] <保留两个侧面>:

若输入“S”，并按“Enter”键，可以指定曲面剖切实体。当选择该选项后，命令行中将显示以下信息：

选择曲面:

在所需的侧面上指定点或 [保留两个侧面(B)] <保留两个侧面>:

若输入“Z”，并按“Enter”键，可以按照Z轴切割实体。当选择该选项后，命令行中将显示以下信息：

指定剖面上的点:

指定平面 Z 轴 (法线) 上的点:

在所需的侧面上指定点或 [保留两个侧面(B)] <保留两个侧面>:

若输入“V，并按“Enter”键，可使用与当前视图平行的平面剖切实体。当选择该选项后，命令行中将显示以下信息：

指定当前视图平面上的点 <0, 0, 0>:

在所需的侧面上指定点或 [保留两个侧面(B)] <保留两个侧面>:

8.3.5 与实体显示有关的系统变量

与实体显示有关的系统变量有 ISOLINES、FACETRES 和 DISPSILH。下面分别介绍这几个变量的含义。

1. ISOLINES

该系统变量用于指定对象上每个曲面上的网络线数目，有效设置为从 0 到 2047 的整数。图 8-80 所示为 ISOLINES=5 和 ISOLINES=20 时的球体。

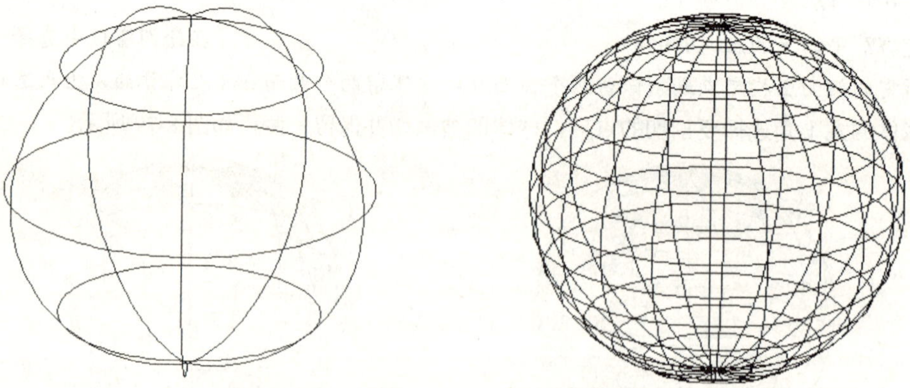

图8-80 ISOLINES=5和ISOLINES=20时的球体

2. FACETRES

该系统变量用于设置实体消隐或渲染后的表面网络密度，有效值为 0.01 到 10.0，值越大表示网络越密，消隐或渲染后的表面越光滑。图 8-81 所示为 ISOLINES=20 时，FACETRES=2 和 FACETRES=8 时的球体效果。

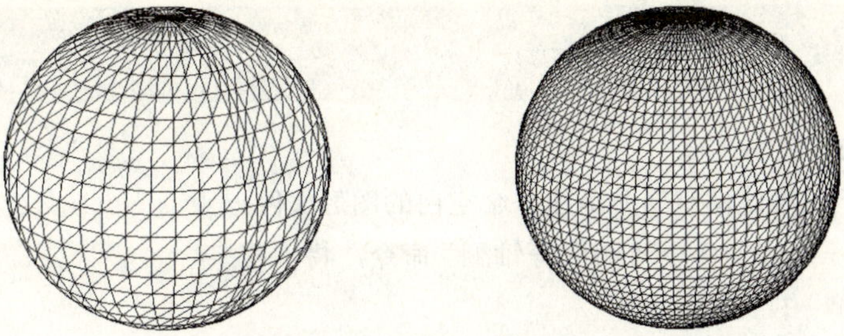

图8-81　FACETRES=2和FACETRES=8时的球体效果

3．DISPSILH

该系统变量用于控制消隐时，是否显示出实体表面网络线。若此变量值为 0，则显示网络线；若值为 1，则不显示网络线。图 8-82 所示为 DISPSILH=0 和 DISPSILH=1 时球体的效果。

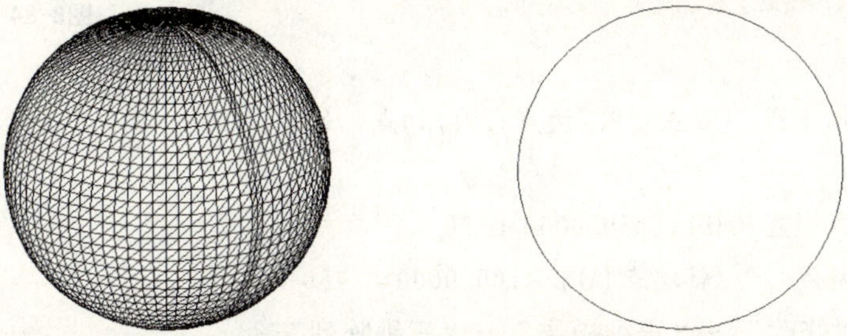

图8-82　DISPSILH=0和DISPSILH=1时球体的效果

8.4　综合案例1——绘制茶几

学习目的

通过本实例练习，可以熟练掌握一些三维基本体的绘制方法和三维编辑命令，如“三维阵列”、“圆角”等命令的使用方法。

重点难点

- 绘制圆柱体、长方体等三维基本体；利用“三维阵列”命令编辑三维对象；利用“圆角”命令修改长方体。

下面将绘制一个具有立体效果的茶几，最终的效果如图 8-83 所示。在这个设计图中，主要由 4 个支柱、4 个支架和 1 个茶几面组成。

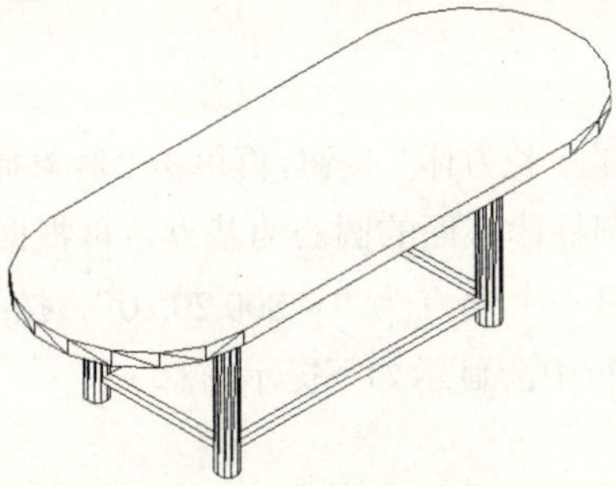

图8-83　茶几的最终效果

操作步骤

1. 绘制茶几的支架

Step 01 切换至三维建模空间并新建一个空白的图形文件，选择“视图”→“三维视图”→“西南等轴测”命令，将视图切换为“西南等轴测”视图。

Step 02 单击“建模”面板中的“圆柱体”按钮，在绘图窗口中指定一点，作为圆柱体底面的中主点，分别指定圆柱体的底面半径为30，圆柱体的高度为450，按“Enter”键，确认操作后，即可绘制一个圆柱体，如图8-84所示。命令行中会显示如下提示信息：

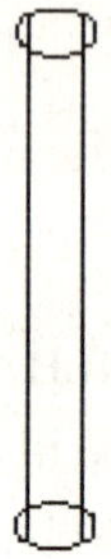

图8-84 绘制圆柱体

命令：_cylinder

指定底面的中心点或 [三点(3P)/两点(2P)/切点、切点、半径(T)/椭圆(E)]:

指定底面半径或 [直径(D)] <50.0000>: 30

指定高度或 [两点(2P)/轴端点(A)] <100.0000>: 450

Step 03 选择“修改”→“三维操作”→“三维阵列”命令，在绘图窗口中选择刚绘制的圆柱体，并在命令行中输入“R”，指定阵列类型为矩形。分别指定三维阵列的“行数”、“列数”、“层数”为2、2、1，按“Enter”键确认操作后，在命令行的提示信息中依次指定三维阵列的“行间距”和“列间距”为400、800。此时，按“Enter”键后，即可对圆柱体进行三维阵列操作，如图8-85所示。命令行中会显示如下提示信息：

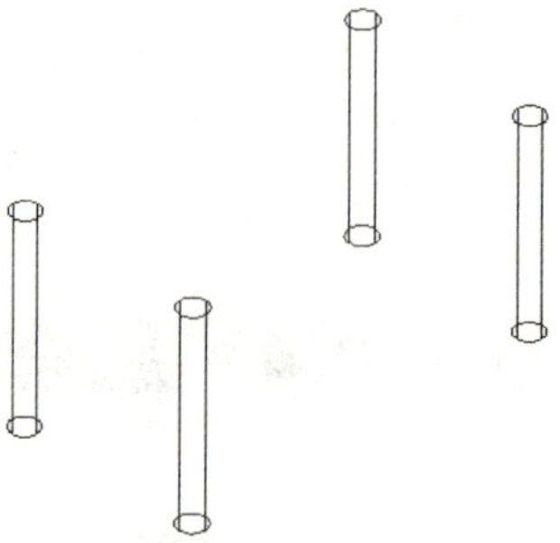

图8-85 对圆柱体进行三维阵列操作

命令：_3darray

选择对象：找到 1 个

选择对象：

输入阵列类型 [矩形(R)/环形(P)] <矩形>: R

输入行数 (---) <1>: 2

输入列数 (|||) <1>: 2

输入层数 (...) <1>: 1

指定行间距 (---): 400

指定列间距 (|||): 800

Step 04 单击“建模”面板中的“长方体”按钮，再单击“对象捕捉”工具栏中的“捕捉自”按钮，在绘图窗口中捕捉绘制的第一个圆柱体底面的圆心为基点，再根据命令行中的提示信息指定偏移距离为“@0,-10,50”，指定长方体另一个角点为“@800,20,20”。按“Enter”键确认，即可绘制出茶几的支架，如图8-86所示。命令行中会显示如下提示信息：

命令：_box

指定第一个角点或 [中心(C)]: _from 基点: <偏移>: @0,-10,50

指定其他角点或 [立方体(C)/长度(L)]: @800,20,20

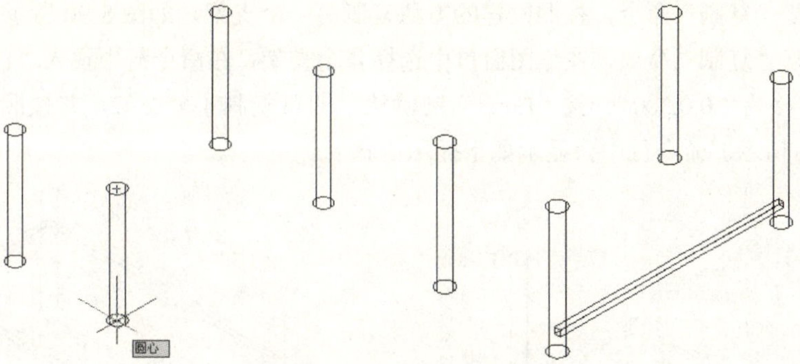

图8-86　绘制茶几的支架

Step05 再次执行“长方体”命令，按照 Step04 中介绍的方法在绘图窗口中捕捉绘制的第一个圆柱体底面的圆心为基点，然后分别指定偏移距离为“@-10,0,50”，第二个角点的位置为“@20,400,20”，即可绘制茶几的另一个支架，如图 8-87 所示。命令行中会显示如下提示信息：

命令: _box

指定第一个角点或 [中心(C)]: _from 基点: <偏移>: @-10,0,50

指定其他角点或 [立方体(C)/长度(L)]: @20,400,20

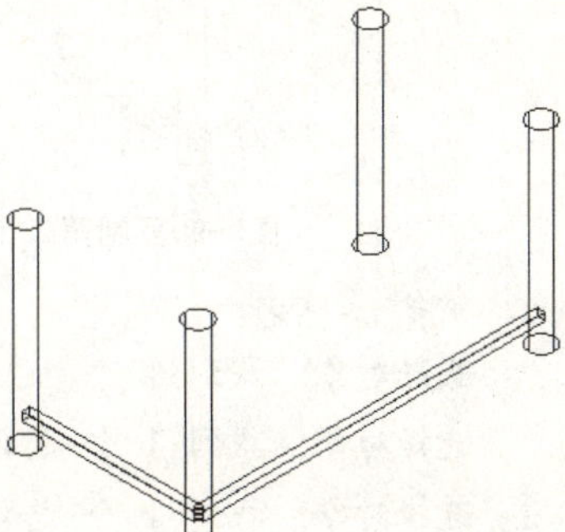

图8-87　绘制另一个支架

Step06 单击“修改”面板上的“复制”按钮，在绘图窗口中选择绘制的第一个支架，并捕捉第一个圆柱体的底面圆心为基点，如图 8-88 所示。然后捕捉左侧圆柱体的底面圆心为复制的第二个点，按“Enter”键确认，即可完成复制操作，复制支架，如图 8-89 所示。命令行中会显示如下提示信息：

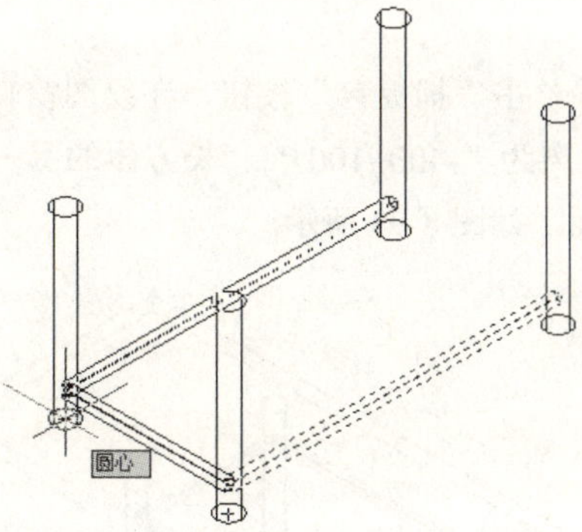

图8-88　指定圆柱体的底面圆心为基点

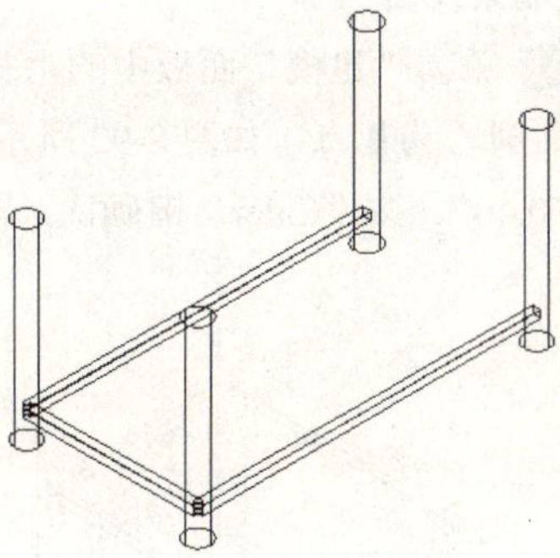

图8-89　复制第一个支架

命令: _copy

选择对象: 找到 1 个

选择对象:

当前设置: 复制模式 = 多个

指定基点或 [位移(D)/模式(O)] <位移>:

指定第二个点或 <使用第一个点作为位移>:

指定第二个点或 [退出(E)/放弃(U)] <退出>:

Step07 重复“复制”命令，按照同样的方法复制另一个支架，如图 8-90 所示。

Step08 重复“复制”命令，在绘图窗口中选择 4 个支架，在命令行中输入“D”，选择“位移”选项，指定其位移为“0,0,300”。按“Enter”键确认，即可复制 4 个支架，并按照指定的位置向上移动，如图 8-91 所示。命令行中会显示如下提示信息：

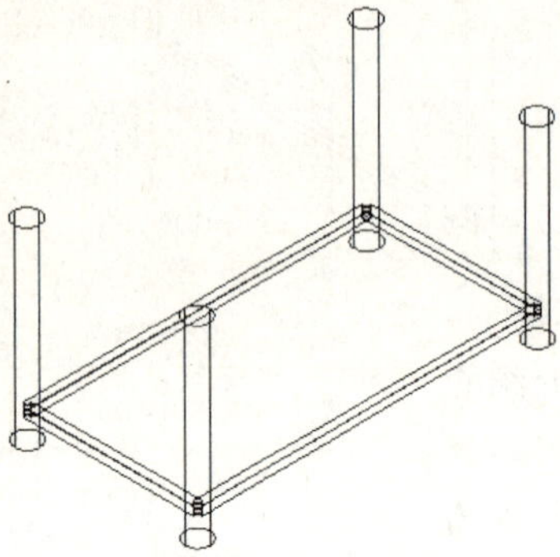

图8-90复制第二个支架

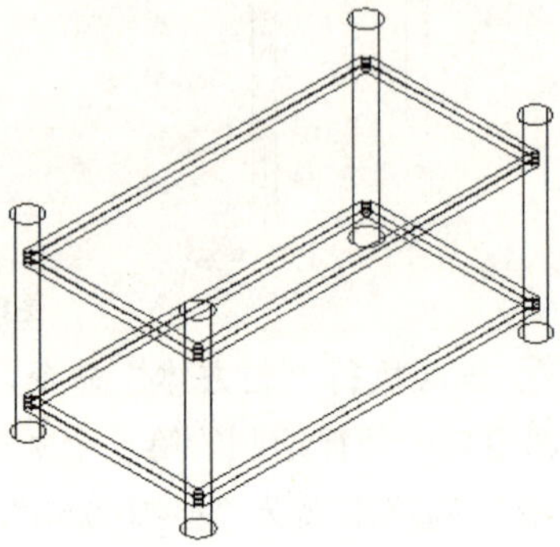

图8-91复制4个支架

命令: _copy

选择对象: 找到 1 个

选择对象: 找到 1 个,总计 2 个

选择对象: 找到 1 个,总计 3 个

选择对象: 找到 1 个,总计 4 个

选择对象:

当前设置: 复制模式 = 多个

指定基点或 [位移(D)/模式(O)] <位移>: D

指定位移 <0.0000, 0.0000, 0.0000>:@0,0,300

2. 绘制茶几面

Step01 单击“建模”面板中的“长方体”按钮并单击“捕捉自”按钮，在绘图窗口中捕捉圆柱体的顶面圆心为基点，如图 8-92 所示。指定偏移距离为“-400,-100,0”，长方体的另一个角点为“@1600,600,40”。按“Enter”键确认，即可绘制茶几面，如图 8-93 所示。

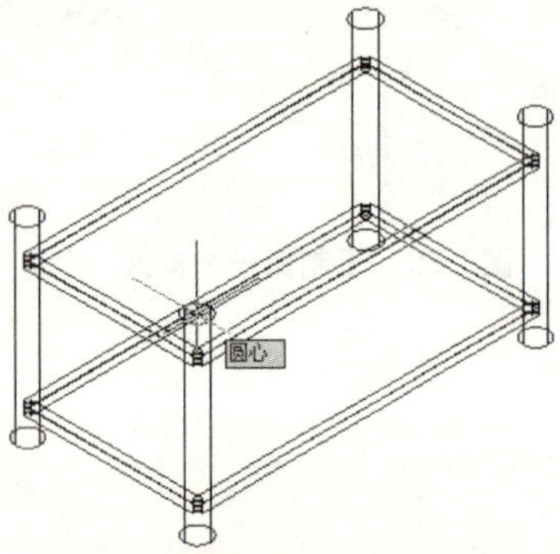

图8-92　指定圆柱体的底面圆心为基点

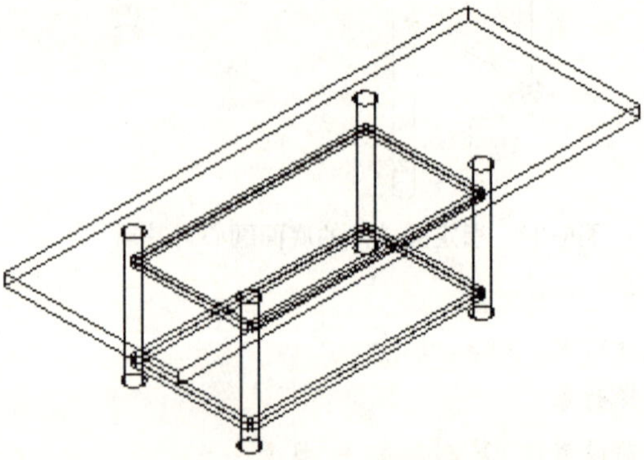

图8-93　绘制茶几面

命令行中将显示如下提示信息：

命令：_box

指定第一个角点或 [中心(C)]：_from 基点：

<偏移>：-400,-100,0

指定其他角点或 [立方体(C)/长度(L)]：@1600,600,40

Step02 单击“修改”面板上的“圆角”按钮，在绘图窗口中选择茶几面长方体左侧的高，如图 8-94 所示。指定圆角半径为“300”并按“Enter”键确认，再按“Enter”键，即可完成圆角操作，如图 8-95 所示。

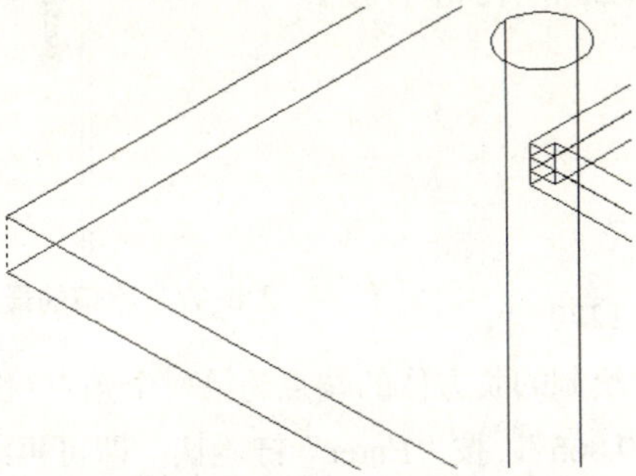

图8-94 选择茶几面长方体左侧的高

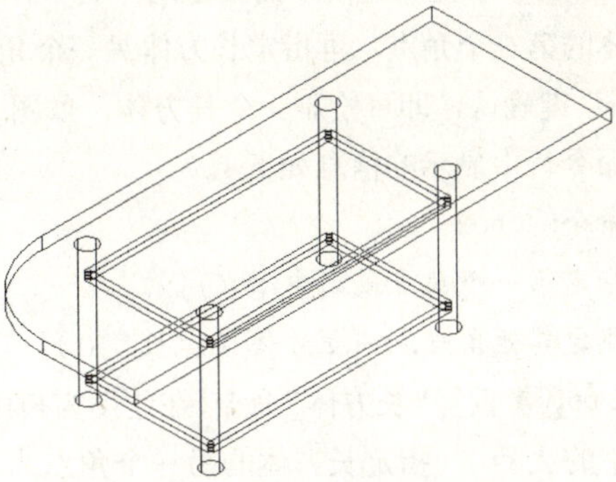

图8-95 对茶几面的一角进行圆角操作

命令行中会显示如下提示信息：

命令：_fillet

当前设置：模式 = 修剪，半径 = 0.0000

选择第一个对象或 [放弃(U)/多段线(P)/半径(R)/修剪(T)/多个(M)]：

输入圆角半径：300

选择边或 [链(C)/半径(R)]：

已选定 1 个边用于圆角

Step03 参照同样方法，将茶几面长方体的其他三个角都进行“圆角”操作，即可完成茶几的绘制。最后，在命令行中输入“HIDE”命令，执行“消隐”操作，即可得到茶几的最终效果，如图 8-96 所示。

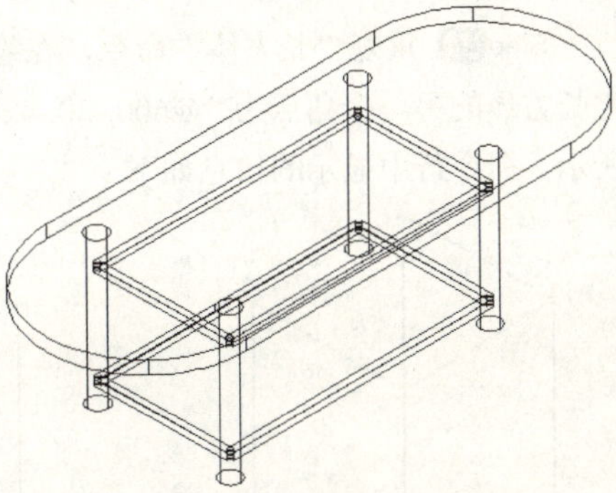

图8-96 完成茶几的绘制

8.5 综合案例2——绘制冰箱

学习目的

通过本实例练习，可以熟练掌握长方体、圆柱体和球体的绘制方法，以及复制、移动等命令的使用方法。

重点难点

- 绘制长方体、圆柱体和球体，使用“复制”命令复制对象，使用“移动”命令移动对象。

操作步骤

下面将绘制一个具有立体效果的冰箱，最终的效果如图 8-97 所示。在这个设计图中，主要由几个长方体、圆柱体和球体组成。

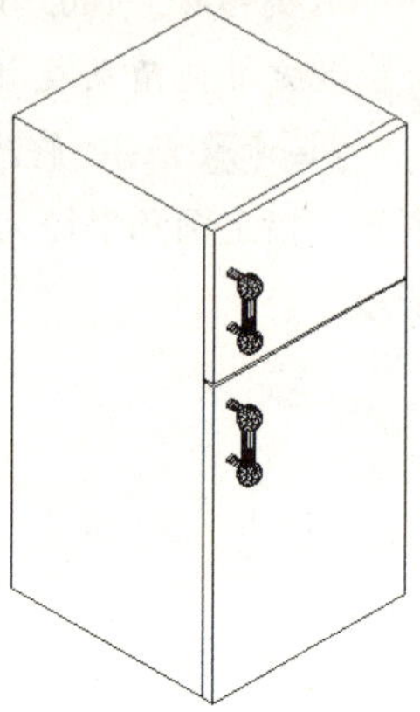

图8-97　冰箱的最终效果

Step01 切换至三维建模空间并新建一个空白图形文件，选择“视图”→“三维视图”→“西南等轴测”命令，将视图切换为“西南等轴测”视图。

Step02 单击“建模”面板中的“长方体”按钮，在绘图窗口中指定长方体的第一个角点，再指定长方体另一个角点为“@600,600,1290”，按“Enter”键确认，即可绘制一个长方体，如图 8-98 所示。

命令行中显示的信息如下：

```
命令: _box
指定第一个角点或 [中心(C)]:
指定其他角点或 [立方体(C)/长度(L)]: @600,600,1290
```

Step03 重复“长方体”命令，在绘图窗口中捕捉刚才绘制的长方体的端点为第一个角点（图 8-98 所示中的 A 点），指定长方体的另一个角点为“@600,-30,865”，按“Enter”键确认，即可再绘制一个长方体，如图 8-99 所示。命令行中显示的信息如下：

```
命令: _box
指定第一个角点或 [中心(C)]:
指定其他角点或 [立方体(C)/长度(L)]: @600,-30,865
```

Step04 重复“长方体”命令，在绘图窗口中捕捉图 8-99 中的 B 点为长方体的第一个角点，指定长方体的另一个角点为“@600,-30,-420”，按“Enter”键确认，即可绘制上方的小长方体，如图 8-100 所示。命令行中显示的信息如下：

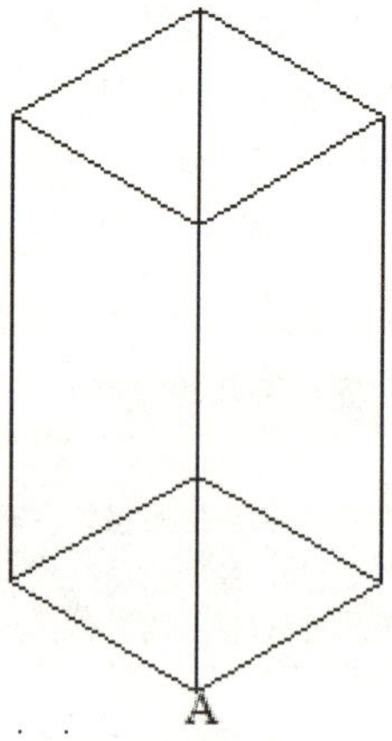

图8-98　绘制第一个长方体

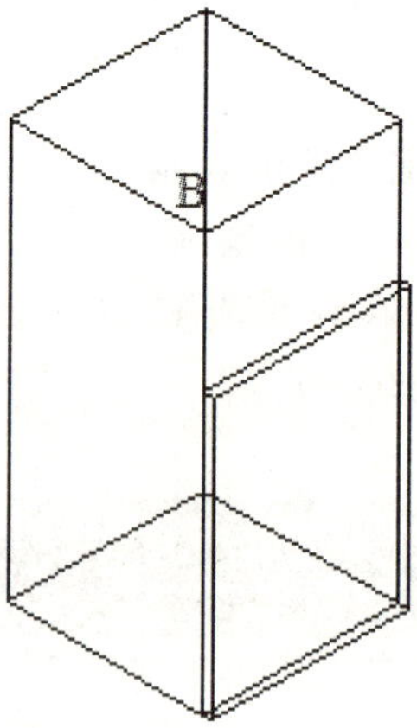

图8-99　绘制下方的小长方体

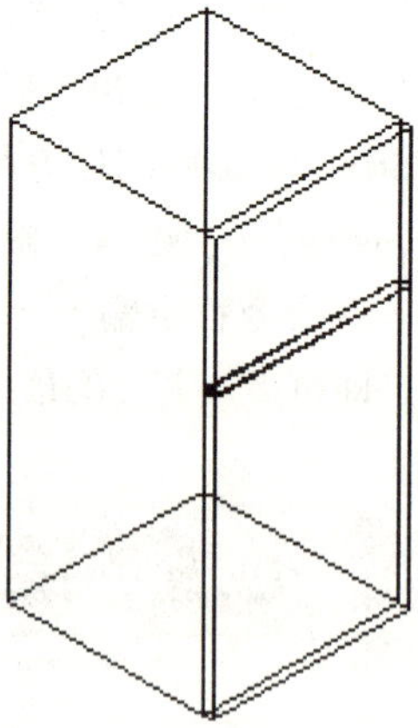

图8-100　绘制上方的小长方体

```
命令: _box
指定第一个角点或 [中心(C)]:
指定其他角点或 [立方体(C)/长度(L)]: @600,-30,-420
```

Step05 单击“建模”面板中的“圆柱体”按钮，并单击状态栏上的“允许 / 禁止动态 UCS”按钮，打开动态用户坐标系。将光标移动到上方的小长方体上，使其前面的面处于虚线显示状态，并捕捉左侧的边的中点作为圆心，如图 8-101 所示。

Step06 指定圆柱体的底面半径为“10”，如图 8-102 所示，按“Enter”键后，在命令行提示信息后输入“60”，指定圆柱体的高度，按“Enter”键确认，即可绘制一个圆柱体，如图 8-103 所示。命令行中显示的信息如下：

命令：_cylinder

指定底面的中心点或 [三点(3P)/两点(2P)/切点、切点、半径(T)/椭圆(E)]:

指定底面半径或 [直径(D)]: 10

指定高度或 [两点(2P)/轴端点(A)] <-420.0000>: 60

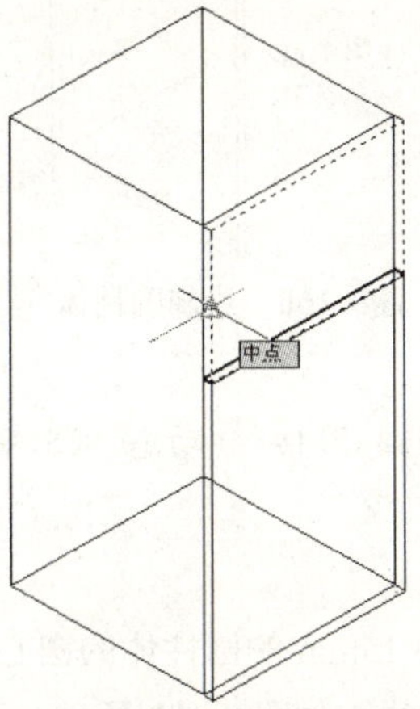

图8-101指定圆柱体的圆心

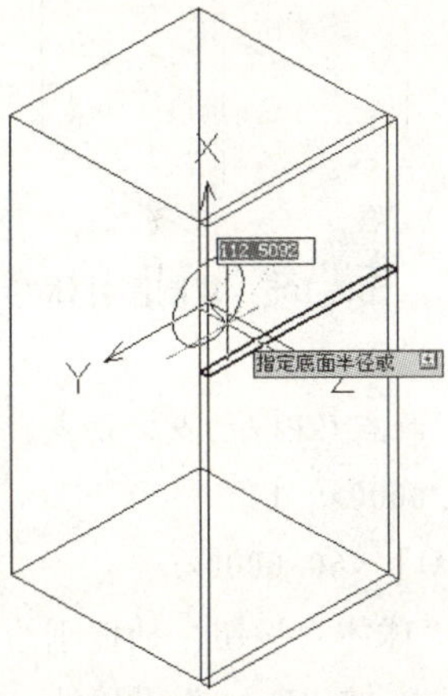

图8-102 指定圆柱体的底面半径

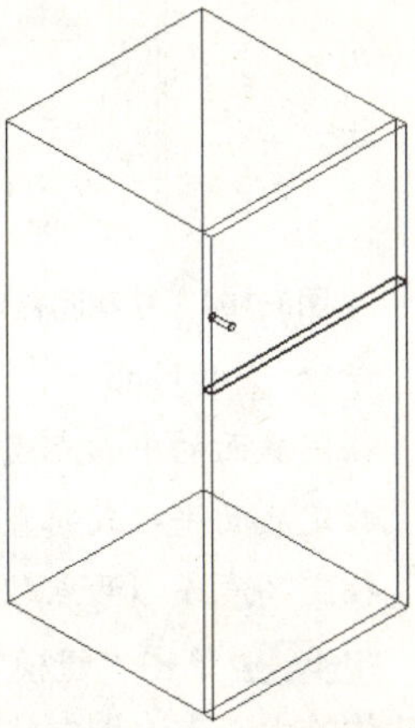

图8-103 绘制圆柱体

Step07 单击“修改”面板上的“移动”按钮，在绘图窗口中选择圆柱体，在命令行提示信息后输入“D”，选择“位移”选项，指定位移为“@50,0,75”。按“Enter”键确认，即可移动圆柱体，如图 8-104 所示。命令行中显示的信息如下：

命令：_move

选择对象：找到 1 个

选择对象：

指定基点或 [位移(D)] <位移>: D

指定位移 <0.0000, 0.0000, 0.0000>: @50,0,75

Step08 单击“修改”面板上的“复制”按钮，在绘图窗口中选择刚才移动的圆柱体，并在命令行提示信息后输入“D”，选择“位移”选项，指定位移为“@0,0,-150”。按“Enter”键确认，即可复制圆柱体，如图 8-105 所示。命令行中显示的信息如下：

命令：_copy

选择对象：找到 1 个

选择对象：

当前设置： 复制模式 = 多个

指定基点或 [位移(D)/模式(O)] <位移>: d

指定位移 <0.0000, 0.0000, 0.0000>: @0,0,-150

Step09 单击“建模”面板中的“圆柱体”按钮，捕捉第一个圆柱体的象限点为圆柱体的底面中心点，并在命令行中输入“15”，指定圆柱体的底面半径。捕捉第二个圆柱体的象限点，并指定圆柱体的高度为“60”，按“Enter”键确认，即可绘制圆柱体，如图 8-106 所示。在捕捉特征点时，要关闭动态用户坐标系。命令行中显示的信息如下：

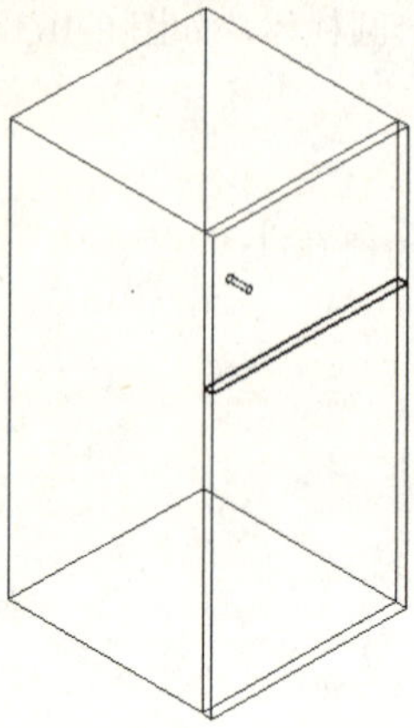

图8-104　移动圆柱体

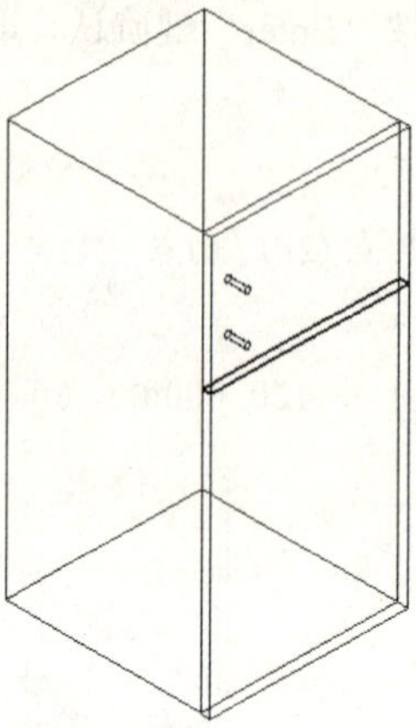

图8-105　复制圆柱体

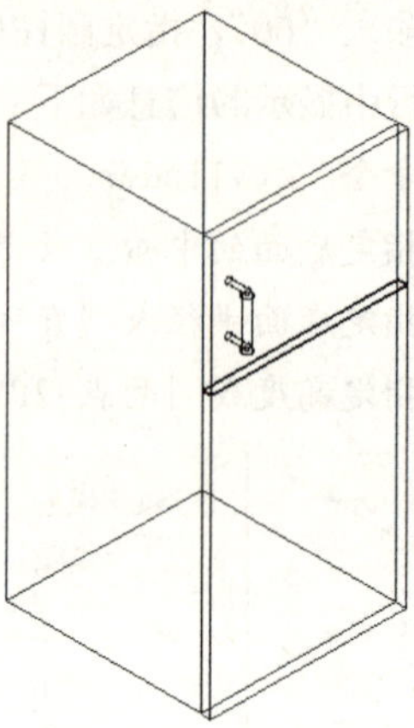

图8-106　绘制圆柱体

命令：_cylinder

指定底面的中心点或 [三点(3P)/两点(2P)/切点、切点、半径(T)/椭圆(E)]：<动态 UCS 关>

指定底面半径或 [直径(D)] <10.0000>：15

指定高度或 [两点(2P)/轴端点(A)] <60.0000>：

Step 10 单击“建模”面板中的“球体”按钮，捕捉刚绘制的半径为 15mm 的圆柱体的圆心作为球体的中心点，指定其半径为 30mm，按“Enter”键确认，即可绘制球体，如图 8-107 所示。

命令行中显示的信息如下：

命令：_sphere

指定中心点或 [三点(3P)/两点(2P)/切点、切点、半径(T)]：

指定半径或 [直径(D)] <15.0000>：30

Step 11 重复“球体”命令，捕捉半径为 15mm 的圆柱体的下方的圆心为球体的中心点，并指定其半径为“30mm”，绘制球体，如图 8-108 所示。

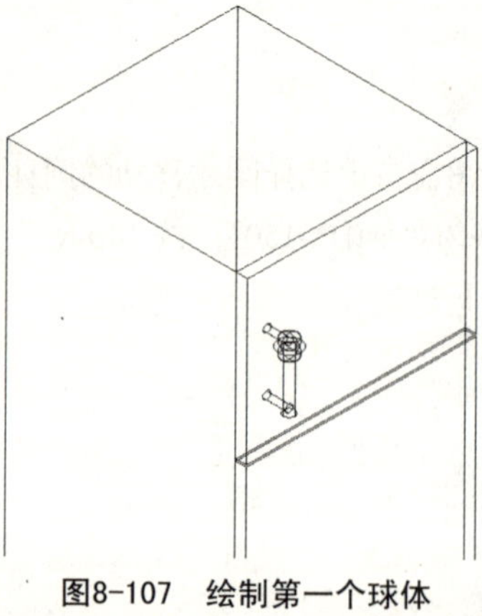

图8-107　绘制第一个球体

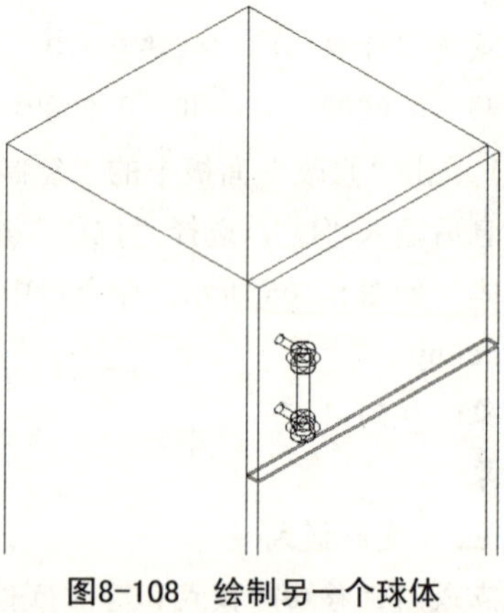

图8-108　绘制另一个球体

Step 12 调用“复制”命令，选择绘制的球体和 3 个圆柱体为复制对象，并选择“位移”选项，指定其位移为“@0,0,-360”，按“Enter”键确认，即可复制选择的对象，如图 8-109 所示。

命令行中显示的信息如下：

```
命令: _copy
选择对象: 找到 1 个
选择对象: 找到 1 个,总计 2 个
选择对象: 找到 1 个,总计 3 个
选择对象: 找到 1 个,总计 4 个
选择对象: 找到 1 个,总计 5 个
选择对象:
当前设置:  复制模式 = 多个
指定基点或 [位移(D)/模式(O)]
<位移>: d
指定位移 <0.0000,  0.0000,
-150.0000>:  @0,0,-360
```

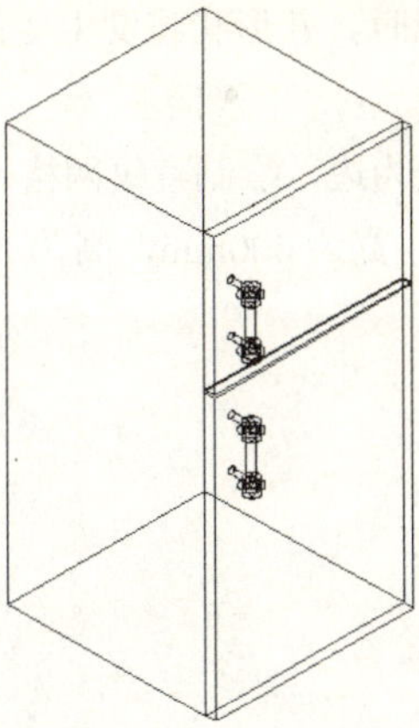

图8-109　复制对象

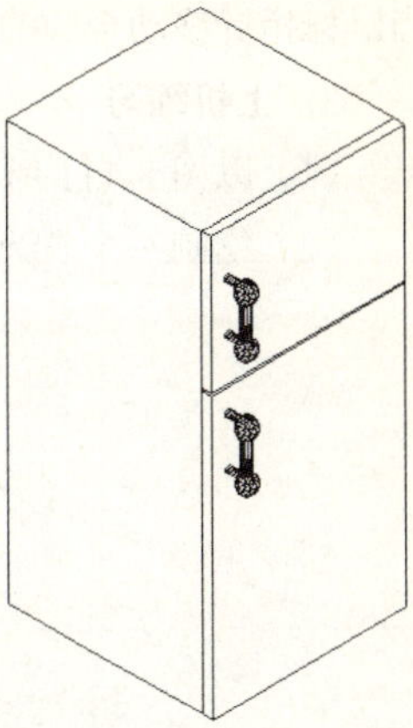

图8-110　冰箱的最终效果

Step 13 在命令行中输入“HIDE”命令，执行“消隐”操作，即可得到冰箱的最终效果，如图8-110 所示。

AutoCAD 2010 在建筑制图的应用中有一项重要的功能，即绘图模块的三维实体模型。AutoCAD 2010 提供直接绘制三维实体的功能，如绘制长方形、圆柱体、球体等，并支持多种三维绘制方法。熟练掌握这些三维实体的绘制，对以后绘制复杂的三维实体有很大的帮助。

8.6　习题与上机练习

1. 填空题

（1）要切换至 AutoCAD 的三维工作空间，可单击状态栏上的“初始设置工作空间”按钮右侧的下拉箭头，在弹出的快捷菜单中选择______命令，即可切换至三维建模空间。

（2）用标准视点来观察三维模型时，可通过 AutoCAD 提供的俯视、仰视、左视、右视、______、______、______、______、______、______10 种标准视点来获得 3D 对象的 10 种视图。

（3）在 AutoCAD 中，有两种坐标系，一是______，它是一个固定坐标系；二是______，用户可根据绘图需要，建立自己的坐标系。

（4）AutoCAD 2010 中的基本实体主要包括______、长方体、圆柱体、______、球体、圆环体和______等。

（5）使用“拉伸”命令，可以拉伸成为三维实体的二维图形有______、多边形、3D 多段线、圆、椭圆、______、______等。

（6）使用“放样”命令时，如果要放样的对象是闭合的图形，则放样后会得到______；否则，将得到______。

（7）______系统变量用于指定对象上每个曲面上的网络线数目，有效设置为从 0 到 2047 的整数。

2. 简述题

（1）AutoCAD 2010 中提供的 5 种默认视觉样式的含义及功能。

（2）当调用 3DFORBIT 命令观察 3D 模型时，AutoCAD 围绕待观察的对象形成一个辅助圆。

当鼠标指针移动至圆的不同位置时，其形状将发生变化。这些鼠标指针会呈现出哪些形状？

3．上机练习

（1）以图 8-111 所示的直线为边，绘制直纹网格。

（2）绘制一个长为 400mm，宽为 300mm，高为 500mm 的楔体，如图 8-112 所示。

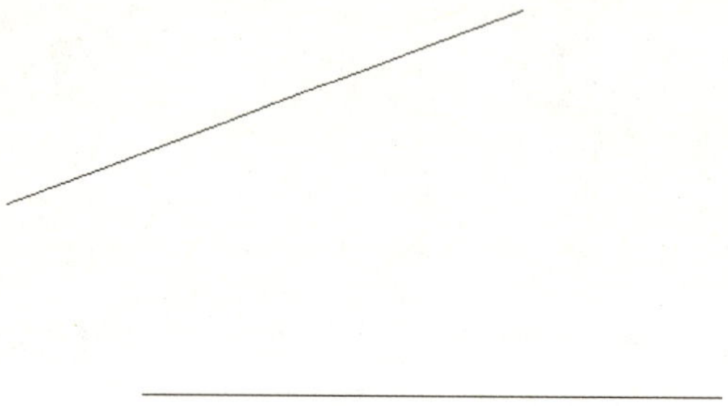

图8-111

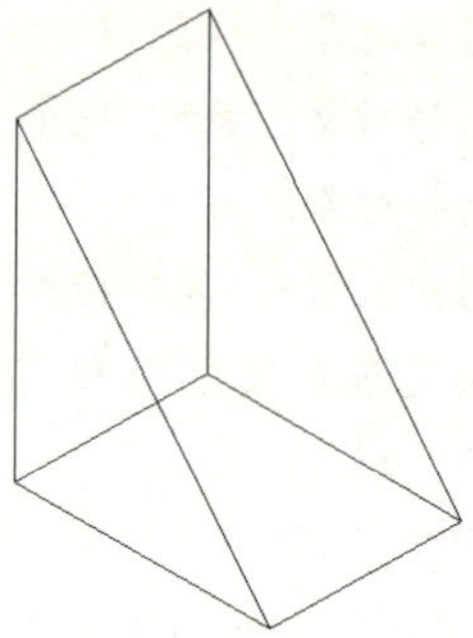

图8-112

第9章 绘制低层联体住宅平面图

本章将结合建筑设计规范和建筑制图要求，详细介绍建筑施工中低层联体住宅平面图的绘制过程，以及有关建筑平面图设计的一般要求，使用 AutoCAD 2010 绘制建筑平面图的方法与技巧。

学习目标

- 了解低层联体住宅的绘制要点
- 理解绘制低层联体住宅的设计流程
- 掌握首层建筑平面图的绘制方法
- 掌握二层建筑平面图的绘制技巧

建筑平面图简称平面图，是通过使用假想的水平剖切面将建筑物在某层门窗洞口范围内剖开，移去剖切平面以上的部分，对剩余部分做水平面正投影图形成的。主要反映建筑物的平面布局情况，是施工放线、墙体砌筑和安装门窗的依据。

9.1 实例分析

一套完整的建筑施工图，包括图纸首页、建筑平面图、建筑立面图、建筑剖面图、建筑详图等图纸。本章将以绘制低层联体住宅的平面图为例，详细介绍使用 AutoCAD 2010 软件绘制建筑平面图的方法与技巧。

9.1.1 设计方法分析

建筑平面图直接反映了建筑的平面形状和尺寸、房间的大小和布置、墙和柱的位置、门窗的位置和开启方向等。在本章所介绍的低层联体住宅平面图设计中，包括墙体、柱子、门窗、楼梯、阳台等各种不同功能的房间及空间，设计人员需注重低层联体住宅空间的划分和室内布局，合理安排室内外空间布置等，使各种建筑轮廓线丰富生动。

在具体设计绘图过程中，使用 AutoCAD 可以绘制出各功能块后，对其进行拼装组合、调整尺寸，协调相互之间的关系，使之组合成一个有机整体。

在充分分析、比较的基础上，初步得出建筑的大致轮廓，基本把握建筑物的平面布局及总体尺寸。此时，设计人员还可以进行细致的平面图绘制（使用 AutoCAD 初步确定柱网、墙体、门窗、楼梯、阳台等建筑部件，确定各部件的大体尺寸和形状）。

9.1.2 产品结构分析

平面图绘制是建筑绘图中最为重要的一步，其水平高低将决定建筑物的实现效果。它是对建设地点、周围环境及设计对象有了较为深刻理解的基础上开始的，设计时首先进行总体分析，初步确定出口位置及建筑物平面形状之后，再分析功能关系和流线组织，安排建筑各部分的相对位置并确定建筑物各部分的尺寸。

建筑平面图的设计表示了建筑物在水平方向房屋各部分的组合关系，确定了建筑平面中各组成部分的大小和相互关系。平面设计的方法没有统一模式，因为设计的建筑物多种多样，环境条件各异。本章低层联体住宅平面图示例的设计表现是：在低层联体住宅平面轮廓内合理布置客厅、卧室、卫生间、车库、厨房等，为业主提供安静而温馨的居住环境，以满足业主会客和聚会等方面的需要。

9.2 主要知识点

建筑平面图设计一般是以建筑环境及总体指标为依据，在深入分析建筑物环境因素、文化因素、气候因素、交通组织等之后，对其进行大致的功能分区，最后进行平面功能的具体划分以及开启门窗洞口、设计楼梯等。在进行建筑平面图的绘制之前，应先了解绘图比例、定位轴线、图线、标注尺寸以及详图索引符号等基本要素的使用。

1．绘图比例

根据“国标”的规定，绘制平面图常采用1：50、1：100、1：00、1：300的比例，在实际工程中常采用1：100的比例。

2．定位轴线

定位轴线是施工定位、放线的重要依据，凡是承重墙、柱子等主要承重构件都应画出轴线以确定其位置。

“国标”《建筑制图标准（GB/T50104-2001）规定定位轴线采用细点划线表示，并予以编号，轴线和端部画直径为 8mm 的细实线圆圈，在圆圈内写上轴线编号。横向编号采用阿拉伯数字，从左至右顺序编写，竖向编号采用大写拉丁字母，自下而上顺序编写。拉丁字母中的 I、O、Z 不能用作轴线编号，以免与阿拉伯数字中的 1、0、2 混淆。

在建筑平面图中，一般在图样的下方与左侧标注定位轴线的编号，当平面图不对称时，也应在上方和右侧标注轴线编号。

3．图线

建筑平面图中的图线应粗细有别，层次分明。被剖切到的墙体、柱子等截面轮廓线用粗实线（b）

绘制，门窗的开启示意线用中实线（0.5b）绘制，其余可见轮廓线用细实线（0.35b），尺寸线、标高符合、定为轴线的圆圈、轴线等用细实线和细点划线绘制。其中，b 的大小可根据不同情况选取适当的线宽组，如表 9-1 所示。

表 9-1 线宽比和线宽对照

单位：mm

线宽比	线宽组					
b	2.0	1.4	1.0	0.7	0.5	0.35
0.5*b*	1.0	0.7	0.5	0.35	0.25	0.18
0.35*b*	0.7	0.5	0.35	0.25	0.18	0.12

4．标注尺寸

平面图上标注的尺寸有外部尺寸和内部尺寸两种，一般以 mm 为单位，而标高则以 m 为单位。在外墙外轮廓内，应有必要的内部尺寸，如房间的净尺寸、窗洞口宽、定位尺寸等。对于有剖面图或详图的部分，还应标注清楚剖切符号及剖面图的编号，以配合平面图的识读。平面图的外部尺寸主要有如下三道。

① 第一道尺寸主要标明外墙门框洞口宽度及定位尺寸，同时标明窗间墙的宽度。

② 第二道标明定位轴线距离、开间和进深的尺寸。

③ 第三道尺寸反映建筑物该层的总长度和总宽度。

5．详图索引符号

一般在屋顶平面图附近配以檐口、女儿墙泛水、雨水口等构造详图，以配合平面图的识读。凡需绘制详图的部位，均应画上详图索引符号，注明要画详图的位置、详图的编号及详图所在的图纸的编号。详图的圆圈应画成半径为 7mm 的粗实线圆，索引符号的圆和水平直径均以细实线绘制，其直径为 10mm。

9.3 设计流程

在 AutoCAD 2010 中，绘制一般建筑平面图的具体流程如下：

（1）创建新图形，设置绘图环境。

（2）绘制定位轴线及柱网。

（3）绘制各种建筑构配件（如墙体线、门窗洞等）的形状和大小。

（4）绘制各个建筑细部。

（5）绘制尺寸界线、标高数字、索引符号，对其进行尺寸标注及文字标注。

（6）加图框和标题，并打印。

9.4 绘制首层建筑平面图

绘制建筑平面图的基本方法为先根据需要的绘图方案设置绘图环境，再确定柱网、墙体、门窗、阳台、楼梯、散水、设备等，最后对所绘图样进行尺寸标注和必要文字说明等。

9.4.1 建筑平面图的图示内容

建筑平面图是建筑施工图中施工放线、墙体砌筑、安装门窗、室内装修、编制预算以及施工备料等的重要依据。一幅完整的建筑平面图一般应包括如下几部分基本内容。

① 建筑物形状、内部的布置及朝向，包括建筑物的平面形状，各种房间的布置及相互关系，入口、走道、楼梯的位置等。

② 建筑物的尺寸。在建筑平面图中用轴线和尺寸线表示各部分长宽尺寸和准确位置。

③ 表明建筑物的结构形式及主要建筑材料。

④ 表明各层的地面标高。首层室内地面标高一般定为 ±0.000，并注明室外地坪标高，其余各层均注有地面标高。有坡度要求的房间内还应注明地面坡度。

⑤ 一般平面图中均有房间的名称或编号，首层平面图还应标注表明建筑物朝向的指北针、建筑剖面图的剖切位置等。

⑥ 表明门窗及其过梁的编号、门的开启方向。

⑦ 综合反映其他各工种（工艺、水、暖、电、网线等）对土建的要求，在图中表明其位置和尺寸。

⑧ 表明室内装修做法，包括室内地面、墙面及顶棚等处的材料及做法。

⑨ 其他设施、构造，如阳台、雨篷、台阶、卫生器具等。

注意

平面图中不易标明的地方，如施工要求、砖及灰浆的标号等需要用文字说明。一般情况下，所绘制的建筑物有几层，就需要绘制几张平面图，并在图纸的下方正中标注相应的图名，如“首层平面图”、“二层平面图”、“房屋顶层平面图”等。

在进行低层联体住宅平面图的绘制过程中，需要涉及的关键技术如下。

① 使用“矩形”、“修剪”、“延伸”等二维绘图和编辑命令绘制建筑物平面轮廓。

② 使用“直线”、“偏移”、“阵列”等绘图命令和编辑命令绘制门窗。

③ 使用“图案填充”、“复制”、“插入块”等命令绘制和布置家具。

④ 使用 Photoshop 软件对建筑图样进行后期处理。

9.4.2 设置绘图环境

在使用 AutoCAD 2010 进行建筑平面图的绘制之前，需要预先设置相应的绘图环境。

双击桌面上创建的 AutoCAD 2010 中文版的快捷方式图标，在打开工作界面内选择“文件”→“新建”命令，即可弹出“选择样板”对话框，如图 9-1 所示。在其中选择一个已经设置好的空白样板，也可以在样板的基础上进行修改。

还可以利用向导来实现新图形文件的建立，具体的操作步骤如下。

（1）在命令行中输入“STARTUP”命令之后，按“Enter”键进行确认。

（2）当命令行中出现提示“输入‘STARTUP’的新值 <0>:”时，输入数字“1”后，按“Enter”键进行确认执行（输入“0”则可以创建另一种图形方式）。

（3）选择“文件”→“新建”命令，即可弹出“创建新图形”对话框，在其中单击“从草图开始”按钮，系统将使用英制或公制默认设置创建新图形，如图 9-2 所示。

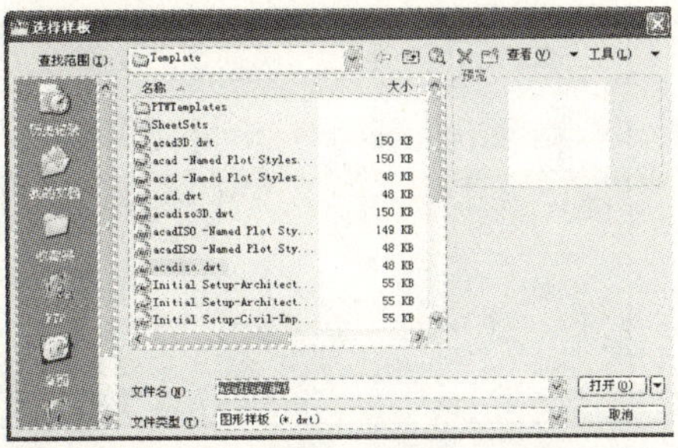

图9-1 “选择样板”对话框

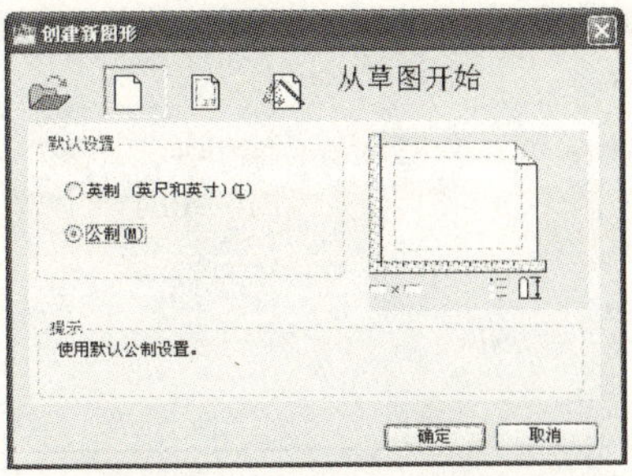

图9-2 “从草图开始”对话框

（4）可以单击“使用样板”按钮，通过选择样板来创建新的图形文件，如图 9-3 所示。也可以通过单击“浏览”按钮来选择更多的样板文件。

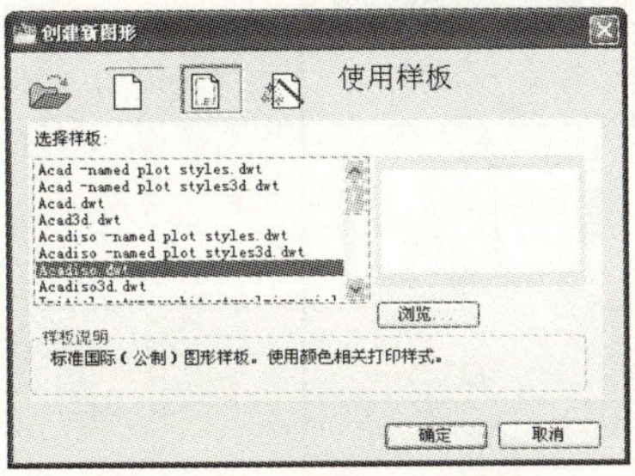

图9-3 “使用样板”界面

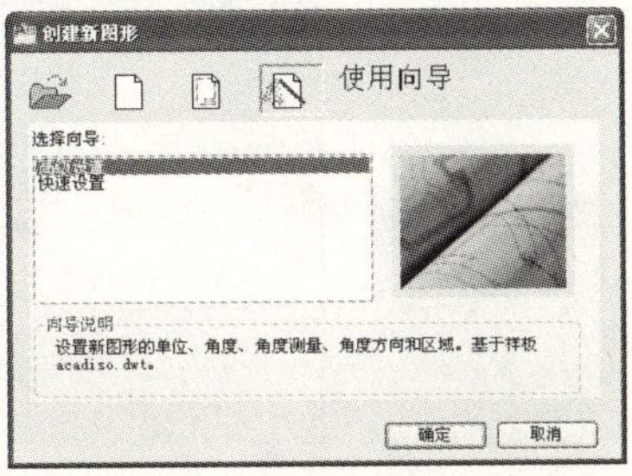

图9-4 “使用向导”界面

（5）如果想要自定义图形文件，则可以单击“使用向导”按钮，通过向导来逐步创建新的图形文件（建议选择“快速设置”向导模式），如图 9-4 所示。

技巧

在使用向导创建新图形时，“快速设置”将基于样板 acadiso. dwt 设置新图形的单位和区域，而“高级设置”将对新图形的单位、角度、角度测量、方向和区域进行设置。

（6）根据需要这里选择“高级设置”向导模式，单击“确定”按钮，即可打开“高级设置”对话框，将测量单位设置为“小数”型；在“精度”下拉列表中选择“0.0000”选项，如图 9-5 所示。

（7）单击“下一步”按钮，将角度测量单位设置为“十进制度数”型；在“精度”下拉列表框中选择“0”选项，如图 9-6 所示。

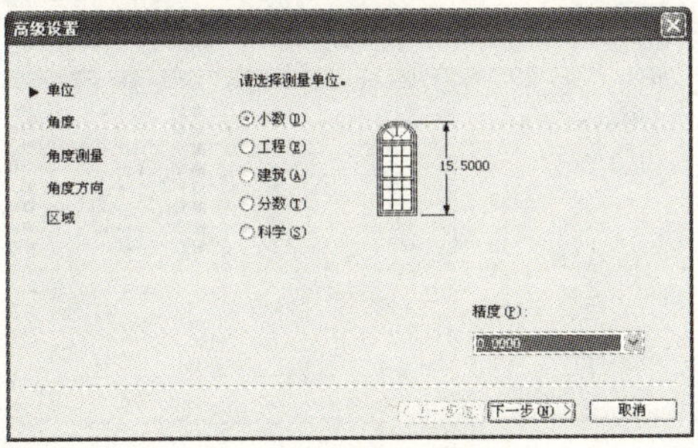

图9-5 设置测量单位

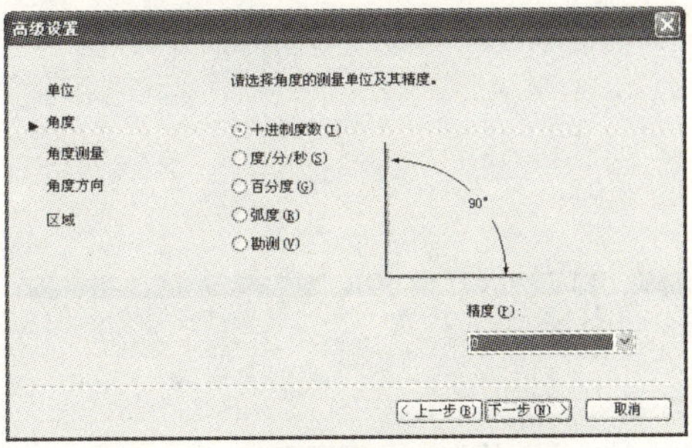

图9-6 设置角度测量单位及角度

（8）单击“下一步”按钮，将角度测量的起始方向设置为“东”，如图 9-7 所示。

（9）继续单击“下一步”按钮，将“角度测量方向”设置为“逆时针”，如图 9-8 所示。

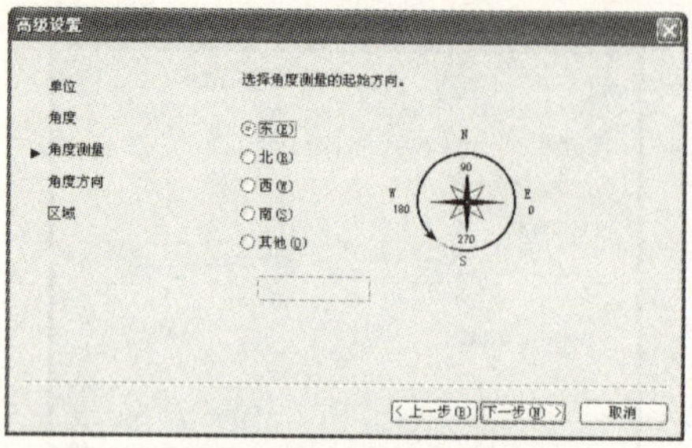

图9-7　设置角度测量的起始方向

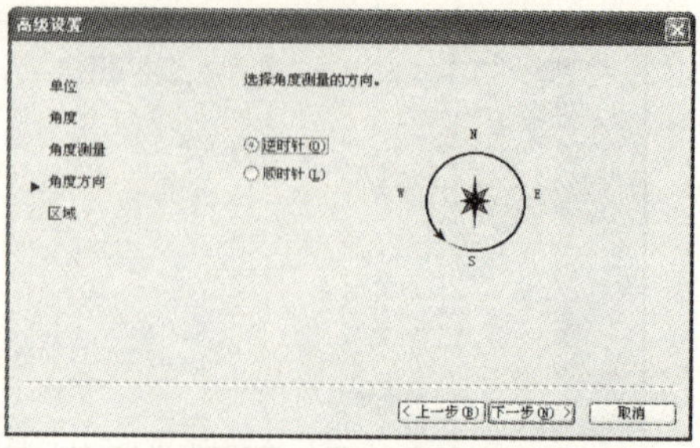

图9-8　设置角度测量方向

（10）单击“下一步”按钮，在“宽度”文本框中输入“42000”，在“长度”文本框中输入“29700”，如图 9-9 所示。最后单击“完成”按钮，即可结束绘图环境的设置。

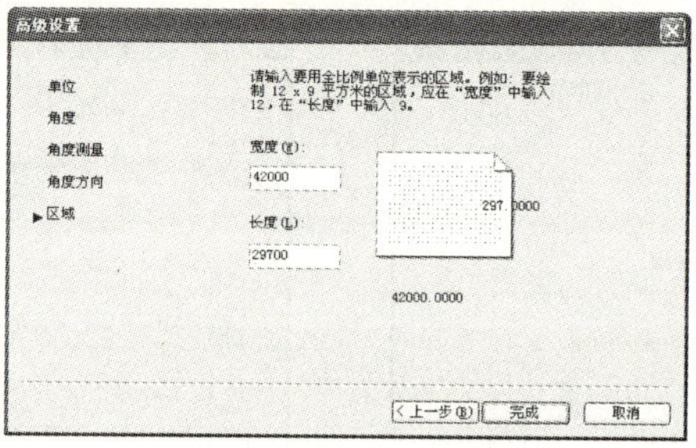

图9-9　设置绘图区域

绘制建筑平面图的一般步骤是先根据需要的图形内容进行样图设置，再对各部分进行绘制。建筑工程中的墙体、门窗、踏步、标高、设备、尺寸、说明等按国标应采用实线、虚线、中心线、点划线等各种不同的线型，且线型宽度各不相同。

为了方便管理这些容易引起混乱的图形，AutoCAD 引入了图层的概念，把各个不同属性的图形放在不同的层上进行处理，方便了用户对图形的修改和编辑。

图层是指将不同性质的对象分别画在不同的投影片（图层）上（如将图形的主要线段、中心线、尺寸标注等分别画在不同的图层上），每个图层可设置不同的线型、线条颜色，再将所有的图层堆栈在一起，即成为一张完整的图面。而且每个图层还具备控制图层可见和锁定等的控制开关，可以很方便地进行单独控制。具体的操作步骤如下。

（1）选择功能区选项板中的“常用”选项卡，单击“图层”面板的“图层特性”按钮，或选择“格式”→“图层”命令，即可弹出“图层特性管理器”浮动面板，如图 9-10 所示。

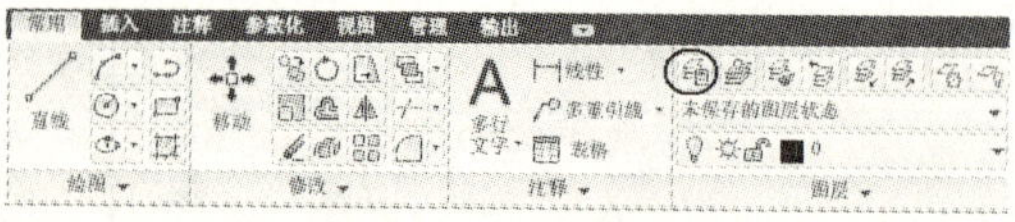

图9-10　图层面板

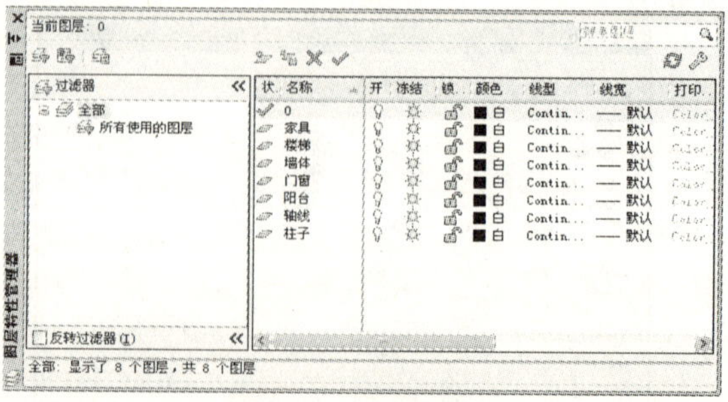

图9-11　建立图层

（2）单击“新建图层”按钮，依次创建图样基本图层，如图 9-11 所示。

注意

图层名最多可包含255个字符，可以为字母、数字和特殊字符，如美元符号（$）、连字符（-）和下划线（_），但不能包含空格。当需要更改特性时，可以单击颜色、线型或线宽，从弹出的下拉列表中选择相应的新设置。

9.4.3 实例 1：建立与编辑定位轴线

定位轴线，又称基准线，是进行施工定位、放线的重要依据，一般采用断线绘制，各线之间具有平行或垂直关系。在绘图过程中，往往先定义某一个基准线，然后使用“偏移”命令来快速完成操作。具体的绘制方法如下。

（1）打开“图层特性管理器”浮动面板，选中“轴线”图层后，单击“置为当前”按钮，即可将其设置为当前图层。

（2）单击“轴线”图层栏中的“线型”链接按钮，将会弹出“选择线型”对话框，单击“加载”按钮，即可在“加载或重载线型”对话框中选择可用线型中的“CENTER”类型，如图 9-12 所示。

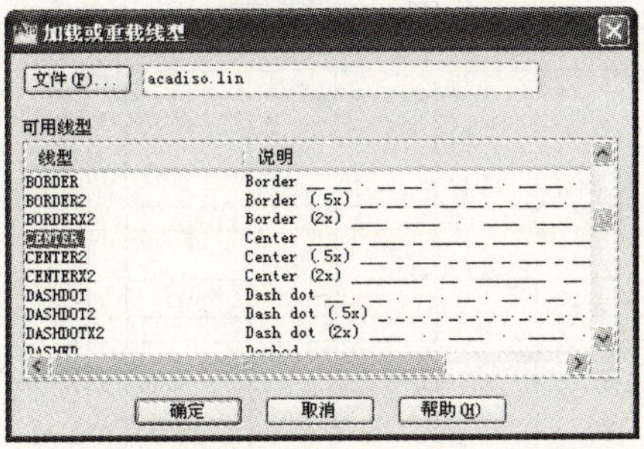

图9-12 “加载或重载线型”对话框

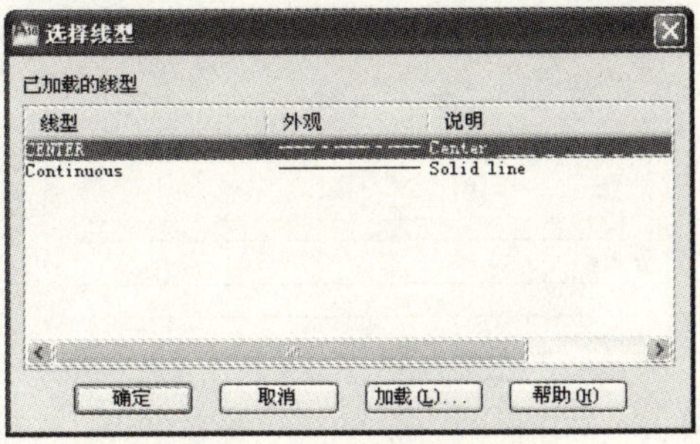

图9-13 “选择线型”对话框

（3）单击“确定”按钮，返回“选择线型”对话框，此时在“已加载的线型”列表中即可看到刚加载的“CENTER”线型，如图 9-13 所示。最后单击“确定”按钮，则“图层特性管理器”对话框中“轴线”的线型将显示为“CENTER”。

（4）选择“格式”→“线型”命令，即可弹出“线型管理器”对话框，在其中选择“CENTER”线型后，单击“显示细节”按钮，在“全局比例因子”文本框中输入“20”。单击“确定”按钮，即可完成对轴线的设置，如图 9-14 所示。

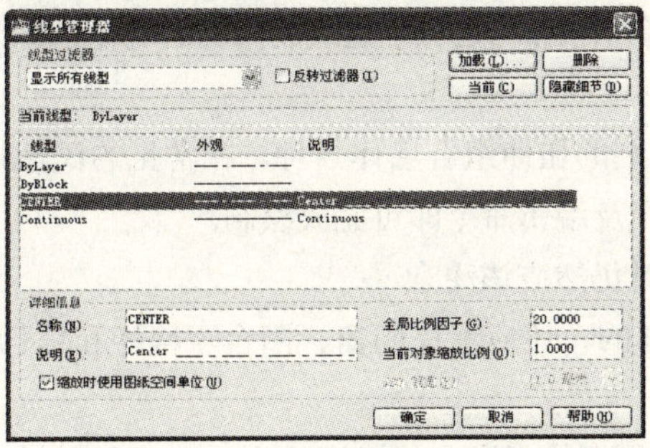

图9-14 “线型管理器”对话框

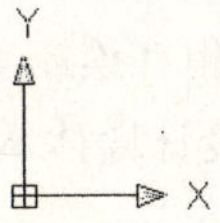

图9-15 绘制第一条水平轴线

（5）选择功能选项板中“常用”选项卡，单击“绘图”面板中的“直线”按钮，或选择“绘图”→“直线”命令，即可绘制第一条水平轴线，其长度为14700，如图9-15所示。

命令：line
指定第一点：4000,13200 （指定第一点坐标）
指定下一点或［放弃(U)］：@14700,0 （指定第一点坐标）
指定下一点或［放弃(U)］： （按“Enter”键结束直线命令）

（6）在“常用”选项卡下的“修改”面板中，单击“偏移”工具，或选择“修改”→“偏移”命令，将水平轴线向下依次偏移3300、3900、5100、6000、6600、7800、9300、11400、12800、13200，具体的显示效果如图9-16所示。

（7）选择功能选项板中的“常用”选项卡，单击“绘图”面板中的“直线”按钮，利用捕捉功能，以第一条水平轴线的左端点为起点，绘制出垂直向下长度为13200的纵向轴线。

命令：line
指定第一点：4000,13200 （捕捉第一条水平轴线的左端点）
指定下一点或［放弃(U)］：@0,-13200 （指定第一点坐标）
指定下一点或［放弃(U)］： （按“Enter”键结束直线命令）

（8）在“常用”选项卡下的“修改”面板中，单击“偏移”工具，将纵向轴线向右依次偏移900、1500、3900、5100、6300、8700、10800、13800、14700，如图9-17所示。

图9-16 水平轴线

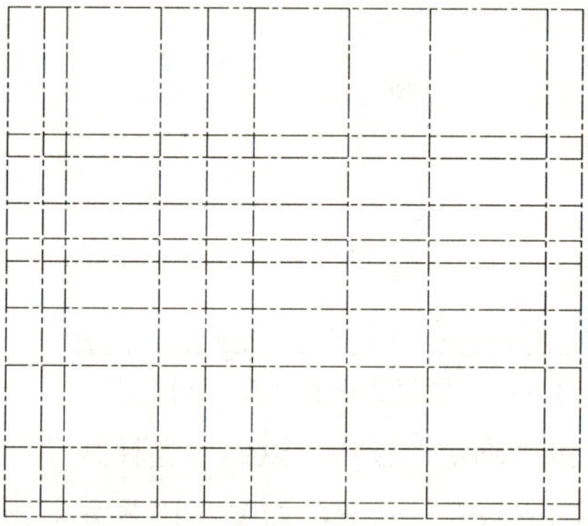

图9-17 绘制纵向轴线

9.4.4 实例2：绘制墙体

墙体依据其在房屋所处的位置的不同分为外墙和内墙。凡是位于建筑物外围的墙体都是外墙，外墙是建筑物的外围围护结构，起挡风、阻碍、保温等作用；凡是位于建筑物内部的墙体都称为内墙，内墙主要起隔断作用。

墙体按外形可分为直线墙体、曲线墙体和不规则的扭曲组合墙体3种。在常见的民用建筑中，大都是规则的直线型墙体，只需使用基本的二维绘图及编辑命令即可完成绘制。

虽然绘制起来没什么难度，但在绘制直线墙体时仍然应该注意。

① 在设计墙体时，只单单设计墙体本身是不够的，还应考虑门窗、阳台、楼梯和结构布置等相关因素，为深入细部打下基础。

② 建筑设计以100为基本模数，因此可设定绘图栅格间距和捕捉模数为100，运用目标捕捉热

键快速准确定位。水平和垂直墙可以在正交状态下以模数在轴网或网点上定位。

③ 斜墙线可根据已知墙线两端点的情况，用目标捕捉来实现，也可使用“旋转”命令，如果已知墙线端点坐标就可用极坐标、相对坐标定位。

在使用“多线”命令绘制墙线前，应根据需要对多线样式进行设置，具体操作步骤如下。

（1）选择“格式”→“多线样式”命令，即可弹出“多线样式”对话框，如图 9-18 所示。单击“新建”按钮，即可弹出“创建新的多线样式”对话框，在“新样式名”文本框中输入“墙线 -240”，如图 9-19 所示。

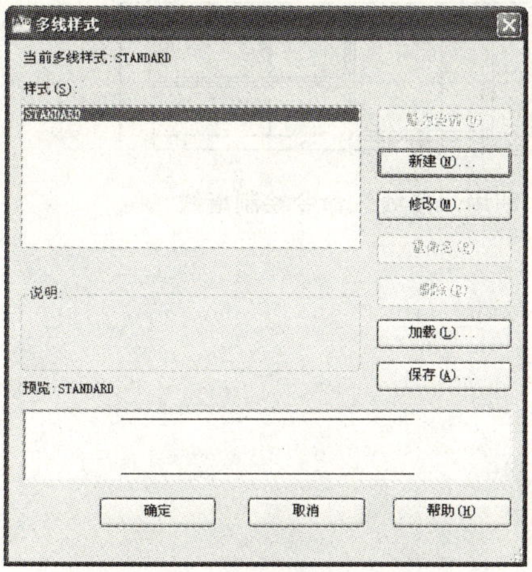

图9-18　“多线样式”对话框

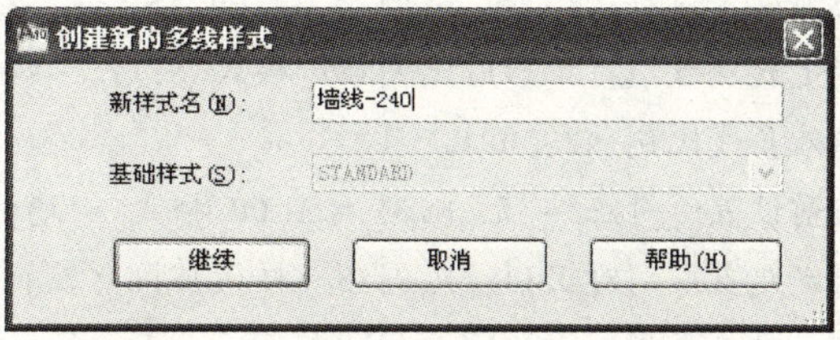

图9-19　“创建新的多线样式”对话框

（2）单击“继续”按钮，在“新建多线样式”对话框中选择直线的起点和端点复选框，分别设置元素偏移量为 120 和 -120，如图 9-20 所示。单击“确定”按钮，即可返回“多线样式”对话框。

（3）在“样式”列表框中选择“墙线 -240”，单击“置为当前”按钮，即可将其置为当前样式，如图 9-21 所示。单击“确定”按钮，此时，“墙线 -240”为多线的当前样式。

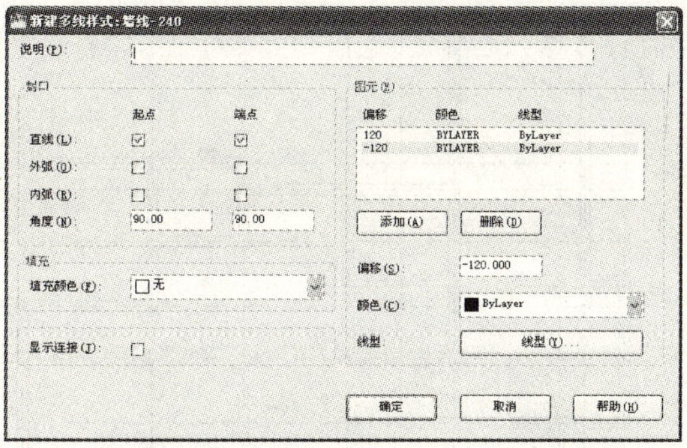

图9-20　“新建多线样式”对话框

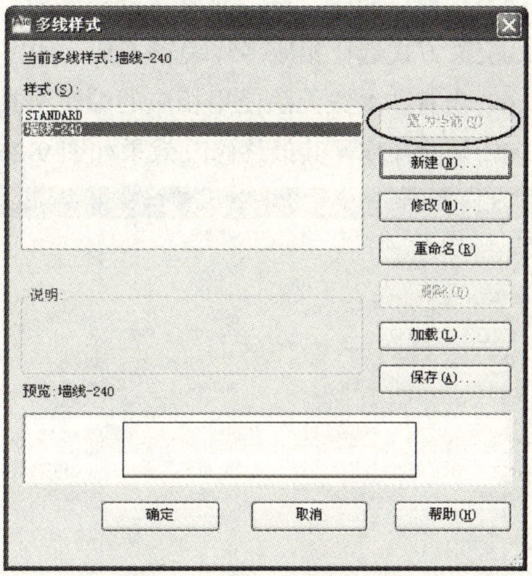

图9-21　设置当前多线样式

（4）依照前面所述步骤，将“墙体”图层设为当前图层，在“常用”选项卡下的“特性”面板中，单击“线宽”右侧的下拉三角按钮，在其中选择该图层线宽为 0.30 毫米，如图 9-22 所示。选择“绘图”→“多线”命令或“MLINE”命令，即可在绘图区域内绘制出如图 9-23 所示的墙线。

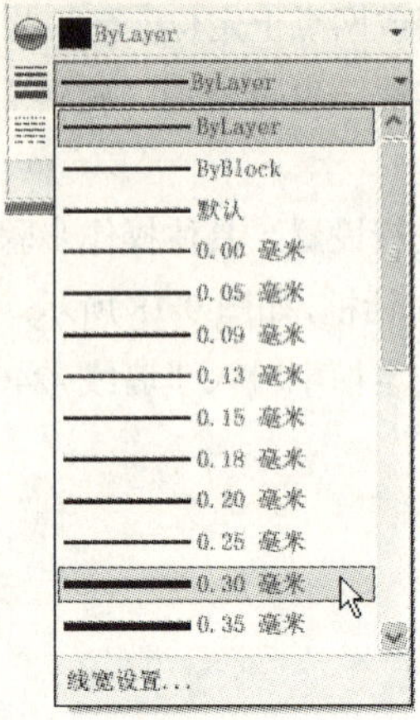

图9-22 设置线宽为0.30毫米

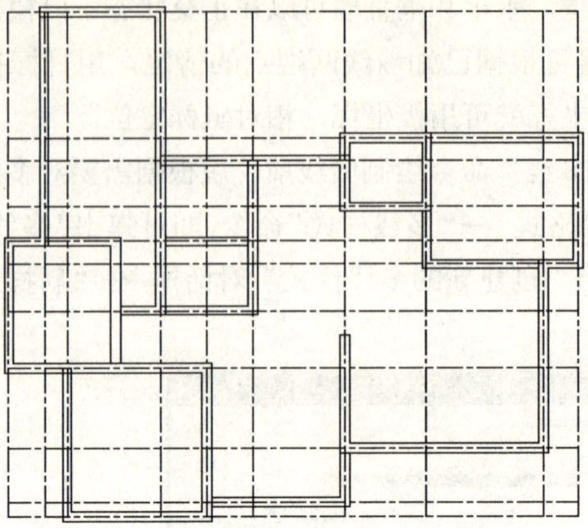

图9-23 利用“多线”命令绘制墙线

命令：mline

当前设置：对正 = 无，比例 = 20.00，样式 = 墙线-240

指定起点或 [对正(J)/比例(S)/样式(ST)]： s

输入多线比例 <20.00>： 1

当前设置：对正 = 无，比例 = 1.00，样式 = 墙线-240

指定起点或 [对正(J)/比例(S)/样式(ST)]： j

输入对正类型 [上(T)/无(Z)/下(B)] <无>： z

当前设置：对正 = 无，比例 = 1.00，样式 = 墙线-240

指定下一点： （指点多线的起点）

指定下一点或 [放弃(U)]： （依次捕捉墙体轴线点）

指定下一点或 [闭合(C)/放弃(U)]： （按“Enter”键结束墙线绘制）

（5）选择“修改”→“对象”→“多线”命令，即可弹出“多线编辑工具”对话框，根据不同的多线交叉方式选择相应多线编辑工具，如图 9-24 所示。

（6）当有些多线无法使用相应的编辑工具时，可通过“分解”、“修剪”或“延伸”命令对图形进行编辑修改操作，其最终修改效果如图 9-25 所示。

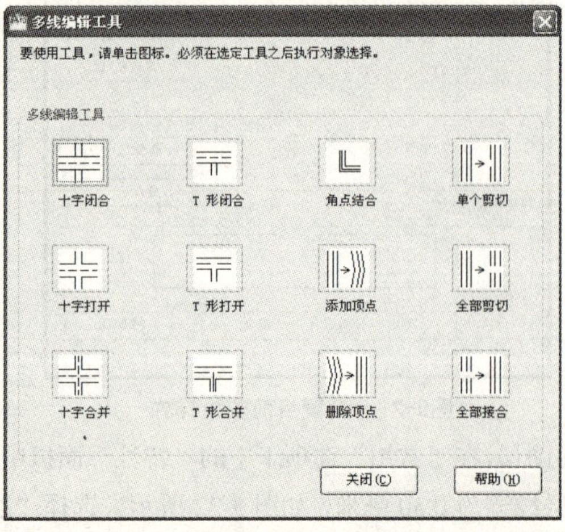

图9-24 “多线编辑工具”对话框

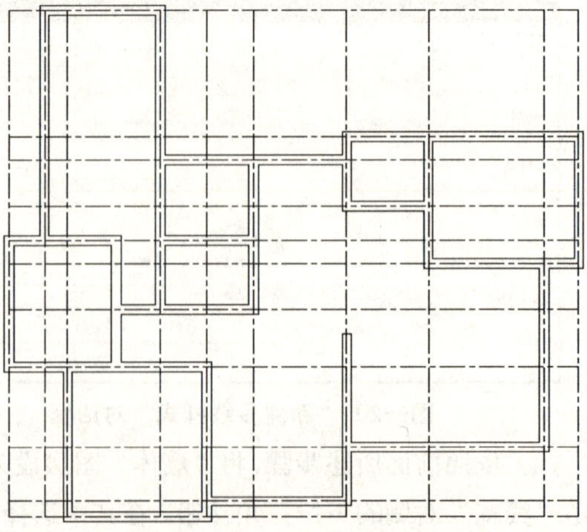

图9-25 编辑修改后的墙线

9.4.5　实例3：绘制门窗、楼梯和阳台等

对于建筑图样中使用较多的元素，可以先绘制出一个该元素，再将其制作成块插入到图中，从而提高绘图效率。

1. 绘制门窗洞口

门窗洞口，是指大门里面有顶的较长的过道。在绘制门窗前，首先介绍门窗洞口的绘制方法，具体的操作步骤如下。

（1）在“墙体”图层设置为当前图层的条件下，选择功能选项板中的“常用”选项卡，单击“绘图”面板中的“直线”按钮，绘制长度为240mm的线段，再利用“偏移”将其向右偏移1000mm。

```
命令：line
指定第一点：                                              （适当拾取一点）
指定下一点或 [放弃(U)]：@0,-240
指定下一点或 [放弃(U)]：                                  （按Enter键结束直线命令）
命令：offset
当前设置：删除源=否　图层=源　OFFSETGAPTYPE=0             （显示当前状态）
指定偏移距离或 [通过(T)/删除(E)/图层(L)] <240>：　1000    （指定偏移距离）
选择要偏移的对象，或 [退出(E)/放弃(U)] <退出>：           （选择所绘直线）
指定要偏移的那一侧上的点，或 [退出(E)/多个(M)/放弃(U)] <退出>：（选择偏移方向）
选择要偏移的对象，或 [退出(E)/放弃(U)] <退出>：           （按“Enter”键结束偏移命令）
```

（2）单击“块”面板中的“创建块”按钮，即可弹出“块定义”对话框，在“名称”文本框中输入“门窗”块名。单击“选择对象”按钮，即可在绘图区域中绘制如图9-26所示的图形。

图9-26　门窗洞口

（3）单击“拾取点”按钮，选择左侧门洞线上端的端点作为基点，单击“确定”按钮，即可完成“门窗”图块的创建，如图9-27所示。

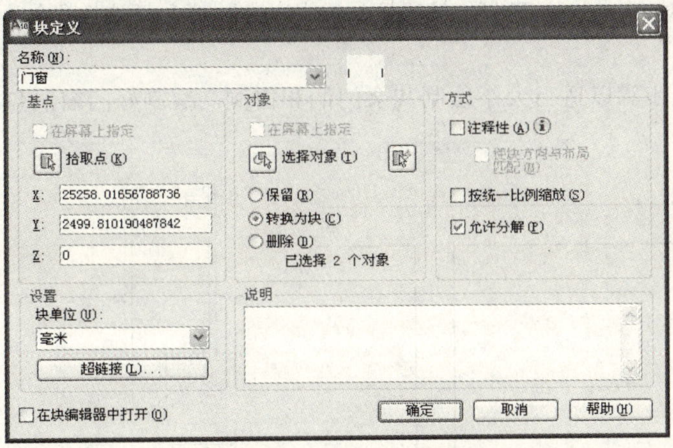

图9-27　“块定义”对话框

（4）单击“块”面板中的“插入”按钮，即可弹出“插入”对话框，在“名称”下拉列表中选择“门窗”图块，在“比例”中将X放线的比例设置为“1.5”，如图9-28所示。单击“确定”按钮，即可在绘图区域拾取插入基点，如图9-29所示。

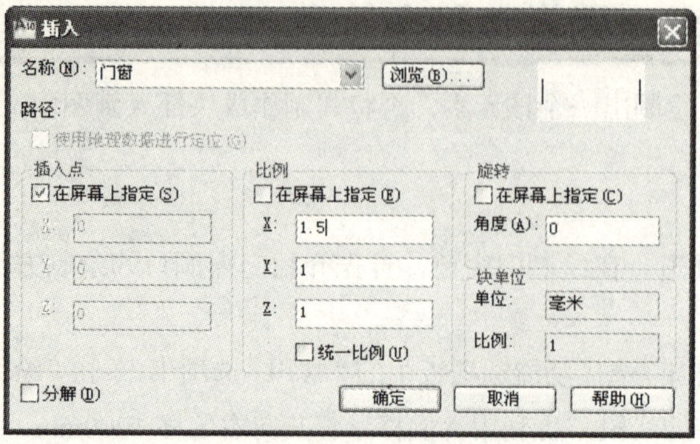

图9-28 “插入”对话框

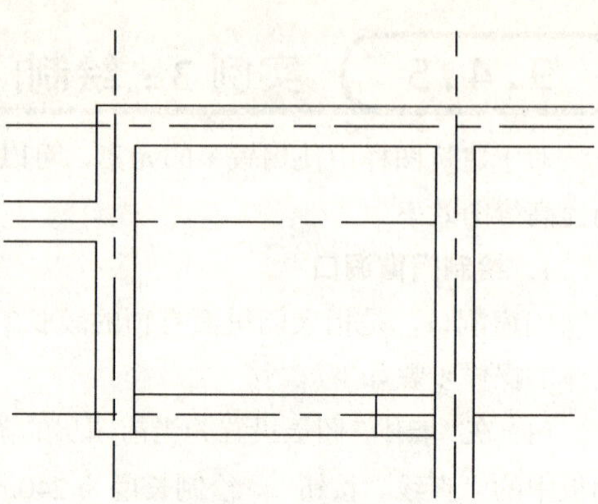

图9-29 插入门洞

（5）在关闭“轴线”图层的可见性之后，单击“修改”面板中的“移动”按钮，将所插入的门洞水平向右移动200mm。

命令：move
选择对象：找到 1 个　（选取门窗对象）
选择对象：　（按“Enter”键结束对象选取）
指定基点或 [位移(D)] <位移>:　（捕捉左侧门洞线的中点）
指定第二个点或 <使用第一个点作为位移>：@200,0　（输入第二点坐标）

（6）单击“修改”面板中的“修剪”按钮，即可对图样中的多余线条进行修剪操作，如图9-30所示。

命令：_trim
当前设置：投影=UCS，边=无　（显示当前状态）
选择剪切边...
选择对象或 <全部选择>：　指定对角点：找到 13 个　（选取修剪对象）
选择对象：　（按“Enter”键结束对象选取）
选择要修剪的对象，或按住 Shift 键选择要延伸的对象，或　（选择多余的线条）
……

（7）按照上述步骤以适当大小绘制其余门洞和窗洞，绘制好门窗洞口最终效果如图9-31所示。

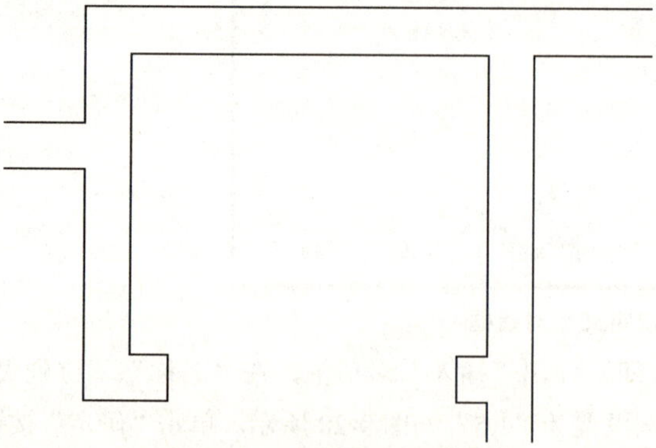

图9-30 偏移修剪后的门洞

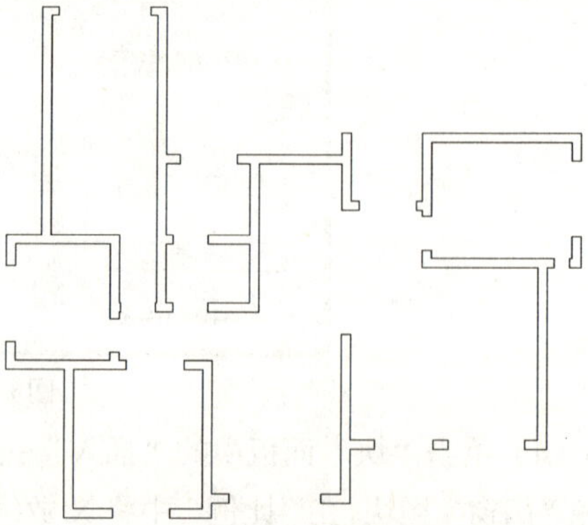

图9-31 门窗洞口图样

2．绘制门窗

建筑平面图中门窗的类型很多，如平开门（窗）、推拉门（窗）、旋转门、立式转窗等，本例中门窗的形式主要为平开门窗及推拉门。其中单扇平开门宽度为900mm，双扇平开门和推拉门的宽度为1500mm。

门窗的绘制步骤为：先画出门窗的基本形状，将其创建为图块，再将门窗图块插入到图样中的相应位置并对其大小、角度等进行调整，以适应不同宽度和角度的门窗洞口。

门对象的具体绘制过程如下。

（1）在当前图层为“门窗”图层的情况下，选择功能选项板中的“常用”选项卡，单击“绘图”面板中的“矩形”按钮▭，即可绘制出如图9-32所示的矩形。

命令：rectang

指定第一个角点或[倒角(C)/标高(E)/圆角(F)/厚度(T)/宽度(W)]: （适当指定点）

指定另一个角点或[面积(A)/尺寸(D)/旋转(R)]: @40,-900 （输入第二点坐标并按“Enter”键）

（2）单击“绘图”面板中的“三点”按钮⌒，以矩形的右上角顶点为起点，右下角顶点为圆心，绘制如图9-33所示的圆弧，其圆心角为90°，弧半径为900mm。

命令: arc

指定圆弧的起点或 [圆心(C)]: （捕捉矩形右上角顶点）

指定圆弧的第二个点或 [圆心(C)/端点(E)]: c

指定圆弧的圆心: （捕捉矩形右下角顶点）

指定圆弧的端点或 [角度(A)/弦长(L)]: a

指定包含角: 90 （输入包含角度数）

（3）单击“块”面板中的“创建”按钮，即可弹出“块定义”对话框，在其中将“单扇门-900”作为块名称输入之后，单击“选择对象”按钮，在绘图区域选择如图9-34所示的图形。

图9-32　矩形门扇

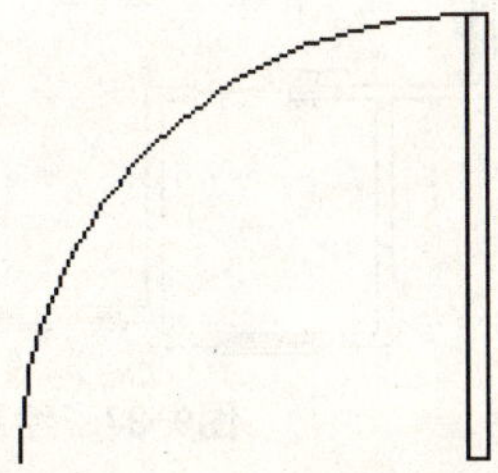

图9-33　单扇平开门

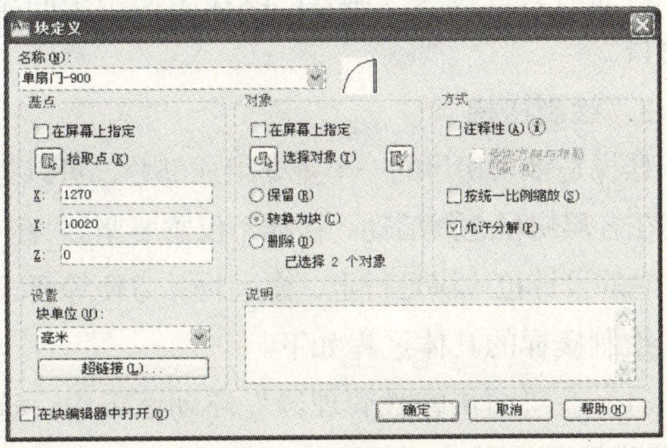

图9-34　“块定义”对话框

（4）单击“拾取点”按钮，选择门扇右下角顶点作为基点之后，单击“确定”按钮，即可完成“单扇门-900”图块的创建。利用“块”面板中的“插入”命令，即可将“单扇门-900”图块插入到图样中适合的位置。

窗的首要功能是通风、透气、采光，然后才是作为欣赏大自然的窗口。眼睛是心灵的窗户，窗户则是房子的心灵。窗户相对于整个房子设计而言是局部，如果设计得好，就会起到画龙点睛的作用，相反，则会让房子黯然失色。下面将详细介绍窗对象的绘制技巧。

（1）在当前图层为“门窗”图层的情况下，单击“绘图”面板中的“直线”按钮╱，绘制第一条窗线。

命令: line

指定第一点: （适当指定一点）

指定下一点或 [放弃(U)]: @1000,0 （输入第二点坐标）

指定下一点或 [放弃(U)]: （按“Enter”键结束直线命令）

（2）单击“修改”面板中的“阵列”按钮，即可弹出“阵列”对话框，在“行数”文本框中输入“4”；“列数”文本框中输入“1”；“行偏移”文本框中输入“80”；“列偏移”文本框中输入“0”；最后单击“选择对象”按钮，在绘图区域选择刚刚绘制的直线并按“Enter”键确认，如图 9-35 所示。

（3）单击“确定”按钮，即可完成“窗-1000”图块的绘制，如图 9-36 所示。

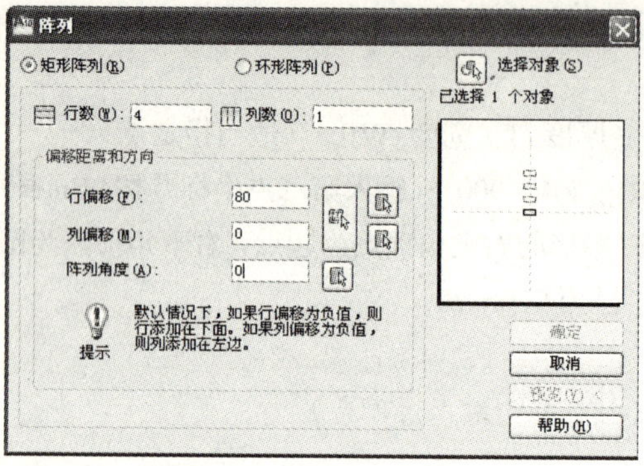

图9-35 “阵列”对话框

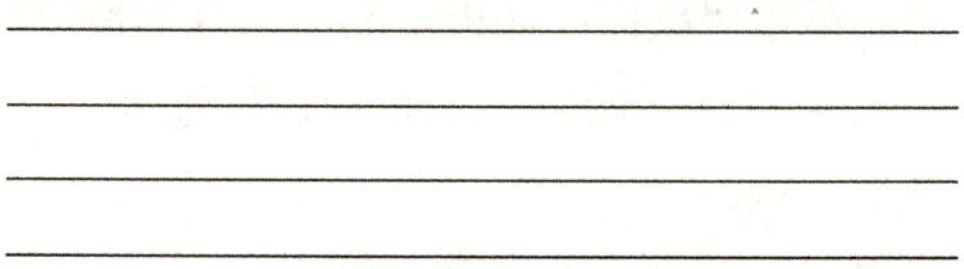

图9-36 窗的基本图形

再按照上述方法对其进行块定义，再利用“块”面板中的“插入”命令，将门、窗等布置在相应的位置并在窗户外添加窗台，如图 9-37 所示。其中，窗台为 1000mm×100mm 的矩形，在使用“插入块”命令时需对其进行尺寸调整，以便于使用不同宽度的窗口。

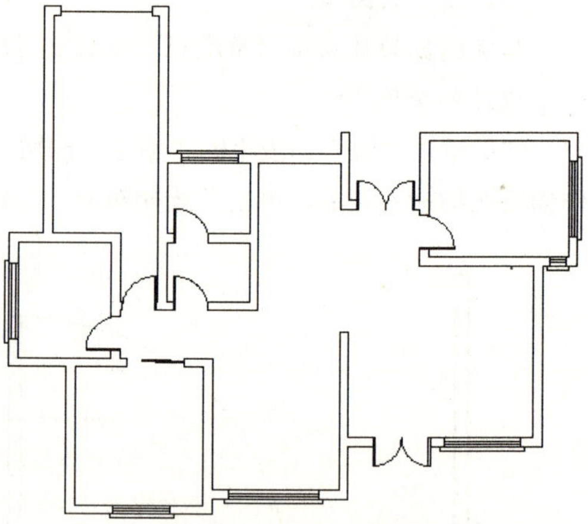

图9-37 绘制平面门窗

3. **绘制楼梯**

楼梯是多层房屋的一个重要组成部分，可以方便人们在各层房屋之间活动。楼梯不仅需要坚固、耐久，而且它的设计也应满足行走、搬运物品方便等要求。

绘制楼梯的具体过程如下。

（1）在“图层特性管理器”浮动面板中，选择“楼梯”图层，单击“置为当前”按钮，即可将其设置为当前图层，单击“绘图”面板中的“直线”按钮，在绘图区域的适当位置绘制水平踏步线，其长度为 1020。

命令: line

指定第一点: （适当指定一点）

指定下一点或 [放弃(U)]: @1020,0 （输入第二点坐标）

指定下一点或 [放弃(U)]: （按“Enter”键结束直线命令）

（2）单击“修改”面板中的“阵列”按钮，弹出“阵列”对话框，在“行数”与“列数”两个文本框中分别输入“6”和“1”；在“行偏移”文本框中输入“260”，“列偏移”文本框中输入“0”，如图 9-38 所示。

（3）单击“选择对象”按钮，在绘图区域中选择刚绘制的水平踏步线并按“Enter”键确认，最后单击“确定”按钮后，即可完成踏步线绘制，如图 9-39 所示。

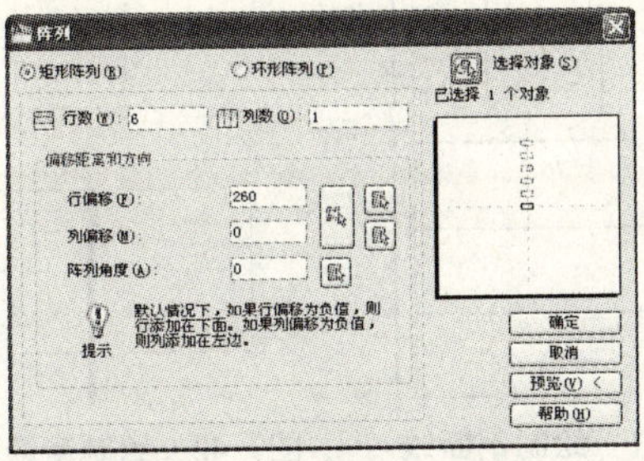

图9-38 “阵列”对话框

图9-39 绘制楼梯踏步线

（4）利用捕捉功能、直线命令及偏移命令，绘制如图 9-40 所示的图形。

命令：line

指定第一点：（捕捉最靠下踏步线的左端点）

指定下一点或 [放弃(U)]：@0,1500（输入第二点坐标）

指定下一点或 [放弃(U)]：（按“Enter”键结束直线命令）

命令：copy

选择对象：找到 1 个（选取最左侧的垂直线段）

选择对象：（按“Enter”键结束对象的选取）

当前设置： 复制模式 = 多个（显示当前状态）

指定基点或 [位移(D)/模式(O)] <位移>：（捕捉最靠下踏步线的左端点）

指定第二个点或 <使用第一个点作为位移>：（捕捉最靠下踏步线的右端点）

指定第二个点或 [退出(E)/放弃(U)] <退出>：（按“Enter”键结束复制命令）

命令：offset

当前设置：删除源=否 图层=源 OFFSETGAPTYPE=0（显示当前状态）

指定偏移距离或 [通过(T)/删除(E)/图层(L)] <80>： 60（指定偏移距离）

选择要偏移的对象，或 [退出(E)/放弃(U)] <退出>：（选取最左侧的垂直线段）

指定要偏移的那一侧上的点，或 [退出(E)/多个(M)/放弃(U)] <退出>：（指定偏移方向）

选择要偏移的对象，或 [退出(E)/放弃(U)] <退出>：（选取最右侧的垂直线段）

指定要偏移的那一侧上的点，或 [退出(E)/多个(M)/放弃(U)] <退出>：（指定偏移方向）

选择要偏移的对象，或 [退出(E)/放弃(U)] <退出>：（按“Enter”键结束偏移命令）

（5）利用“构造线”按钮，绘制剖断线并使其通过楼梯右侧栏杆线上端点。

命令：xline

指定一点或 [水平(H)/垂直(V)/角度(A)/二等分(B)/偏移(O)]：a

输入构造线的角度 (0) 或 [参照(R)]： 45

指定通过点：（选取右侧栏杆线的上端点）

指定通过点：（按“Enter”键结束构造线命令）

（6）利用直线命令绘制“Z”字形折断线后，再利用修剪命令对齐进行调整，如图 9-41 所示。

（7）选择“绘图”→“多线段”命令，即可绘制箭头，并通过“移动”命令将其向下移动 60mm，如图 9-42 所示。

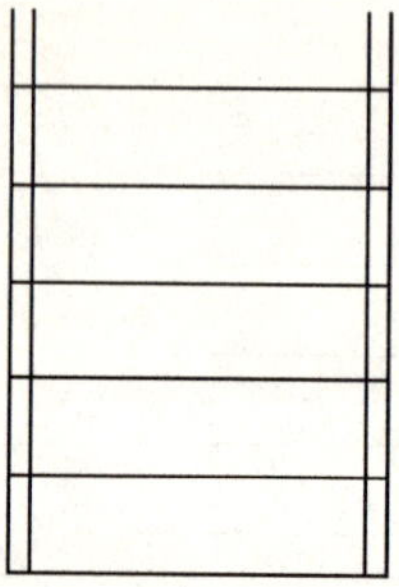

图9-40　绘制楼梯踏步边线

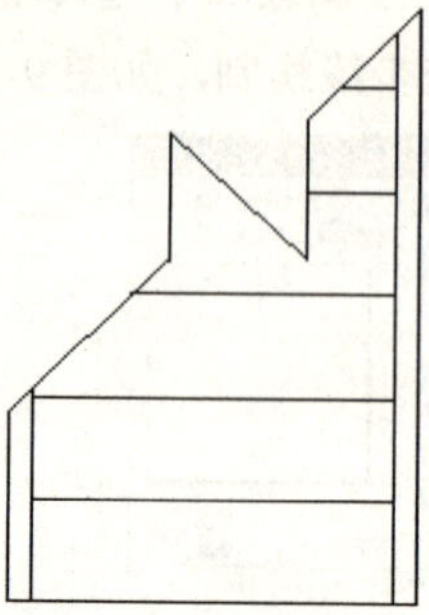

图9-41　绘制剖断线

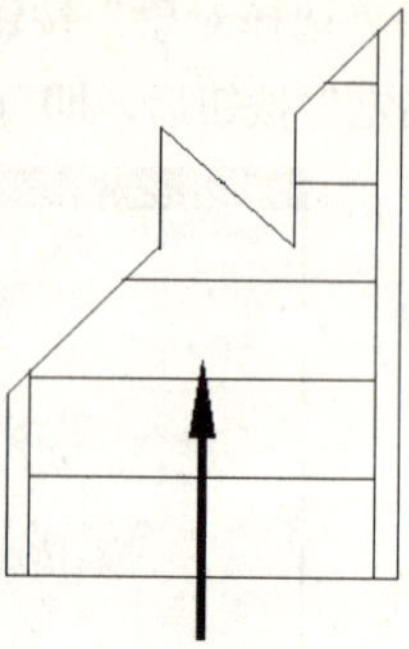

图9-42　绘制带箭头引线

命令：pline
指定起点：（捕捉楼梯踏步线中点）
当前线宽为 0（显示当前线宽）
指定下一个点或 [圆弧(A)/半宽(H)/长度(L)/放弃(U)/宽度(W)]：w（修改线宽）
指定起点宽度 <0>：20（输入起点宽度值）
指定端点宽度 <20>：（按“Enter”键默认端点宽度）
指定下一个点或 [圆弧(A)/半宽(H)/长度(L)/放弃(U)/宽度(W)]：@0,750（输入端点坐标）
指定下一点或 [圆弧(A)/闭合(C)/半宽(H)/长度(L)/放弃(U)/宽度(W)]：w（修改线宽）
指定起点宽度 <20>：70（输入起点宽度值）
指定端点宽度 <70>：0（输入端点宽度值）
指定下一点或 [圆弧(A)/闭合(C)/半宽(H)/长度(L)/放弃(U)/宽度(W)]：（适当指定一点）
指定下一点或 [圆弧(A)/闭合(C)/半宽(H)/长度(L)/放弃(U)/宽度(W)]：（按“Enter”键结束多线段命令）
命令：move
选择对象：找到 1 个（选取箭头对象）
选择对象：（按“Enter”键结束对象的选取）
指定基点或 [位移(D)] <位移>：（捕捉楼梯踏步线中点）
指定第二个点或 <使用第一个点作为位移>：60（输入位移值）

（8）选择“格式”→“文字样式”命令，即可弹出“文字样式”对话框，将“Standard”样式置为当前样式并在“高度”文本框中输入“200”，如图 9-43 所示。单击“应用”按钮即可完成文字样式设置。单击“注释”面板中的“多行文字”按钮A，在绘图区域中选择适当位置输入文字“上”。

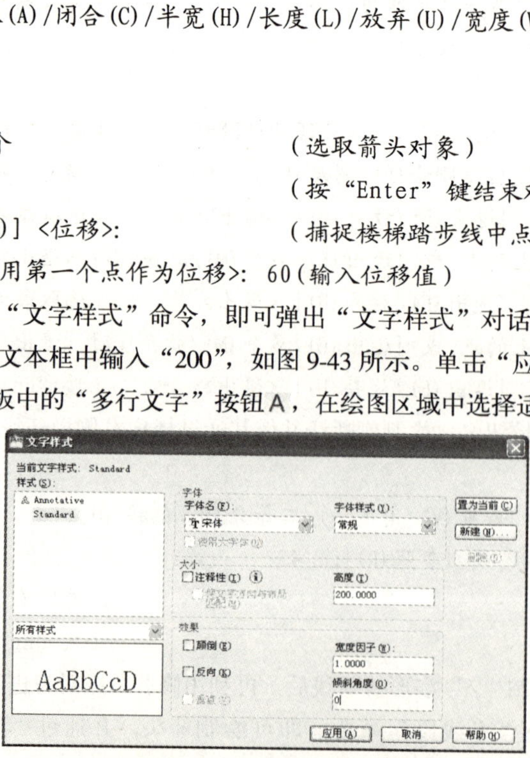

图9-43　“文字样式”对话框

4．绘制台阶

台阶的绘制思路和楼梯的绘制思路相似，具体的绘制过程如下。

（1）设置“台阶”图层为当前图层的条件下，单击“绘图”面板中的“矩形”按钮□，绘制一个尺寸为“350mm×2 000mm”的矩形并对其镜像，并在其中绘制长度为2100mm的线段之后，使用“偏移”命令连续将其向外侧偏移300mm，在适当的位置安置带箭头引线，如图9-44所示。

（2）使用“正多边形”命令绘制长度为350mm的正方形作为立柱的基座，并以矩形中心为圆心通过“圆”命令，绘制半径为130mm的圆。

（3）单击“绘图”面板中的“图案填充”按钮▣，即可弹出“图案填充和渐变色”对话框，在其中进行相应的设置，如图9-45所示。

（4）此时，台阶中立柱的平面图就已完成绘制，只要将其插入图样的合适位置，如图9-46所示。因图样中多次用到立柱，即可利用“块”面板中的“创建”命令将其定义为图块。

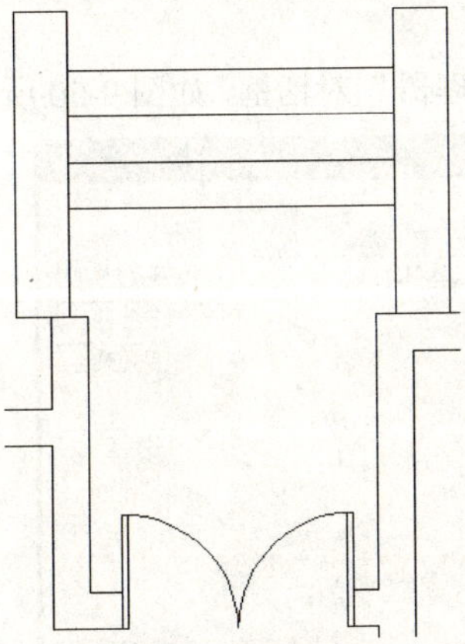

图9-44　绘制的台阶

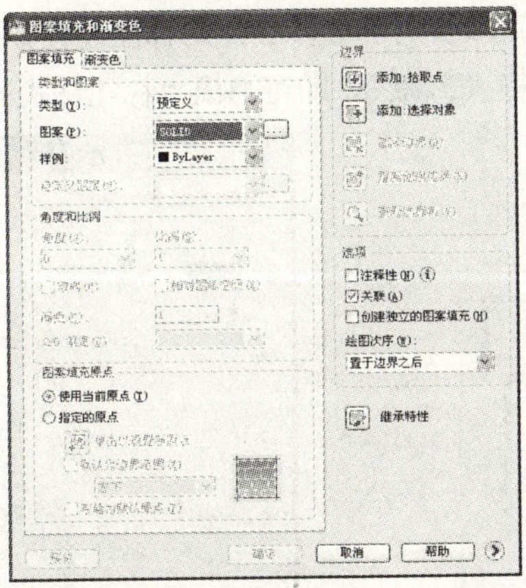

图9-45　“图案填充和渐变色”对话框

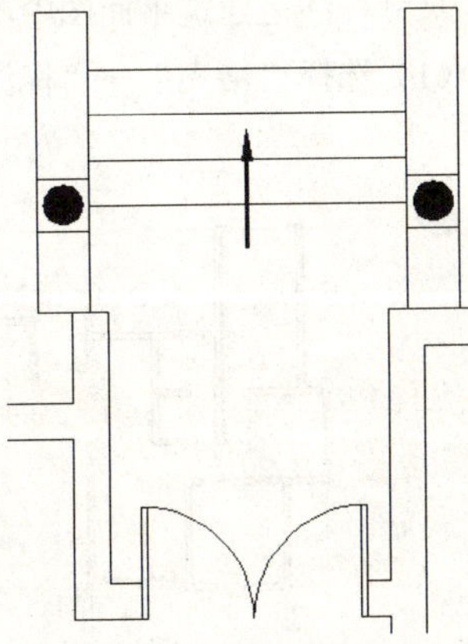

图9-46　绘制好的楼梯和立柱

9.4.6　实例4：尺寸、文字和符号标注

为了使整幅图形内容和大小一目了然，在基本图形绘制完成之后，还需要通过文字和尺寸对图形进行补充说明，以便结合文字和尺寸阅读图纸。

1．轴线标注

在建筑平面图上，一般在图下方与左侧标注定位轴线的编号，当平面图不对称时，也应在上方和右侧标注轴线编号。由于本例为平面不对称形状，因此，需要在上、下、左、右四个方向都进行标注。轴线标注的具体步骤如下。

（1）在“图层特性管理器”浮动面板中将“轴线编号”图层设置为当前图层，并改变其线型为“CENTER”类型，如图9-47所示。

（2）利用“直线”命令绘制一条长度为3000mm的竖直线段，其中一个端点为平面图中左侧第一根纵轴线。

（3）利用“圆”命令绘制半径为350mm的圆对象，其圆心为已绘的轴线延长线端点。利用“移动”命令，将所绘的圆对象向下平移350mm。

（4）选择“格式”→“文字样式”命令，即可打开“文字样式”对话框，在其中将文字“字体名”设置为“仿宋_GB2312”，“高度”为“300”，如图9-48所示。

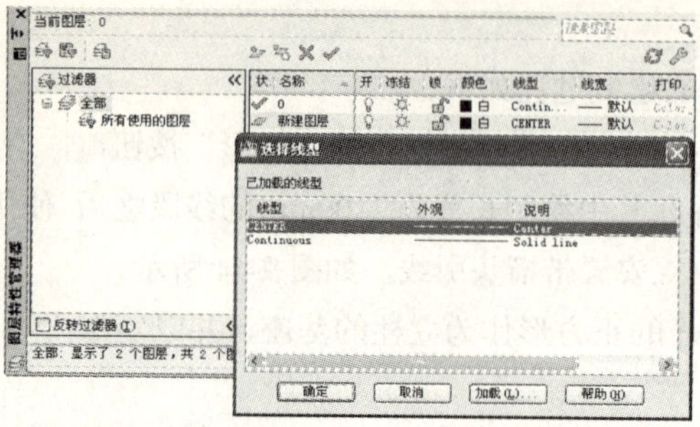

图9-47 “图层特性管理器”对话框

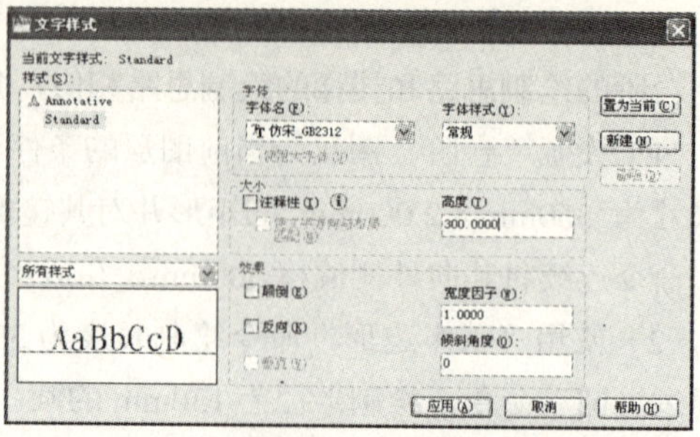

9-48 “文字样式”对话框

利用“多行文字”命令在轴线端点的圆内输入数字“1”。重复上面的步骤，完成其他轴线延长线及编号的绘制，并在相应的圆内输入编号，如图 9-49 所示。

2．尺寸标注

尺寸标注是建筑平面图中不可缺少的部分，具体的标注过程如下。

（1）选择“格式”→“标注样式”命令，即可弹出“标注样式管理器”对话框，如图 9-50 所示。

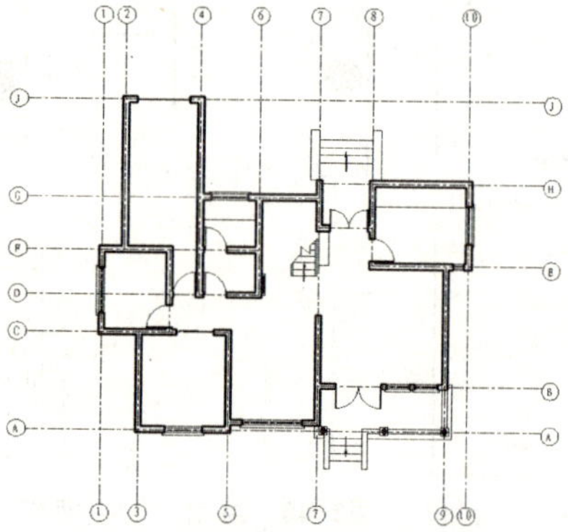

图9-49 添加轴线编号后的图样

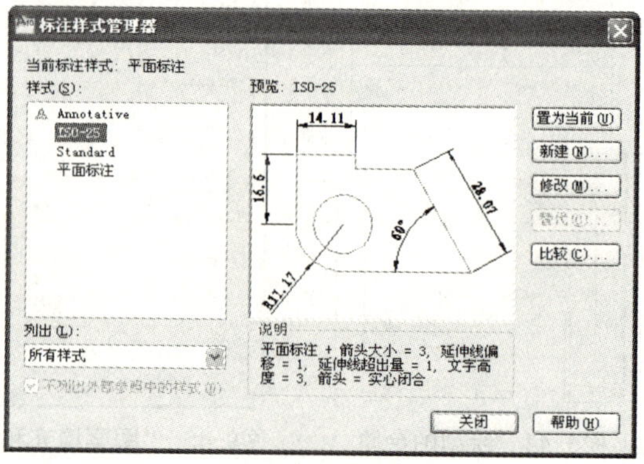

图9-50 “标注样式管理器”对话框

（2）单击“新建”按钮，即可弹出“创建新标注样式”对话框，此时在“新样式名”文本框中输入“平面注释”，如图 9-51 所示。

（3）单击“继续”按钮，即可弹出“新建标注样式”对话框，在“符号和箭头”选项卡的“箭头”选项组中，将“第一个”和“第二个”设置为“建筑标记”；“引线”为“实心闭合”；“箭头大小”为“100”；“折弯角度”为“90”；如图 9-52 所示。

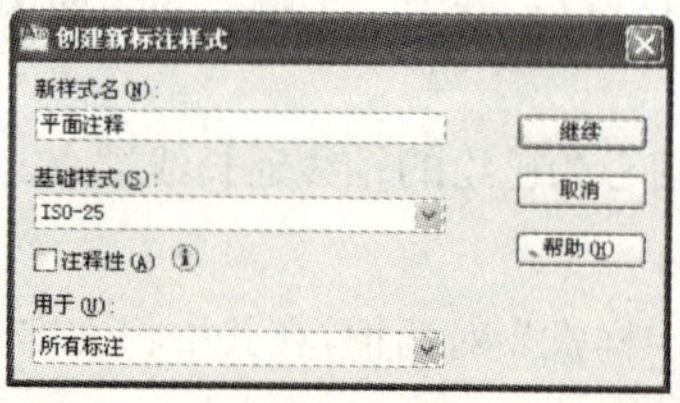

图9-51 “创建新标注样式”对话框

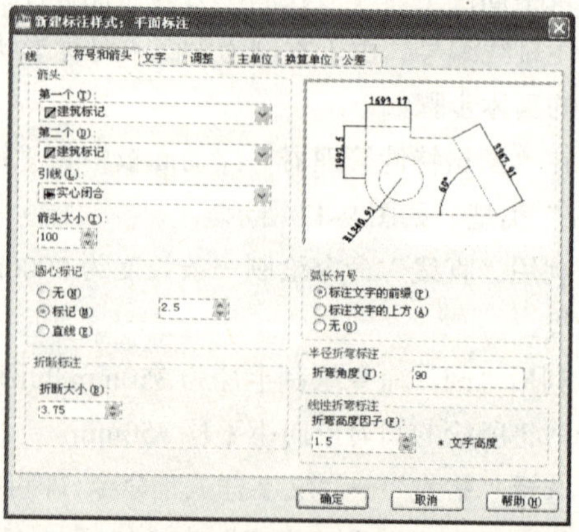

图9-52 “新建标注样式：平面标注”对话框

（4）选择“文字”选项卡，在其中单击文字样式后面的按钮...，即可弹出“文字样式”对话框，在其中将文字“高度”修改为“300”，如图 9-53 所示。依次单击“应用”按钮，即可返回“新建标注样式”对话框，如图 9-54 所示。

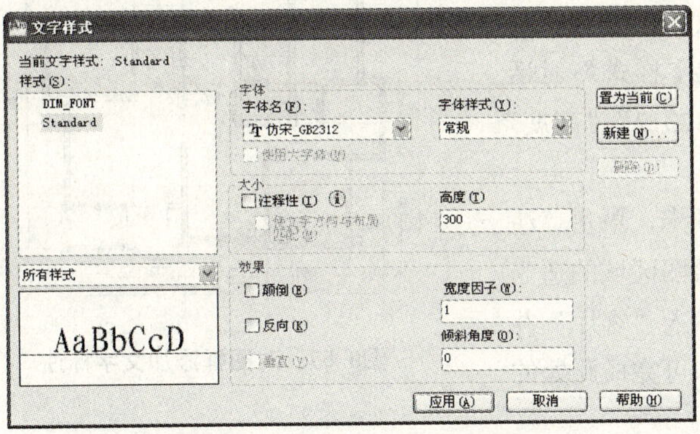

图9-53　“文字样式”对话框

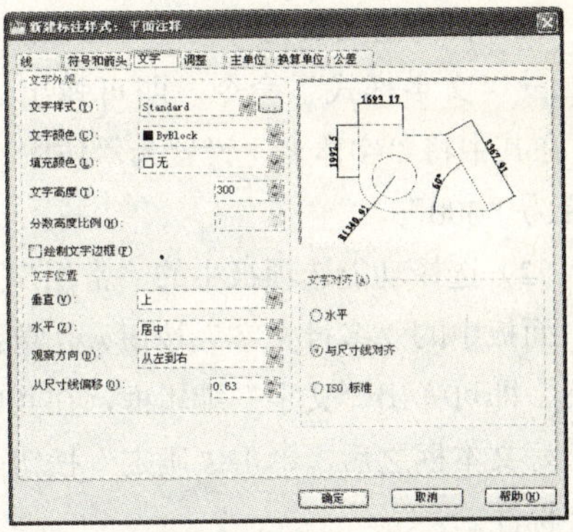

图9-54　“新建标注样式：平面注释”对话框

（5）单击“确定”按钮返回至“标注样式管理器”对话框，在“样式”列表中选中“平面标注”样式后，单击“置为当前”按钮，即可完成标注样式的设置，如图 9-55 所示。

（6）选择“标注”→“快速标注”命令，即可进行快速标注。

命令：qdim

关联标注优先级 = 端点　　　　（显示当前状态）

选择要标注的几何图形：找到 1 个　　　　（选取图样中左侧第一根纵轴线）

选择要标注的几何图形：找到 1 个，总计 2 个　　　　（依次选取其余几根纵轴线）

……

选择要标注的几何图形：找到 1 个，总计 6 个

选择要标注的几何图形：　　　　（按“Enter”键结束对象的选取）

指定尺寸线位置或 [连续(C)/并列(S)/基线(B)/坐标(O)/半径(R)/直径(D)/基准点(P)/编辑(E)/设置(T)] <并列>: c　　　　（改变标注类型）

指定尺寸线位置或 [连续(C)/并列(S)/基线(B)/坐标(O)/半径(R)/直径(D)/基准点(P)/编辑(E)/设置(T)] <连续>:　　　　（适当地指定尺寸线位置）

（7）使用“线性”标注命令，在已绘制的尺寸标注外侧进行建筑平面各个方向长度的标注，即可完成尺寸标注后的图样，如图 9-56 所示。

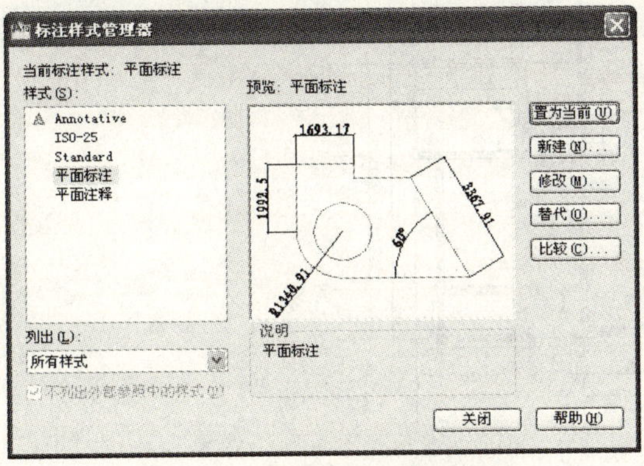

图9-55　将新样式置为当前样式

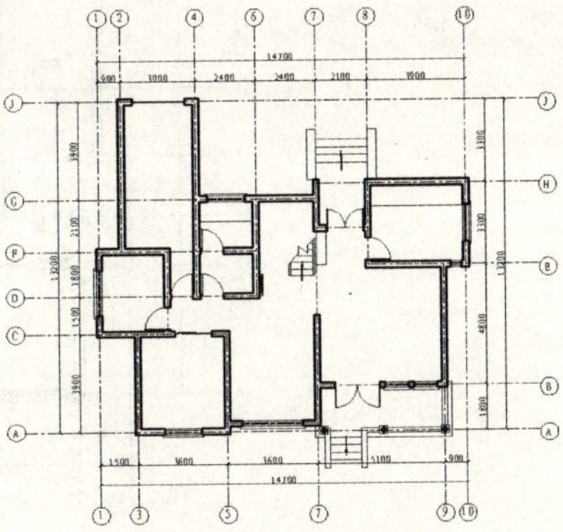

图9-56　添加尺寸标注

3．文字标注

建筑平面图中文字部分主要用于对图样布局的说明，进行文字标注的具体操作步骤如下。

（1）在当前图层为“文字”图层的条件下，选择“格式”→“文字样式”命令，即可弹出“文字样式”对话框，在其中将“字体名”设置为“仿宋_GB2312”，“高度”设置为“300”。

（2）选择功能选项板中的“常用”选项卡，单击“注释”面板中的“多行文字”按钮 A，单击绘图区域的适当位置，即可弹出“文字”编辑框，在其中输入“客厅”并调整好文本框之后，单击“确定”按钮，即可完成此处的文字标注。

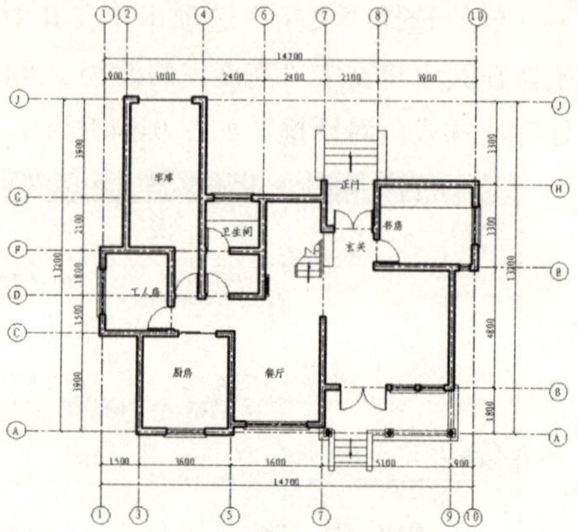

图9-57　对图样添加文字标注

（3）重复上述操作，对图样中其他几处添加相应的文字标注，其最终效果如图 9-57 所示。

4．标高

所谓标高是指建筑物中某一部分与所确定的标准基点的高度差，在图纸中通常用标高符号结合数字来表示。一般来说，平面图上绘制的标高反映的不是绝对标高，而是相对标高。在实际绘图中，通常把建筑首层室内地面的高度设为零点，标作“±0.000”，低于此高度的建筑部分标高值为负，高于此高度的建筑部分标高值为正。

由于图库中有标高的图例，此处仍通过调用图库的方法进行标高符号绘制。在将标高符号移动到适合的位置之后，再使用“多行文字”命令，在标高符号的长直线上方添加具体标注数值。还可将图库中的指北针和剖切符号也复制到图样的适当位置，如图 9-58 所示。

注意

在绘图时，剖切符号不宜与图样中的图线相接触，其编号宜采用阿拉伯数字，按从左至右、从上至下的顺序连续编排，并应写在剖视方向的端部。

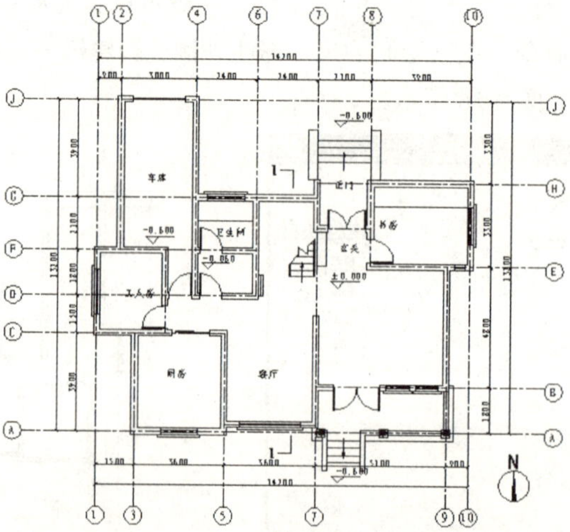

图9-58　添加标高、指北针和剖切符号后的图样

9.5 绘制二层建筑平面图

二层建筑平面图是在首层平面图的基础上进行绘制的，先在首层平面图中的墙体基础上，根据本次的实际情况修补墙体线条，再将图库中合适的门窗模块插入到相应位置，最后对其进行相应的标注和说明。

9.5.1 实例 1：二层建筑平面图的绘制

下面以二层建筑为例，详细介绍墙体和门窗的修补、阳台和露台的绘制以及楼梯和雨篷的绘制技巧等，通过本节的学习，能够逐步提高绘图技能，适应实际工程设计的需要。

1．修补墙体和门窗

绘制二层建筑平面图的具体过程如下。

（1）先绘制一个“低层联体住宅首层平面图 .dwg”文件，再将该文件另存为“低层联体住宅二层平面图 .dwg”，再将“低层联体住宅二层平面图 .dwg”打开，然后选择功能选项板上的“常用”选项卡，单击“修改”面板中“删除”按钮，将其中所有文字、室内外台阶、门窗等清除掉，只保留“墙体”图层的可见性的小灯泡为开户状态。

（2）在“墙体”图层为当前图层的条件下，使用“直线”或“多线”命令补充绘制墙体，如图 9-59 所示。

（3）按照绘制门窗的方法，在图样的相应位置添加门窗，如图 9-60 所示。

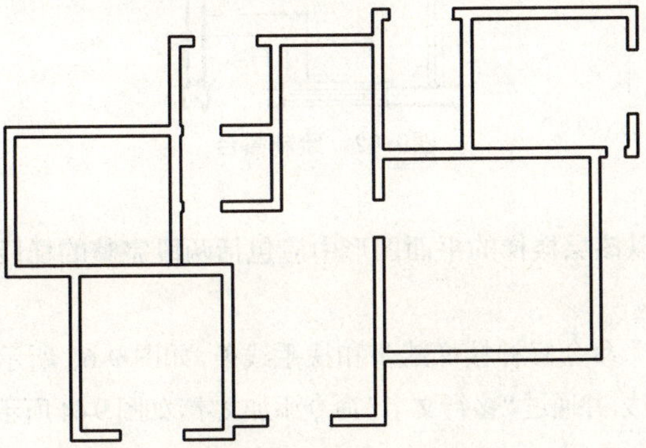

图9-59 修补二层墙体

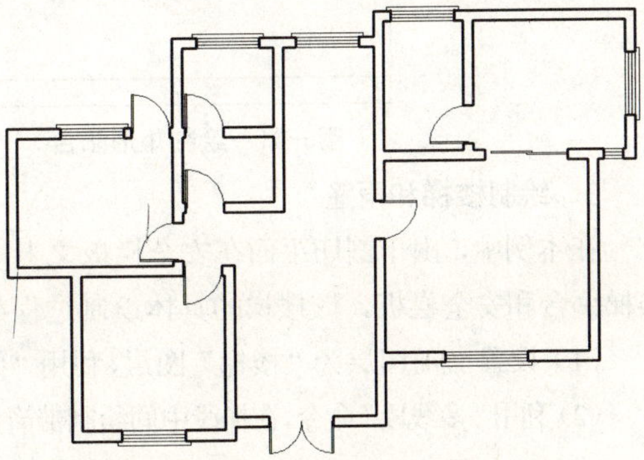

图9-60 绘制二层平面门窗

2．绘制阳台和露台

下面介绍阳台和露台的绘制技巧，具体的绘制过程如下。

（1）选择功能选项板中的“常用”选项卡，单击“图层”面板中的“图层特性”按钮，展开“图层特性管理器”浮动面板，在其中新建“露台”、“阳台”两个图层，并将“阳台”图层设置为当前图层。

（2）利用“矩形”命令绘制尺寸为“3 600mm×1 800mm”和“3 400mm×1 600mm”的矩形，并利用“修剪”命令修剪多余线条，如图 9-61 所示。

命令：rectang

指定第一个角点或 [倒角(C)/标高(E)/圆角(F)/厚度(T)/宽度(W)]：　　　（捕捉“×”号所标注的点）

指定另一个角点或 [面积(A)/尺寸(D)/旋转(R)]: @3600,-1800　　　　(指定第二点坐标)

命令: rectang

指定第一个角点或 [倒角(C)/标高(E)/圆角(F)/厚度(T)/宽度(W)]:(捕捉“×”号所标注的点)

指定另一个角点或 [面积(A)/尺寸(D)/旋转(R)]: @3400,-1600　　　　(指定第二点坐标)

(3)再将“露台”图层设置为当前图层，使用“矩形”命令绘制尺寸为“3 700mm ×6 250mm”的矩形，并利用“修剪”命令修剪多余线条。

命令: rectang

指定第一个角点或 [倒角(C)/标高(E)/圆角(F)/厚度(T)/宽度(W)]:　　　(捕捉右侧“×”号所标注的点)

指定另一个角点或 [面积(A)/尺寸(D)/旋转(R)]: @-3700,6250　　　　(指定第二点坐标)

(4)使用“偏移”命令将矩形向内侧平移 100mm 并对其进行适当的调整。使用“矩形”命令绘制尺寸为“1 500mm×1 100mm”和“1 200mm×800mm”的矩形，并使用“修剪”命令修剪多余线条，露台的最终形状如图 9-62 所示。

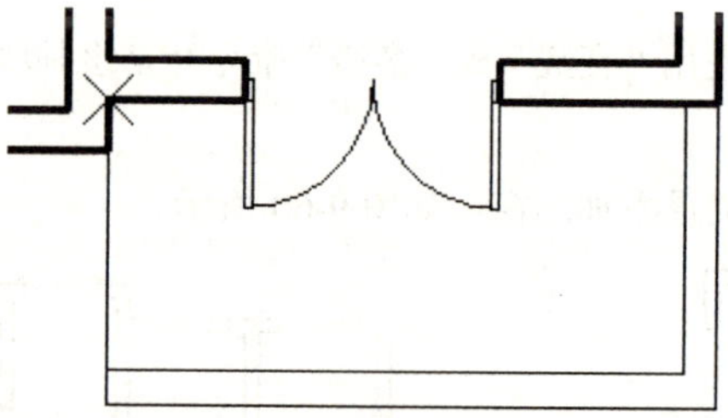

图9-61　绘制矩形阳台

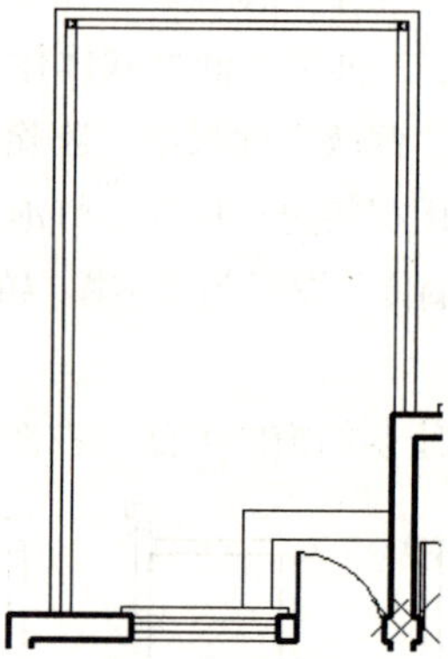

图9-62　绘制露台

3. 绘制楼梯和雨篷

在本例中，由于剖切平面在安全栏板之上，所以该层楼梯的平面图形中应包括两段完整的梯段、楼梯平台和安全栏板。该楼梯的具体绘制过程如下。

(1)设置当前图层为“楼梯”图层，利用“偏移”命令修补楼梯踏步和扶手线条，如图 9-63 所示。

(2)利用“多线段”命令，在梯段中间绘制带箭头引线，并通过“多行文字”命令添加文字，如图 9-64 所示。

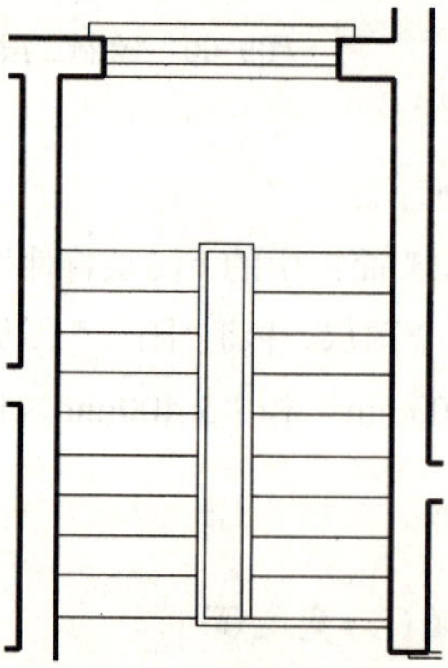

图9-63　修补楼梯线条

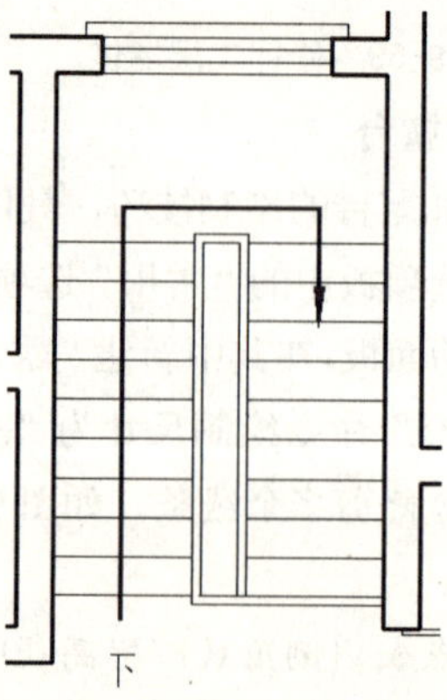

图9-64　添加带引线箭头及文字

在本例中，共有两处雨篷：别墅北面正门处和东面到南面的转角处。现以别墅北面正门为例，具体介绍雨篷的绘制过程。具体的操作步骤如下。

（1）选择功能选项板中的“常用”选项卡，单击“图层”面板中的“图层特性”按钮，展开“图层特性管理器”浮动面板，新建“雨篷”图层，并将其设置为当前图层。

（2）使用“矩形”命令在合适的位置绘制尺寸为“366 000mm×1 500mm”的矩形。

命令: rectang

指定第一个角点或 [倒角(C)/标高(E)/圆角(F)/厚度(T)/宽度(W)]:　（在“×”号附近单击鼠标以确定矩形第一个对角点）

指定另一个角点或 [面积(A)/尺寸(D)/旋转(R)]: @3 660,1 500　（输入第二点坐标）

（3）使用“分解”命令对矩形进行分解操作之后，通过“偏移”命令，将矩形的上边线向内偏移150mm。

（4）使用“直线”命令从上边线中点开始向下绘制垂直线段之后，使用“修剪”命令和“删除”命令修剪多余线条，即可完成雨篷的绘制，如图9-65所示。

由于二层平面的定位轴线和尺寸标注与首层保持一致，所以可直接使用首层平面图的轴线和尺寸标注结果。而对平面标高和文字标注绘制，均可参考前面所讲方法进行相应的操作，低层联体住宅二层平面图的最终效果如图9-66所示。

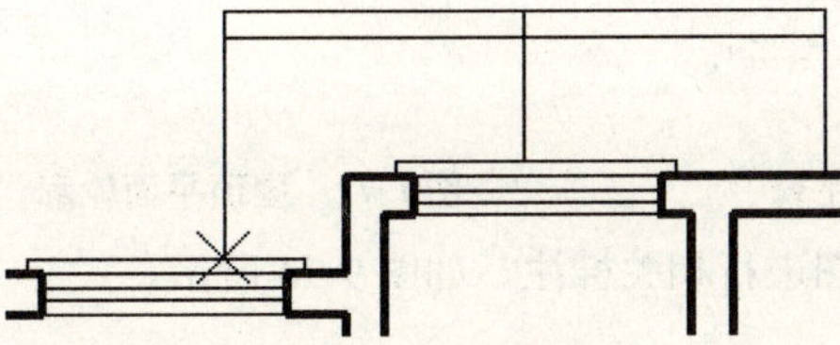

图9-65　绘制雨篷

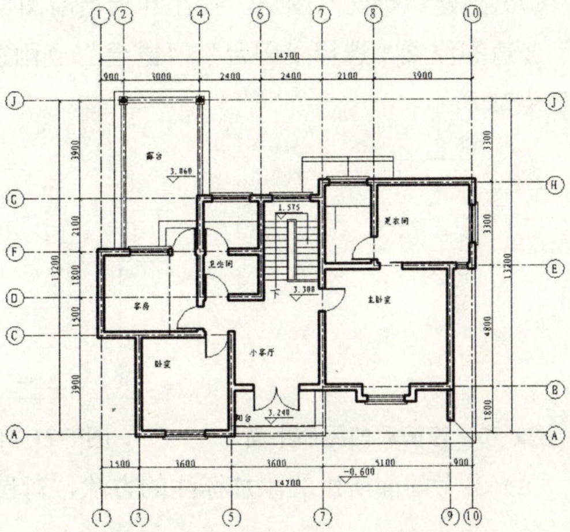

图9-66　低层联体住宅二层平面图

9.5.2　实例2：绘制屋顶平面图

屋顶平面图是建筑平面图的一种，用于表现屋顶的形状、尺寸和特征等。在本例中，屋顶由几个不同大小、不同朝向的坡顶组合而成，先在二层平面图的基础上绘制外墙线，再使用“偏移”命令得到檐线并确定屋脊线条之后，绘制烟囱平面和其他可见部分，最后对屋顶平面进行相关标注和说明。具体的绘制过程如下。

（1）将在上例中绘制好的“低层联体住宅二层平面图.dwg”文件另存为“低层联体住宅屋顶平面图.dwg”，并删除图层中无用的图形对象。

（2）选择功能选项板中的“常用”选项卡，单击“图层”面板中的“图层特性”按钮，展开

“图层特性管理器”浮动面板，在其中新建“外墙轮廓线”图层并将其设置为当前图层。

（3）关闭除“墙体”图层以外所有可见图层后，再使用“直线”命令捕捉外墙端点，绘制内墙轮廓线，如图 9-67 所示。使用“直线”命令，将其划分为 4 个部分，如图 9-68 所示。

（4）在“图层特性管理器”浮动面板中新建“檐线”图层，并将其设置为当前图层，使用“偏移”命令，将图样南北两侧的线条向外平移 500mm，东西两侧的线条向外平移 600mm，最终效果如图 9-69 所示。再通过辅助线、“延伸”命令和“修剪”命令，将图样修改为如图 9-70 所示的效果。

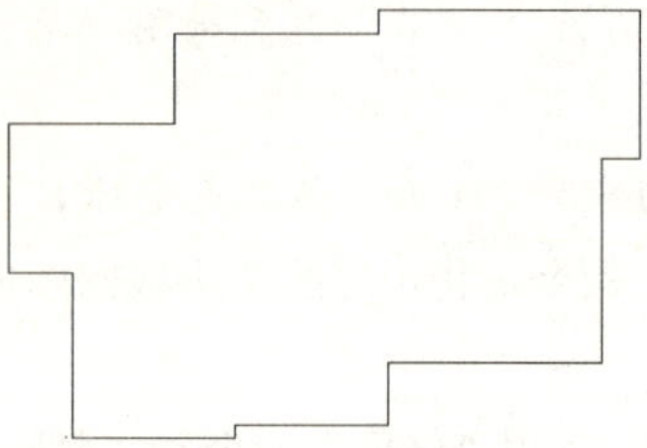
图9-67 外墙轮廓线

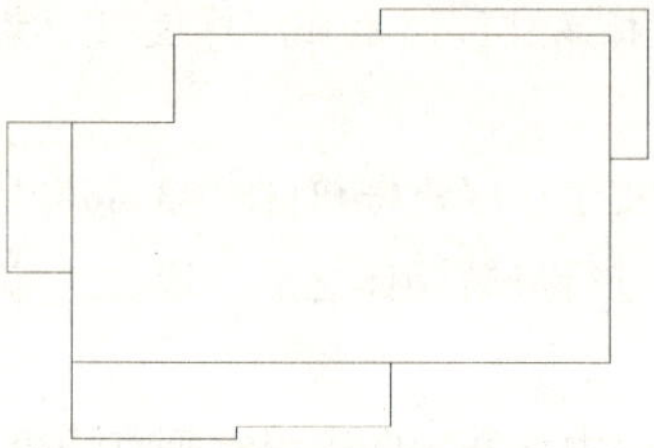
图9-68 分解后的屋顶平面

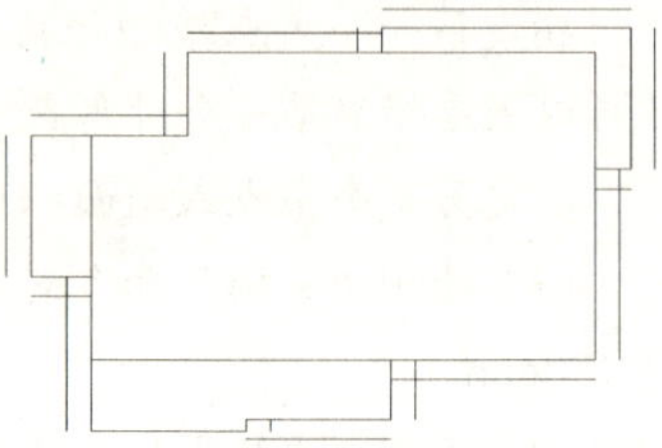
图9-69偏移后的屋顶平面

（5）再在“图层特性管理器”浮动面板中新建“屋脊”图层，并将其设置为当前图层，使用“直线”命令在每个檐线交点处绘制出倾斜角度为 45° 的垂脊定位线。

（6）使用“直线”命令绘制屋顶，如图 9-71 所示。删除多余的辅助线，如图 9-72 所示。

（7）新建“烟囱”图层，并在其为当前图层的情况下，通过“矩形”命令绘制烟囱平面，并放置于合适的位置。选择“阳台”、“露台”、“雨篷”等图层，使其保持可见性，并删除多余的线条，如图 9-73 所示。

图9-70 修剪后的屋顶平面

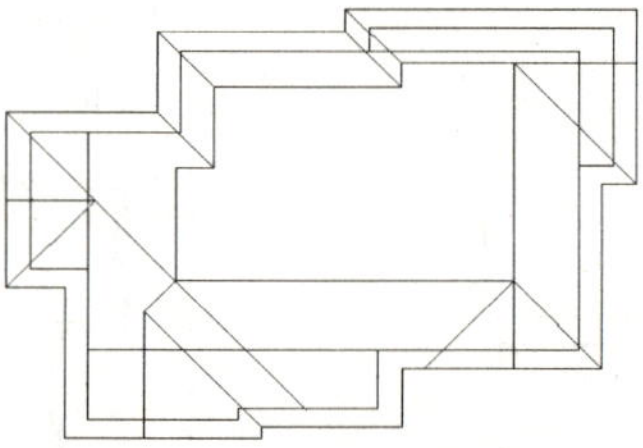
图9-71 绘制屋顶平脊

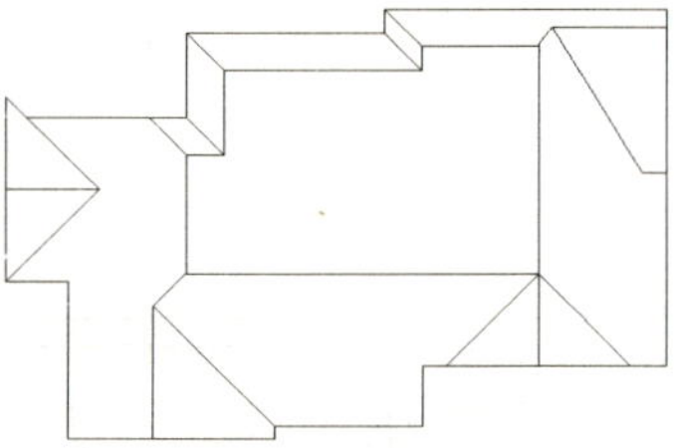
图9-72 屋顶平面轮廓

（8）参考前面所讲的添加标注的方法，对屋顶平面图进行相关标注，如图 9-74 所示。

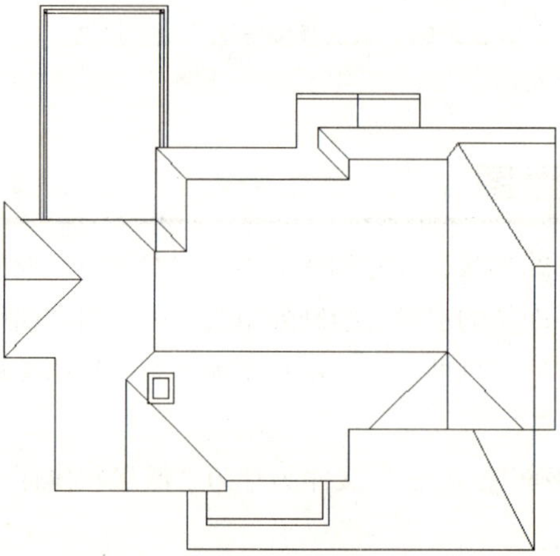
图9-73 绘制烟囱

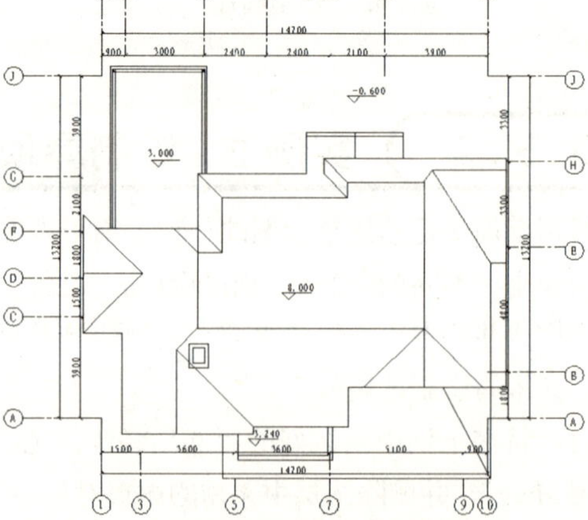

图9-74 屋顶平面图

本章通过绘制一栋低层联体住宅的建筑平面图实例重点介绍了建筑平面图的绘制过程，并展示了建筑平面图中各种尺寸、空间布局以及设备布置情况，是了解建筑物绘制情况的基本图纸。

在具体绘制过程中，介绍了建筑物、轴线、门窗、屋顶坪等平面图的绘制方法。当绘制较为复杂的图形时，合理的绘图顺序相当重要，绘图时不能急躁，否则很容易造成图纸的混乱。在绘制过程中，还介绍了“直线”、“矩形”、“圆”、“多线”、“图案填充”等绘图命令，以及“复制”、“偏移”、“阵列”、“修剪”、“延伸”、“镜像”等编辑命令在实际绘图中的应用。因此，希望能熟练使用这些命令，为今后绘制其他图形打好基础。

9.6 习题与上机练习

1．填空题

（1）建筑平面图，简称平面图，是通过使用_________，将建筑物在某层门窗洞口范围内剖开，移去剖切平面以上的部分，对剩下的部分做_______形成的。

（2）平面图的绘制是建筑绘图中最为重要的一步，其水平高低将决定_______。

（3）在建筑平面图中，一般在图样的_______与_______标注定位轴线的编号，当平面图不对称时，也应在_______和_______标注轴线编号。

（4）建筑平面图中的图线应_______，_______。

（5）当图层为“楼梯”图层的条件下，利用_______修补楼梯踏步和扶手线条。

（6）绘图时，剖切符号不宜与_______相接触，其编号宜采用_______，按从_______左至右、从上至下的顺序连续编排，并应写在_______。

（7）水平和垂直墙可以在_______状态下以_______上定位。

（8）为提高绘图效率，除将_______，还可将_______。

（9）一般来说，平面图上绘制的标高反映的不是_______，而是_______。

（10）在实际绘图中，通常把________设为零点，标作“±0.000”，低于此高度的建筑部分标高值为_______，高于此高度的建筑部分标高值为_______。

2．选择题

（1）在进行建筑平面图的绘制时，应注意的基本要素不包括（ ）。

A．绘图比例　　B．定位轴线和图线
C．标注尺寸和详图索引符号　　D．建筑材料

（2）根据“国标”的规定，绘制平面图常采用1：50、1：100、1：200、1：300的比例，在实际工程中常采用的比例为（ ）。

A．1:50　　B．1:100　　C．1:200　　D．1：300

（3）为避免与阿拉伯数字中的1、0、2混淆，不可用作轴线编号的拉丁字母为（ ）。

A．I、O、Z　　B．L、O、Z　　C．I、L、Z　　D．I、O、L

（4）建筑设计以（ ）为基本模数。

A．10　　B．100　　C．200　　D．150

（5）定位轴线又称基准线，是进行施工定位、放线的重要依据，一般采用（ ）绘制。

A．直线　　B．断线　　C．虚线　　D．水平线

（6）平面图上标注的尺寸有外部尺寸和内部尺寸两种，所标注的尺寸以 mm 为单位，标高以（　）为单位。

A．mm　　B．cm　　C．m　　D．m2

3．**简述题**

（1）建筑平面图绘制的内容一般都包括哪些？

（2）在建筑平面图中，绘制图线应注意哪些事项？

（3）建筑平面图的设计可分为哪几个阶段？

（4）图层名的表示方法有哪些？

4．**上机练习**

运用本章所学的知识，在 AutoCAD 中绘制出一个如图 9-75 所示的房屋平面图。

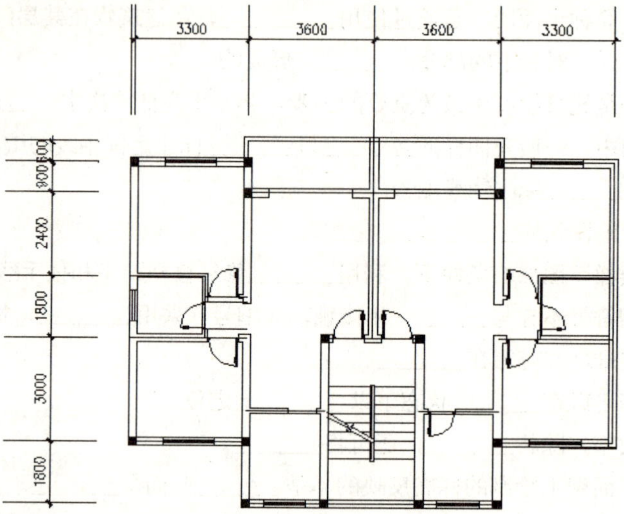

图9-75　房屋平面图效果示例

第10章 住宅楼结构施工图绘制基础

结构施工图是结构设计的成果，结构设计和施工图的质量直接决定了建筑物的安全性。结构施工图主要是表示结构构件的具体位置及其制作方法的图纸。本章主要介绍了一些常用的结构施工图及其绘制方法，包括楼层结构施工图、构件详图、楼梯结构图及基础图等。有助于了解各构件的布置方式和各种钢筋的绘制方法，并能独立完成结构施工图的绘制。

学习目标

- 了解布置方式和各种钢筋的绘制方法
- 理解给、排水平面图的绘制方法与步骤
- 掌握给排水平面图中各设备的绘制

10.1 绘制住宅楼结构施工图

在结构施工图中，表示建筑物上部结构布置的图样，称为结构布置图。在结构布置图中，采用最多的是结构平面图的形式。由于楼面和屋面的结构布置及其表示方法基本相同，故仅以楼层为例介绍结构平面图的绘制。

学习目的

通过本实例练习，可以熟练掌握每层楼层的梁、板、柱及墙的平面布置，梁、板、柱等各种构件，现浇钢筋混凝土楼板的构造和配筋以及它们之间的关系等。

重点难点

- 分配设置不同的图层，找寻建筑施工图中很多图形元素的排列规律，绘制住宅楼楼层结构平面图的定位轴线，采用直线（或多线）绘制、编辑的方法来绘制墙体，过梁的定位，楼板的布置，标注结构平面图。

10.1.1 住宅楼楼层结构平面图

楼层结构平面图是用假想的一个水平剖面沿着楼面将房屋剖切后做的楼层水平投影，也称为楼层结构平面布置图，按照施工方法可以分为预制装置配式和现浇整体式两大类。它是用来表示每层楼层的梁、板、柱及墙的平面布置，现浇钢筋混凝土楼板的构造和配筋以及它们之间的关系等。楼层结构平面图是施工时安装梁、板、柱等各种构件或现浇构件的依据。

下面以绘制住宅楼楼层结构平面图为例讲述绘制楼层结构平面图的方法，其最终绘制效果如图10-1 所示。

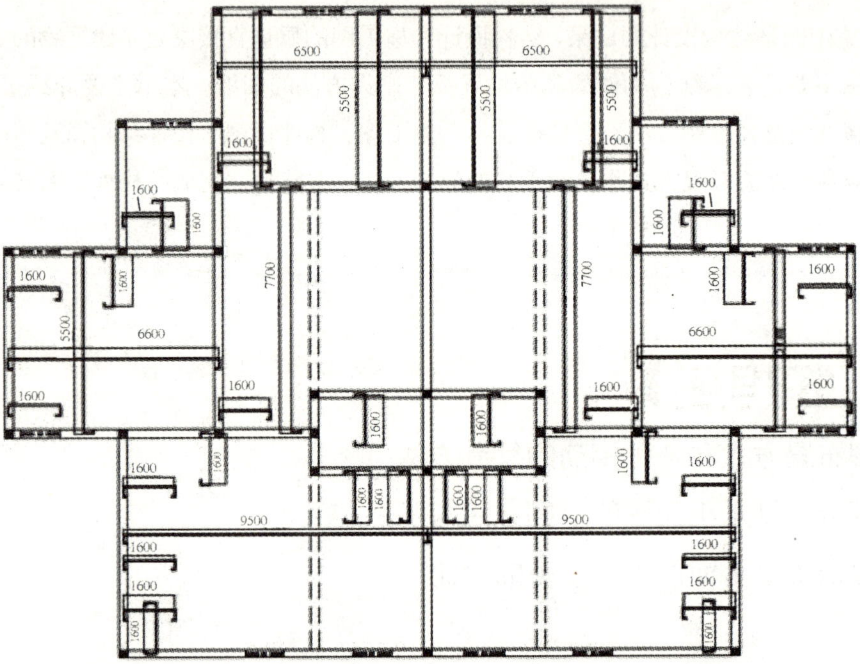

图10-1　住宅楼楼层结构平面图

由图 10-1 可以看出，住宅楼楼层结构平面图是对称的，因此只要绘制其中一部分，另一部分可通过执行“MIRROR”命令获得。

> **注 意**
>
> 在绘制任何图形前要先对图形进行分析研究，找出图形特点，再看采用什么方法来进行绘制最为简便，以达到事半功倍的效果。

1．设置住宅楼楼层结构平面图的绘图环境

在使用 AutoCAD 2010 进行住宅楼楼层结构平面图的绘图之前，需要先设置好相应的绘图环境。在本例中需采用的图层主要有：“Defpoints”图层、“标注”图层、“窗”图层、“辅助线”图层、“过梁”图层、“梁”图层、“楼板”图层、“楼板”图层、“门”图层、“墙体”图层、“图签”图层、“阳台”图层、“轴线”图层、“柱子”图层等。

为便于对图形的控制，可按如表 10-1 所示对本例中图层、颜色、线型和线宽进行设置。

表 10-1 设置图层

层 名	颜 色	线 型	线 宽
Defpoints	白色	Continuous	默认
标注	白色	Continuous	默认
窗	白色	Continuous	默认
辅助线	白色	Continuous	默认
过梁	白色	CENTER	默认
梁	白色	DASHED	默认
楼板	白色	Continuous	默认
门	白色	Continuous	默认
墙体	白色	Continuous	默认
图签	白色	Continuous	默认
阳台	白色	Continuous	默认
轴线	白色	CENTER	默认
柱子	白色	Continuous	默认

具体的操作步骤如下。

（1）选择“文件”→“新建”命令，或单击快速访问工具栏中的“新建”按钮，即可弹出“创建新图形”对话框，单击“使用向导”按钮，通过向导逐步创建新的图形文件（建议选择“快速设置”向导模式），如图 10-2 所示。

（2）选择“快速设置”向导模式，单击“确定”按钮，即可打开“快速设置”对话框，在其中将测量单位设置为“小数”型，如图 10-3 所示。

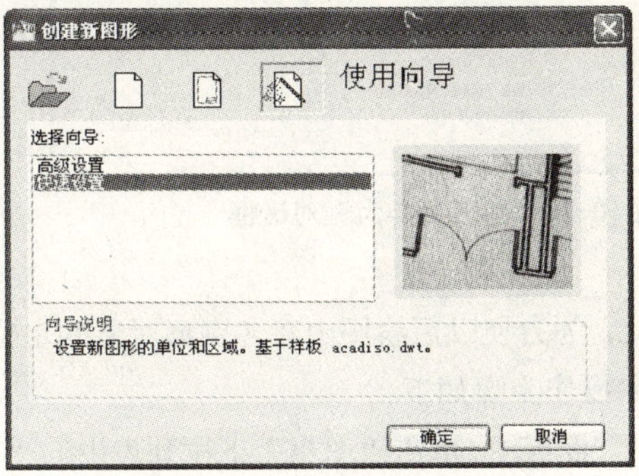

图10-2 “使用向导”界面

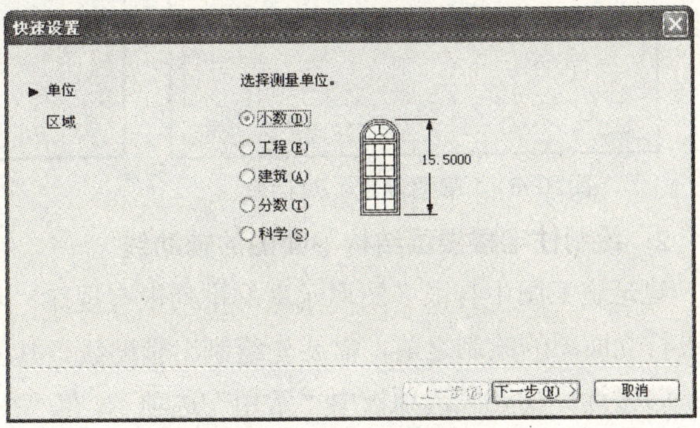

图10-3 设置测量单位

（3）单击“下一步”按钮，在“宽度”文本框中输入 59400，在“长度”文本框中输入 42000，如图 10-4 所示。最后单击“完成”按钮，即可结束绘图环境的设置。

（4）选择功能区选项板中的“常用”选项卡，单击“图层”面板中的“图层特性”按钮，或选择“格式”→“图层”命令，均可弹出“图层特性管理器”浮动面板。再单击“新建图层”按钮，依次创建图样基本图层，如图 10-5 所示。

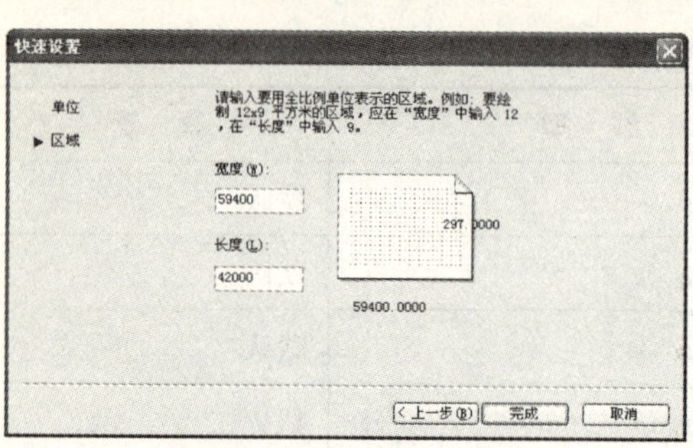

图10-4　设置绘图区域

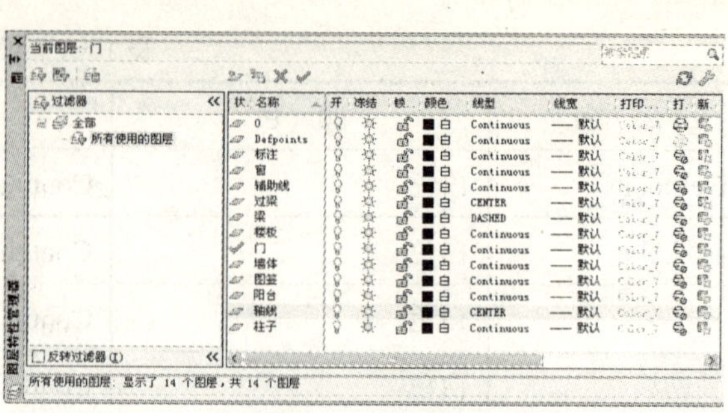

图10-5　建立图层

提 示

国家标准中图纸从小到大一般可分为 A5、A4、A3、A2、A1、A0，其中 A0 最大，一般很少有小于 A3 的图纸（除非某些特种行业）。而这里输入的图纸区域是 594mm×420mm，即所谓的 A2 图纸。

（5）打开极轴追踪、对象捕捉及捕捉追踪等功能。设置极轴追踪角度增量为 90°，设定对象的捕捉方式为端点、交点，设置仅沿正交方向进行捕捉追踪，如图 10-6 所示。

（6）选择“文件”→“保存”命令，或单击快速访问工具栏中的“保存”按钮，即可弹出“图形另存为”对话框，在“文件名”文本框中输入“住宅楼楼层结构平面图”；在“文件类型”下拉列表中选择“AutoCAD 2010 图形（*.dwg）”，如图 10-7 所示。

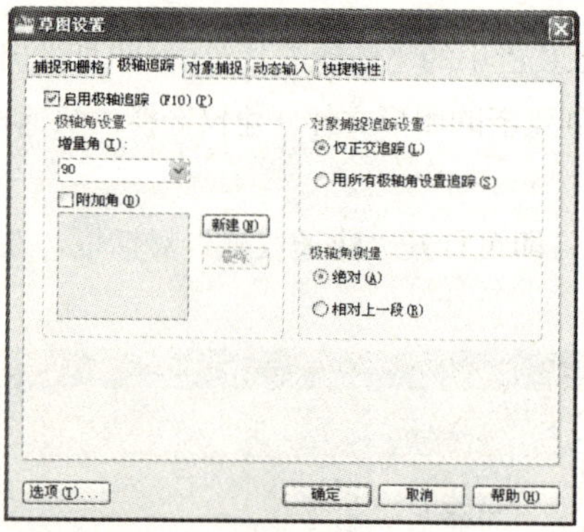

图10-6　“草图设置”对话框

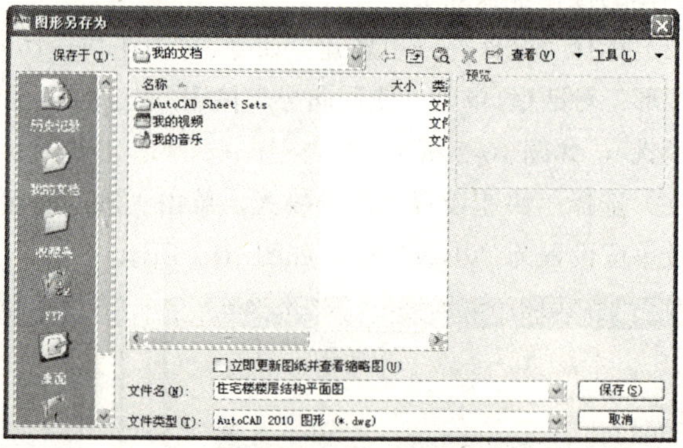

图10-7　“图形另存为”对话框

2．绘制住宅楼楼层结构平面图的辅助线

建筑施工图中有很多图形元素的排列很有规律，因此，为方便以后绘图中对各图形对象的定位，在进行立面图的绘制之前，需要先绘制出辅助线。具体的操作步骤如下。

（1）选择功能区选项板中“常用”选项卡，在“图层”面板中，单击“图层”下拉列表中的“辅助线”图层，即可将其设置为当前图层。

（2）单击“绘图”面板中的“直线”按钮，绘制水平基准线和垂直基准线，其长度分别为 17000 和 22000，如图 10-8 所示。

命令: _line

指定第一点:

指定下一点或 [放弃(U)]: @17000,0

指定下一点或 [放弃(U)]:

命令: _line

指定第一点:

指定下一点或 [放弃(U)]: @0,22000

指定下一点或 [放弃(U)]:

（3）单击“修改”面板中的“偏移”按钮，绘制其余水平和垂直辅助线，其中水平辅助线偏移的距离自左到右依次为 2400、3600、3000、3000，垂直辅助线偏移的距离自下到上依次为 5700、1200、1200、4500、2000、2000 和 3500，如图 10-9 所示。

图10-8　绘制水平基准线和垂直基准线

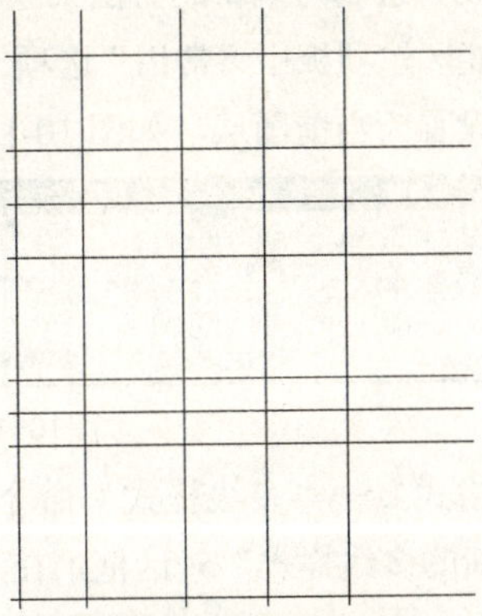

图10-9　绘制辅助线

3．绘制住宅楼楼层结构平面图的定位轴线

定位轴线，又称基准线，是进行施工定位、放线的重要依据，一般采用断线绘制，各线之间具有平行或垂直关系。在绘图过程中往往先定义某一个基准线，再使用“偏移”命令快速完成操作。具体的绘制步骤如下。

（1）选择功能区选项板中“常用”选项卡，在“图层”面板中单击“图层”下拉列表中的“轴线”图层，即可将其设置为当前图层。单击“绘图”面板中的“直线”按钮，绘制住宅楼结构平面图的轴线，如图 10-10 所示。

（2）选择所有轴线，在右键弹出菜单中选择“特性”选项，即可弹出“特性”浮动面板，如图 10-11 所示。在“线型比例”文本框中输入“50”，绘制完成的轴线如图 10-12 所示。

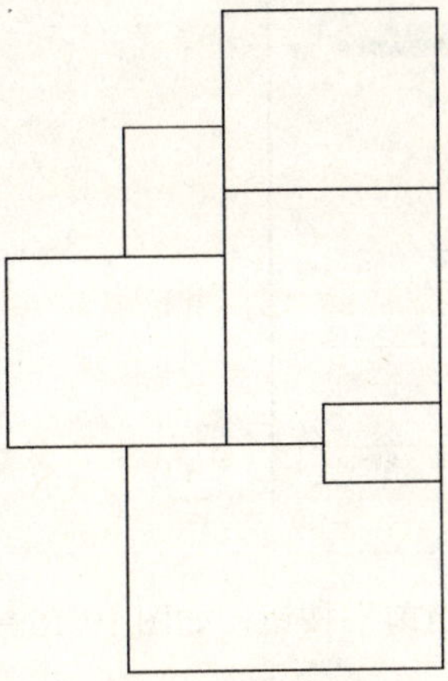

图10-10　绘制轴线

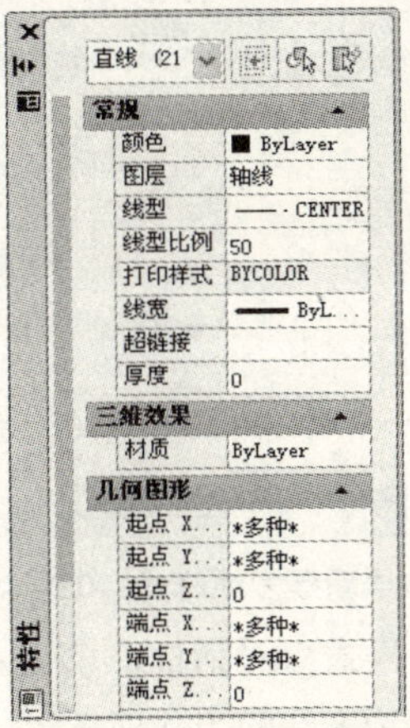

图10-11　“特性”浮动面板

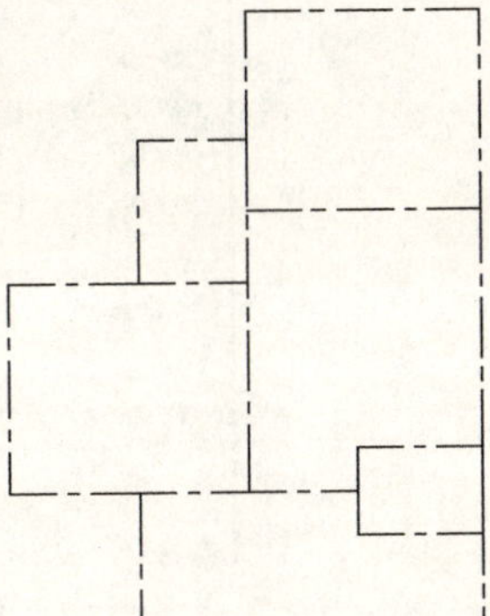

图10-12　调整线型比例后的轴线

提 示

在绘制住宅楼结构平面图的轴线时，要注意打开对象捕捉功能，充分利用已经绘制的辅助线绘制轴线。当然，绘制轴线的方法不止一种，也可以相对坐标来绘制轴线或采用其他方法。

4. 绘制住宅楼楼层结构平面图中的墙体

一般情况下，建筑绘图中的墙体均可通过各种方法进行绘制，其中最简单、最常用的方法就是采用直线（或多线）绘制与编辑的方法来绘制墙体。具体的操作步骤如下。

（1）选择功能区选项板中“常用”选项卡，在“图层”面板中单击“图层”下拉列表中的“墙体”图层，即可将其设置为当前图层，如图 10-13 所示。

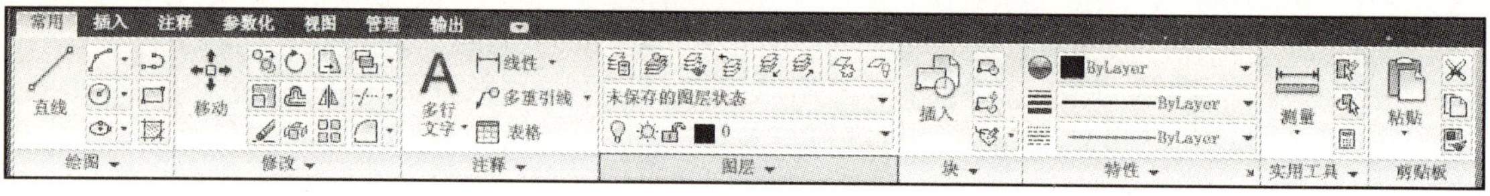

图10-13 “常用选项卡”

（2）选择“格式”→“多线样式”命令，即可弹出“多线样式”对话框。单击“新建”按钮，即可打开“创建新的多线样式”对话框，在“新样式名”文本框中输入“02”，如图 10-14 所示。

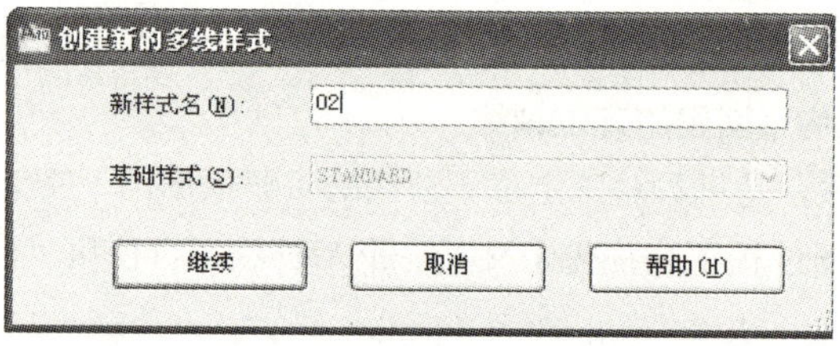

图10-14 “创建新的多线样式”对话框

（3）单击“继续”按钮，即可打开“新建多线样式:02”对话框，在其中选中“直线”栏中的“起点”和“端点”复选框，设置其元素偏移量分别为 0.6 和−0.6，如图 10-15 所示。

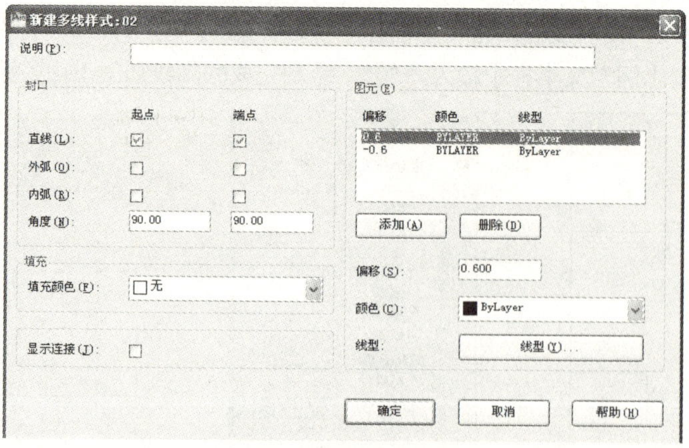

图10-15 “新建多线样式：02”对话框

（4）单击“确定”按钮返回“多线样式”对话框，单击“置为当前”按钮，如图 10-16 所示。最后单击“确定”按钮，此时，“02”即为多线的当前样式。

（5）在“常用”选项卡的“特性”面板中单击“线宽”右侧下拉三角按钮，在其中选择该图层线宽为0.30mm。再选择“绘图”→“多线”命令或执行“MLINE”命令，即可在绘图区绘制出如图10-17所示墙体。

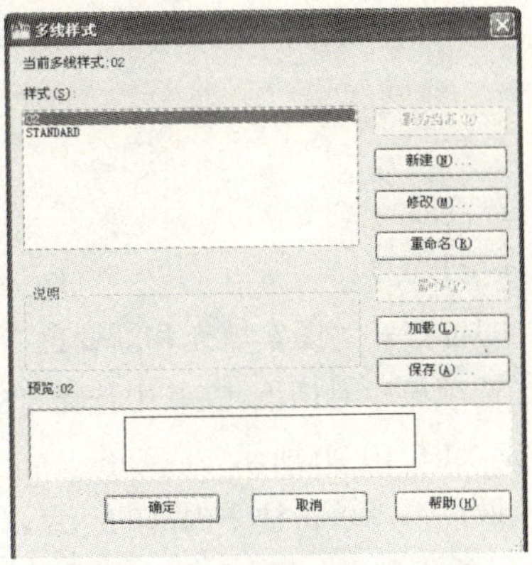

图10-16 “多线样式”对话框

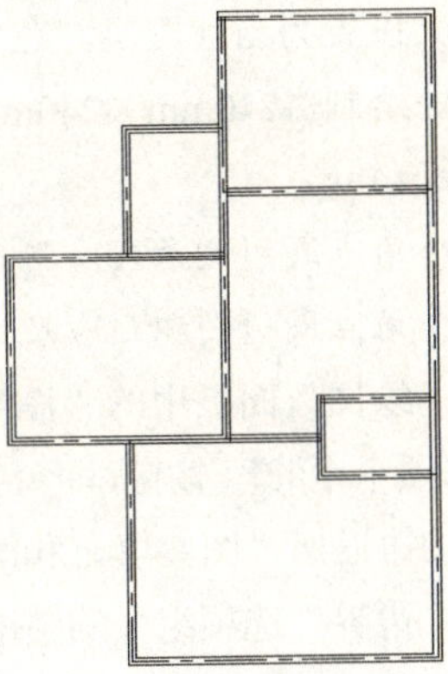

图10-17 绘制墙体

```
命令: mline
当前设置: 对正 = 无,比例 = 200.00,样式 = 02
指定起点或 [对正(J)/比例(S)/样式(ST)]: s
输入多线比例 <200.00>: 1
当前设置: 对正 = 无,比例 = 1.00,样式 =02
指定起点或 [对正(J)/比例(S)/样式(ST)]: j
输入对正类型 [上(T)/无(Z)/下(B)] <无>: z
当前设置: 对正 = 无,比例 = 1.00,样式 = 02
指定下一点:                                    (指点多线的起点)
指定下一点或 [放弃(U)]:                        (依次捕捉墙体轴线点)
指定下一点或 [闭合(C)/放弃(U)]:                (按“Enter”键结束墙线绘制)
```

（6）选择“修改”→“对象”→“多线”命令或执行“MLEDIT”命令后，即可弹出“多线编辑工具”对话框，根据不同的多线交叉方式选择相应多线编辑工具，如图10-18所示。

（7）当有些多线无法使用相应的编辑工具时，可通过“分解”、“修剪”或“延伸”命令对图形进行编辑修改操作，其最终修改效果如图10-19所示。

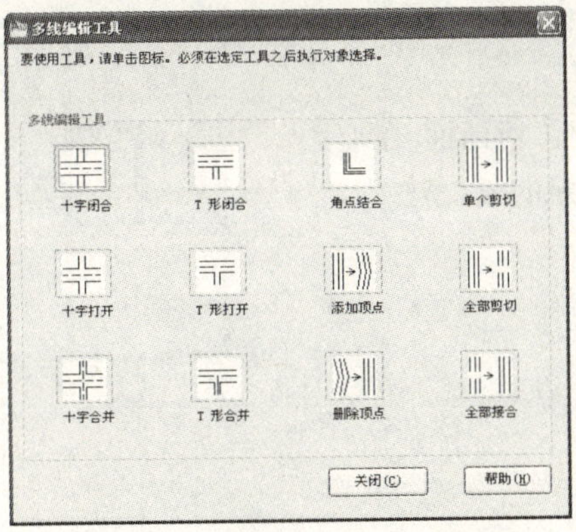

图10-18 “多线编辑工具”对话框

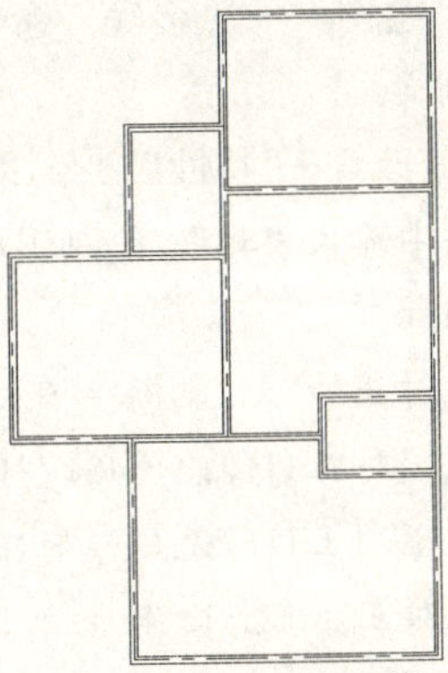

图10-19 处理墙体相交处效果

5．绘制住宅楼楼层结构平面图中的柱子

在建筑结构中柱子主要用来承受竖向载荷，具体绘制过程如下。

（1）选择功能区选项板中“常用”选项卡，在“图层”面板中单击“图层”下拉列表中的“柱子”图层，即可将其设置为当前图层。在“常用”选项卡中单击“绘图”面板中的“矩形”按钮，在两条轴线交点处绘制“240mm×240mm”的柱子。

```
命令: _rectang
指定第一个角点或 [倒角(C)/标高(E)/圆角(F)/厚度(T)/宽度(W)]:
指定另一个角点或 [面积(A)/尺寸(D)/旋转(R)]: @240,240
```

（2）单击“绘图”面板中的“图案填充按钮，即可打开“图案填充和渐变色”对话框，单击“图案填充”选项卡中的按钮，即可打开“填充图案选项板”对话框，在其中选择“SOLID”图案。单击“确定”按钮返回“图案填充和渐变色”对话框，如图 10-20 所示。

（3）单击“边界”选项组中的按钮（“添加：拾取点”），单击柱子内部的一点，再次返回“图案填充和渐变色”对话框，单击“确定”按钮完成柱子的绘制，如图 10-21 所示。

（4）选择“修改”→“复制”命令，将填充绘制的柱子一次复制到合适的位置，结果如图 10-22 所示。

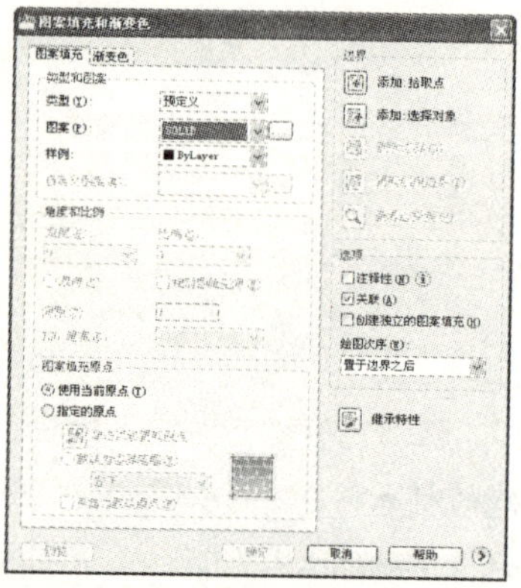

图10-20 “图案填充和渐变色”对话框

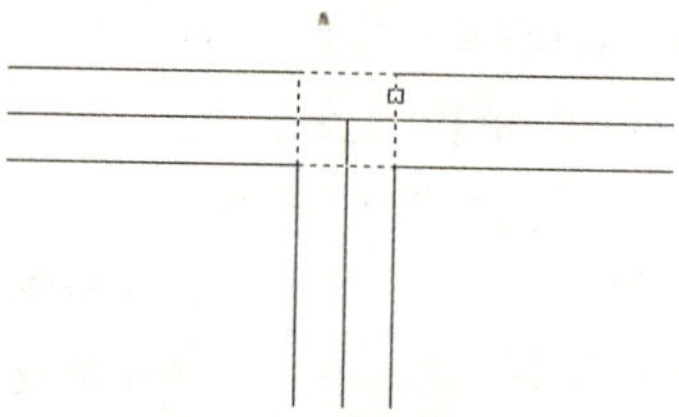

图10-21 添加拾取点

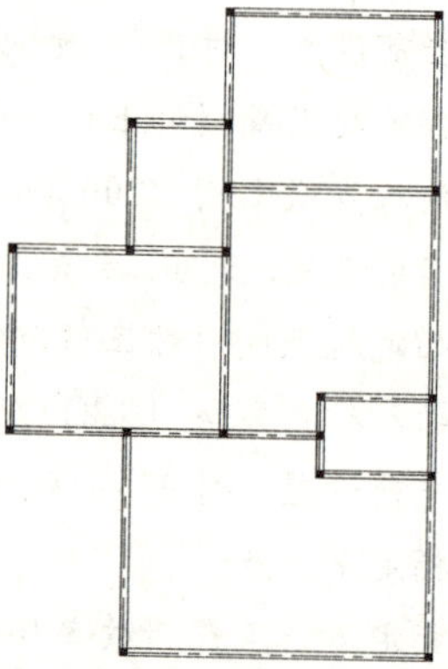

图10-22 绘制柱子

6．绘制住宅楼楼层结构平面图中的梁

在建筑结构中，梁用来承受楼板传来的载荷，具体的绘制步骤如下。

（1）选择功能区选项板中“常用”选项卡，在“图层”面板中，单击“图层”下拉列表中的“梁”图层，即可将其设置为当前图层。

（2）选择“绘图”→“多线”命令或执行“MLINE”命令，即可在绘图区绘制梁。

（3）选择“修改”→“特性”命令，即可打开“特性”对话框，在“线性比例”文本框中输入“40”，绘制出如图 10-23 所示的梁。

```
命令: _mline
当前设置: 对正 = 无，比例 = 2.00，样式 = 02
指定起点或 [对正(J)/比例(S)/样式(ST)]: j
输入对正类型 [上(T)/无(Z)/下(B)] <无>: z
当前设置: 对正 = 无，比例 = 2.00，样式 = 02
指定起点或 [对正(J)/比例(S)/样式(ST)]: s
```

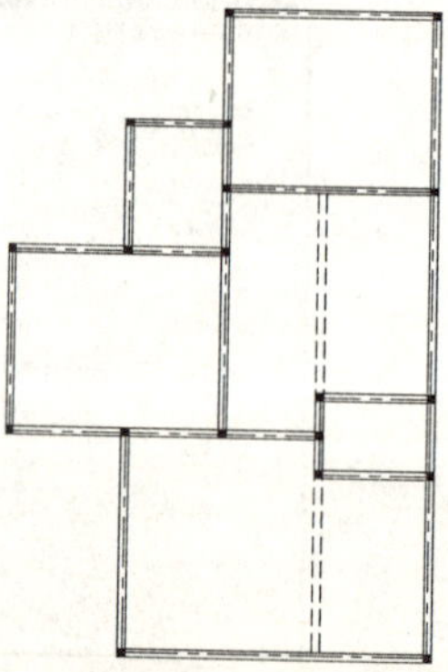

图10-23 绘制梁

输入多线比例 <2.00>: 200

当前设置: 对正 = 无, 比例 = 200.00, 样式 = 02

指定起点或 [对正(J)/比例(S)/样式(ST)]:

7. 绘制住宅楼楼层结构平面图中的过梁

过梁用于弥补承受门窗处应由墙体承受的载荷，过梁是为门、窗等洞口而设置的。在楼层结构平面图中通过粗点画线来表示过梁的中心位置，因此过梁本身的绘制很简单，关键在于过梁的定位。由于过梁是在门、窗洞口的上部，因此楼层结构平面图中过梁的定位方法和建筑平面图中门、窗洞口的定位方法是一致的。具体的绘制过程如下。

(1) 选择功能区选项板中“常用”选项卡，在“图层”面板中，单击“图层”下拉列表中的“过梁”图层，即可将其设置为当前图层。

(2) 根据建筑平面图中门、窗的位置，确定门、窗洞口的位置。单击“修改”面板中的“偏移”按钮，偏移轴线定位门、窗洞口的位置。

(3) 单击“绘图”面板中的“矩形”按钮，绘制门、窗洞口的轮廓线。

(4) 单击“修改”面板中的“复制”按钮，复制门、窗洞口的轮廓线到适当位置。

(5) 单击“修改”面板中的“删除”按钮，删除用于定位的辅助轴线及多余轴线，如图 10-24 所示。

命令: _pline

指定起点:

当前线宽为 0.7000

指定下一个点或 [圆弧(A)/半宽(H)/长度(L)/放弃(U)/宽度(W)]: w

指定起点宽度 <0.7000>: 80

指定端点宽度 <80.0000>:

指定下一个点或 [圆弧(A)/半宽(H)/长度(L)/放弃(U)/宽度(W)]:

指定下一点或 [圆弧(A)/闭合(C)/半宽(H)/长度(L)/放弃(U)/宽度(W)]:

(6) 参照同样方法绘制其余过梁。选择“修改”→“特性”命令，即可打开“特性”对话框，在“线性比例”文本框中输入“20”，即可绘制出如图 10-25 所示的过梁。

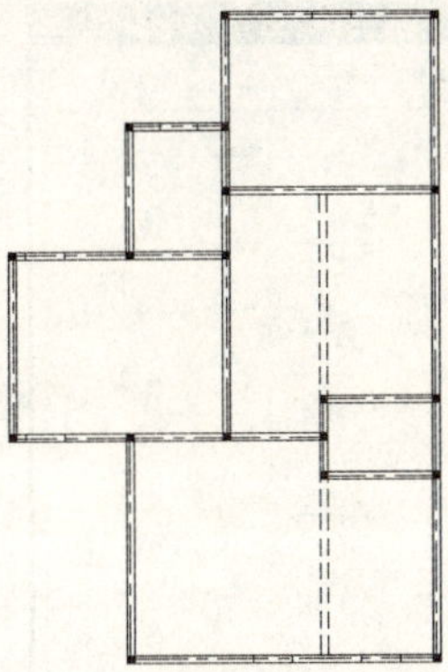

图10-24 确定门、窗洞口位置

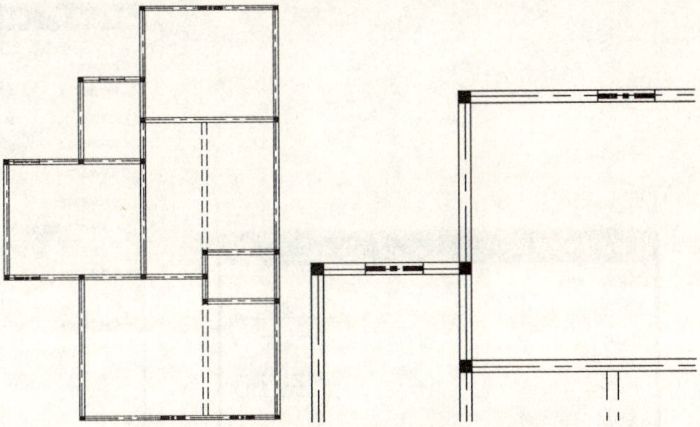

图10-25 绘制过梁及放大过梁后的效果

8. 绘制住宅楼楼层结构平面图中的楼板

楼板是用来承受建筑使用恒载和活载的结构部件。楼板的布置是结构平面图中最重要的工作。具体的操作步骤如下。

（1）选择功能区选项板中“常用”选项卡，在“图层”面板中单击“图层”下拉列表中的“楼板”图层，即可将其设置为当前图层。

（2）选择“绘图”→“多段线”命令，即可在绘图区绘制楼板，其线宽设为 40，如图 10-26 所示。

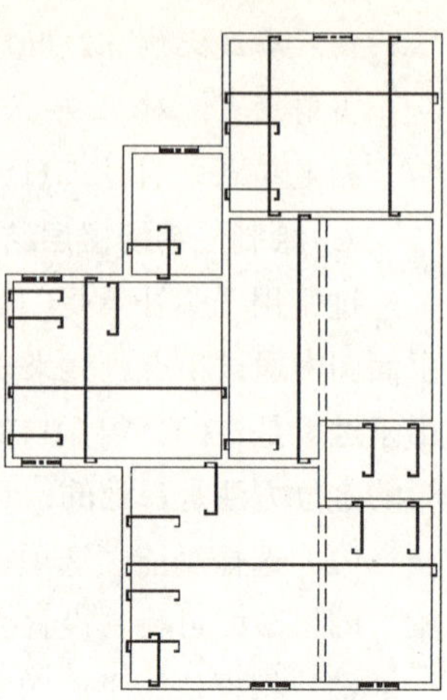

图10-26　绘制楼板

命令: _pline

指定起点:

当前线宽为 40.0000

指定下一个点或 [圆弧(A)/半宽(H)/长度(L)/放弃(U)/宽度(W)]:

指定下一点或 [圆弧(A)/闭合(C)/半宽(H)/长度(L)/放弃(U)/宽度(W)]: @0,300

指定下一点或 [圆弧(A)/闭合(C)/半宽(H)/长度(L)/放弃(U)/宽度(W)]:

指定下一点或 [圆弧(A)/闭合(C)/半宽(H)/长度(L)/放弃(U)/宽度(W)]: @0,-300

指定下一点或 [圆弧(A)/闭合(C)/半宽(H)/长度(L)/放弃(U)/宽度(W)]:

9．标注并镜像结构平面图，完成绘制

在 AutoCAD 中可以编辑命令或夹点编辑标注的位置。其中，夹点编辑是修改标注最快、最简单的方法。当标注的尺寸界线、文字和箭头与当前图形文件中的几何对象重叠时，如果不显示这些标注元素或需要对其进行适当的位置调整，则可通过更改、替换标注尺寸样式或编辑标注的外观，达到使图纸更加清晰、美观，大大增强其可读性。绘制的具体过程如下。

（1）选择功能区选项板中“常用”选项卡，在“图层”面板中，单击“图层”下拉列表中的“标注”图层，即可将其设置为当前图层。

（2）选择“标注”→“标注样式”命令，即可弹出“标注样式管理器”对话框。单击右侧的“新建”按钮，即可打开“创建新标注样式”对话框，在“新样式名”文本框中输入“钢筋标注”，如图 10-27 所示。

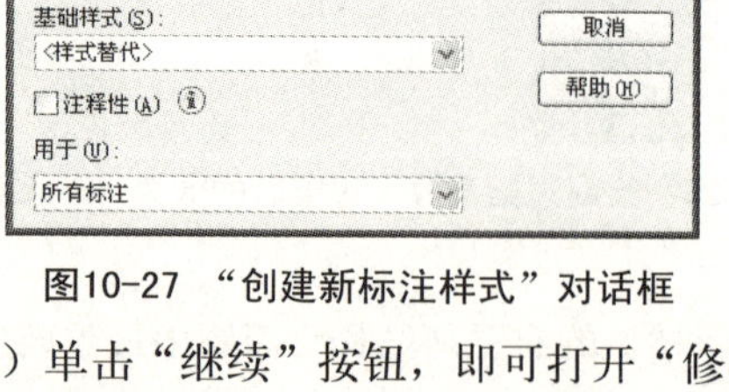

图10-27　“创建新标注样式”对话框

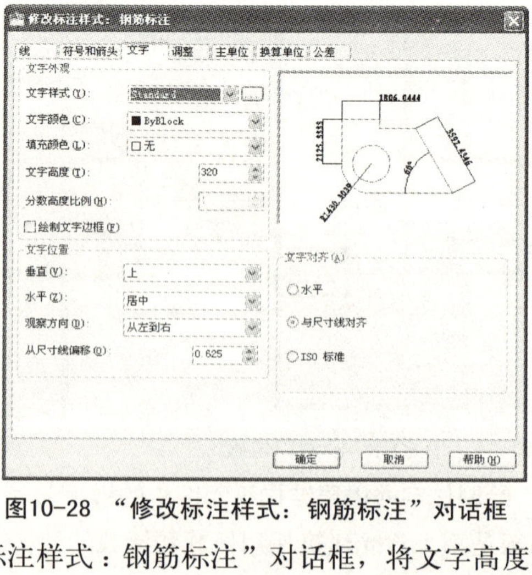

图10-28　“修改标注样式：钢筋标注”对话框

（3）单击“继续”按钮，即可打开“修改标注样式：钢筋标注”对话框，将文字高度设置为 320，如图 10-28 所示。选择“文字”选项卡，单击“文字样式”右侧的 按钮，即可弹出“文字样式”

对话框，将字体设置为“仿宋 _GB2312”，如图 10-29 所示。

（4）选择“绘图”→“文字”→“多行文字”命令进行文字标注，如图 10-30 所示。

（5）镜像完成住宅楼楼层结构平面图的绘制。执行“MIRRTEXT”命令，则 AutoCAD 提示如下信息：

命令: mirrtext

输入 MIRRTEXT 的新值 <1>: 0

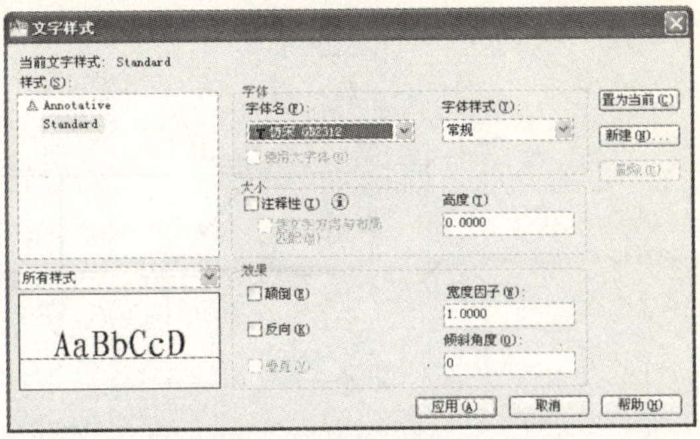

图10-29　“文字样式”对话框

（6）执行“MIRROR”命令后，则会生成其余各户住宅楼楼层结构平面图的绘制，最终效果如图 10-31 所示。

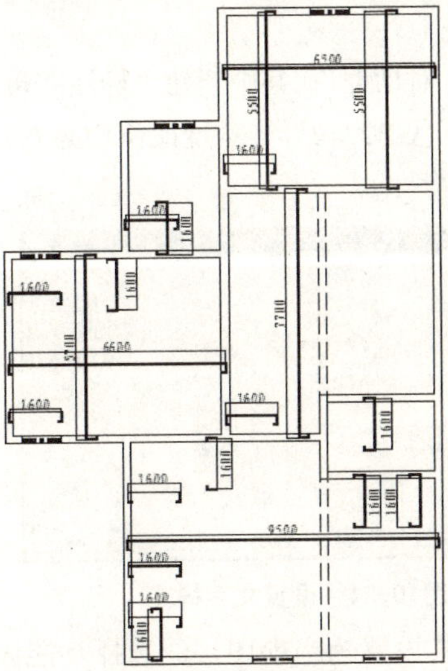

图10-30　标注文字

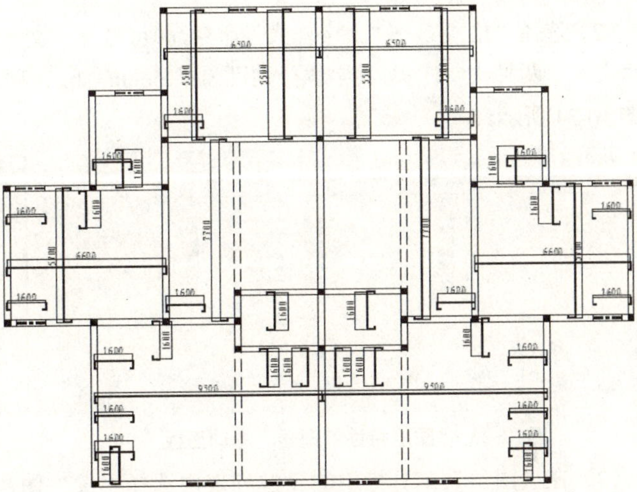

图10-31　其余各户住宅楼楼层结构平面图

命令: mirror

选择对象: 指定对角点: 找到 126 个

选择对象:

指定镜像线的第一点: 指定镜像线的第二点:

要删除源对象吗? [是(Y)/否(N)] <N>: n

10.1.2　构件详图的绘制

构件详图主要包括钢筋混凝土梁结构图和钢筋混凝土柱结构图。钢筋混凝土梁结构图主要包括配筋立面图、截面配筋图及钢筋详图 3 部分。钢筋混凝土柱结构图主要包括配筋立面图和断面配筋图两部分。

1．配筋立面图的绘制

配筋立面图主要反映梁的立面轮廓、长度尺寸以及钢筋在梁内实现资源的配置情况等。绘制某客厅中的一根梁的配筋立面图，如图 10-32 所示。具体的绘制过程如下。

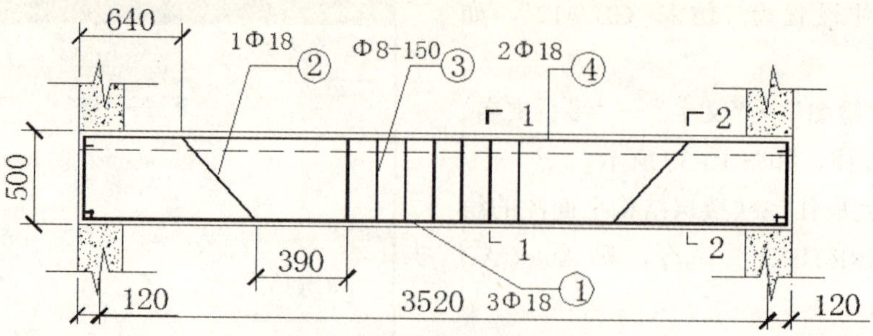

图10-32　梁的配筋立面图

（1）选择功能区选项板中的“常用”选项卡，单击“图层”面板中的“图层特性”按钮或选择“格式”→“图层”命令，即可弹出“图层特性管理器”浮动面板。再单击“新建图层”按钮，依次创建如图 10-33 所示的图样基本图层。其中“楼板”图层的线型设为“DASHED”，其他图层的线型采用默认。

（2）选择“格式”→“文字样式”命令，即可打开“文字样式”对话框，在其中新建“标注字母”和“文字”两种文字样式，其字体分别设为“romans.shx”和“仿宋 _GB2312”，其宽度比例均为 0.7，如图 10-34 所示。

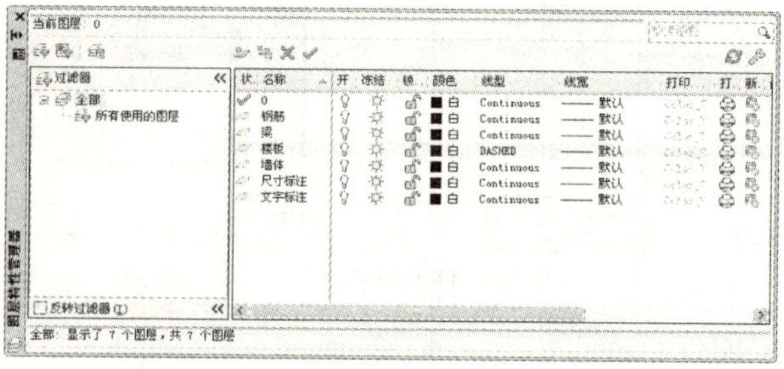

图10-33　“图层特性管理器”浮动面板

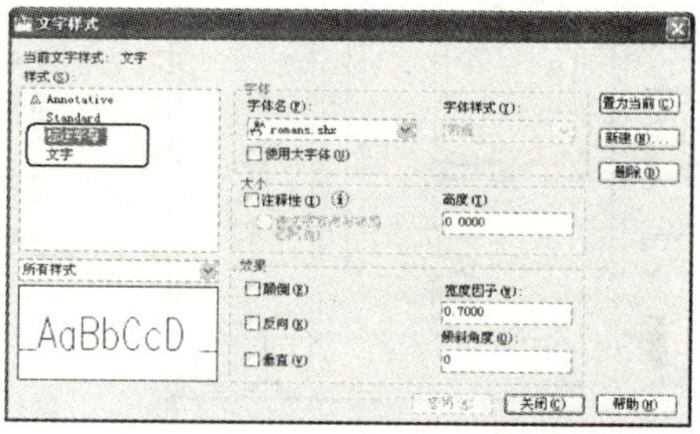

图10-34　设置文字样式

（3）在“图层”工具栏中的下拉列表中选择“梁”图层，将其设置为当前图层。选择功能区选项板中的“常用”选项卡，单击“绘图”面板中的“矩形”按钮，绘制梁的轮廓，其矩形长为 37.6，高为 5，如图 10-35 所示。

命令: _rectang

指定第一个角点或 [倒角(C)/标高(E)/圆角(F)/厚度(T)/宽度(W)]:

指定另一个角点或 [面积(A)/尺寸(D)/旋转(R)]: @37.6,5

（4）单击“绘图”面板中的“矩形”按钮，在梁的左右两边各绘制两个长为 2.4，高为 2.5 的矩形作为梁的支座，如图 10-36 所示。

图10-35　绘制梁的轮廓

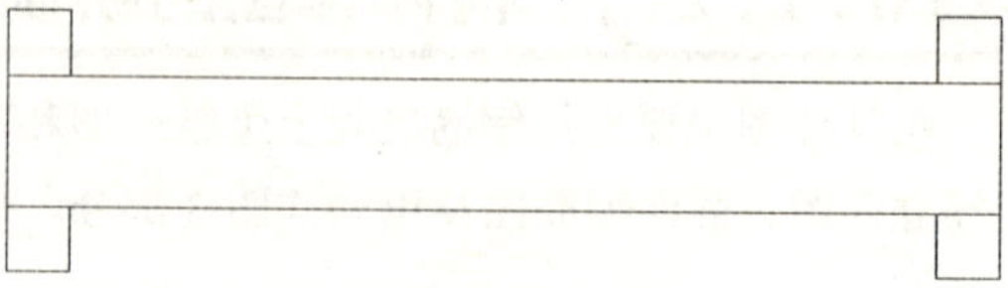

图10-36　绘制梁的支座

命令: _rectang

指定第一个角点或 [倒角(C)/标高(E)/圆角(F)/厚度(T)/宽度(W)]:（指定矩形左上角为第一点）

指定另一个角点或 [面积(A)/尺寸(D)/旋转(R)]: @2.4,2.5

命令:

命令: _rectang

指定第一个角点或 [倒角(C)/标高(E)/圆角(F)/厚度(T)/宽度(W)]:(指定矩形左下角为第一点)

指定另一个角点或 [面积(A)/尺寸(D)/旋转(R)]: @2.4,-2.5

命令: _rectang

命令:

指定第一个角点或 [倒角(C)/标高(E)/圆角(F)/厚度(T)/宽度(W)]:(指定矩形右上角为第一点)

指定另一个角点或 [面积(A)/尺寸(D)/旋转(R)]: @-2.4,2.5

命令:

命令: _rectang

指定第一个角点或 [倒角(C)/标高(E)/圆角(F)/厚度(T)/宽度(W)]:(指定矩形右下角为第一点)

指定另一个角点或 [面积(A)/尺寸(D)/旋转(R)]: @-2.4,-2.5

(5)单击“绘图”面板的“矩形”按钮,绘制一个“0.3mm×2.5mm”的矩形,如图10-35所示。

命令: _rectang

指定第一个角点或 [倒角(C)/标高(E)/圆角(F)/厚度(T)/宽度(W)]: (单击一点)

指定另一个角点或 [面积(A)/尺寸(D)/旋转(R)]: @0.3,2.5 (输入另一对角点的相对坐标)

(6)选择功能区选项板中的“常用”选项卡,单击“修改”面板中的“复制”按钮,复制两个矩形,把它们并列放在一起,如图10-38所示。

命令: _copy

选择对象: 找到 1 个

选择对象:

当前设置: 复制模式 = 多个

指定基点或 [位移(D)/模式(O)] <位移>: 指定第二个点或 <使用第一个点作为位移>:

指定第二个点或 [退出(E)/放弃(U)] <退出>:

指定第二个点或 [退出(E)/放弃(U)] <退出>:

(7)选择“绘图”→“多段线”命令,绘制折断线,如图10-39所示。

图10-37 绘制矩形

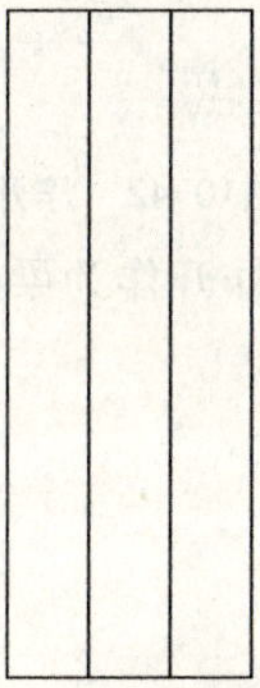

图10-38 复制两个矩形

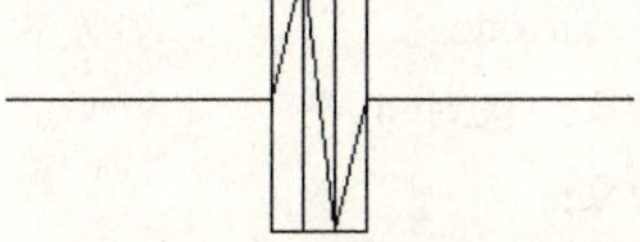

图10-39 绘制折断线

命令: _pline

指定起点: _from (利用捕捉自…基点确定起点)

基点: (捕捉左边矩形的中点)

<偏移>: 2.5　　　　　　　　　　（将鼠标放在矩形的左面使用极轴追踪功能，输入偏移距离）

当前线宽为 0.0000　　　　　　　　　　　　（起点宽度）

指定下一个点或 [圆弧(A)/半宽(H)/长度(L)/放弃(U)/宽度(W)]:（捕捉左边矩形左面边的中点）

指定下一点或 [圆弧(A)/闭合(C)/半宽(H)/长度(L)/放弃(U)/宽度(W)]: （捕捉第二个矩形的左上角点）

指定下一点或 [圆弧(A)/闭合(C)/半宽(H)/长度(L)/放弃(U)/宽度(W)]: （捕捉第二个矩形的右下角点）

指定下一点或 [圆弧(A)/闭合(C)/半宽(H)/长度(L)/放弃(U)/宽度(W)]: （捕捉右边矩形右面边的中点）

指定下一点或 [圆弧(A)/闭合(C)/半宽(H)/长度(L)/放弃(U)/宽度(W)]: 2.5 （将鼠标放在右边矩形的右面使用极轴追踪功能，输入偏移距离）

指定下一点或 [圆弧(A)/闭合(C)/半宽(H)/长度(L)/放弃(U)/宽度(W)]: （按"Enter"键，结束命令）

（8）选择功能区中"常用"选项卡，单击"修改"面板中的"删除"按钮，删除矩形，即可完成折断线的绘制，结果如图 10-40 所示。

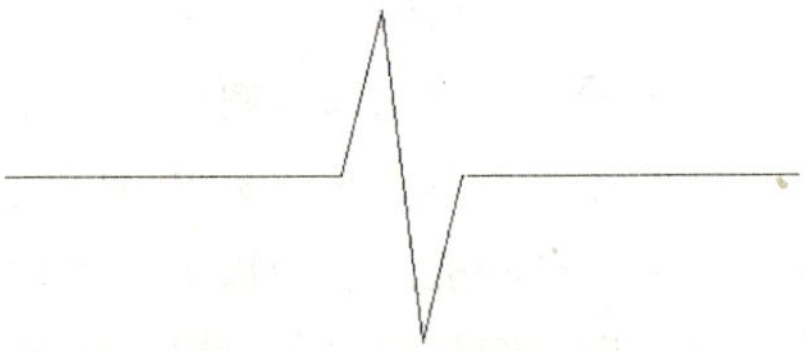

图10-40　折断线最终绘制效果

（9）单击"修改"面板中的"复制"按钮，复制折断线到合适的位置，然后再执行"MIRROR"命令，镜像折断线，如图 10-41 所示。

命令: _mirror

选择对象: 找到 1 个

选择对象:

指定镜像线的第一点: 指定镜像线的第二点:

要删除源对象吗? [是(Y)/否(N)] <N>: n

图10-41　复制折断线到合适的位置并镜像折断线

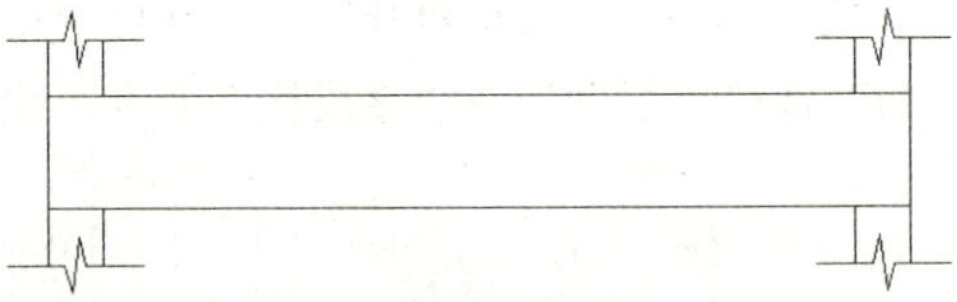

图10-42　炸开作为梁的支座矩形并删除多余的边

（10）单击"修改"面板中的"分解"按钮，炸开作为梁的支座的矩形，并删除多余的边，如图 10-42 所示。

命令: explode

选择对象: 找到 4 个

选择对象:

命令: erase 找到 4个

填充梁的支座的具体操作步骤如下。

（1）选择功能区选项板中的"常用"选项卡，单击"绘图"面板中的"图案填充"按钮，即可弹出"图案填充和渐变色"对话框，在"角度和比例"选项组中的"比例"栏中输入"0.005"，如

图 10-43 所示。

（2）单击“图案”右侧的□按钮，即可打开“填充图案选项板”对话框，在其中选择“AR-CONC”图案，单击“确定”按钮返回“图案填充和渐变色”对话框，如图 10-44 所示。

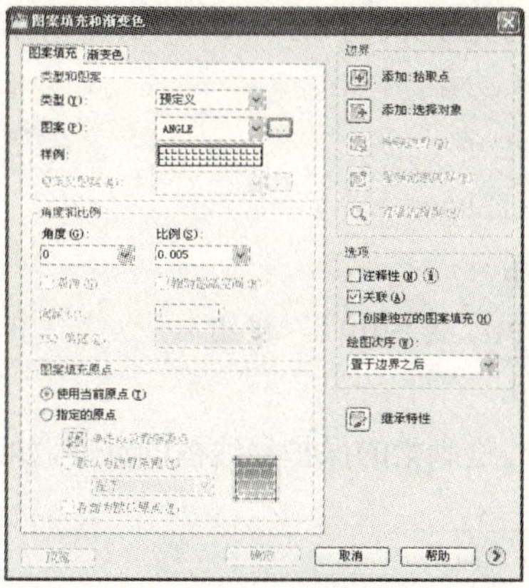

图10-43　“图案填充和渐变色”对话框

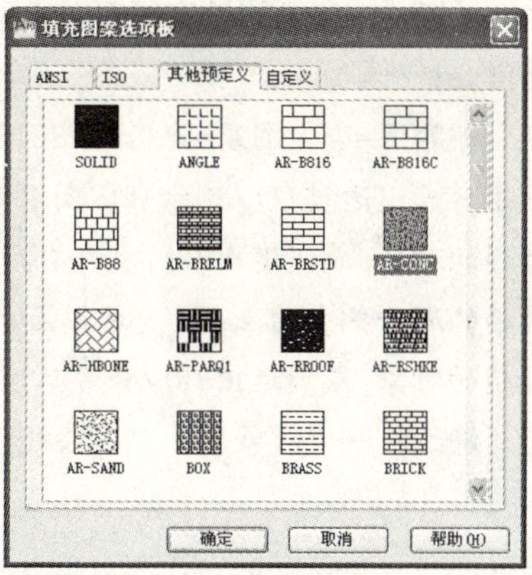

图10-44　“填充图案选项板”对话框

（3）单击“边界”选项组中的□按钮（“添加:拾取点”），单击梁的支座内部的一点，再次返回“图案填充和渐变色”对话框，如图 10-45 所示。

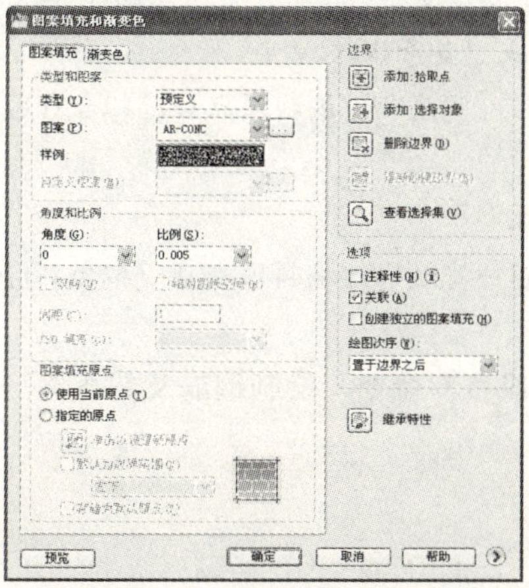

图10-45　查看图案填充设置

（4）单击“确定”按钮，即可完成设置。填充完所有梁的支座，如图 10-46 所示。

钢筋及其弯钩的具体绘制步骤如下。

（1）在“图层”工具栏中的下拉列表中选择“楼板”图层，将其设置为当前图层。再选择功能区中的“常用”选项卡，单击“绘图”面板中的“直线”按钮，绘制楼板，线型比例为 0.1，其中楼板厚度偏移距离为 1，如图 10-47 所示。

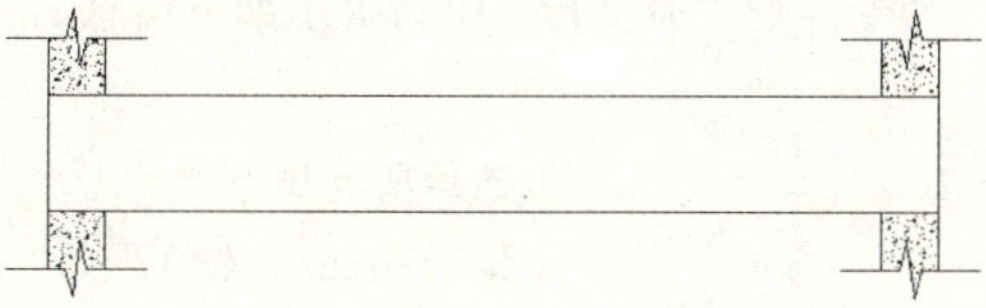

图10-46　绘制梁的支座并填充图案

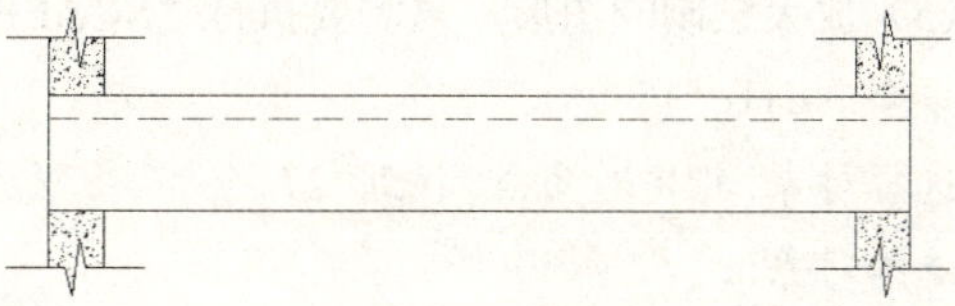

图10-47　绘制楼板

命令：_line 指定第一点：_from 基点：<偏移>：@0,-1　　　　（指定大矩形左上角为基点）

指定下一点或 [放弃(U)]:

指定下一点或 [放弃(U)]:

（2）在“图层”工具栏下拉列表中选择“钢筋”图层，将其设置为当前图层，单击“修改”面板中的“偏移”按钮，将梁的轮廓矩形向内偏移，偏移距离为 0.3，如图 10-48 所示。

命令: _offset

当前设置: 删除源=否　图层=源　OFFSETGAPTYPE=0

指定偏移距离或 [通过(T)/删除(E)/图层(L)] <1.0000>: 0.3

选择要偏移的对象，或 [退出(E)/放弃(U)] <退出>:

指定要偏移的那一侧上的点，或 [退出(E)/多个(M)/放弃(U)] <退出>:

选择要偏移的对象，或 [退出(E)/放弃(U)] <退出>:

（3）选择“修改”→“对象”→“多段线”命令，绘制梁的保护层线框的宽度，如图 10-49 所示。

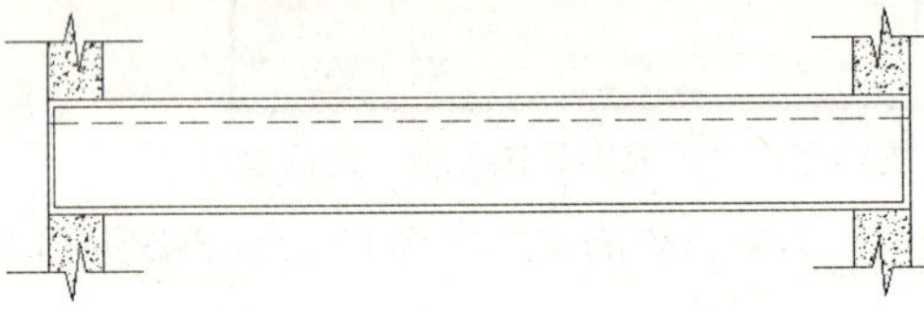

图10-48　绘制梁的保护层厚度

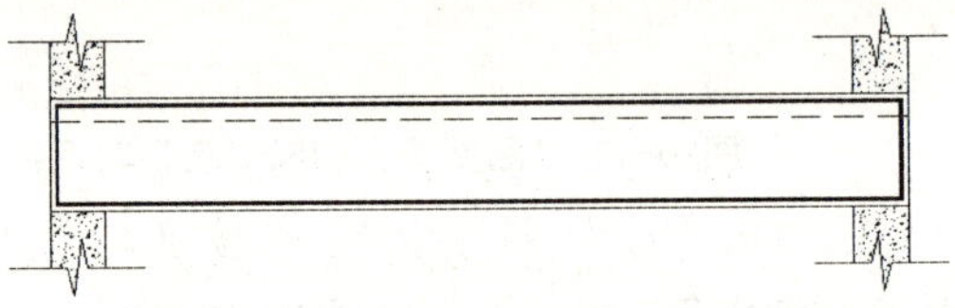

图10-49　绘制梁的保护层线框的宽度

命令: _pedit 选择多段线或 [多条(M)]:　　（选择梁的保护层线框）

输入选项 [打开(O)/合并(J)/宽度(W)/编辑顶点(E)/拟合(F)/样条曲线(S)/非曲线化(D)/线型生成(L)/反转(R)/放弃(U)]: w　　（选择“宽度”选项）

指定所有线段的新宽度: 0.1　　（输入宽度值）

输入选项 [打开(O)/合并(J)/宽度(W)/编辑顶点(E)/拟合(F)/样条曲线(S)/非曲线化(D)/线型生成(L)/反转(R)/放弃(U)]:　　（按“Enter”键，结束命令）

（4）选择“绘图”→“多段线”命令，绘制钢筋及其弯钩，其线宽设为 0.1，具体尺寸如图 10-50 所示。

命令: _pline

指定起点:

当前线宽为 1.0000

指定下一个点或 [圆弧(A)/半宽(H)/长度(L)/放弃(U)/宽度(W)]: w

指定起点宽度 <1.0000>: 0.1

指定端点宽度 <0.1000>: 0.1

指定下一个点或 [圆弧(A)/半宽(H)/长度(L)/放弃(U)/宽度(W)]:

指定下一点或 [圆弧(A)/闭合(C)/半宽(H)/长度(L)/放弃(U)/宽度(W)]:

（5）放大绘制的图形，只需要执行“SCALE”命令，则“命令行”中将提示如下信息：

命令: scale

选择对象: 指定对角点: 找到 27 个　　（选择所有图形）

选择对象:　　（按“Enter”键）

指定基点:　　（在图形上单击一点）

指定比例因子或 [复制(C)/参照(R)] <1.0000>: 100　　（输入比例因子）

命令: z　　　　　　　　　　　　　　　　　　(输入ZOOM命令的简称)

zoom

指定窗口的角点,输入比例因子 (nX 或 nXP),或者

[全部(A)/中心(C)/动态(D)/范围(E)/上一个(P)/比例(S)/窗口(W)/对象(O)] <实时>: a (选择“全部”选项)

正在重生成模型

(6) 单击“修改”面板中的“偏移”按钮进行绘制，其中箍筋的间距为1.5，弯起部分钢筋的起点与终点在梁边缘方向相距4，如图10-51所示。

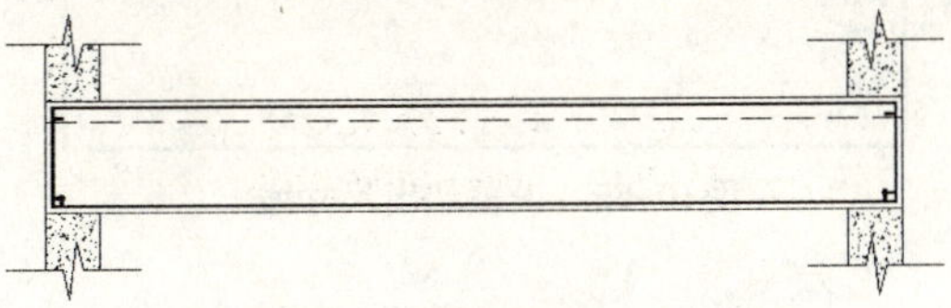

图10-50　绘制钢筋及其弯钩

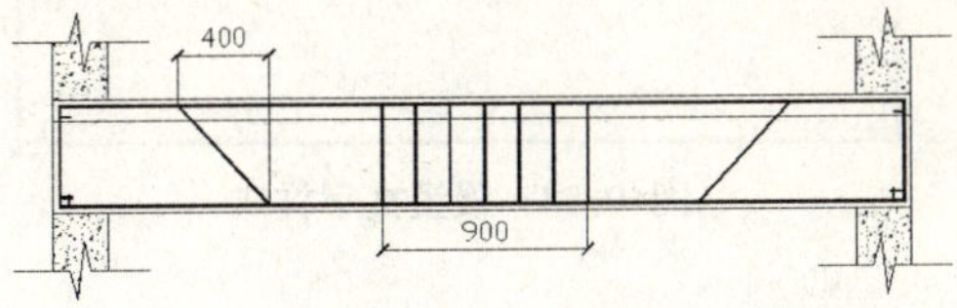

图10-51　绘制梁内的箍筋和钢筋的弯起部分

(7) 单击楼板，选择“修改”→“特性”命令，将其线型比例改为10，如图10-52所示。在“图层”工具栏中的下拉列表框中选择“尺寸”图层，将其设置为当前图层。

标注钢筋规格的具体操作步骤如下。

(1) 选择“标注”→“标注样式”命令，即可弹出“标注样式管理器”对话框。单击右侧的“修改”按钮，即可弹出“修改标注样式:ISO-25”对话框，最后选择“符号和箭头”选项卡，将“箭头大小”设为“80”，如图10-53所示。

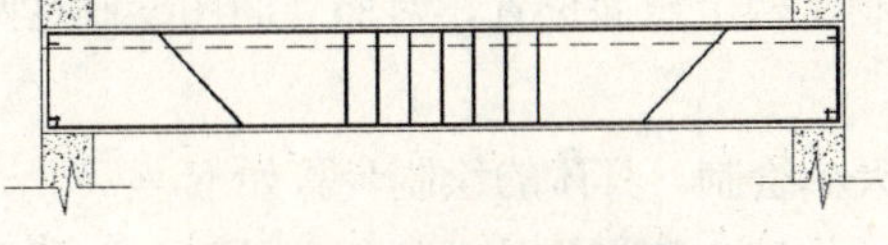

图10-52　绘制梁内的钢筋

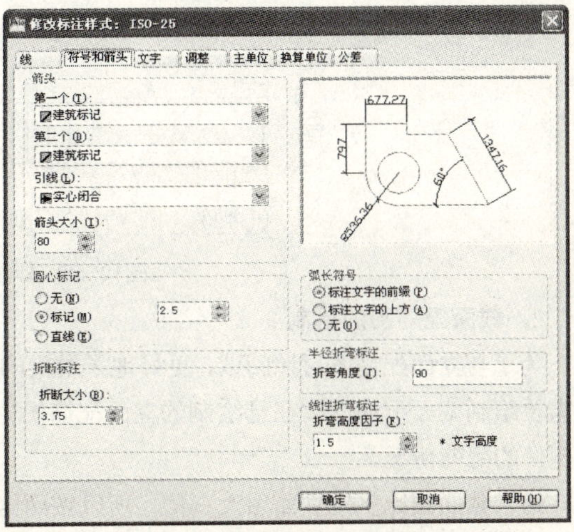

图10-53 设置符号和箭头

(2) 选择“文字”选项卡，将“文字样式”设为“STANDARD”；将“从尺寸线偏移”设为“36”，如图10-54所示。选择“线”选项卡，将“超出尺寸线”设为“72”；将“起点偏移量”设为“36”，如图10-55所示。

(3) 选择“标注”→“线性”命令，标注出梁的长度和高度以及弯起点的位置，并书写钢筋编号，如图10-56所示。

(4) 选择“绘图”→“文字”→“多行文字”命令，书写截面符号，在梁的中间部分设1-1截面，在梁的右侧设2-2截面，如图10-57所示。

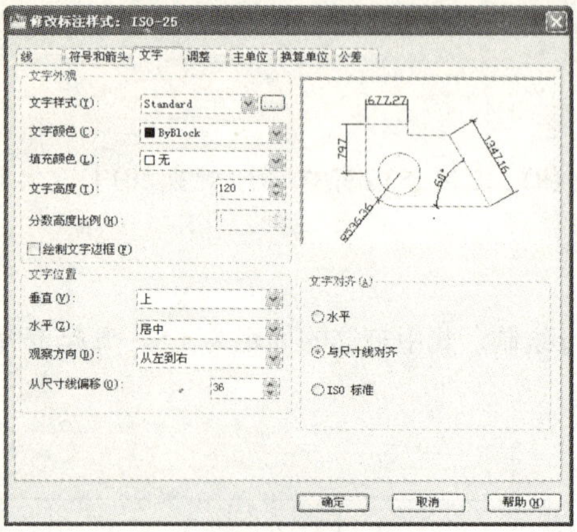

图10-54　设置文字样式

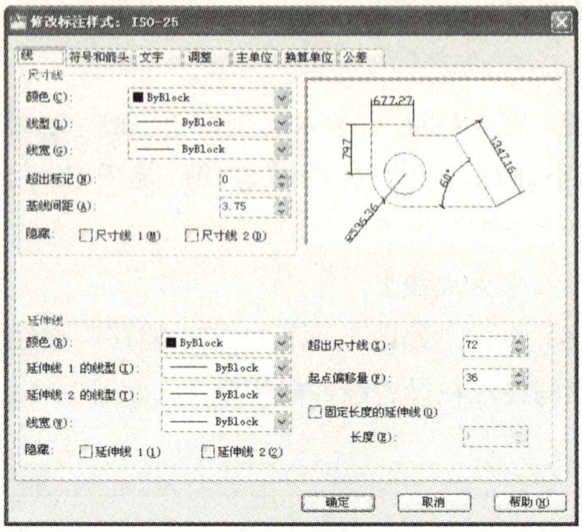

图10-55　设置超出尺寸线

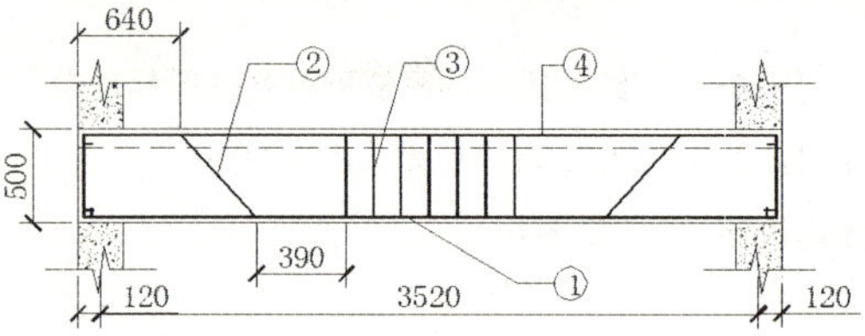

图10-56　标注梁的长度、高度以及弯起点的位置

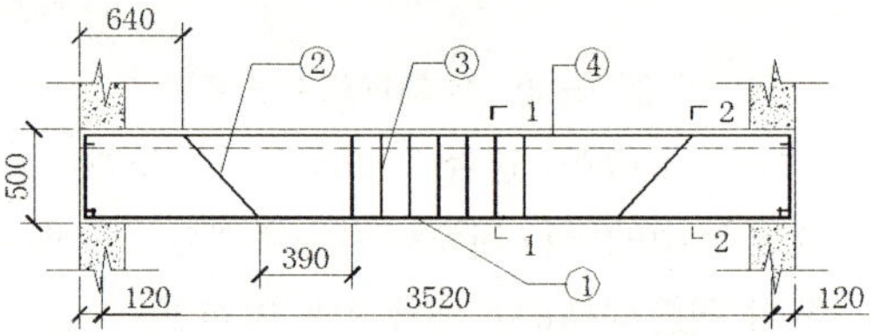

图10-57　标注尺寸、编号轴线和绘制截面

（5）选择“绘图”→“文字”→“多行文字”命令，按钢筋的标注方法标注钢筋的规格，如图10-58所示。

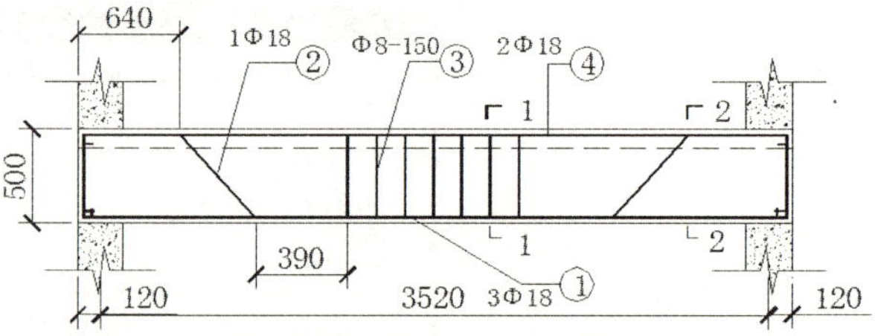

图10-58　标注钢筋的规格

2. 截面配筋图的绘制

为了与立面配筋图对照阅读，更好地了解梁的截面形状、宽度尺寸及钢筋上下前后的排列情况，就需要绘制截面配筋图。在已绘制的立面配筋图中，绘制了两个截面位置，对照立面图绘制这两个截图处的配筋情况。

通常截面图比例比立面图大一倍，所以按两倍尺寸大小绘制。具体的绘制步骤如下。

（1）选择功能区选项板中的“常用”选项卡，单击“绘图”面板中的“矩形”按钮，绘制一个宽度为480mm，高度为1000mm的矩形，如图10-59所示。同时绘制两侧楼板和折线，其中楼板的厚度为200mm，如图10-60所示。

（2）单击“修改”面板中的“偏移”按钮，将矩形向内偏移，偏移距离为60，该内部矩形表示的是直径为8的箍筋，如图10-61所示。

命令: _offset

当前设置: 删除源=否　图层=源　OFFSETGAPTYPE=0

指定偏移距离或 [通过(T)/删除(E)/图层(L)] <10.0000>: 60

选择要偏移的对象，或 [退出(E)/放弃(U)] <退出>:

指定要偏移的那一侧上的点，或 [退出(E)/多个(M)/放弃(U)] <退出>:

选择要偏移的对象，或 [退出(E)/放弃(U)] <退出>:

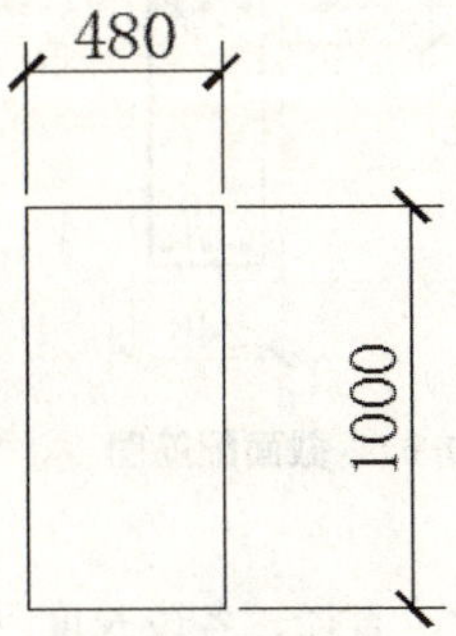

图10-59 绘制矩形

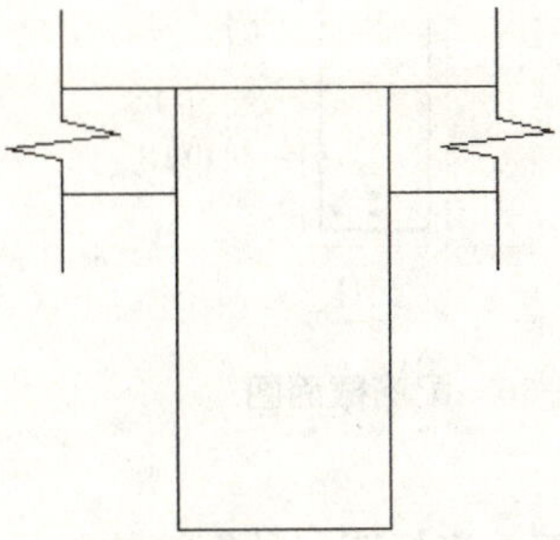

图10-60 绘制两侧楼板和折线

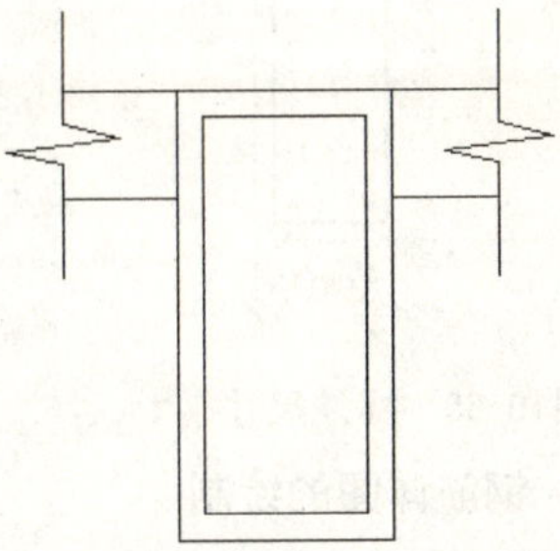

图10-61 矩形向内偏移60

（3）选择“修改”→“对象”→“多段线”命令，选取矩形，将线宽设置为10，如图10-62所示。选择“修改”→“对象”→“多段线”命令，绘制箍筋的弯钩，其线宽同样设置为10，如图10-63所示。

（4）执行“CIRCLE”命令绘制钢筋截面，将圆的半径设为18，再选择功能区选项板中的“常用”选项卡，单击“绘图”面板中的“图案填充”按钮，用“SOLID”图案进行填充，绘制钢筋后的截面，如图10-64所示。

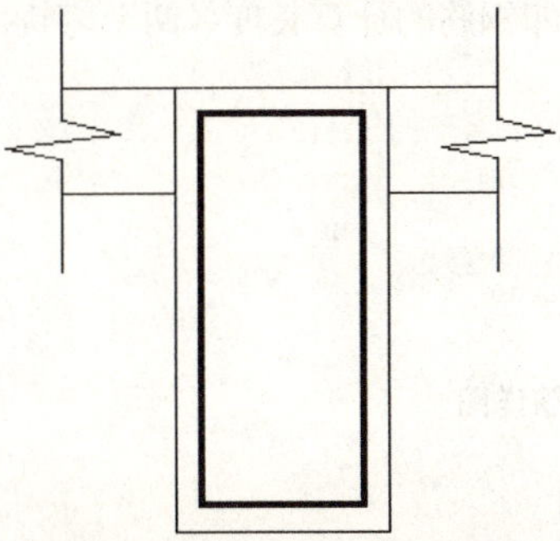

图10-62 设置矩形线宽为10

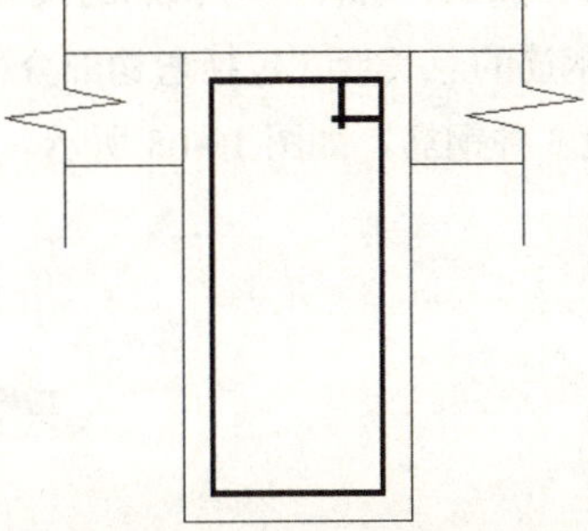

图10-63 绘制箍筋的弯钩

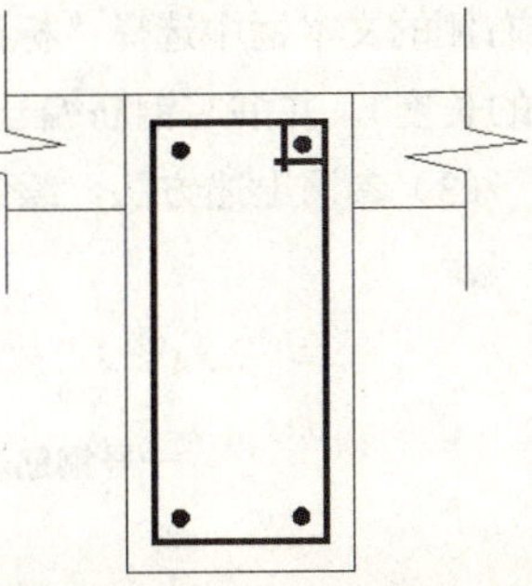

图10-64 绘制梁截面上的钢筋截面

命令: _circle 指定圆的圆心或 [三点(3P)/两点(2P)/切点、切点、半径(T)]:

指定圆的半径或 [直径(D)] <18.0000>: 18

（5）在“图层”工具栏中的下拉列表框中选择“标注”图层，将其设置为当前图层。选择“标注”→“线性”命令，标注文本，其最终标注效果如图10-65所示。

命令: _dimlinear

指定第一条延伸线原点或 <选择对象>: <对象捕捉 开> （捕捉轮廓矩形的左下角点）

指定第二条延伸线原点: （捕捉轮廓矩形的右下角点）

指定尺寸线位置或

[多行文字(M)/文字(T)/角度(A)/水平(H)/垂直(V)/旋转(R)]: t （选择“文字”选项）

输入标注文字 <480.0000>: 240 （输入标注文字）（重复多次）

（6）标注钢筋样式，书写钢筋编号。注意要和立面配筋图中保持一致。完成标注后的截面配筋图如图10-66所示。

（7）参照上述方法，绘制 2-2 截面配筋图，如图 10-67 所示。

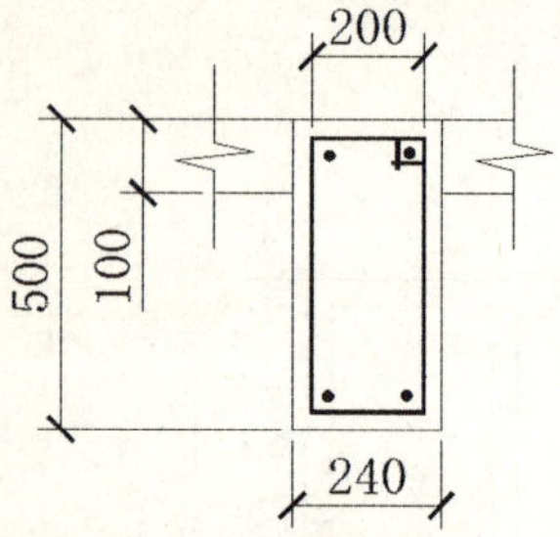

图10-65　标注尺寸

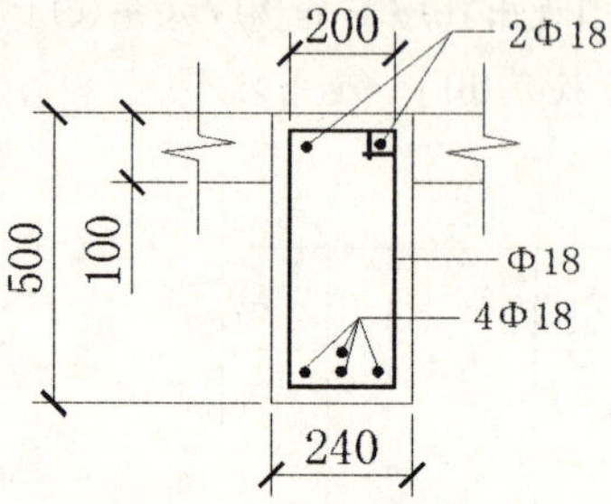

图10-66　配筋截面图

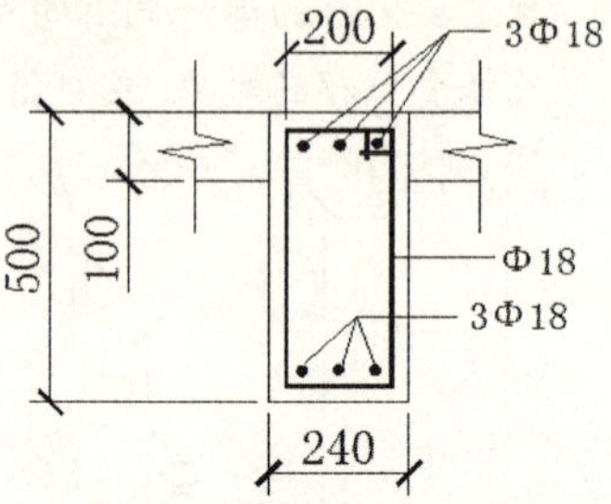

图10-67　截面配筋图

3．钢筋详图的绘制

钢筋详图的主要作用是方便下料加工，应标明每种钢筋的编号、根数、直径、各段长度以及弯起点位置等。从图 10-67 所示可知，图中有 4 种钢筋，因此需要绘制 4 种钢筋详图。

具体的绘制步骤如下。

（1）在“图层”工具栏中的下拉列表框中选择“钢筋”图层，将其设置为当前图层。选择“修改”→“对象”→“多段线”命令，绘制钢筋轮廓。

（2）在“图层”工具栏中的下拉列表框中选择“标注”图层，将其设置为当前图层。选择“工具”→“工具栏”→“AutoCAD”→“样式”命令，调出“样式”工具栏，单击“文字样式”按钮 右侧的文本框中选择“标注字母”选项，标注一号钢筋的尺寸，即钢筋的计算长度（两个弯钩之间的长度），并书写钢筋编号以及钢筋的总长度（包括弯钩部分）。

（3）参照上述方法，绘制其他 3 种钢筋，如图 10-68 所示。

一号钢筋轮廓

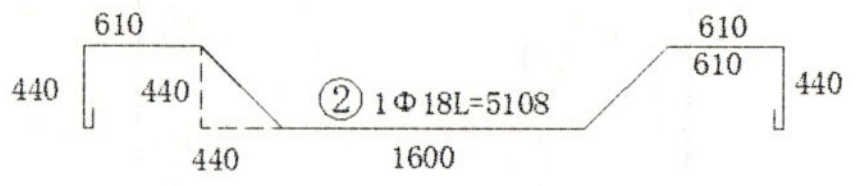

二号钢筋详图

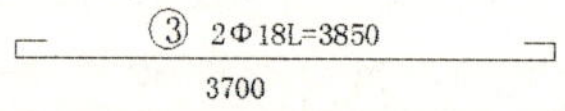

三号钢筋详图

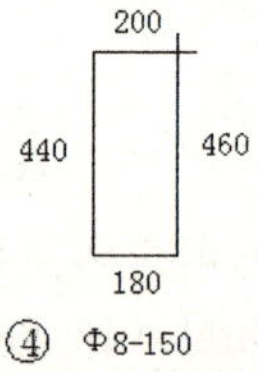

四号钢筋轮廓

图10-68　绘制的钢筋详图

4．柱的配筋立面图的绘制

柱的配筋立面图主要反映柱的立面轮廓、长度尺寸以及钢筋在柱内实现资源配置情况。具体的绘制步骤如下。

（1）选择“绘图”→“多线”命令，绘制轮廓，柱的宽度为 240。再执行“MLEDIT”命令，编辑多线相交处。

（2）选择“绘图”→“多线”命令，绘制柱内钢筋，其中包括受力主筋和分布箍筋。先绘制一段柱内的钢筋，再执行“COPY”命令绘制整个柱内的钢筋，如图 10-69 所示。

提 示

随着柱体高度的增加，所受的载荷逐渐减少，因此受力主筋的直径也随之减少，但通常绘制的时候均用线宽为 10 的直线表示。在柱的不同高度上，箍筋的分布密度也不同，绘制的时候用线宽为 8 的直线来表示箍筋。

（3）标注尺寸，主要包括各层高度、地板以下高度及柱的厚度等。

提 示

通常随着柱高度的变化，箍筋的分布会发生改变，因此为了明确表示出箍筋的分布情况，需要绘制箍筋分布线。

（4）在图 10-69 中由于柱共两层，所以在每层均选取一个断面并绘制断面符号，从下向上分别为 1-1、2-2、3-3 和 4-4 断面，最终得到的柱的配筋立面图如图 10-70 所示。

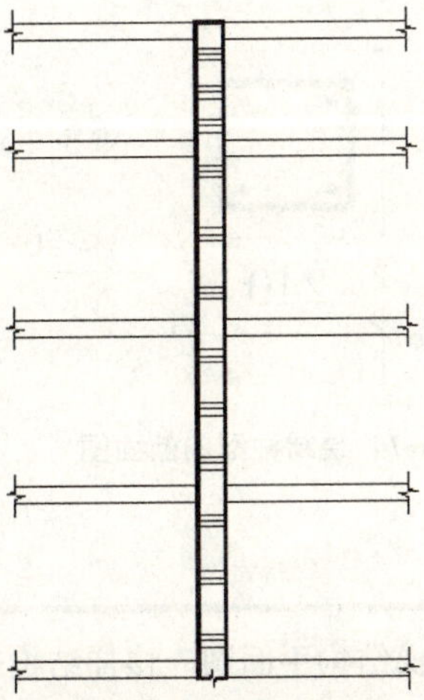

图10-69　绘制内钢筋

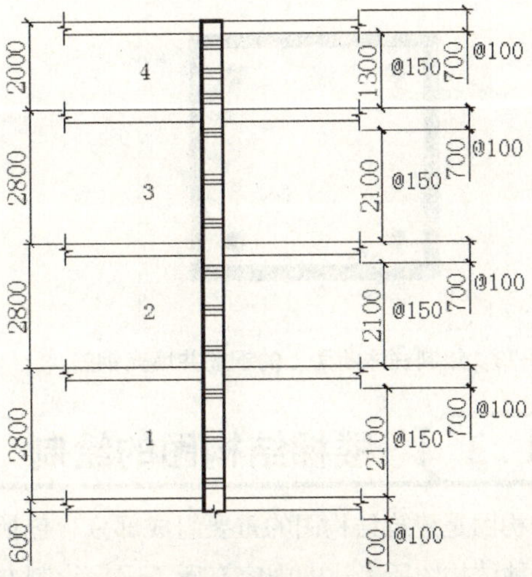

图10-70　柱的配筋立面图

提 示

图中 @150 表示箍筋间距为 150，@100 表示箍筋加密，间距为 100，其上的尺寸表示箍筋分布的范围。如果是 500，则表示 500 范围内箍筋间隔均为 100。

5．柱的配筋断面图的绘制

柱的配筋断面图用于表示不同高度上的典型断面的配筋情况。在本例的立面图中，一共选取了 4 个典型断面，因此需要绘制 4 个断面图。下面以 1-1 断面图为例介绍其绘制方法，另外的断面图可参照同样的方法绘制。具体的绘制过程如下。

（1）选择功能区选项板中“常用”选项卡，单击“绘图”面板中的“矩形”按钮，绘制柱轮廓线，边长为 240mm，如图 10-71 所示。

（2）执行“OFFSET”、“MLEDIT”和“FILLET”等命令绘制箍筋线，如图 10-72 所示。

（3）执行“CIRCLE”、“COPY”命令绘制柱体断面上的钢筋。选择功能区选项板中的“常用”选项卡，单击“绘图”面板中的“图案填充”按钮，即可弹出“图案填充和渐变色”对话框，将图案填充样式设置为“SOLID”后填充钢筋，如图 10-73 所示。

（4）标注断面尺寸、标注受力主筋和箍筋的规格，1-1 断面图中的受力主筋直径为 20，如图 10-74 所示。

图10-71　绘制柱轮廓线

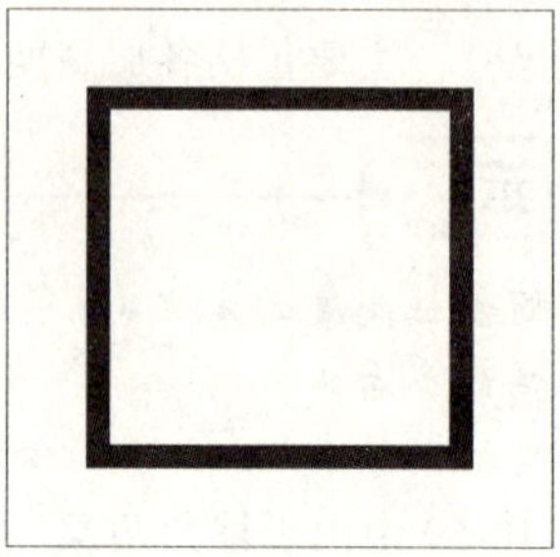

图10-72　绘制箍筋线

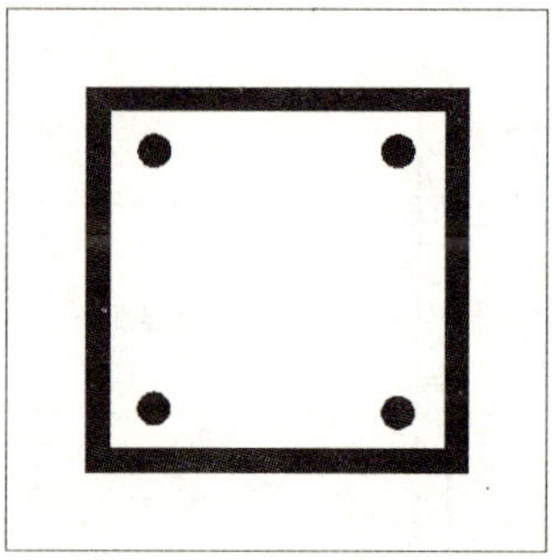

图10-73　绘制柱体断面上的钢筋并填充钢筋

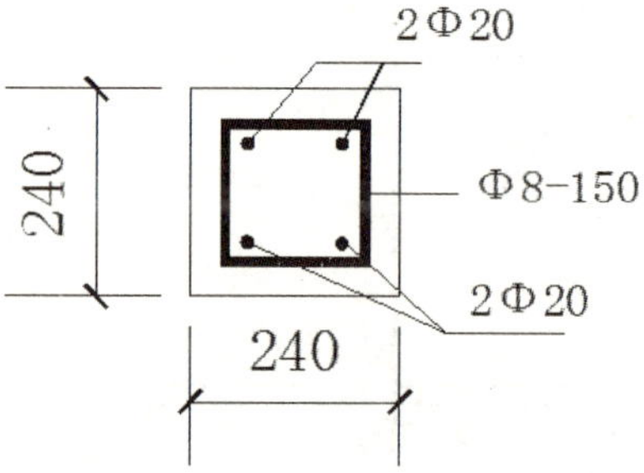

图10-74 绘制柱配筋断面图

10.1.3 楼梯结构图的绘制

楼梯结构图是建筑结构图的重要组成部分，包括各层楼梯结构平面图、楼梯结构剖面图及配筋图等。这 3 种结构图所表达的内容有所不同，绘制方法和步骤也不一样。下面以联排别墅楼梯为例分别介绍 3 种结构图的绘制。

1．楼梯结构平面图的绘制

楼梯结构平面图主要表示各构件（如楼梁板、楼段板、平台板以及楼梯间的门窗改良等）的平面布置的代号、大小、定位关系及其结构标高等。楼梯结构平面图与楼梯建筑平面图类似，但楼梯结构平面图主要表示楼梯间各构件的情况，而楼梯建筑平面图主要表示楼梯段的水平长度和宽度、各级踏步的宽度及平台的宽度、扶手位置等。具体的操作步骤如下。

（1）选择“文件”→“新建”命令新建一个图形文件，将其命名为“楼梯结构平面图”，将其绘图范围设置为“10000mm×10000mm”，如图 10-75 所示。

（2）选择功能区选项板中的“常用”选项卡，单击“图层”面板中的“图层特性”按钮或选择菜单栏中“格式”→“图层”命令，即可弹出“图层特性管理器”浮动面板，然后再单击“新建图层”按钮，依次建立“楼梯”、“钢筋”以及“标注”等图层，其中“楼梯”图层线型设为“DASHED”，如图 10-76 所示。

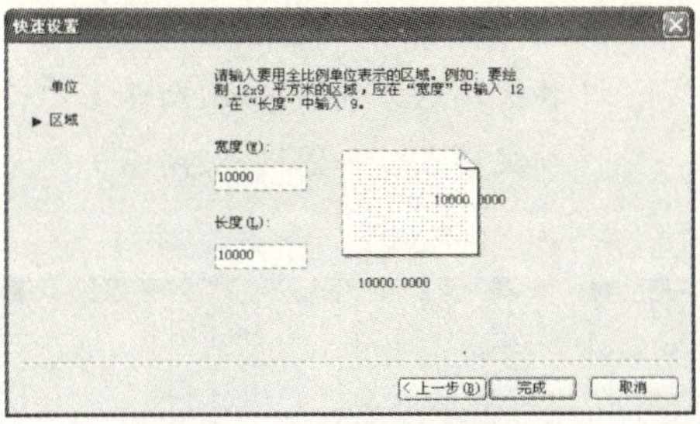

图10-75　设置绘图范围

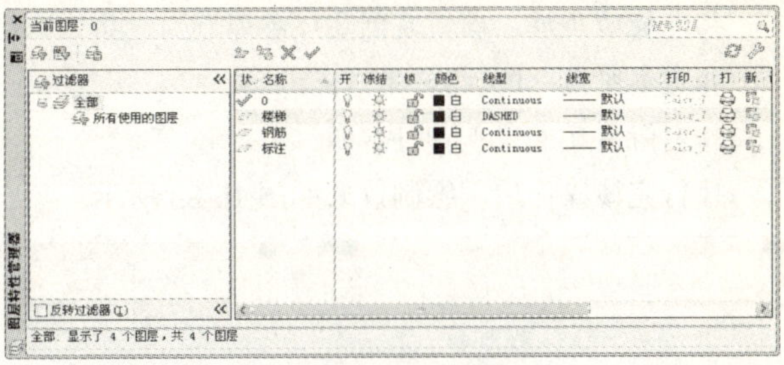

图10-76　建立图层

（3）选择“格式”→“文字样式”命令，即可打开“文字样式”对话框，在其中新建“标注字母”文字样式，字体设为“romans.shx”，宽度比例为 0.7，如图 10-77 所示。

（4）在“图层”工具栏中的下拉列表框中选择“楼梯”图层，将其设置为当前图层。执行“LINE”、“OFFSET”和“RECTANGLE”等命令完成楼梯平面轮廓的绘制。再绘制并填充柱子，如图 10-78 所示。

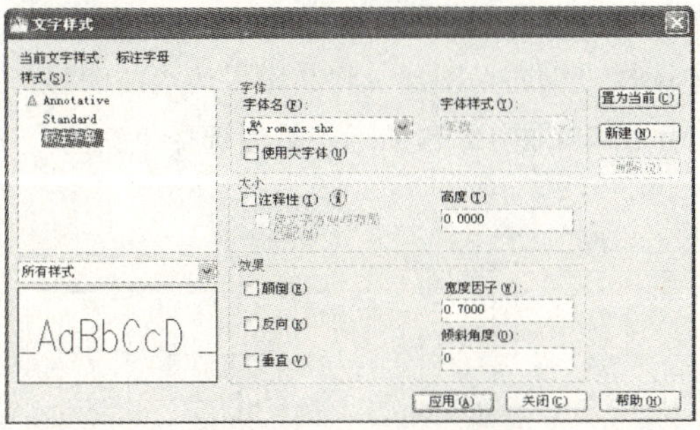

图10-77　设置文字样式

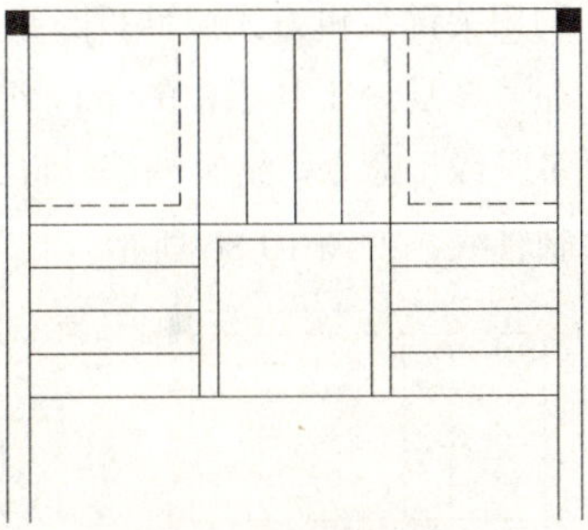

图10-78　楼梯平面轮廓

（5）绘制折断线再执行“COPY”命令，复制折断线到合适的位置。最后执行“SCALE”命令，单击折断线，输入适当的比例因子，如图 10-79 所示。

（6）选择“修改”→“旋转”命令，则 AutoCAD 提示如下：

命令：_rotate

UCS 当前的正角方向：　ANGDIR=逆时针　ANGBASE=0

选择对象：找到 1 个　　　　　　　　　　（单击折断线）

选择对象：　　　　　　　　　　　　　　（按“Enter”键，结束选择）

指定基点：　　　　　　　　　　　　　　（捕捉中点，如图10-80所示）

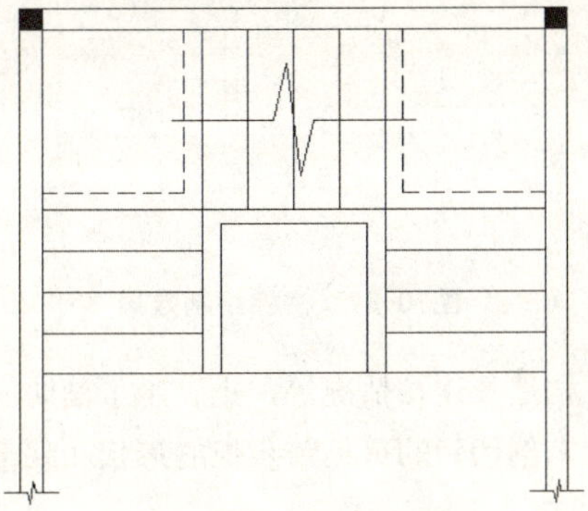

图10-79　绘制折断线

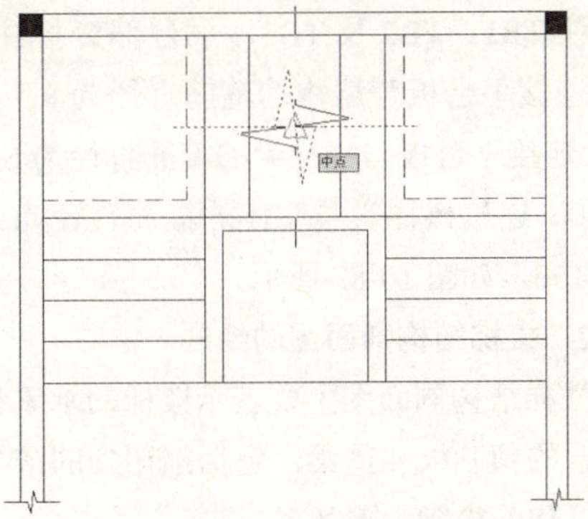

图10-80　捕捉中点

指定旋转角度，或 [复制(C)/参照(R)] <0>: r　　　　　　　　（选择“参照”选项）

指定参照角 <0>: 指定第二点:　　　　　　　　　　　　　　（捕捉端点，如图10-81所示）

指定新角度或 [点(P)] <0>:　　　　　　　　　　　　　　　（捕捉交点，如图10-82所示）

执行完该操作后，绘制效果如图 10-83 所示。

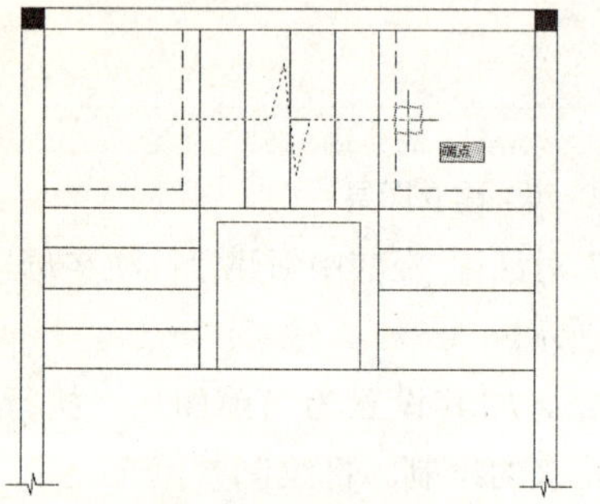

图10-81　捕捉端点

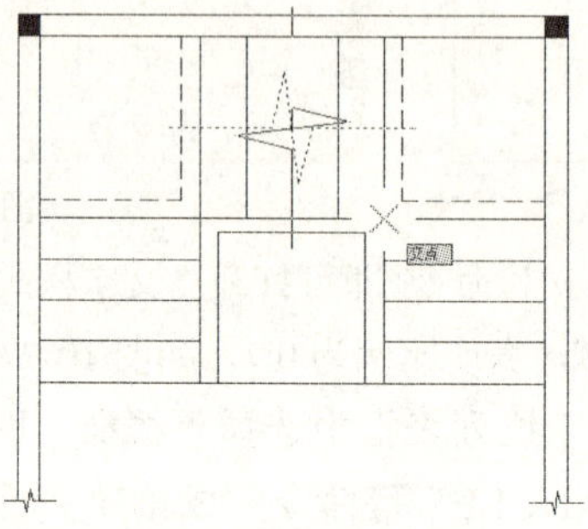

图10-82　捕捉交点

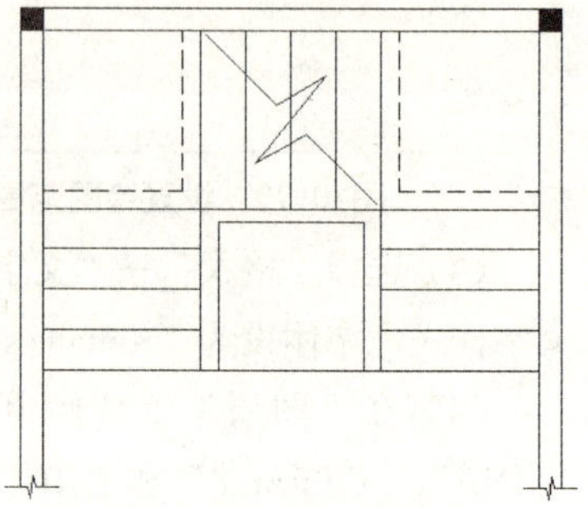

图10-83　旋转折断线

（7）利用关键编辑方式拉伸折断线的两端，最终效果如图 10-84 所示。

（8）在“图层”工具栏中的下拉列表框中选择“钢筋”图层，将其设置为当前图层。选择“绘图”→“多段线”命令，绘制钢筋，将线宽设为 10，如图 10-85 所示。最后选择“绘图”→“直线”命令，绘制轴线，如图 10-86 所示。

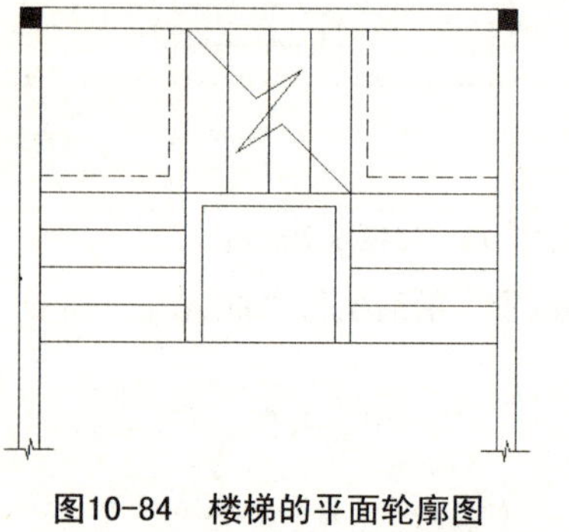

图10-84　楼梯的平面轮廓图

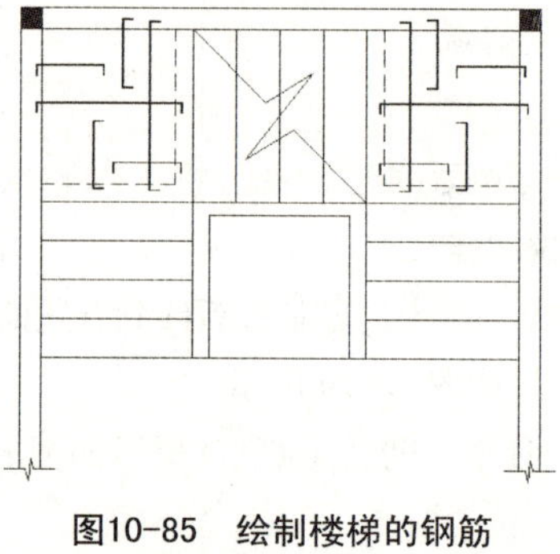

图10-85　绘制楼梯的钢筋

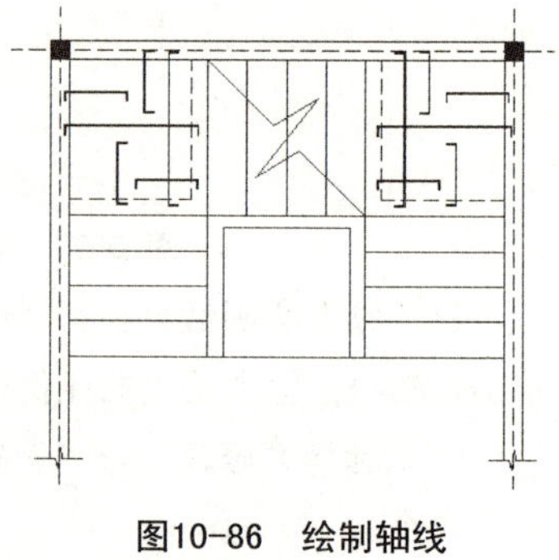

图10-86　绘制轴线

（9）在“图层”工具栏中的下拉列表框中选择“标注”图层，将其设置为当前图层。选择“标注”→“线性”命令，标注尺寸楼梯间的长度和宽度，箍筋进入板内的长度等。其中楼梯部分分别标注 TB1、TB2 及 TB3，平台部分标注 B1 和 B2；连接平台板与墙体的箍筋直径为 8，间距为 100；连接平台板与楼梯梁的箍筋直径为 8，间距为 100；连接楼梯梁与墙体的箍筋直径为 10，间距为 150，如图 10-87 所示。

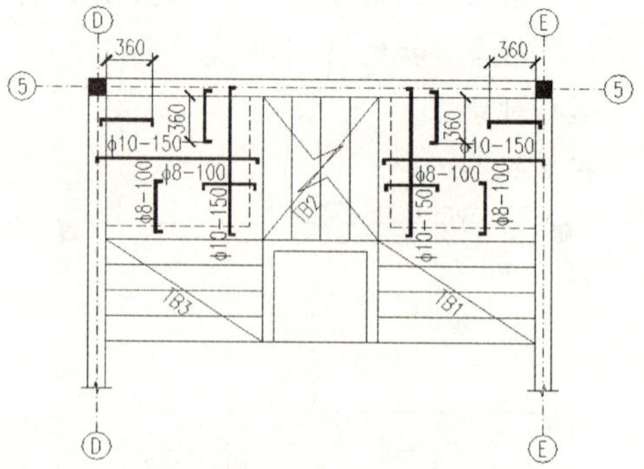

图10-87　楼梯绘制效果

2．楼梯结构剖面图的绘制

楼梯结构剖面图主要表示楼梯的承重构件竖向布置、构造及连接情况等，也表示了剖切到的楼梯平台的预制板和过梁，包括剖切到的踏步板、楼梯梁及未剖切到的可见踏步板的形状和联系情况等。具体的绘制步骤如下。

（1）选择“文件”→“新建”命令，新建一个图形文件，将其命名为“楼梯结构剖面图”，将其绘图范围设置为“10000mm×10000mm”。

（2）选择功能区选项板中的“常用”选项卡，单击“图层”面板中的“图层特性”按钮或选择“格式”→“图层”命令，即可弹出“图层特性管理器”浮动面板。再单击“新建图层”按钮，依次建立“楼梯”、“楼板”、“填充线”、“钢筋”以及“标注”等图层，其中“楼梯”图层线型设为“DASHED”，如图 10-88 所示。

（3）选择“格式”→“文字样式”命令，即可打开“文字样式”对话框，新建“标注字母”文字样式，字体设为“romans.shx”，宽度比例为 0.7。

（4）选择“格式”→“标注样式”命令，即可打开“标注样式管理器”对话框。单击“新建”按钮，即可打开“创建新标注样式”对话框，在“用于”下拉列表中选择“引线和公差”选项，如图 10-89 所示。

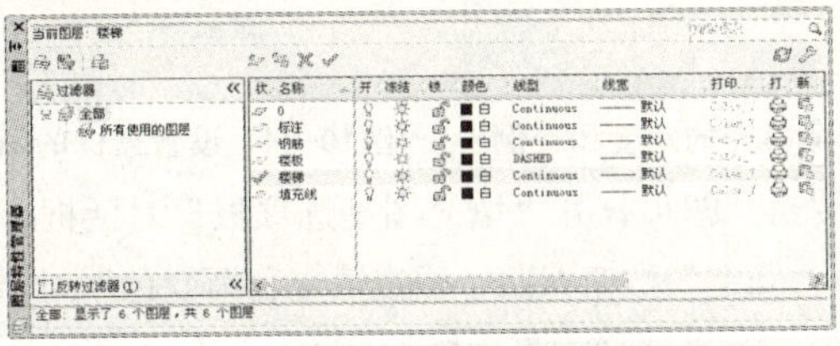

图10-88　建立图层

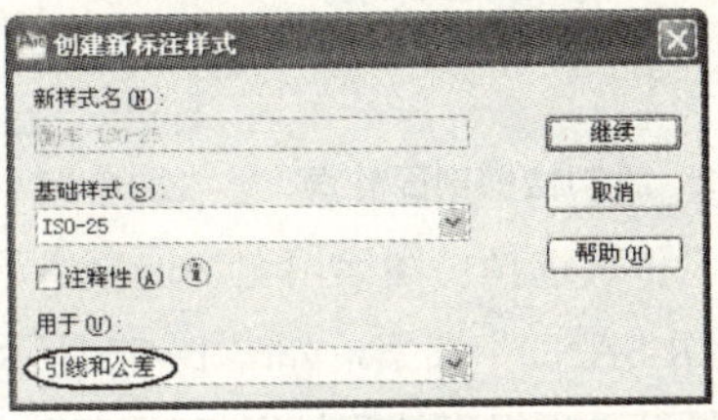

图10-89　“创建新标注样式”对话框

（5）单击“继续”按钮，即可打开“新建标注样式：ISO-25：引线”对话框，在“符号和箭头”选项卡中的“引线”下拉列表中选择“无”选项，如图 10-90 所示。在“文字”选项卡中的“文字样式”下拉列表中选择“标注字母”选项，如图 10-91 所示。单击“确定”按钮，返回“标注样式管理器”对话框，单击“关闭”按钮，即可完成标注样式的设置。

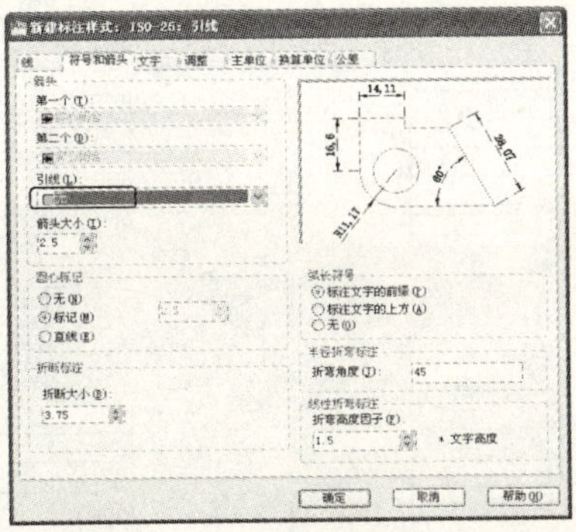

图10-90　“符号和箭头”选项卡

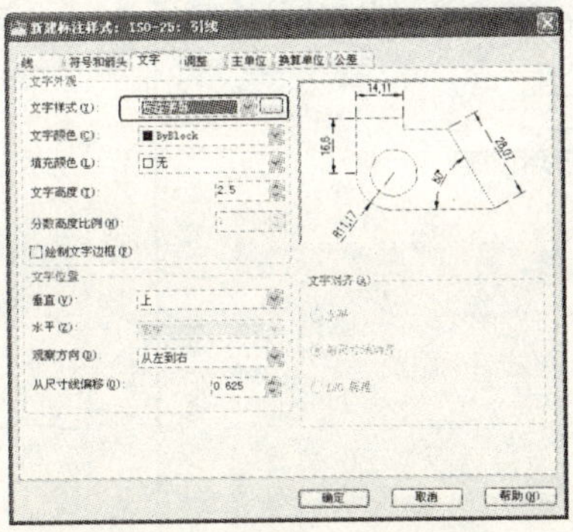

图10-91　“文字”选项卡

（6）在“图层”工具栏中的下拉列表中选择“楼梯”图层，将其设置为当前图层。执行“LINE”、“OFFSET”和“RECTANG”等命令，完成楼梯剖面轮廓的绘制，如图 10-92 所示。

（7）在“图层”工具栏中的下拉列表中选择“填充线”图层，将其设置为当前图层。选择功能区选项板中的“常用”选项卡，单击“绘图”面板中的“图案填充”按钮，即可打开“图案填充和渐变色”对话框，在“角度和比例”选项组中的“角度”下拉列表中选择“90”，在“比例”栏中输入“40”，如图 10-93 所示。

（8）选择“图案填充”选项卡中的按钮，即可打开“填充图案选项板”对话框，选择其中的“ANSI31”图案。单击“确定”按钮返回“图案填充和渐变色”对话框，单击“边界”选项组中的按钮（“添加：拾取点”），单击楼梯剖面内部的一点，再次返回“图案填充和渐变色”对话框，单击“确定”按钮，即可设置楼梯的填充线，如图 10-94 所示。

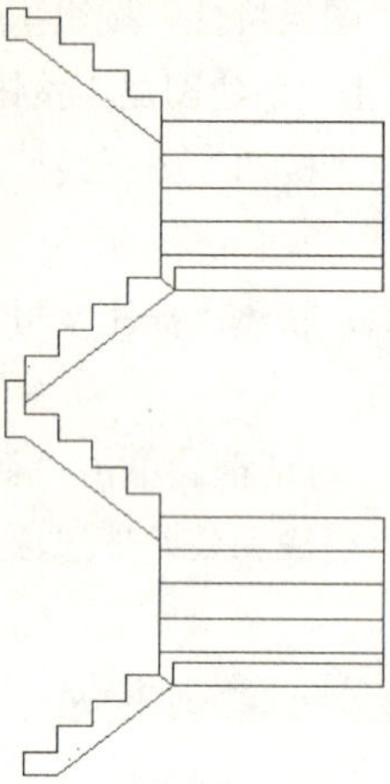

图10-92　绘制楼梯剖面轮廓

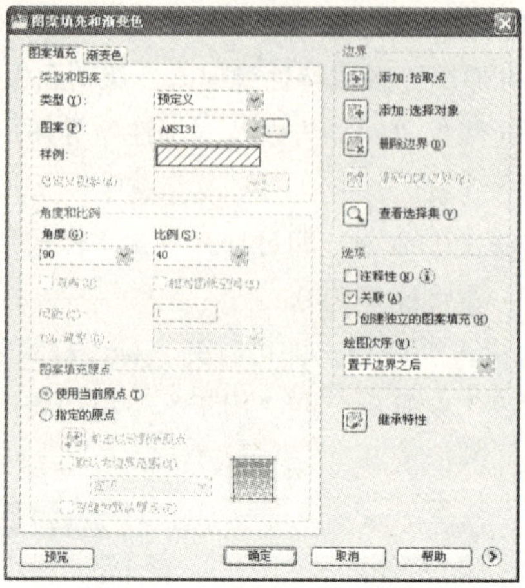

图10-93　设置图案填充的角度和比例

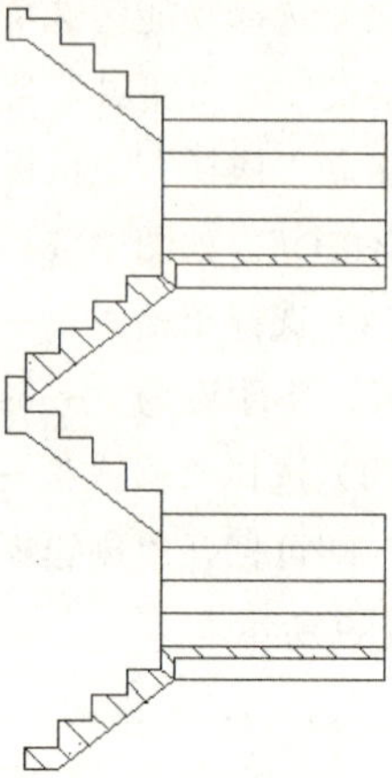

图10-94　设置楼梯的填充线

（9）再次选择“图案填充”选项卡中的按钮，即可打开“填充图案选项板”对话框，在其中选择“AR-SAND”图案，如图 10-95 所示。单击“确定”按钮返回“图案填充和渐变色”对话框，单击“边界”选项组中的按钮（“添加：拾取点”），单击楼梯剖面内部的一点，返回“图案填充和渐变色”对话框，最后单击“确定”按钮，即可完成楼梯剖面轮廓的图案填充绘制，如图 10-96 所示。

（10）在“图层”工具栏中的下拉列表中选择“标注”图层，将其设置为当前图层。选择“标注”→“多重引线”命令，绘制引出线，在相应的位置书写踏步板 TB1、TB2、TB3 以及在合适的位置上标注出楼梯梁 TL1，如图 10-97 所示。

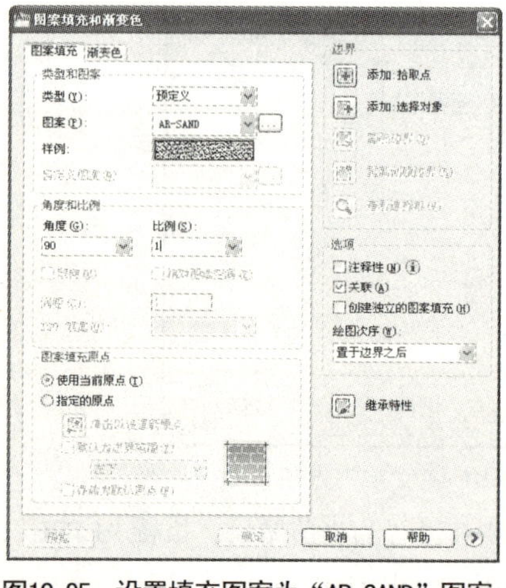

图10-95　设置填充图案为“AR-SAND”图案

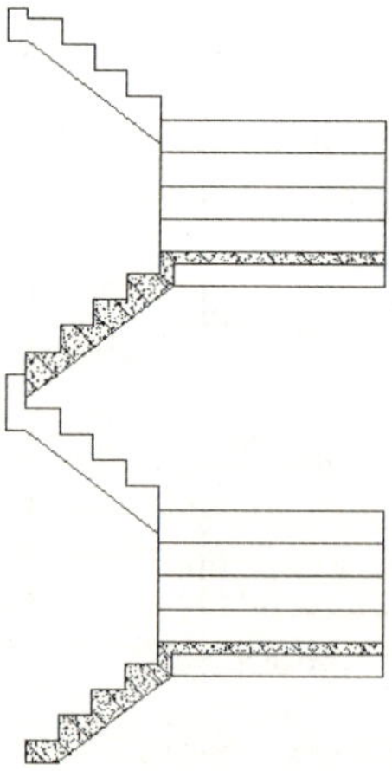

图10-96　楼梯剖面轮廓的图案填充效果

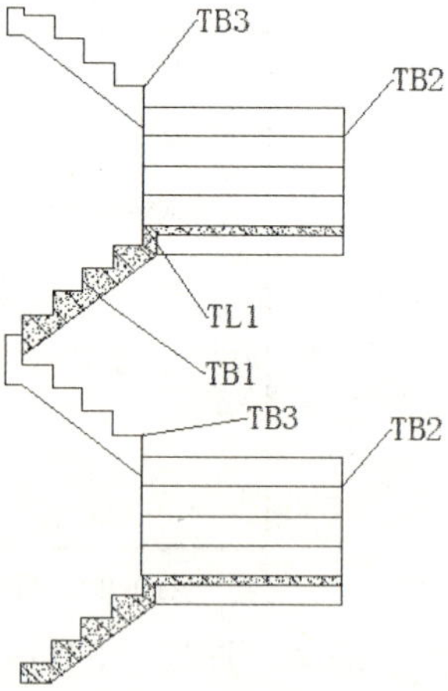

图10-97　绘制楼梯结构剖面图

注意

楼梯的结构剖面图主要表示各部分的连接情况，由于配筋情况较为复杂，需另外绘制楼梯配筋图来表示。因此在剖面图中只需要标注出各主要构件（如楼梯梁、踏步板等）的位置即可。

3. **楼梯配筋图的绘制**

在楼梯结构剖面图中，不能详细表示楼梯板和楼梯梁的配筋时，应另外用较大的比例绘制出楼梯配筋图。具体的绘制步骤如下。

(1) 选择功能区选项板中的“常用”选项卡，单击“图层”面板中的“图层特性”按钮或选择“格式”→“图层”命令，即可弹出“图层特性管理器”浮动面板。再单击“新建图层”按钮，依次建立“楼梯”、“钢筋”、“辅助线”、“标注尺寸”和“文字标注”等图层，如图 10-98 所示。

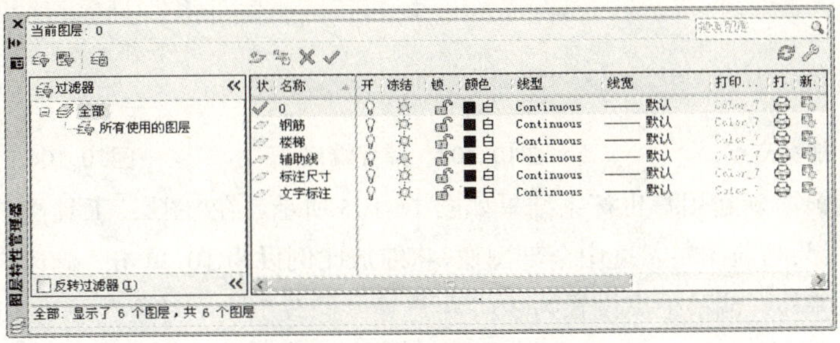

图10-98　建立楼梯配筋图层

(2) 在“图层”工具栏中的下拉列表中选择“楼梯”图层，将其设置为当前图层。然后使用前面小节中所讲述的方法，绘制一段楼梯，如图 10-99 所示。

(3) 在“图层”工具栏中的下拉列表中选择“辅助线”图层，将其设置为当前图层。然后右键单击状态栏中的“对象捕捉”按钮，在“草图设置”对话框中选择“端点”、“交点”以及“垂足”等对象捕捉模式，如图 10-100 所示。

(4) 单击“绘图”面板中的“直线”按钮，AutoCAD“命令行”提示：

命令: _line 指定第一点:　　　　(单击一点)

指定下一点或 [放弃(U)]:　　　　(利用图10-101所示的“垂足”捕捉，确定直线的第二点)

指定下一点或 [放弃(U)]:　　　　(按“Enter”键，结束命令)

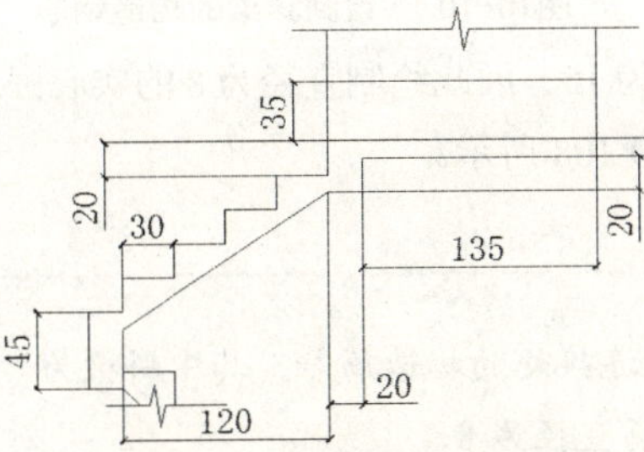

图10-99　绘制一段楼梯

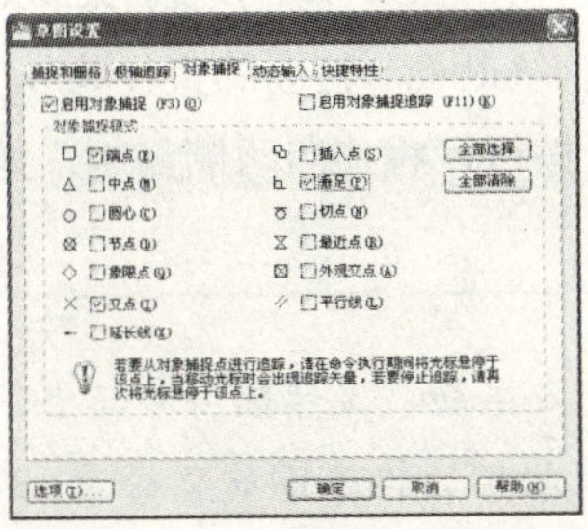

图10-100　“草图设置”对话框

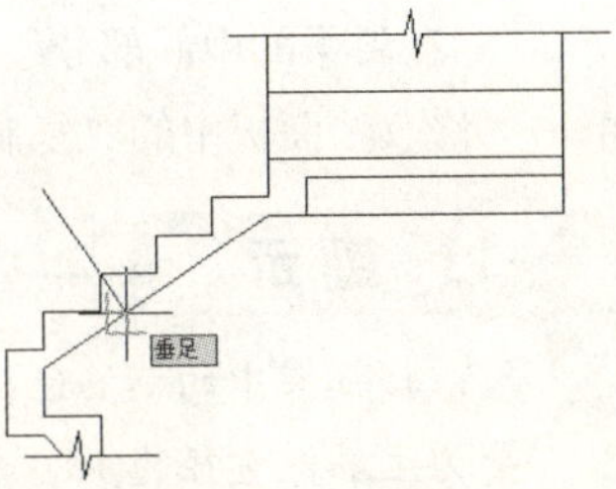

图10-101　捕捉垂足

(5) 选择“工具”→“新建 UCS”→“三点”命令，AutoCAD“命令行”提示：

命令: UCS

当前 UCS 名称: *世界*

输入选项[新建(N)/移动(M)/正交(G)/上一个(P)/恢复(R)/保存(S)/删除(D)/应用(A)/? /世界(W)] <世界>: _3

指定新原点<0,0,0>:　　　　(捕捉交点，如图10-102所示)

在正X轴范围上指定点<38597.1143,-8302.8418,0.0000>:　(捕捉端点，如图10-103所示)

在UCS XY平面的正Y轴范围上指定点<38595.5065,-8302.0477,0.0000>: （捕捉辅助线的端点，如图10-104）

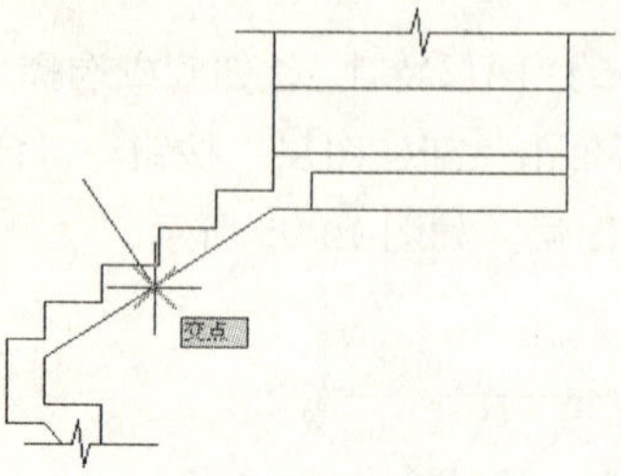

图10-102 捕捉交点

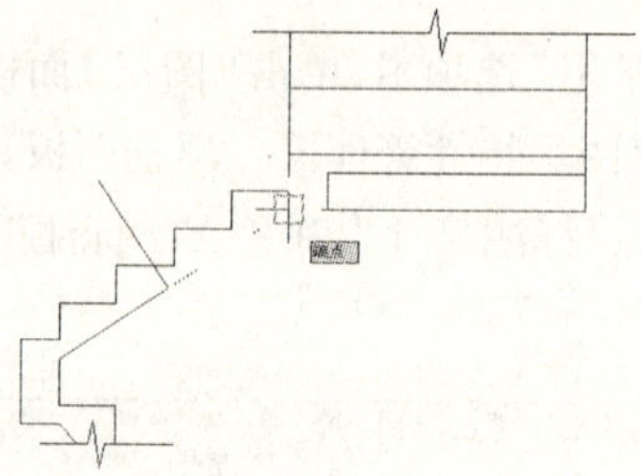

图10-103 捕捉端点

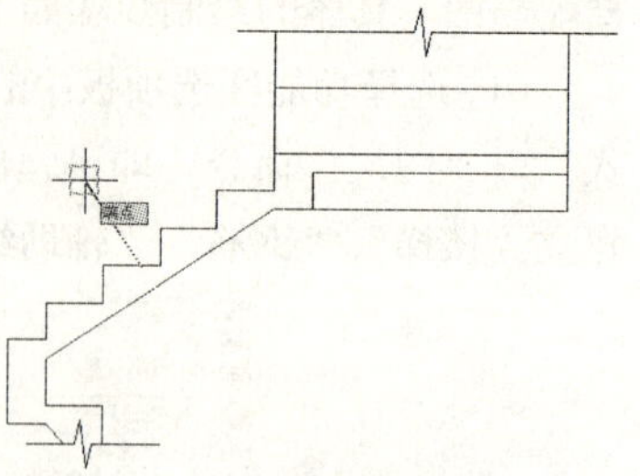

图10-104 捕捉辅助线端点

(6)通过上述操作，新建用户坐标系结果如图 10-105 所示。在“图层”工具栏下拉列表中选择“钢筋”图层，将其设置为当前图层。选中全部图像，将缩放比例设为 10，单击“修改”面板中的“偏移”按钮，将斜梁向上偏移，偏移距离设置为 30。再选择“修改”→“对象”→“多段线”命令，将其线宽设置为 18，如图 10-106 所示。

(7) 选择“绘图”→“多段线”命令，为偏移之后的钢筋加上弯钩，设置多段线的线宽为 18。选择“绘图”→“多段线”命令，绘制斜梁两端的构造钢筋，将线宽设置为 12，如图 10-107 所示。

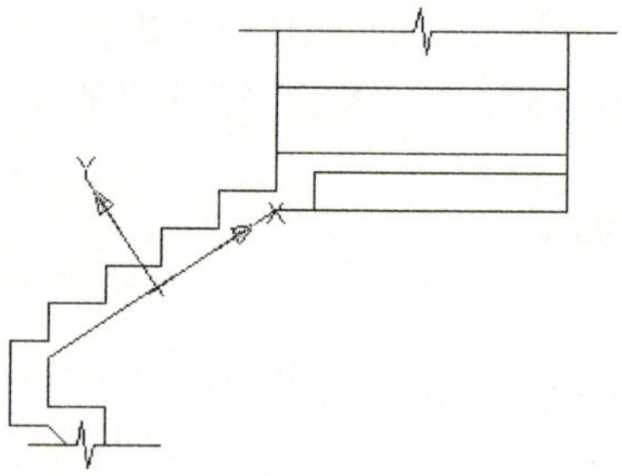

图10-105 新建用户坐标系

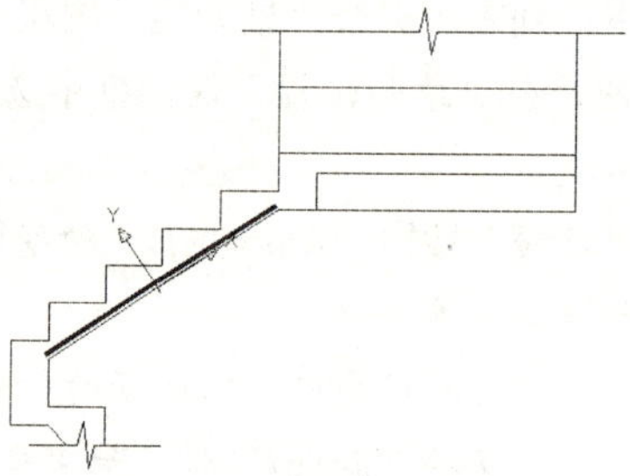

图10-106 设置斜梁线宽

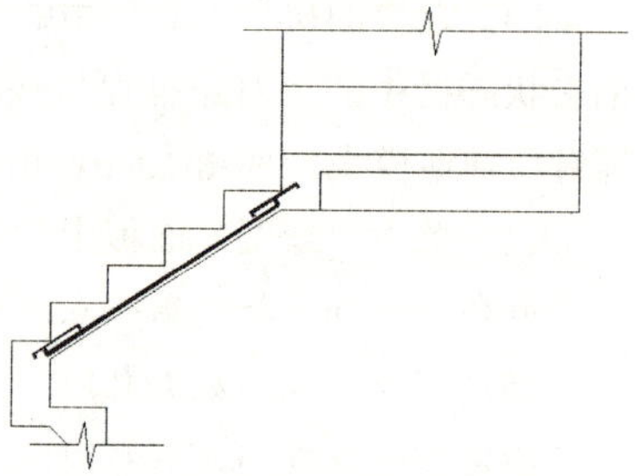

图10-107 绘制斜梁的构造钢筋

(8)在斜梁的中间部分绘制箍筋断面。箍筋的直径为 8，间距为 150，因此绘制直径为 8 的实心圆，单击“修改”面板中的“复制”按钮，将其向两侧复制，如图 10-108 所示。

提 示

楼梯梁中的钢筋包括受力主筋、腹部箍筋和与上下两段连接处的构造筋等。其中斜梁为受力主筋，直径为 18，斜梁两端的构造钢筋直径为 12，箍筋直径为 8。

(9)在“图层”工具栏中的下拉列表中选择“钢筋”图层，将其设置为当前图层。选择“工具”→“新建 UCS”→“世界”命令，将用户坐标系恢复到世界坐标系，再绘制休息平台中的钢筋，绘制完休息平台中的钢筋，如图 10-109 所示。

提 示

在休息平台中的钢筋的受力主筋和构造筋采用直径为 10 的钢筋，箍筋采用直径为 8 的钢筋。

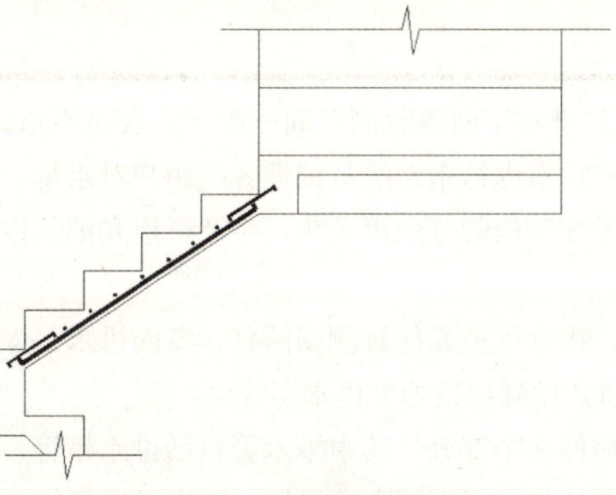

图10-108　绘制斜梁中的箍筋

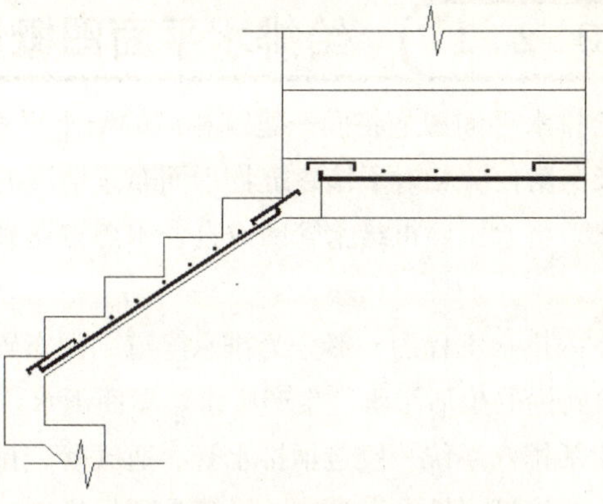

图10-109　绘制休息平台中的钢筋

（10）在“图层”工具栏中的下拉列表中选择“钢筋”图层，将其设置为当前图层。选择“标注”→“多重引线”命令，绘制引出线，并在适当的位置上标注出斜梁和平台上的受力主筋、构造筋及箍筋等，如图 10-110 所示。

（11）选择“标注”→“线性”命令，标注斜梁上受力主筋之间的距离。再选择“绘图”→“文字”→“多行文字”命令，标注斜梁两端的构造筋的长度、平台两端的构造筋的长度，最终效果如图 10-111 所示。

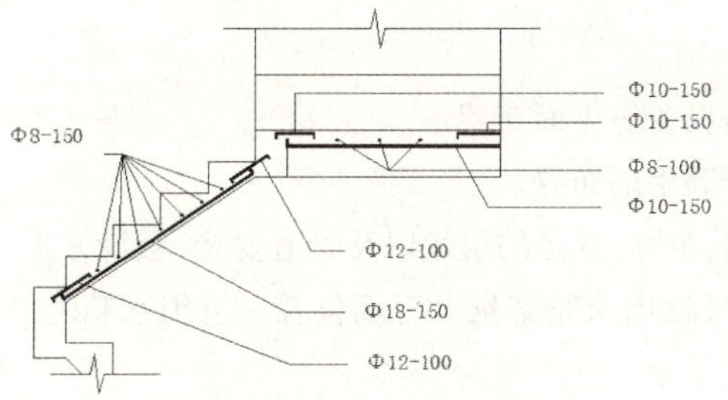

图10-110　标注钢筋

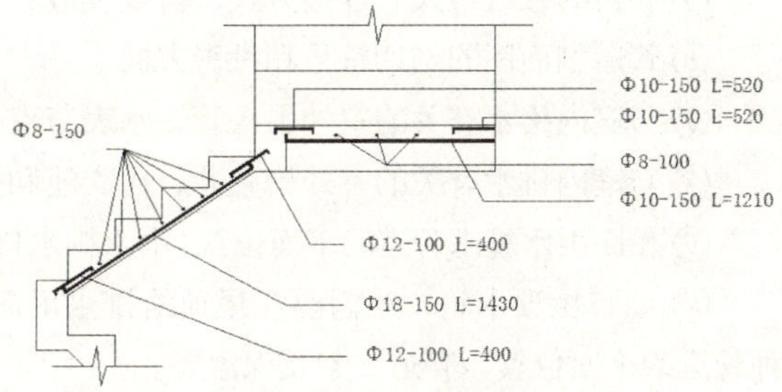

图10-111　楼梯配筋图

10.2 绘制住宅楼给排水平面图

通常情况下，建筑设计中的给排水工程由给水工程和排水工程两部分组成。给水工程是指水源取水、水质净化、净水输送、配水使用等。给水是为工业生产、居民生活、消防提供合格的用水。排水工程是指污水的排放、处理后的污水排入江河湖泊等工程。

学习目的

通过本实例练习，可以熟练掌握给排水平面图的绘制方法与步骤，不同绘图环境的设置，住宅楼套型、单个套型设施、管线及其设施的绘制，以及给排水平面图的标注等操作方法。

重点难点

- 分配设置不同的绘图环境，绘制轴线，多线的对准方式，关键点编辑方式，管线及其设施的绘制，给排水平面图的标注等。

10.2.1 给排水平面图概述

给排水平面图是将同一建筑相应的给水平面图和排水平面图绘制在同一图上，表示用水设备、管道及其附件等相对于该建筑物平面布置情况的图样。室内给水系统是根据各类用户对水量、水压的要求，将水由城市给水管网或自备水源输送到装置在室内的分配水龙头、生产机组和消防设备等用水点。

室内排水工程图一般分为排水管道平面布置图、排水管道系统轴测图两种。室内排水工程是接纳建筑物内的生活污水、生产废水、屋面雨水，并将其排到建筑外部排水系统中。

生活排水系统一般包括排水管、通气管、排水附件 3 个部分。其中排水管包括排水横管、排水立管、连接管、排水出管。通气管是顶层检查口以上延伸出屋面的立管管段，顶端设通气阀。其作用是排出污水产生的有害气体，防止管内产生负压。排水附件包括存水弯、地漏、检查等。

室内给排水平面图一般包括如下内容。

① 给排水设施在房屋平面中所处的位置。

② 卫生设备、立管等平面布置位置及尺寸关系。

③ 给排水管道的平面走向，管材名称、规格、型号、尺寸以及管道支架的平面位置等。

④ 给排水立管的编号。

⑤ 管道的敷设方式、连接方式、坡度及坡向等。

⑥ 管道剖面图的剖切符号和投影方向。

⑦ 与室内给水有关的室外引入管、水表节点、加压设备等平面布置。

⑧ 与室内排水有关的室外检查井、化粪池和排出管等平面布置。

⑨ 屋面雨水排水管道的平面位置、雨水排水口的平面布置、水流的组织以及管道安装、敷设方式。

⑩ 如有屋顶水箱，还需要在屋顶给排水平面图中反映出水箱容量、平面位置、进出水箱的各种管道的平面位置、管道支架及保温等。

10.2.2 给排水平面图的绘制方法与步骤

图 10-112 所示为典型的住宅楼给排水平面图。给排水平面图属于专业平面图的一种。

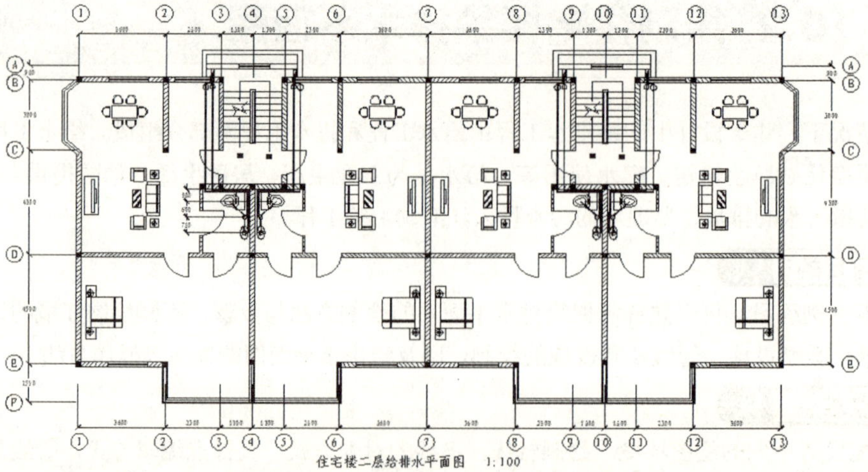

图10-112 住宅楼二层给排水平面图

室内给排水平面图的绘制分为室内平面图绘制和给排水管线设备绘制两部分，给排水平面图的一般绘制步骤如下。

（1）设置绘图环境。

（2）绘制定位轴线和柱网。

（3）绘制各种建筑构配件（如墙体线、门窗洞等）。

（4）绘制各种建筑细部。

（5）绘制用水设备。

（6）绘制给水管。

（7）绘制排水管。

（8）尺寸标注和文字标注。

（9）添加图框和标题，并将绘制好的图纸打印输出。

10.2.3 设置绘图环境与绘制轴线

在使用 AutoCAD 2010 进行建筑详图的绘制之前，需要先设置好相应的绘图环境。绘图环境设置一般包括：设置图形的绘图单位、图层和线型等。如果想要建立自定义的图形文件，则可以使用向导来实现新图形文件的建立。具体的设置步骤如下。

（1）双击桌面上创建的 AutoCAD 2010 中文版的快捷方式图标，在工作界面中选择“文件”→“新建”命令，即可弹出“创建新图形”对话框，如图 10-113 所示。先不采用任何样板，只需要选择“Acad.dwt”样板。

（2）选择“格式”→“图形界限”命令，即可设置绘图区域。

命令: limits

重新设置模型空间界限:

指定左下角点或 [开(ON)/关(OFF)] <0.0000, 0.0000>:

指定右上角点 <12.0000, 9.0000>: 420,297

（3）选择功能区选项板中的“常用”选项卡，单击“图层”面板中的“图层特性”按钮或选择“格式”→“图层”命令，即可弹出“图层特性管理器”浮动面板，单击“新建图层”按钮，依次创建图样基本图层，最终设置的图层效果如图 10-114 所示。

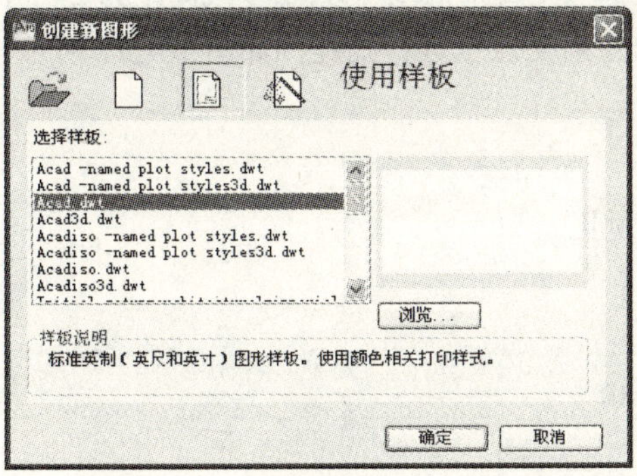

图10-113 “创建新图形”对话框

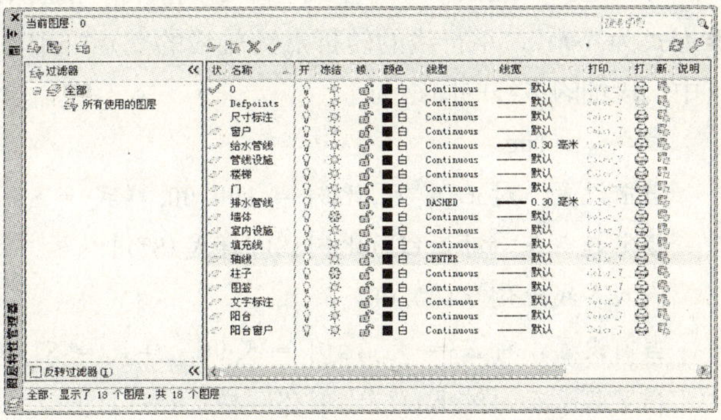

图10-114 设置图层

在设置完绘图环境之后，即可开始进行住宅楼给排水平面图的绘制，先介绍轴线的绘制。

（1）在“图层”工具栏中的下拉列表中选择“轴线”图层，将其设置为当前图层。单击“绘图”面板中的“直线”按钮或选择“绘图”→“直线”命令，绘制第一条水平和垂直轴线，其长度分别为320mm和160mm，如图10-115所示。

图10-115　绘制第一条水平和垂直轴线

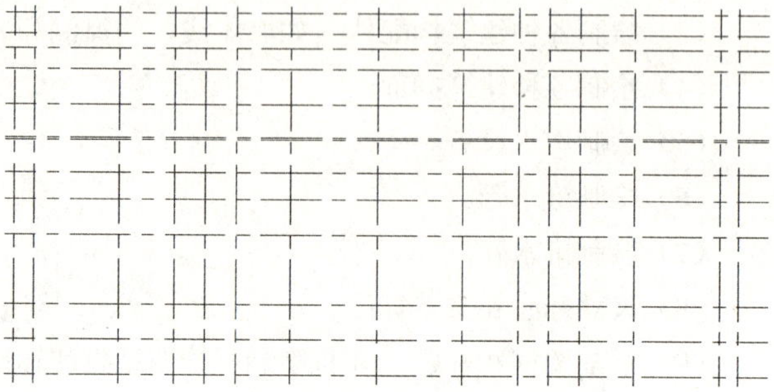

图10-116　偏移后的轴线图

（2）单击“修改”面板中的“偏移”按钮，绘制其余水平和垂直辅助线，其中水平辅助线偏移距离依次为15mm、30mm、60mm、75mm、86mm、100mm、101mm、115mm、130mm、139mm、145mm和154mm，垂直辅助线偏移的距离依次为8mm、44mm、67mm、80mm、93mm、116mm、152mm、188mm、211mm、224mm、237mm、260mm、296mm和304mm，如图10-116所示。

10.2.4　住宅楼套型的绘制

“套”是指一个家庭独立使用的居住空间范围。通俗地讲，就是指每家所用的住宅单元的面积大小。住宅的“套型”也就是满足不同户型家庭生活需要的居住空间类型。“套型”是按不同使用面积、居住空间组成的成套住宅类型。其中卧室、起居室（厅）和卫生间为套型内的基本空间。下面讲述住宅楼套型墙体的具体绘制方法。

1. 墙体的绘制

几乎所有平面图均涉及墙体，前面介绍了用中心线画墙体的方法，下面介绍直线用多线绘制墙体的方法。具体的绘制步骤如下。

（1）接上例，在“图层”工具栏下拉列表中选择“墙体”图层，将其设置为当前图层。

（2）选择“绘图”→“多线”命令或执行“MLINE”命令，绘制墙体，其中多线间距为2，对准方式为“无”，平行线的转折点为轴线的交点，用“捕捉到交点”进行捕捉，如图10-117所示。其中一段细的多线的间距为1。

```
命令: mline
当前设置: 对正 = 无,比例 = 100.00,样式 = STANDARD
指定起点或 [对正(J)/比例(S)/样式(ST)]: s
输入多线比例 <100.00>: 5
当前设置: 对正 = 无,比例 = 5.00, 样式 = STANDARD
指定起点或 [对正(J)/比例(S)/样式(ST)]: j
输入对正类型 [上(T)/无(Z)/下(B)] <上>: z
当前设置: 对正 = 无,比例 = 5.00,样式 = STANDARD
```

提 示

多线有 3 种对准方式：一种是多线的顶线与对准线重合，即“上（T）”选项；第二种是对准线为多线的中线，即“无（Z）”选项;第三种是多线的底线与对准线重合，即“下（B）”选项，确定对准方式用“对正（J）”选项。

2. **窗户的绘制**

通常绘制窗户的方法是先在墙体上绘制出窗洞之后，再在窗洞中绘制出窗的轮廓。下面介绍绘制二层住宅楼给排水平面图中的窗户。具体的绘制步骤如下。

（1）接上例，在“图层”工具栏下拉列表中选择“窗户”图层，将其设置为当前图层。单击“绘图”面板中的“直线”按钮或选择“绘图”→“直线”命令，绘制一条直线。

命令: _line 指定第一点: <正交 开> （单击一点，打开正交功能）
指定下一点或 [放弃(U)]: （将鼠标下移，输入距离）
指定下一点或 [放弃(U)]: （按“Enter”键，结束命令）

（2）单击“修改”面板中的“偏移”按钮，将刚绘制的直线偏移量设为 18，如图 10-118 所示。

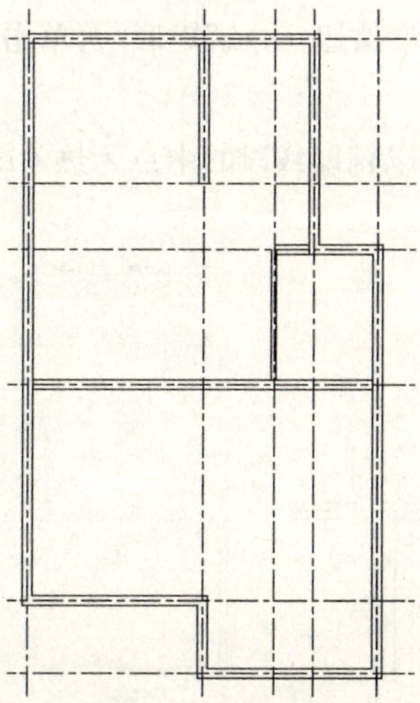
图10-117 绘制墙体

图10-118 绘制边线

命令: _offset
当前设置: 删除源=否 图层=源 OFFSETGAPTYPE=0
指定偏移距离或 [通过(T)/删除(E)/图层(L)] <22.0000>: 18 （输入偏移距离）
选择要偏移的对象,或 [退出(E)/放弃(U)] <退出>: （选取绘制的线段）
指定要偏移的那一侧上的点,或 [退出(E)/多个(M)/放弃(U)] <退出>: （单击线段右侧）
选择要偏移的对象,或 [退出(E)/放弃(U)] <退出>: （按“Enter”键结束命令）

（3）单击“绘图”面板中的“矩形”按钮，则“命令行”中提示：

命令: _rectang
指定第一个角点或 [倒角(C)/标高(E)/圆角(F)/厚度(T)/宽度(W)]:（捕捉左边线段的上端点）
指定另一个角点或 [面积(A)/尺寸(D)/旋转(R)]: （捕捉右边线段的中点，如图10-119所示）

最终矩形的绘制结果如图 10-120 所示。

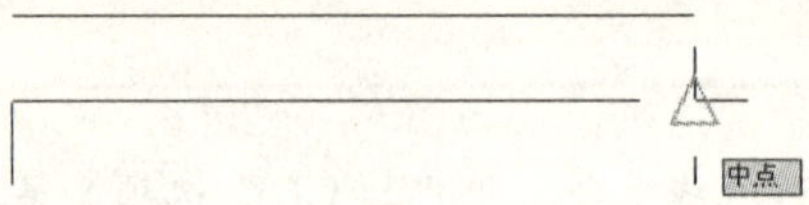

图10-119　捕捉右面线段的中点

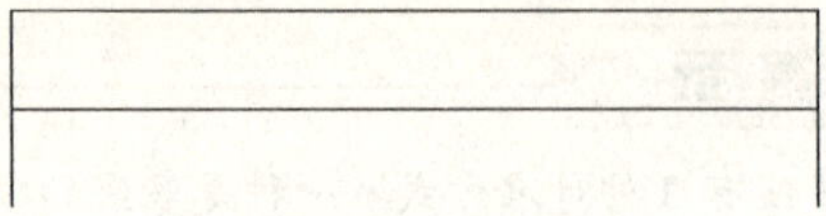

图10-120　绘制矩形结果

（4）执行“MOVE”命令，AutoCAD“命令行”中提示：

命令：m

MOVE

选择对象：找到1个　　　　　　　　　　　　　　（选择绘制的矩形）

选择对象：　　　　　　　　　　　　　　　　　　（按“Enter”键结束选择）

指定基点或[位移（D）]<位移>　　　　　　　　　（捕捉矩形的中点，如图10-121所示）

指定第二个点或<使用第一个点作为位移>：　　　　（捕捉端点，如图10-122所示）

绘制结果如图 10-123 所示。

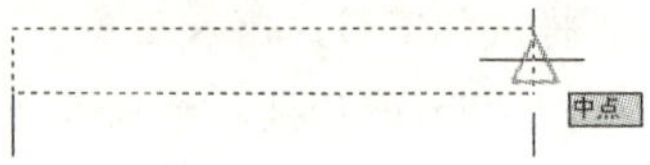

图10-121　捕捉中点

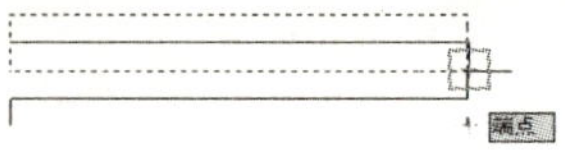

图10-122 捕捉端点

图10-123 移动矩形

（5）选择选项区“常用”选项卡，单击“修改”面板中的“分解”按钮分解矩形，再单击“绘图”面板中的“直线”按钮，绘制辅助线段，如图 10-124 所示。

（6）使用关键点编辑方式，复制窗户到图形中，选择窗户图形，以辅助线段的中点为热关键点，如图 10-125 所示。关闭轴线图层，删除辅助线段，如图 10-126 所示。

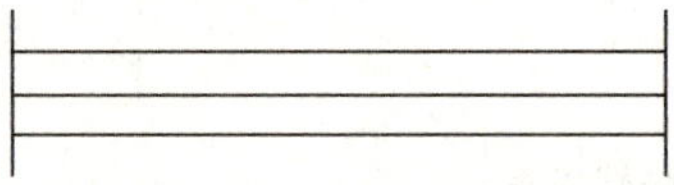

图10-124　绘制辅助线

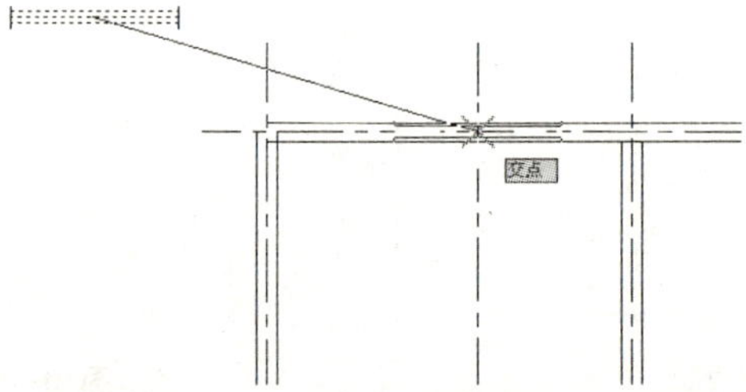

图10-125　以水平线段的中点为热关键点

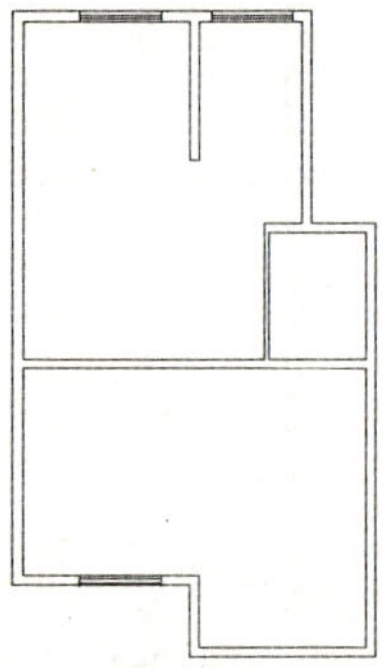

图10-126　绘制窗户

（7）打开轴线图层，单击“绘图”面板中的“多段线”按钮，则 AutoCAD“命令行”中提示：

命令：_pline

指定起点：

当前线宽为 0.0000

指定下一个点或 [圆弧(A)/半宽(H)/长度(L)/放弃(U)/宽度(W)]：（捕捉端点，如图10-127所示）

指定下一点或 [圆弧(A)/闭合(C)/半宽(H)/长度(L)/放弃(U)/宽度(W)]：（捕捉端点，如图10-128所示）

指定下一点或 [圆弧(A)/闭合(C)/半宽(H)/长度(L)/放弃(U)/宽度(W)]：　　　（捕捉端点）

指定下一点或 [圆弧(A)/闭合(C)/半宽(H)/长度(L)/放弃(U)/宽度(W)]：　　　（捕捉端点）

（8）选择功能区中“常用”选项卡，单击“修改”面板中的“偏移”按钮，即可偏移辅助多段线，在将多余的线段删除后关闭线层，其最终效果如图 10-129 所示。

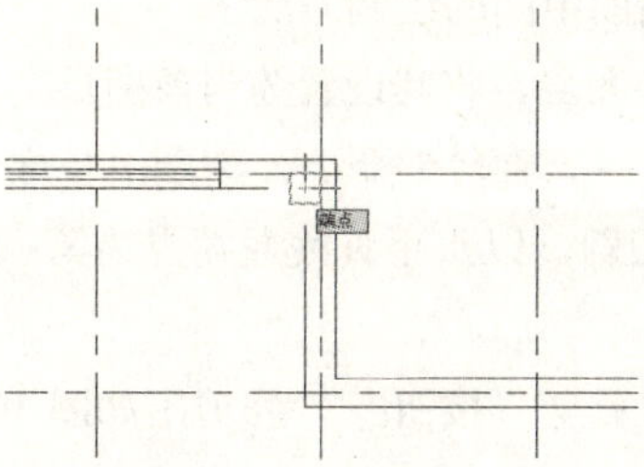

图10-127 捕捉端点

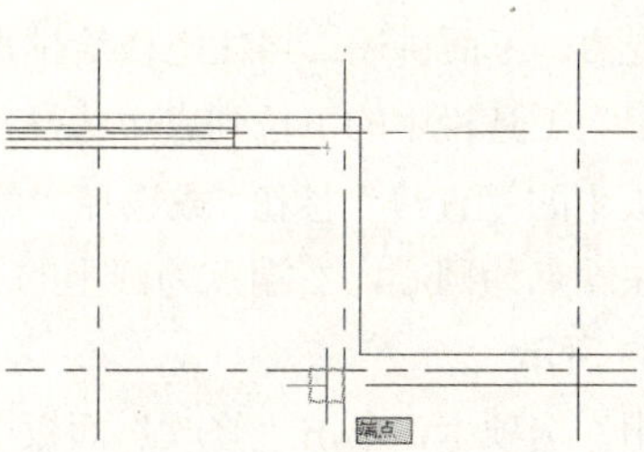

图10-128 捕捉下方端点

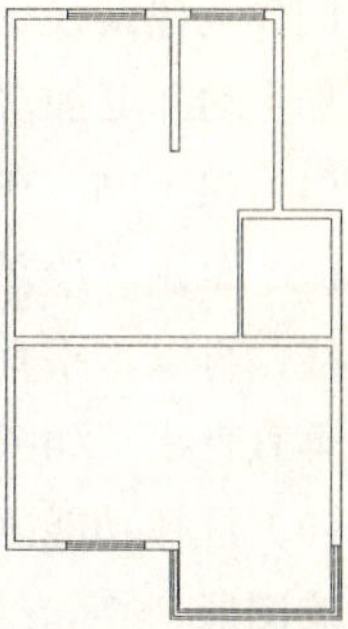

图10-129 绘制阳台窗户

命令：_offset

当前设置：删除源=否　图层=源　OFFSETGAPTYPE=0

指定偏移距离或 [通过(T)/删除(E)/图层(L)] <0.5000>: 0.5　　（输入偏移距离）

选择要偏移的对象，或 [退出(E)/放弃(U)] <退出>:　　（选择辅助多段线）

指定要偏移的那一侧上的点，或 [退出(E)/多个(M)/放弃(U)] <退出>:　　（单击多段线的内部）

选择要偏移的对象，或 [退出(E)/放弃(U)] <退出>:　　（按"Enter"键结束命令）

命令:　　（按"Enter"键重复命令）

命令：OFFSET

当前设置：删除源=否　图层=源　OFFSETGAPTYPE=0

指定偏移距离或 [通过(T)/删除(E)/图层(L)] <0.5000>: 1.5　　（输入偏移距离）

选择要偏移的对象，或 [退出(E)/放弃(U)] <退出>:　　（选择辅助多段线）

指定要偏移的那一侧上的点，或 [退出(E)/多个(M)/放弃(U)] <退出>:　（单击多段线的内部）

选择要偏移的对象，或 [退出(E)/放弃(U)] <退出>:　　（按"Enter"键结束命令）

3. 柱子的绘制

下面绘制二层住宅楼给排水平面图中的柱子，具体的绘制步骤如下。

（1）接上例，在"图层"工具栏下拉列表中选择"柱子"图层，将其设置为当前图层。

（2）执行"RECTANG"命令，绘制长和宽均为 2 的矩形，单击"绘图"面板中的"图案填充"按钮，用"SOLID"图案填充，如图 10-130 所示。

图10-130 绘制柱子图形

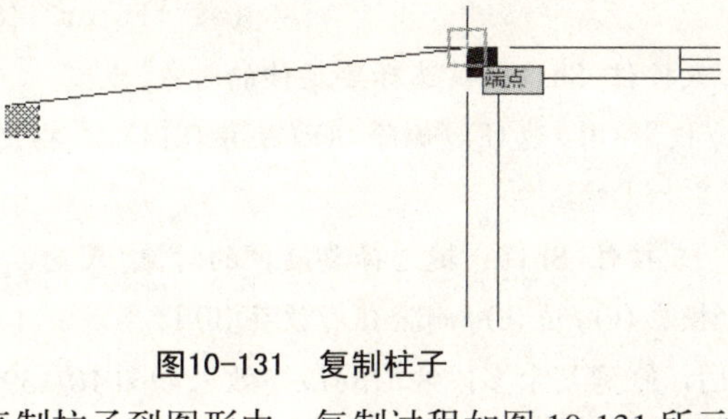

图10-131 复制柱子

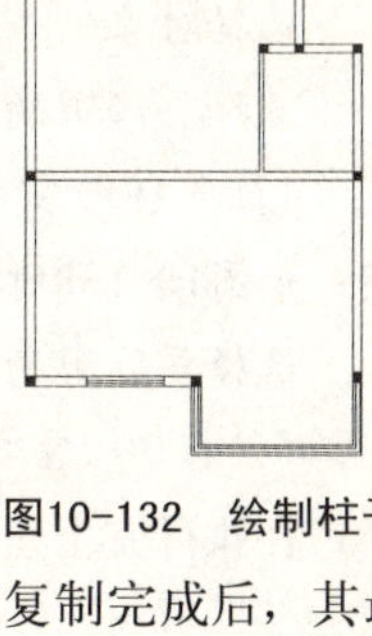

图10-132 绘制柱子

（3）用关键点编辑方式复制柱子到图形中，复制过程如图 10-131 所示。在复制完成后，其最终绘制结果如图 10-132 所示。

4．门的绘制

门作为建筑设计中的重要构件，在住宅楼套型的绘制中，选用合适的门窗样式可以使建筑的外形更加生动并更加富于表现力。下面讲述二层住宅楼给排水平面图中门的绘制方法：

（1）接上例，在“图层”工具栏中的下拉列表中选择“门”图层，将其设置为当前图层。

（2）单击“绘图”面板中的“直线”按钮或选择“绘图”→“直线”命令，绘制出长度为10的直线。再以水平直线的左端点为圆心，右端点为圆上的一点画圆，以水平直线左端点为第一点画一张垂直直线，如图10-133所示。

（3）选择功能区“常用”选项卡，单击“修改”面板中的“修剪”按钮，修剪出如图10-134所示的图形。

（4）选择功能区“常用”选项卡，分别单击“修改”面板中的“复制”按钮和“旋转”按钮，将修剪后的门复制到如图10-135所示的位置。

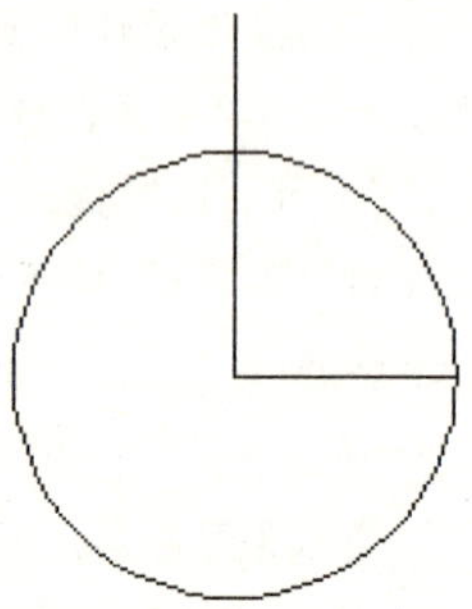

图10-133　绘制圆

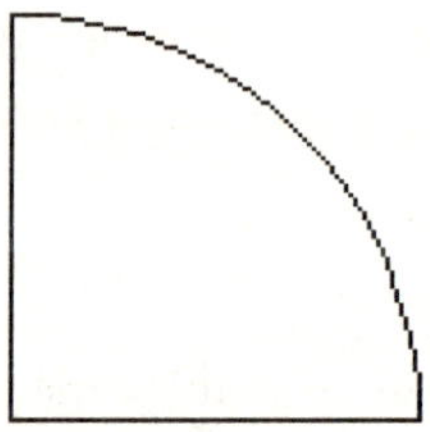

图10-134　绘制门轮廓

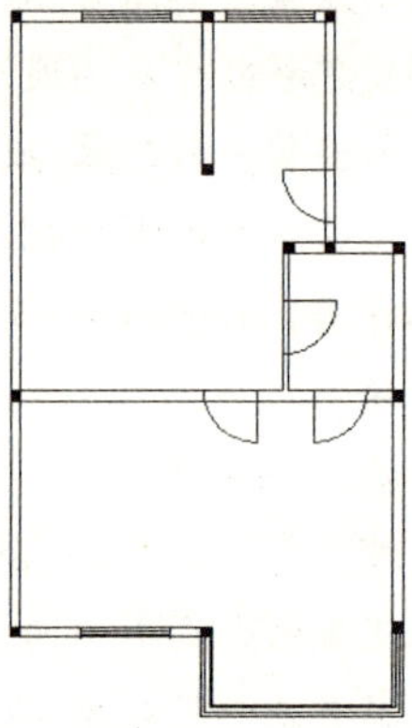

图10-135　插入门到合适位置

（5）选择功能区“常用”选项卡，单击“修改”面板中的“修剪”按钮或执行“TRIM”命令，则“命令行”中提示如下信息：

命令: trim

trim

当前设置:投影=UCS,边=无

选择剪切边…

选择对象或 <全部选择>:　找到 1 个　　　　　（选择门的一边，如图10-136所示）

选择对象: 找到 1 个,总计 2 个　　　　　（选择门的另一边，如图10-137所示）

选择对象:　　　　　（按“Enter”键确认）

选择要修剪的对象,或按住 Shift 键选择要延伸的对象,或

[栏选(F)/窗交(C)/投影(P)/边(E)/删除(R)/放弃(U)]:　指定对角点:（选中门中间的多段线，如图10-138所示）

选择要修剪的对象，或按住 Shift 键选择要延伸的对象,或

[栏选(F)/窗交(C)/投影(P)/边(E)/删除(R)/放弃(U)]:　　　（按“Enter”键确认）

在执行完上述操作后，修剪其余多段线后的最终效果如图10-139所示。

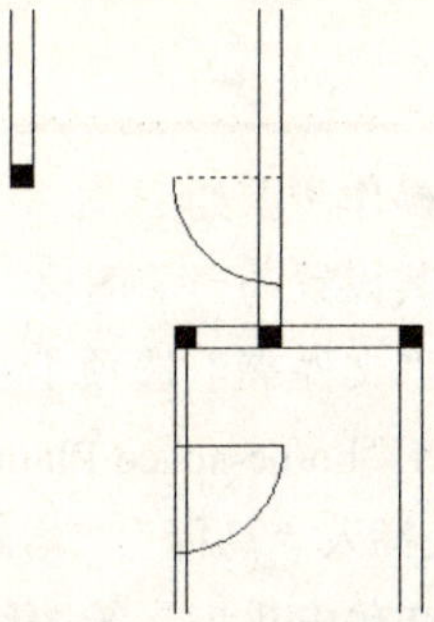

图10-136　选择门的一边

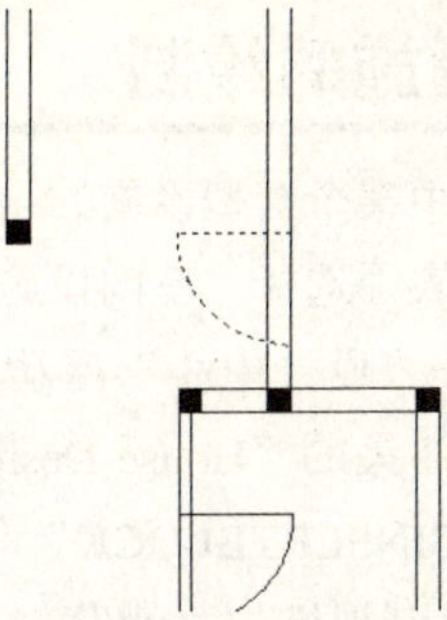

图10-137　选择门的另一边

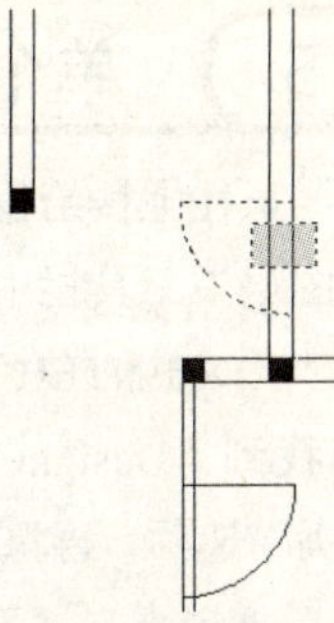

图10-138 选择门中间的多段线

5．填充墙体

下面介绍二层住宅楼给排水平面图中墙体的填充方法。具体的操作步骤如下．

（1）接上例，在“图层”工具栏中的下拉列表中选择“填充线”图层，将其设置为当前图层。

（2）选择功能区选项板中的“常用”选项卡，单击“绘图”面板中的“图案填充”按钮，即可弹出“图案填充和渐变色”对话框，将填充比例设为 0.5，如图 10-140 所示。

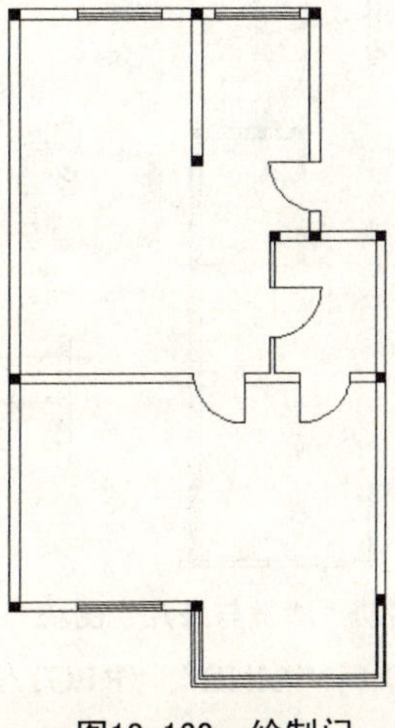

图10-139　绘制门

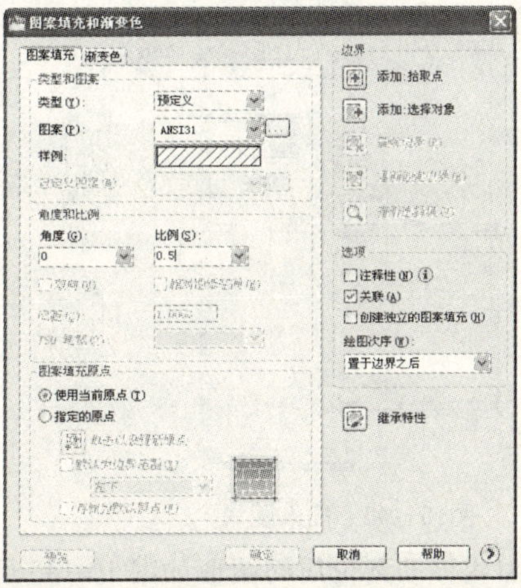

图10-140　“图案填充和渐变色”对话框

（3）单击“图案”右侧的...按钮，即可打开“填充图案选项板”对话框，选择“ANSI31”图案，如图 10-141 所示。单击“确定”按钮，即可进行墙体填充，填充后的图形为墙体图，如图 10-142 所示。

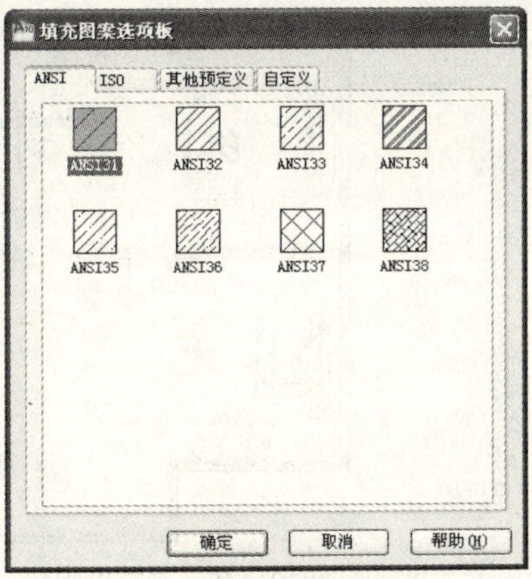

图10-141　“填充图案选项板”对话框

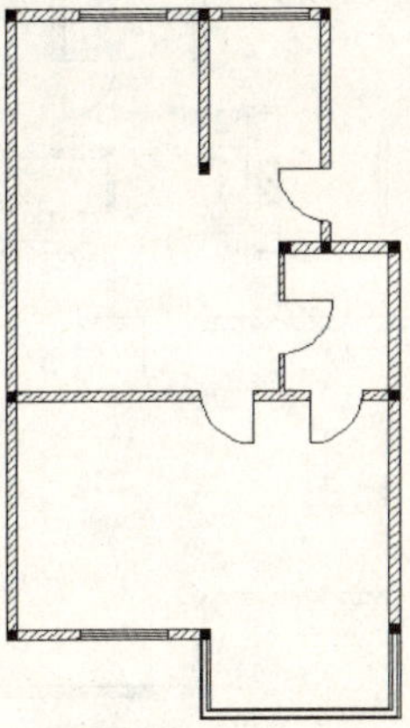

图10-142 填充墙体

10.2.5 单个套型设施的绘制

下面讲述二层住宅楼给排水平面图中某个套型设施的绘制，具体的操作步骤如下。

（1）在“图层”工具栏中的下拉列表中选择“室内设施”图层，将其设置为当前图层。

（2）执行“ADCENTER”命令打开“设计中心”浮动面板，选择“文件夹”选项卡，在“文件夹列表”中找到“DesignCenter”文件夹的“House Designer.dwg”和“home-space Planner.dwg”文件，选择“块”选项，再执行“ACDCINSERTBLOCK”命令在空白处插入“马桶”、“浴缸”、“洗脸池”、“水池”、“餐桌”、“双人床”、“电视机”、“沙发与茶几”、“台灯和床头柜”等图块，如图10-143所示。

（3）执行“MOVE”、“ROTATE”等常用修改命令将图块移动到适当位置，移动时需要利用对象捕捉和极轴追踪线相配合，图10-144所示为移动“沙发与茶几”图块，移动点与窗户的中点在同一垂直线上，垂直方向的距离可根据鼠标指示的数值来确定。

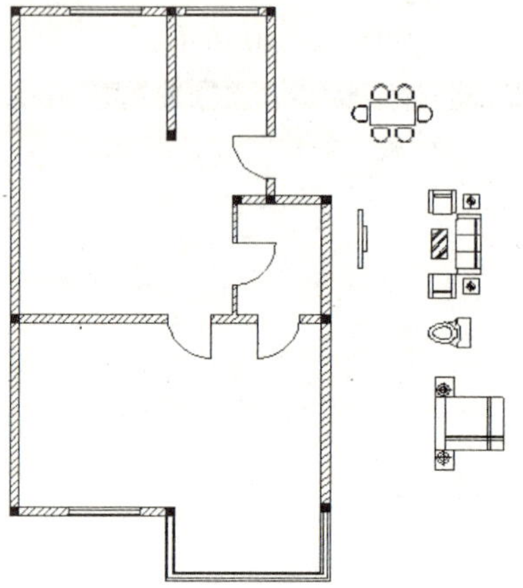

图10-143　插入图块

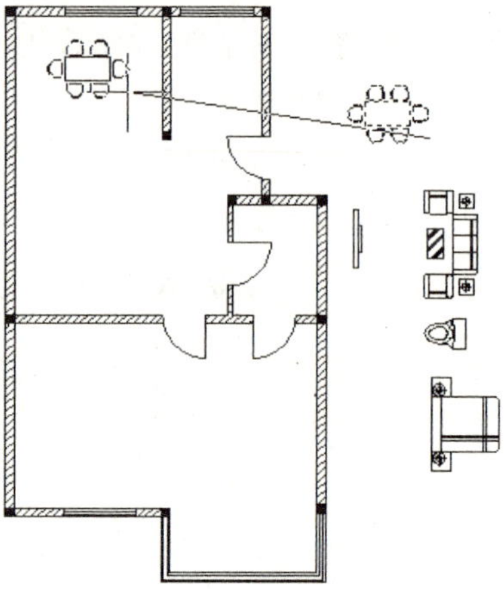

图10-144　移动“沙发与茶几”图块

（4）将图块移动到位后的图形如图10-145所示。再通过执行“LINE”、“RECTANG”等命令绘制电视柜，删除一些多余的图形，如图10-146所示。

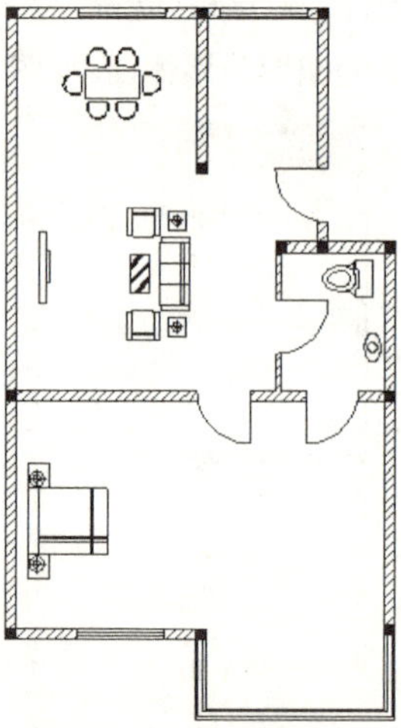

图10-145　移动图块

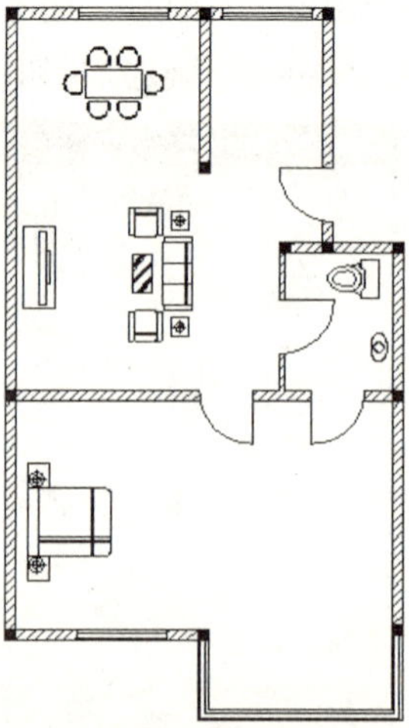

图10-146　绘制电视柜

10.2.6 二层平面图的绘制

下面讲述如何利用绘制的单个套型图绘制住宅楼二层平面图。

1. 复制和镜像单个套型图

从图 10-112 所示分析可知，给排水平面图由 4 个同样的套型图（参见 10.2.5 完成的镜像单个套型图）绘制住宅楼二层平面图。

具体的操作步骤如下。

（1）接上例，镜像单个套型。选择单个套型，执行“MIRROR”命令生成两个，如图 10-147 所示。

正在恢复执行 MIRROR 命令

指定镜像线的第一点：< 对象捕捉 开 > 指定镜像线的第二点：

要删除源对象吗？ [是 (Y)/ 否 (N)] <N>: n

（2）对于镜像处的墙体重合，执行“EXPLODE”命令分解墙体，再执行“TRIM”命令，进行删除操作。有的地方可能因删除后没有填充线而出现空白，此时执行“OFFSET”、“TRIM”等命令补充填充线，如图 10-148 所示。

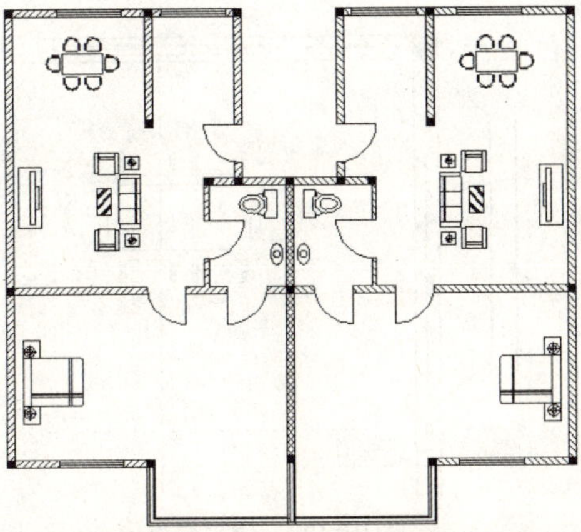

图10-147 镜像单个套型图

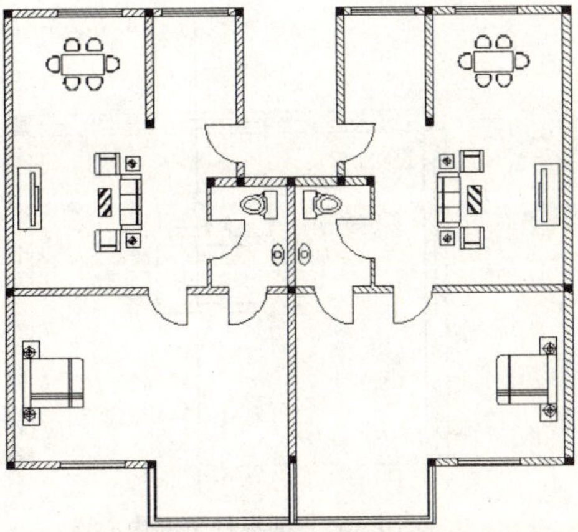

图10-148 删除重合墙体

（3）选择镜像后的套型图，执行“COPY”命令复制镜像后的套型图，如图 10-149 所示。

命令：_copy 找到 960 个

当前设置：复制模式 = 多个

指定基点或 [位移 (D)/ 模式 (O)] < 位移 >: 指定第二个点或 < 使用第一个点作为位移 >:

指定第二个点或 [退出 (E)/ 放弃 (U)] < 退出 >:

（4）执行“EXPLODE”命令分解墙体，再删除重合部分的墙体，如图 10-150 所示。

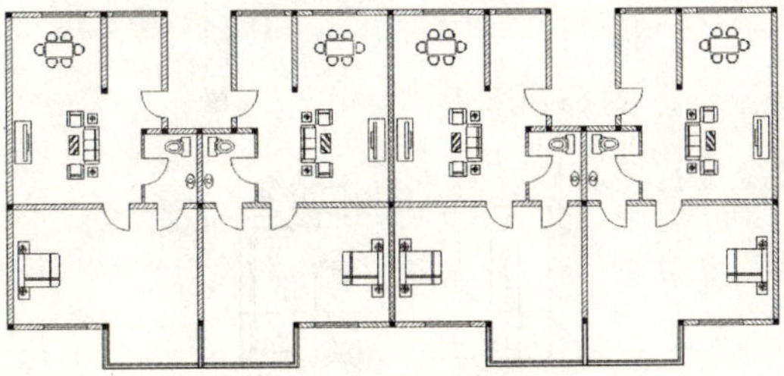

图10-149 复制图形

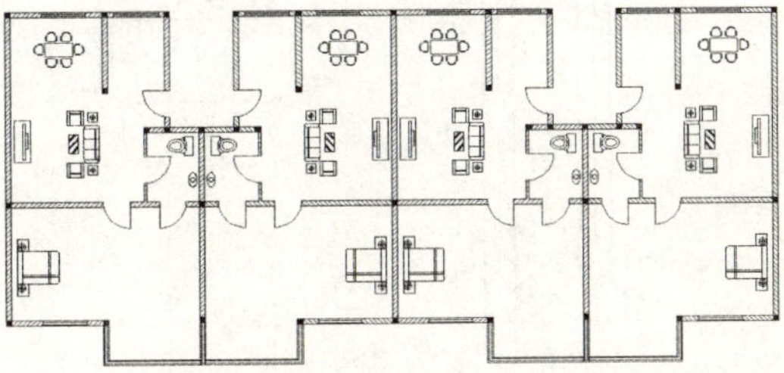

图10-150 住宅楼二层平面图

2. 左右阳台的绘制

下面介绍二层住宅楼给排水平面图中左右阳台的绘制方法，具体操作步骤如下。

（1）接上例，在“图层”工具栏下拉列表中选择“阳台”图层，将其设置为当前图层。

（2）打开“轴线”图层，执行“MLINE”命令或选择“绘图”→“多线”命令，绘制左阳台。

命令：mline
当前设置：对正 = 无，比例 = 2.00，样式 = STANDARD
指定起点或 [对正(J)/比例(S)/样式(ST)]: s　　（选择“比例”选项）
输入多线比例 <2.00>:　　（输入多线比例）
当前设置：对正 = 无，比例 = 2.00，样式 = STANDARD
指定起点或 [对正(J)/比例(S)/样式(ST)]:　　（捕捉柱子中心点，如图10-151所示）
指定下一点：@-6,-5　　（鼠标下移，输入距离）
指定下一点或 [放弃(U)]: @0,-20　　（鼠标下移，输入距离）
指定下一点或 [闭合(C)/放弃(U)]:　　（捕捉交点，如图10-152所示）
指定下一点或 [闭合(C)/放弃(U)]:　　（按“Enter”键结束命令）

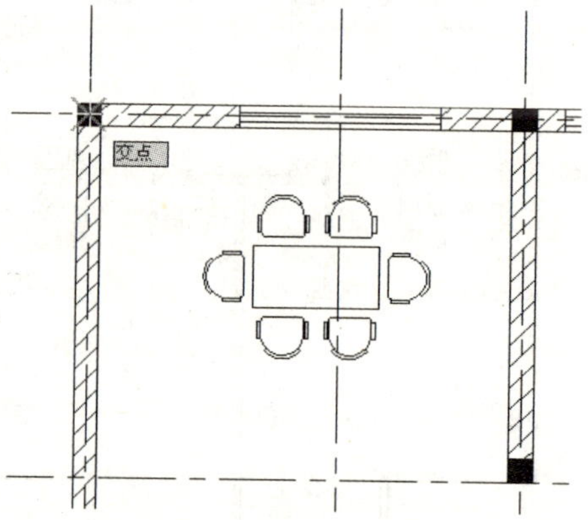

图10-151 捕捉柱子的中心点

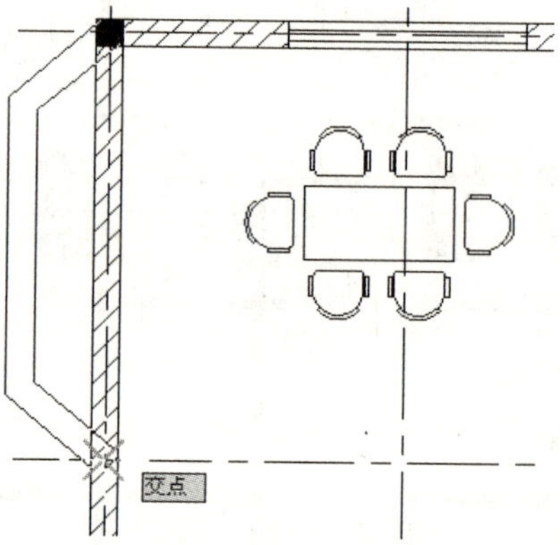

图10-152 捕捉交点

（3）选择功能区选项板中“常用”选项卡，单击“修改”面板中的“分解”按钮或执行“EXPLODE”命令，分解阳台内的墙体填充线，再用偏移命令分别偏移分解后的三条直线，偏移距离为1，如图10-153所示。

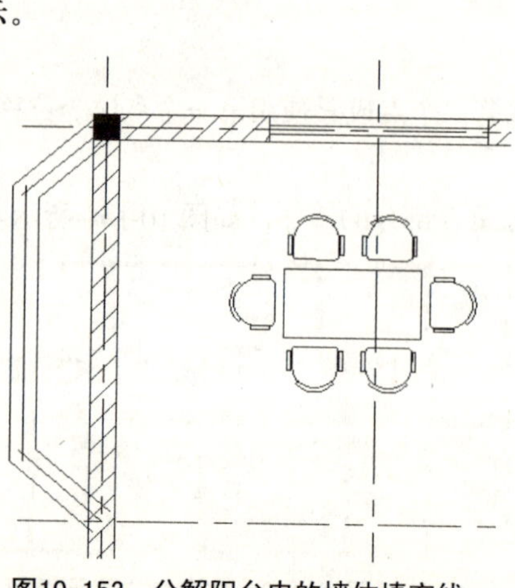
图10-153 分解阳台内的墙体填充线

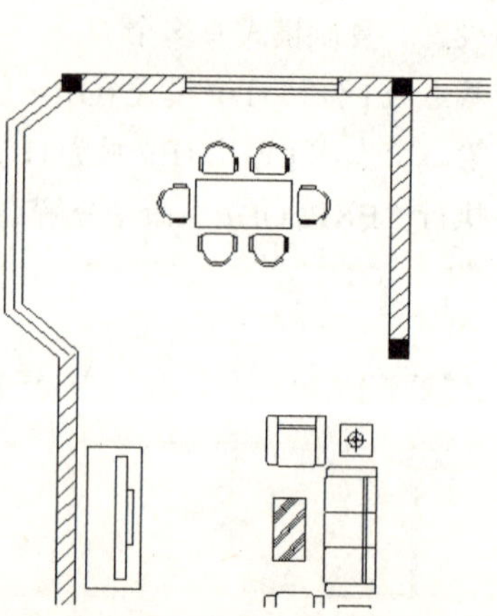
图10-154 修剪多余的填充线

（4）单击“修改”面板中的“分解”按钮或选择“修改”→“修剪”命令，删除多余的线，如图 10-154 所示。参照同样方法绘制右阳台，绘制的左右阳台效果如图 10-155 所示。

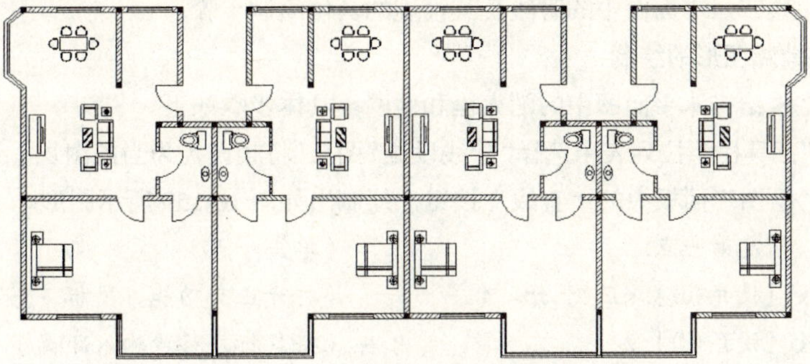

图10-155　绘制左右阳台效果

3．楼梯及其入口的绘制

下面绘制住宅楼二层平面图中的楼梯及其入口。具体绘制步骤如下。

（1）接上例，在“图层”工具栏下拉列表中选择“楼梯”图层，将其设置为当前图层。

（2）执行“ADCENTER”命令打开“设计中心”浮动面板，选择“文件夹”选项卡，在“文件夹列表”中找到“DesignCenter”文件夹下的“楼梯.dwg”文件，单击“块”选项，执行“ADCENTERLOCK”命令插入“楼梯 2”图块，插入比例为 0.6，如图 10-156 所示。

（3）执行“MLINE”命令绘制楼梯入口。用前面介绍的方法绘制入口的窗户，窗户的长为 1100，宽为 200，如图 10-157 所示。

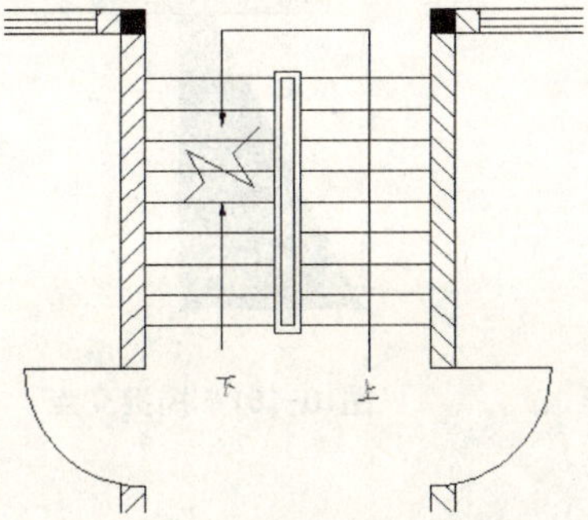

图10-156　插入“楼梯2”图块

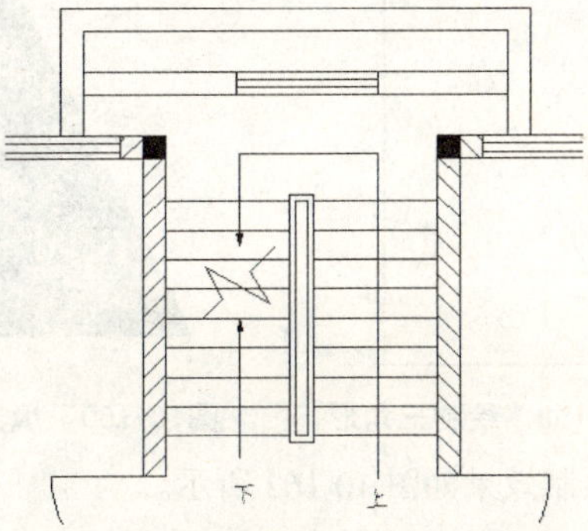

图10-157　绘制楼梯入口和入口窗户

（4）执行 COPY 命令，复制楼梯，其最终绘制效果如图 10-158 所示。

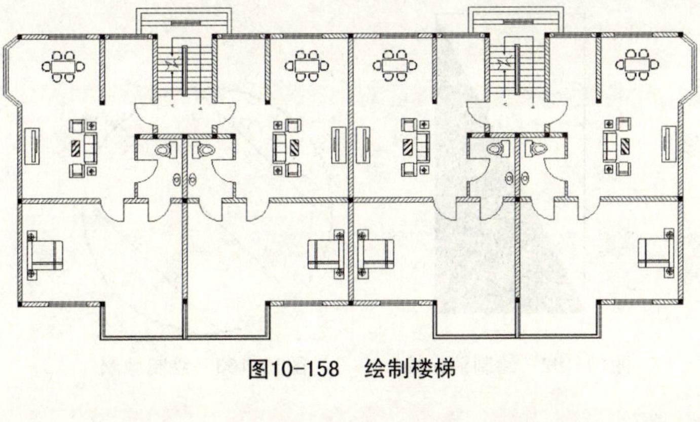

图10-158　绘制楼梯

10.2.7 管线及其设施的绘制

下面讲述住宅楼二层平面图中的管线及其设施的具体绘制步骤。

1. 消火栓和地漏图形的绘制

绘制二层住宅楼给排水平面图中的消火栓和地漏，具体步骤如下。

（1）在“图层”工具栏下拉列表中选择“管线设施”图层，将其设置为当前图层。选择“绘图”→“直线”命令或单击“绘图”面板中的“直线”按钮，绘制出如图 10-159 所示图形。

命令: _line 指定第一点: （单击一点）

指定下一点或 [放弃(U)]:<正交 开> 4 （打开正交功能，鼠标下移，输入距离）

指定下一点或 [放弃(U)]:2 （将鼠标左移，输入距离）

指定下一点或 [闭合(C)/放弃(U)]:c （选择“闭合”选项）

（2）再单击“绘图”面板中“图案填充”按钮，选择“SOLID”图案填充，最终填充效果如图 10-160 所示。单击“绘图”面板中的“矩形”按钮，则“命令行”中提示：

命令: _rectang

指定第一个角点或 [倒角(C)/标高(E)/圆角(F)/厚度(T)/宽度(W)]:（捕捉填充部分右下角点）

指定另一个角点或 [面积(A)/尺寸(D)/旋转(R)]: <对象捕捉追踪 开> （利用极轴追踪捕捉交点，如图10-161所示）

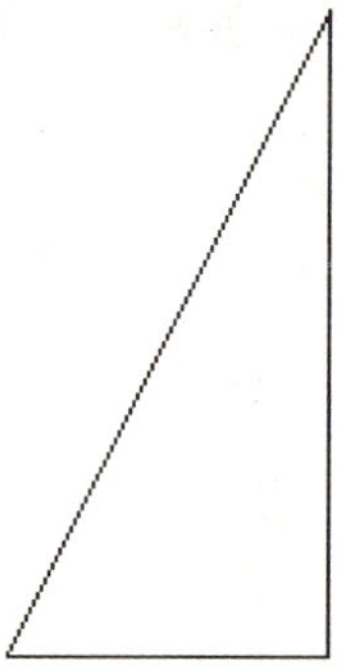

图10-159 绘制三角形

图10-160 填充图形

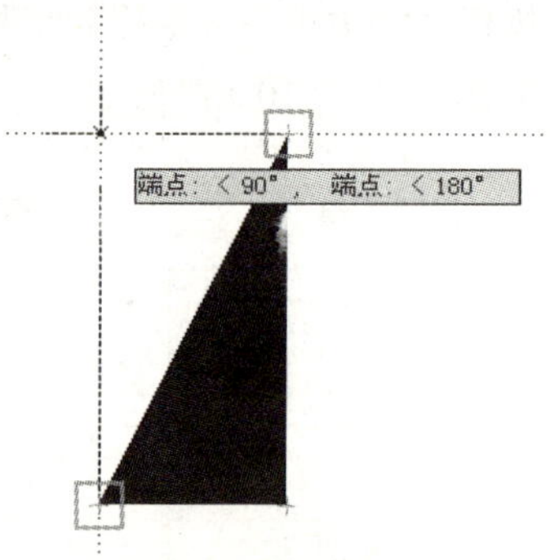

图10-161 捕捉交点

具体的绘制效果如图 10-162 所示。

（3）执行“CIRCLE”命令绘制地漏，半径为 2，使用“ANSI31”图案进行填充，填充比例为 0.2，具体的绘制效果如图 10-163 所示。

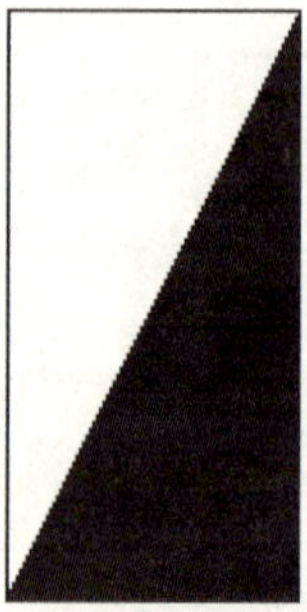

图10-162 绘制消火栓

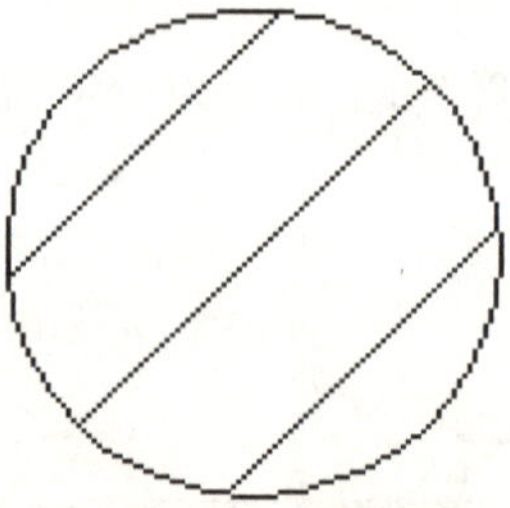

图10-163 绘制地漏

2．给水管的绘制

下面讲述住宅楼二层平面图中给水管的绘制，具体操作步骤如下。

（1）接上例，在“图层”工具栏下拉列表中选择“给水管”图层，将其设置为当前图层。

（2）选择“格式”→“点样式”命令，即可打开“点样式”对话框，如图 10-164 所示。选择十字型样式，点大小选择 1，选择用绝对单位设置尺寸，如图 10-165 所示。最后单击“确定”按钮，完成点样式设置。

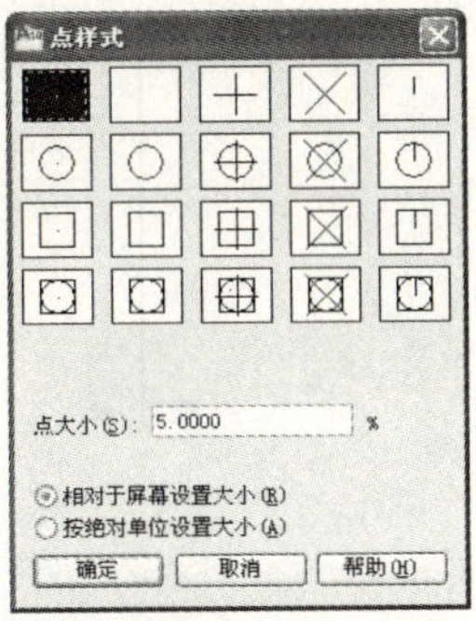

图10-164　设置前点样式

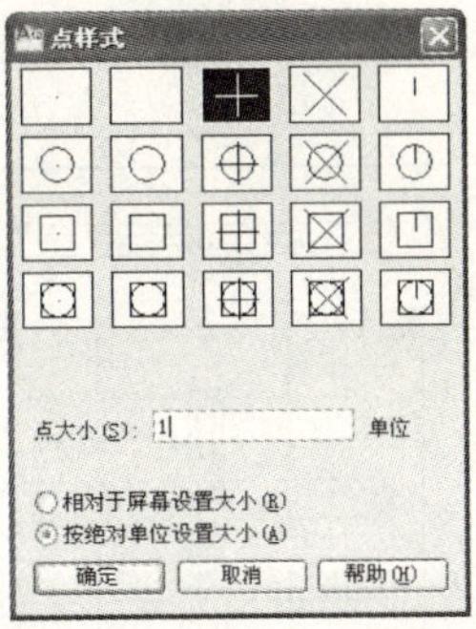

图10-165　设置后点样式

（3）再执行“POINT”命令，确定各给水设施的给水点。因为水龙头一般在设施的中点处，故用捕捉方法辅助绘图，以确定马桶的给水点，如图 10-166 所示。确定洗脸盆的给水点，如图 10-167 所示。

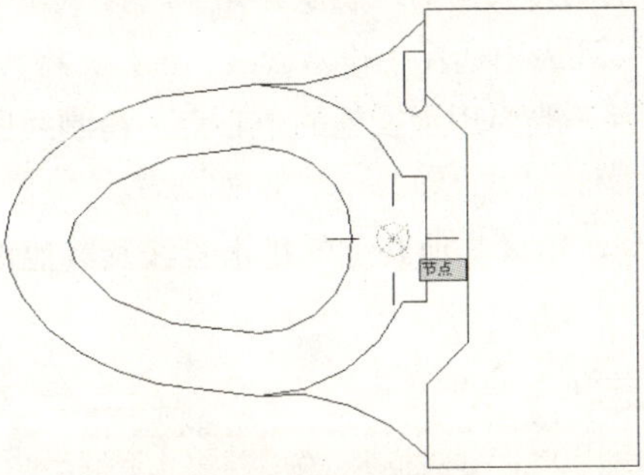

图10-166　马桶给水点

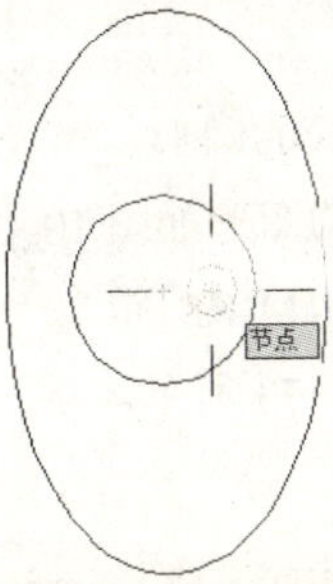

图10-167　洗脸盆的给水点

（4）执行“CIRCLE”命令绘制表示上水管的圆，圆的半径为 0.5，上水管圆心的位置为水平方向距墙体 1.12，垂直方向距墙体 1.70，如图 10-168 所示。

（5）执行“COPY”命令，将“消火栓”复制到图形中，复制点如图 10-169 所示，与上水管的圆心在同一垂直线上，水平方向将之放在楼梯口两侧空档处的中间处。

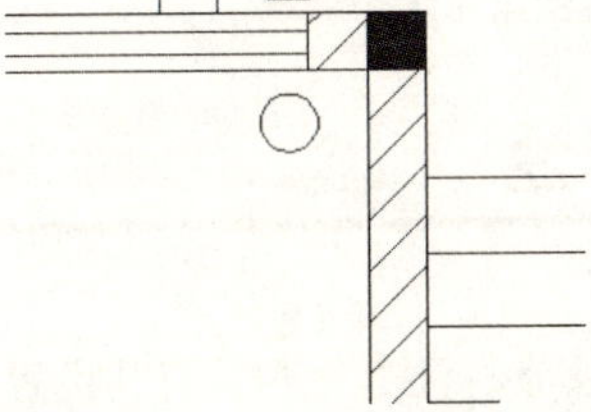

图10-168　绘制表示上水管的圆

图10-169　复制消火栓

（6）执行“MIRROR”命令镜像“消火栓”，如图 10-170 所示。另一楼梯处的消火栓可执行“COPY”命令绘制。

（7）在“图层”工具栏中的下拉列表中选择“给水管线”图层，将其设置为当前图层。执行“LINE”命令绘制线段，连接给水点、消火栓和上水管，如图 10-171 所示。

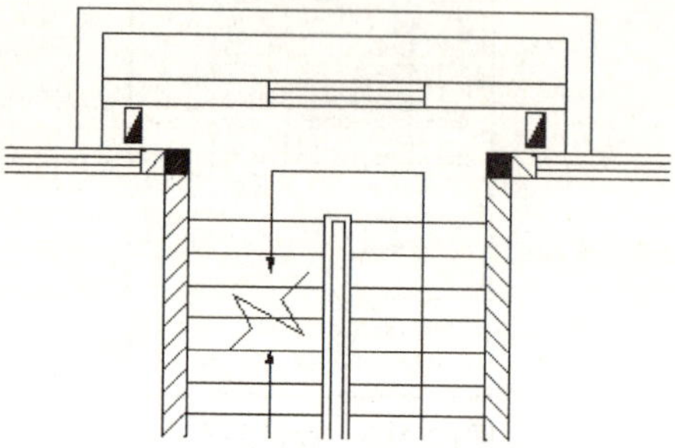

图10-170　镜像消火栓

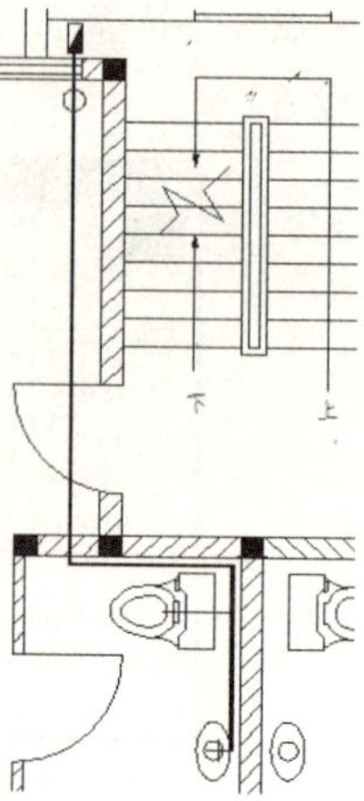

图10-171　绘制给水管

3. 排水管的绘制

下面讲述住宅楼二层平面图中排水管的绘制，具体的绘制步骤如下。

（1）接上例，在“图层”工具栏中的下拉列表中选择“排水管线”图层，将其设置为当前图层。再绘制表示下水管的圆形，半径为 1。排水点一般为用水设施的中心点。绘制线段时，线型比例设为 0.08，绘制后的图形如图 10-172 所示。

（2）再执行“MIRROR”、“COPY”命令，生成其他套型的排水管线及其他设施图形，具体的绘制效果如图 10-173 所示。

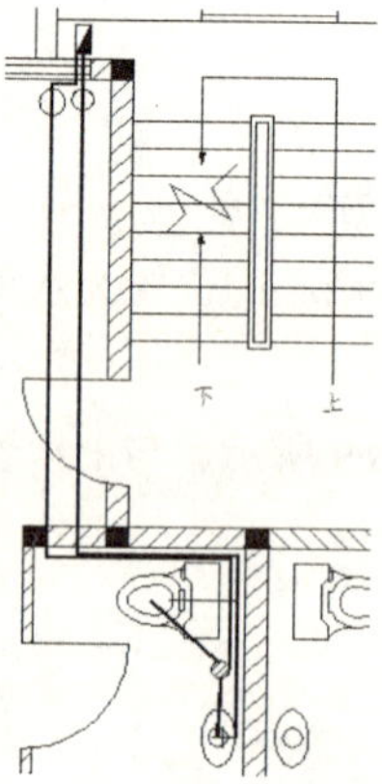

图10-172　绘制排水管

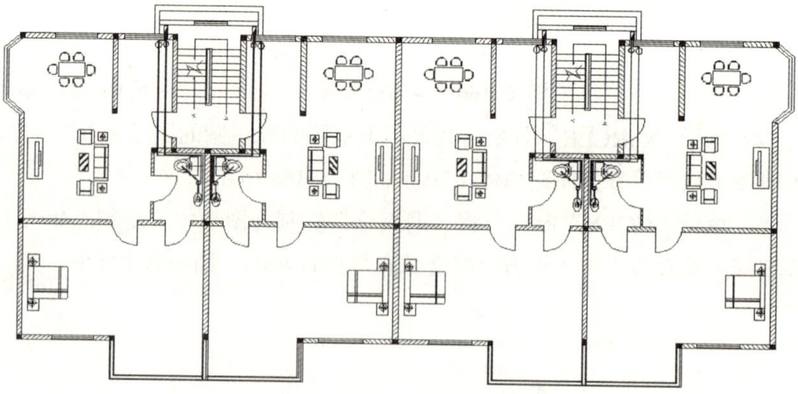

图10-173　绘制给排水管

10.2.8　住宅楼给排水平面图的标注

下面标注住宅楼给排水平面图。具体的绘制步骤如下。

（1）接上例，在“图层”工具栏中的下拉列表中选择“文字标注”图层，将其设置为当前图层。再选择“绘图”→“文字”→“多行文字”命令，添加文字说明，文字高度为 10，如图 10-174 所示。

（2）在“图层”工具栏下拉列表中选择“尺寸标注”图层，将其设置为当前图层。利用前面所讲知识，设置尺寸标注样式，标注比例因子为1：100，文字高度为3，箭头大小为2，超出尺寸线为2。选择“标注”→“线性”命令，进行尺寸标注，如图10-175所示。

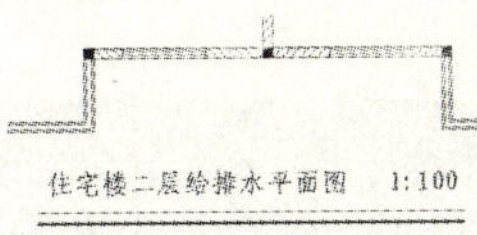

图10-174 文字标注

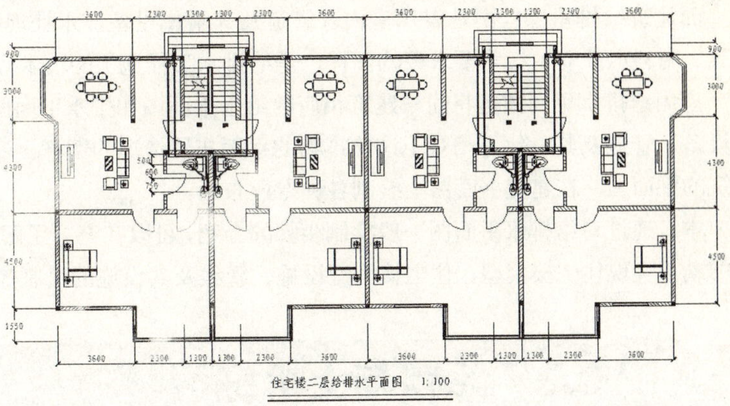

图10-175 尺寸标注

（3）选择需要修改的标注，如图 10-176 所示。选择“修改”→“特性”命令或执行“PROPERTIES”命令，即可打开“特性”浮动面板，如图 10-177 所示。

（4）修改“文字高度”栏中的数值为 2，如图 10-178 所示。

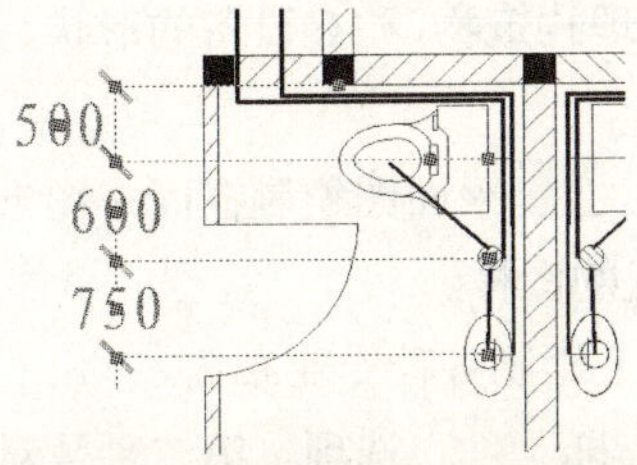

图10-176 选择需要修改的标注

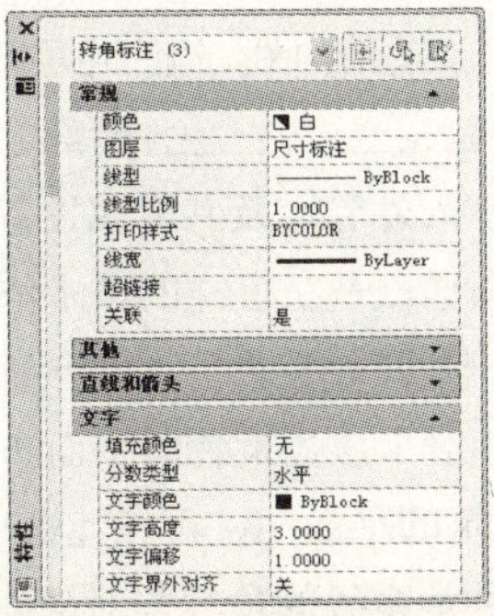

图10-177 “特性”浮动面板

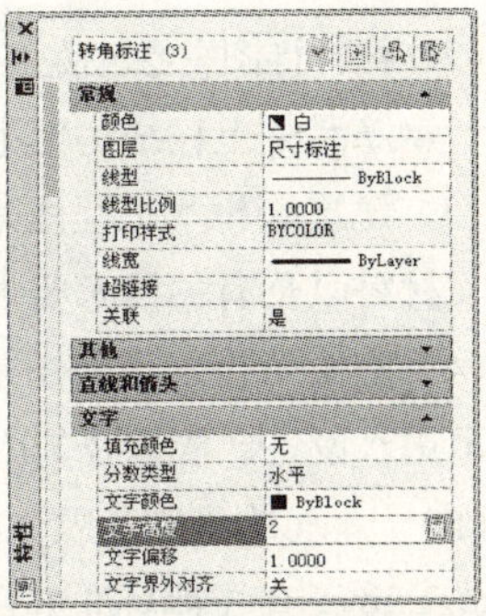

图10-178 设置文字高度

（5）移动标注文字，修改后的卫生间尺寸标注图形如图 10-179 所示。

（6）打开“图签”图层，移动图到图纸适当位置，最终效果如图 10-180 所示。

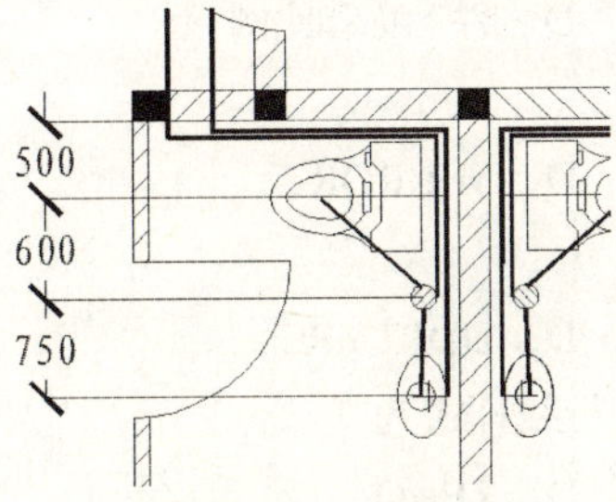

图10-179 卫生间

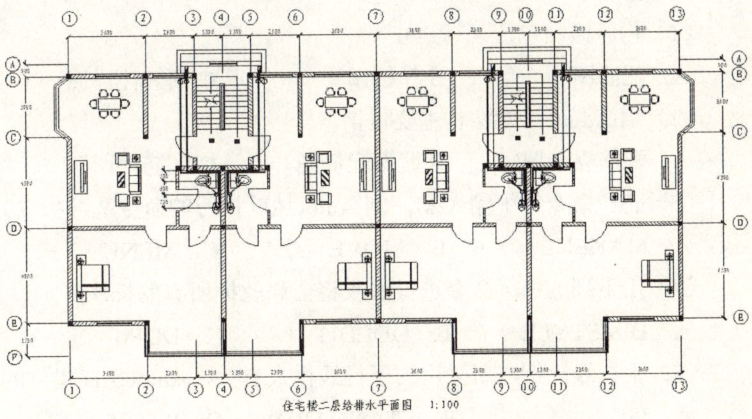

图10-180 住宅楼二层给排水平面图

在结构施工图中，表示建筑物上部结构布置的图样，称为结构布置图。在结构布置图中，采用最多的是结构平面图形状。楼层结构平面图是用假想的一个水平剖面沿楼面将房屋剖切后的楼层水平投影，也称为楼层结构平面布置图，按照施工方法可分为预制装置配式和现浇整体式两大类。

而建筑给排水工程图是表示室内外管道及其附属设备，水处理构筑物，贮存设备形状、大小、位置、材料以及有关技术要求等的图样，是给排水工程施工的技术依据。

室内给排水平面图是将同一建筑相应的给水平面图和排水平面图绘制在同一图上，用来表示用水设备、管道及其附件等相对于该建筑物的平面布置情况的图样。专业平面图的绘制步骤是先绘制建筑的平面图，在建筑平面图上绘制各种专业布置。

本章通过对给排水平面图一般绘制步骤的介绍，可以在充分了解常见给排水设计流程的基础上，能够动手实现住宅楼套型、住宅楼套型设施、管线及其设施的绘制等。

10.3 习题与上机练习

1. 填空题

（1）在结构施工图中，表示建筑物上部结构布置的图样，称为______。在结构布置图中，采用最多的是______的形式。

（2）构件详图主要包括______和______结构图。钢筋混凝土梁结构图主要包括______、______及______3部分。钢筋混凝土柱结构图主要包括______和______两部分。

（3）建筑给排水工程图是表示室内外管道及其附属设备，水处理构筑物，贮存设备的形状、大小、位置、材料以及有关技术要求等的图样，是______的技术依据。

（4）室内给排水平面图是将同一建筑相应的______平面图和______平面图绘制在同一图上，用来表示用水设备、管道及其附件等相对于该建筑物的平面布置情况的图样。

（5）______的绘制步骤先绘制建筑的平面图，再在建筑平面图上绘制各种专业布置。

（6）多线有 3 种对准方式：一种是多线的顶线与对准线重合，即______选项；第二种是对准线为多线的中线，即______选项；第三种是多线的底线与对准线重合，即“下（B）”选项，确定对准方式用______选项。

2. 选择题

（1）构件详图包括（　　）。

A. 配筋图　　B.模板图　　C.预埋件详图　　D.楼层结构图

（2）钢筋混凝土梁结构主要包括（　　）。

A. 配筋立面图　　B.截面配筋图　　C.钢筋详图　　D.构件名称和比例

（3）若在命令行中输入 M，则 AutoCAD 执行的命令是（　　）。

A. MAKEUP　　B. MOVE　　C. MENU　　D. MIRROR

（4）用下列的哪个命令进行修改将会修改掉所有的标注（　　）。

A. DIMSTYLE　　B. DDEDIT　　C. DDIM　　D. DDPTYPE

（5）平行线比例与所采用的平行线样式有关，AutoCAD 提供的平行线样式为（　　）。

A. ISO　　B. STANDARD　　C. ISO-25　　D. ZERO

（6）可用于实现绘制多条平行线的命令是（　　）。

A．CIRCLE　　B．XLINE　　C．MLINE　　D．FILLET

3．简述题

（1）楼梯结构剖面图主要表示什么，其内容包括什么？

（2）楼梯结构平面图与楼梯建筑平面图有什么不同？

（3）简述室内给排水平面图的特点及其所包含的内容。

（4）试述给排水平面图的一般绘制步骤。

（5）如何修改部分标注？

4．上机练习

（1）绘制楼层结构平面图，具体的绘制效果如图 10-181 所示。

（2）以 1：150 的比例尺，绘制如图 10-182 所示的室内给排水平面图，在其中插入卫生间与洁具设备，并为其进行尺寸和文字标注。

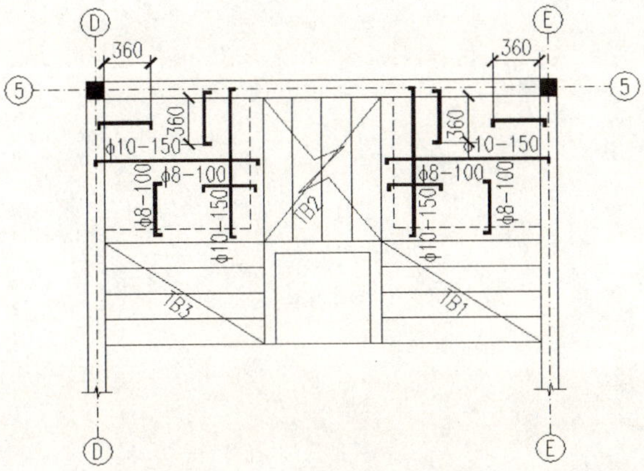

图10-181　楼层结构平面图

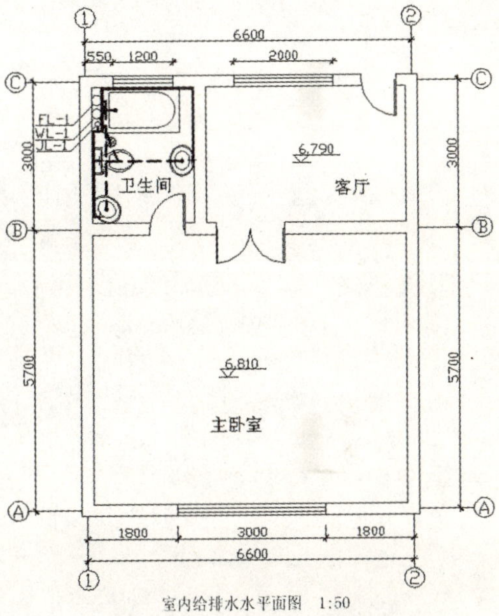

图10-182　室内给排水平面图